U0262462

碎屑岩油气储层研究指南

——二连中生代裂谷盆地研究例证

张以明 等 著

科 学 出 版 社
北 京

内 容 简 介

碎屑岩油气储层类型众多，其系统研究内容丰富，手段多样，特色鲜明，是石油地质研究中重要的基础性课题。二连盆地下白垩统油气储层包括砾岩、砂砾岩、砂岩及其他岩类，如火成岩、变质岩和碳酸盐岩等，岩石类型多种多样，岩石特征丰富多彩，成岩现象变化复杂。本书以储层岩性为主线，以各类岩性储层的“宏观—中观—微观—超微观”四维特征表征为核心，对各类储层从宏观砂体到超微观孔隙结构进行了系统综合研究。书中采用大量精美图片直观展示了各类储层的岩石学特征、成岩作用特征、孔隙类型与孔隙结构特征，现象典型，描述简练，对类似盆地的储层研究具有很好的借鉴和指导意义。

本书基础资料丰富，系统性强，手段应用齐全，理论总结与直观展示相互结合，精美图片与简洁描述融为一体，具有较强的实用价值，可供从事油气勘探开发、储层地质学及岩石学的研究人员，以及石油、地质类院校相关专业师生参考。

图书在版编目（CIP）数据

碎屑岩油气储层研究指南：二连中生代裂谷盆地研究例证 / 张以明等著 . —北京：科学出版社，2019.4

ISBN 978-7-03-059996-4

Ⅰ. ①碎…　Ⅱ. ①张…　Ⅲ. ①碎屑岩－岩性油气藏－储集层－研究　Ⅳ. ① P618.130.2

中国版本图书馆 CIP 数据核字 (2018) 第 287745 号

责任编辑：张井飞　白　丹 / 责任校对：张小霞
责任印制：肖　兴 / 封面设计：耕者设计工作室

科学出版社 出版
北京东黄城根北街 16 号
邮政编码 :100717
http://www.sciencep.com

中国科学院印刷厂 印刷
科学出版社发行　各地新华书店经销

*

2019 年 4 月第　一　版　开本：880 × 1230　A4
2019 年 4 月第一次印刷　印张：27
字数：692 000

定价：398.00 元

（如有印装质量问题，我社负责调换）

编 委 会

序

二连盆地为早白垩世陆相断陷盆地，由近60个相互独立的小型凹陷组成，是我国重要的油气生产基地。受多物源、近物源、堆积快等沉积条件控制，二连盆地下白垩统碎屑岩油气储层“岩性粗、厚度大、成熟度低、物性差”，具有岩电震特征典型、碎屑成分复杂、成岩现象丰富、孔隙类型多样等显著特点，堪称储层研究的“大观园”。

《碎屑岩油气储层研究指南——二连中生代裂谷盆地研究例证》，以现代储层沉积学理论为指导，以储层岩性为主线，以储层“宏观、中观、微观、超微观”特征为核心，应用各种常规与前沿储层测试技术，对二连盆地各类油气储层特征进行了系统总结与表征。该书具有以下四方面的鲜明特色：

一、按岩石结构类型系统研究各类碎屑岩储层的“宏观、中观、微观、超微观”四维尺度特征，从宏观砂体到超微观孔隙结构面面俱到，内容全面，线路清晰，为储层综合研究和立体表征提供了样板。

二、应用储层样品联测技术对同一岩心样品先后应用多种技术进行测试，改变了一个样品通常只做一项测试的传统做法。这不仅实现了样品的重复利用，减少了岩心消耗，更为各种储层参数间的比较、印证建立了平台，解决了以往普遍存在的储层测试资料匹配性不强的问题，值得推广和借鉴。

三、紧密追踪油气勘探的新领域，系统展示了致密油储层及火成岩、变质岩等特殊类型储层，特别是泥灰岩与碳酸盐岩质砾（砂）岩致密油储层的最新研究成果，对于今后类似储层油气田的勘探开发颇有裨益。

四、全书采用大量精美图片直观展示了各类油气储层的结构、成分、成岩作用、孔隙类型、孔隙结构、含油性及其沉积特点等典型特征，同时对储层表征方法与技术作了系统介绍，其现象精彩，图文并茂，方法先进，为类似盆地储层研究提供了标准图版与工作指南，是从事储层研究快速适用的入门指导书。

相信该书的出版对二连盆地的油气勘探开发具有很强的生产实用价值，对类似地区的储层研究具有重要的科学意义。

中国科学院院士

2018年11月26日

前　　言

二连盆地位于内蒙古自治区的东北部，是重要的中生代含油盆地，是由近 60 个分散独立的小型凹陷组成的中—新生代断陷湖盆群。

二连盆地经过近 40 年的油气勘探，先后发现了构造、潜山、地层岩性及致密油等多种类型的油藏，积累了丰富的地震、钻井、测井、岩心、薄片与分析化验等资料。在沉积、储层方面，赵澄林、余家仁、祝玉衡、张文朝、张以明等专家学者先后做了大量卓有成效的研究工作，为本书的撰写奠定了良好的资料与成果基础。本书即在上述资料成果基础上，以储层岩性为主线，对各类储层的“宏观、中观、微观、超微观”特征进行了系统总结与表征。宏观是指卫片（航片）、露头剖面、沉积相分布和地震相反映的储集体的特征，中观是指岩心、测井曲线所反映的岩石学特征以及垂向沉积序列，微观即储层岩石的显微镜和扫描电镜下的成分、结构、成岩作用、孔隙类型与孔隙结构特征，超微观即环境扫描电镜、纳米 CT 扫描等表征的微观孔隙结构特征。

本书采用大量精美图片直观展示了各类储层的岩石学特征、孔隙类型与孔隙结构并进行了详细描述，突出了对各类储层同一样品的多种测试技术系统联测与测试结果的对比印证，有利于发现问题、解决问题，这是今后对储层样品进行系统测试的一个方向。

致密油气的开发是今后的发展趋势。华北油田致密油气储层类型多、分布广、勘探程度低，是重要的战略接替新领域。本书总结了华北油田三大类致密油储层的特征，包括其沉积相、地震相、测井相、岩石学特征、成岩作用与孔隙结构，尤其是集成了常规与前沿的储层测试技术，对致密油储层进行了精细解剖。这个工作对今后华北油田致密油勘探开发具有重要的指导意义。

本书共分八章。第一章简单介绍了二连盆地的地质概况，包括二连盆地的大地构造位置、地层、盆内构造、岩浆岩等。第二章是从宏观尺度对储层进行表征，首先对二连盆地的沉积相进行了综述，二连盆地的储层主要为近岸水下扇、远岸水下扇、扇三角洲及辫状河三角洲四种沉积相，并分别对每一种沉积环境储层的沉积相平面展布、地震相剖面、综合测井及沉积序列、岩心特征等进行了典型案例分析描述。第三章、第四章、第五章分别对二连盆地的砾岩、砂砾岩及砂岩储层的碎屑成分、结构、成岩作用、孔隙类型和孔隙结构等以大量图片展示其特征，结合扫描电镜等，对储层岩石进行了微观表征，并总结了各类岩性、各种成因储层的岩石学特征和物性特征。第六章对二连盆地的非碎屑岩类储层进行了综合表征，主要包括花岗岩、安山岩、碳酸盐岩及变质岩储层。第七章论述了华北油田三大类致密油储层的宏观和微观的储层特征。第八章主要展示了二连盆地各种岩类储层样品的联合测试结果，展示了同一样品的岩心、偏光显微镜、荧光显微镜、X- 射线衍射、扫描电镜与能谱分析、压汞分析、核磁共振等常规测试技术联合测试结果。

本书是集体智慧的结晶。由张以明确定框架、明确思路、拟定提纲、确定研究内容，精心组织编撰。参加编撰工作的有：前言由张以明编写；第一章由降栓奇、韩春元、杨德相、许永忠、王权、陆鹿、屈争辉编写；第二章由吴健平、史原鹏、马友生、沈玉林、王宏霞、李彬、谢莹、王帅、王元杰编写；第三章由李壮福、郭永军、冯曰全、李林波、田建章、黄芸编写；第四章由韩春元、刘喜恒、郭永军、李书民、曹小娟、李玉帮编写；第五章由胡延旭、李壮福、张晓丽、于作刚、李莉、王波、卢昊、赵昆编写；第六章由李彬、陆鹿、李长新、姜维寨、王洪波、成捷编写；第七章由韩春元、李彬、邢雅文、樊杰、李辉、赵政嘉编写；第八章由李彬、李壮福、李咪、马友生、钟杰、王玲编写。最后由张以明、降栓奇、李壮福、韩春元、吴健平统编定稿。此外，孟艳、段宏跃、陈文利、侯凤梅、郎云峰、王东军等参与完成了大量薄片整理、显微镜照相、图件清绘及岩石制片等工作。

邹才能院士为本书作序，并提出了宝贵的意见和建议；费宝生教授多次参与讨论，给予了多方面的指导和帮助。同时，在本书编写过程中始终得到了华北油田勘探事业部、勘探开发研究院和渤海钻探第二录井公司的重视和支持。在此一并表示衷心的感谢！

第二章的沉积环境相关图片来自美国宇航局、美国地质调查局的网站，在此也表示感谢！

由于经验和水平有限，疏漏和不足在所难免，欢迎专业同行和读者批评指正。

在本书即将出版之际，科学出版社对该书的出版付出了辛勤的劳动，在此对他们的热情支持深表感谢！

张以明

目　　录

序
前言

第一章　区域地质概况……1

第一节　自然地理概况……1
第二节　地层……2
第三节　地质构造……6
第四节　岩浆活动特征……9

第二章　碎屑岩储层沉积相类型及其特征……11

第一节　近岸水下扇……12
第二节　远岸水下扇……18
第三节　扇三角洲……24
第四节　辫状河三角洲……32

第三章　砾岩储层……39

第一节　岩石学特征……39
第二节　储集空间与物性特征……94

第四章　砂砾岩储层……114

第一节　岩石学特征……114
第二节　储集空间及物性特征……150

第五章　砂岩储层……161

第一节　岩石学特征……161
第二节　储集空间及物性特征……219

第六章　其他岩类储层……237

第一节　花岗岩储层……237
第二节　安山岩储层……253
第三节　火山碎屑岩储层……269
第四节　碳酸盐岩储层……282
第五节　变质岩储层……301

第七章　致密油储层……314

第一节　白云岩－粉砂岩类致密油储层……314
第二节　凝灰岩类致密油储层……329
第三节　泥灰岩－碳酸盐岩质砾（砂）岩类致密油储层……346

第八章　储层分类多维系统表征 376
第一节　储层表征技术概述 376
第二节　常规储层表征技术 377
第三节　前沿储层表征技术 380
第四节　样品联合测试技术 383
参考文献 420
图例 422

第一章 区域地质概况

二连盆地是中国东北部重要的早白垩世含油气盆地，由近 60 个分散独立的断陷型凹陷组成，单个凹陷面积最大者约为 3000km^2，最小者约为 250km^2，一般为 1000km^2 左右。自 1981 年取得油气勘探突破以来，目前已在 12 个凹陷获得工业油气流，原油年产量近百万吨。二连盆地下白垩统储层具多物源、近物源、粒度粗、厚度大、相变快等沉积特点，以砾岩、砂砾岩为主，储集物性相对较差，不同凹陷或不同层系与不同岩石类型储层的岩石学和储集特征迥异。另外，火成岩、变质岩及碳酸盐岩储层在部分凹陷也有发育。优质储层的成因、类型及其储集特征研究对油气勘探开发至关重要。

第一节 自然地理概况

二连盆地位于内蒙古自治区的中北部，地理坐标为 107°30′E ～ 119°10′E，41°40′N ～ 45°45′N，整体呈北东东向展布（图 1-1）。东起大兴安岭，西到河套平原以北地区，南接阴山山脉北麓，北至中蒙边界，东西长约 1000km，南北宽 20 ～ 220km，总面积约为 10×10^{4}km^2。自然区划属于内蒙古高原，海拔一般在 800 ～ 1300m，干旱到半干旱大陆型气候，具有寒暑剧变的特点。年降水量偏低，一般在 200 ～ 300mm。河流较少，多属于内陆时令河。在低洼地区潴水，形成许多大小不一的湖泊。区内地势坦荡，草原辽阔，锡林郭勒草原是中国四大草原之一和著名的天然牧场。行政区划分属于锡林郭勒盟、乌兰察布市和巴彦淖尔市管辖，为以蒙古族为主的多民族聚居区，多从事畜牧业和加工业。现代基础工业和各种轻工业发展较快，铁路、公路和民用航空已形成完备的交通网络。

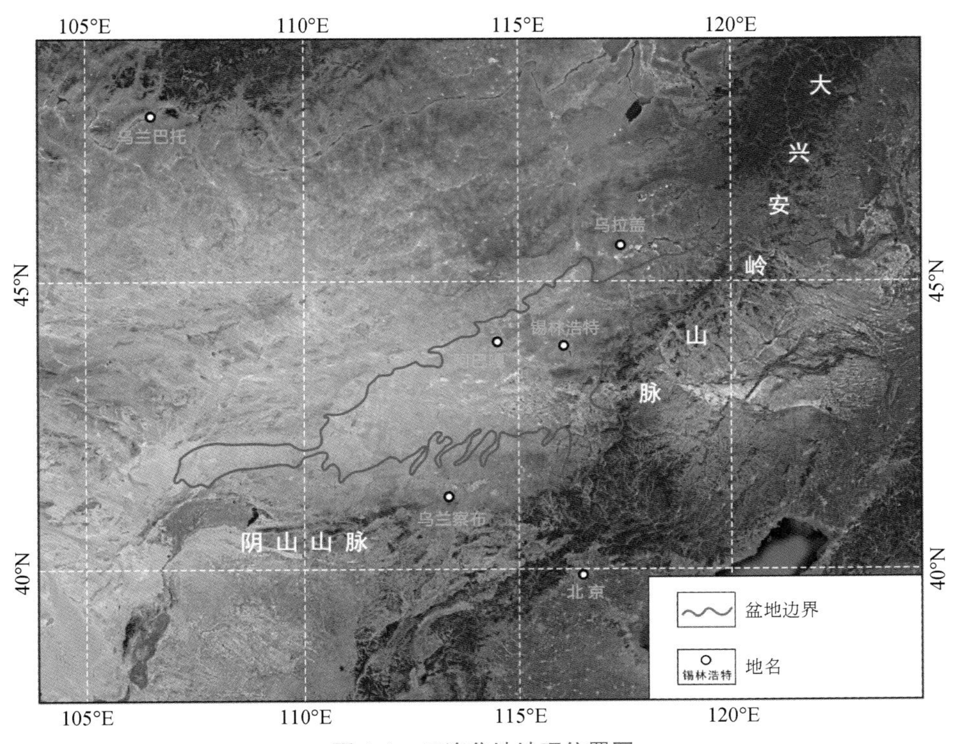

图 1-1 二连盆地地理位置图

第二节 地 层

二连盆地是在内蒙古－大兴安岭海西褶皱带基底上发育起来的中新生代断陷沉积盆地，经历了古生代海槽和中新生代陆盆两个漫长复杂的构造－沉积演化阶段，形成了前中生界的基底及中生界、新生界盆内盖层两套截然不同的地层系统。

一、前中生界

二连中生代断陷盆地的基底主要为上古生界，以二连—贺根山断裂为界，其南部属于锡林－磐石地层分区，其北部属于东乌－呼玛地层分区（内蒙古自治区地质矿产局，1991；邵积东，1998；邵积东等，2011；韩春元等，2011），为一套巨厚活动板块边缘型火山岩－碎屑岩－碳酸盐岩复合建造。上古生界的发育状况在不同地层分区具有较大差异。锡林—磐石地层分区从晚石炭世开始接受沉积，自下而上发育上石炭统本巴图组、上石炭统—下二叠统阿木山组、下二叠统寿山沟组、下二叠统—中二叠统大石寨组、中二叠统哲斯组和上二叠统林西组；东乌－呼玛地层分区从早泥盆世晚期开始接受沉积，自下而上为发育下泥盆统—中泥盆统泥鳅河组、中泥盆统—上泥盆统塔尔巴格特组、上泥盆统安格尔音乌拉组、上石炭统—下二叠统宝力高庙组、中二叠统哲斯组和上二叠统林西组。

锡林—磐石地层分区本巴图组为一套滨浅海相碎屑岩夹灰岩透镜体及火山碎屑岩组合。岩性剖面下部为灰色、灰黑色碳质泥岩、粉砂岩、砂岩夹石灰岩；上部为黄绿色、灰绿色长石砂岩、粉砂岩夹安山岩及灰岩透镜体。阿木山组为一套浅海相 —台地相碎屑岩－生物碎屑灰岩组合，岩性主要为灰色厚层状石灰岩，夹泥岩、粉砂岩，下部夹黄色细砂岩，底部见砂砾岩。寿山沟组为一套浅海—半深海相细碎屑岩夹灰岩组合。岩性剖面下部为黄灰色砾岩、含砾砂岩和粉砂岩等，夹灰岩薄层或透镜体；上部以灰黑色泥质粉砂岩、泥岩为主，夹砂岩、砾岩及瘤状灰岩。大石寨组为一套浅海相火山岩、火山碎屑岩夹碎屑岩组合。岩性主要为灰色、浅灰色、灰紫色流纹质凝灰岩、流纹岩及英安岩，中下部夹青灰色、白色灰岩、石英砂砾岩和砂质泥板岩，中上部夹灰褐色泥板岩及石英砂岩。哲斯组为一套滨浅海相碎屑岩与生物碎屑灰岩组合。岩性剖面下部为黄绿色、浅灰黄色砾岩、含砾砂岩及砂岩，局部地段夹少量凝灰岩及灰岩；上部为灰褐色含砾砂岩、砂岩、杂色晶屑凝灰岩夹生物屑灰岩及钙质泥岩。林西组为一套湖泊相灰色、灰黑色碎屑岩组合，岩性以灰色、灰绿色砂岩为主，夹深灰色泥岩、粉砂岩及安山岩。

东乌—呼玛地层分区泥鳅河组为一套浅海相碎屑岩夹灰岩组合。岩性剖面下部以灰色、灰绿色含生屑粉砂质泥岩、泥岩为主夹浅灰色泥质粉砂岩、砂岩和生物碎屑灰岩；上部以浅灰色、黄灰色砂岩、凝灰质粉砂岩为主夹浅灰色、灰绿色粉砂质泥岩。塔尔巴格特组为一套海相碎屑岩夹灰岩、中性火山岩组合。岩性以黄褐色、褐灰色泥质粉砂岩、粉砂质或凝灰质泥岩为主夹灰岩透镜体和安山质凝灰岩。安格尔音乌拉组为一套海陆交互相碎屑岩夹火山岩组合。岩性剖面下部为粉砂岩、细砂岩与泥岩、粉砂质泥岩不等厚互层，上部为大套泥岩和粉砂质泥岩。宝力高庙组为一套海陆交互相—陆相碎屑岩和火山岩组合。岩性剖面下部为长石砂岩、泥岩、砾岩夹中酸性岩屑晶屑凝灰岩及灰岩透镜体。上部为灰、灰褐色中酸性火山岩、火山碎屑岩和凝灰质砂岩。中二叠统哲斯组与上二叠统林西组分布局限，沉积组合及岩性特征与锡林—磐石地层分区相似。

二、中生界

二连盆地在中生代为陆相断陷盆地建造阶段，经历了 3 个一级成盆周期，即早侏罗世晚期—晚侏罗世早期、晚侏罗世中期—早白垩世晚期和晚白垩世，各期地层间均为不整合接触。地层发育特征见表 1-1。

表1-1　二连盆地盖层地层序列简表

界	系	统	组	主要岩性组合	构造幕	旋回	地质演化
新生界	第四系	更新统	阿巴嘎组	灰黑色玄武岩、橄榄玄武岩夹砂泥岩		喜马拉雅旋回	残留盆地填充阶段
	新近系	上新统	宝格达乌拉组	黄、棕红色砂砾岩、砂岩夹砂质泥岩			
					喜山四幕		
		中新统	汉诺坝组	灰黑色、紫灰色玄武岩夹杂色砂泥岩			
			通古尔组	灰白色砂砾岩、砂岩夹灰褐色泥岩			
					喜山三幕		
	古近系	渐新统	呼尔井组	黄色砂岩、砂砾岩夹褐色泥岩			
			乌兰戈楚组	下部灰白色含砾砂岩，上部红色泥岩			
					喜山二幕		
		始新统	沙拉木伦组	灰绿色砂质泥岩、杂色泥岩，含大量锰钙结核，有时见石膏晶屑			
			伊尔丁曼哈组	灰黄色砂岩夹杂色泥岩及砂质泥岩			
			阿山头组	棕红色含砾泥岩夹灰绿色泥岩和砂岩			
					喜山一幕		
		古新统	脑木根组	砖红、棕红、灰绿色泥岩，夹灰白色粉细砂岩及泥灰岩，局部见石膏			
中生界	白垩系	上白垩统	（缺失）		燕山四幕	燕山旋回	
			二连组	浅灰色砂岩、砂砾岩夹灰色、棕色泥岩和砂质泥岩			
			（缺失）				
					燕山三幕主		断陷成盆阶段
		下白垩统	巴彦花群 赛汉塔拉组	下部浅灰色砂砾岩夹砂泥岩，上部泥岩夹煤层			
					燕山三幕C		
			巴彦花群 腾格尔组 二段 上部	灰色砂泥岩互层，顶部泥岩发育			
			巴彦花群 腾格尔组 二段 下部	灰色砂岩与泥岩，顶部泥岩发育			
					燕山三幕B		
			巴彦花群 腾格尔组 一段	以灰色、深灰色泥页岩为主，夹砂岩，底部薄层碳酸盐岩发育			
			巴彦花群 阿尔善组 四段	以灰色砂岩为主，夹泥岩			
			巴彦花群 阿尔善组 三段	灰色砂砾岩、砂岩，夹灰绿色泥岩			
					燕山三幕A		
			巴彦花群 阿尔善组 二段	灰色泥页岩夹砂岩，或夹火山岩			
			巴彦花群 阿尔善组 一段	杂色砂砾岩夹紫红、灰色泥岩			
			兴安岭群 东乌组	凝灰质砂岩、砂砾岩、灰色泥岩			
			兴安岭群 贺根山组	灰色、灰褐色凝灰岩夹凝灰质砂岩			
	侏罗系	上侏罗统	呼格吉勒图组	灰色砾岩、砂砾岩，夹砂岩及紫红、棕红及灰色泥岩			
					燕山二幕		
		中侏罗统	齐哈组 三段	紫红、棕红色泥岩与灰色粉砂岩			
			齐哈组 二段	大套紫红色泥岩			
			齐哈组 一段	灰色粉细砂岩与紫红、灰绿色泥岩			
					燕山一幕		
		下侏罗统	阿拉坦合力群 格日勒组	以灰色泥岩为主，夹砂岩及煤层			
			阿拉坦合力群 阿其图组	以灰色砂砾岩为主，夹煤层及深灰色泥岩			
			（缺失）		印支主幕		
	三叠系	上三叠统	（缺失）			印支旋回	区域回返阶段
		中三叠统	伊和高勒组	以棕红色泥岩为主，夹紫红色泥岩，底部砂岩较多			
			吉尔嘎朗图组	杂色砂砾岩夹棕色、紫红色泥岩			
		下三叠统	代喇嘛庙组	灰色砂泥岩互层，夹紫红色泥岩			
			沙木尔吉组	浅灰色砂岩与紫红色、灰绿色泥岩			
古生界	二叠界	乐平统	林西组	以灰、灰绿色砂岩为主，夹泥页岩	海西三幕	海西旋回	

1. 三叠系

分布局限，仅在阿拉坦合力凹陷坦参 1 井钻遇。依据岩石组合及孢粉化石特征，自下而上可将其划分为下三叠统沙木尔吉组、代喇嘛庙组和中三叠统吉尔嘎朗图组、伊和高勒组。

沙木尔吉组（T_1sh）：下段为厚层状灰色、浅灰色砂岩和粉砂岩，夹紫红色泥岩，底部发育数层灰色泥岩；上段以灰色、紫红色泥岩为主，夹灰色粉砂岩、粉砂质泥岩及灰绿色泥岩。

代喇嘛庙组（T_1d）：下段为灰色、浅灰色砂岩与粉砂岩，夹灰色泥岩、紫红泥岩和灰色薄层状砾岩；上段发育灰色粉砂岩与灰色、紫红色泥岩互层，夹灰色粉砂岩和粉砂质泥岩。

吉尔嘎朗图组（T_2j）：下段岩性为厚层状至巨厚层状杂色砂砾岩、灰色含砾砂岩、含砾泥岩、灰色粉砂岩与紫色、紫红色泥岩不等厚互层，局部夹数层灰色泥岩；上段以紫红色泥岩为主，夹薄层状含砾砂岩、砂岩及粉砂质泥岩。

伊和高勒组（T_2y）：巨厚层状红色和棕红色泥岩为主，仅下部发育数层灰色砂岩及粉砂岩。可分为三段，下段为灰色砂岩、粉砂岩，与紫色泥岩不等厚互层；中段为巨厚层状紫色泥岩，局部夹紫红色泥岩；上段以巨厚层状红色和棕红色泥质岩为主。

2. 侏罗系

二连盆地侏罗系发育厚度较大，岩性组成复杂，纵向变化规律明显。依据岩石组合及化石组合特征自下而上可将其划分为下侏罗统阿其图组、中侏罗统格日勒组、齐哈组和上侏罗统呼格吉勒图组。下侏罗统阿其图组、中侏罗统格日勒组可合并为阿拉坦合力群（$J_{1-2}lal$）。

阿其图组（J_1a）：该组划分为两段，下段以灰色、灰白色砂砾岩、砾岩为主，夹深灰色泥岩或钙质泥岩；上段为灰白色白云质砂砾岩、深灰色白云质泥岩与灰色粉砂岩及黑灰色碳质泥岩不等厚互层。

格日勒组（J_2g）：以普遍含煤为特征，可划分为上、下两段。下段以灰色砂泥岩互层为主，夹数层煤层；上段下部以薄层状灰色泥岩为主，局部夹砂岩及砂砾岩；中部为灰色砂岩、砂砾岩夹灰色泥岩；上部为灰色泥岩夹砂岩及粉细砂岩。

齐哈组（J_2q）：总体为一套以泥岩占绝对优势的红色层系，厚度巨大。该组划分为三段。一段为灰紫色、灰绿色、灰色及土黄色泥岩，夹薄层灰色粉细砂岩、粉砂质泥岩；二段中下部为灰紫色、紫色、紫红色泥岩，偶夹薄层粉砂质泥岩，近顶部为大套紫红色泥岩；三段为紫红色、砖红色泥岩，底部为一套厚约 25m 的紫红色泥岩与灰绿色粉砂岩和含砾砂岩互层。

呼格吉勒图组（J_3h）：为一套典型的红色类磨拉石建造，砾岩或砂砾岩占主导地位，具有下细、中粗、上细的特征。根据岩性组合纵向变化规律将其分为三段。一段为灰色、灰紫色砂砾岩、砂岩与砖红色、紫红色泥岩及粉砂质泥岩不等厚互层；二段为杂色厚层或块状砾岩、砂砾岩，夹紫红色砂质泥岩及少量灰色泥质砾岩；三段以灰色、灰绿色及砖红色和紫红色泥岩为主，夹薄层粉细砂岩。

3. 白垩系

研究区内白垩系包括下白垩统兴安岭群（贺根山组、东乌组）、巴彦花群（阿尔善组、腾格尔组和赛汉塔拉组）和上白垩统二连组等。其中巴彦花群为二连盆地沉积盖层之主体，分布广泛，钻井资料揭示，其最大累积视厚度超过 4000m。

（1）兴安岭群（K_1xa）

火山岩及火山碎屑岩占主体，岩性组成为安山岩、安山玢岩、安山质流纹岩、玄武安山岩、凝灰岩及砂泥质凝灰岩，最大钻遇视厚度约为 800m。以连参 1 井 2054 ～ 2871m 井段为兴安岭群典型剖面，综合考虑纵向上岩性变化规律、化石群所指示的地质时代属性，将兴安岭群划分为两个组级地层单元，自下而上为贺根山组和东乌组。

贺根山组（K_1xh）：中下部为灰色、深灰色凝灰岩、凝灰质砂岩夹凝灰质泥岩，上部为灰色、灰绿色凝灰质砂岩夹棕红色、紫红色凝灰质砂岩、凝灰质泥岩。

东乌组（K_1xd）：下段以紫色、紫红色凝灰岩为主，夹少量的紫色、紫红色凝灰质泥岩、紫红色凝灰质砂岩和灰色、灰绿色砂砾岩；中段主要为灰色、杂色凝灰质砾岩、灰绿色凝灰质角砾岩及灰色含砾砂岩，夹棕色粉砂质凝灰岩和少量灰色凝灰岩、砂砾岩、褐色页岩；上段以深灰色、灰色泥岩和砂质泥岩为主，夹少量紫色泥岩。

（2）巴彦花群（K_1b）

巴彦花群包括阿尔善组、腾格尔组和赛汉塔拉组。

阿尔善组（K_1ba）：最大视厚度为1500m。主要为一套灰绿、棕红色砾岩、砾状砂岩，夹灰绿、深灰色泥岩及碳酸盐岩和凝灰质砂砾岩，局部夹炭质泥岩，为一个粗—细—粗的完整次级沉积旋回，从下至上可分为4段。

一段以粗碎屑岩为主，下部为厚层杂色、紫红色、灰白色砾岩、砂砾岩和砂岩夹紫红、棕红色泥岩；中部以灰色含砾砂岩、砂岩及灰色、灰绿色粉砂岩、泥质粉砂岩与灰色、灰绿色泥岩、砂质泥岩不等厚互层为特征，总体上向上砂质组分减少，而泥质组分有所增多；上部主要为灰色厚层含砾砂岩、粉砂岩，夹少量灰色、褐色泥岩。

二段岩性组合以大套厚层灰色、深灰色或灰黑色泥岩为主，局部夹少量薄层砂砾岩、含砾砂岩、灰质砂岩、凝灰质砂岩、泥质粉砂岩、白云质泥岩及火成岩，火成岩夹层的发育是本段的特征之一。

三段底部以厚层、巨厚层砂砾岩集中发育为特征。下部为灰色、灰绿色、灰白色含砾砂岩、砂岩、泥质粉砂岩与灰色、灰绿色泥岩不等厚互层，偶见泥质白云岩；中部为含砾砂岩相对发育段，以灰色、浅灰色含砾砂岩、砂岩为主，夹少量中薄层灰色、灰绿色泥岩；上部以灰白色、灰绿色、灰色砂岩为主，夹少量灰褐色含砾砂岩、灰绿色泥岩。

四段为砂岩集中发育段。下部以中厚层灰褐色砂岩为主，夹少量灰色、灰绿色中薄层泥岩；上部为灰褐色、灰色粉砂岩、泥质粉细砂岩，夹少量泥岩和灰岩。

仅在少数几口井的岩心样品中见有化石，其中，介形类化石属于 *Cypridea*（*cypridea*）*badalahuensis-Theriosynoecum krystofovitschi* 组合的 *Cypridea badalahuenis-Djungarica saidovi* 亚组合；孢粉化石属于 *Deltoidospora-Disaceratriletes* 组合；轮藻化石有 *Clypeator* sp.、*Aclistochara* sp. 及 *Atopochara* sp.。

腾格尔组（K_1bt）：在盆地内凹陷中均有分布。直接覆盖在下伏阿尔善组的不同层段、兴安岭群和古生界之上。腾格尔组厚度巨大，岩性偏细，尤其是该组一段为区内最重要的烃源岩层。根据岩性组合及沉积演变趋势等特征，可将其划分为腾一段及腾二段两个岩性段。

腾一段可分为3个亚段。下亚段下部常发育碳酸盐岩，俗称“特殊岩性”段，是全区的重要标志层之一；上部为深灰色厚层泥岩。中亚段主要为砂泥岩互层。上亚段岩性以泥岩为主，与下伏中亚段构成一个完整的正韵律沉积组合。介形类化石属于 *Cypridea*（*cypridea*）*badalahuensis-Theriosysnoecum krystofovitschi* 组合的 *Cypridea badalahuensis* 及 *Theriosynoecum krystofovitschi* 富集亚组合；孢粉属于 *Concavissimisporites-Monosulcites* 组合。

腾二段下亚段显示为一个较大规模的沉积正旋回。在二连盆地发育两种特征截然不同的沉积类型，即粗剖面类型和细剖面类型。粗剖面类型最为常见，其中下部多由砂岩或砂砾岩夹泥岩组成，泥岩集中于上部。细剖面类型发育较少，表现为除底部发育一组较明显的砂岩或粉细砂岩（个别见砂砾岩）之外，其余部分主要由灰色泥岩组成。腾二段上亚段同样为一个较大规模的沉积正旋回，下粗上细，但多数剖面保存不全。介形类化石属于 *Limnocypridea grammi-Ilyocyprimorpha erlianensis-Cypridea*（*Uliwellia*）*copulenta* 组合；孢粉化石属于 *Appendicisporites-Cicatricosis porites-Laevigatosporites* 组合中的 *Cicatricosisporites* 富集亚组合。轮藻化石有 *Mesochara aymentrica*、*M. paragranmdifera*、*M. paraganulifera*、*M. tipita*，*M. voluta*、*Flabellochara* sp.、*Styduhara* sp.。

赛汉塔拉组：底部砾岩一般比较发育，中部泥质岩或煤层较多出现，上部以砂岩或砂砾岩夹泥岩为主，且颜色变红。在横向上，赛汉塔拉组岩性组成可明显区分出三种类型，即砂砾岩类型、含煤类型及泥质岩发育类型。

（3）二连组

二连组属于残留盆地沉积体系，平面上的分布有限，岩性为一套浅灰色砂岩、砂砾岩，夹灰色、棕色泥岩和砂质泥岩。

三、新生界

包括古近系、新近系和第四系。依据岩石组合及化石特征，古近系和新近系各组多含脊椎动物化石。古近系划分为古新统脑木根组、始新统阿山头组、伊尔丁曼哈组、沙拉木伦组、渐新统乌兰戈楚组、呼尔井组。

脑木根组和阿山头组以棕红色泥岩为主，含石膏；其他各组为河流－湖泊相沉积，以浅灰色砂岩、灰绿色泥岩为主，局部夹棕红色泥岩及钙质结核，其中顶部的呼尔井组为一套粗碎屑岩的组合。

新近系包括中新统通古尔组和上新统宝格达乌拉组。

通古尔组上部为灰白色含砾粗砂岩、砂岩；下部为灰白色与杂色泥岩互层，局部夹淡水泥灰岩。

宝格达乌拉组为砖红色砂质泥岩、砂岩、含砾粗砂岩、砂砾岩，局部含钙质结核及淡水灰岩。

第四系仅发育阿巴嘎组，岩性以基性熔岩为主。

第三节　地质构造

一、大地构造位置

二连盆地大地构造位置处于华北板块和西伯利亚板块之间，属于中亚造山带东翼的南侧，向南毗邻中朝板块（图 1-2）。

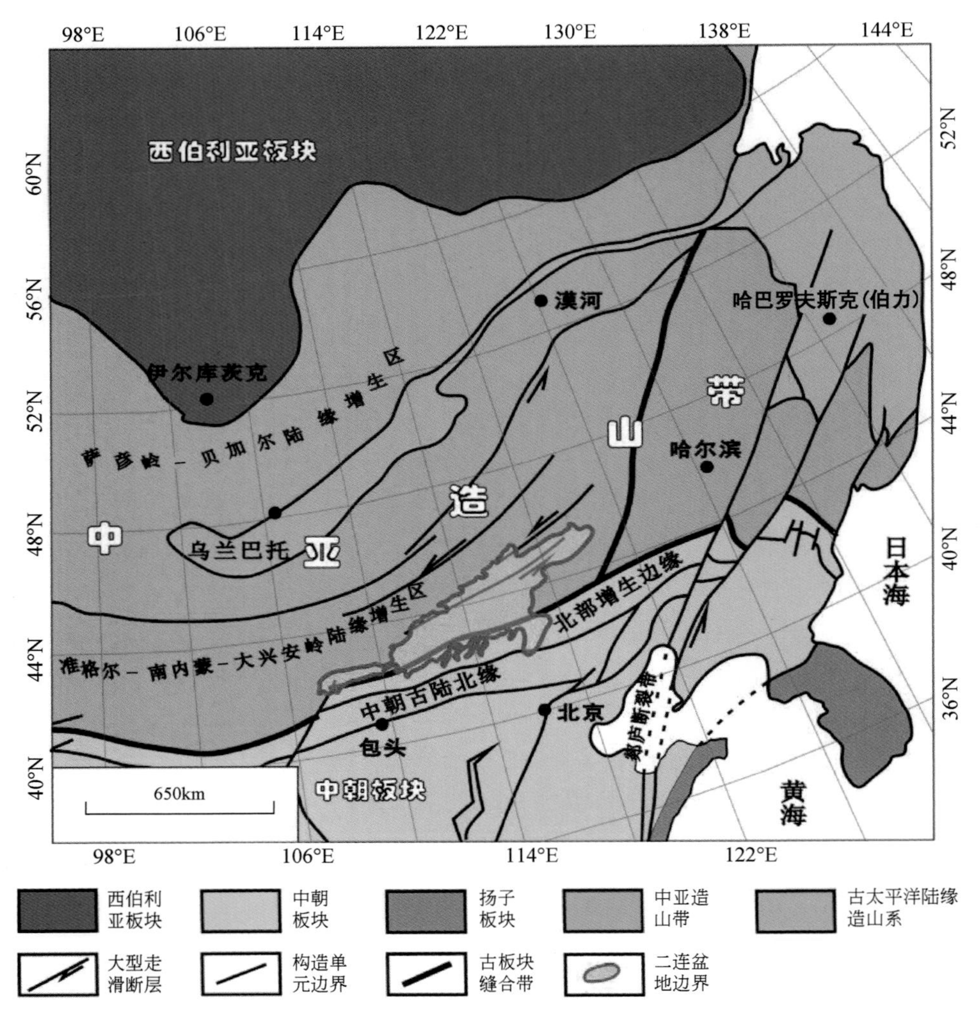

图 1-2　二连盆地大地构造位置图

二连盆地所在区域在古生代和中—新生代时期分别受到古亚洲洋构造域与滨太平洋构造域构造应力场的控制。古生代时期，盆地所在区域位于西伯利亚板块与华北板块之间的古亚洲洋南侧；古生代末，古亚洲洋消亡，在南北向挤压作用下形成了横亘新西伯利亚、蒙古及中国东北地区的弧形增生造山带（即中亚造山带），由此奠定了中—新生代盆地发展的基底；中生代以来，在海西期线性褶皱基底上，通过燕山期拉张翘断构造应力作用，形成具有相同成因类型和相似地质特征的侏罗纪至早白垩世断陷盆地群，发育巨厚陆相含油及含煤碎屑岩夹火山岩、火山碎屑岩建造，其中下白垩统是最重要的油气勘探层系。

二、基底构造特征

二连盆地基底属于海西期褶皱带，总的特征是断裂发育、隆坳兼备、多凸多凹、凹凸相间平行排列、高低起伏不平、平面上呈窄条状、剖面上不对称、具有规模宏大而典型的“盆岭结构”。

自北而南，主要基底褶皱构造由二连 - 东乌旗复背斜、贺根山 - 索伦山复向斜、锡林浩特复背斜、赛汉塔拉复向斜及温都尔庙 - 多伦复背斜构成了正负相间的海西期褶皱构造格局（图 1-3），横贯全盆地，延伸数百公里不等，使盆地基底呈现南北分区特征，并控制盆地盖层构造的发育。

主要基底断裂有 5 条，即贺根山断裂、西拉木伦断裂、楚鲁图断裂、查干敖包断裂和康保断裂（图 1-3）。其走向为东西向或北东东至北东向，延伸长度为几公里至数百公里，发育规模大，活动时间长，对盆地的发展演化、沉积建造、岩浆活动均起明显的控制作用。

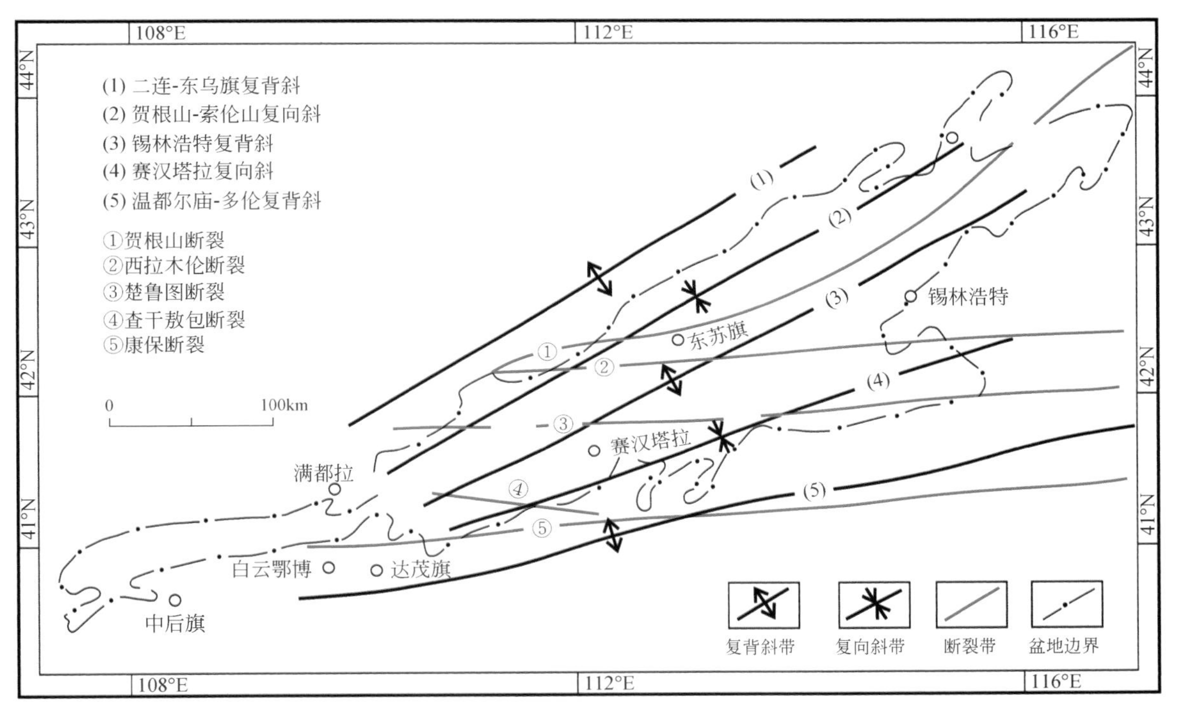

图 1-3 二连盆地基底构造图（据焦贵浩等，2003）

三、盆地构造特征

二连盆地中生代盆地构造具有断裂发育、多凸多凹、凹凸相间的构造特点，平面上呈典型的窄条状“盆岭结构”景观。

早白垩世二连盆地是一个断陷盆地群，由一系列中小规模的断陷型凹陷组合而成。每个凹陷均有各自独立的沉积体系，彼此分隔互不连通，皆可视为独立的小型断陷盆地，主要为单断式箕状断陷（半地堑）和双断式断陷（地堑），具有典型的伸展构造样式。箕状断陷通常由三部分组成，即陡坡带、洼槽带和缓坡带（图 1-4），当断陷比较开阔时，有时发育有中央构造带；双断式断陷与其不同之处是两侧均为陡坡带。边界断裂控制断陷的形成、演化及其生油洼槽的发育、储集砂体的展布与圈闭的形成，沿边界断裂内侧常发育多个生油洼槽、近岸水下扇或扇三角洲等砂砾岩体，以及逆牵引背斜、断块、潜山等圈闭。受多凸多凹的构造格局及狭长形的断陷结构控制，各断陷均具有多物源、近物源、粗碎屑、相变快的沉积特点，断陷陡带砾岩、砂砾岩等粗粒碎屑岩厚度常达 1000m 以上。

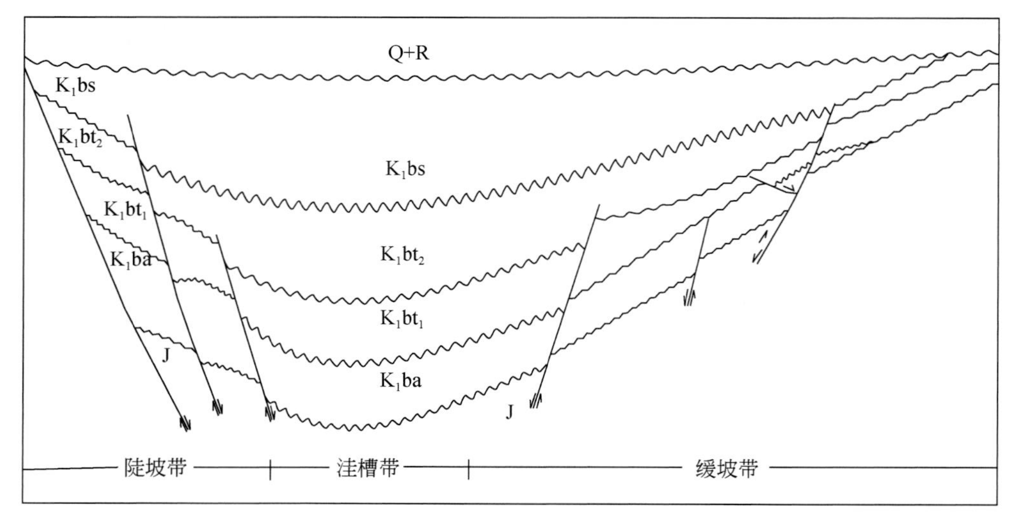

图 1-4 单断箕状断陷构造样式图

四、构造单元划分

二连盆地共划分“5 拗 1 隆”6 个一级构造单元和“55 个凹陷和 22 个凸起”77 个二级构造单元（图 1-5），平面上表现为北部拗陷带（由川井拗陷、乌兰察布拗陷和马尼特拗陷组成）—中部隆起带（苏尼特隆起）—南部拗陷带（腾格尔拗陷和乌尼特拗陷组成）拗隆相间南北分带的构造格局。目前已在阿南、阿北、巴音都兰、乌里雅斯太、阿尔、吉尔嘎朗图、洪浩尔舒特、赛汉塔拉、额仁淖尔、呼仁布其、乌兰花等凹陷中发现工业油气藏。

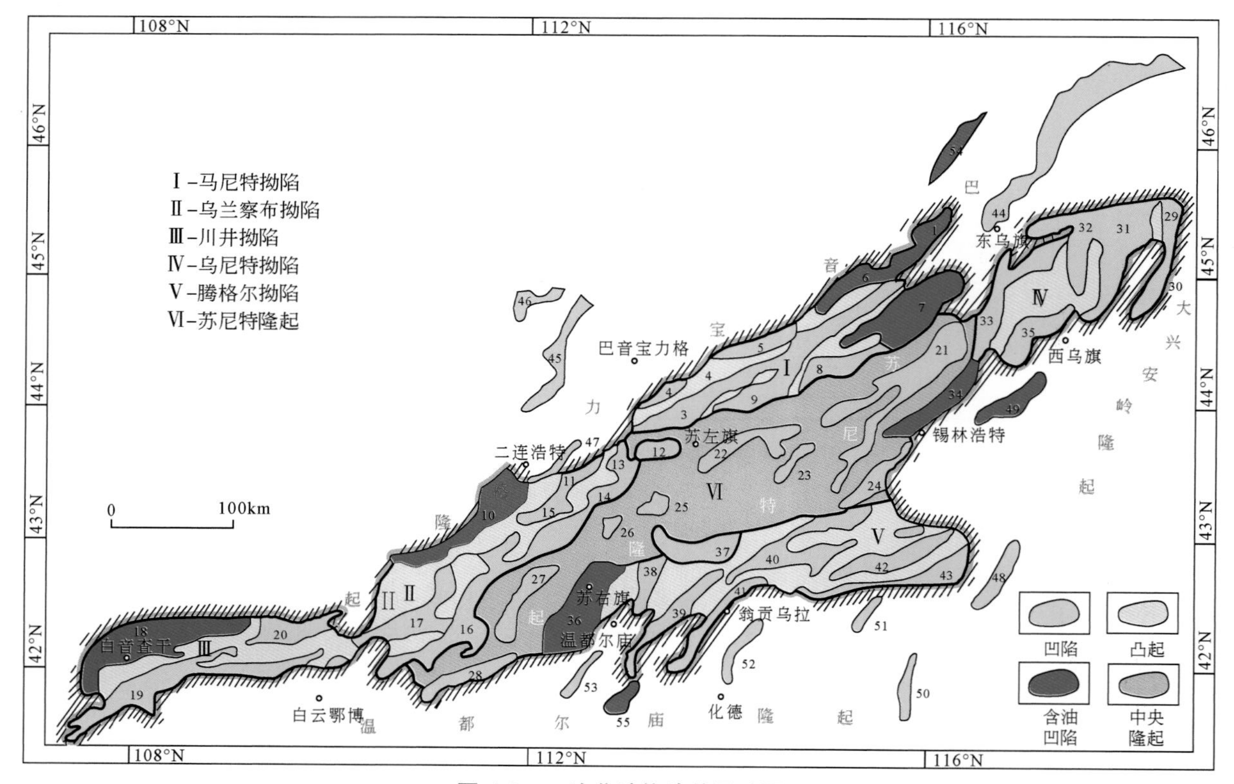

图 1-5 二连盆地构造单元略图

主要含油凹陷：1.巴音都兰凹陷；6.阿北凹陷；7.阿南凹陷；10.额仁淖尔凹陷；18.白音查干凹陷；34.吉尔嘎朗图凹陷；36.赛汉塔拉凹陷；44.乌里雅斯太凹陷；49.洪浩尔舒特凹陷；54.阿尔凹陷；55.乌兰花凹陷

五、构造演化

二连盆地经历了古生代海槽发展和中生代陆盆发展两个阶段。

早古生代时，本区处于古亚洲洋南缘，沉积了一套复理石建造、海底火山喷发建造和碳酸盐岩建造，厚逾20000m。晚古生代时，古亚洲洋经过俯冲增生过程后，海盆缩小，本区沉积了一套浅海相和海陆交互相碎屑岩建造和碳酸盐岩建造，厚近20000m。至晚古生代末期，古亚洲洋完全闭合，海水从北东退出，海槽演化阶段就此结束。由于西伯利亚板块向南飘移，中朝板块相对向北推进，形成南北向的压应力，从而造就了宏伟的“蒙古弧形构造带”，奠定了本区基底构造格局。西伯利亚板块、中朝板块及二者之间辽阔的增生造山带合为一体，形成了统一的古亚洲大陆。

到中生代本区进入陆相断陷发展阶段。该时期古亚洲大陆板块由北向南做顺时针漂移，新生的太平洋洋壳板块向古亚洲大陆板块俯冲并由南向北做逆时针漂移。两大板块在平面上一西一东“错位”相向漂移，使中国东部长期处于强烈左旋剪切应力场作用下。该时期经历了三叠纪拱升、早—中侏罗世初始张裂、晚侏罗世褶断、早白垩世断拗、晚白垩世隆升萎缩5个构造演化阶段。

三叠纪期间区域地壳隆起，导致三叠纪沉积间断，仅局部发育，并有强烈的火山活动，伴有酸性岩浆侵入。早—中侏罗世，由于太平洋板块向欧亚板块的俯冲作用，研究区在长期隆起的基础上地壳减薄，主要在二连盆地东北部和西南部形成北北东—北东向扩张裂谷，接受沉积，形成断陷型盆地。晚侏罗世，太平洋板块向亚洲大陆的俯冲作用增强，本区产生大规模构造反转，导致上侏罗统地层部分缺失和中—下侏罗统发育大量逆冲断裂，使得二连盆地呈北东向延伸趋势，火山活动频繁，沿着北东—北北东向断层，形成一套火山岩和火山碎屑岩。到早白垩世时，二连盆地进入了大陆裂谷演化阶段，演化过程分为早期断陷充填阶段、中期快速深陷阶段和晚期盆地萎缩阶段。晚白垩世二连盆地继续隆升。而后，二连盆地进入持续性的稳定调整期。二连盆地进入后裂谷时期后，盆地内构造运动微弱，沉积作用基本停止，其处于静止和死亡状态，新生代也无成盆史。

中—新生代区内经历多次构造抬升与反转，发育中—下侏罗统与上侏罗统之间、上侏罗统与下白垩统之间、腾格尔组与赛汉塔拉组之间、下白垩统与上白垩统之间、白垩系与古近系之间5个角度不整合，以及腾格尔组与阿尔善组之间1个平行不整合。受构造抬升的影响，区内大部分断陷地层剥蚀厚度为300～700m，尤其是赛汉塔拉期末的整体抬升，导致二连盆地晚白垩世—新近纪长期遭受风化剥蚀，仅局部地区发育上白垩统与古近系，并导致大部分地区腾格尔组中上部烃源岩未进入成熟阶段，严重影响了盆地的油气资源。此外，伴随构造抬升，盆地也发生了多期构造反转，使早期的负向构造单元反转成正向的背斜或鼻状构造，为岩性地层油气藏的形成创造了条件，如巴音都兰凹陷巴Ⅰ号、巴Ⅱ号鼻状构造等。

第四节　岩浆活动特征

受西伯利亚板块和中朝板块相互交切、太平洋板块生成、库拉板块向亚洲板块俯冲消减的影响，二连盆地沿深断裂形成了几条岩浆岩带：二连－贺根山岩浆岩带、温都尔庙－西拉木伦岩浆岩带、沙那岩浆岩带、达青牧场岩浆岩带、开原－赤峰岩浆岩带等。其中以二连－贺根山岩浆岩带、温都尔庙－西拉木伦岩浆岩带为主。

二连－贺根山区域断裂向西延入蒙古境内，向东经苏尼特左旗北、贺根山，一直延伸到大兴安岭附近，被中新生代火山岩掩盖（内蒙古自治区地质矿产局，1991）。大量海西期的花岗闪长岩体、超基性岩体广泛分布于该断裂带两侧。其中，超基性岩为代表性蛇绿岩，以含纯橄榄岩和铬铁矿的方辉橄榄岩为主，并且都遭受了强烈的蛇纹石化（白文吉等，1995；王荃等，1991）。

温都尔庙－西拉木伦区域断裂北侧发育宝音图群变质岩及奥陶系—志留系增生杂岩和蛇绿岩。在双井地区发现的蛇绿岩套（王友等，1999），其蚀变玄武岩中的锆石U-Pb一致性年龄为344.6Ma（樊志勇，1996），反映该洋壳残片应该是石炭纪—二叠纪产物。

二连盆地发育之前沿基底断裂和复背斜核部有加里东期、海西期和印支期岩浆岩活动，其中以海西期最为发育。主要为黑云母花岗岩、花岗闪长岩、石英闪长岩及基性、超基性岩（焦贵浩等，2003）。印支期为隆升期，在盆地内苏尼特左旗和盆地北部边缘一带及乌尼特拗陷的东南高力罕牧场东部一带有同位素年龄为1.9亿～2.25亿年的斑状黑云母花岗岩出露。二连盆地临近大兴安岭附近的一些凹陷，存在四次火山喷发，形成兴安岭群、阿尔善组三段、腾格尔组二段顶部和赛汉塔拉组顶部的火山岩系。燕山期晚侏罗世沿断裂大规模火山喷发，区内堆积了一套巨厚的酸－中－基性陆相火山岩系，尤其在镶黄旗—阿巴嘎旗—巴音都兰一线以东、大兴安岭以西地区发育，火山岩厚达4000～5000m，盆地西部减薄以至消失。此套火山岩和火山碎屑岩称为兴安岭群。在早白垩世阿尔善组、腾格尔组及赛汉塔拉组都夹有一些玄武岩、安山岩。钻井中部分火山岩同位素年龄测定结果在95.6Ma～167.26Ma，大部分小于133Ma，时代为早白垩世早期。第四纪出现了大面积橄榄玄武岩喷发，阿巴嘎旗地区－锡林浩特附近的玄武岩平台总面积达16000km^2，受北西向断裂控制（任战利，1998）。

第二章 碎屑岩储层沉积相类型及其特征

早白垩世时二连盆地是由许多具有相似发育史的、分散的小断陷凹陷构成的凹陷群，具有分割性强、凹陷多、湖盆小和发育时间短的特征，沉积环境严格受古地形的制约。总体而言，碎屑物质来自巴音宝力格、温都尔庙、苏尼特和大兴安岭四大隆起区，但各凹陷周边的高地均为独立的物源区，形成多物源、近物源、粗碎屑、短水系、沉积速度快、火山活动频繁等沉积背景。

多年的勘探开发实践表明，二连盆地下白垩统含油气碎屑岩储层主要为砾岩、砂砾岩与砂岩，其沉积相类型主要为近岸水下扇、远岸水下扇、扇三角洲及辫状河三角洲（表 2-1）。

表2-1　二连盆地下白垩统碎屑岩储层主要沉积相类型

相	亚相	微相
近岸水下扇	扇根	主水道
	扇中	辫状水道，水道侧翼，水道间
	扇端	席状砂，浊积砂
远岸水下扇	内扇	块体流，泥石流
	中扇	辫状沟道，沟道侧翼，沟道间
	外扇	席状砂，浊积砂
扇三角洲	扇三角洲平原	分流河道，漫滩，沼泽
	扇三角洲前缘	水下分流河道，水下分流河道间，河口坝，席状砂
	前扇三角洲	浊积砂，湖泥
辫状河三角洲	辫状河三角洲平原	分流河道，河道间
	辫状河三角洲前缘	水下分流河道，水下分流河道间，河口坝，远砂坝
	前辫状河三角洲	浊积砂，湖泥

上述各种类型砂体的分布模式受控于凹陷结构类型，不同结构类型的凹陷具有不同的砂体分布特征（图 2-1）。

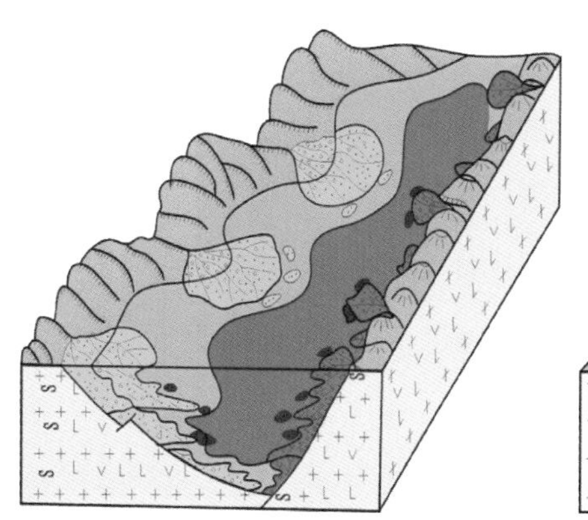

单断式凹陷

陡带发育近岸水下扇和扇三角洲，碎屑物质短距离搬运，具有岩性粗、砂砾岩厚度大、成熟度较差的特点，斜坡带主要发育辫状河三角洲。储层物性相对较好，如巴音都兰凹陷南洼槽、乌里雅斯太凹陷雅南洼槽等

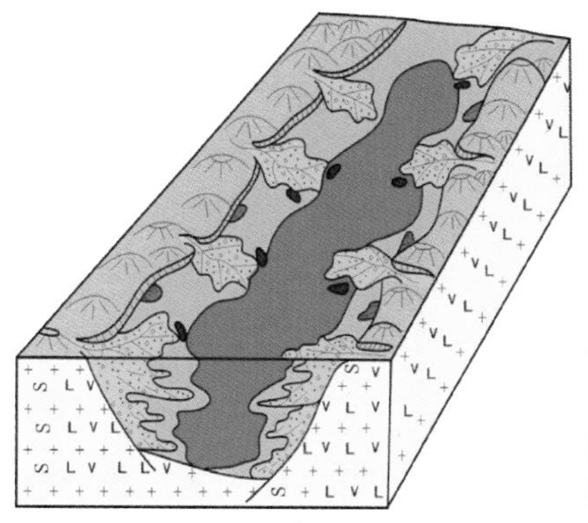

双断式凹陷

两侧均发育扇三角洲相砂体，属于高能环境下的粗碎屑沉积，湖域较宽广，陆上沉积比重小，岩性粗、砂体厚度大、扇体前缘搬运距离较远、物性较好，如乌兰花凹陷南洼槽

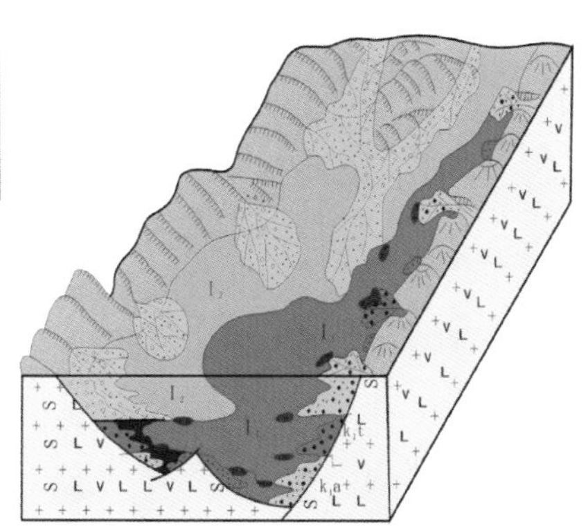

有中央构造带的单断式凹陷

砂体成因类型多样，斜坡带主要发育小型辫状河三角洲，陡带发育扇三角洲和近岸水下扇，长轴方向发育大型辫状河三角洲，储层储集物性较好，如阿南凹陷、赛汉塔拉凹陷等

图 2-1　凹陷结构类型与沉积相的空间分布（据祝玉衡和张文朝，2000）

第一节 近岸水下扇

近岸水下扇是断陷湖盆（凹陷）陡岸侧发育的沉积体系，主要是洪水期山区河流携带大量粗细不等的陆源碎屑直接入湖，并在湖盆入口处快速堆积于水下形成的扇状沉积体（图 2-2）。其扇体基本上位于水下，以粗碎屑的重力流快速沉积为主。近岸水下扇受陡地形、深水体的控制，是在湖盆稳定下沉和大规模水进的背景上形成的。

图 2-2 近岸水下扇（加拿大）

近岸水下扇相可分为扇根、扇中和扇端3个亚相，砾岩、砂砾岩主要见于扇根和扇中水道，砂岩主要见于扇端。

一、分布特征

近岸水下扇沿物源高地的边缘分布，在平面上呈扇状或朵状分布。扇根紧邻断陷与物源高地的边缘分布，向湖盆方向依次为扇中和扇端。

由图2-3可见，位于阿尔善构造带的火山活动造成的火山喷发区构成了阿南凹陷阿三段近岸水下扇的物源区。围绕火山喷发区形成了近岸水下扇，主要向东南和南方延伸，扇根、扇中和扇端在平面上依次分布。夫特砾岩油藏即位于该近岸水下扇的扇根。

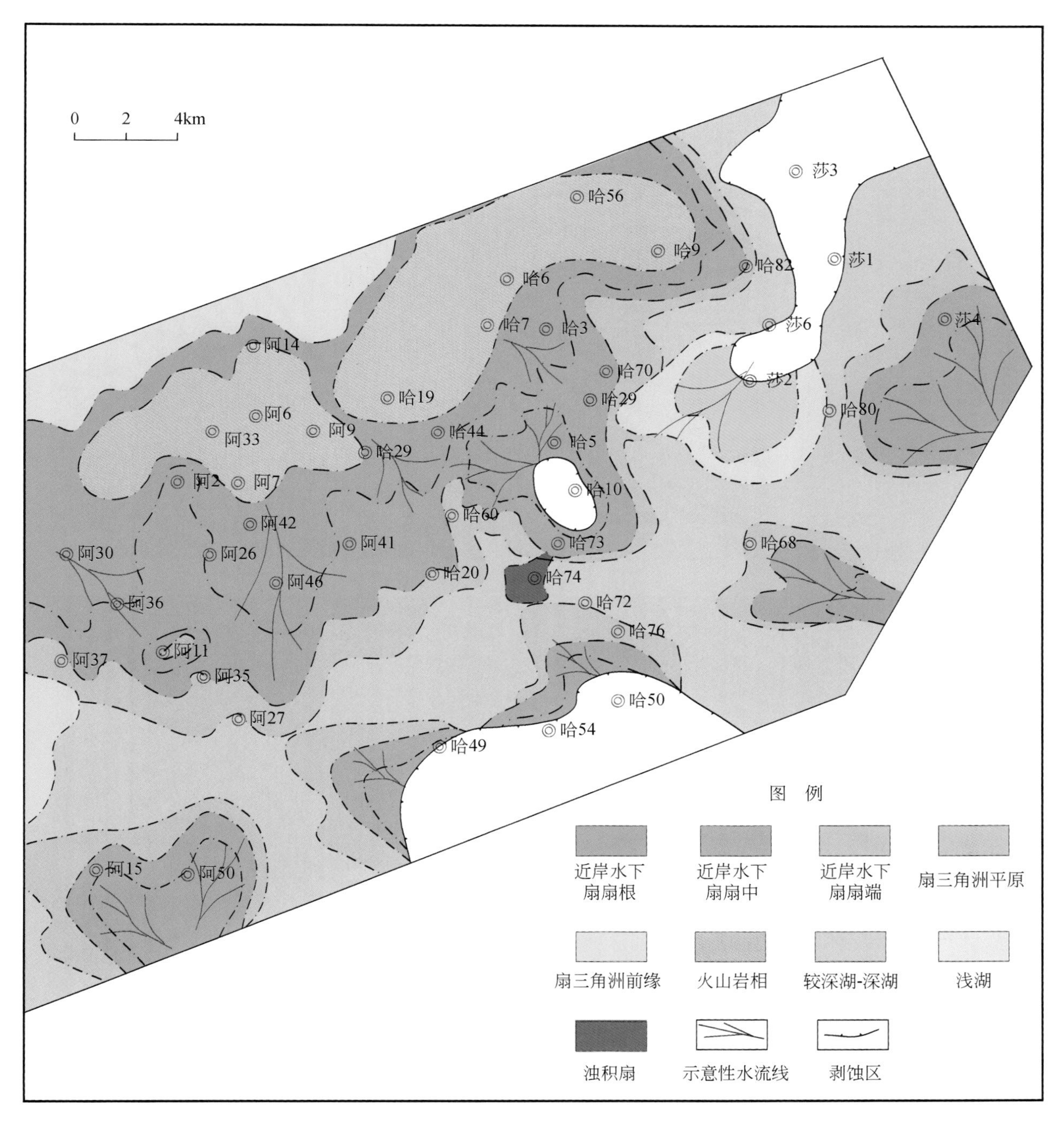

图2-3 阿南凹陷阿三段沉积相平面图

二、地震相特征

近岸水下扇在地震剖面图上的主要识别标志如下（图 2-4）：①与边界断层相邻，近于垂直断层方向延伸；②陡带发育的近岸水下扇扇体的古地形坡度较大；③内部反射连续性差，具有斜交前积特征；④其上下被具有连续反射特征的泥岩覆盖。

过赛 82 井近岸水下扇位于陡带边界断层根部，顺物源方向剖面（*AA′*）扇体坡度大，向盆内逐渐减薄，内部为斜交前积相，扇根内部无反射，扇中及扇端部位断续反射，中 - 弱振幅高频，连续性差。垂直物源方向剖面（*BB′*）为丘形相（图 2-3）。岩性主要为砾岩、砂砾岩，砾石磨圆度为次棱 - 次圆状，分选中等，自然电位曲线为齿化箱形 + 漏斗形组合。

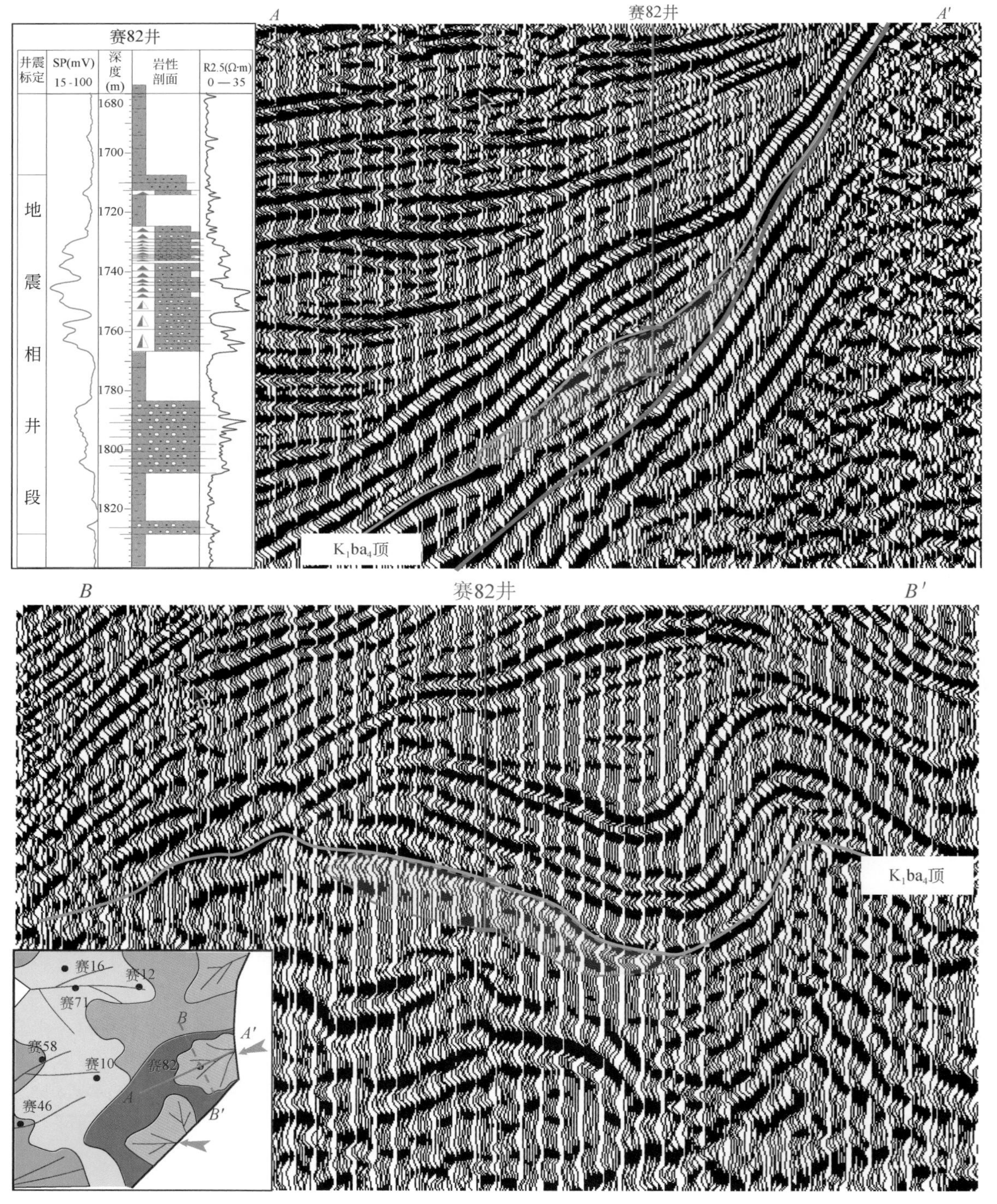

图 2-4 赛汉塔拉凹陷腾一段近岸水下扇地震相（赛 82 井）

三、垂向沉积序列

近岸水下扇几乎全部位于水下，扇体上下一般为深湖相的泥岩，底部为冲刷接触。扇体内部的垂向沉积序列表现为多个下粗上细的正递变层叠置序列，扇根部位为块状层。扇根及扇中水道部位一般为砾岩、砂砾岩，成分成熟度与结构成熟度均较低，以重力流沉积为主，可夹有牵引流沉积。

哈39井阿三段位于近岸水下扇扇中亚相（图2-5），岩性以杂色厚层块状细砾岩、中砾岩为主，砾岩单层具有正递变序列，厚5～8m，最厚达12m，总厚近100m。在垂向上为连续的正递变叠置层，反映了扇中水道持续而稳定发育，整体形成厚度较大的砾岩储层。水动力条件强。正递变层底部发育冲刷构造，砾岩中包含泥砾和碳化植物茎。砾石具有定向性排列。自然电位曲线为中幅波状箱形、高幅锯齿状、指状箱形组合。

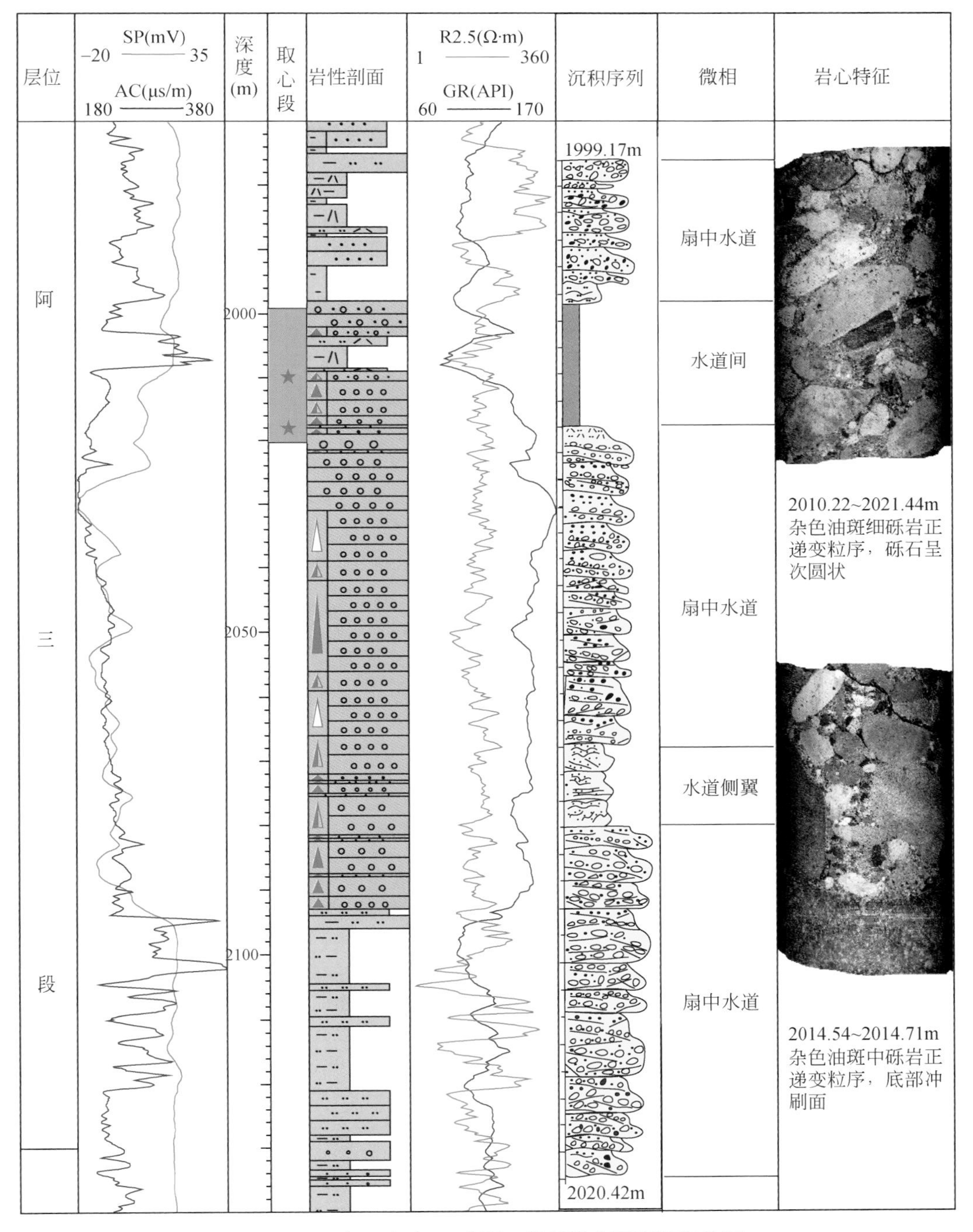

图2-5　阿南凹陷哈39井阿三段近岸水下扇沉积特征

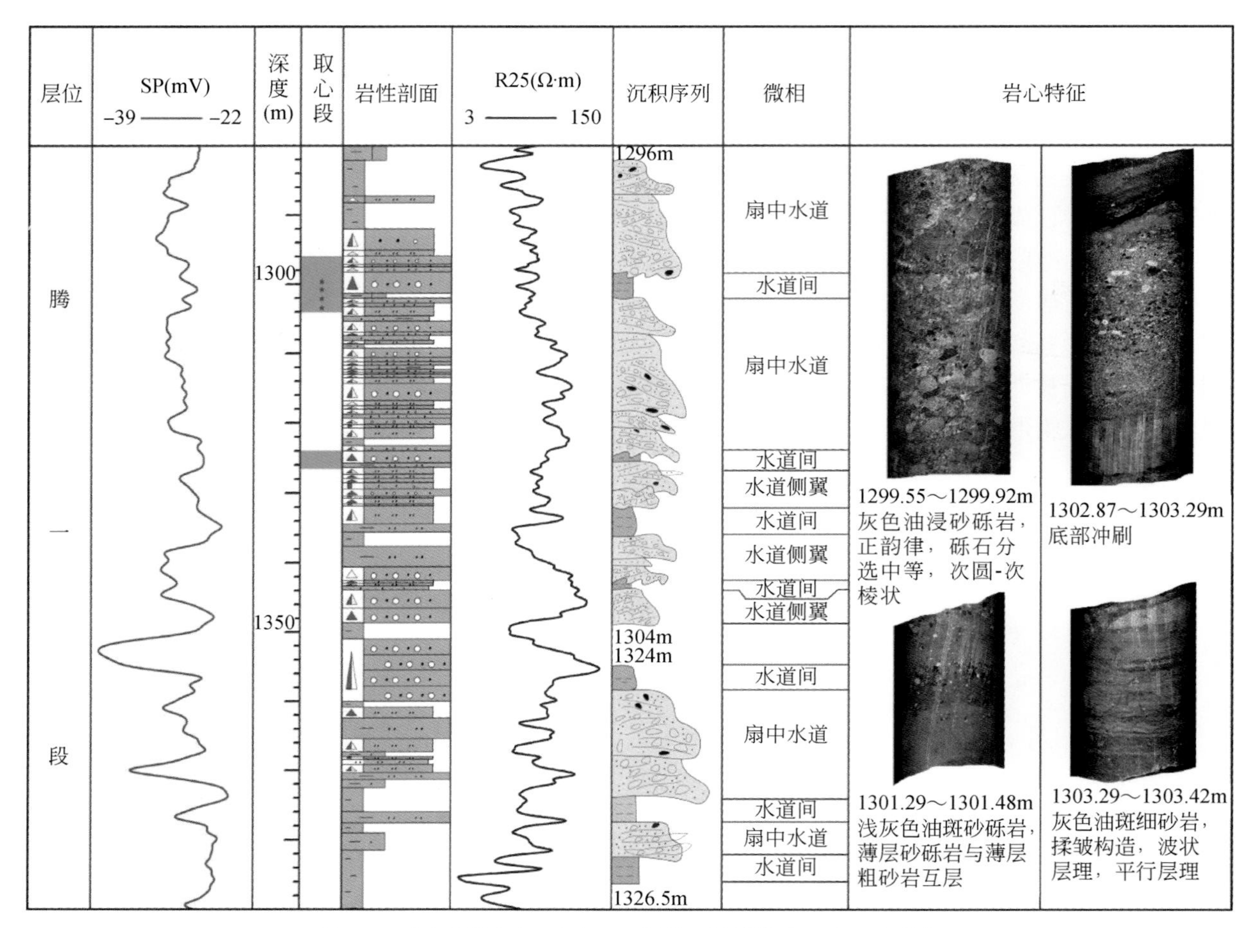

图 2-6 吉尔嘎朗图凹陷吉 60 井腾一段近岸水下扇沉积特征

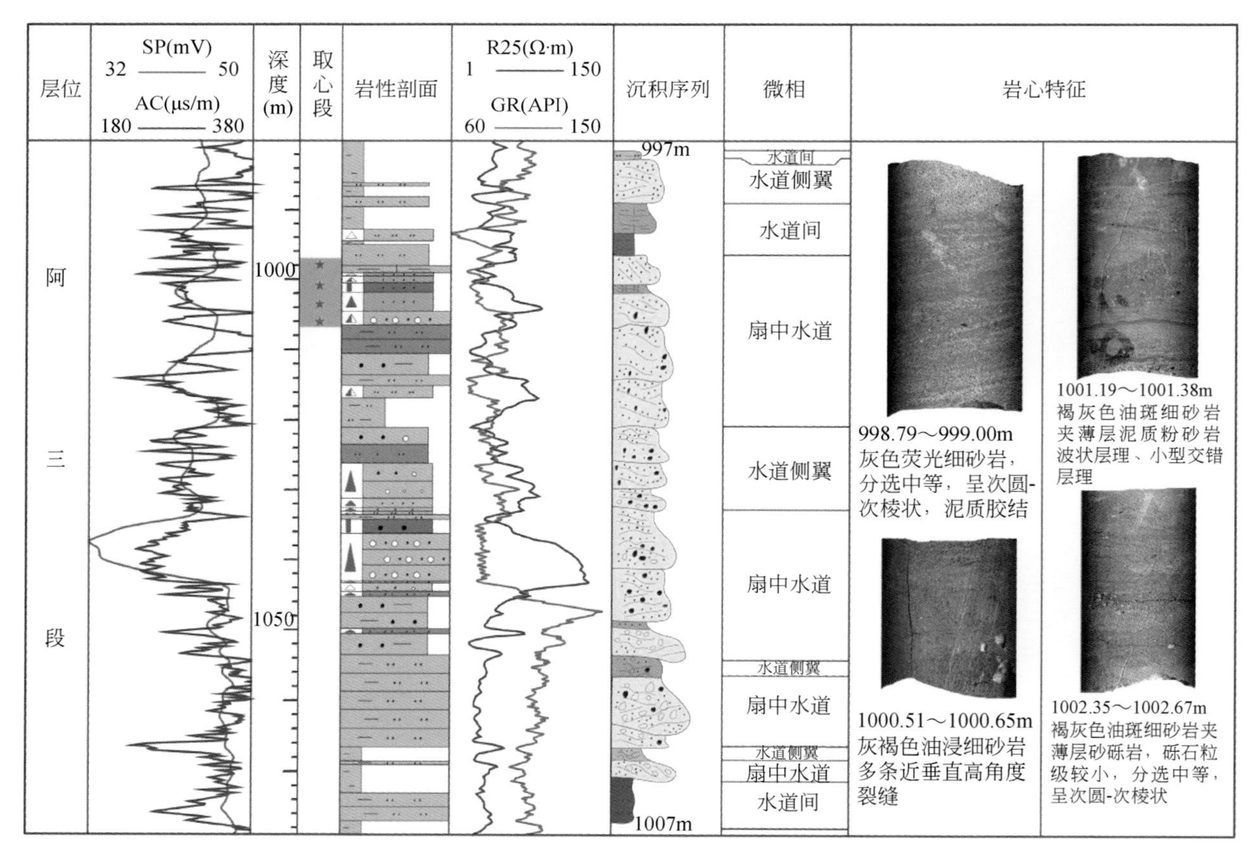

图 2-7 阿南凹陷哈 50 井阿三段近岸水下扇沉积特征

吉 60 井腾一段、哈 50 井阿三段均为典型的近岸水下扇沉积（图 2-6 和图 2-7），但其发育特征与哈 39 井阿三段不同，表现为扇中水道发育连续性较差，中间被多层湖相沉积隔开。单个正递变层的厚度较小，粒度相对较细，代表了扇中向扇端过渡的沉积。

近岸水下扇砂岩粒度分布特征可分为 6 种概率曲线类型（图 2-8）。

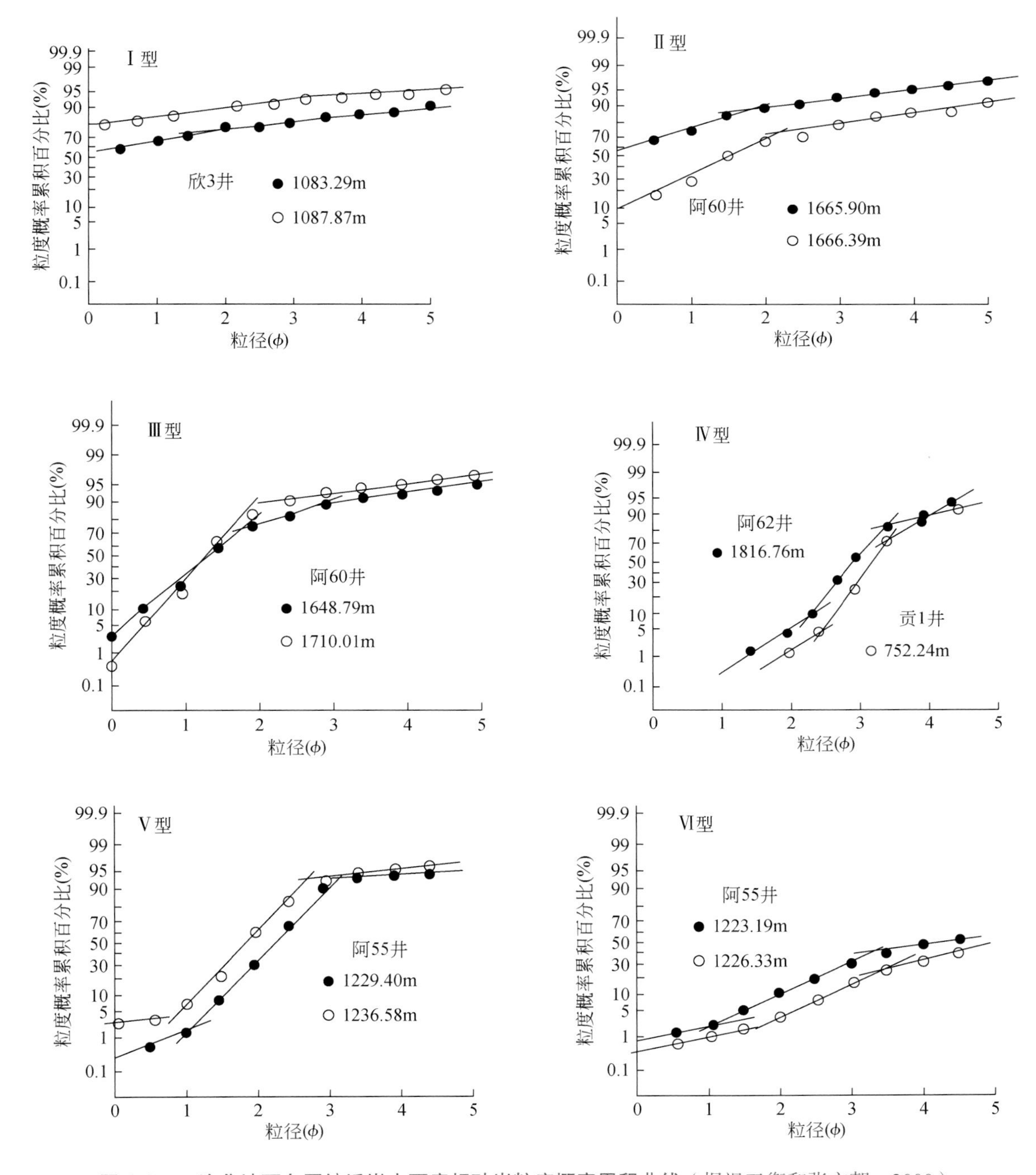

图 2-8　二连盆地下白垩统近岸水下扇相砂岩粒度概率累积曲线（据祝玉衡和张文朝，2000）

Ⅰ型：单段式，属于悬浮总体，粒级范围宽（-1～5ϕ），代表扇根亚相的密度流沉积，分选性极差，岩性以发育块状层理的含泥砂质砾岩、中粗砂岩为主。

Ⅱ型：由跳跃总体和悬浮总体构成的两段式，跳跃总体斜率低，分选性差，含量为40%～50%，悬浮总体含量为50%～60%，细截点为1.5～2.5ϕ。代表扇中水道微相分选性很差、具有不规则楔状交错层理的含泥砾质中粗砂岩的粒度曲线特征。

Ⅲ型：由跳跃总体和悬浮总体构成的两段式，跳跃总体斜率较大，含量为70%～85%，悬浮总体斜率为7°～15°，细截点为2～2.5ϕ。属于扇中水道微相上部分选性较好，具有板状交错层理和平行层理的细、中砂岩的粒度曲线特征。

Ⅳ型：由跳跃总体和悬浮总体构成的两段式，跳跃总体斜率较大，含量为60%～80%，冲刷回流分界点为2.25～2.75ϕ。悬浮总体分选性差。分选中等偏好，具有小型交错层理的细粒砂岩的粒度曲线特征。

Ⅴ型：为三段式，发育滚动、跳跃和悬浮3个总体，滚动总体斜率小，含量小于3%，粗截点为0.5～1ϕ；跳跃总体斜率大，含量为75%～85%，细截点为2.25～2.75ϕ；悬浮总斜率小于10°，分选性极差。代表中等水流条件，属于水道前缘微相分选性较好、具有板状交错层理的中细砂岩的粒度曲线特点。

Ⅵ型：为三段式，3个总体斜率均较小，几乎是连续过渡。代表扇端亚相分选性很差、具有小型交错层理的泥质砂岩的粒度曲线特征，属于弱水动力条件下的沉积。

第二节 远岸水下扇

远岸水下扇主要是扇三角洲、辫状河三角洲或近岸水下扇因地震、特大洪水等外力作用滑塌而产生的沉积物重力流在流向深洼时形成的扇状浊积沉积体系，少数为具有补给水道的重力流沉积。其形成受远岸深湖地带的陡地形、深水体等控制，表现为大段湖相泥岩中一套正粒序沉积序列。在乌里雅斯太、赛汉塔拉和吉尔嘎朗图等凹陷中较为典型。

一、分布特征

以乌里雅斯太凹陷南洼槽为例，凹陷边部发育扇三角洲，凹陷中南部发育同沉积断层，造成了扇三角洲发育区向湖底快速变深的深洼地带（下降盘）。受某种突发性的地质营力（如滑塌、山洪暴发）的影响，已沉积的扇三角洲沉积物发生滑塌，形成碎屑物质与水混合的高密度流，在深湖地带发育了向西北延伸的远岸水下扇。自南向北依次识别出太61-太21、太29-太参1、太27和太53等多个典型的远岸水下扇，呈“梳”状并排分布，延伸展布方向与其东侧的坡折带近乎垂直。远岸水下扇延伸距离一般为3～4.5km，单个扇体分布一般为3～10km^2，成群分布，多期发育，纵向上相互叠置，横向上叠加连片（图2-9）。

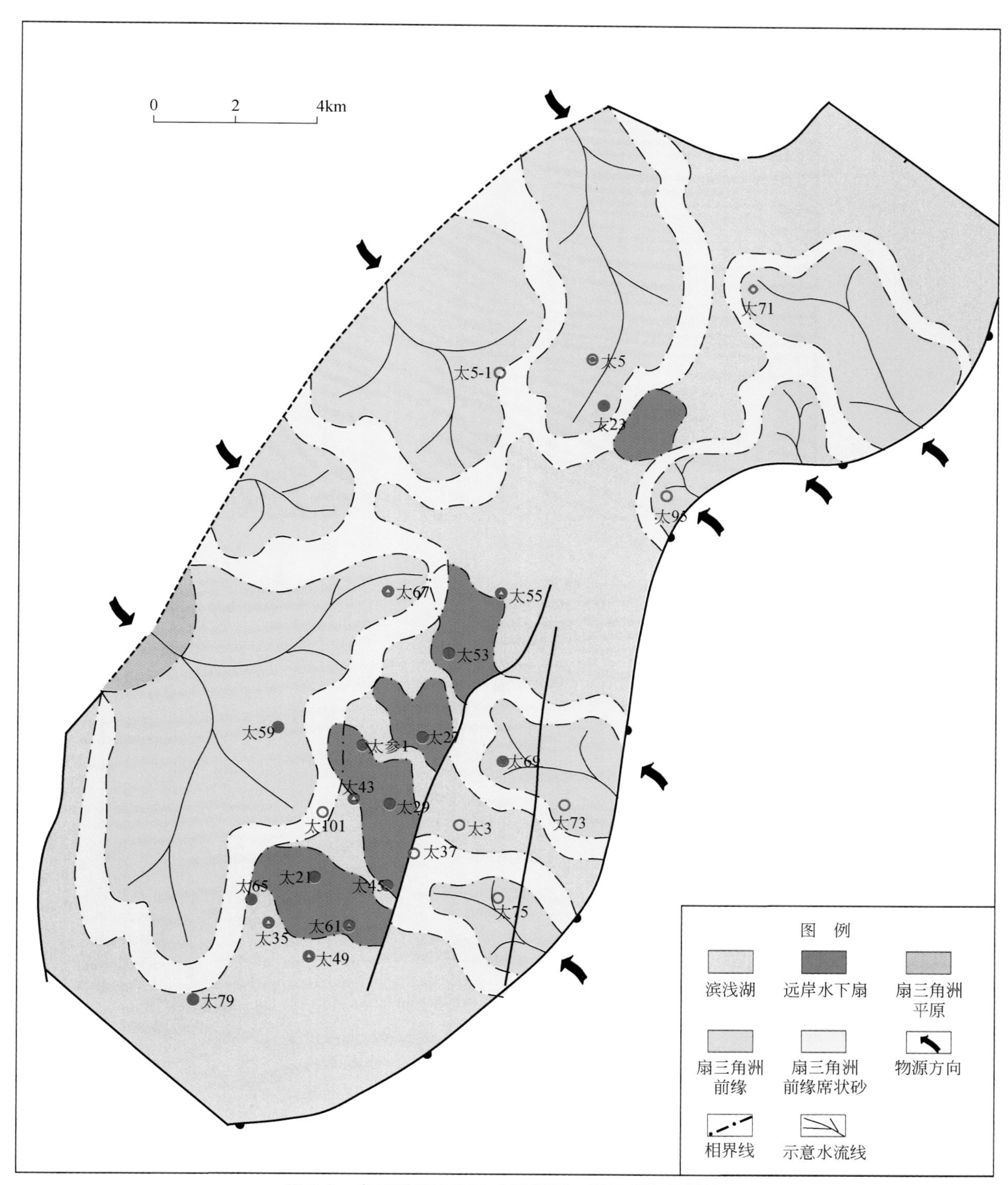

图 2-9 乌里雅斯太凹陷南洼槽腾一段沉积相平面图

二、地震相特征

远岸水下扇的地震相呈透镜状或丘形，其内部的反射结构一般表现为斜交前积、双向下超或乱岗状，被包围在连续平行的席状地震相中。

根据主体岩石类型，远岸水下扇可分为砾质和砂质两类。砾质远岸水下扇以乌里雅斯太凹陷太 21 井为代表，砂质远岸水下扇以赛汉塔拉凹陷赛 66 井为代表。

过太 21 井远岸水下扇顺物源方向剖面（*AA′*）为丘形相，向深湖方向倾斜，内部为杂乱 - 乱岗状反射；垂直物源方向剖面（*BB′*）为透镜状相，内部为杂乱反射。岩性主要为砾岩和砂砾岩，砾石磨圆度为次棱 - 次圆状，分选性中等，自然电位曲线为低幅箱形（图 2-10）。

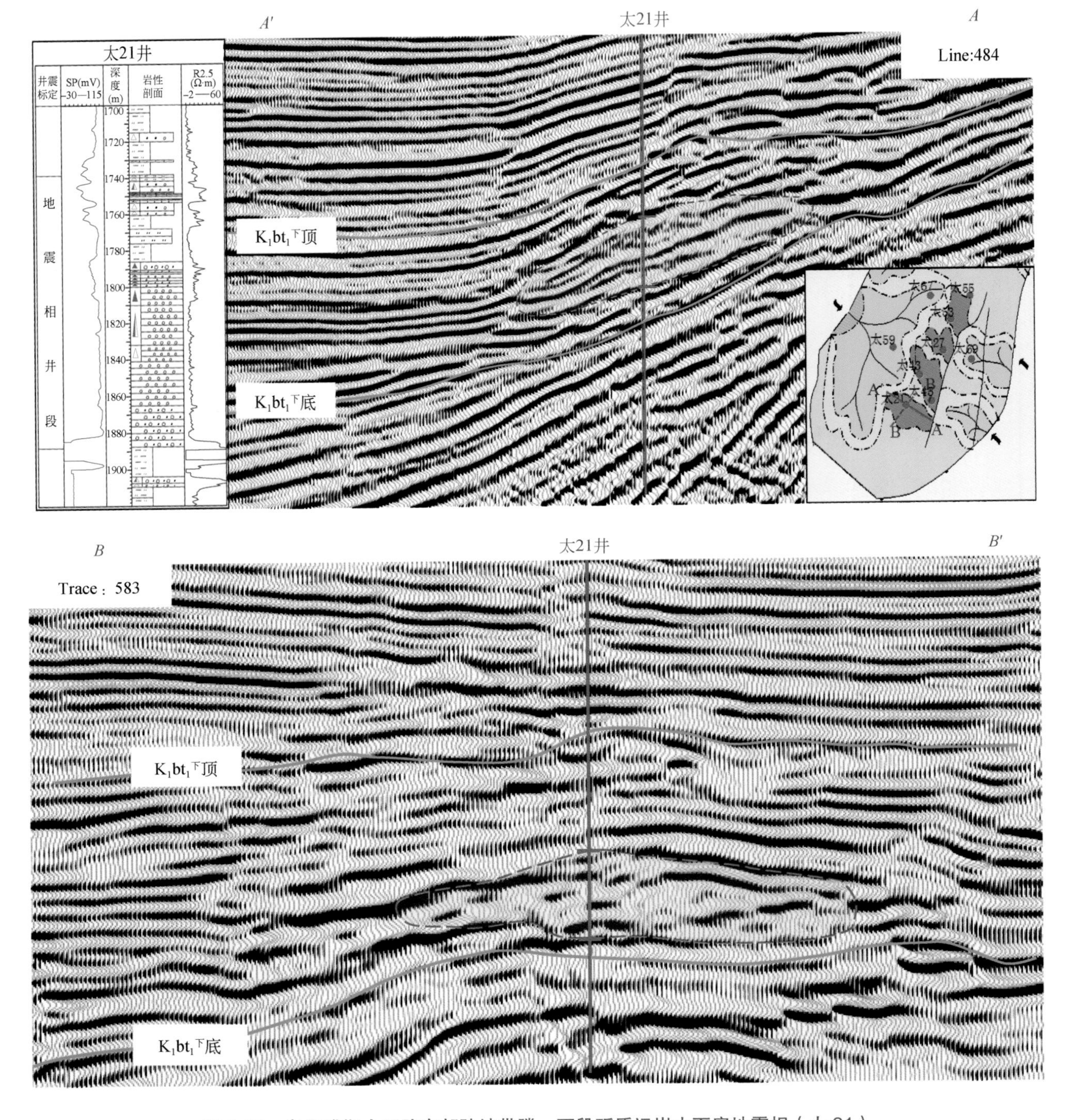

图 2-10 乌里雅斯太凹陷东部陡坡带腾一下段砾质远岸水下扇地震相（太 21）

过赛 66 井远岸砂质水下扇顺物源方向剖面（*AA′*）为丘形相，内部为亚平行反射结构，反射同相轴连续性好，具有较明显的双向下超特征；垂直物源方向剖面（*BB′*）地震相与 *AA′* 剖面相似，也为亚平行丘形相。岩性主要为含砾砂岩和砂岩夹薄层泥岩，磨圆度为次棱－次圆状，分选性中等，自然电位曲线为低幅箱形＋钟形（图 2-11）。

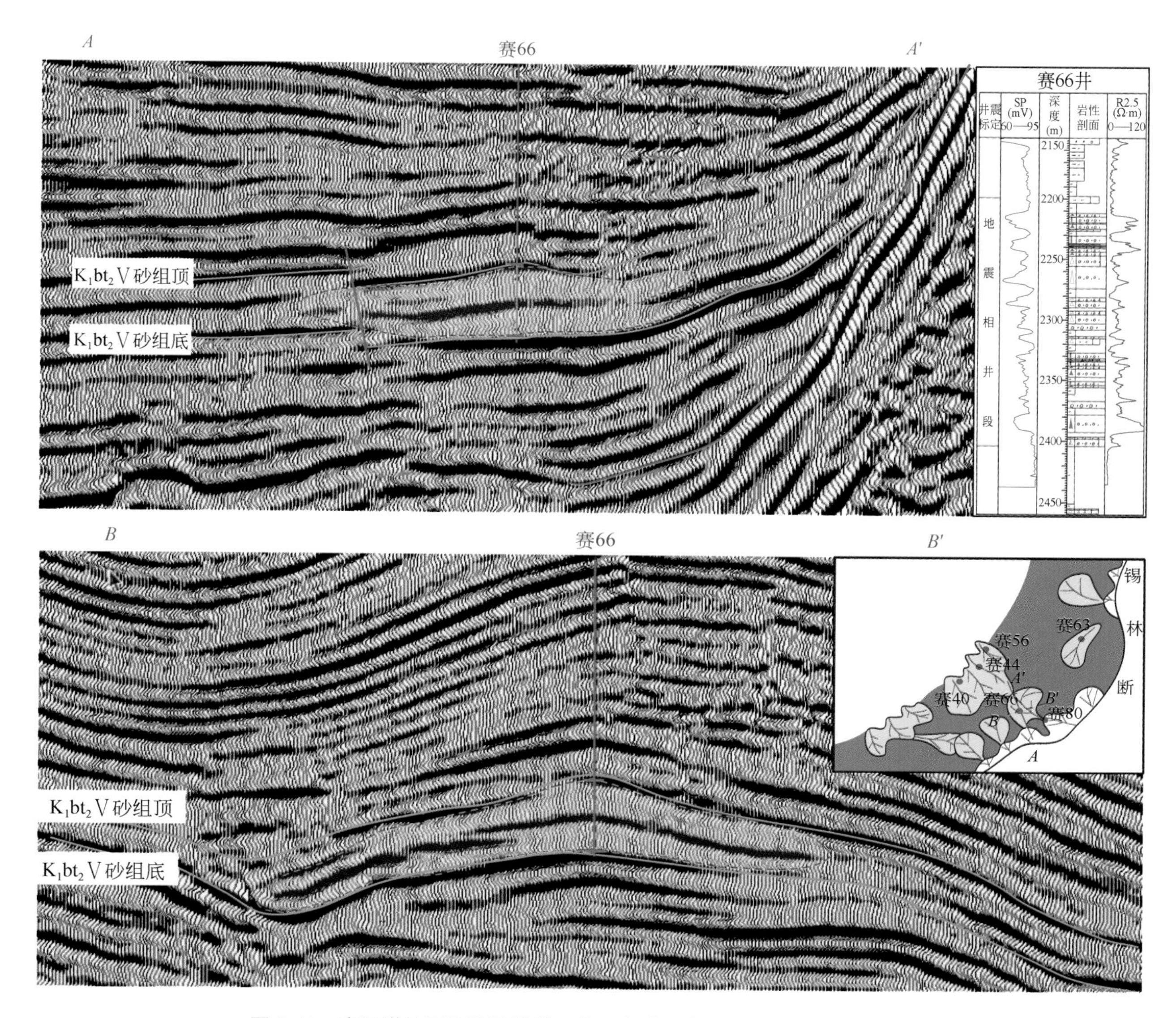

图 2-11　赛汉塔拉凹陷陡坡带腾二段远岸砂质水下扇地震相（赛 66 井）

三、垂向沉积序列

二连盆地不同凹陷、不同地层的远岸水下扇的单层厚度、序列组合及粒级变化较大，但始终是由下粗上细的正韵律层序构成的沉积序列。内扇为厚层的“*AA*”序递变叠覆层，底部以冲刷或突变与下伏湖相泥岩接触，岩性多以块体流或水下泥石流成因的砾岩、砂砾岩为主。向上粒级有规律地变细，构成“*AC*”和“*AB*”叠覆序列。中扇的辫状沟道的沉积序列近似于内扇，水道间多以各种层理的砂岩为主，夹粉砂岩和泥岩，构成“*BCDE*”序列。外扇则以中－薄层砂岩－粉砂岩－泥岩为主，构成小型正递变序列，反映了远源低能沉积环境。

图 2-12 显示了太 21 井砾质远岸水下扇的沉积特征。图下部中扇亚相辫状沟道微相的岩性以中粗砾岩、砂质细砾岩为主，厚度达 100m，由正递变叠置层组成，反映了辫状沟道连续发育，自然电位曲线为中－高幅箱形负异常组合。图 2-12 上部则为沟道发育不连续、其间被沟道间的泥岩隔开的小型远岸水下扇，相层序表现为正韵律，正递变层底部与下伏泥质岩为冲刷接触。

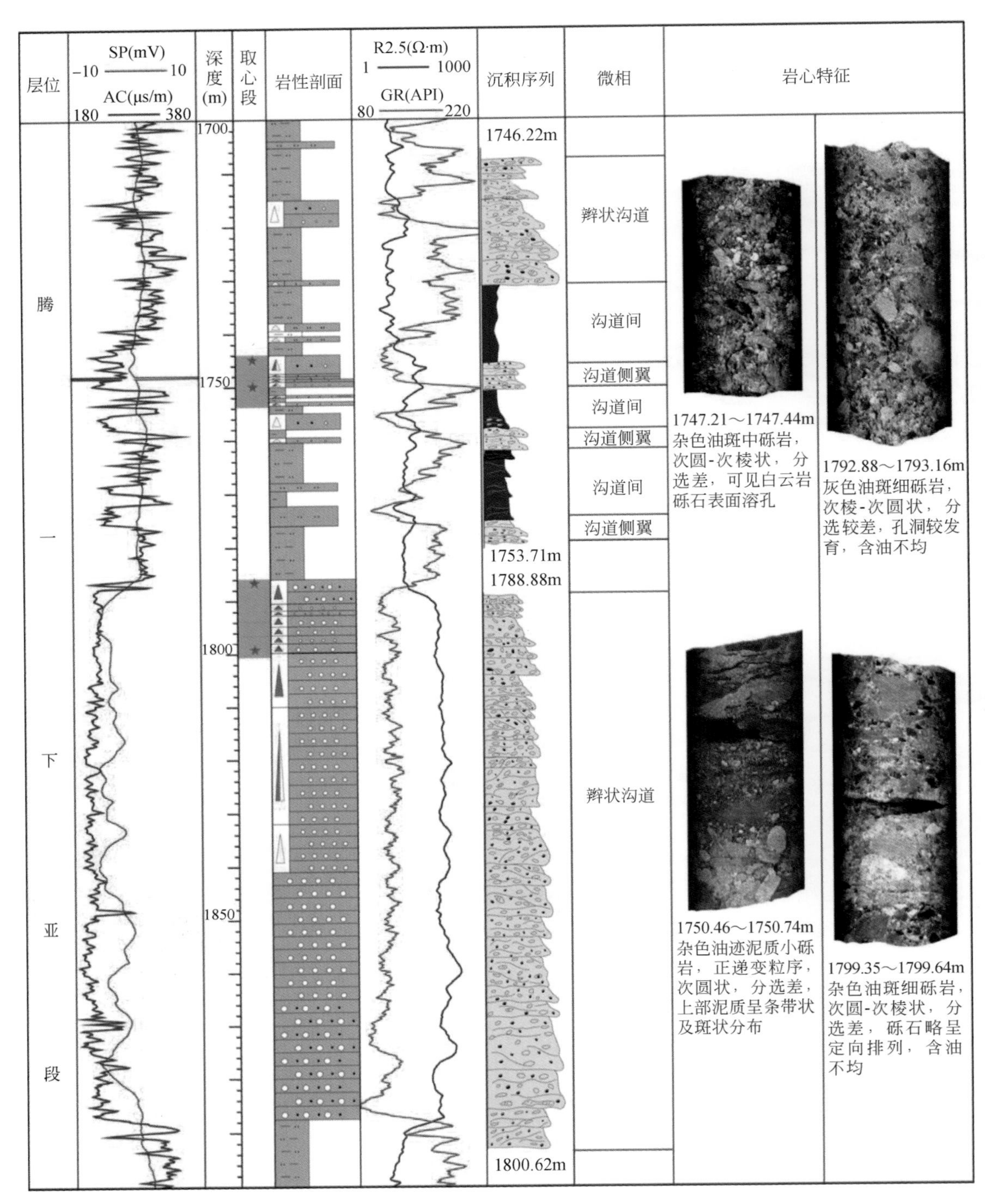

图 2-12　乌里雅斯太凹陷太 21 井远岸水下扇沉积特征

赛 66 井腾二段砂质远岸水下扇由多个正递变叠置层组成，各个正递变叠置层间被沟道侧翼和沟道间薄层泥质粉砂岩和深灰色泥岩隔开，反映了远岸水下扇发育不连续。中扇亚相辫状沟道微相的岩性以含砾砂岩为主，砂砾岩次之，厚 10 ～ 20m，最厚达 30m。自然电位曲线为中幅齿化箱形、钟形负异常组合。单个正递变层厚 1 ～ 2m，最厚可达 3m，底部与下伏泥岩为冲刷接触，向上渐变（图 2-13）。

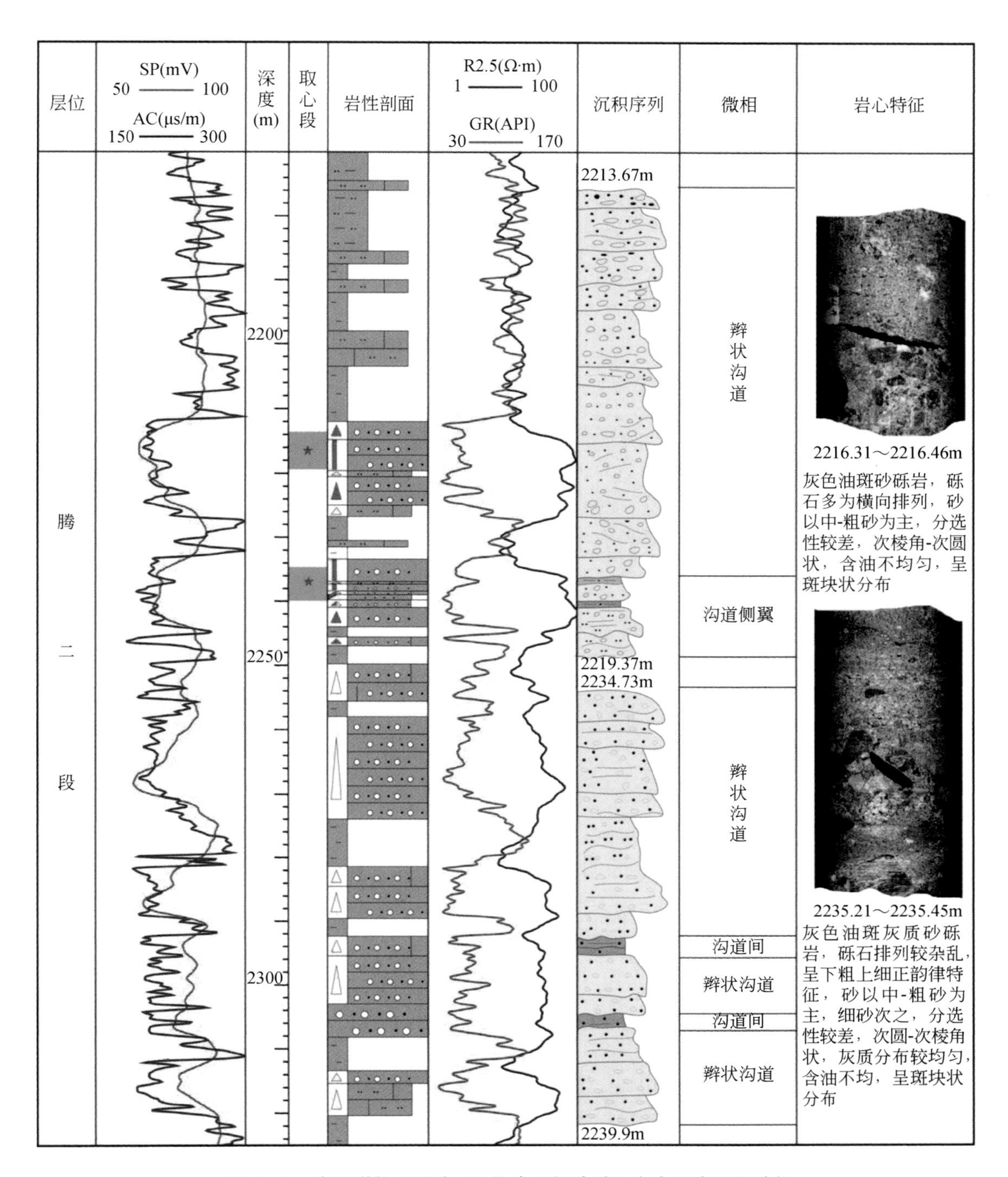

图 2-13　赛汉塔拉凹陷赛 66 井腾二段砂质远岸水下扇沉积特征

远岸水下扇相不同粒度、不同微相的砂岩的粒度概率曲线基本可分为 4 种类型（图 2-14）。

Ⅰ型：两段式。跳跃总体含量为 50% ～ 65%，斜率低，分选性较差，泥质含量较高，属于递变层理段中下部含泥不等粒砂岩的粒度曲线特点。

Ⅱ型：两段式。跳跃总体含量为 50% ～ 80%，细截点为 2 ～ 3.0ϕ，分选性较好，反映浊积岩中具有平行层理的中 - 细砂岩的粒度曲线特点。

Ⅲ型：两段式，具有双跳跃结构。跳跃总体 *A* 段含量为 20% ～ 30%，*B* 段含量为 25% ～ 35%，冲刷回流分界点在 2ϕ 附近。为具有变形层理的粉 - 细砂岩的粒度曲线特点。

Ⅳ型：两段式。跳跃总体含量为 30% ～ 50%，悬浮总体占 40% 以上，代表断续水平层理的粉 - 细砂岩的粒度曲线特点。

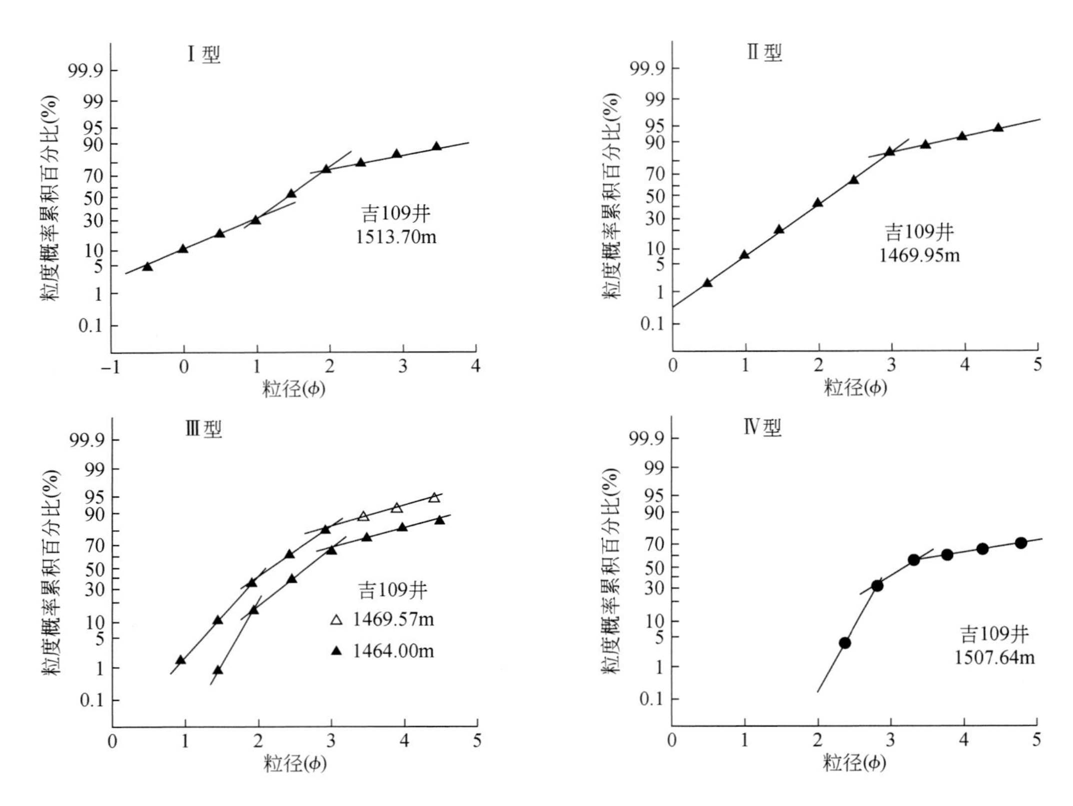

图 2-14 远岸水下扇相砂岩粒度概率累积曲线（据祝玉衡等，2000）

第三节 扇三角洲

扇三角洲主要是由冲积扇入湖形成的扇状沉积体，以牵引流沉积为主，常夹有重力流沉积，后者主要在突发性山洪暴发等地质营力的作用下形成。发育在断陷湖盆陡岸或较陡的缓岸。

图 2-15 和图 2-16 分别显示了潮湿气候和干旱气候条件下的扇三角洲的总体面貌。由图可见，扇三

图 2-15 潮湿气候条件下的扇三角洲（美国普吉特湾）

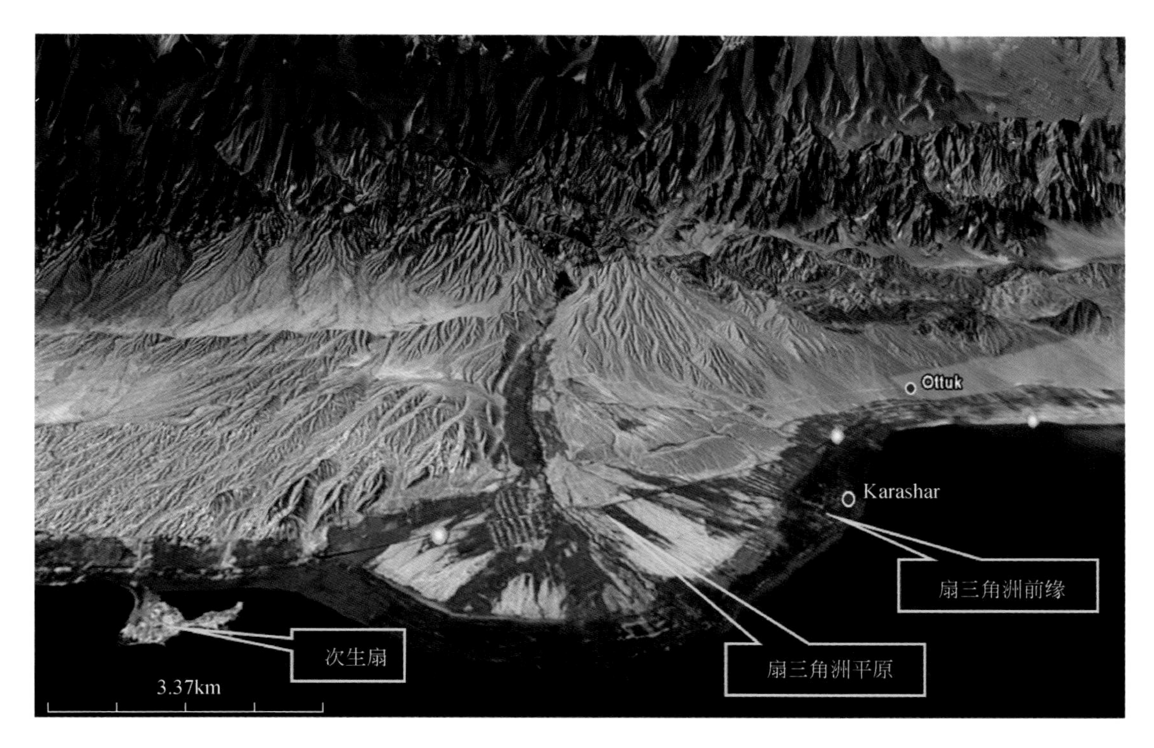

图 2-16 干旱气候条件下的冲积扇－扇三角洲（新疆天山南麓东北部——喀喇沙尔）

角洲与近岸水下扇的不同之处在于具有明显的陆上部分、过渡区和水下沉积部分。陆上部分主要是冲积扇，可称为扇三角洲平原，多为近源的砾质辫状河沉积，一般以牵引流沉积为主，夹有重力流沉积。水下沉积部分包括扇三角洲前缘和前扇三角洲部分。

一、沉积相分布特征

扇三角洲主要分布在单断凹陷的陡坡和双断凹陷的两侧，发育在湖盆演化早期充填沉积阶段和湖盆回返初期断拗沉积阶段。巴音都兰凹陷南洼槽阿四段发育典型的扇三角洲沉积（图 2-17）。巴音都兰凹陷呈北东－南西向，其陡带和缓坡带的阿四段发育多个扇三角洲，陡带边缘为扇三角洲平原，发育范围相对较小，相带较窄，以辫状水道沉积为主。水道向西北方向延伸，进入湖盆发育了扇三角洲前缘，分布范围较大，以水下分流河道微相的砾岩、砂砾岩为主。向湖中心则发育连续成片的扇三角洲前缘席状砂，以砂岩为主。

二、地震相特征

二连盆地扇三角洲分为持续建设型和阶段建设型两种类型。

持续建设型扇三角洲是指在凹陷的同一空间区域扇三角洲持续发育，在垂向上多期叠置，组成扇体的岩石主要为厚层砾岩、砂砾岩，与物源区构造活动强烈导致的持续抬升有关。如阿尔凹陷东部陡带阿四段阿尔 1 井区。阶段建设型扇三角洲是指在凹陷的同一空间区域内扇三角洲发育不连续，上下两个扇体之间被湖相沉积隔开，岩性组成以砂岩为主，粒度较细，如巴音都兰凹陷西斜坡阿四段巴 18 井区。

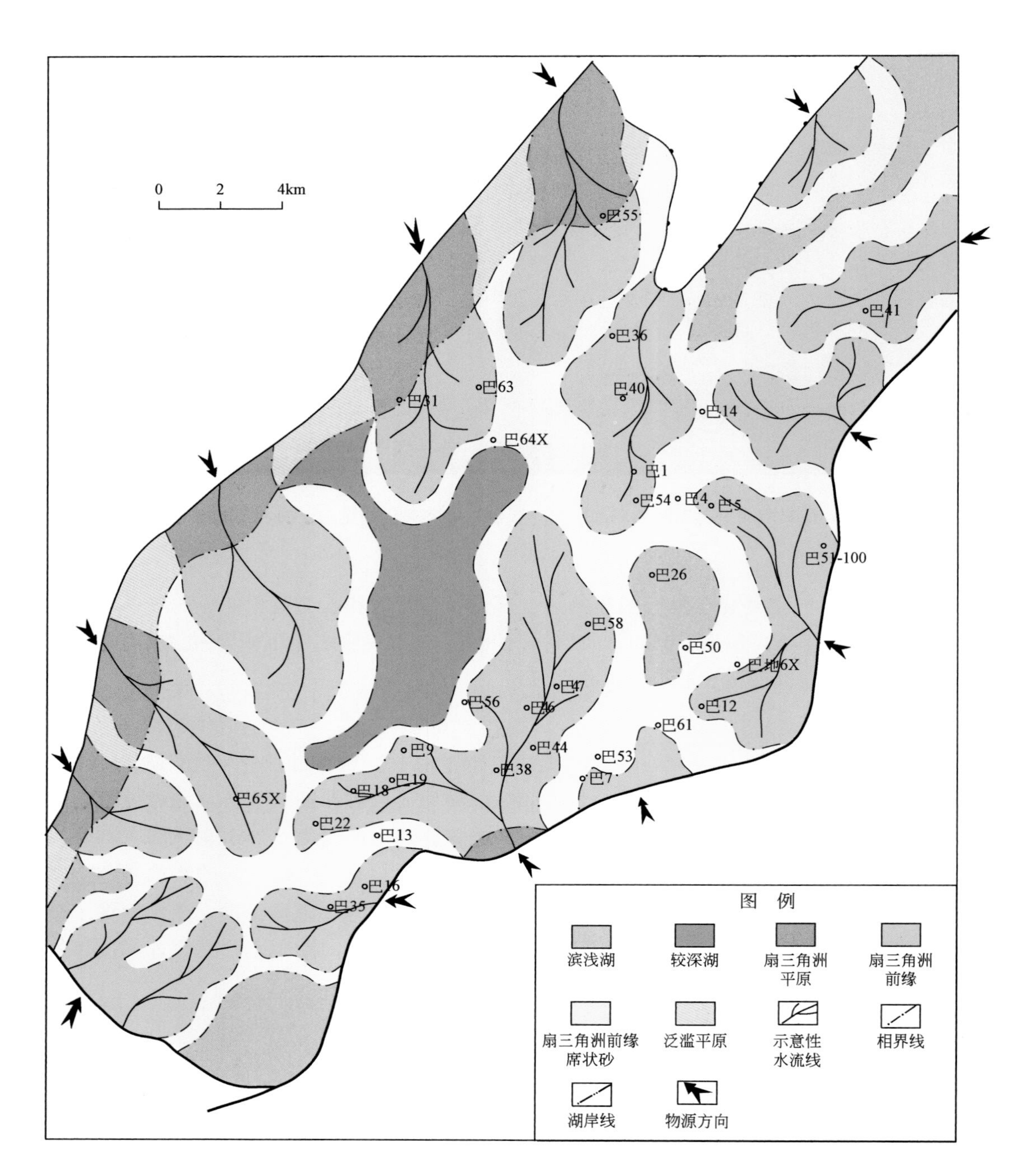

图 2-17 巴音都兰凹陷南洼槽阿四段沉积相平面图

阿尔 1 井区扇三角洲位于陡带边界断层根部。顺物源方向剖面（*AA'*）为楔形相，扇三角洲平原沉积部分的内部为杂乱反射，前缘部分内部主要为 S 型前积结构，反射同相轴振幅多变，连续性差—中等，多期叠置，继承性发育；垂直物源方向剖面（*BB'*）为多期叠置的丘形相或充填相，内部为杂乱－乱岗状反射结构。岩性主要为厚层砾岩，砾石磨圆度为次圆—圆状，分选性中等，自然电位曲线为齿化钟形＋漏斗形（图 2-18）。

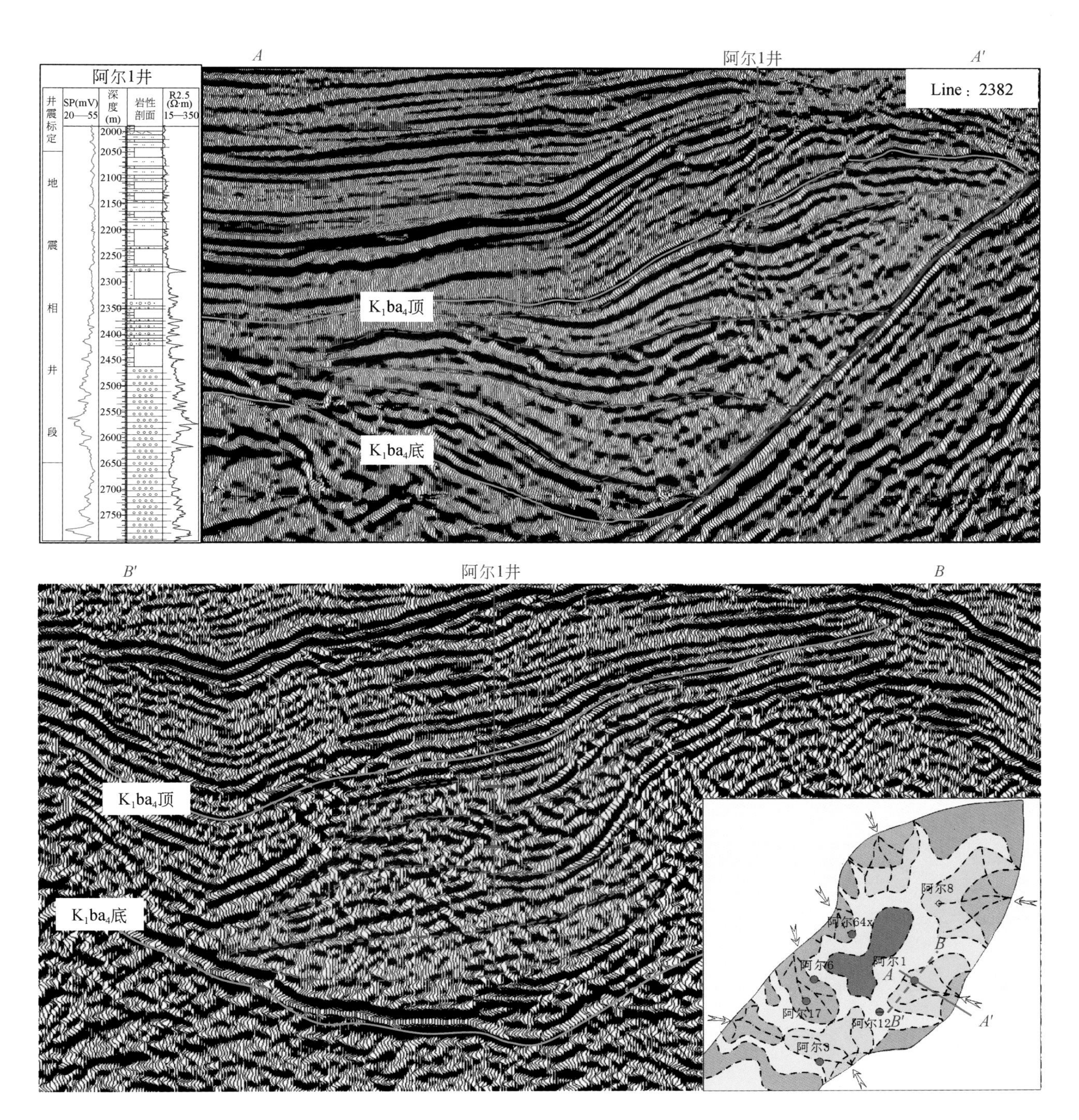

图 2-18　阿尔凹陷东部陡带持续建设型扇三角洲地震相（阿尔 1 井）

巴18井区阶段建设型扇三角洲位于陡带边界断层根部，顺物源方向剖面（*AA′*）为楔形相，坡度较大，上下被连续反射的湖相沉积包围。内部为乱岗状-S型前积结构，反射同相轴振幅多变，连续性差—中等，代表扇三角洲前缘以水下分流河道为主的沉积；垂直物源方向剖面（*BB′*）为丘形相，内部为乱岗状反射结构。岩性主要为薄层细砂岩，磨圆度为次圆—圆状，分选性中等，自然电位曲线为钟形+漏斗形组合（图2-19）。

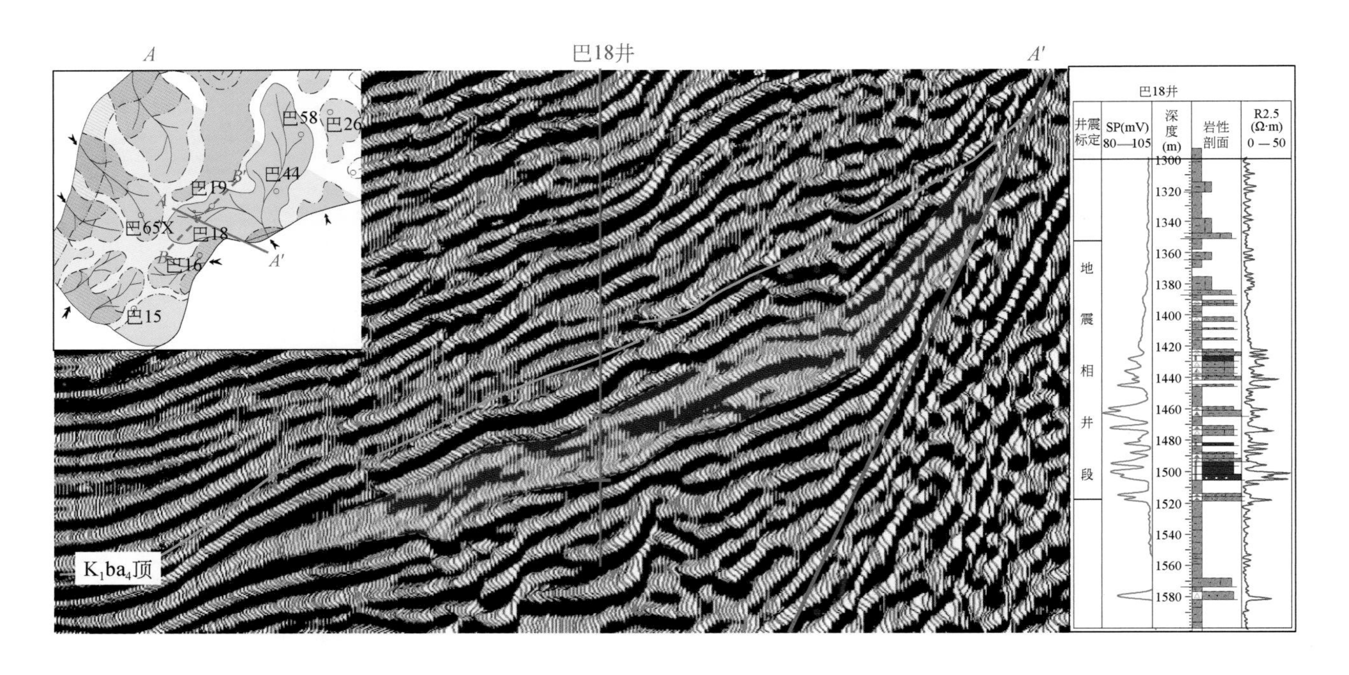

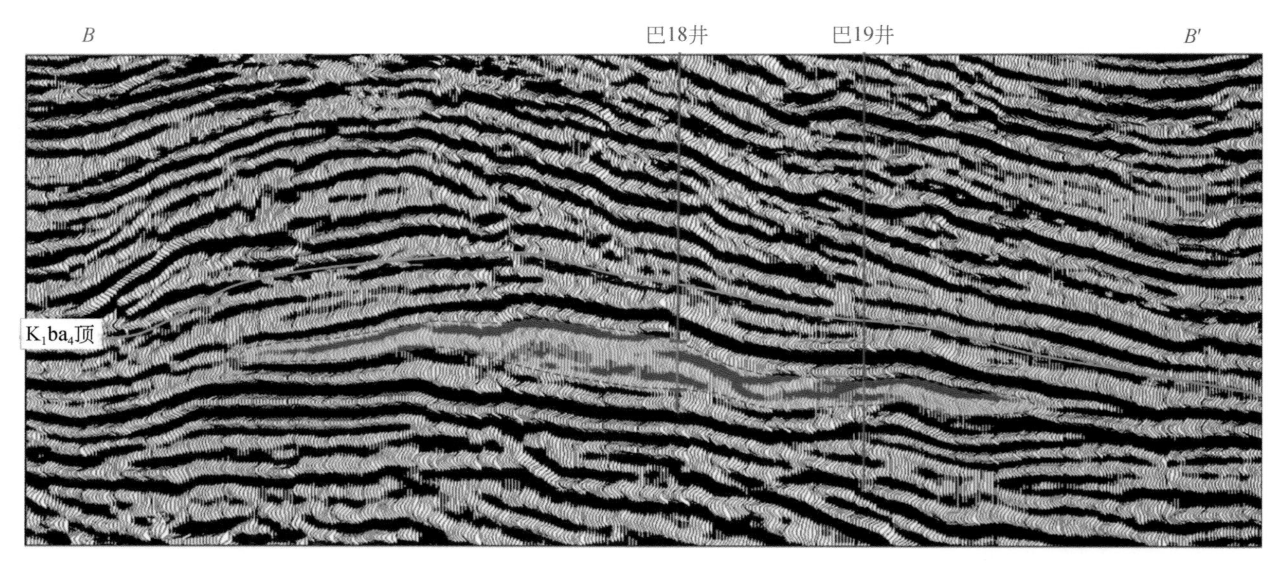

图2-19　巴音都兰凹陷西斜坡阶段建设型扇三角洲地震相（巴18井）

洪 72 井扇三角洲位于陡带边界断层根部。顺物源方向剖面（AA'）为楔形相，内部为乱岗状 -S 型前积结构，中弱振幅，连续性差，单期发育；垂直物源方向剖面（BB'）为丘形相，内部为乱岗状反射结构。岩性主要为薄层细砂岩和含砾砂岩，磨圆度为次圆—圆状，分选性中等，自然电位曲线为钟形 + 漏斗形组合（图 2-20）。

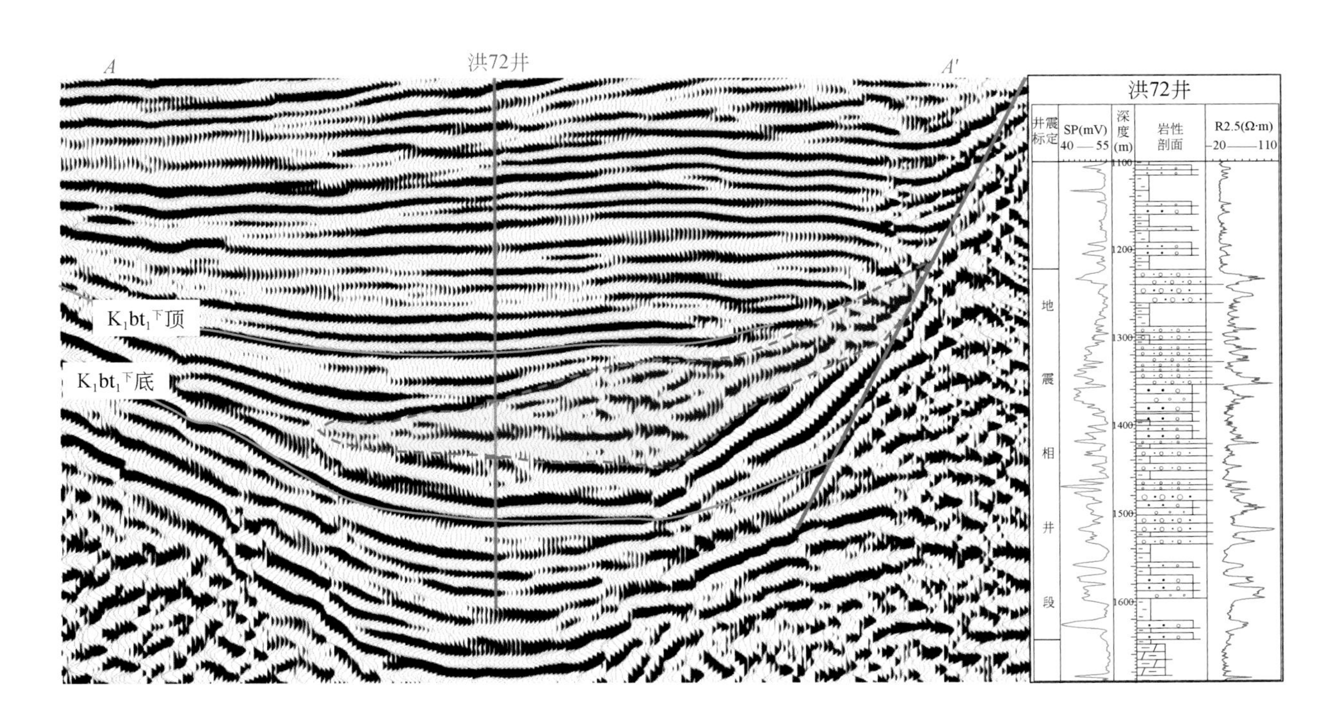

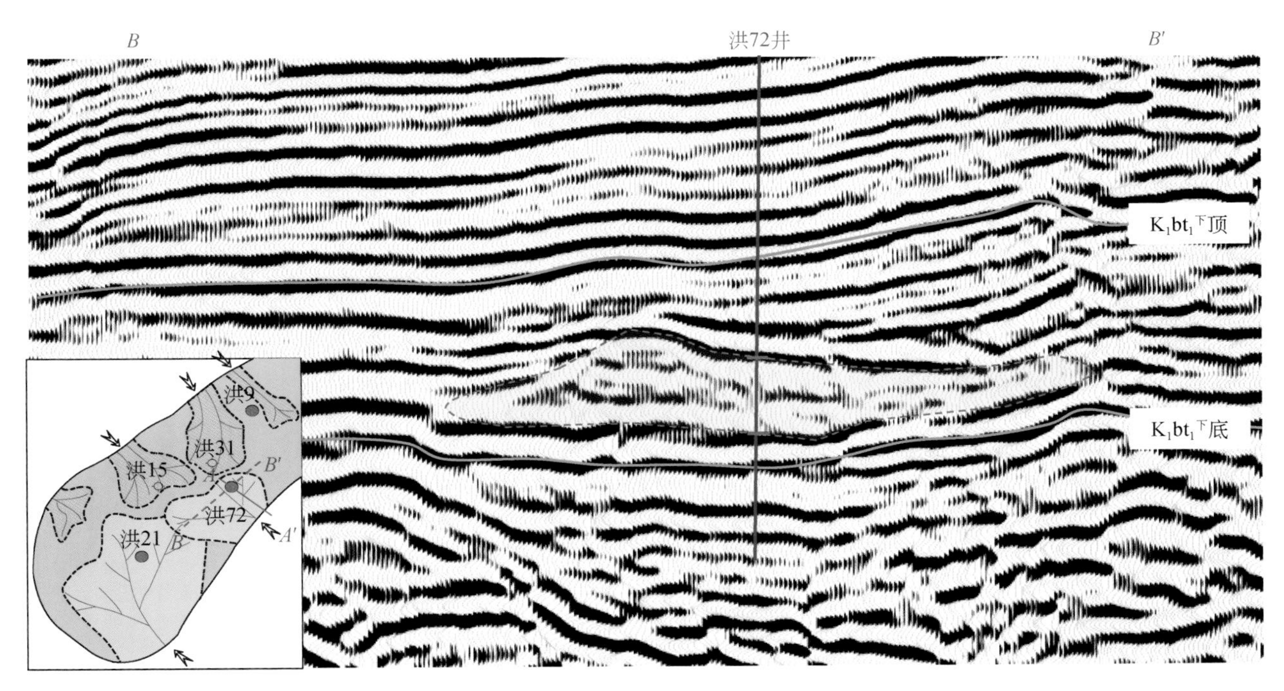

图 2-20　洪浩尔舒特凹陷阶段建设型砂质扇三角洲地震相（洪 72 井）

三、垂向沉积序列

二连盆地的扇三角洲具有近物源、粗碎屑、面积小、厚度大和窄相带的显著标志，小型扇体成群成带、叠加连片，单个扇体面积一般为 10 ～ 30km^2，沿短轴向湖盆延伸 3 ～ 7km。以块状砾岩和砂质砾岩为主的粗碎屑沉积为特点，砂砾岩厚度占其扇体厚度的比例为 50% ～ 90%。扇三角洲相垂向序列主要表现为下粗上细的正韵律叠置层，其底部冲刷、突变，顶部突变、渐变，具有以牵引流为主、重力流为次的沉积构造特征及粒度特征，主要发育各种大中型板状交错层理、楔状交错层理、平行层理，常见冲刷充填构造。砂砾岩分选性和磨圆度较差，多粒级砾岩占主导地位，中细砾岩中既有漂砾，也有含砾砂岩条带。砾石磨圆度主要为棱角状和次棱角状，其次是次圆状。

乌兰花凹陷兰 11X 井腾一段钻遇典型的阶段建设型扇三角洲沉积，发育多个扇三角洲沉积序列，其间被湖相泥岩隔开，反映了扇三角洲多期次发育，河道方向经常摆动变化。水下分流河道微相的岩性为浅灰色、褐灰色块状砂砾岩、细砾岩、粗砂岩，层厚 8 ～ 12m，最厚达 15m。分流河道间微相的岩性为薄层粉砂岩和灰色、灰黑色碳质泥岩及砂质泥岩。水下分流河道微相的自然电位曲线为不规则钟形组合、低幅锯齿状箱形夹指状异常及漏斗形夹箱形 - 钟形组合等。相层序表现为以正递变为主的叠置层，反韵律较少。单个递变层厚 1 ～ 5m，最厚可达 8m。底部发育冲刷充填构造，顶部突变。大型碳化植物茎和碳屑多见。主要见大中型板状交错层理、平行层理和中小型楔状、板状交错层理（图 2-21）。

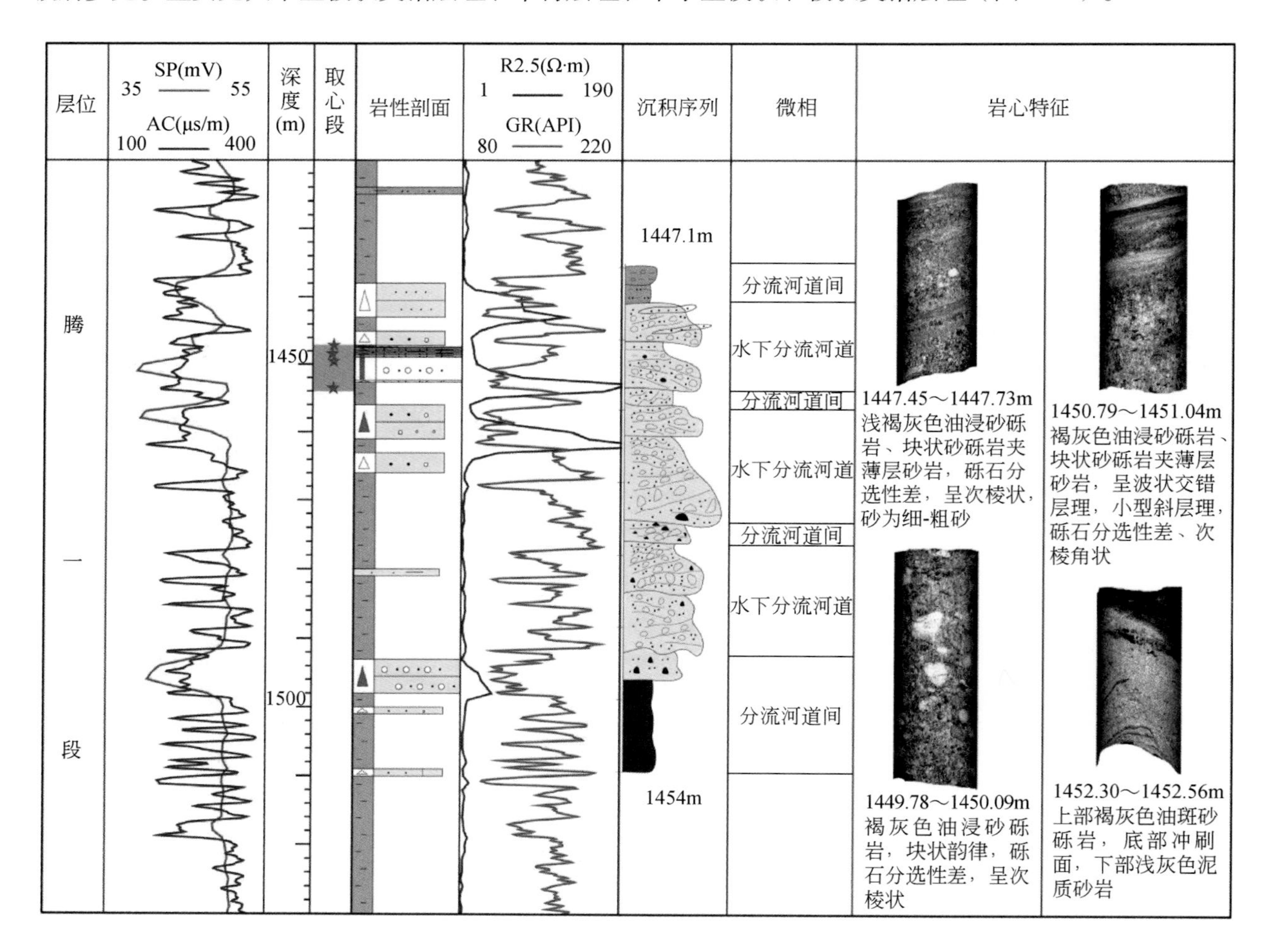

图 2-21 乌兰花凹陷兰 11X 井腾一段扇三角洲沉积特征

巴101X井阿四段为持续发育的砾质扇三角洲，总厚度达120m，岩性以浅灰色、褐灰色油斑发育的块状砾岩、砂砾岩为主，夹灰色、灰黑色薄层粉砂岩和碳质泥岩。自然电位曲线为不规则钟形组合、低幅锯齿状箱形。相层序表现为以正递变为主的叠置层。单递变以厚2～5m为主。底部发育冲刷充填构造，顶部突变。主要见大中型板状交错层理、平行层理和中小型交错层理（图2-22）。

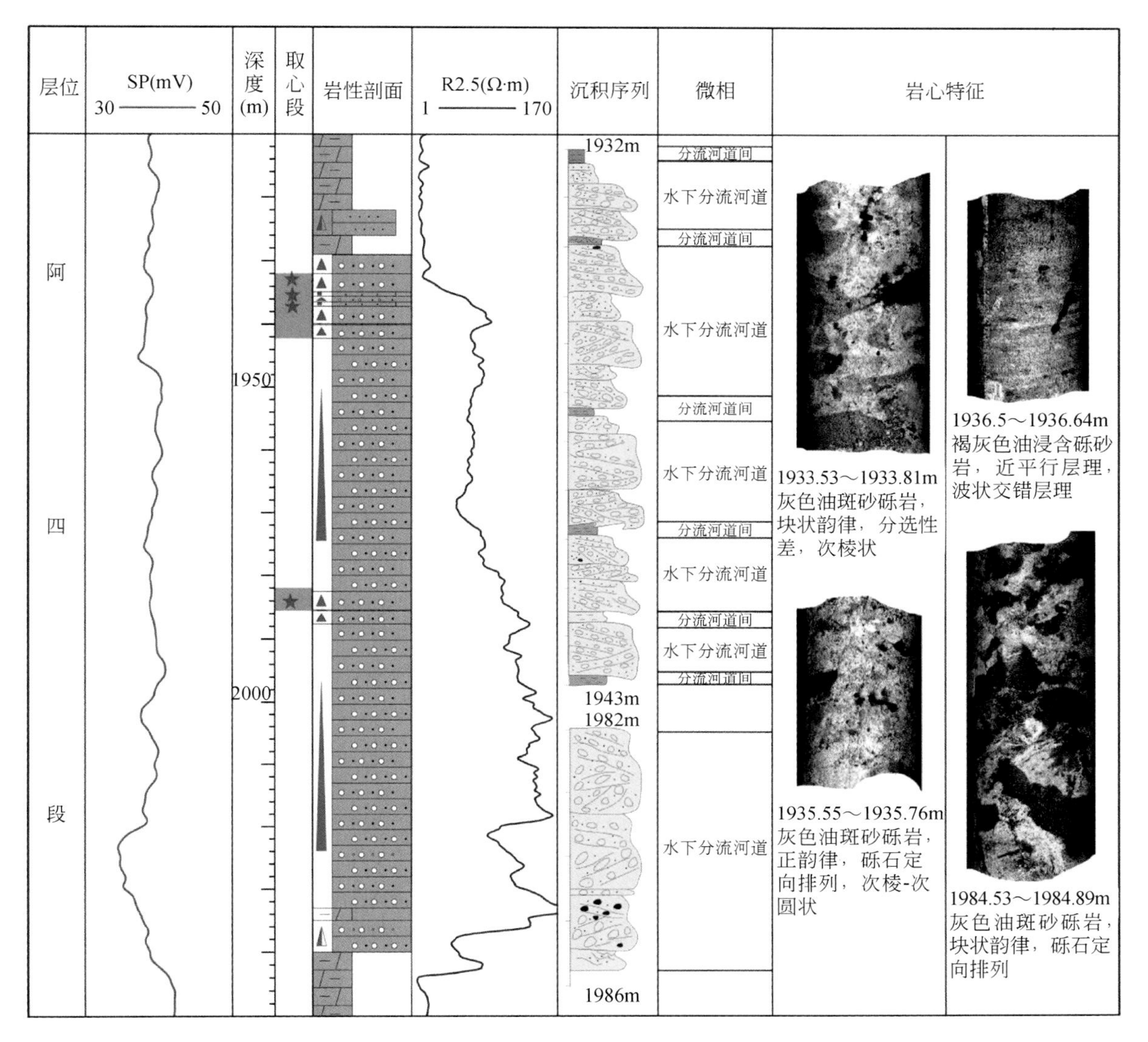

图2-22 巴音都兰凹陷巴101X井阿四段扇三角洲沉积特征

扇三角洲相砂岩可分为4种概率曲线类型（图2-23）。

Ⅰ型：为各总体分界不清的单段式和多段式。具有粒级范围宽、含量低和斜率小等特点，代表分选性极差、快速堆积的沉积特征。

Ⅱ型：粒度概率曲线为三段式。滚动总体含量小于1%，跳跃次总体含量为50%～65%，斜率为55°～75°，细截点为2～2.5ϕ。说明分选性较好。

Ⅲ型：由跳跃总体和悬浮总体构成的两段式。跳跃总体含量为45%～60%，斜率为45°～55°，细截点为2.5～3ϕ。说明分选性较好。悬浮总体含量低、分选性差。

Ⅳ型：粒度概率曲线为小两段式。跳跃总体含量为30%～50%，斜率为40°～50°，细截点为2.75～3.5ϕ。悬浮总体含量高，分选性差，代表沉积速度较快。

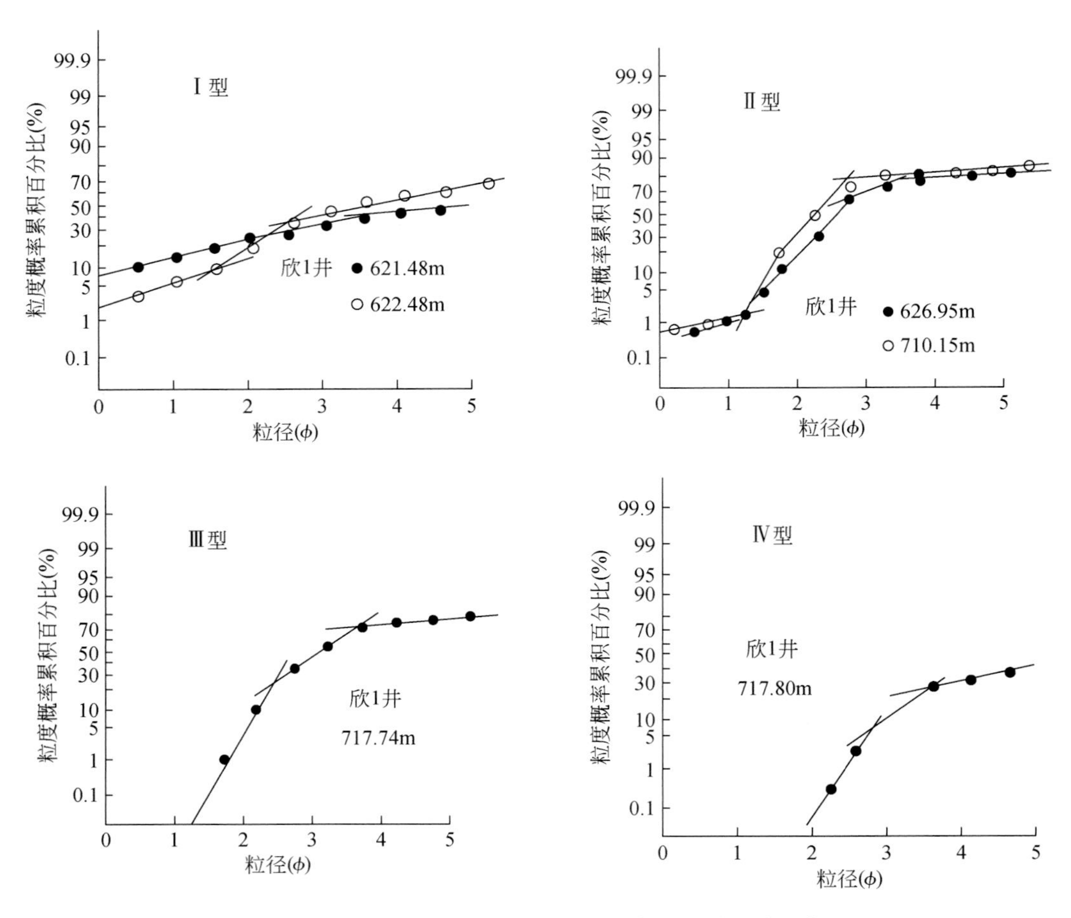

图 2-23 扇三角洲相砂岩粒度概率累积曲线（据祝玉衡和张文朝，2000）

第四节 辫状河三角洲

辫状河三角洲是指辫状河入湖形成的三角洲。发育在断陷湖盆长轴方向或缓坡带，形成时的地形比较宽阔、平缓，扇体规模较大，以广阔的三角洲平原和牵引流为主的搬运机制形成的结构构造与前述扇三角洲加以区别，形成于湖盆稳定下沉的断陷沉积阶段和湖盆缓慢抬升的断拗沉积阶段。

图 2-24 显示了美国阿拉斯加州库克湾的辫状河三角洲的总体面貌。在山区发育的辫状河从山口进

图 2-24 辫状河三角洲（阿拉斯加，库克湾）

入海湾，快速沉积，形成了辫状河三角洲。图片主体显示了辫状河三角洲平原河道和前缘部分的辫状分流河道的沉积面貌。平原部分除现今河谷以外大部分被植被覆盖，前缘以水下分流河道沉积为主，河道多次摆动改道、频繁分叉。沉积物从上游到下游逐渐变细。

一、分布特征

辫状河三角洲平原亚相区地形宽阔，向物源方向往往与小而多的冲积扇群相接，辫状河道和洪泛平原是其主要微相，其次为河间洼地、沼泽微相。辫状河属于高能快速沉积环境，河道在平面上频繁改道、分支、合并和废弃，主要受季节性洪水作用控制。洪泛平原微相主要在特大山洪期接受沉积，在低洼地带长期积水，或植被丛生，从而形成河间洼地微相或泥炭沼泽微相。辫状河三角洲前缘亚相位于坡折带以下的滨浅湖亚相中，大量粗碎屑物质在河流入湖处形成扇形或树枝状砂砾岩体，主要发育水下主河道、分流水道、分支河口坝、水道侧翼、水下平原和前缘楔状砂微相。

二连盆地阿南、额仁淖尔、吉尔嘎朗图、阿尔等凹陷的腾格尔组发育辫状河三角洲，阿尔善组少见该沉积相。阿尔善组沉积早期构造活动强烈，属于湖盆典型的过补偿沉积阶段，粗碎屑物质供应充足，地形陡峭，不利于辫状河三角洲的形成，仅在阿南、额仁淖尔凹陷发育。在腾格尔组沉积期，湖盆地形比较平缓，辫状河三角洲比较发育，绝大多数分布在凹陷的缓侧，少数位于陡岸和湖盆长轴方向。图 2-25 展示了洪浩尔舒特凹陷腾一段辫状河三角洲的沉积分布特征，凹陷西北缓坡带发育了一系列辫状河三角洲，其特点是面积较小，厚度薄，粒级较细，以细砾岩、含砾砂岩和砂岩为主，结构成熟度和成分成熟度中等，碎屑物质搬运距离较短。在凹陷的东南较陡坡带发育了一系列扇三角洲沉积。

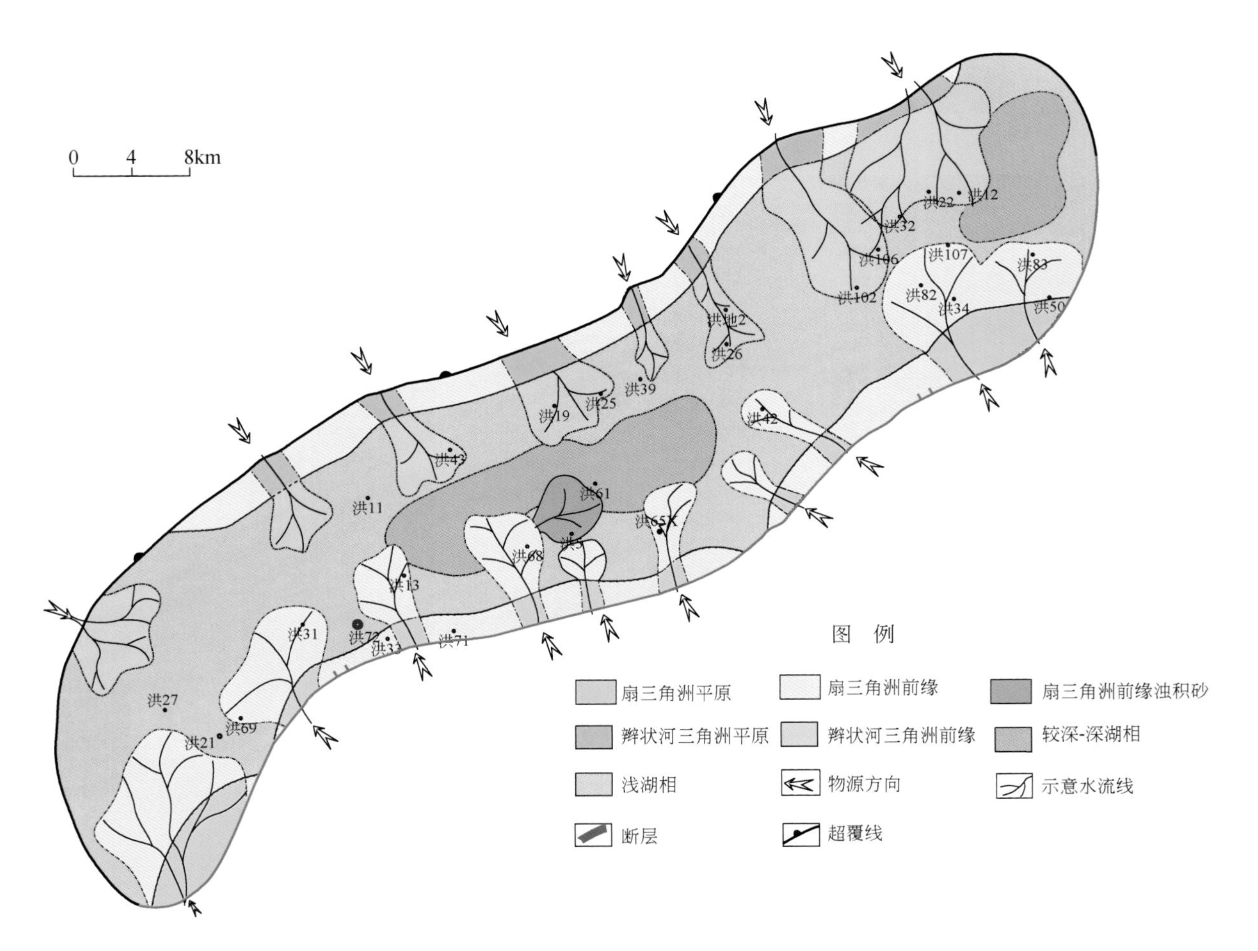

图 2-25　洪浩尔舒特凹陷腾一段沉积相平面图

二、地震相特征

以洪浩尔舒特凹陷西部缓坡带洪25井区腾一下亚段的地震相为例，顺物源方向剖面（*AA′*）为楔形前积相，内部以S型前积结构为主，中弱振幅，连续性中等；垂直物源方向剖面（*BB′*）为丘形相，内部为乱岗状反射结构。岩性主要为薄层细砂岩和砂砾岩，磨圆度为次棱－次圆状，分选性中等。自然电位曲线为钟形＋漏斗形组合（图2-26）。

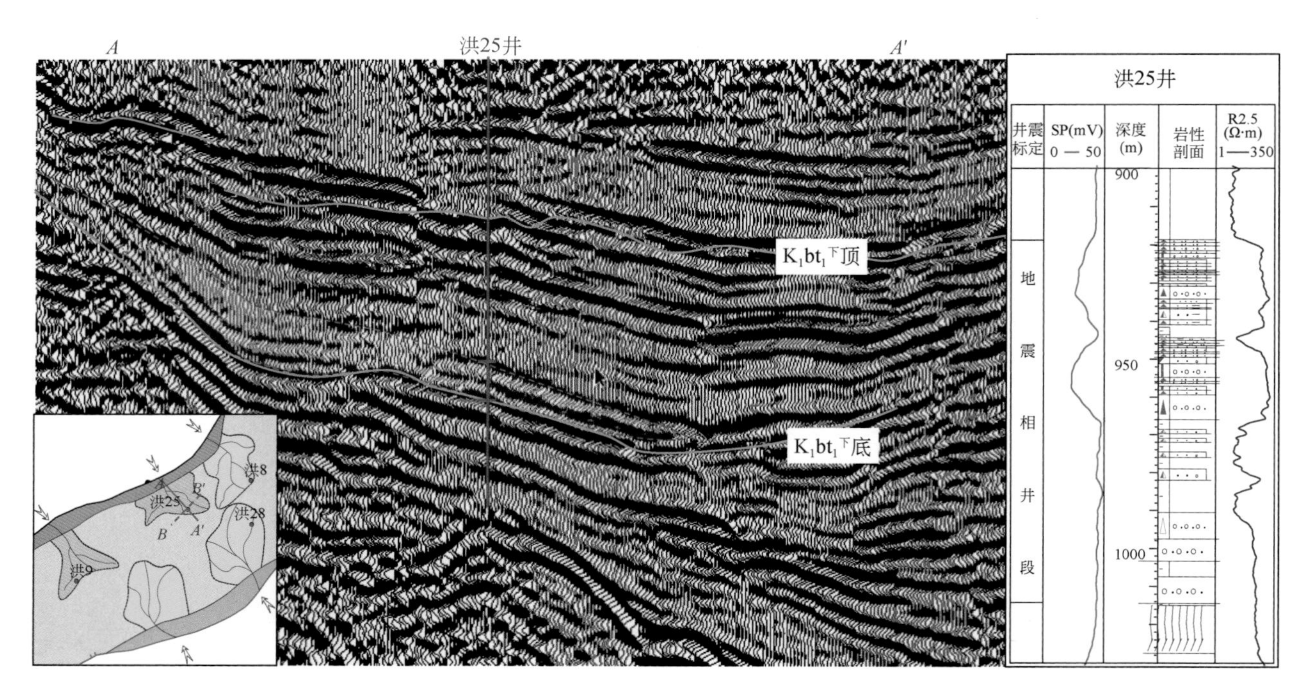

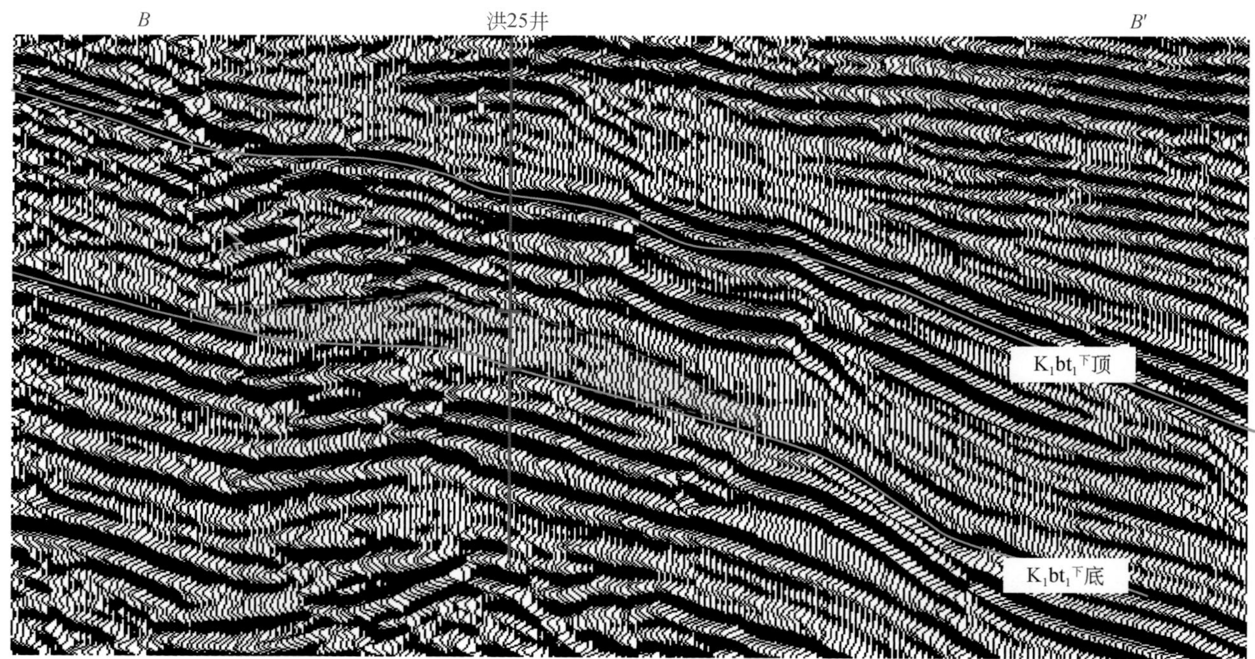

图2-26　洪浩尔舒特凹陷西部陡带腾一段辫状河三角洲地震相（洪25井）

三、垂向沉积序列

辫状河三角洲沉积形成的储层以三角洲平原的分流河道和前缘的水下分流河道微相的砂砾岩、砂岩为主，垂向上为向上变细的正递变叠置的序列，单个递变层的厚度变化范围较大，反映了河流水量和沉积物搬运量的多变性。砂砾岩和砂岩层中常具有各种以反映牵引流为主的沉积构造。巴达拉湖露头剖面的腾格尔组辫状河三角洲沉积可见各种类型的交错层理、冲刷面、砾石的叠瓦状排列等（图2-27）。

a.复成分中砾岩，块状层理，砾石排列杂乱，分选差

b.细砾岩-粗砂岩构成正递变层，砾岩层具块状层理

c.大型槽状-板状交错层理，粗砂岩，油苗呈黑色

d.复成分中砾岩，平行层理，油苗呈黑色

e. 细-中砾岩，分选性差，夹粗砂岩透镜体

f. 含细砾粗砂岩，平行层理，油苗呈黑色

图2-27 辫状河三角洲常见的层理类型（巴达拉湖露头剖面）

额仁淖尔凹陷淖38井阿四段、淖68井腾一段发育辫状河三角洲，由于河道经常改道，或被湖侵改造，辫状河三角洲发育均不连续，分流河道砂体被较厚的分流河道间的泥岩隔开。淖38井阿四段水下分流河道的岩性以浅灰色、褐灰色油斑块状砾岩、砂砾岩为主（图2-28）。淖68井腾一段水下分流河道的岩性粒度则较细，以浅灰色、褐灰色油斑含砾砂岩、砂岩为主，分流河道间发育灰色、灰黑色薄层粉

砂岩和碳质泥岩。自然电位曲线为不规则钟形组合、低幅锯齿状箱形。相层序表现为以正韵律为主的叠置层。韵律底部发育冲刷充填构造，顶部突变。主要见大中型板状交错层理、平行层理和中小型交错层理（图 2-29）。

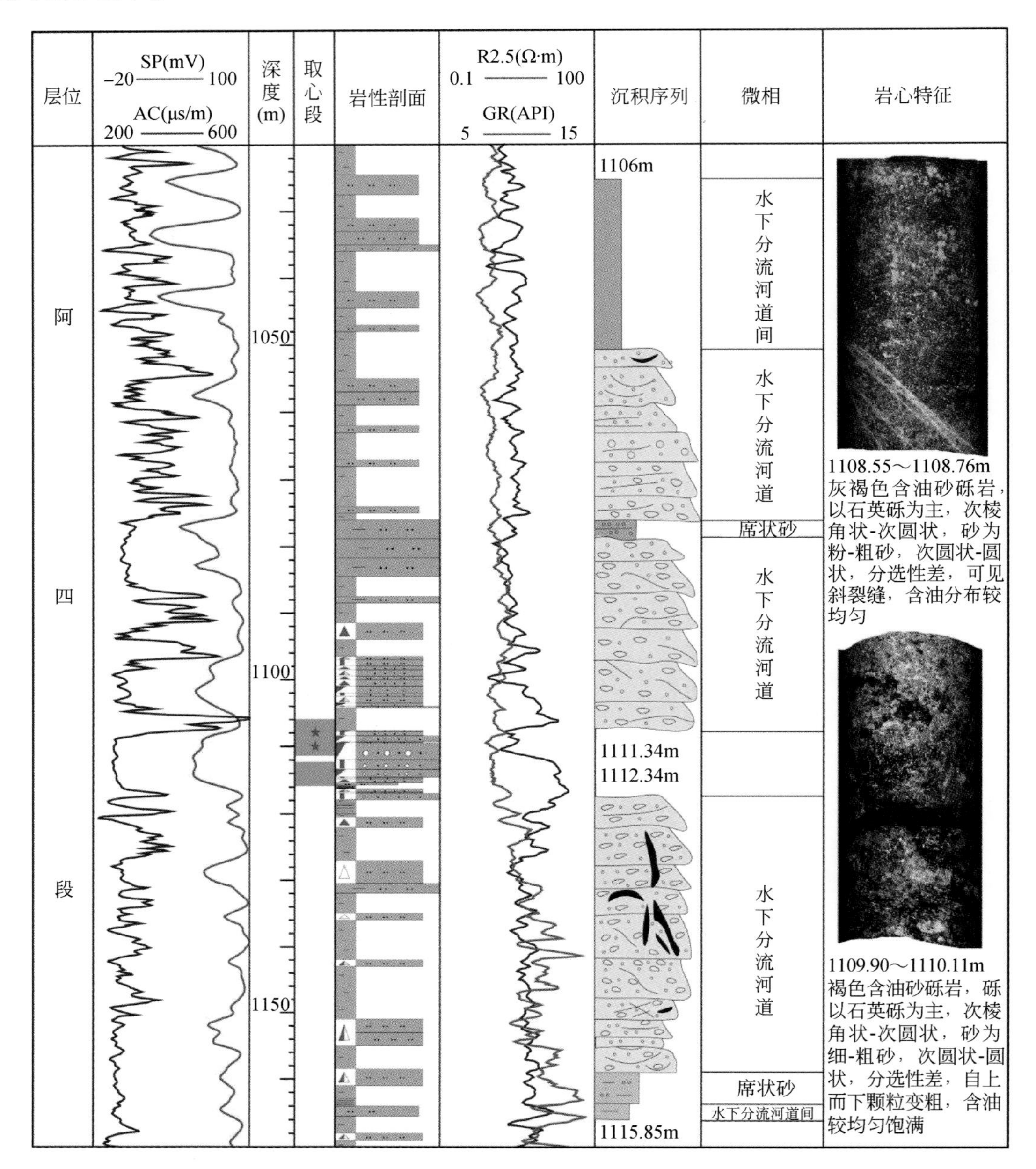

图 2-28 额仁淖尔凹陷淖 38 井阿四段辫状河三角洲沉积特征

辫状河三角洲砂岩粒度曲线以反映牵引流沉积特征为主，也有少量粗粒沉积物，是由重力流作用形成的。其粒度概率曲线可归纳为以下 4 种类型（图 2-30）。

Ⅰ型：为一条弯曲的斜线。斜率很小，主要为悬浮总体。反映快速沉积、分选性极差的重力流沉积。

Ⅱ型：为两段式。滚动组分含量低（＜ 2%），跳跃总体含量小于 60%，斜率中等，悬浮总体含量大于 40%，细截点为 2 ～ 3ϕ。见于水下分流河道微相的发育交错层理的中细粒砂岩。

Ⅲ型：为由跳跃总体和悬浮总体构成的两段式。跳跃总体含量为 50% ～ 80%，斜率较大，细截点为 1.5 ～ 2.5ϕ，分选性较好，悬浮总体分选性差，部分曲线存在明显的过渡带。反映了分流河道微相发育小型交错层理的细粗粒砂岩的粒度分布特征。

Ⅳ型：为两段式。跳跃总体含量低，一般为 30% ～ 45%，斜率较大，细截点为 3ϕ。部分曲线存在明显的过渡带。代表了水下分流河道微相发育小型交错层理的细粒砂岩的粒度分布特征。

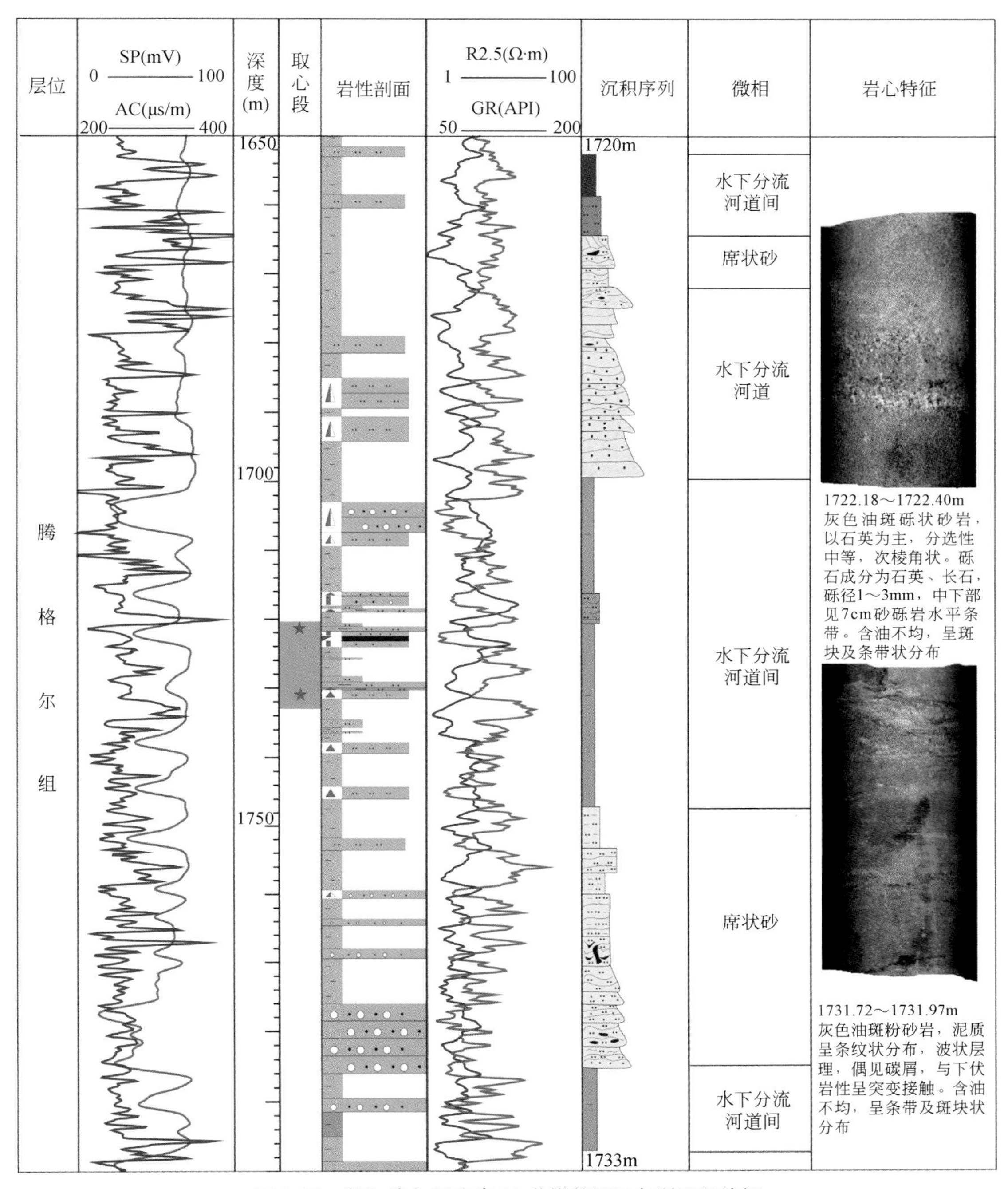

图 2-29 额仁淖尔凹陷淖 68 井辫状河三角洲沉积特征

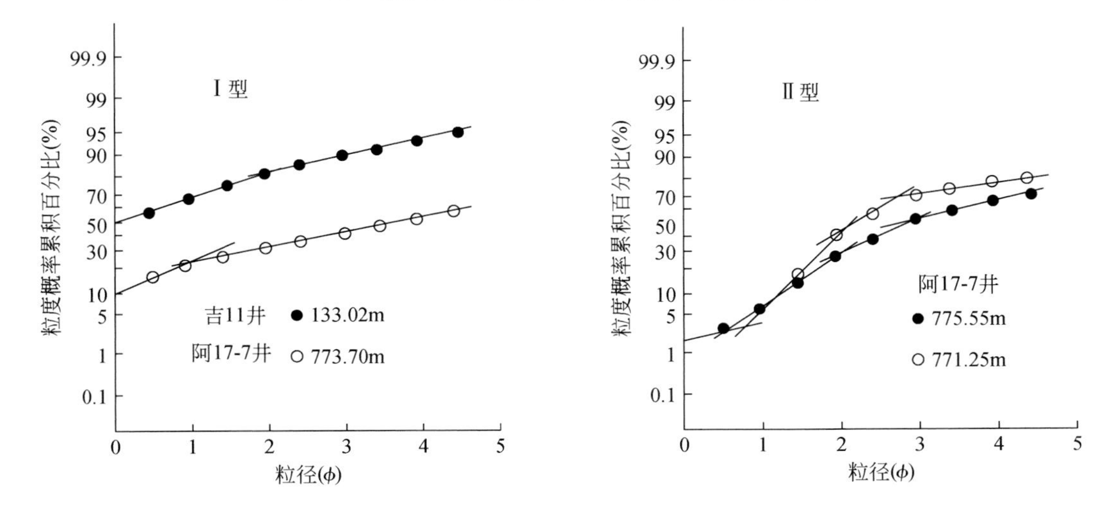

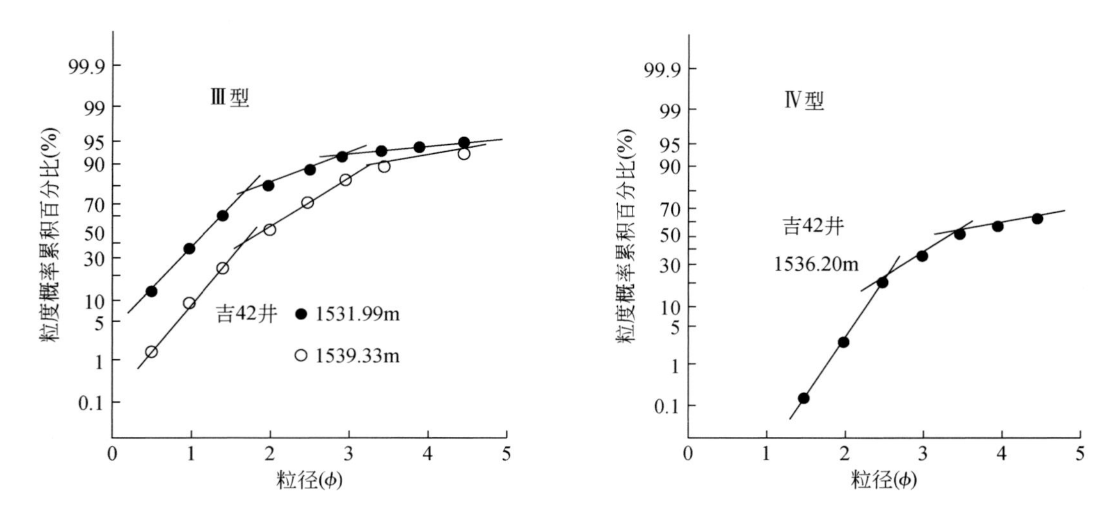

图 2-30 辫状河三角洲相砂岩粒度概率累积曲线（据祝玉衡和张文朝，2000）

第三章 砾岩储层

由于特殊的构造–沉积背景，二连盆地下白垩统砾岩储层非常发育，砾岩油藏为其主力油藏类型之一，如阿南夫特砾岩油藏、蒙古林砾岩油藏、吉尔嘎朗图砾岩油藏、罕尼砾岩油藏、包尔砾岩油藏等。不同沉积相砾岩储层的成分、粒度、磨圆度、分选性、杂基含量等岩石学特征不尽相同，它们对砾岩储层的储集物性具有较大影响。

二连盆地油气勘探工作中，将以中砾以上粒级砾石为主的粗碎屑岩称为砾岩。据砾岩储层发育特征、含油气性及岩心、薄片等资料情况，本次砾岩储层研究，资料主要选自于阿南、乌里雅斯太、阿尔及巴音都兰凹陷。

第一节 岩石学特征

二连盆地各凹陷砾岩储层的沉积相类型主要分为3种，即近岸水下扇、远岸水下扇和扇三角洲。不同沉积相类型的砾岩储层其粒度、成分、磨圆度、分选性、杂基含量等岩石学特征不尽相同，它们对砾岩储层的储集物性具有较大影响。

一、结构和构造特征

岩石结构是指组成岩石的基本单元的外部形貌特征及基本单元之间的相互关系。砾岩的结构特征主要表现为砾石的粒度、分选性、磨圆度、砾石之间的支撑方式、胶结类型等。砾石间填隙物的粒度较小，除宏观可见的特征外，填隙物中碎屑颗粒、杂基、胶结物和孔隙结构特征主要在偏光显微镜下加以观察，尤其是胶结物的成分、结构和孔隙结构。

岩石构造是指组成岩石的基本单元在三维空间上的排列组合特征。砾岩的构造特征更多地表现在砾石的排列方式上，如块状构造、递变构造、叠瓦状构造及平行排列构造。

砾岩主要为近岸水下扇、远岸水下扇扇根及扇中水道、扇三角洲和辫状河三角洲的河道和分流河道沉积，水动力强，沉积速度快，受事件性的重力流活动影响大。岩心观察表明各种沉积相砾岩具有以下几个方面的共性特征。

1）在较长而完整的岩心上以厚层块状及正递变叠覆的沉积序列为主。

2）块状层理最为常见，主要形成于重力流沉积；其次为砾石叠瓦状排列和平行排列，形成于牵引流沉积。

3）结构成熟度中等–较低，砾石磨圆度多为次圆–圆状，部分次棱角状，分选差–中，填隙物含量高。砾石之间以点状接触为主，局部为点状–基底式过渡接触。

砾石之间填隙物的结构在显微镜下观察，主要为砂级碎屑（包括部分细砾石）的粒度、磨圆度、分选性、接触方式及砂粒间的杂基与胶结物，其结构特征也能反映砾岩形成的水动力条件。显微镜下观察到的砾间填隙物结构共性特征表现如下。

1）砾石之间的填隙物以机械沉积的碎屑为主，粒级从细砾、粗砂到泥级均存在，分选性差；反映了重力流的快速沉积特征；部分为分选性较好的砂粒，形成于牵引流沉积。

2）砂级碎屑颗粒间以点状接触为主，部分为漂浮状接触，基底式胶结；其间一般为细粉砂－泥级的物质充填，形成于重力流沉积。

3）当砂级碎屑间无杂基、被碳酸盐或硅质胶结物充填时，反映其为牵引流沉积。

以下岩心图版反映了近岸水下扇、远岸水下扇及扇三角洲相砾岩的宏观结构和构造特征。与岩心相对应的镜下照片反映了砾石间填隙物的微观结构及成分特征。砾岩的结构、构造特征主要反映其沉积水动力条件，如根据砾石的排列方式及支撑特征可大致判断重力流和牵引流沉积。

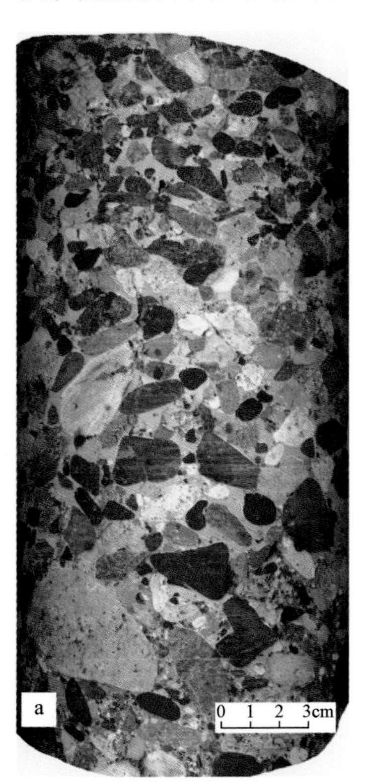

a.安山岩-流纹岩质中砾岩

中砾结构，正递变层理，砾石略具定向排列。砾石成分主要为绿灰色的安山岩、浅灰色流纹岩，次为灰黑色的浅变质岩，砾径以10～30mm为主，次圆状，分选性中等，砾石间点接触，其间充填砂级填隙物。

阿南凹陷

哈22井 2060.38～2060.62m

阿尔善组

近岸水下扇相

b.安山岩-流纹岩质细-中砾岩

细-中砾结构，块状构造，砾石排列具有定向性。砾石成分以安山岩、流纹岩为主，凝灰岩、变质岩次之，砾径2～30mm，次圆状，分选性较差，砂质充填于砾石间。含油面积10%，不均，不饱满。

阿南凹陷

哈362井 2118.21～2118.40m

阿尔善组

近岸水下扇相

c. 安山岩-流纹岩质中砾岩

中砾结构，砾石成分以灰绿色的安山岩、浅灰色流纹岩为主，灰黑色浅变质岩次之。最大砾径90mm，一般5～30mm，次圆状，分选性较差；含油面积10%，不均；点接触，其间充填凝灰质及粗砂级填隙物。

阿南凹陷

哈362井 2128.82～2129.08m

阿尔善组

近岸水下扇相

d. 安山岩-凝灰岩质中砾岩

中砾结构，块状构造。砾石成分以浅色的凝灰岩、安山岩为主，灰黑色浅变质岩次之，砾径一般10～25mm，次棱状，分选性差；中砾间充填细砾、粗砂及泥质杂基。

巴音都兰凹陷

巴25井 1376.93～1377.24m

阿尔善组

近岸水下扇相

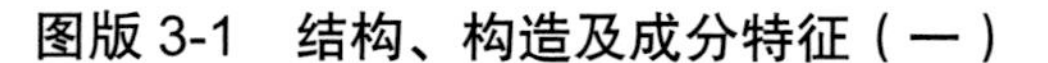

图版 3-1 结构、构造及成分特征（一）

a.凝灰岩-流纹岩质中砾岩

中砾结构，块状构造，砾石排列略具有定向性。砾石成分以浅色的流纹岩、凝灰岩、花岗岩为主，灰黑色浅变质岩次之；砾径一般5～30mm，次圆-次棱角状，分选性差；中砾间充填细砾、砂级碎屑及泥质杂基。

乌里雅斯太凹陷

太21井 1748.15～1748.48m

腾一段

远岸水下扇相

b.凝灰岩-浅变质岩质中砾岩

含粗砾中砾结构，块状构造。砾石成分以凝灰岩、浅变质岩为主，少量花岗岩；砾径一般5～20mm，最大100mm，次圆状，分选性差，杂乱排列，中砾间充填细砾及砂泥质。

乌里雅斯太凹陷

太45井 1504.60～1504.83m

腾一段

远岸水下扇相

c. 凝灰岩质中砾岩

中砾结构，块状构造。砾石成分以凝灰岩为主，其次为浅变质岩与花岗岩；砾径一般5～20mm，次棱-次圆状，分选性差；中砾间充填细砾及泥砂质。

乌里雅斯太凹陷

太45井 1499.86～1500.07m

腾一段

远岸水下扇相

d.安山岩-凝灰岩质中砾岩

中-粗砾结构，块状构造。砾石成分以安山岩、凝灰岩为主，砾径一般4～30mm，次圆-次棱角状，分选性差；中砾间充填细砾及泥砂质。

乌里雅斯太凹陷

太21井 1798.84～1799.05m

腾一段

远岸水下扇相

图版 3-2 结构、构造及成分特征（二）

a.英安岩质中砾岩

中砾结构，块状构造。砾石成分以英安质熔岩为主，少量变质岩。次棱角状，分选中，砾径一般4～25mm，泥砂质杂基充填于砾间。

巴音都兰凹陷

巴101X井 1934.02～1934.41m

阿尔善组

扇三角洲相

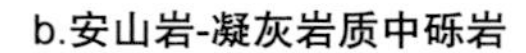

b.安山岩-凝灰岩质中砾岩

中砾结构，块状构造。砾石成分以凝灰岩、安山岩为主，变质岩次之。次圆状，分选中，砾径一般10～30mm，最大40mm，细砾及泥砂质杂基充填于中砾间。

阿南凹陷

阿200井 830.76～830.98m

阿尔善组

扇三角洲相

c.安山岩质中砾岩

中砾结构，块状构造，砾石成分以安山岩为主，流纹岩次之，次棱角状，砾径一般8～30mm，分选差，泥砂质充填于砾间，局部方解石胶结。

阿南凹陷

阿53井 1990.37～1990.6m

阿尔善组

冲积扇相

d.杂色复成分中砾岩

颜色杂乱，中砾结构，块状构造；砾石成分以灰绿色安山岩为主，浅褐红、浅灰色的流纹岩、凝灰岩次之，次棱角状，砾径一般4～25mm，分选差，泥砂质充填于砾间。

乌里雅斯太凹陷

太15井 1709.16～1709.34m

阿尔善组

冲积扇相

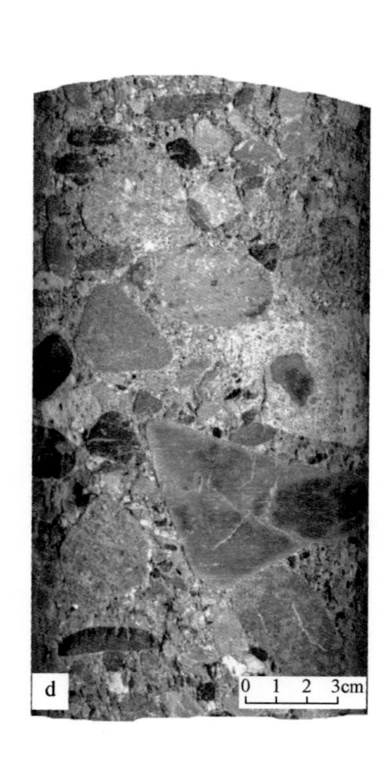

图版 3-3 结构、构造及成分特征（三）

花岗岩-浅变质岩质中砾岩　黄灰色，砾石颜色以灰绿、灰黄色为主；中砾结构，块状构造。砾石成分以浅变质岩为主，花岗岩次之。砾径一般8～25mm，次圆-次棱角状，分选性差，中砾间充填泥砂质（黄圈为薄片取样位置，下同）。

乌里雅斯太凹陷　太21井　1794.36～1794.61m　腾一段　远岸水下扇相

砾石间砂级碎屑呈次棱角状，其间被蚀变火山灰充填，孔隙不发育。

太21井　1794.4m　单偏光

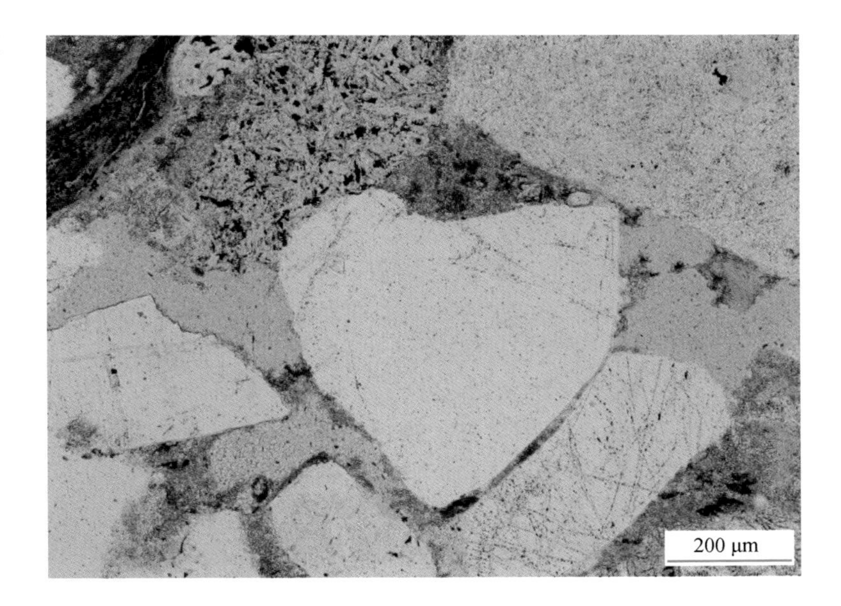

砾石间填隙物以细-粗砂级碎屑为主，主要成分为长石及流纹质岩屑，少量石英。碎屑分选中等，以次棱角状为主，点状接触，砂级碎屑间充填蚀变火山灰（浅棕褐色）。

太21井　1794.4m　单偏光

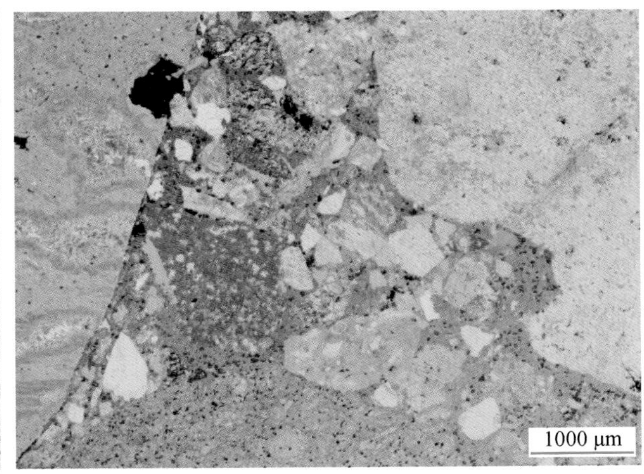

砾石间砂级碎屑呈次棱角状，分选差，砂粒间被蚀变火山灰充填，孔隙不发育。

太21井　1794.4m　单偏光

图版 3-4　结构、构造及成分特征（四）

浅变质岩-火山岩质中砾岩

杂色，中砾结构，砾石叠瓦状排列。砾石成分以绿灰色、灰色的安山岩、流纹岩为主，其次为暗灰色的浅变质岩；砾径2～60mm，次圆状，分选性差，颗粒间线-点状接触，细砾及砂质充填于砾石间。

阿南凹陷

哈39井 2010.22～2010.42m

阿尔善组

近岸水下扇相

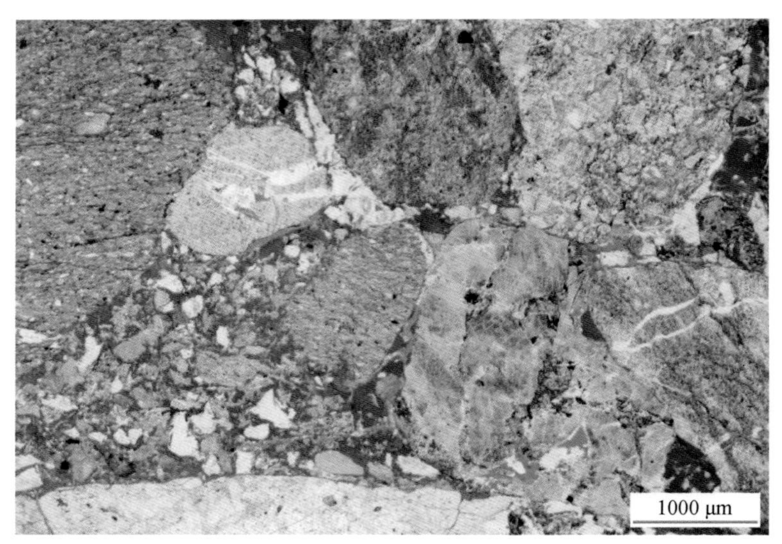

砾石之间填隙物主要为细砂-粗砂级，点-线状接触，次棱角状，分选性差，其间为泥质-粉砂杂基。少量粒内溶孔及黏土收缩缝。

哈39井 2010.28m 单偏光

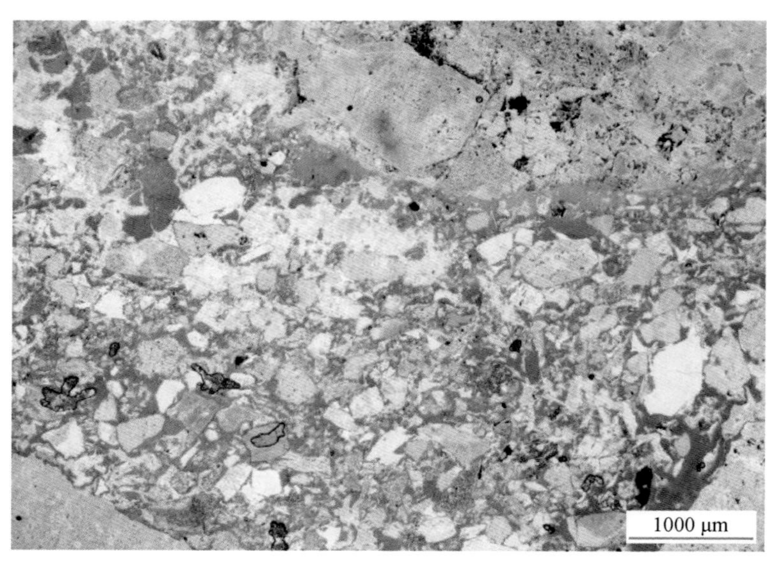

砾石之间填隙物为细砂-粉砂级，漂浮状接触-点状接触，棱角-次棱角状，分选性差，基底式-孔隙胶结。

哈39井 2010.28m 单偏光

砾石间填隙物以砂粒为主，次棱角状，分选差。成分为长石及变质粉砂岩、板岩岩屑为主。

哈39井 2010.28m 正交偏光

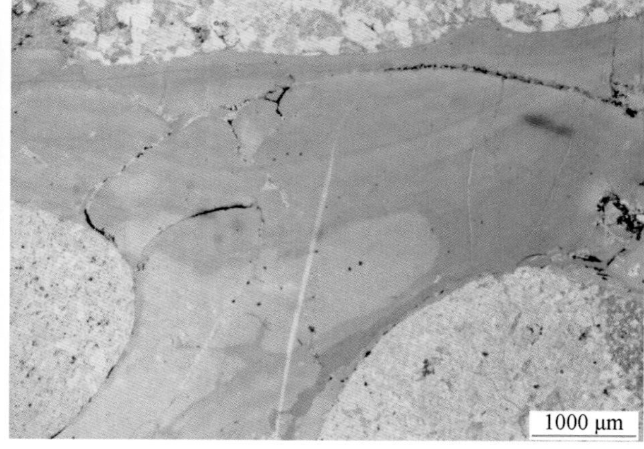

砾石之间的蚀变火山灰呈凝胶状，具有缓慢流动的痕迹。收缩缝。

哈39井 2010.28m 单偏光

图版 3-5 结构、构造及成分特征（五）

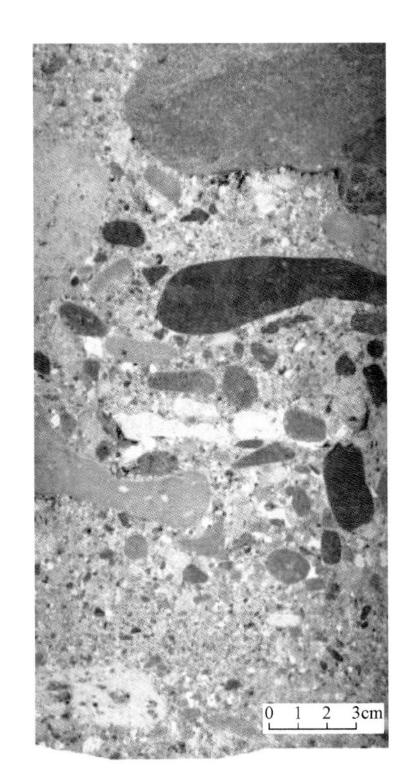

浅变质岩-凝灰岩质细-中砾岩

灰色，砾石颜色以浅灰、深灰色为主，少量灰黑色；细-中砾结构，块状构造。砾石成分以凝灰岩为主，少量变质岩屑，砾径一般2～30mm，最大65mm，次棱角-次圆状，分选性差；泥质及砂质充填于砾间。

阿南凹陷

阿12井　789.98～790.10m

阿尔善组

扇三角洲相

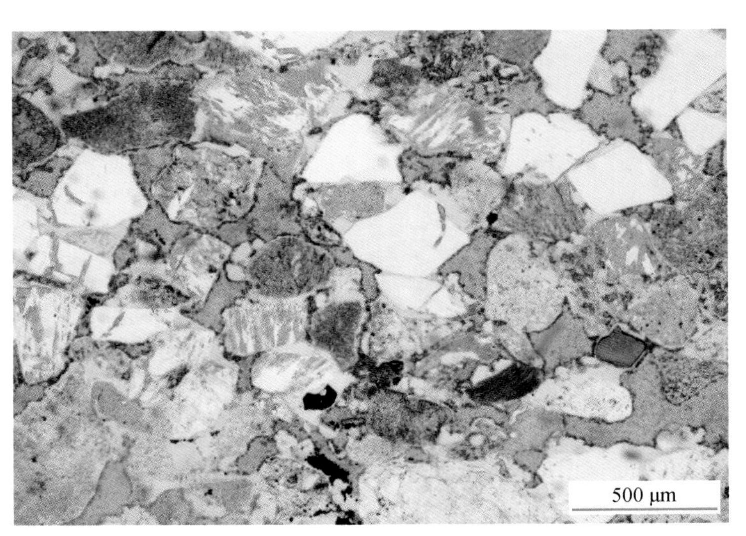

砾石间的填隙物以中砂为主，碎屑成分为火山型石英和长石，分选性好，次棱角状，粒间孔及长石粒内溶孔发育。

阿12井　790.10m　单偏光

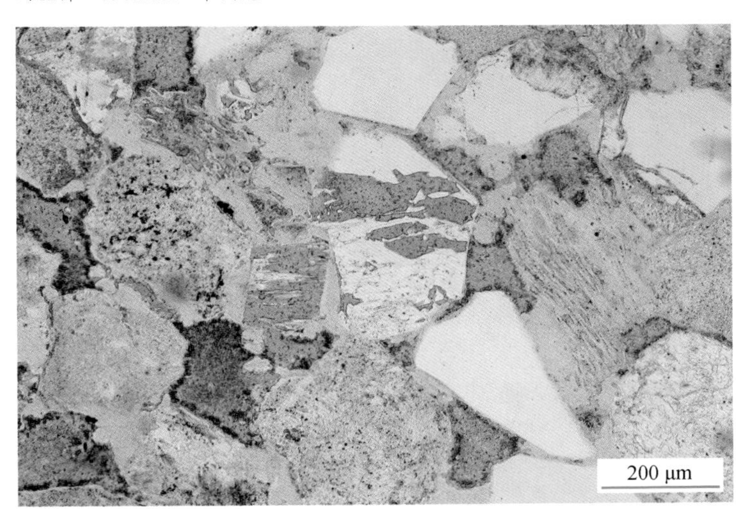

碎屑中砂级为主，次棱角状，分选性较好，组分以凝灰岩岩屑为主，长石和石英次之，右侧见浮岩岩屑。颗粒间充填蚀变火山灰，发育长石粒内溶孔和粒间孔。

阿12井　790.10m　单偏光

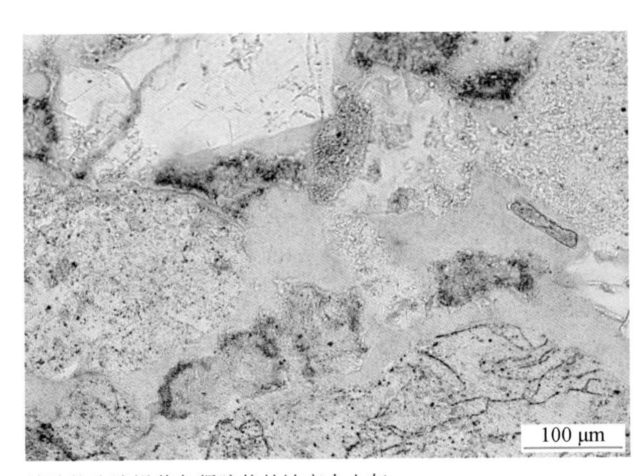

填隙物为浅褐黄色凝胶状的蚀变火山灰。

阿12井　790.10m　单偏光

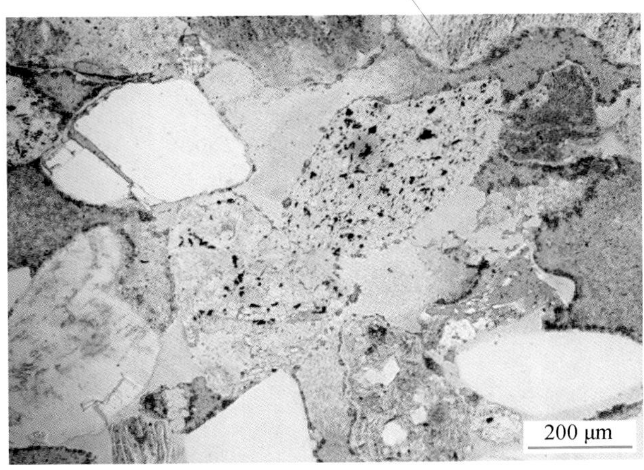

砾石间填隙物以砂粒为主，次棱角状，分选中等，砂粒间充填蚀变火山灰。砂粒成分为石英、长石及安山岩屑。

阿12井　790.10m　单偏光

图版 3-6　结构、构造及成分特征（六）

浅变质岩质中砾岩

砾石成分以绿灰色、紫红色及灰黑色的浅变质岩为主，其次为浅色的凝灰岩，少量花岗岩；砾径一般5～30mm，次圆状，叠瓦状排列，砾间充填砂泥质。

乌里雅斯太凹陷

太43井 1872.78～1873.03m

腾一段

远岸水下扇相

砾石之间的填隙物以砂级碎屑为主，细砂-粗砂级，主要碎屑成分为变质粉砂岩屑，其次为花岗岩、流纹岩屑及石英等，分选性差，次棱角状，颗粒之间点状接触，粒间溶孔发育，孔隙式胶结，颗粒支撑。

太43井 1872.92m 单偏光

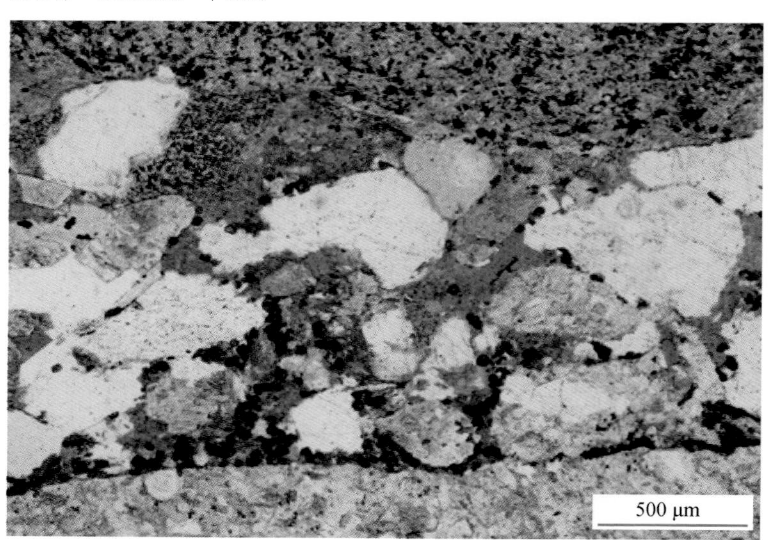

砾石间填隙物以砂粒为主，次棱角状，分选中等，粒间溶孔发育。砂粒成分为石英、长石及浅变质岩屑。

太43井 1872.92m 单偏光

砾石间填隙物以砂粒为主，次棱角状，分选中等，砂粒间充填自生高岭石，发育粒间溶孔及晶间孔。砂粒成分为石英、长石及浅变质岩屑。

太43井 1872.92m 单偏光

图版 3-7 结构、构造及成分特征（七）

安山岩质中砾岩

灰黑色，中砾结构，砾石排列平行于层面。砾石成分以安山岩为主，浅变质岩、凝灰岩次之，砾径一般5～30mm，最大120mm，次圆状，细砾及砂质充填于砾间。

阿南凹陷

哈39井　2068.02～2068.23m

阿尔善组

近岸水下扇相

砾石之间填隙物为细砂-粗砂级，主要成分为浅变质岩屑、安山岩屑和凝灰岩岩屑，次棱角状，分选性差，点-线状接触，杂基充填，杂基为细-粉砂及黏土，颗粒表面包覆囊脱石薄膜。

哈39井　2068.10m　单偏光

砾间填隙物以安山岩岩屑为主，细砂-粗砂级，次棱角状，分选性差，孔隙式胶结。

哈39井　2068.10m　正交偏光

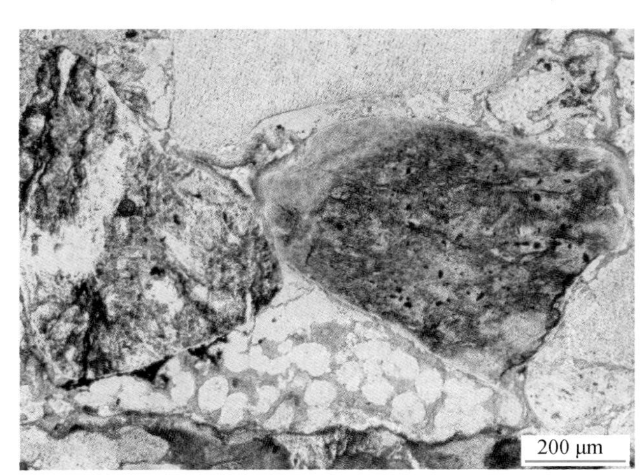

砾石间砂粒为安山岩岩屑，孔隙衬边状囊脱石及近于无色的团粒状蚀变火山灰 。

哈39井　2068.10m　单偏光

砾石间填隙物以砂粒为主，次棱角状，分选性差。

哈39井　2068.10m　单偏光

图版 3-8　结构、构造及成分特征（八）

流纹岩质中砾岩 砾石颜色以浅灰色、深灰色为主，少量灰褐色，中砾结构，砾石具有定向排列。砾石以流纹岩、凝灰岩为主，少量变质岩。砾径一般5～30mm，次圆状，分选性差，中砾间充填细砾及砂泥质。

阿南凹陷 阿200井 842.66～842.98m 阿尔善组 扇三角洲相

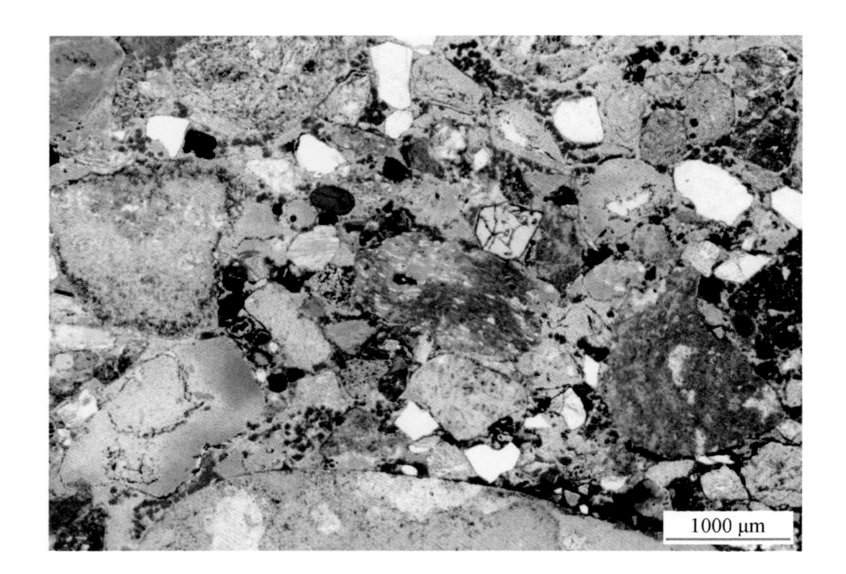

填隙物的碎屑成分以流纹岩屑为主，少量凝灰岩屑及石英，细-粗砂级，次棱角状，分选性差，点-短线状接触，粒间孔发育，较小的流纹岩屑被溶蚀形成铸模孔。蚀变黏土呈小球状（褐色）。

阿200井 842.90m 单偏光

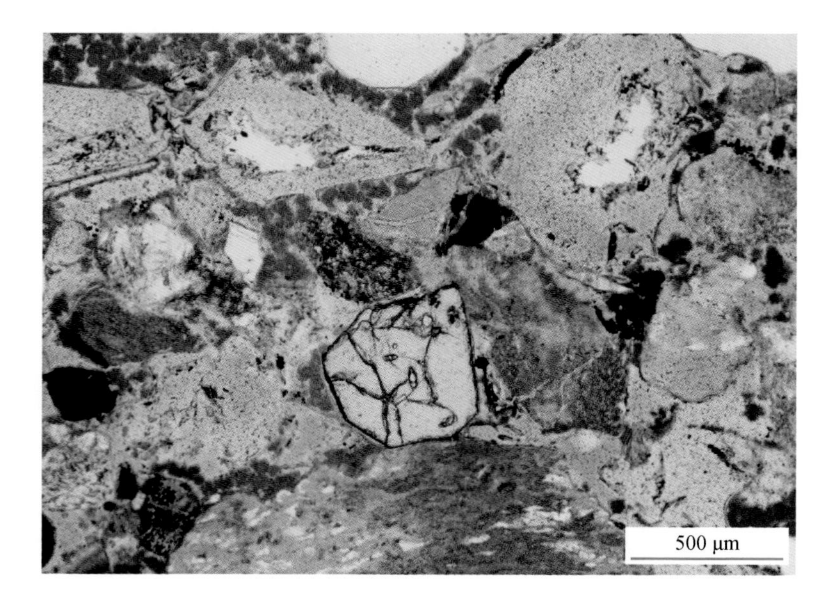

砾石间填隙物为砂粒及其间蚀变火山灰，砂粒溶蚀形成铸模孔，粒间溶孔发育

阿200井 842.90m 单偏光

图版 3-9 结构、构造及成分特征（九）

二、碎屑成分特征

二连盆地各凹陷、各沉积类型的砾岩主要为复成分砾岩，成分复杂、成熟度低。总体而言，以各种火山岩砾石的富集为特征，其次为各种浅变质岩、沉积岩及同沉积火山碎屑的砾石。由于物源、成因及相带的区别，不同凹陷不同组段的砾岩成分有较大差别。如阿南凹陷的阿尔善组近岸水下扇、扇三角洲相砾岩的砾石成分以各种火山熔岩及火山碎屑岩为主，花岗质侵入岩及浅变质岩类的砾石的含量相对较少；乌里雅斯太凹陷腾格尔组远岸水下扇相砾岩的砾石成分则以浅变质岩、花岗岩为主，火山熔岩偶见。较大砾石之间的填隙物主要是砂级碎屑及部分细砾级碎屑，以岩屑为主，成分与砾石成分近似，还有部分同沉积期火山喷出的石英、长石晶屑及陆源的石英、长石碎屑等。砂级填隙物间常见粉砂、泥质杂基、各种自生黏土矿物、硅质及碳酸盐胶结物，以及非常有特色的火山灰蚀变形成的凝胶状的黏土物质。

砾石成分主要为各类岩石碎屑，反映物源区岩石类型、大地构造特征。常见类型有以下几种。

火山熔岩类：中、酸性火山熔岩，如安山岩、英安岩、流纹岩、霏细岩、球粒霏细岩等。每一种火山熔岩均具有多种不同的显微结构特征，如安山岩屑具有安山结构或交织结构，其中斜长石微晶的大小、排列的定向性、显微斑晶的含量和类型、玻璃质的含量、气孔或杏仁构造、次生变化类型等均有多种变化。

火山碎屑岩类：各种类型的凝灰岩类，如刚性玻屑凝灰岩、塑变玻屑熔结凝灰岩、多屑凝灰岩、凝灰质沉积岩等。

侵入岩类：花岗岩、花岗斑岩、花斑岩、闪长岩、闪长玢岩、细晶岩等；以花岗岩类的砾石较为常见。

变质岩类：板岩、千枚岩、片岩、石英岩、各种变质沉积岩、糜棱岩等；主要来源于盆地基底古生界的浅变质岩。

沉积岩类：泥岩、粉砂岩、砂岩、石灰岩等。

砾石之间的砂质填隙物除上述岩屑以外，还有石英、长石及重矿物等。石英主要来自花岗岩、酸性火山岩或同期火山喷发，少量来自变质岩及石英脉。长石包括酸性－中性斜长石、正长石、透长石、微斜长石、条纹长石。在火山熔岩及火山碎屑岩岩屑富集的砾岩中，长石主要为透长石及高温斜长石，来源于火山熔岩、火山碎屑岩及同期火山喷发的晶屑；条纹长石与微斜长石等主要见于花岗岩砾石富集的砾岩中，来源于花岗岩质母岩。重矿物主要有石榴子石、电气石、磷灰石、锆石等。

砾岩的碎屑成分主要受物源控制，因此，碎屑成分部分图版按照岩浆岩（侵入岩、火山岩）、火山碎屑岩、变质岩、沉积岩的顺序排列，其中岩浆岩部分按照先侵入岩、后火山岩、先酸性后中性的顺序排列。

花岗岩砾石

细-中粒等粒结构（花岗结构，长石为半自形，石英为它形）。主要矿物为条纹长石和石英，部分条纹长石具有卡斯巴双晶，石英颗粒小，充填在半自形长石晶粒间隙中。照片顶部为砂质填隙物，细粉砂杂基及方解石胶结物。

阿南凹陷

阿210井　786.94m

阿尔善组

铸体薄片　正交偏光

花岗斑岩砾石

斑状结构。右为聚片双晶发育的斜长石斑晶；基质具有细粒花岗结构，由半自形的正长石、细粒它形的石英和少量黑云母组成。长石具有很弱的黏土化。

阿南凹陷

哈39井　2115.0m

阿尔善组

铸体薄片　正交偏光

黑云母石英闪长玢岩砾石

显微斑状结构。斑晶斜长石自形-半自形，发育聚片双晶及卡斯巴-钠长石律复合双晶，含量近50%，所以又称多斑结构；基质由微粒长石、石英和黑云母组成。长石具有弱绢云母化。

阿南凹陷

哈39井　2013.99m

阿尔善组

铸体薄片　正交偏光

图版 3-10　碎屑成分及特征（一）

闪长玢岩砾石

显微斑状结构。斜长石斑晶呈自形板柱状，弱黏土化，表面呈浅褐红色；基质微粒等粒结构，由微粒长石和少量石英组成。

阿南凹陷

哈39井　2020.02m

阿尔善组

铸体薄片　正交偏光

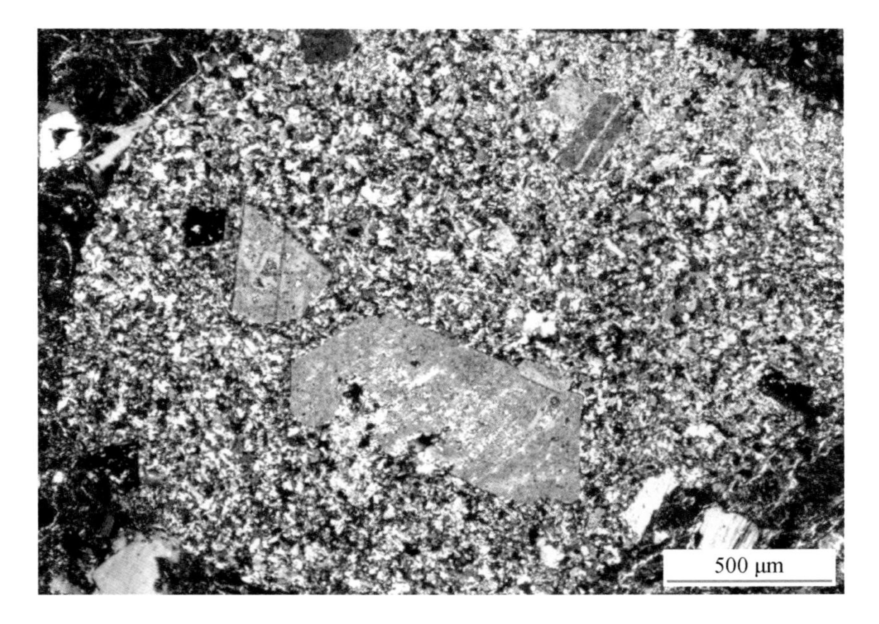

花斑岩砾石

显微文象结构，正长石内包含规则排列的石英，统一消光与干涉，属于二元共结结构。正长石发育卡斯巴双晶，弱黏土化而呈浅褐红色。

乌里雅斯太凹陷

太21井　1795.12m

腾格尔组

铸体薄片　正交偏光

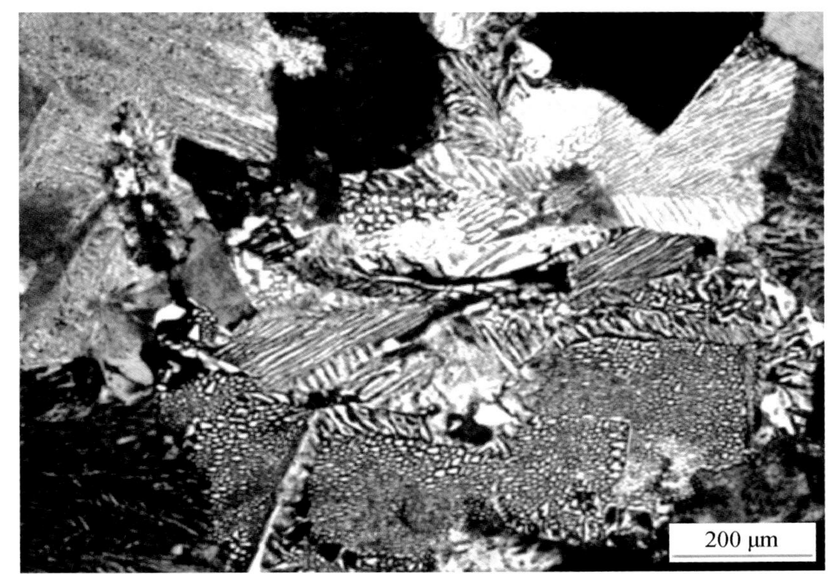

流纹岩砾石

显微斑状结构，斑晶为正长石和石英，受高温熔蚀具熔蚀结构，基质具霏细结构，由粒度细小的长英质组成。显微流纹构造由结晶程度不等的连续且平行的流纹组成。

阿南凹陷

哈39井　2020.82m

阿尔善组

铸体薄片　正交偏光

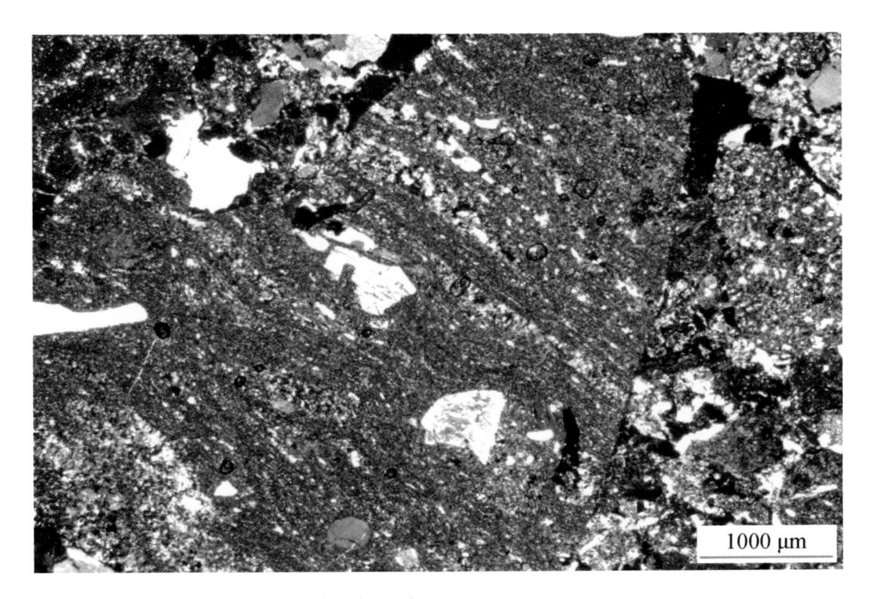

图版 3-11　碎屑成分及特征（二）

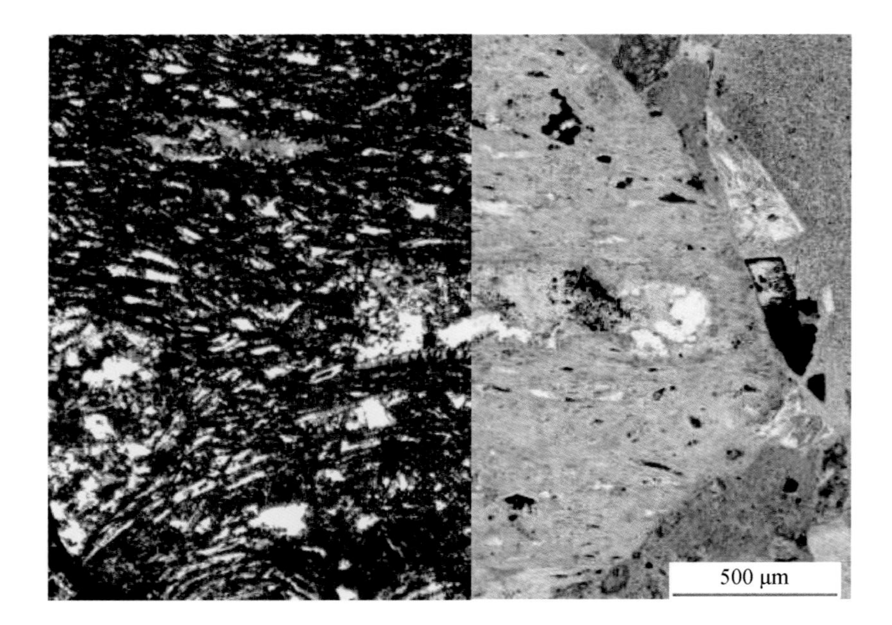

流纹岩砾石

霏细结构，显微流纹构造。结晶程度低，在正交偏光下干涉色总体呈暗灰色，少量石英和长石微晶，一级灰白干涉色。右侧可见浅棕褐色的火山灰蚀变黏土充填孔隙及粒间溶孔。

阿南凹陷

阿200井　815.49m

阿尔善组

铸体薄片　左：正交偏光　右：单偏光

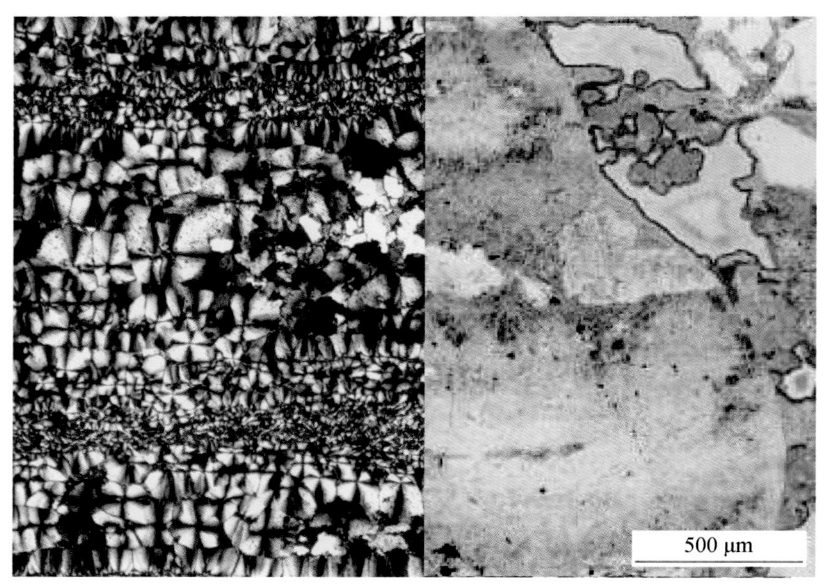

流纹岩砾石

球粒霏细结构，球粒呈近圆形，由长英质纤维放射状生长而成，在正交偏光下呈十字消光。显微流纹构造，由结晶程度不等、大小不同的球粒构成流纹。图片右上部显示了粒间的填隙物，可见蚀变火山灰及其溶孔中的衬边状囊脱石和具环带结构的玉髓胶结物。

阿南凹陷

阿200井　829.23m

阿尔善组

铸体薄片　左：正交偏光　右：单偏光

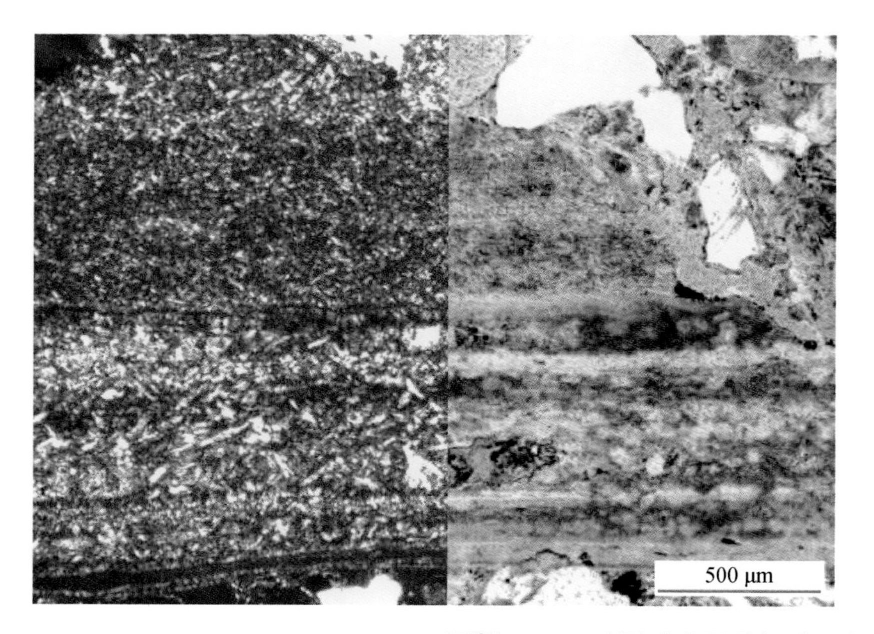

流纹岩砾石

霏细结构，显微流纹构造；流纹由深浅不等的棕褐色、结晶程度不同的条纹平行排列而成。图片右上部为砾石间的填隙物，可见砂级的长石、石英和蚀变火山灰，粒间溶孔发育。

阿南凹陷

阿200井　861.03m

阿尔善组

铸体薄片　左：正交偏光　右：单偏光

图版 3-12　碎屑成分及特征（三）

流纹岩砾石及其中具有熔蚀结构的黑云母斑晶

显微斑状结构，显微流纹构造，流纹绕斑晶而过。斑晶为黑云母及石英。黑云母具有熔蚀结构，呈残骸状。

阿南凹陷

阿200井　864.22m

阿尔善组

铸体薄片　单偏光

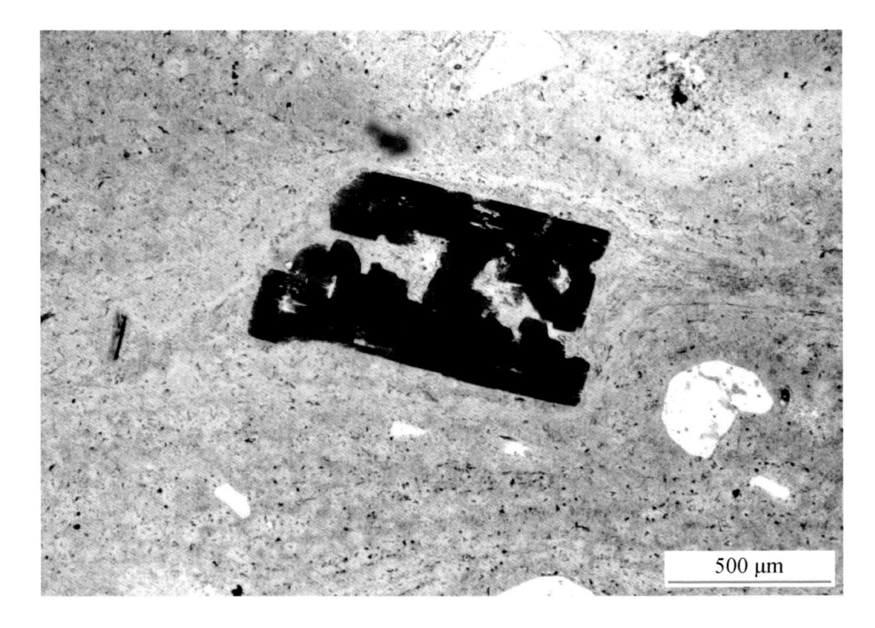

英安岩砾石

显微斑状结构，基质为显微隐晶质结构，浅棕黄色；斑晶以长石为主，部分长石具有很弱的黏土化，部分则完全无色透明，少量石英和黑云母斑晶。

巴音都兰凹陷

巴101X井　1938.33m

阿尔善组

铸体薄片　单偏光

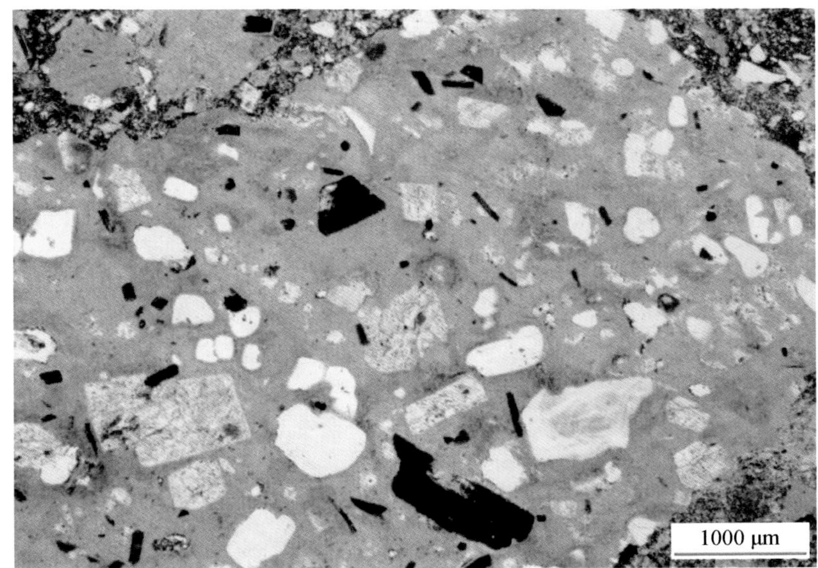

英安岩砾石

显微斑状结构，显微流纹构造；斑晶由石英和长石组成，长石被溶蚀形成粒内溶孔，近于铸模孔。部分斑晶在岩浆喷发时被炸碎，形成棱角状晶屑。

阿南凹陷

哈39井　2092.67m

阿尔善组

铸体薄片　单偏光

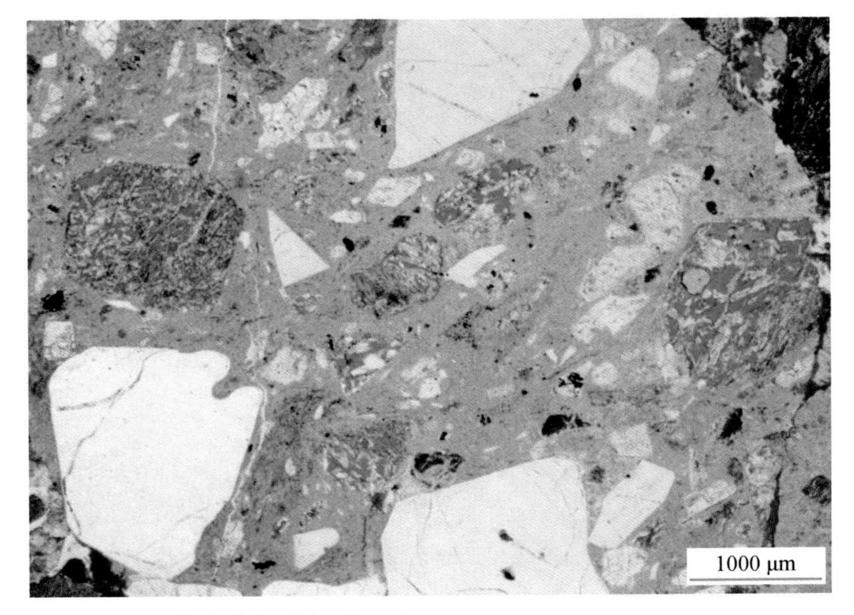

图版 3-13　碎屑成分及特征（四）

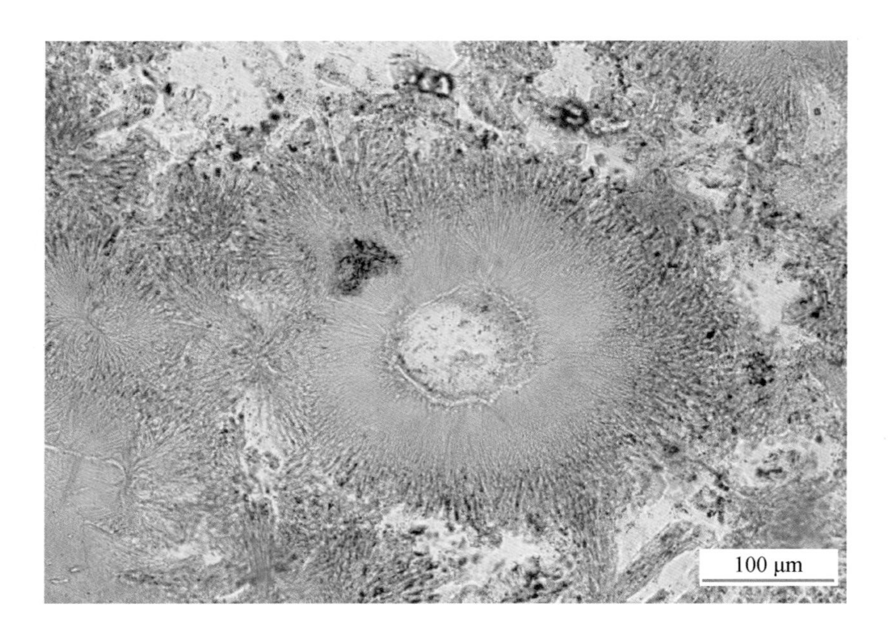

球粒霏细岩砾石内的“球粒”

球粒霏细结构，球粒由围绕核心的放射状排列的长英质纤维组成。“核心”及球粒周围无色透明部分为硅质物质。

阿南凹陷

阿200井　829.73m

阿尔善组

铸体薄片　单偏光

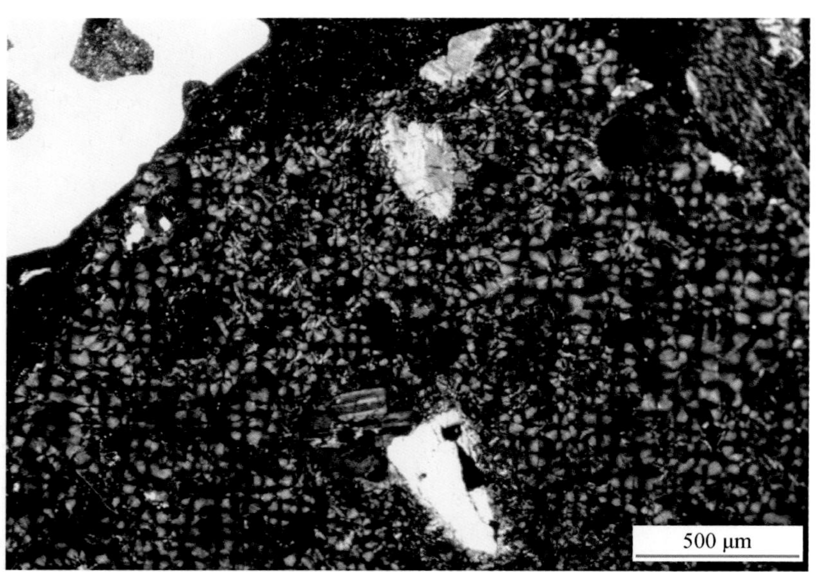

球粒霏细岩砾石

显微斑状结构，基质球粒霏细结构，显微均一构造。斑晶可见发育聚片双晶的斜长石和钾长石，球粒具有十字状消光。

阿南凹陷

阿200井　853.76m

阿尔善组

铸体薄片　正交偏光

球粒霏细岩砾石

球粒霏细结构，球粒由围绕核心的长英质纤维呈放射状排列而成，正交偏光下具有十字状消光。球粒间为霏细结构。

阿南凹陷

哈39井　2018.52m

阿尔善组

铸体薄片　正交偏光

图版 3-14　碎屑成分及特征（五）

霏细岩砾石

霏细结构，显微均一构造。在单偏光下显示完全均一的面貌，无色透明（右），在正交偏光下为显微隐晶质结构，由近于等粒的、大小为0.01mm左右的长英质组成（左）。

阿南凹陷

阿200井 2018.52m

阿尔善组

铸体薄片 左：正交偏光 右：单偏光

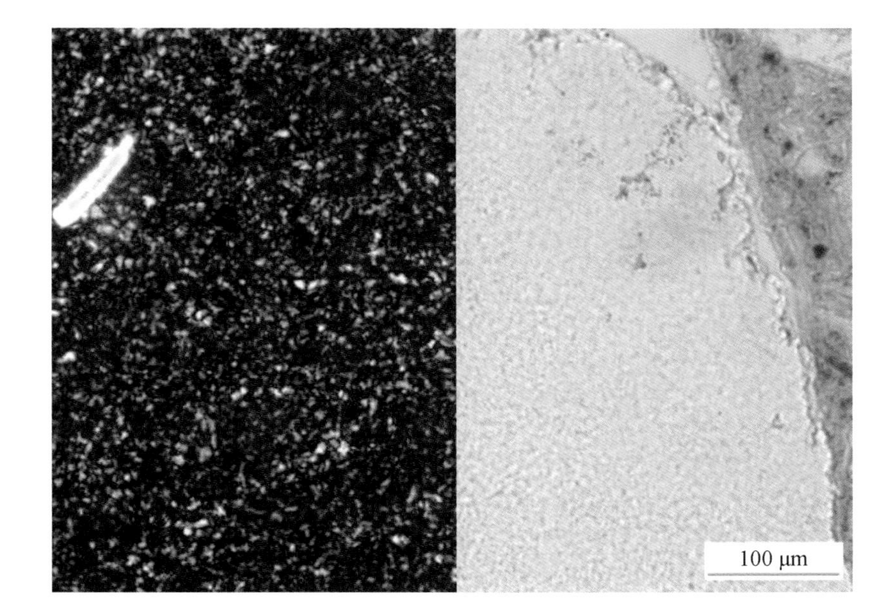

珍珠岩砾石

玻璃质结构，已发生脱玻化，向霏细结构转变，正交偏光下几乎全消光；发育近于圆形的裂隙，裂隙处具有弱黏土化特征。

阿南凹陷

阿12井 791.27m

阿尔善组

铸体薄片 上：单偏光 下：正交偏光

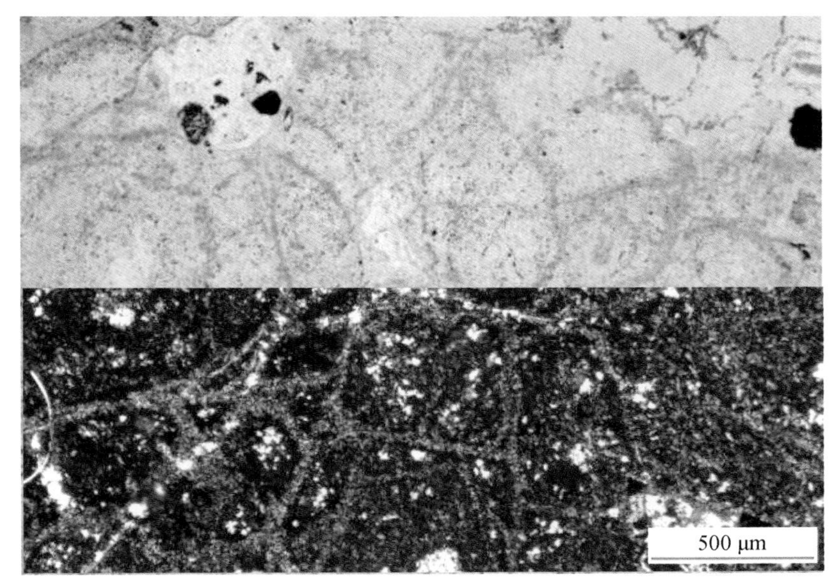

霏细岩砾石

霏细结构，显微均一构造。在单偏光下显示基本均一的面貌，无色透明（左），在正交偏光下显示为近于等粒的、大小为0.25mm左右的长英质集合体相互镶嵌（右），在每一个长英质集合体斑块内，微小的长石和石英具有显微文象结构。

阿南凹陷

阿200井 850.07m

阿尔善组

铸体薄片 左：单偏光 右：正交偏光

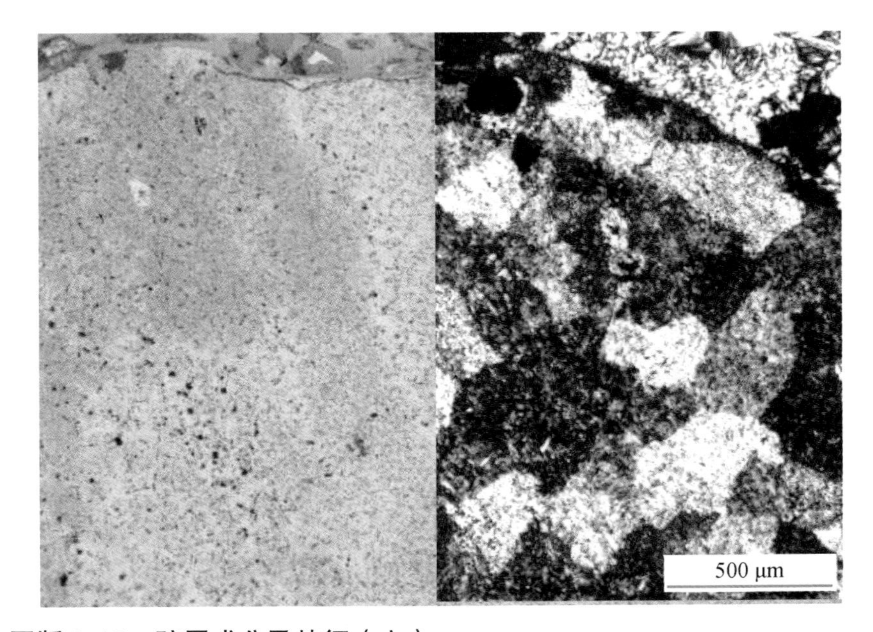

图版 3-15 碎屑成分及特征（六）

安山岩砾石

斑状结构，基质为交织结构，斑晶斜长石具有环带结构，内部见圆滑的熔蚀边缘，说明斑晶斜长石在结晶后被熔蚀，之后再生长而成。基质由长条状斜长石微晶交织组成，半定向排列。

阿南凹陷

哈22井　2058.00m

阿尔善组

铸体薄片　正交偏光

安山岩砾石内的斜长石斑晶

斑状结构，斑晶为板柱状的斜长石，卡斯巴-钠长石律联合双晶；基质具有安山结构，结晶程度很低，由非常细小的斜长石微晶和玻璃质组成，一般见于熔岩流顶部，快速冷却而成。

阿南凹陷

哈362井　2104.50m

阿尔善组

铸体薄片　正交偏光

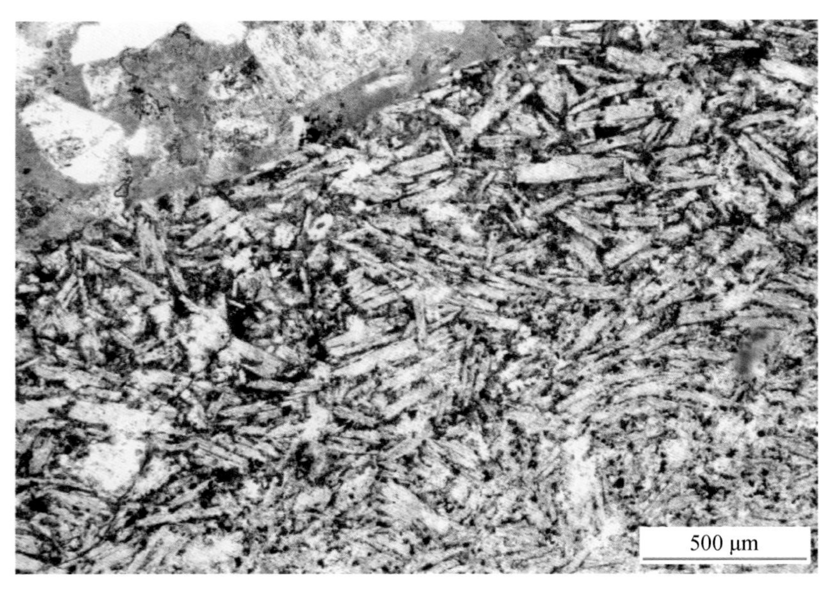

安山岩砾石

交织结构，由长条状斜长石微晶交织组成，斜长石微晶间的暗色者为玻璃质脱玻化后形成的黑色微粒状物质。微晶斜长石半定向排列。图片左上部为砾石间填隙物，由长石及其间的蚀变火山灰组成。

阿南凹陷

阿12井　790.69m

阿尔善组

铸体薄片　单偏光

图版 3-16　碎屑成分及特征（七）

安山岩砾石

安山结构（玻晶交织结构），由长条状斜长石微晶交织组成，斜长石微晶间棕褐色者为玻璃质，在正交偏光下近于全消光，已略微脱玻化。

阿南凹陷

阿12井 790.69m

阿尔善组

铸体薄片 左：正交偏光 右：单偏光

安山岩砾石及其中的杏仁体

安山结构，杏仁状构造。长条状斜长石微晶之间的玻璃质脱玻化后呈黑色，气孔被浅褐黄色囊脱石充填。下方为圆形的气孔，被浅褐黄色-褐红-黑色的囊脱石、石英依次充填形成的杏仁体。形成于快速冷却条件下的熔岩流顶部。

阿南凹陷

阿17-7井 821.06m

阿尔善组

铸体薄片 单偏光

安山岩砾石中的囊脱石

安山结构，长条状斜长石微晶之间的气孔被褐黄色囊脱石充填。形成于火山热液活动阶段。囊脱石具有一级黄及以上的干涉色，发育微环带构造。

阿南凹陷

阿17-7井 821.06m

阿尔善组

铸体薄片 上：正交偏光 下：单偏光

图版 3-17 碎屑成分及特征（八）

安山岩砾石

安山结构，显微均一构造。长条状斜长石含量较少，具有较简单的聚片双晶，其间呈浅褐灰色、含较多的黑色微粒，结晶程度很低，正交偏光下可见其中主要为极细小的斜长石微晶。形成于快速冷却的熔岩流顶部。

阿南凹陷

阿200井 971.87m

阿尔善组

铸体薄片 单偏光

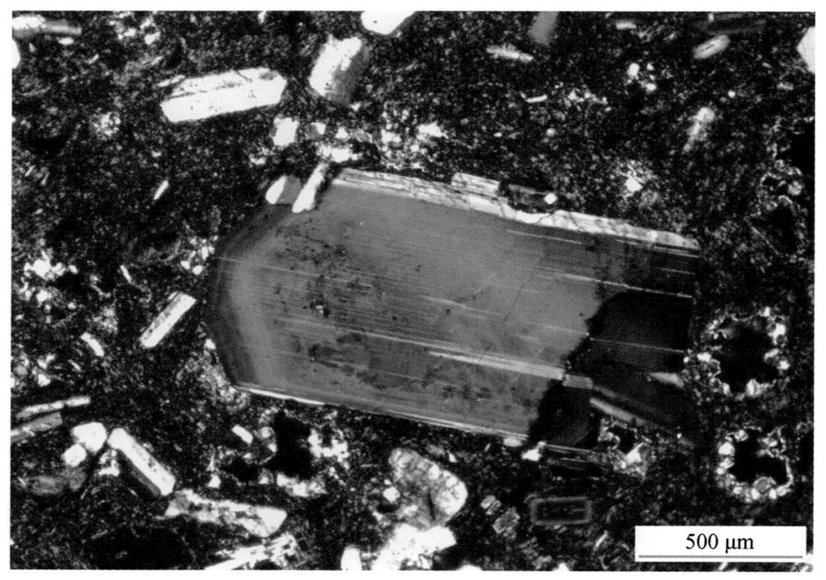

安山岩砾石中具有环带结构的斜长石斑晶

安山岩砾石具有显微斑状结构，基质安山结构。斜长石斑晶呈自形板柱状，环带结构。斑晶大小不一。基质中斜长石微晶粒度细小，近于显微隐晶质。

阿南凹陷

阿200井 865.83m

阿尔善组

铸体薄片 正交偏光

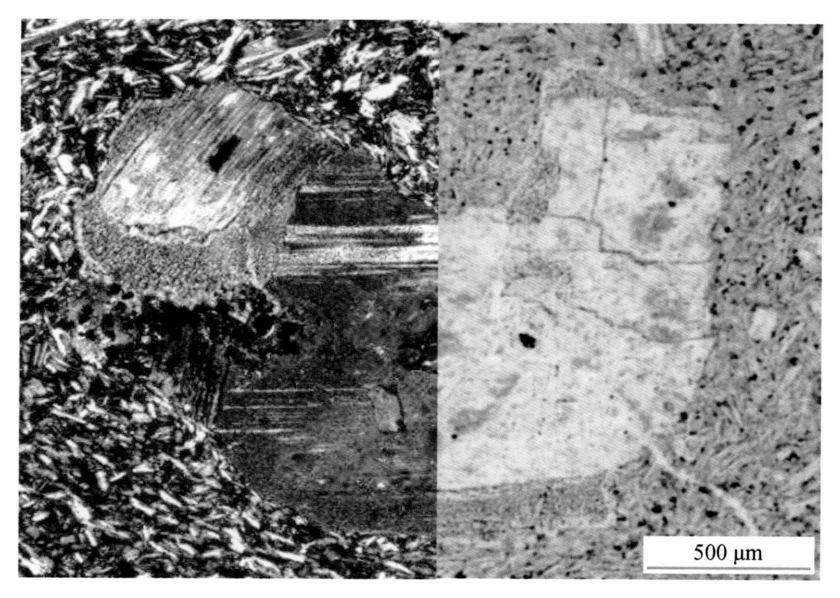

安山岩砾石中熔蚀结构的斜长石斑晶

显微斑状结构，基质为安山结构。斜长石斑晶具有熔蚀港湾结构。基质中斜长石微晶绕斑晶定向排列，显示了熔岩流的流动性。斜长石微晶间为玻璃质，单偏光下呈浅褐黄色，正交偏光下为全消光。

阿南凹陷

哈22井 2058.00m

阿尔善组

铸体薄片 左：正交偏光 右：单偏光

图版 3-18 碎屑成分及特征（九）

安山岩砾石

显微斑状结构，基质具有安山结构。多个斜长石斑晶聚合在一起，构成聚斑结构。基质中的斜长石微晶绕斑晶定向排列，显示了基质冷却结晶时的流动性。

阿南凹陷

阿200井　865.83m

阿尔善组

铸体薄片　正交偏光

安山岩岩屑

显微斑状结构，基质安山结构。斑晶长石被溶蚀形成铸模孔。长柱状的矿物为磷灰石，无色透明，正中突起，具有横向裂理。左侧可见磷灰石的横截面，六边形。周围的粒间填隙物为蚀变火山灰及其中的溶孔，溶孔内见衬边状黄绿色囊脱石。

阿南凹陷

阿12井　784.27m

阿尔善组

铸体薄片　单偏光

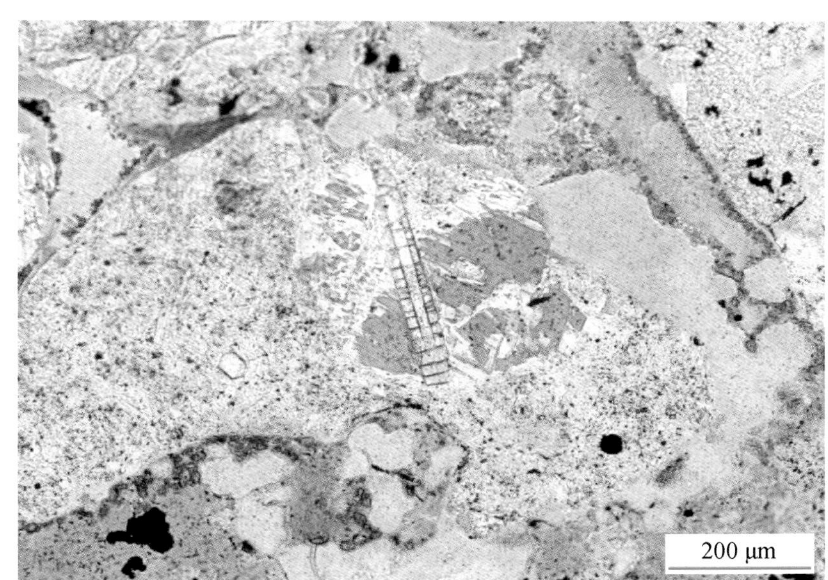

塑变玻屑熔结凝灰岩砾石

熔结凝灰结构，塑变玻屑具有不规则弯曲的塑性变形，玻屑之间为细小的火山灰。图片右下部位为棱角状透长石晶屑；形成于火山灰流相，在堆积后内部高温的作用下玻屑发生塑性变形且强烈熔结。

阿南凹陷

阿200井　790.69m

阿尔善组

铸体薄片　单偏光

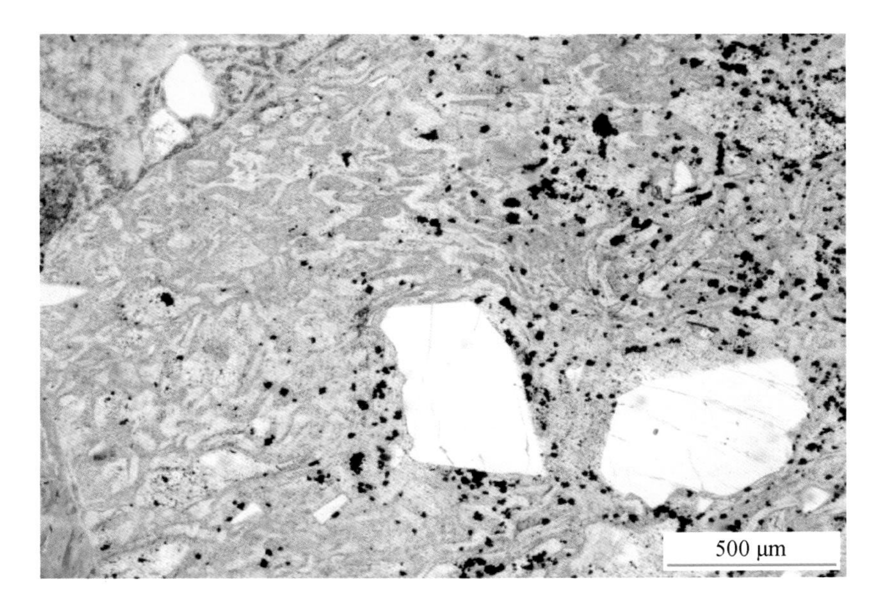

图版 3-19　碎屑成分及特征（十）

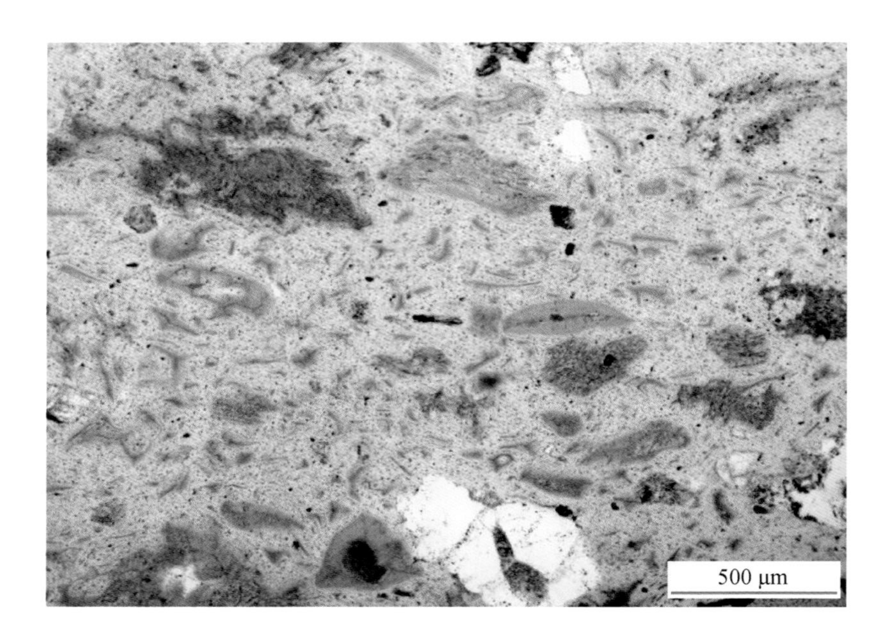

玻屑凝灰岩砾石

凝灰结构，刚性玻屑呈浅褐色，各种形态的弧面棱角状，脱玻化后内部呈梳状结构，玻屑之间为细小的火山灰。形成于空落相。

阿南凹陷

阿17-7井 795.14m

阿尔善组

铸体薄片 单偏光

玻屑凝灰岩岩屑

凝灰结构，刚性玻屑呈弧面棱角状，脱玻化后内部呈梳状结构，玻屑之间为细小的火山灰。形成于空落相。

阿南凹陷

阿12井 784.27m

阿尔善组

铸体薄片 左：正交偏光 右：单偏光

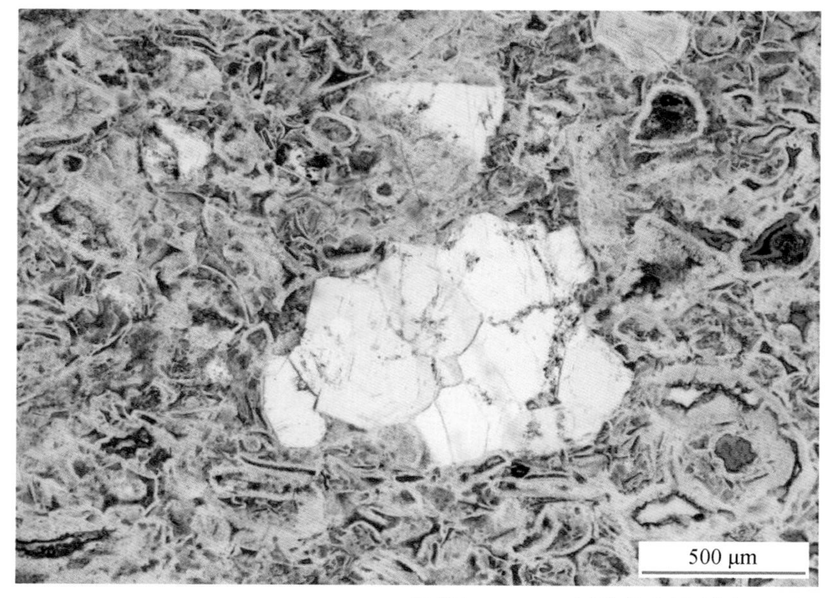

晶屑玻屑凝灰岩砾石

凝灰结构。以刚性玻屑为主，玻屑呈弧面棱角状，形状多样；晶屑为棱角状的透长石。形成于空落相。

阿南凹陷

阿17-7井 801.91m

阿尔善组

铸体薄片 单偏光

图版 3-20 碎屑成分及特征（十一）

塑变玻屑熔结凝灰岩岩屑

熔结凝灰结构，塑变玻屑呈拉长状，平行排列，脱玻化后内部呈梳状结构，玻屑之间为细小的火山灰。形成于火山灰流相。

阿南凹陷

阿12井　785.12m

阿尔善组

铸体薄片　左：正交偏光　右：单偏光

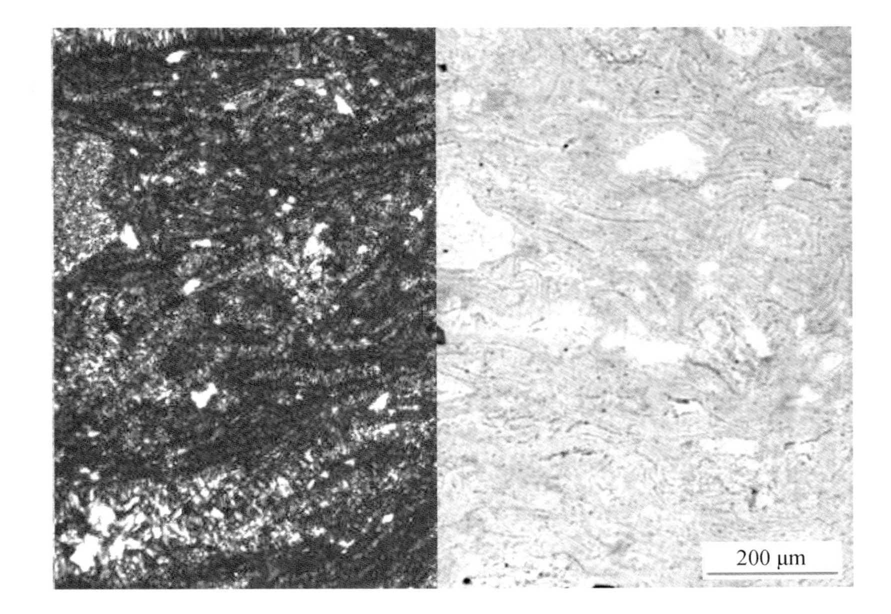

晶屑玻屑熔结凝灰岩岩屑

熔结凝灰结构。晶屑为棱角状的透长石和石英，玻屑粒度较小，脱玻化后内部呈梳状结构，在热压作用下压扁拉长，定向排列，绕晶屑而过，相互熔结，形成类似于流纹构造的“假流纹构造”。形成于火山灰流相。

阿南凹陷

阿17-7井　801.91m

阿尔善组

铸体薄片　上：正交偏光　下：单偏光

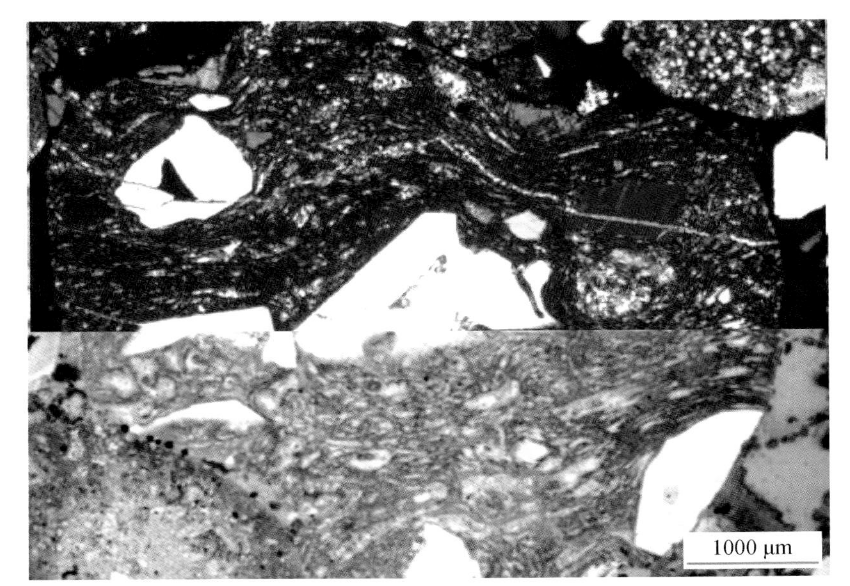

浆屑塑变玻屑凝灰岩岩屑

熔结凝灰结构，浆屑形状不规则，呈撕裂状，脱玻化后具有球粒结构，玻屑呈褐黄色，脱玻化后具有梳状结构。形成于火山灰流相。

阿南凹陷

阿17-7井　797.36m

阿尔善组

铸体薄片　左：正交偏光　右：单偏光

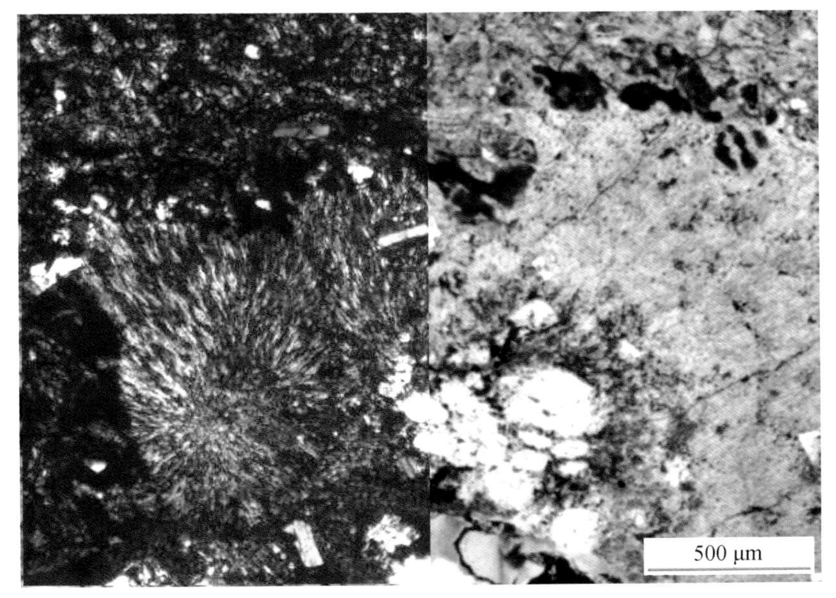

图版 3-21　碎屑成分及特征（十二）

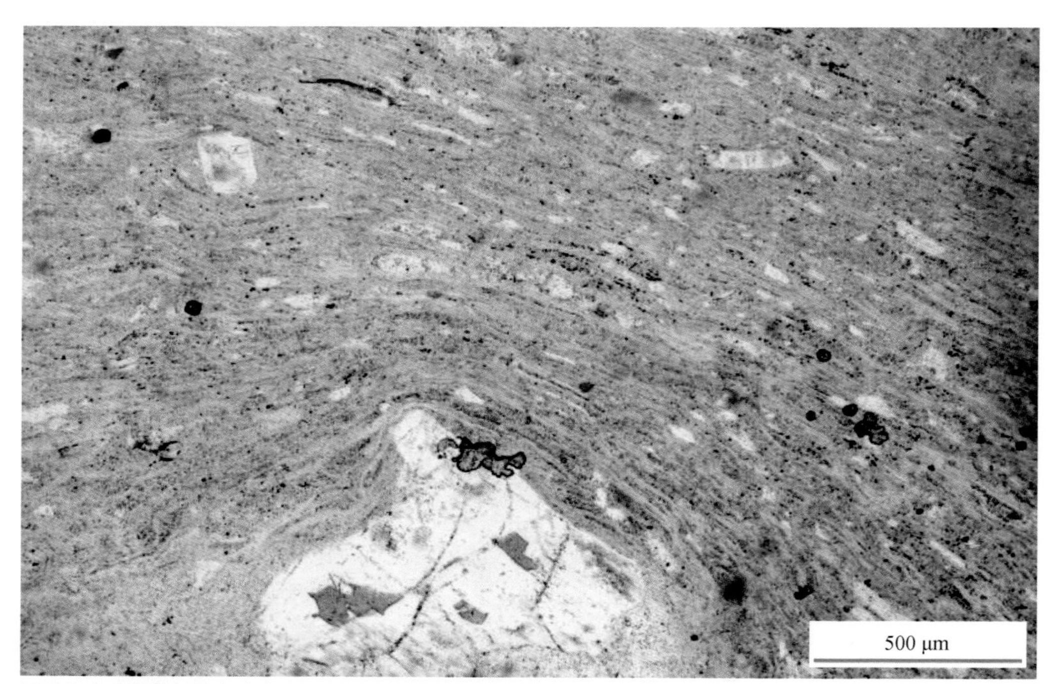

晶屑塑变玻屑熔结凝灰岩岩屑 熔结凝灰结构，假流纹构造。晶屑为棱角状的透长石，具有晶内溶孔。玻屑在热压作用下发生塑形变形，相互熔结，在晶屑附近则绕之而过。形成于火山灰流相。溶蚀微孔发育，具有明显的铸体效应（浅蓝色）。

阿南凹陷

哈362井 2119.09m

阿尔善组

铸体薄片 单偏光

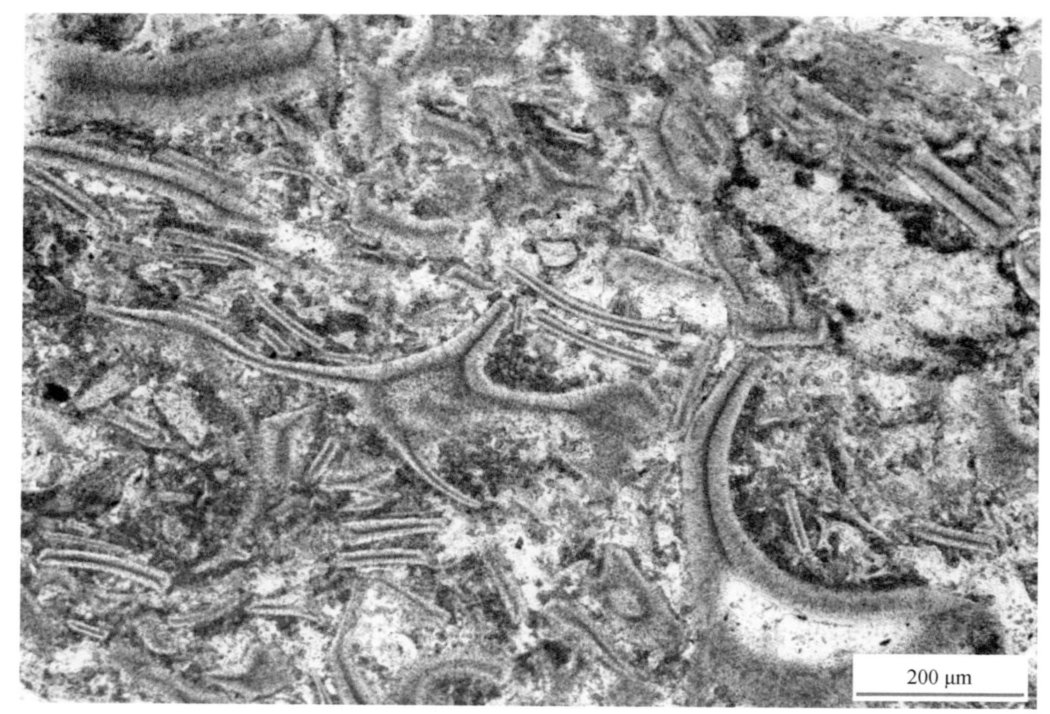

玻屑凝灰岩岩屑 凝灰结构，刚性玻屑呈各种形状的弧面棱角状，脱玻化后内部为梳状结构，凝灰物质之间为细小的火山灰，由细小的晶屑和玻屑组成。形成于火山空落相。

阿南凹陷

阿200井 857.70m

阿尔善组

铸体薄片 单偏光

图版 3-22 碎屑成分及特征（十三）

晶屑熔结凝灰岩岩屑中的石英

晶形自形，边缘平直，左上部边缘及内部具有熔蚀结构，内部具有淬火裂纹。图片顶部见填隙物及粒间溶孔。

阿南凹陷

阿200井　859.73m

阿尔善组

铸体薄片　单偏光

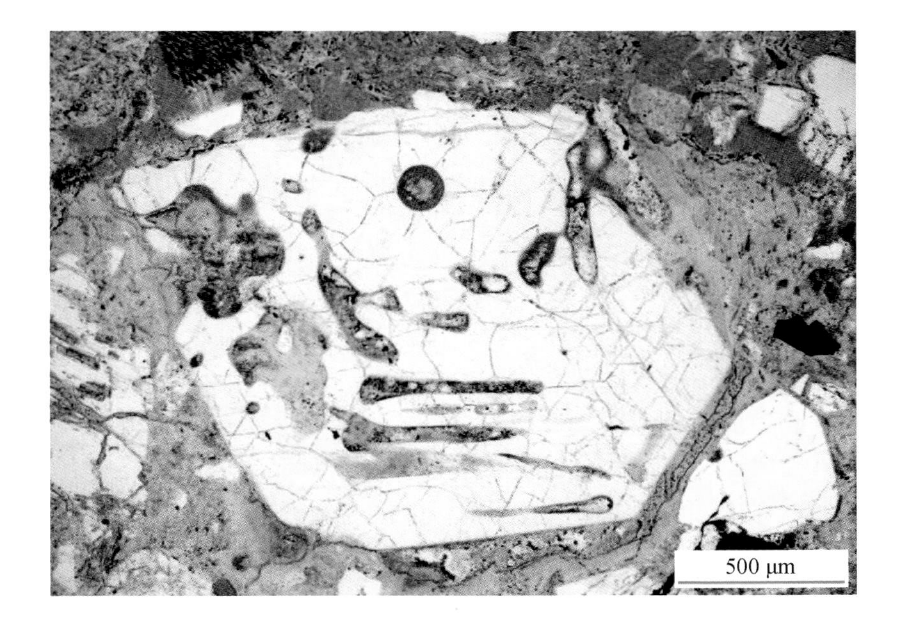

晶屑玻屑凝灰岩岩屑

凝灰结构，凝灰级碎屑圆度差，棱角状，分选性中等。主要成分为玻屑，有少量晶屑。凝灰之间为火山灰，孔隙式胶结。

阿南凹陷

阿12井　790.69m

阿尔善组

铸体薄片　单偏光

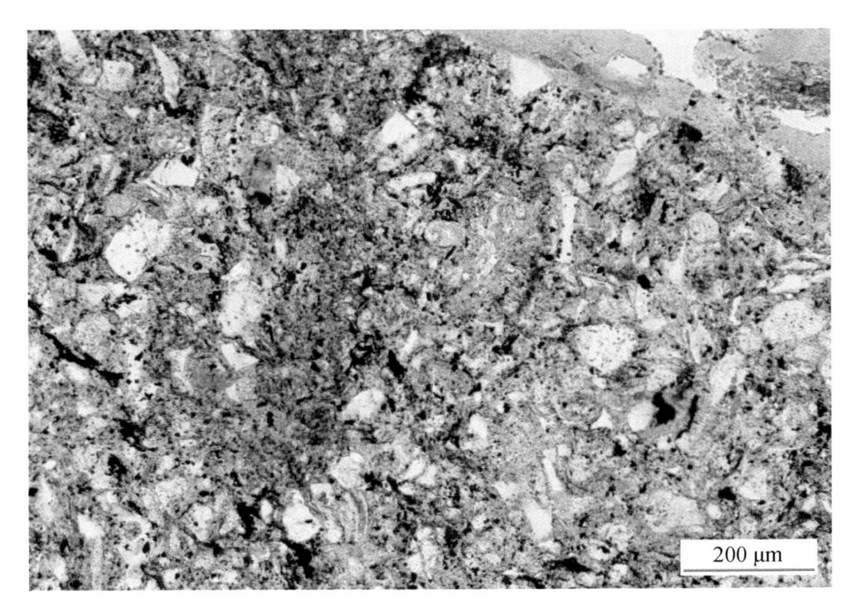

细粒长石砂岩岩屑

细砂结构，主要碎屑成分为斜长石和正长石，有少量石英，颗粒间接触紧密，长线状-凹凸状接触，填隙物含量少。

阿南凹陷

哈362井　2118.10m

阿尔善组

铸体薄片　正交偏光

图版 3-23　碎屑成分及特征（十四）

含砂泥晶白云岩砾石

含砂泥晶结构，主要由泥晶白云石和少量石英粉砂组成，经染色后不变色。砾石周围为细-中砂级碎屑，主要由长石和石英组成，有少量岩屑，方解石胶结。

赛汉塔拉凹陷

赛82井　1734.06m

阿尔善组

铸体薄片　单偏光

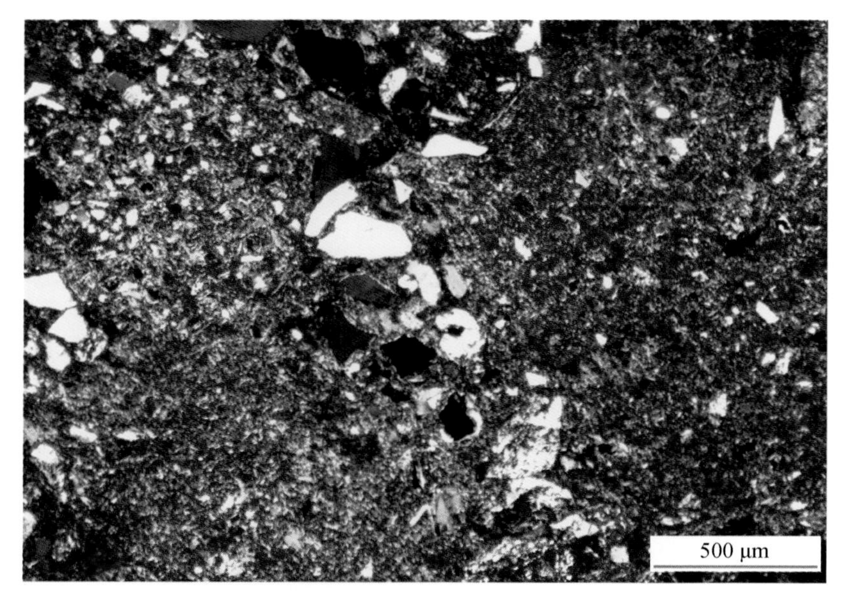

含粉砂泥岩岩屑

含粉砂泥质结构，泥质矿物为伊利石类，具有一级黄及以上干涉色。

阿南凹陷

阿17-7井　735.65m

阿尔善组

铸体薄片　正交偏光

泥岩砾石及砂级的泥岩岩屑

泥质结构，单偏光下呈褐黄色，泥质矿物为伊利石类。其他碎屑为火山岩屑及长石、石英晶屑。下方可见刚性的石英、长石碎屑受压实而嵌入泥岩砾石中。

阿南凹陷

阿17-7井　733.54m

阿尔善组

铸体薄片　单偏光

图版 3-24　碎屑成分及特征（十五）

绢云千枚岩砾石

鳞片变晶结构，主要矿物成分为绢云母，有少量黑色的炭质，矿物排列定向性明显。显微千枚构造，受动力变质影响发生揉皱、破碎，裂缝被石英脉充填。右上角见填隙物及粒间孔。

阿南凹陷

阿200井　849.07m

阿尔善组

铸体薄片　单偏光

硅化绢云千枚岩砾石

鳞片变晶结构，显微千枚状构造，主要矿物成分为绢云母，含少量炭质。受动力变质影响形成裂隙，后被不规则石英脉体穿插，石英脉具有微粒结构。

阿南凹陷

阿200井　804.53m

阿尔善组

铸体薄片　正交偏光

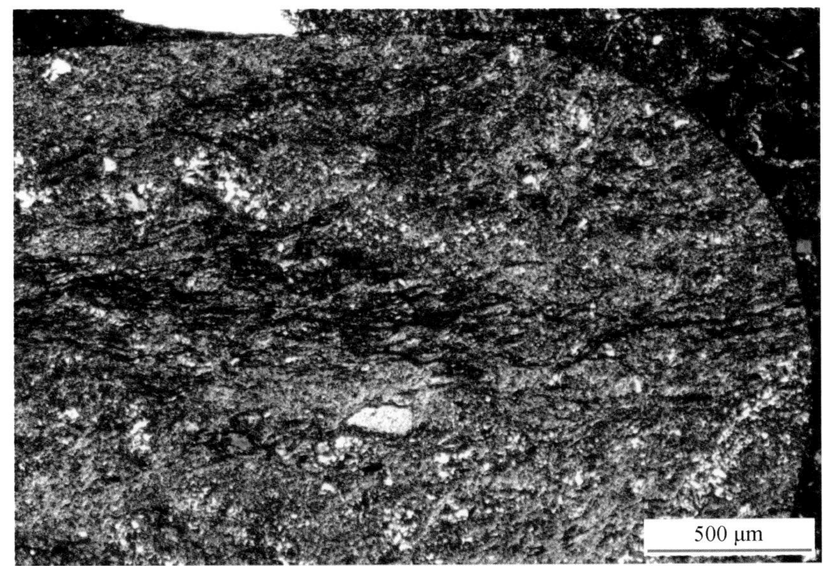

硅质板岩岩屑

变余泥质结构，部分黏土发生明显的绢云母化，且定向排列。上部被长英质脉体穿插，石英脉具有栉状-微粒结构。

阿南凹陷

阿12井　792.45m

阿尔善组

铸体薄片　正交偏光

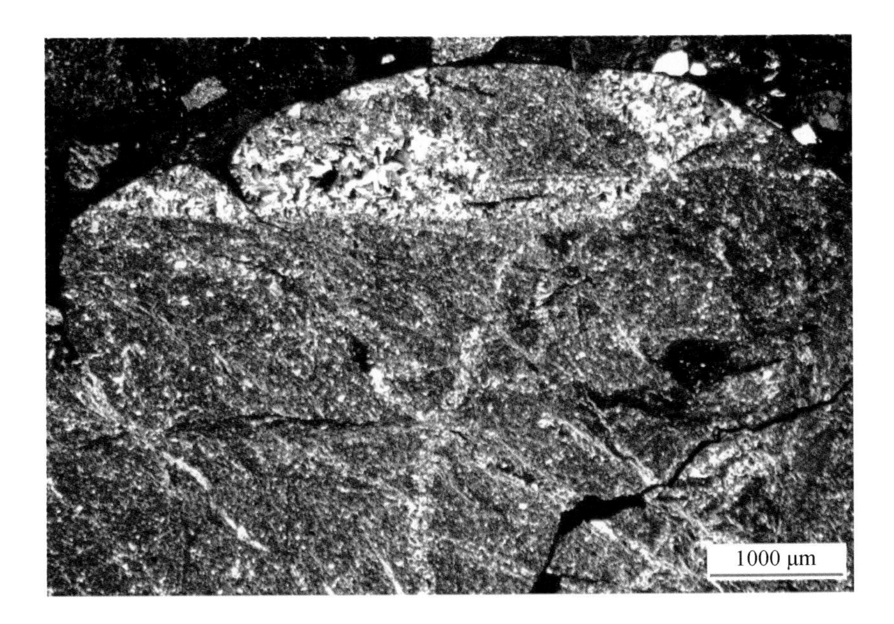

图版 3-25　碎屑成分及特征（十六）

砂质绢云千枚岩砾石

变余不等粒砂质泥质结构，绢云母集中部分为鳞片变晶结构，显微千枚构造，整体上片理化程度高。原岩为不等粒砂质泥岩。

赛汉塔拉凹陷

赛81井　2095.08m

阿尔善组

铸体薄片　正交偏光

石英岩砾石

微粒等粒变晶结构，显微均一构造。主要矿物成分为石英，具有波状消光。少量黑云母。石英颗粒之间缝合线状镶嵌接触。

阿南凹陷

阿200井　804.53m

阿尔善组

铸体薄片　正交偏光

变质细粒长石岩屑砂岩砾石

变余细砂结构，经变质重结晶略具有片理化，碎屑之间的杂基重结晶为绢云母，并具有一定的定向性。主要碎屑成分为岩屑、长石，少量石英。

巴音都兰凹陷

巴101X井　1986.28m

阿尔善组

铸体薄片　正交偏光

图版 3-26　碎屑成分及特征（十七）

石英质糜棱岩砾石

糜棱结构，石英碎斑边缘为缝合线状，与碎基过渡，碎基晶粒细小，定向排列。石英亚晶具有波状消光。形成于动力变质作用强的断裂带。

赛汉塔拉凹陷

赛81井 2098.13m

阿尔善组

铸体薄片 正交偏光

石英质糜棱岩砾石

糜棱结构，碎斑为较大的石英颗粒，具有强波状消光，其边缘也发生细粒化，与碎基过渡。碎基为细小的石英。二者粒度相差很大。来源于动力变质带。

赛汉塔拉凹陷

赛81井 2017.98m

阿尔善组

铸体薄片 正交偏光

石英质糜棱岩砾石

大小不等的拉长状石英晶粒以缝合线状镶嵌，具有明显的定向排列；亚晶的粒度具有双峰式，亚晶颗粒内具有带状-镶嵌状不一致消光。来源于石英脉，受动力变质影响形成。

赛汉塔拉凹陷

赛81井 2093.90m

阿尔善组

铸体薄片 正交偏光

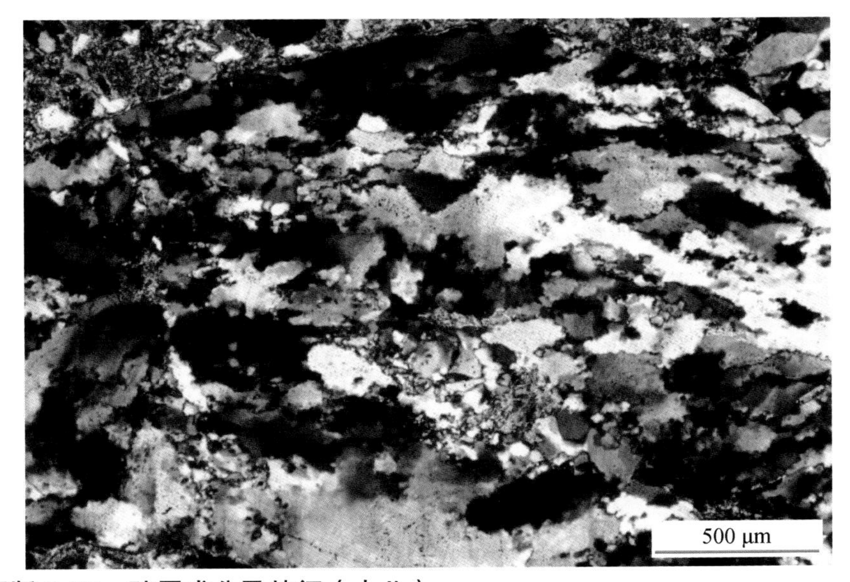

图版 3-27 碎屑成分及特征（十八）

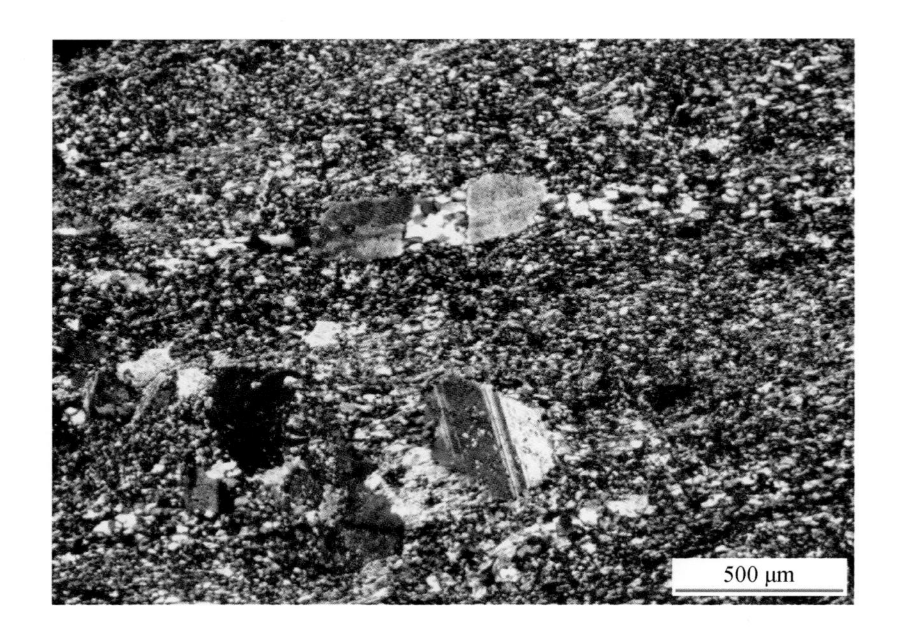

花岗岩质糜棱岩砾石

糜棱结构，碎斑为长石和石英，含量少，碎斑两侧在沿片理方向见压力影，由具有定向的石英微粒组成。碎基成分为细小的石英、长石和绢云母，定向性强，反映出受到了非常强烈的构造应力作用。

赛汉塔拉凹陷

赛81井　2098.13m

阿尔善组

铸体薄片　正交偏光

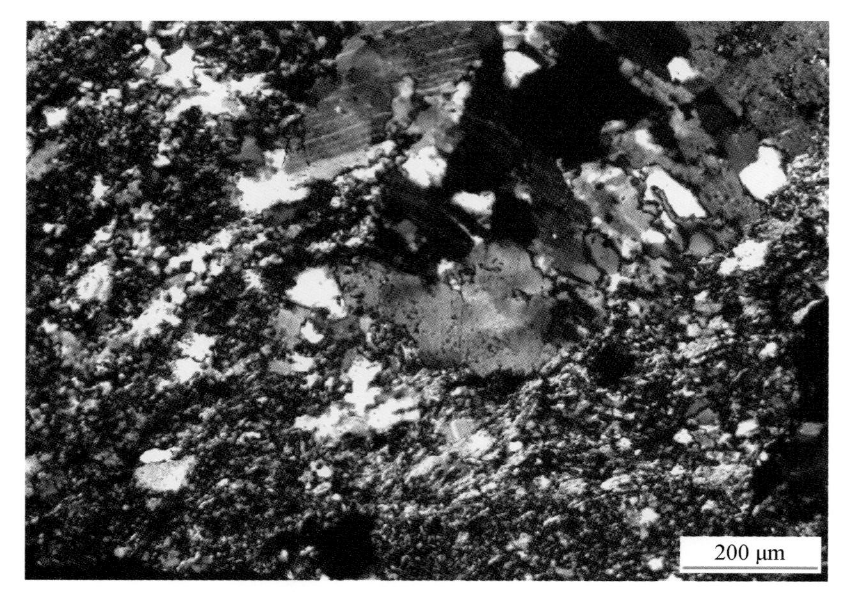

花岗岩质糜棱岩岩屑

糜棱结构，碎斑主要为残余的斜长石，边缘微锯齿状与碎基过渡。碎基由细小的长石、石英及少量黑云母组成，定向排列，反映出受到了强烈的构造应力作用。原岩为花岗质岩石。

赛汉塔拉凹陷

赛82井　1729.81m

阿尔善组

铸体薄片　正交偏光

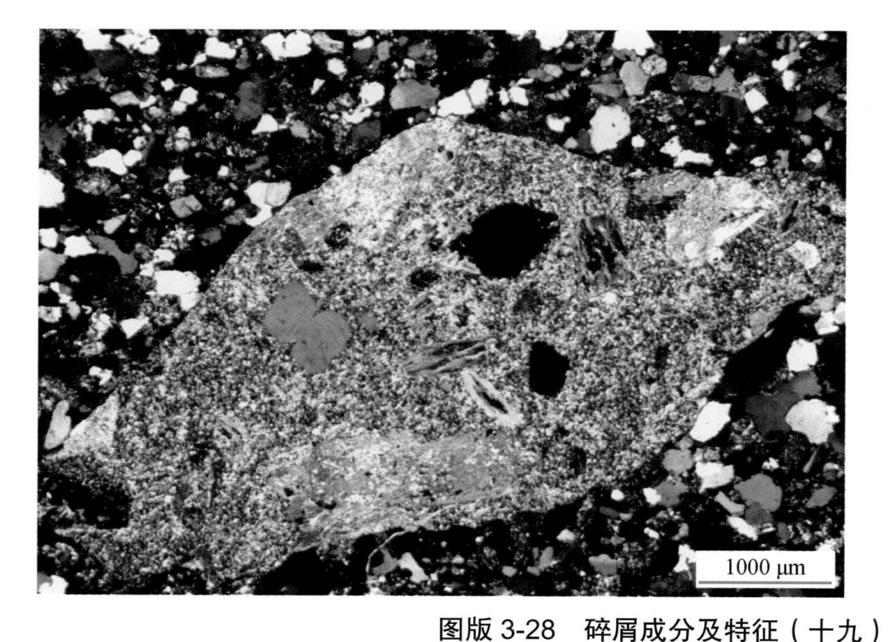

绢云母化英安岩岩屑

变余显微斑状结构，斜长石斑晶发生弱绢云母化，黑云母被白云母交代。基质绢云母化强烈，是英安岩受到火山热液作用后发生交代形成的。砾石周围为砂级碎屑，成分以石英为主，有少量长石和岩屑。

赛汉塔拉凹陷

赛82井　1746.00m

阿尔善组

铸体薄片　正交偏光

图版 3-28　碎屑成分及特征（十九）

三、成岩作用特征

沉积环境是成岩作用的背景，岩石结构和物质组成是成岩作用的基础，成岩埋藏环境中的各种物理、化学因素是成岩作用发生的条件。二连盆地砾岩的成岩作用有其特殊性，表现在以下几个方面。

1）物源区和凹陷构造运动活跃、沉积作用迅速，导致砾岩的成分成熟度和结构成熟度低，分选性差，埋藏速度快，早期压实作用明显。

2）砾石及填隙物的成分以中－酸性火山岩及同沉积期火山碎屑为主，含有一定量的长石，杂基中火山灰含量较高，这些不稳定的碎屑和杂基容易在成岩过程中发生蚀变和溶解，对次生孔隙的形成起着重要的作用。

3）砾岩的沉积相对成岩作用具有一定的影响，主要体现在重力流和碎屑流沉积砾岩的主要成岩作用具有一定的差别。重力流沉积的细粒杂基含量高，若具有一定的原生孔隙，则主要发生交代蚀变作用、溶蚀作用和胶结作用，若无原生孔隙，则以蚀变作用为主；而碎屑流沉积的砾岩杂基含量低或无，原生孔隙含量高，主要发生胶结作用。

1. 成岩作用类型

具体的成岩作用类型及其特征如下。

（1）压实作用和压溶作用

沉积物沉积后随着上覆沉积物的加厚和埋深的增加，在垂向静压力的作用下发生机械压实，使得沉积物体积缩小、孔隙水排出而变得致密。显微镜下可见的主要压实现象有：①塑性的碎屑，如黑云母、泥岩岩屑等发生塑性变形，甚至发生假杂基化；②刚性碎屑在接触处发生破裂、沿解理或双晶劈开、局部波状消光等；③刚性碎屑间的凹凸状—缝合线状接触，即压溶作用现象。

（2）不稳定火山物质的脱玻化、蚀变

各种凝灰岩中的玻屑随埋深增加、温度升高而发生脱玻化，形成由纤维状长英质组成的垂直于边缘的梳状结构；安山岩屑中的玻璃质脱玻化形成包含铁质矿物和各种形状雏晶的褐黄色、黑色的基质；填隙物中的细小的火山灰容易发生蚀变，如阿南凹陷的砾岩中常见的凝胶状蚀变火山灰，粒度极细，正交偏光下几乎无光性，经电子探针测试，其主要化学成分为 SiO_2。

（3）胶结作用

从孔隙水中沉淀出来的各种自生矿物充填或部分充填粒间孔、粒内溶孔等孔隙空间。本区常见的胶结物种类如下。

硅质：包括玉髓和石英。玉髓具有栉状结构及纤维放射结构，石英多为自生加大边结构，或在孔隙壁上生长形成晶簇状集合体，数量少时形成孤立的不连续的自形的小晶体。SiO_2 主要来自火山物质蚀变－溶解及长石的溶解，部分来自压溶、黏土矿物的转变，以及碳酸盐矿物对石英、长石等的交代等。

自生黏土矿物：包括绿泥石、高岭石、囊脱石、伊利石等。

绿泥石：淡绿色，正交偏光下为一级灰干涉色，由于粒度细小，多呈暗灰干涉色，常以孔隙衬里式生长在孔隙壁上，栉状结构。

在不同成岩阶段，绿泥石有三种成因：

黏土膜状绿泥石的形成：

淡水是有利于铁离子搬运的环境。河流带来的溶解铁需要在具有一定盐度的水体中卸载，这在海相、咸水湖相三角洲沉积环境很容易实现，电解质的加入发生絮凝而形成含铁沉积物，这种含铁沉积物将为成岩过程中绿泥石环边的形成提供丰富的铁的来源。该类绿泥石的形成阶段主要是在埋藏－成岩的早期，形成了叶片状、针叶状的绿泥石，一般作为孔隙衬里出现。

钾长石的绿泥石化：

在弱酸性孔隙流体作用下，钾长石受到了溶解，Si、Al、K 等成分进入孔隙流体中，从而沉淀出了石英和绿泥石，化学反应式如下：

$$KAlSi_3O_8+0.4Fe^{2+}+0.3Mg^{2+}+1.4H_2O=0.3(Fe_{1.4}Mg_{1.2}Al_{2.5})(A_{10.7}Si_{3.3})O_{10}(OH)_8+2SiO_2+0.4H^++K^+$$

该类成因的绿泥石最大特点是与次生石英共生，含有铁、镁和硅酸的热液沿裂隙下渗与孔隙水中的 $Al(OH)_3$ 作用，可以形成玫瑰花瓣状绿泥石。

高岭石的绿泥石化：

随着埋深的增加，成岩阶段进入中晚期，孔隙流体碱性增强，流体中 Fe^{2+} 和 Mg^{2+} 富集。在这种环境中，高岭石就会向绿泥石转化，反应方程如下：

$$3.5Fe^{2+}+3.5Mg^{2+}+9H_2O+3Al_2Si_2O_5(OH)_4=Fe_{3.5}Al_{5.0}O_{20}(OH)_{16}+14H^+$$

囊脱石：黄绿色，正常厚度时为二级彩色干涉色，但由于粒度细小，其在正交偏光下具有一级黄及以上的干涉色，常以孔隙衬里式生长在孔隙壁上，栉状结构，部分在孔隙中呈绒球状集合体；在富含火山碎屑的砾岩中广泛存在。

囊脱石（$[Fe^{3+}{}_{2.0}(Si_{3.7}Al_{0.3})O_{10}(OH)_2]^{0.3-}[M]^{0.3+}$）是一种富铁的 2 ∶ 1 层型二八面体蒙脱石亚族的黏土矿物，在阿南凹陷阿尔善断裂附近扇根亚相的阿三段的砾岩储层中最为发育，多以孔隙衬里式发育于粒间孔，同时，富含囊脱石的砾岩中蚀变火山灰杂基往往较为发育。

现今洋底热泉广泛发育沉淀成因自生囊脱石。基性岩浆岩是洋壳的主要组成岩石类型，海底热泉可以溶滤其中的 Fe、Si、Al 等元素，构成囊脱石的物质来源，进而在热泉附近形成囊脱石，其形成温度可参考红海亚特兰提斯 2 号深渊现今海底沉积物中自生囊脱石的氧同位素测试结果，为 90 ～ 140℃（Cole and Shaw， 1983）。阿南凹陷油气勘探的结果表明，阿三段沉积期阿尔善断裂以南发育中酸性火山喷发，该段砾岩中的蚀变火山灰杂基是同期火山活动的产物，砂级的火山型石英和长石也有一定的含量。火山不仅提供火山灰，亦在喷发后期成为热液之源，当热液在未被充填完全的粒间孔中渗流，将溶滤火山灰中的 Fe、Si、Al 等元素，为囊脱石提供物质基础，并首先在粒间残余孔壁沉淀形成囊脱石衬里。

高岭石：无色透明，细小鳞片状，正交偏光下为一级暗灰—灰干涉色，多以充填孔隙的方式存在，同时高岭石晶间孔较为常见；在扫描电镜下呈自形假六方片状，集合体书页状、蠕虫状。

储层中自生高岭石是否发育取决于三个因素：Al^{3+} 的来源、孔隙介质始终保持酸性、孔渗性好。碎屑岩地层中长石等铝硅酸盐矿物（钾长石、钠长石和钙长石）溶蚀形成自生高岭石的化学方程式如下：

$$2KAlSi_3O_8+2CO_2+3H_2O=Al_2Si_2O_5(OH)_4+2K^++2HCO_3^-+4SiO_2 \quad (3\text{-}1)$$

$$2KAlSi_3O_8+2CH_3COO^-+2H_2O+2H^+=Al_2Si_2O_5(OH)_4+4SiO_2+2CH_3COOK \quad (3\text{-}2)$$

$$2NaAlSi_3O_8+2H_2CO_3+H_2O=Al2Si_2O_5(OH)_4+2Na^++2HCO_3^-+4SiO_2 \quad (3\text{-}3)$$

$$CaAl_2Si_2O_8+2H_2CO_3+H_2O=Al_2Si_2O_5(OH)_4+Ca^{2+}+2HCO_3^- \quad (3\text{-}4)$$

伊利石：丝缕状、弯曲片状或膜状，包覆在颗粒表面，无色透明，具有一级黄及以上的干涉色。

自生伊利石主要形成于弱碱性的孔隙水环境中，高岭石、蒙脱石、钾长石均可在一定条件下转变形成伊利石。

高岭石的伊利石化：

在成岩作用早期地层中有机质分解产生有机酸（H^+），有机酸和长石发生反应形成高岭石、二氧化硅以及钠离子和钾离子。随着埋藏深度的增加、温度压力增加，体系封闭性增强，高岭石会转变为伊利石。热力学计算表明，砂岩成岩阶段钾长石与高岭石反应生成伊利石的过程为一个负熵反应。一旦启动将自发进行。

$$KAlSi_3O_8+Al_2Si_2O_5(OH)_4=Kal_3Si_3O_{10}(OH)_2+2SiO_2+H_2O \quad (3\text{-}5)$$

该反应可以分解为两个过程：

$$KAlSi_3O_8+32H^+=32K^++31KAl_3Si_3O_{10}(OH)_2+2SiO_2 \quad (3\text{-}6)$$

$$Al_2Si_2O_5(OH)_4+32K^+=H_2O+32KAl_3Si_3O_{10}(OH)_2+32H^+ \quad (3\text{-}7)$$

理论上钾长石与酸发生反应生成 K^+、伊利石、石英［式(3-6)］。由于在早期成岩阶段，成岩作用处于一个开放或半开放的系统中，因此储层内的 K^+ 由于自身迁移能力强而被运走，但剩余的 K^+ 会继续和高岭石发生反应生成 H^+［式(3-4)］，而 H^+ 能继续溶解钾长石。随着早成岩阶段逐渐进入中成岩阶段，在地层温度达到 120℃以前，有机质达到成熟阶段释放出足量的 H^+，该阶段主要形成高岭石。当温度超过 120℃，有机质释放出的酸大大减少，地层流体 pH 值逐渐升高，流体的碱性增强。逐渐变低的 H^+ 浓度促使伊利石结晶增强，所以反应［式(3-5)］将迅速发生，直到钾长石和高岭石其中之一被耗尽。

蒙脱石的伊利石化：

$$蒙脱石 + Al^{3+} + K^+ = KAl_3Si_3O_{10}(OH)_2 + Si^{4+}$$

钾长石的伊利石化：

$$3KAlSi_3O_8 + 2H^+ = 2K^+ + KAl_3Si_3O_{10}(OH)_2 + 6SiO_2$$

碳酸盐：以方解石为主，在部分凹陷见铁白云石和菱铁矿。充填孔隙的同时，常对碎屑、杂基等进行交代。当方解石胶结物强烈胶结－交代时，形成连晶结构；含量少时呈分散晶粒状；白云石具有自形的菱形切面形态。菱铁矿多呈粒度细小的粉晶，自形或球粒状，较大者为团块状，形成于同生－早成岩作用。

自生黄铁矿：在透射光下为黑色不透明的晶粒或集合体，反光下为浅铜黄色。其形成与富含有机质和还原的介质条件有关。硫离子主要来自有机质的分解，铁离子来自陆源及成岩过程中的分解产物，还原环境与有机质的分解有关。

（4）交代－蚀变作用

主要表现为方解石对石英、长石、岩屑的交代，当薄片中见到方解石胶结物呈连晶结构、碎屑颗粒漂浮状接触时，方解石的交代作用最强；其次为黏土矿物，尤其是伊利石类矿物对石英、长石的交代，这是成岩环境改变成碱性环境后发生的成岩作用。部分长石可见发生弱到强的高岭石化、水云母化。

（5）溶解作用

由于砾岩中碎屑及填隙物中不稳定成分含量较高，尤其是主要以杂基形式存在于砾岩填隙物中的玻璃质的火山灰，以及细小的长石及火山岩屑。成岩流体，尤其是伴随有机质演化形成的酸性流体，会对其产生或强或弱的溶解作用。溶解程度取决于原来沉积物原生孔隙的发育程度，当原生孔隙较发育时，成岩流体才能流通，产生溶解并带走溶解物质。而当沉积物原生孔隙不发育时则很难发生溶解。溶解作用产生了各种次生溶孔，包括粒内溶孔、晶内溶孔、粒间溶孔等，大大改善了岩石的物性。溶解出来的各种离子为其后的胶结作用、蚀变作用提供了离子来源。

（6）火山灰蚀变产物的成岩收缩作用

砾岩填隙物中常见火山灰蚀变形成的凝胶状物质，以浅褐黄色为主，其中常见收缩缝。这是因为其原来含有大量的孔隙水，在成岩压实、温度升高的过程中，其中的孔隙水大量失去，体积缩小，并形成收缩缝。这种收缩缝成为连通的溶孔喉道，改善物性。

（7）构造应力作用

在岩石成岩后，断层处于活动期，构造压力使岩石产生裂缝，一般表现为剪张性，显微镜下可见穿过碎屑和填隙物，裂缝可成为流体的流动通道。

2. 成岩作用阶段和演化

依据《碎屑岩成岩阶段划分》（SY/T 5477—2003），对阿南、阿北等 10 个主要含油凹陷的下白垩统碎屑岩进行了成岩阶段划分。不同凹陷各成岩期岩石成分、结构变化与孔隙演化特征均相似。现以阿南凹陷为代表（图 3-1），详述各成岩期的成岩标志与特征，其他凹陷均直接给出成岩阶段的划分结果（表 3-1）。

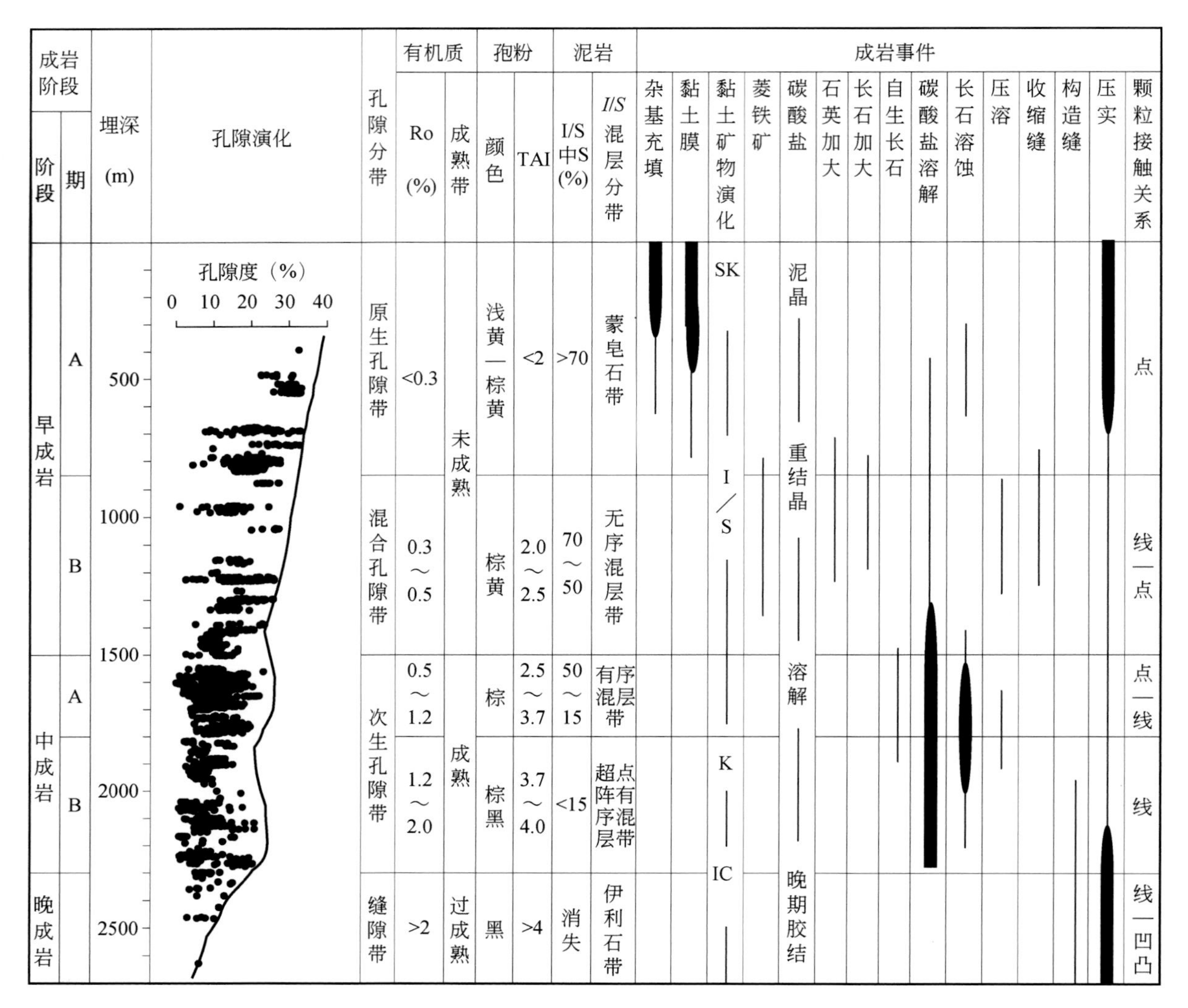

图 3-1 阿南凹陷下白垩统碎屑岩成岩作用序列及孔隙演化图

表3-1 二连盆地主要含油凹陷下白垩统碎屑岩成岩阶段划分表

成岩阶段		埋深（m）										孔隙分带
		阿南凹陷	阿北凹陷	巴音都兰凹陷	赛汉塔拉凹陷	乌兰花凹陷	吉尔嘎朗图凹陷	乌里雅斯太凹陷	洪浩尔舒特凹陷	额仁淖尔凹陷	阿尔凹陷	
早成岩	A	<850	<500	<1000	<800	850	<600	<500	<800	<600	<600	原生孔隙发育带
	B	850～1500	500～950	1000～1300	800～1400	1500	600～1000	500～1000	800～1200	600～1000	600～1200	混合孔隙发育带
中成岩	A	1500～1800	950～1450	1300～1500	1400～2000	2000	>1000	1000～1400	1200～2000	1000～1350	1200～2000	次生孔隙发育带
	B	1800～2300	1450～1950	>1500	>2000			1400～1800	>1800	1350～1800	>2000	次生孔隙减少带
晚成岩		>2300	>1950					>1800		>1800		微裂缝带

（1）各成岩期主要成岩标志与特征

a）早成岩阶段 A 期

底界深度为 850m 左右，相当于腾二段底界，以机械压实作用为主。镜质体反射率为 0.3% ～ 0.4%，孢粉颜色为淡黄 - 黄色，色级指数为 2.0 ～ 2.5，推测古地温＜ 50℃。最大热解峰温≤ 430℃。泥岩蒙皂石开始向伊利石转化，混层比大于 50%，为无序混层带。以原生孔隙为主。

b）早成岩阶段 B 期

埋深 850 ～ 1500m，相当于腾二段下部和腾一段。这一阶段泥岩蒙皂石减少，占伊利石 / 蒙皂石（简称伊 / 蒙）混层的 50%。镜质体反射率为 0.3% ～ 0.5%，孢粉颜色为黄色，色级指数为 2.5 ～ 3.0，最大热解峰温度约为 435℃，机质半成熟。此阶段以高岭石、方解石、白云石等碳酸盐矿物沉淀为特征，使原生孔隙随埋深增加逐渐降至 12% 左右；末期开始第一次溶蚀作用，形成 2% 左右次生孔隙，至底部孔隙度恢复到 15%，为混合孔隙发育带。

c）中成岩阶段 A 期

埋深 1500 ～ 1800m，相当于腾一段中下部和阿三段。黏土矿物进一步向伊利石转化，其相对含量最高可达 66%。泥岩伊利石 / 蒙皂石混层以有序混层为主，混层比为 22% ～ 35%。孢粉颜色为棕黄 - 棕色，色级指数为 3.0 ～ 3.7，镜质体反射率为 0.5% ～ 0.7%。此期间有机质开始大量向油气转化，长石、碳酸盐矿物等不稳定组分强烈溶蚀，形成大量次生孔隙，同时也发生石英次生加大，为次生孔隙发育带，是主要的储层段。

d）中成岩阶段 B 期

埋深 1800 ～ 2300m，相当于腾一段下部和阿四段。孢粉颜色为棕黑色，色级指数为 3.7 ～ 4.0，镜质体反射率为 0.8% ～ 1.5%。此期间化学压实作用加强，使得溶解孔隙又被铁方解石、铁白云石、石英次生加大等自生矿物充填。黏土矿物进一步向伊利石、绿泥石转化，其相对含量最高分别可达 79% 和 67%。伊利石 / 蒙皂石混层为超点阵有序混层带，混层比小于 15%，为次生孔隙减少带，仍可形成较有利的储层。

e）晚成岩阶段

埋深 2300m 以下，压实作用强烈，经再行压实，剩下不可压缩的剩余孔、缝，基本上不起储集作用，成为致密层。

（2）各成岩期与孔隙发育的关系

二连盆地各含油气凹陷下白垩统碎屑岩在纵向上均存在原生孔隙发育带、混合孔隙发育带、次生孔隙发育带、次生孔隙减少带和微裂缝带 5 个孔隙分布带。各发育带的下限埋深基本与 5 个成岩期的下限埋深一致。目前二连盆地已发现油气层主要分布于混合孔隙发育带和次生孔隙发育带，这说明混合孔隙发育带和次生孔隙发育带发育混合孔隙型和次生孔隙型优质油气储层，并具备良好的油气聚集保存条件。因此在实际勘探工作中以上述孔隙分布规律为指导，针对混合孔隙发育带和次生孔隙发育带加大勘探力度，将是提高勘探成效、获取优质储量的重要途径。

长石受压实沿解理劈开、弯折

下方的长石与上面的霏细岩岩屑（左）和糜棱岩岩屑（右）接触处，受压实而沿解理劈开，具有波状消光，上部发生弯折，劈开缝向下逐渐变细，过渡为完整长石，同时形成斜交于解理的裂缝。

阿南凹陷

阿200井　853.76m

阿尔善组

铸体薄片　正交偏光

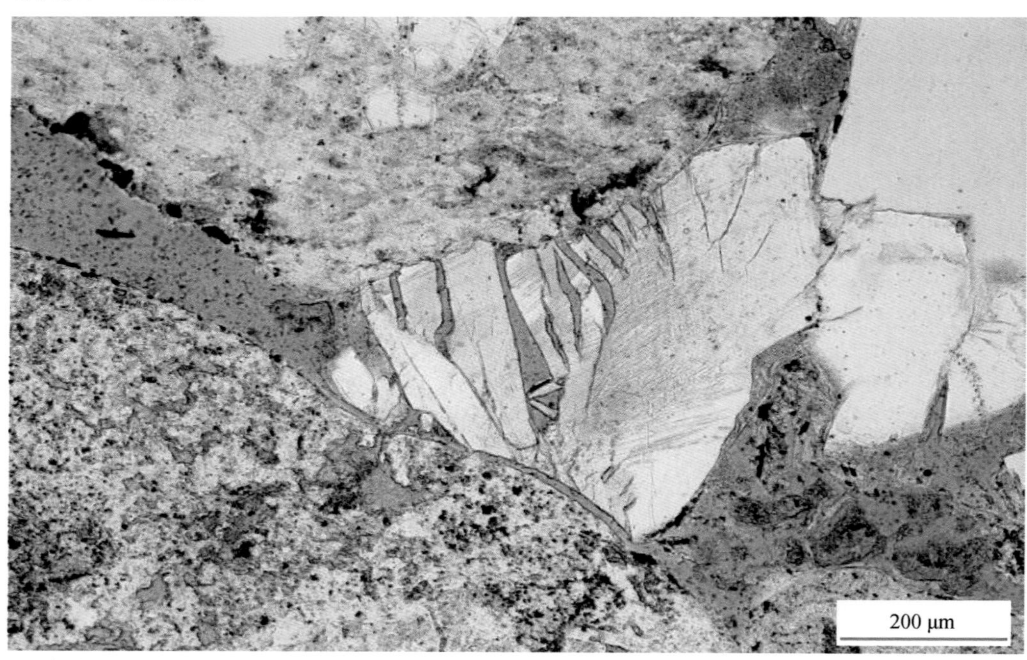

长石粒内裂缝

夹在上下两个较大的碎屑之间的长石被压裂劈开，形成粒内裂缝。长石与上部碎屑间凹凸状—缝合线状接触，与下方碎屑为凹凸状接触，后来张开形成贴粒缝。碎屑间发育粒间孔，在右下方孔隙中见囊脱石及溶蚀残余的蚀变火山灰。

阿南凹陷

阿200井　866.43m

阿尔善组

铸体薄片　单偏光

图版 3-29　压实作用及特征

水化黑云母假杂基化

水化黑云母受压实变形挤入周围粒间孔而假杂基化。图片左部见粒间溶孔，孔隙壁上有少量石英晶体。

阿南凹陷

哈39井 2088.52m

阿尔善组

铸体薄片 单偏光

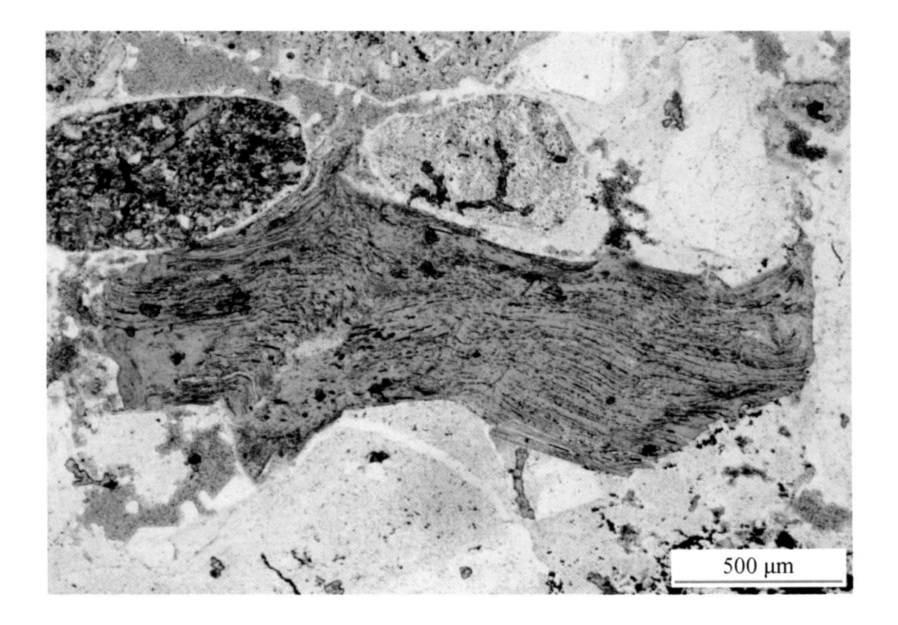

碎屑间的凹凸状接触

碎屑颗粒之间呈凹凸状接触，左侧的石英碎屑在原有微裂隙的基础上被压裂劈开且发生较小的位移，形成较宽的裂缝，缝内上部被囊脱石胶结，保留着碎开时形成的长而尖的碎屑。粒间溶孔发育。

阿南凹陷

阿200井 866.43m

阿尔善组

铸体薄片 单偏光

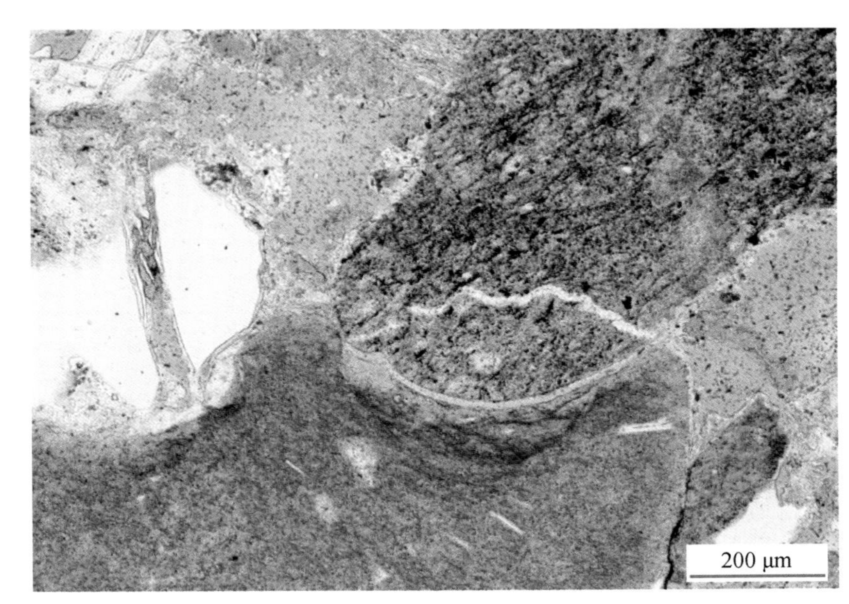

颗粒间缝合线状接触

上方的凝灰岩岩屑与下方的霏细岩岩屑间为微缝合线接触，缝合线呈黑色。碎屑周围的填隙物以蚀变火山灰为主，含少量石英。

阿南凹陷

哈39井 2018.52m

阿尔善组

铸体薄片 单偏光

图版 3-30 压实－压溶作用及特征

石英与斜长石微缝合线接触 压溶作用

左上方具有明显带状消光的石英与下方绢云母化斜长石间为微缝合线接触，石英与斜长石均发生了压溶。缝合线处存在绢云母。粒间绢云母的存在是促进石英发生压溶的重要因素。

赛汉塔拉凹陷

赛81井　2093.90m

阿尔善组

铸体薄片　单偏光

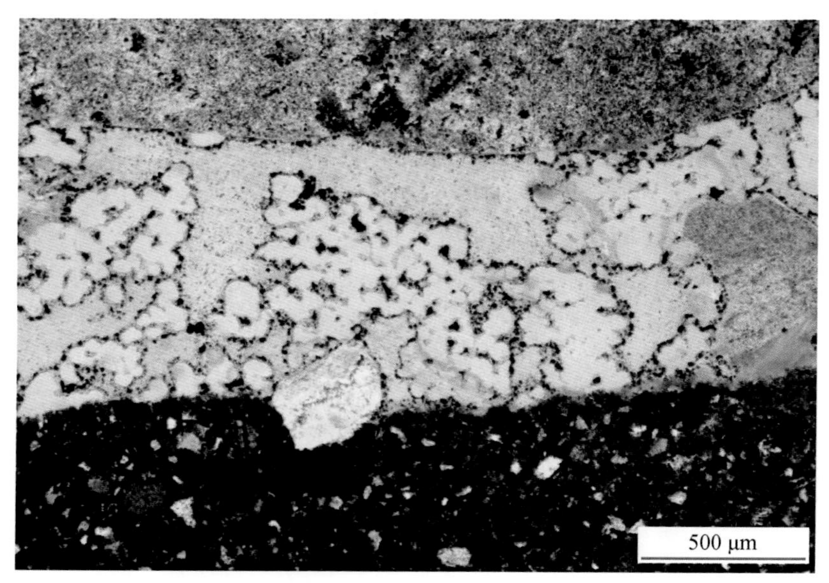

蚀变火山灰 自生高岭石

蚀变火山灰呈葡萄状集合体，是由蚀变形成的凝胶状物质凝缩陈化而成。残余孔隙被绿泥石、菱铁矿和自生高岭石依次充填，高岭石晶间微孔发育，铸体效应呈淡蓝色。

阿南凹陷

阿12井　784.45m

阿尔善组

铸体薄片　单偏光

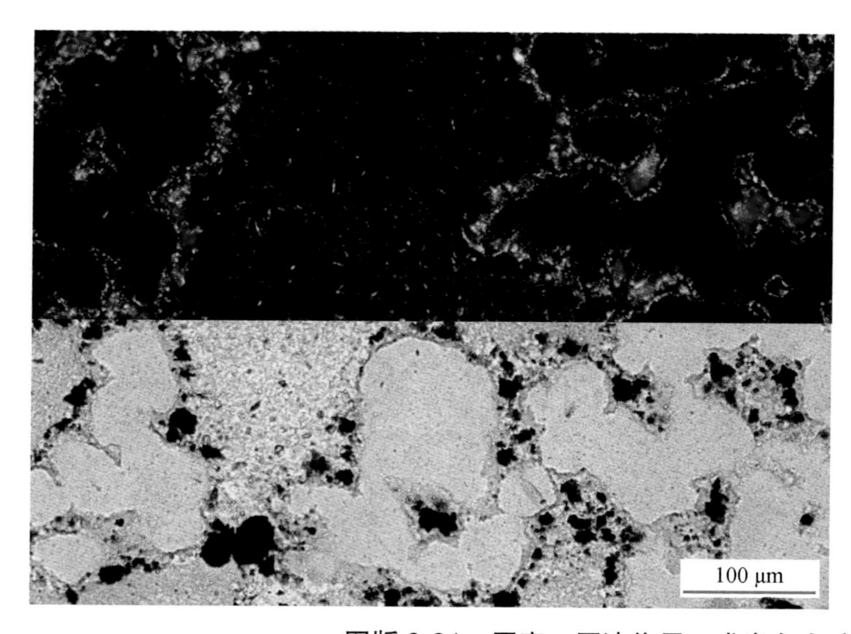

绿泥石 菱铁矿 自生高岭石

同上，放大。蚀变火山灰呈葡萄状集合体，结晶程度很低，几乎无光性。绿泥石呈淡绿色，一级灰干涉色，膜状结构；菱铁矿氧化后呈褐红色，高级白干涉色，受颜色影响呈褐红色；自生高岭石无色透明，一级暗灰干涉色，晶间微孔。少量黑色粒状黄铁矿。

阿南凹陷

阿12井　784.45m

阿尔善组

铸体薄片　上：正交偏光　下：单偏光

图版 3-31　压实 - 压溶作用、成岩自生矿物及特征

绿泥石 高岭石

绿泥石呈膜状生长在颗粒表面，孔隙主要被自生高岭石集合体充填，发育高岭石晶间微孔，铸体效应呈淡蓝色。碎屑类型以各种火山岩屑为主，有少量火山型石英。粒间残余浅褐黄色蚀变火山灰。

阿南凹陷

阿12井 784.39m

阿尔善组

铸体薄片 单偏光

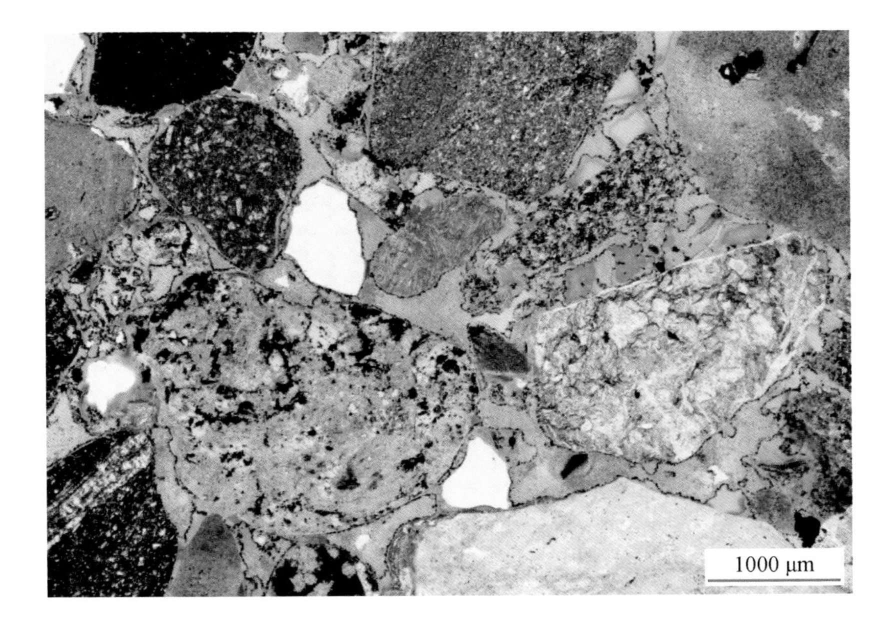

绿泥石-玉髓

第一期胶结物绿泥石呈孔隙衬里薄膜状结构，干涉色极低；第二期胶结物为玉髓，近于无色透明，环带结构，正交偏光下为纤维状玉髓，垂直于颗粒表面生长，呈栉状、球粒状集合体。溶蚀残余的蚀变火山灰为浅褐黄色，近于全消光。

阿南凹陷

阿12井 789.03m

阿尔善组

铸体薄片 左：正交偏光 右：单偏光

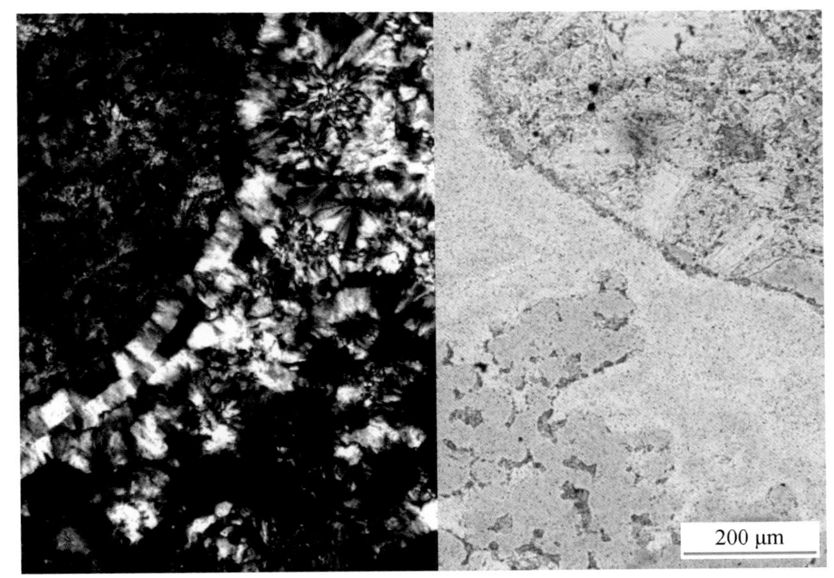

绿泥石 自生高岭石 晶间微孔

碎屑表面覆盖浅绿色、鳞片状、栉状结构的绿泥石，粒间溶孔主要被无色透明、细小鳞片状的自生高岭石充填，发育高岭石晶间孔。

阿南凹陷

阿12井 791.27m

阿尔善组

铸体薄片 单偏光

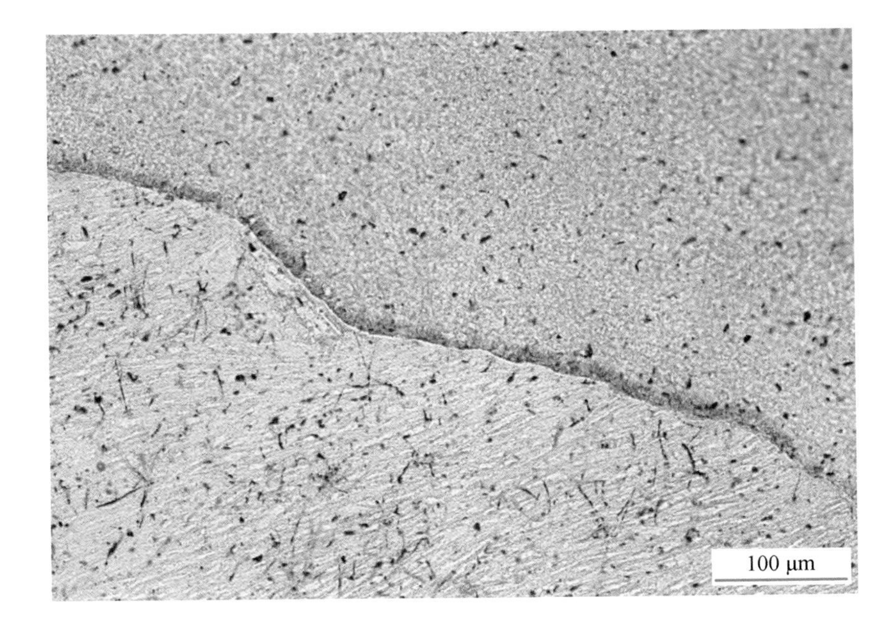

图版 3-32 成岩自生矿物及特征（一）

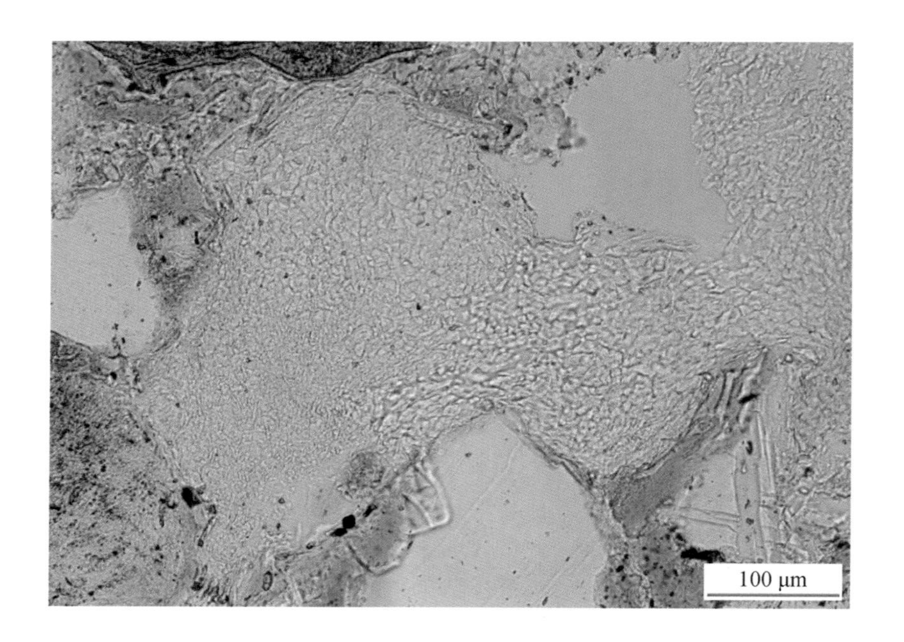

自生高岭石

自生高岭石充填孔隙，呈细小鳞片状集合体，无色透明，晶间孔不发育。粒间残余少量蚀变火山灰。图片左上角见粒间溶孔，下部的高温斜长石干净透明，无蚀变，部分溶解形成粒内溶孔。

阿南凹陷

阿200井　845.74m

阿尔善组

铸体薄片　单偏光

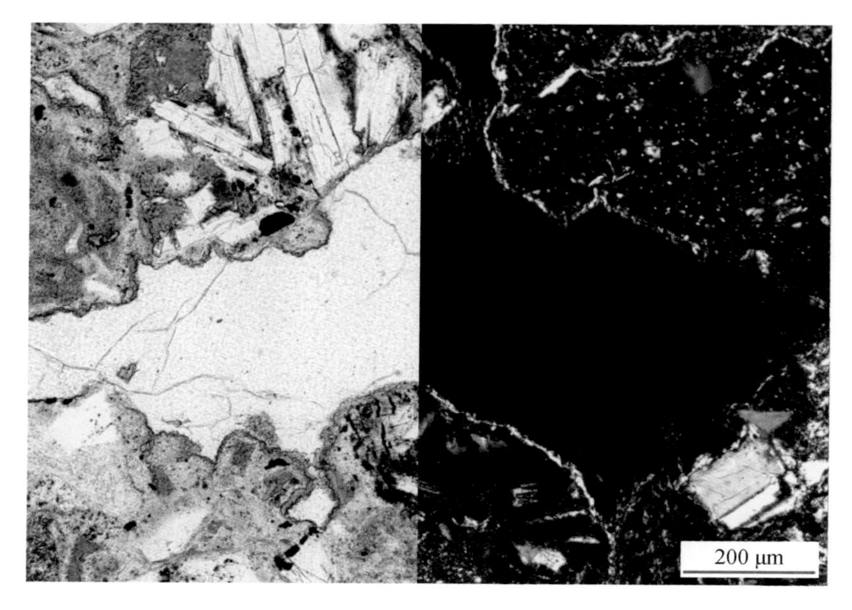

膜状囊脱石-自生高岭石

粒间溶孔依次被膜状囊脱石和自生高岭石充填，高岭石呈致密的细小鳞片状集合体，无色透明，因结晶过于细小而干涉色极低，呈全消光。囊脱石具有一级黄干涉色。

阿南凹陷

阿200井　970.12m

阿尔善组

铸体薄片　左：单偏光　右：正交偏光

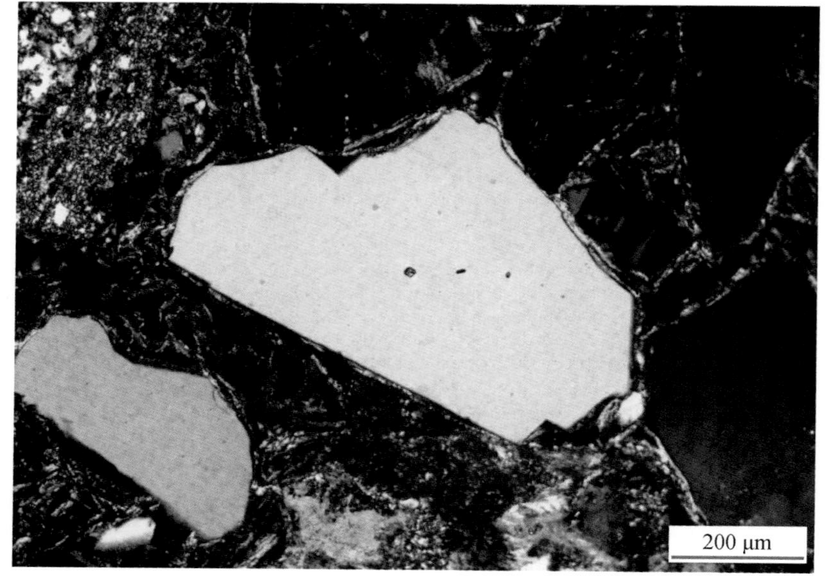

伊利石

膜状结构。伊利石具有一级黄及以上的干涉色。中间的石英为火山型石英，干净透明，发育部分平直边缘，一致消光与干涉，不含包裹体。

阿南凹陷

阿17-7井　84.16m

阿尔善组

铸体薄片　正交偏光

图版 3-33　成岩自生矿物及特征（二）

伊利石

呈孔隙衬边式膜状结构。膜状伊利石受烃类物质浸染而成褐色，一级黄及以上干涉色。粒间孔发育。

阿南凹陷

阿17-7井　784.56m

阿尔善组

铸体薄片　左：正交偏光　右：单偏光

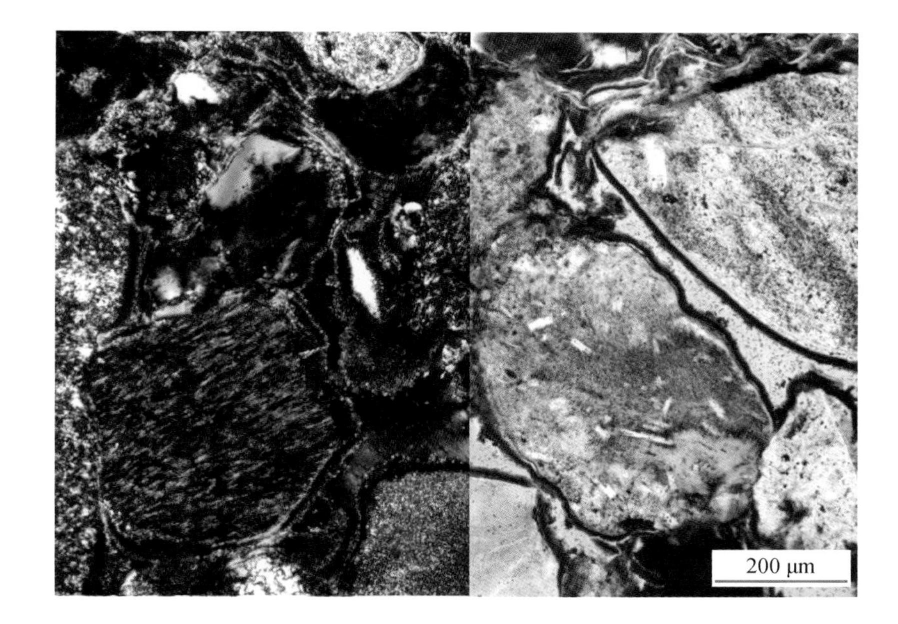

膜状结构的伊利石

膜状伊利石在形成后受孔隙水运动的影响，部分脱离颗粒表面或孔隙壁而悬在粒间孔中，之后形成的石英胶结物存在于伊利石膜的两侧表面。粒间孔、长石铸模孔发育。

阿南凹陷

阿17-7井　814.73m

阿尔善组

铸体薄片　单偏光

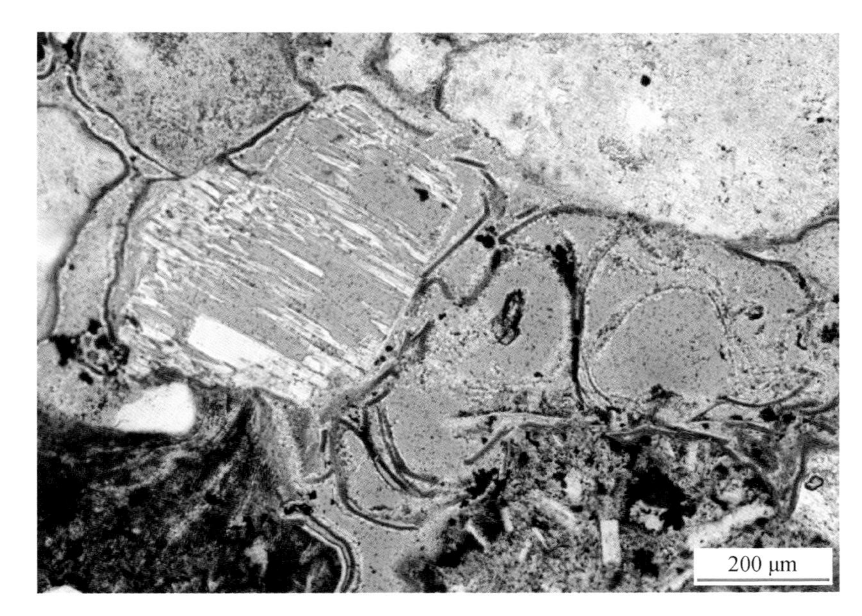

绿泥石-伊利石-石英

第一期胶结物为极薄的膜状绿泥石，淡绿色，一级暗灰色干涉色；第二期胶结物伊利石呈杂乱的细小鳞片状，一级黄干涉色；第三期胶结物石英为栉状结构，一级灰白干涉色，粒间孔发育。

阿南凹陷

阿200井　746.31m

阿尔善组

铸体薄片　左：单偏光　右：正交偏光

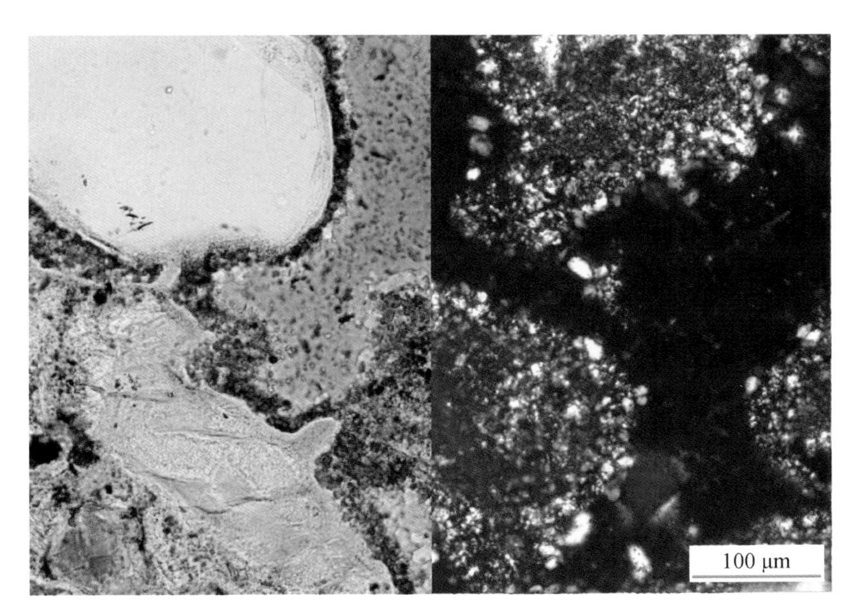

图版 3-34　成岩自生矿物及特征（三）

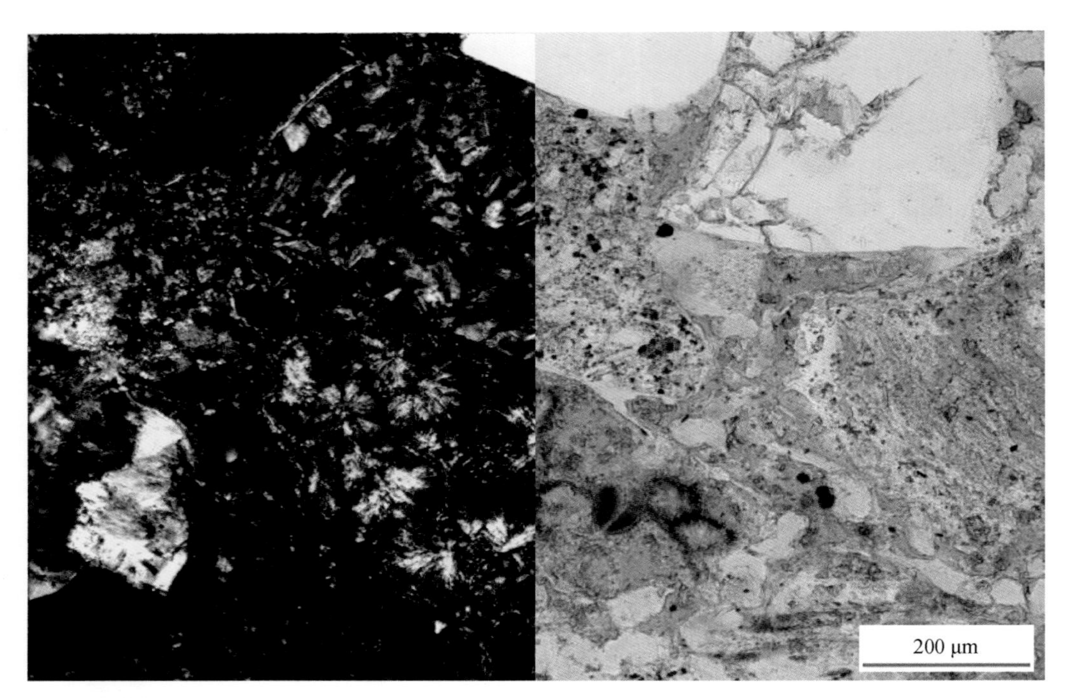

铸模孔内的囊脱石

黄绿色（右），绒球状集合体。正交偏光下具有一级黄及以上的干涉色（左）。粒间孔及粒内溶孔发育。

阿南凹陷

阿200井　799.47m

阿尔善组

铸体薄片　左：正交偏光　右：单偏光

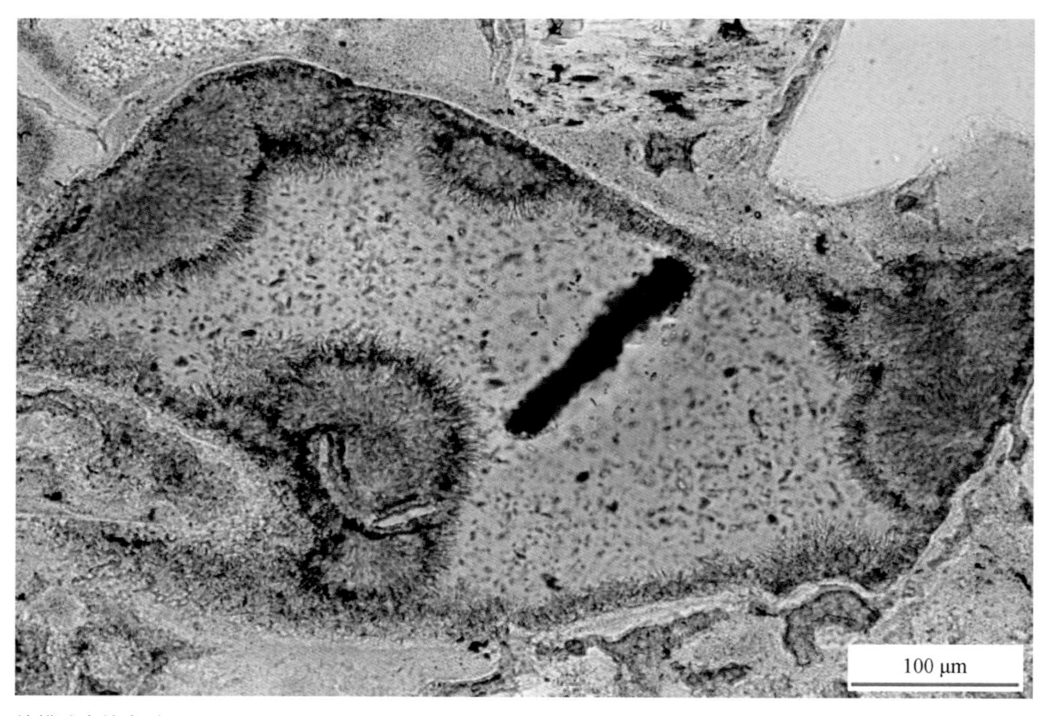

铸模孔内的囊脱石

铸模孔内充填少量黄绿色的栉状-绒球状囊脱石。

阿南凹陷

阿200井　805.73m

铸体薄片　单偏光

图版 3-35　成岩自生矿物及特征（四）

鳞片状自生伊利石

伊利石类自生黏土矿物分散在粒间溶孔中，无色透明，具有一级黄干涉色。粒间溶孔发育。

乌里雅斯太凹陷

太43井 1907.06m

阿尔善组

铸体薄片 左：正交偏光 右：单偏光

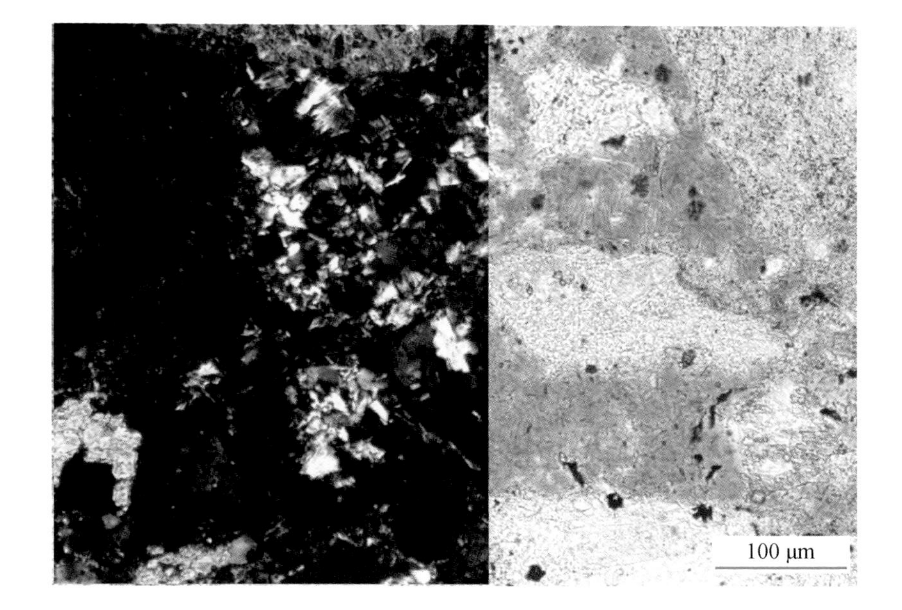

囊脱石

充填粒间孔的囊脱石胶结物，细小鳞片状，黄绿色。粒间充填的浅褐黄色蚀变火山灰部分被溶蚀，长石质碎屑溶蚀形成粒内溶孔（近于铸模孔）。

阿南凹陷

阿200井 805.73m

阿尔善组

铸体薄片 单偏光

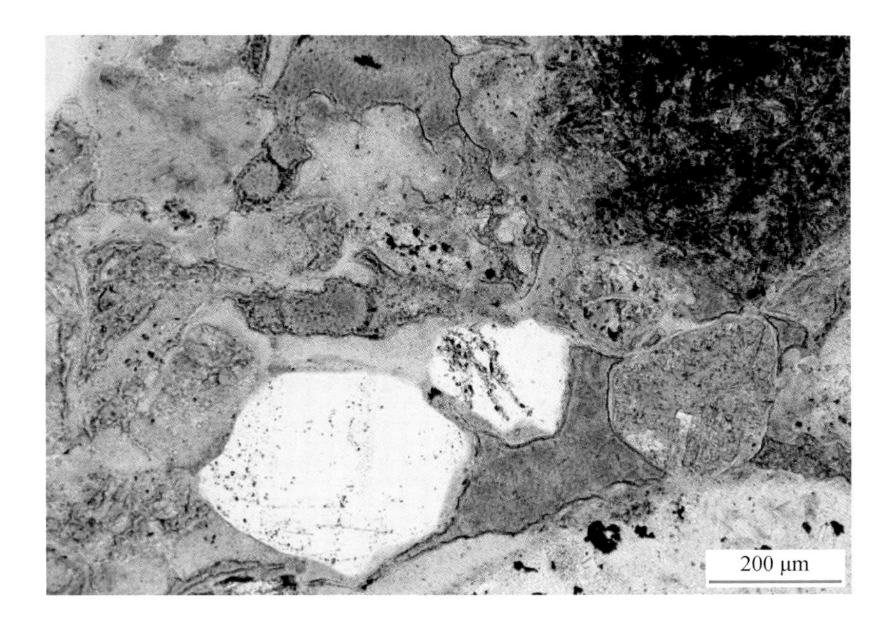

膜状囊脱石

囊脱石呈黄绿色，孔隙衬里式的膜状胶结物，粒间孔发育，下部见长石粒内溶孔。

阿南凹陷

阿200井 793.49m

阿尔善组

铸体薄片 单偏光

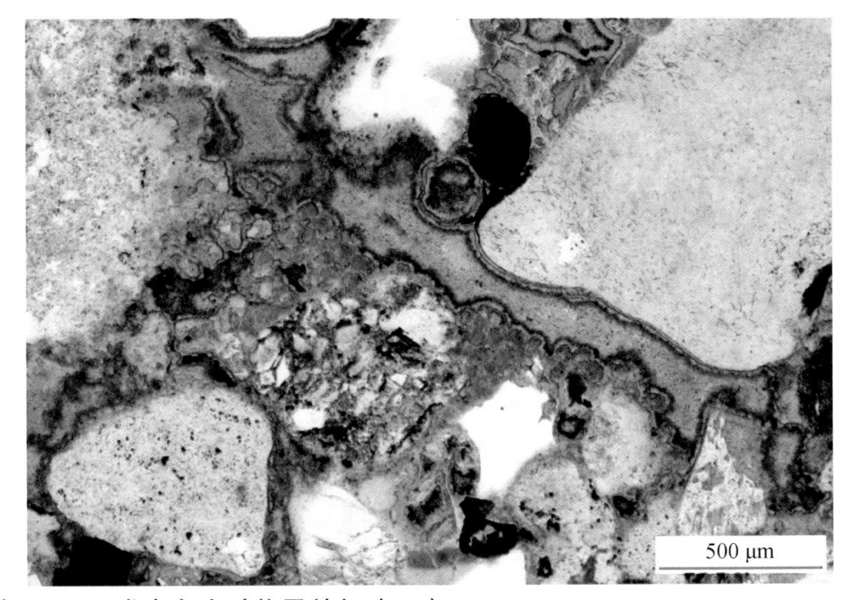

图版 3-36 成岩自生矿物及特征（五）

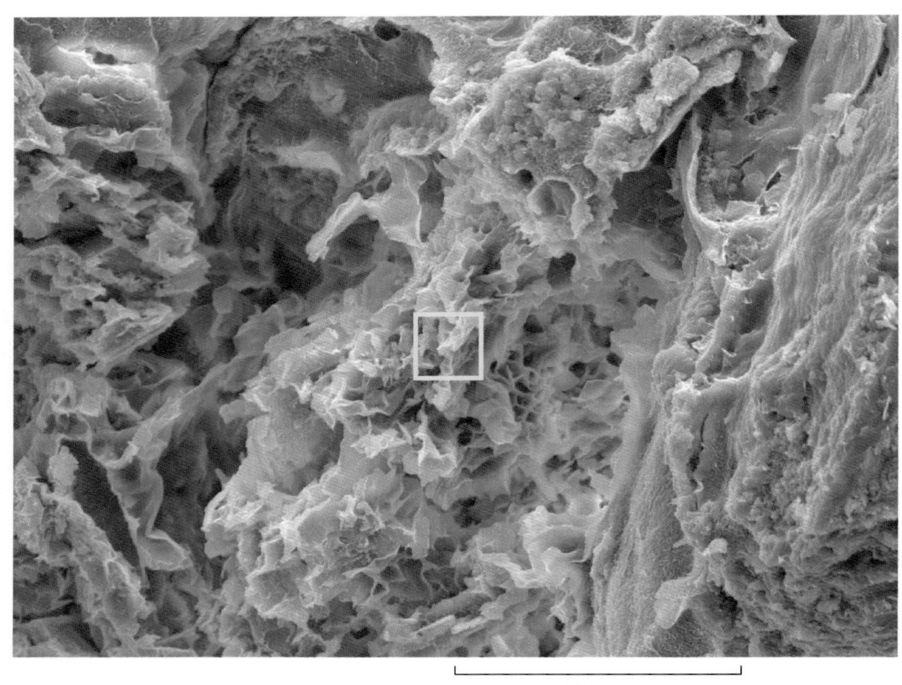

颗粒表面生长囊脱石，鳞片状，蜂巢状集合体。

阿南凹陷

阿200井 971.87m

阿尔善组

扫描电镜

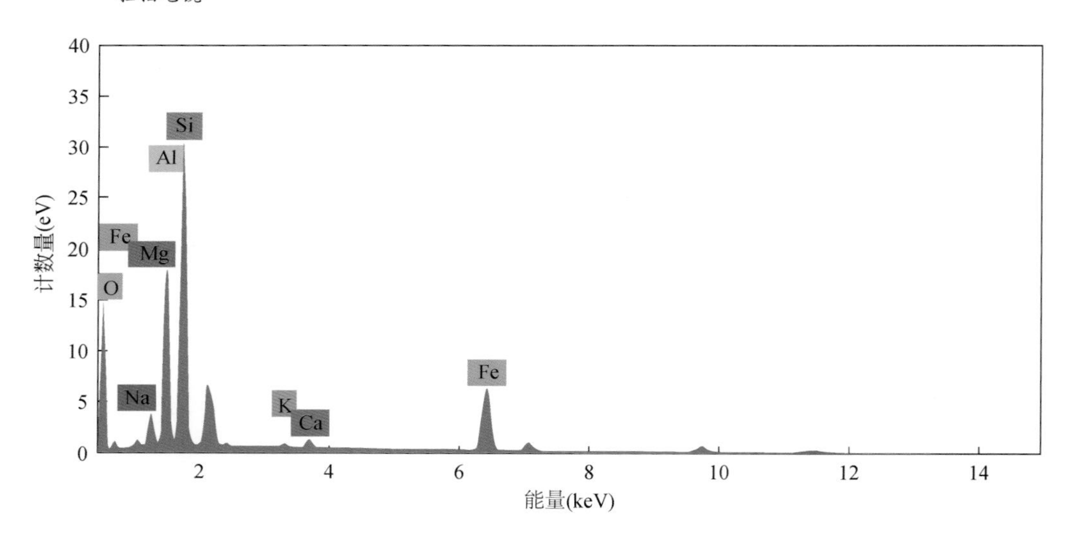

元素	原子数	净值	质量(%)	归一化质量(%)	原子(%)	abs.error(%)(1 sigma)	abs.error(%)(2 sigma)	abs.error(%)(3 sigma)	rel.error(%)(1 sigma)
O	8	70317	17.09	32.98	50.91	1.99	3.98	5.98	11.65
Fe	26	75863	12.46	24.05	10.64	0.36	0.72	1.08	2.88
Si	14	205624	12.10	23.34	20.53	0.54	1.08	1.62	4.47
Al	13	108520	7.64	14.75	13.50	0.39	0.78	1.17	5.12
Mg	12	16530	1.45	2.80	2.85	0.11	0.21	0.32	7.33
Ca	20	7253	0.59	1.15	0.71	0.04	0.09	0.13	7.44
Na	11	2421	0.33	0.64	0.69	0.05	0.10	0.15	14.75
K	19	2116	0.15	0.29	0.18	0.03	0.06	0.09	20.57
		总计：	51.83	100.00	100.00				

囊脱石能谱图及主要元素含量

图版 3-37 成岩自生矿物（囊脱石）及特征

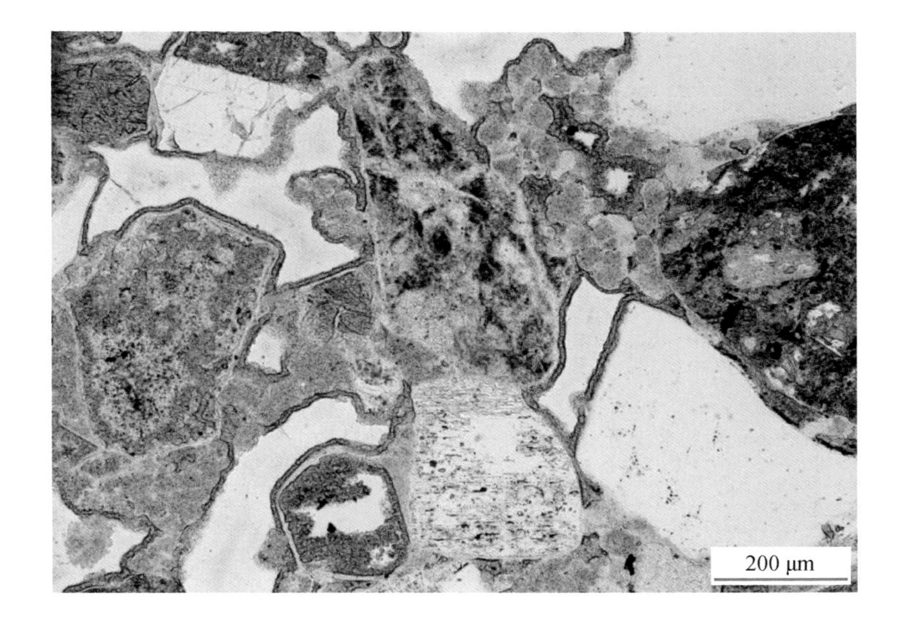

囊脱石 玉髓

两期胶结物，第一期为孔隙衬里式膜状囊脱石，绿色；第二期为玉髓，无色透明。粒间残余浅褐黄色蚀变火山灰。

阿南凹陷

阿200井　812.56m，

阿尔善组

铸体薄片　单偏光

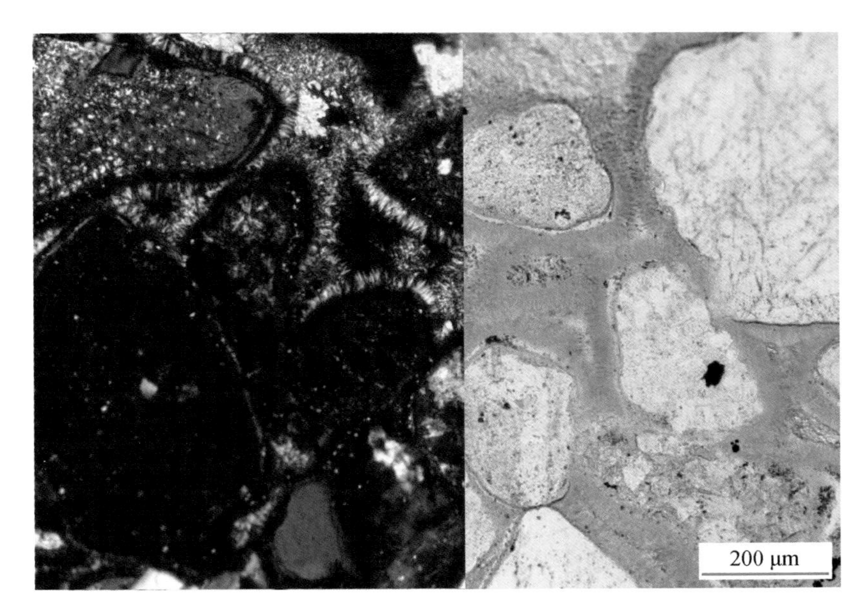

囊脱石

黄绿色，细小鳞片垂直于颗粒表面生长，呈栉状结构，正交偏光下具有一级黄白干涉色，充填于粒间孔中。左上部见少量方解石胶结物。

阿南凹陷

阿200井　971.87m

阿尔善组

铸体薄片　左：正交偏光　右：单偏光

膜状囊脱石

因附着烃类而呈褐色；粒间残余蚀变火山灰，边缘部位因烃类浸染呈深褐色。

阿南凹陷

阿17-7井　780.37m

阿尔善组

单偏光

图版 3-38　成岩自生矿物及特征（六）

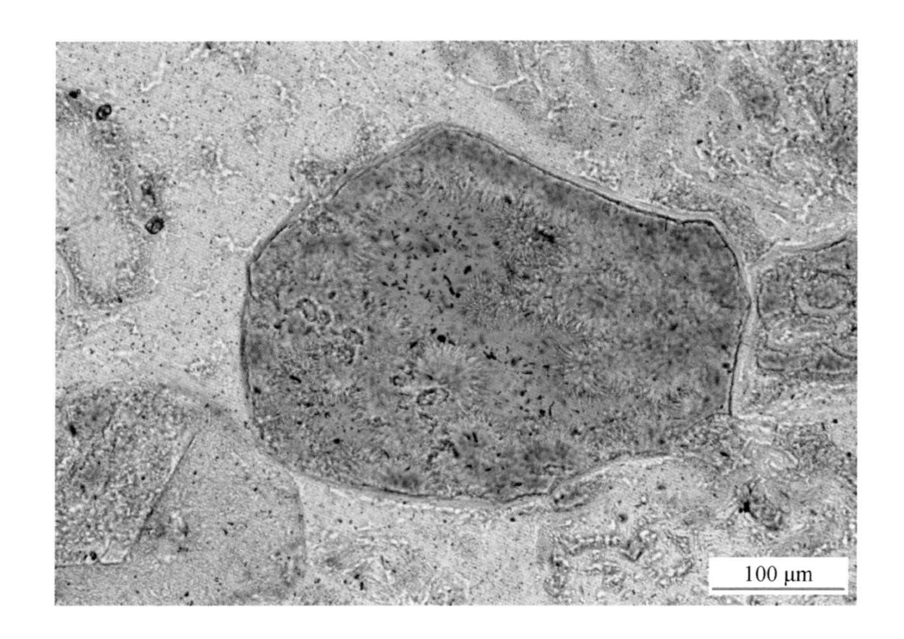

铸模孔内的囊脱石

火山岩屑溶蚀形成铸模孔，孔内发育黄绿色的孔隙衬里式栉状结构-绒球状集合体的囊脱石。周围浅色者为蚀变火山灰。

阿南凹陷

阿12井　792.45m

阿尔善组

铸体薄片　单偏光

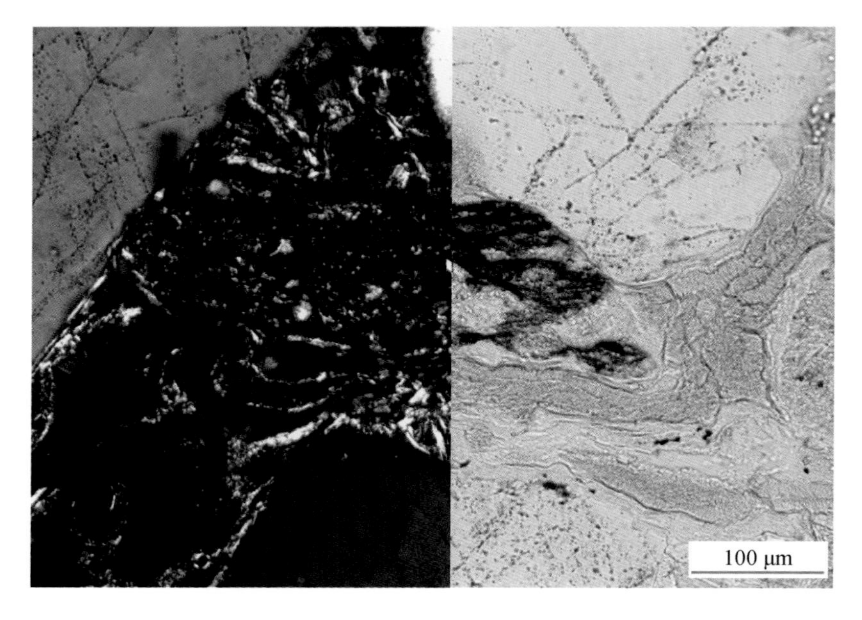

绿泥石

浅绿色，一级暗灰干涉色，栉状结构。

阿南凹陷

哈39井　2073.80m

阿尔善组

铸体薄片　左：正交偏光　右：单偏光

玉髓-石英

早期为栉状结构的纤维状玉髓，晚期为晶簇状石英。

阿南凹陷

阿200井　829.23m

阿尔善组

铸体薄片　正交偏光

图版 3-39　成岩自生矿物及特征（七）

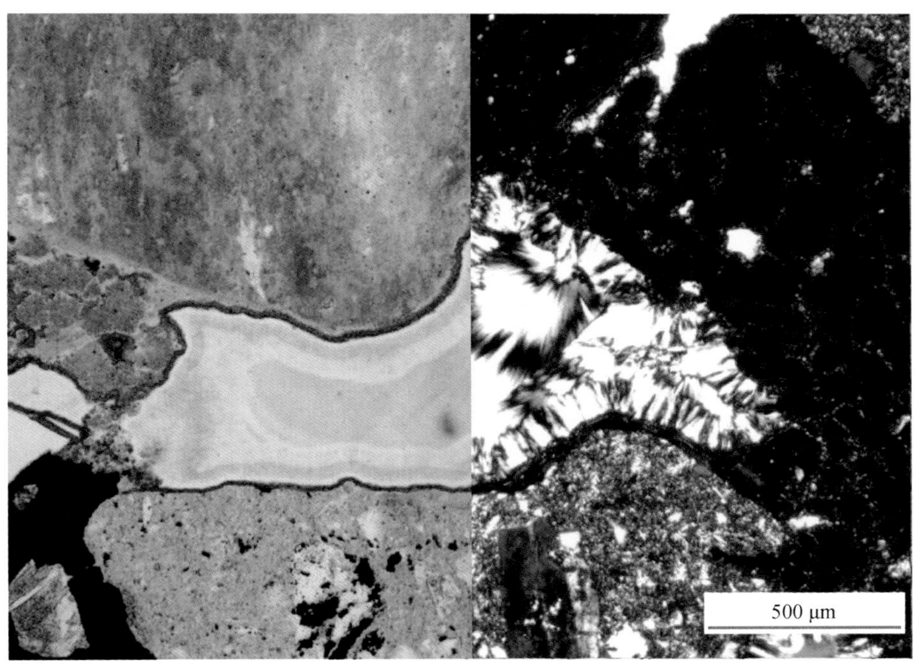

膜状囊脱石-玉髓

囊脱石呈绿色，膜状结构，因结晶细小而显示较低的干涉色；玉髓在单偏光下由颜色深浅变化显示典型的晶腺状集合体，即从孔隙壁开始向内逐层沉淀，形成环带状构造，至少四期沉淀。玉髓首先为栉状结构，其后为放射状纤维集合体。

阿南凹陷

阿200井　829.23m

阿尔善组

铸体薄片　左：单偏光　右：正交偏光

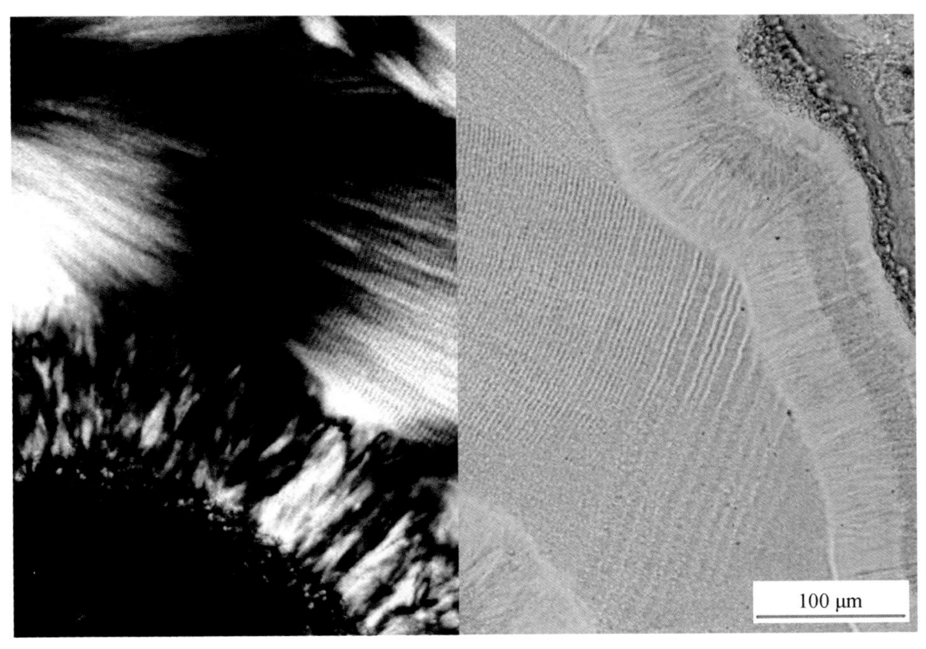

玉髓

早期为栉状结构，纤维状玉髓垂直于孔隙壁生长，晚期的玉髓为显微纤维-放射状集合体，发育垂直于纤维延伸方向的微细的平行纹理构造。

阿南凹陷

阿200井　829.23m

阿尔善组

左：正交偏光　右：单偏光

图版 3-40　成岩自生矿物及特征（八）

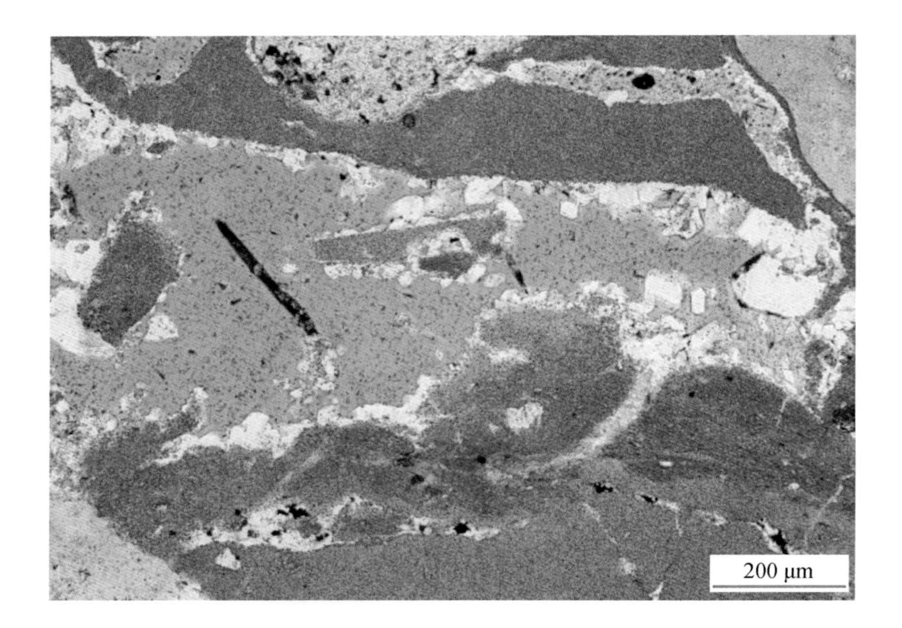

粒间溶孔-自形石英晶体

粒间的火山灰部分溶解、蚀变火山灰凝缩受孔隙水流动冲击而破碎，部分破碎后的黏土被溶蚀，形成粒间溶孔。残余的破碎的蚀变黏土呈棱角状碎屑。垂直孔隙壁生长自形石英晶体。

阿南凹陷

哈22井　2051.36m

阿尔善组

铸体薄片　单偏光

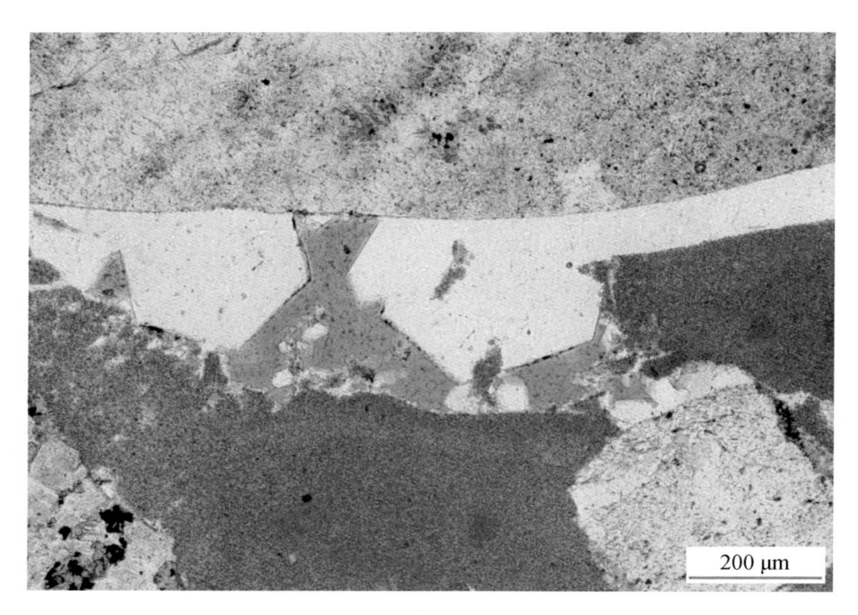

自生石英晶体

褐黄色的蚀变火山灰凝缩、溶解形成粒间溶孔，部分充填自形的自生石英晶体。

阿南凹陷

哈22井　2062.70m

阿尔善组

铸体薄片　单偏光

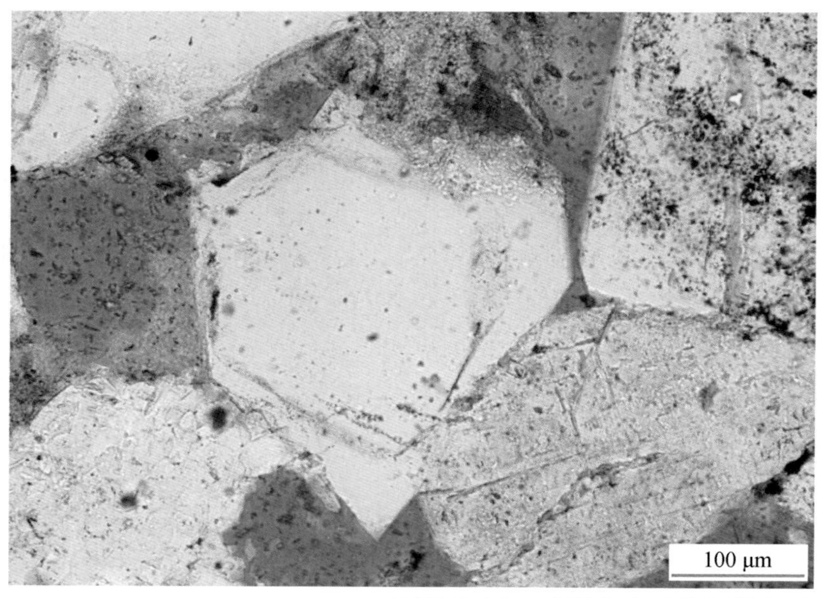

石英加大边 粒间溶孔

石英胶结物具有自生加大边结构，加大后在孔隙内呈自形边缘。粒间溶孔发育。右方的上下两个碎屑内部见压实形成的内部微裂缝。

赛汉塔拉凹陷

赛82井　1728.26m

阿尔善组

铸体薄片　单偏光

图版 3-41　成岩自生矿物及特征（九）

自生石英 粒间孔-长石粒内溶孔

砾石间的长石被溶蚀，形成粒内溶孔及铸模孔，自生石英垂直于孔隙壁生长，形成犬齿状结构（晶簇）。残余少量蚀变火山灰。粒间孔发育。

阿南凹陷

阿200井 845.74m

阿尔善组

铸体薄片 单偏光

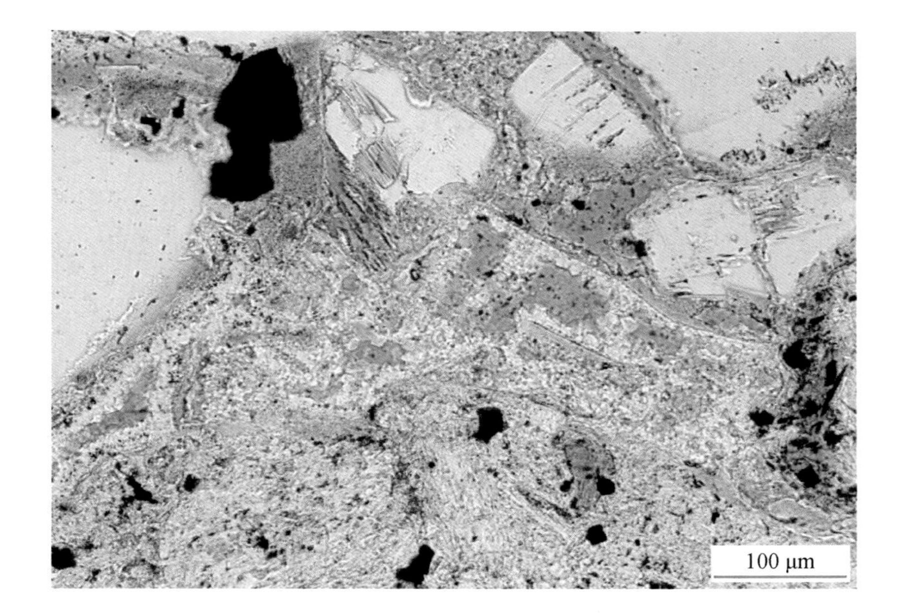

岩屑粒内溶孔中的石英晶体

英安岩砾石内的溶蚀孔生长石英晶体，呈晶簇状；上部见斑晶长石溶解形成铸模孔，基质中发育溶蚀微孔。

巴音都兰凹陷

巴101X井 1936.75m

阿尔善组

铸体薄片 单偏光

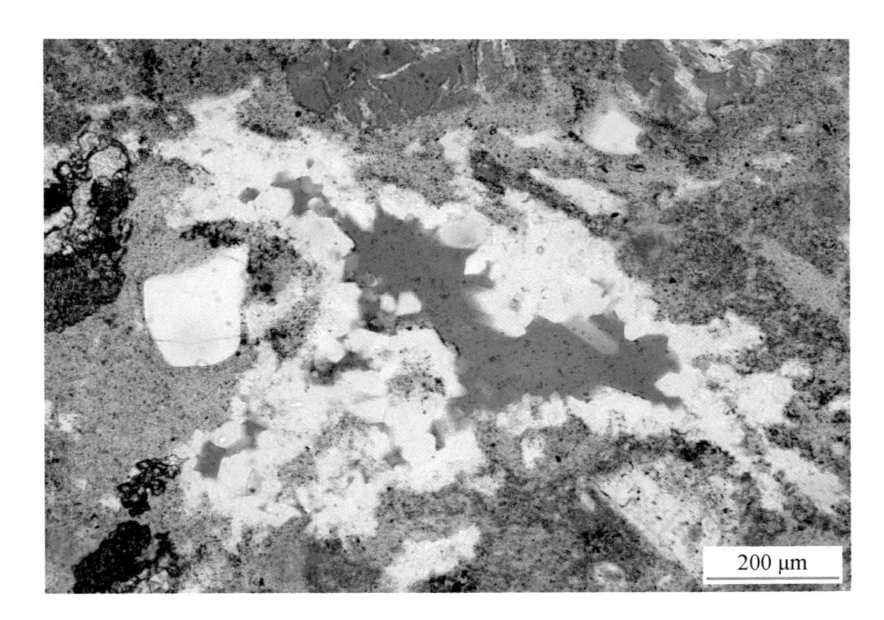

岩屑粒内溶孔中的自生石英

英安岩岩屑溶孔中的自生石英晶体呈晶簇状。右侧见结晶不完整的自生长石。

巴音都兰凹陷

巴101X井 1936.75m

阿尔善组

扫描电镜

图版 3-42 成岩自生矿物及特征（十）

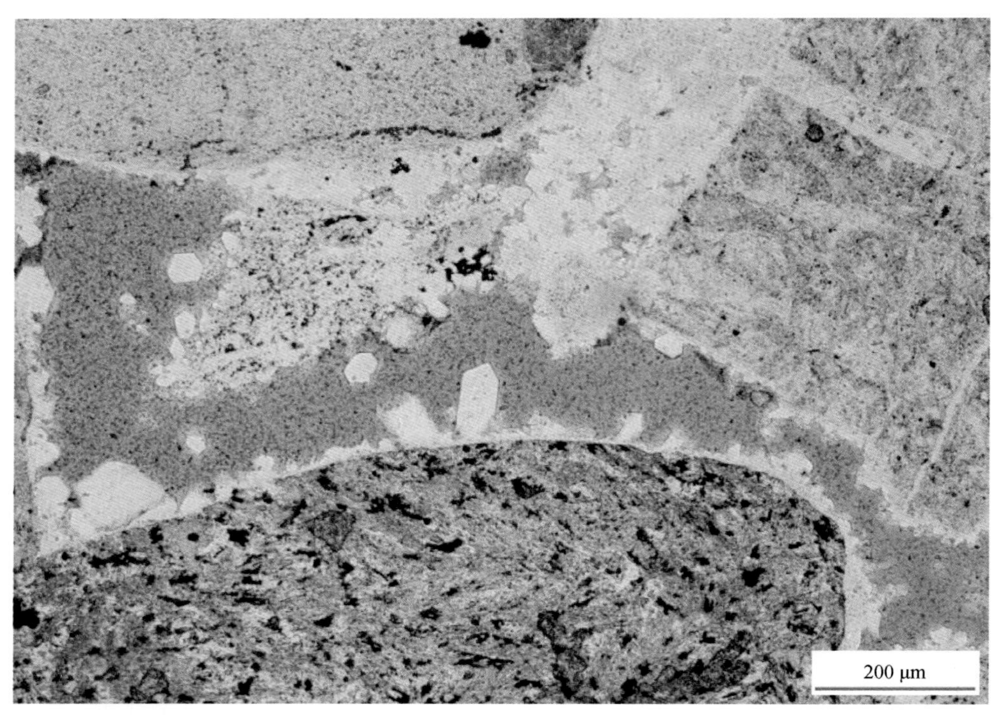

自生石英晶体

垂直于碎屑颗粒表面生长，晶簇状，自形石英晶体呈锥柱状，横截面六边形。粒间溶孔发育。

阿南凹陷

哈39井　2088.52m

阿尔善组

铸体薄片　单偏光

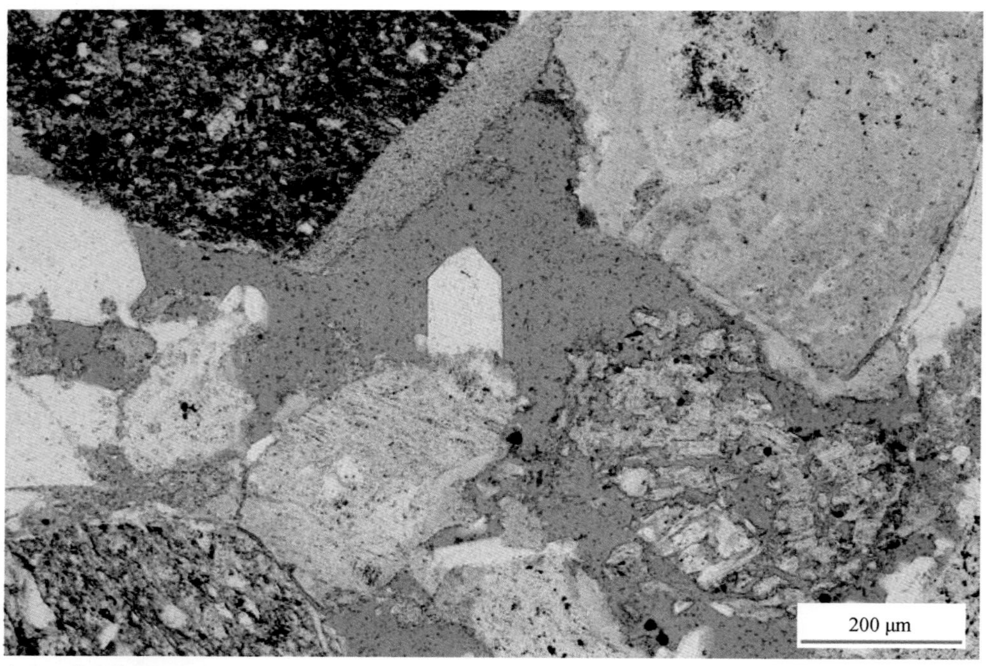

自生石英晶体及粒间溶孔

中间的自生石英呈锥柱状；右下见火山岩屑被强烈溶蚀形成粒内溶孔。粒间溶孔发育，由蚀变火山灰溶解而成。碎屑表面残留浅褐黄色蚀变火山灰。

阿南凹陷

哈362井　2104.8m

阿尔善组

铸体薄片　单偏光

图版 3-43　成岩自生矿物及特征（十一）

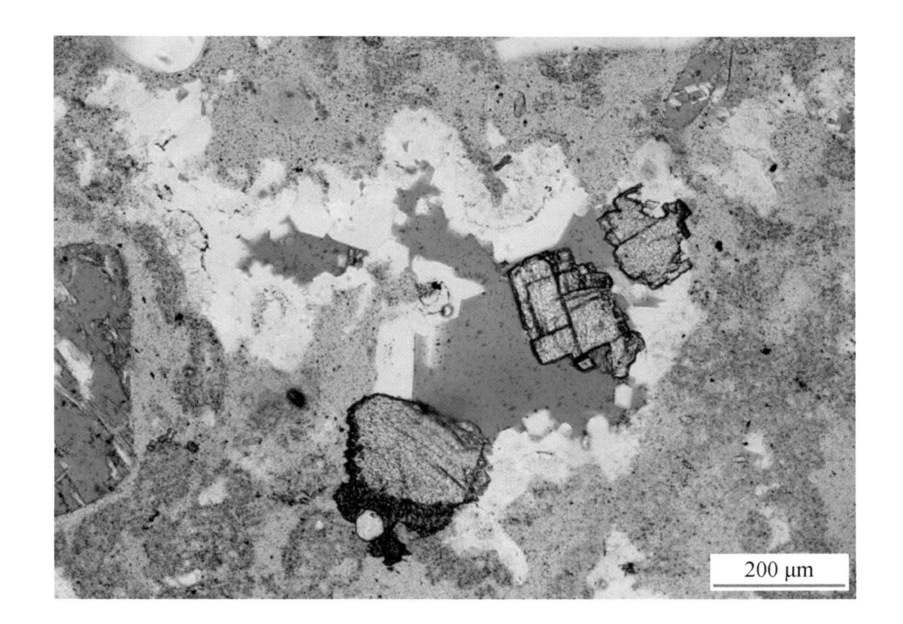

石英 铁白云石晶体

英安岩砾石的粒内溶孔孔隙壁上生长石英晶体，晶簇状集合体。孔内的菱形铁白云石晶体，正高突起，浅褐色。英安岩的基质内发育溶蚀微孔，左侧见粒内的长石铸模孔。

巴音都兰凹陷

巴101X井　1936.75m

阿尔善组

铸体薄片　单偏光

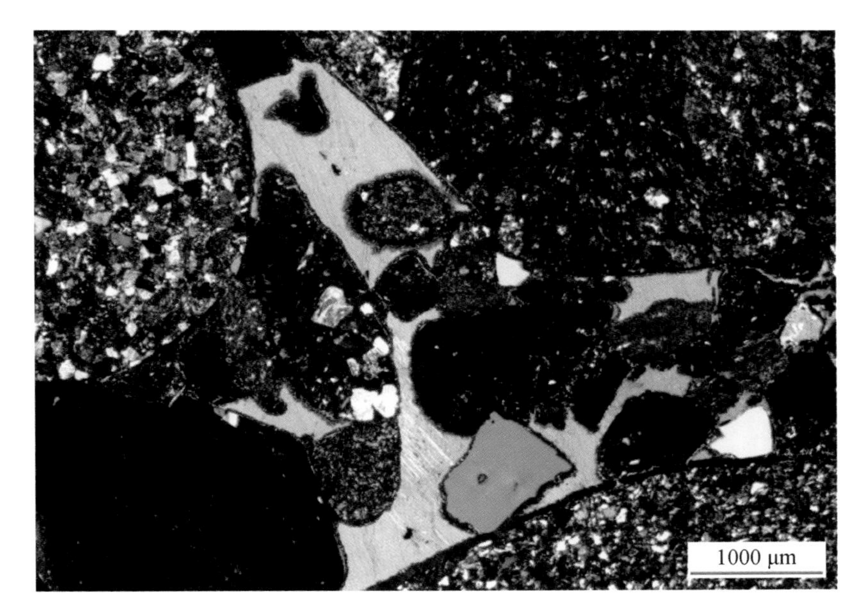

膜状囊脱石-方解石

充填粒间孔的两期胶结物，第一期为囊脱石，因结晶粒度细小而干涉色较低。第二期方解石胶结物具有连晶结构，高级白干涉色。碎屑成分主要为凝灰岩。

阿南凹陷

阿200井　844.69m

阿尔善组

铸体薄片　正交偏光

囊脱石-方解石

第一期胶结物囊脱石形成早，一级黄及以上的干涉色，栉状结构。第二期胶结物方解石具有粒状结构。碎屑为安山岩岩屑。

阿南凹陷

阿200井　985.12m

阿尔善组

铸体薄片　正交偏光

图版 3-44　成岩自生矿物及特征（十二）

方解石

颗粒间的方解石胶结物具有连晶结构，经染色呈粉红色。砾石间的填隙物主要为粒度不等的砂级碎屑，圆度较好，其中粗砂级碎屑为凝灰岩、霏细岩岩屑，细-中砂级碎屑以石英为主，岩屑次之。

阿南凹陷

哈39井　2297.81m

阿尔善组

铸体薄片　单偏光

方解石

方解石胶结物具有连晶结构，发育应力作用形成的聚片双晶，包含强烈溶蚀的火山岩碎屑，残余碎屑间基本互不接触，基底式胶结，说明在胶结之前发生了非常强烈的溶蚀作用。

阿南凹陷

哈362井　2121.00m

阿尔善组

铸体薄片　正交偏光

方解石

连晶结构，染色后呈红色。部分火山岩屑发育岩屑粒内溶孔。碎屑成分以火山岩屑为主，少量石英。

乌里雅斯太凹陷

太43井　1908.21m

阿尔善组

铸体薄片　单偏光

图版 3-45　成岩自生矿物及特征（十三）

囊脱石-方解石-白云石

砾石间砂级填隙物间的囊脱石-方解石-白云石三期胶结物，囊脱石呈绿色，膜状结构；方解石-白云石胶结物均具有高级白干涉色；白云石为自形菱形切面。图片左侧见长石粒内溶孔。

巴音都兰凹陷

巴101X井　1982.84m

阿尔善组

铸体薄片　左：单偏光　右：正交偏光

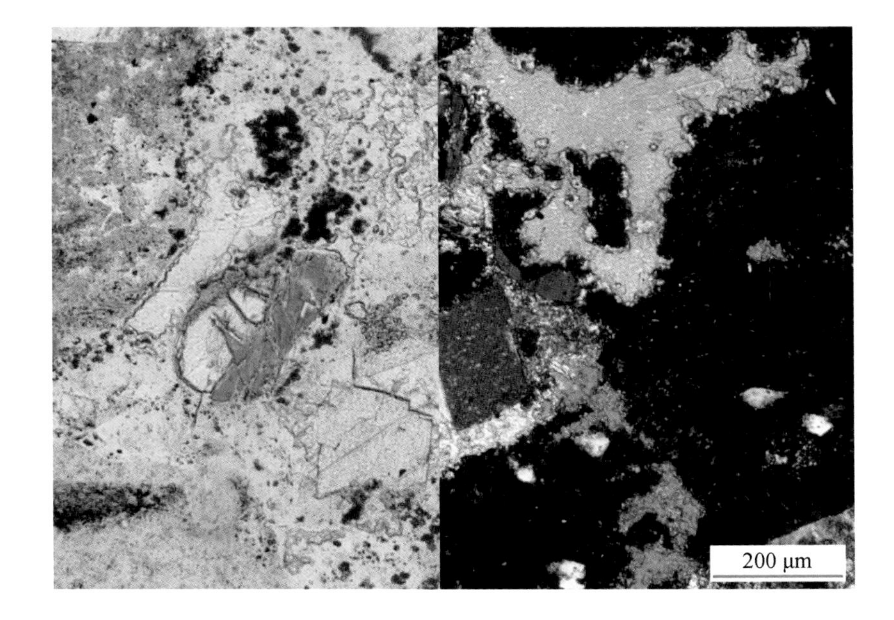

黄铁矿

黑色不透明，内部包含碎屑。

阿南凹陷

阿17-7井　780.74m

阿尔善组

铸体薄片　单偏光

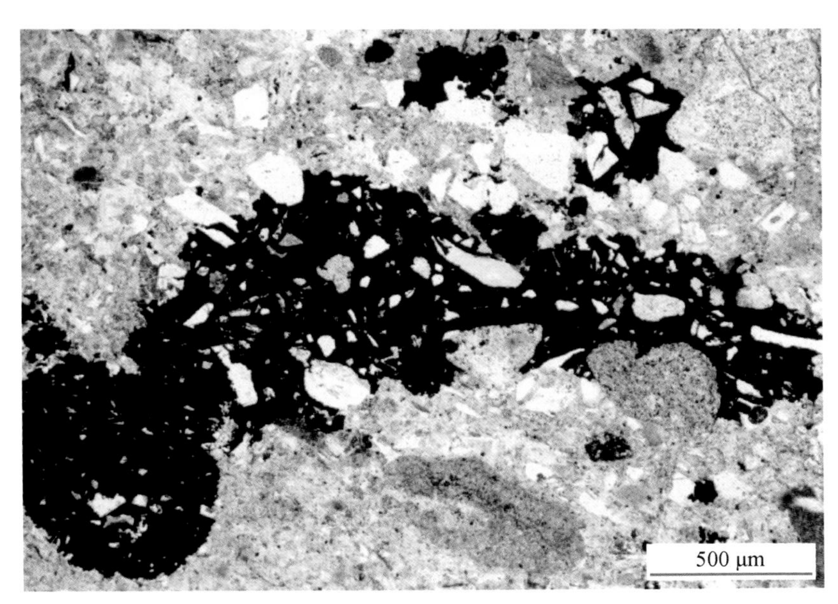

黄铁矿

黑色不透明，形状不规则，充填蚀变火山灰收缩缝。左侧见蚀变黏土凝缩缝。

阿南凹陷

阿200井　782.18m

阿尔善组

铸体薄片　单偏光

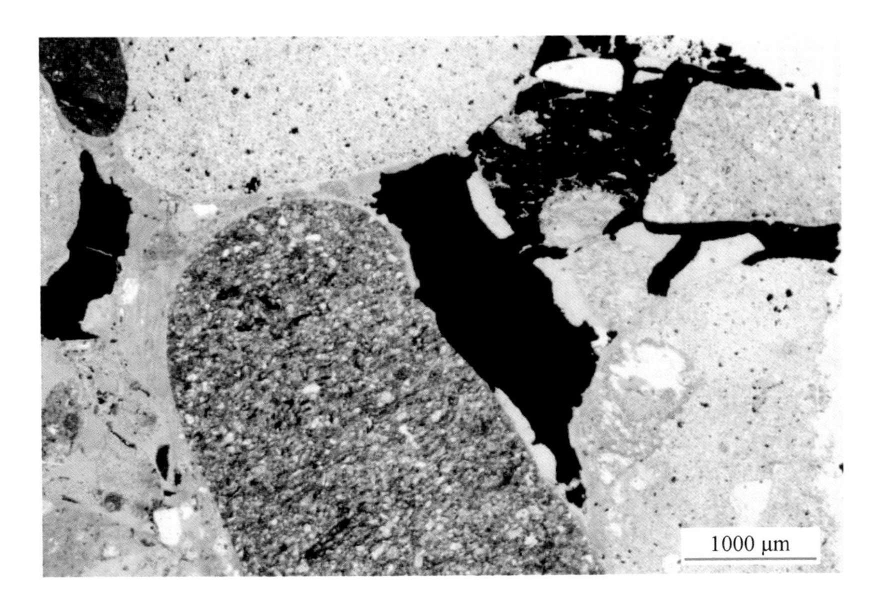

图版3-46　成岩自生矿物及特征（十四）

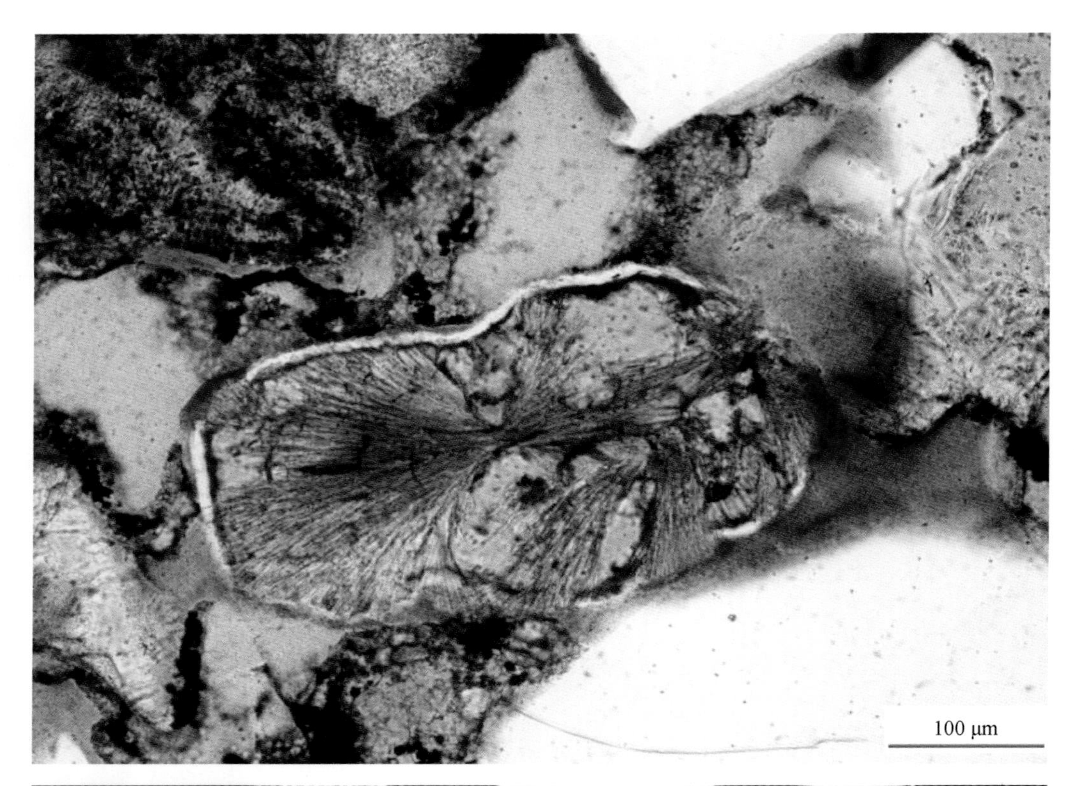

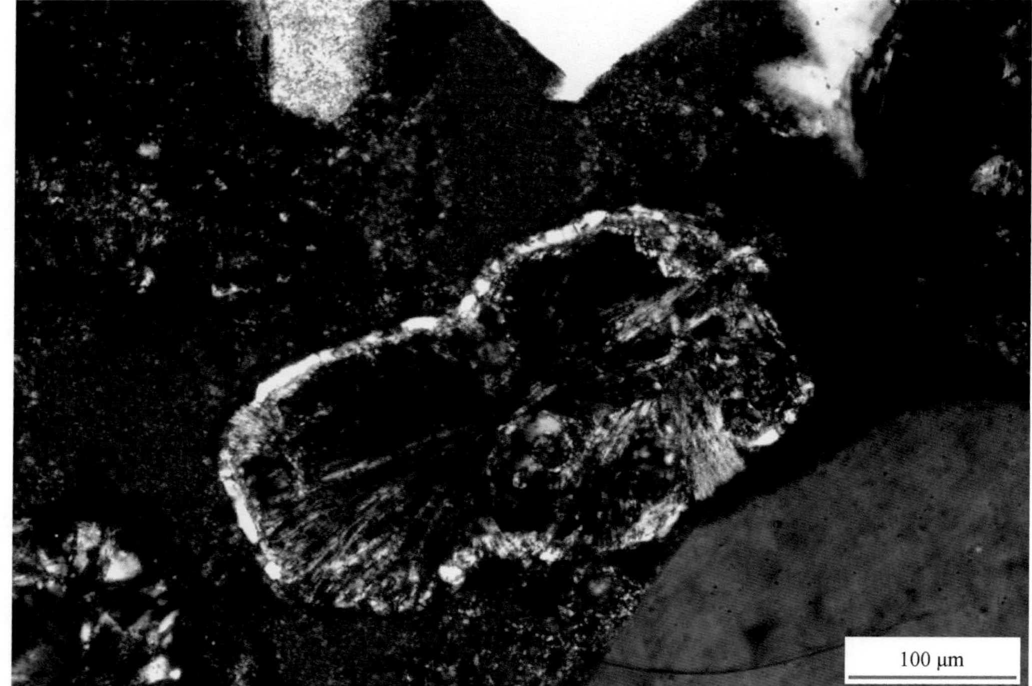

片钠铝石

岩屑铸模孔内的三期胶结物，依次为玉髓-伊利石-片钠铝石胶结物，玉髓具栉状结构，伊利石具有一级黄干涉色，受烃类影响呈红色；片钠铝石呈束状集合体，正高突起，片钠铝石具有高级白干涉色。周围为浅褐黄色的蚀变火山灰，凝缩缝被烃类浸染；左下见长石铸模孔。

阿南凹陷

阿17-7井　795.40m

阿尔善组

铸体薄片　上：单偏光　下：正交偏光

图版 3-47　成岩自生矿物及特征（十五）

铁白云石

碎屑间黏土中的分散状铁白云石晶粒，褐黄色，部分为菱形，部分为圆粒状，且其内部具有一暗色点状核心。

巴音都兰凹陷

巴101X井 1933.39m

阿尔善组

铸体薄片 单偏光

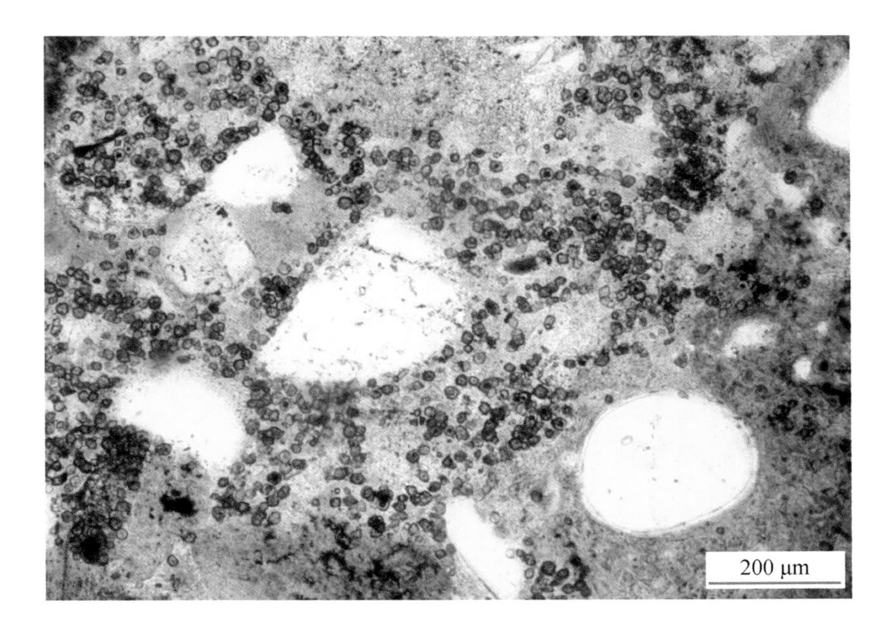

铁白云石

填隙物中的密集的铁白云石粉晶，高级白干涉色。

巴音都兰凹陷

巴101X井 1985.80m

阿尔善组

铸体薄片 正交偏光

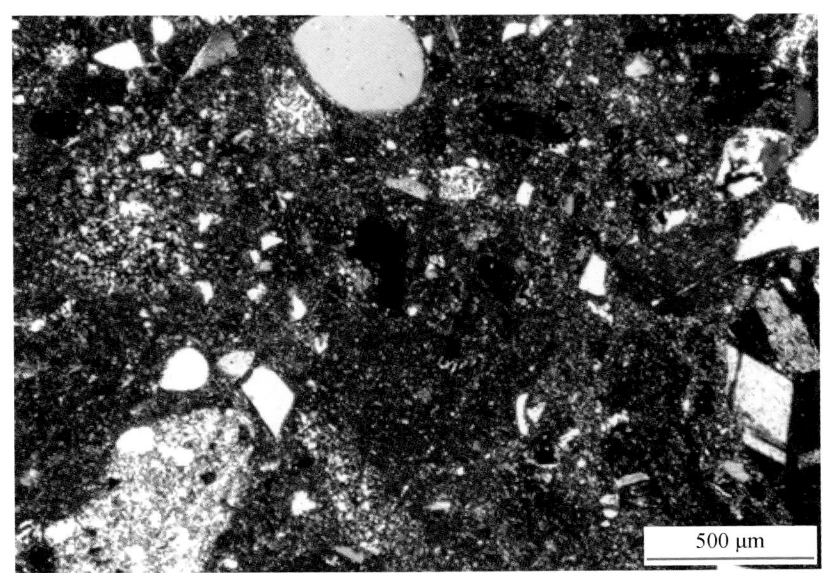

伊利石 铁白云石

流纹岩砾石间砂级碎屑表面具有膜状结构的伊利石和分散的铁白云石晶体，伊利石因粒度细小而具有一级黄干涉色，铁白云石具有高级白干涉色。

巴音都兰凹陷

巴101X井 1940.90m

阿尔善组

铸体薄片 正交偏光

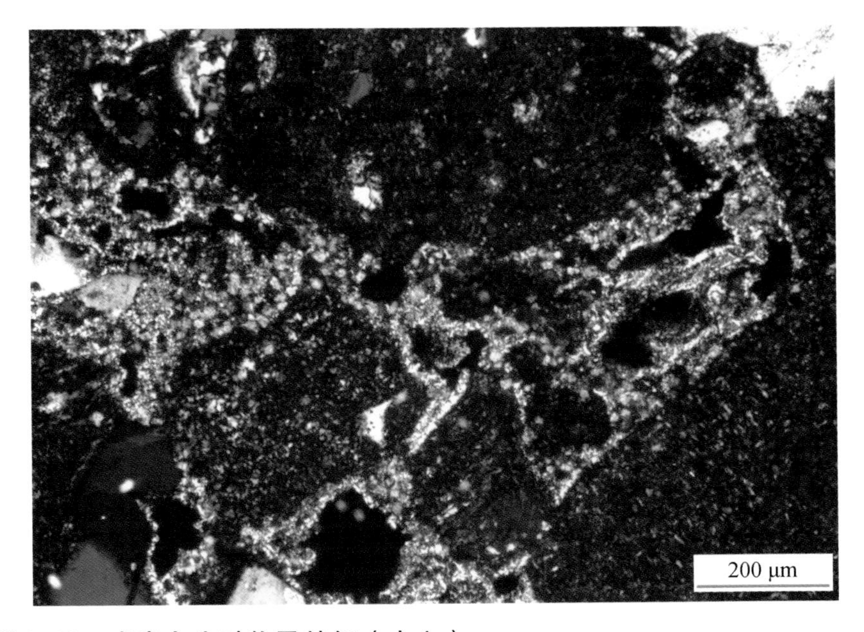

图版 3-48 成岩自生矿物及特征（十六）

第二节 储集空间与物性特征

一、孔隙类型

砾岩储层的储集空间类型主要为孔隙型，从成因上分为原生孔隙和次生孔隙。具体而言，又可分为 8 种类型的孔隙。

1. 原生粒间孔

颗粒支撑形成的粒间孔隙，孔隙中基本没有或有少量填隙物，基本反映了沉积时粒间孔隙的大小和形状，未见溶蚀痕迹。该类孔隙发育较少。

2. 残余粒间孔

原生粒间孔部分充填胶结物或因压实变形等剩余的孔隙。

3. 粒间溶孔

原来被充填或部分充填的粒间孔经后期溶解形成的孔隙，可见明显的溶蚀痕迹，甚至形成超大孔隙。

4. 粒内溶孔

主要见于火山熔岩岩屑、花岗质侵入岩屑、火山碎屑岩岩屑及长石碎屑内，少量见于其他类型如变质岩的岩屑内，由于选择性溶解掉其中的不稳定组分而形成。

5. 铸模孔

由于溶解作用强烈而将原来颗粒几乎全部溶解掉，只剩下原颗粒的印模。长石铸模孔最为常见，部分岩屑铸模孔。

6. 收缩裂缝

由于含水矿物失水、体积发生收缩而形成的不规则的张裂缝，主要见于含蚀变火山灰基质的砾岩储层中。存在于较大碎屑颗粒间同生沉积的火山灰的主要成分玻璃质，稳定性差，易于发生水化而形成凝胶状的蚀变物质，或充满粒间孔，或部分充填，或凝结形成葡萄状集合体，含水量高，粒度极为细小，单偏光下为浅黄、浅褐黄色或浅黄绿色，正交偏光下几乎无光性。这类蚀变物质在成岩期发生失水收缩形成收缩缝。

7. 晶间孔

主要见于粒间沉淀的自生高岭石之间，其次为其他类型的填隙物晶体之间。

8. 构造裂缝

已固结的岩石受构造应力作用产生的裂缝，是重要的油气储集空间和运移通道。

总体而言，砾岩储层以次生孔隙为主，在同一样品中可见多种孔隙类型共同存在，大小不等，分布不均，其储层物性随溶蚀程度而变化。而在以原生孔隙为主的储层中，原生孔隙大小和分布较均匀。

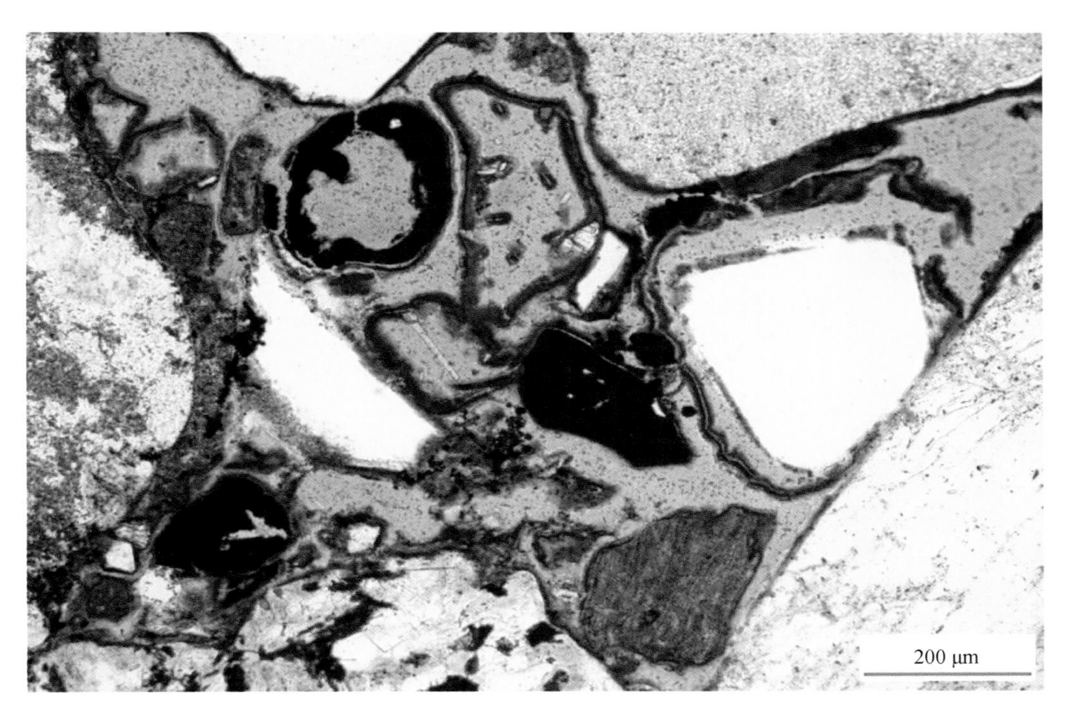

残余粒间孔 铸模孔

残余粒间孔发育，碎屑表面覆盖泥质薄膜。铸模孔原为火山岩屑，溶蚀后由于膜状黏土胶结物的保留而呈现出颗粒形状，在孔中残留有磷灰石、锆石等。右侧的火山岩屑的基质被溶解，石英斑晶被保留。

阿南凹陷

阿17-7井 784.16m

阿尔善组

铸体薄片 单偏光

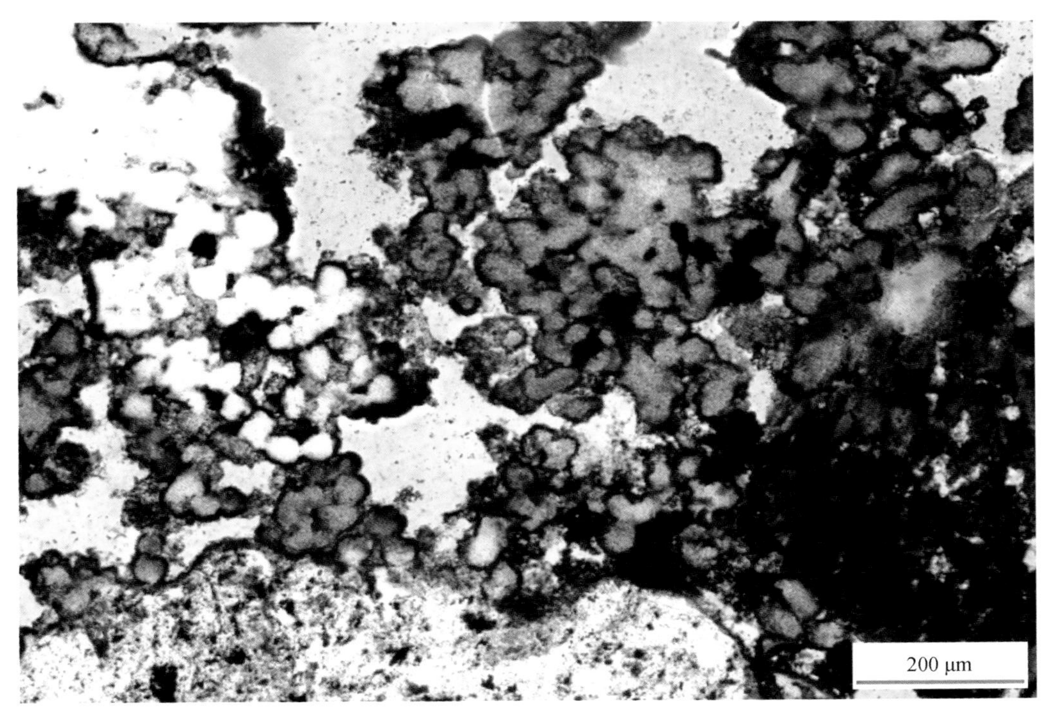

残余粒间孔

砾石间的蚀变火山灰凝结形成葡萄状集合体，被烃类物质污染，呈褐黄色—褐黑色。其间残余粒间孔发育。

阿南凹陷

阿17-7井 795.87m

阿尔善组

铸体薄片 单偏光

图版 3-49 储集空间及特征（一）

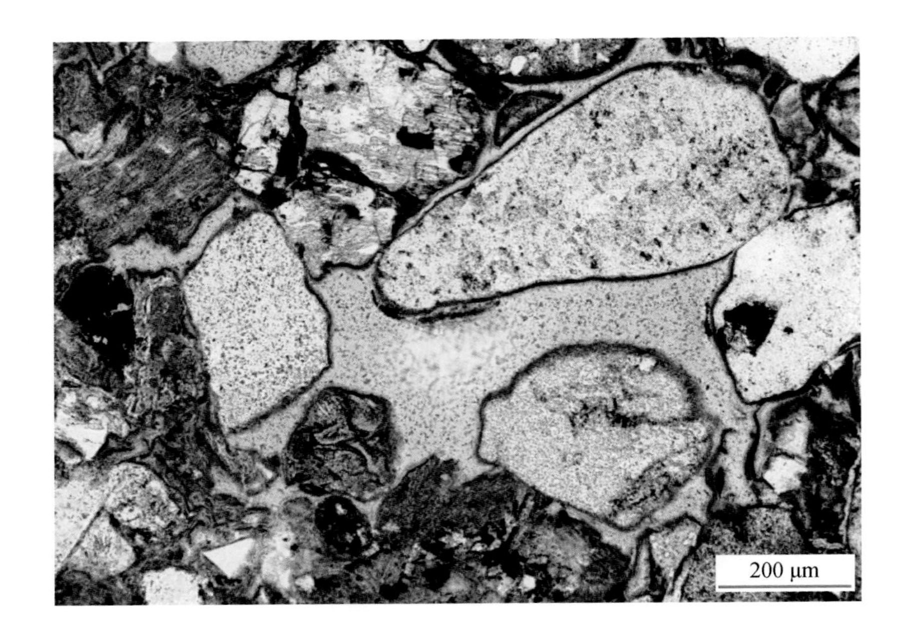

残余粒间孔

颗粒间发育残余粒间孔，上方的长石发育粒内溶孔。碎屑颗粒表面覆盖膜状黏土且被烃类物质污染。孔隙连通性好。

阿南凹陷

阿17-7井　784.16m

阿尔善组

铸体薄片　单偏光

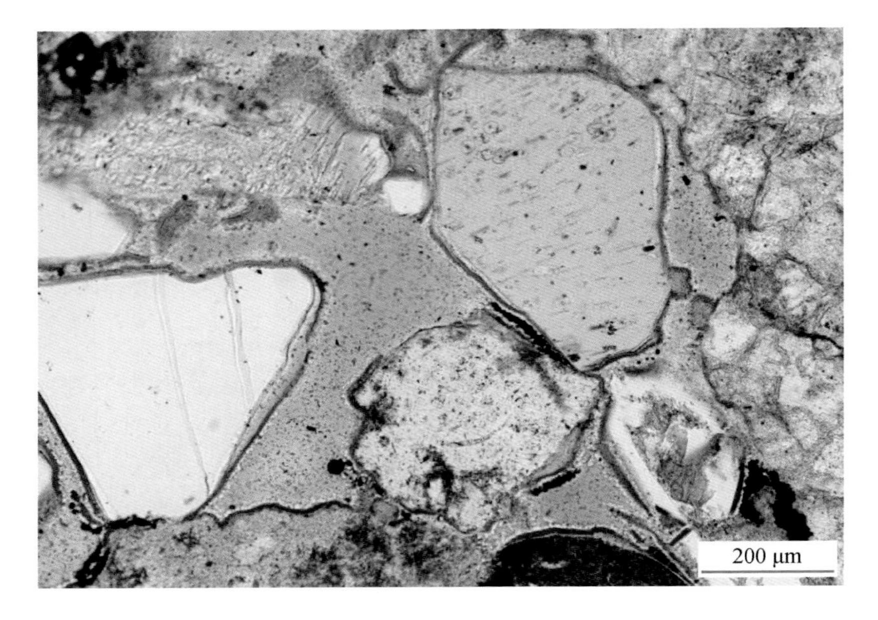

残余粒间孔 粒内溶孔

粒间孔发育；上方见长石粒内溶孔；左侧及右下方见黏土膜脱离碎屑表面，膜的内外可见石英胶结物。

阿南凹陷

阿17-7井　814.73m

阿尔善组

铸体薄片　单偏光

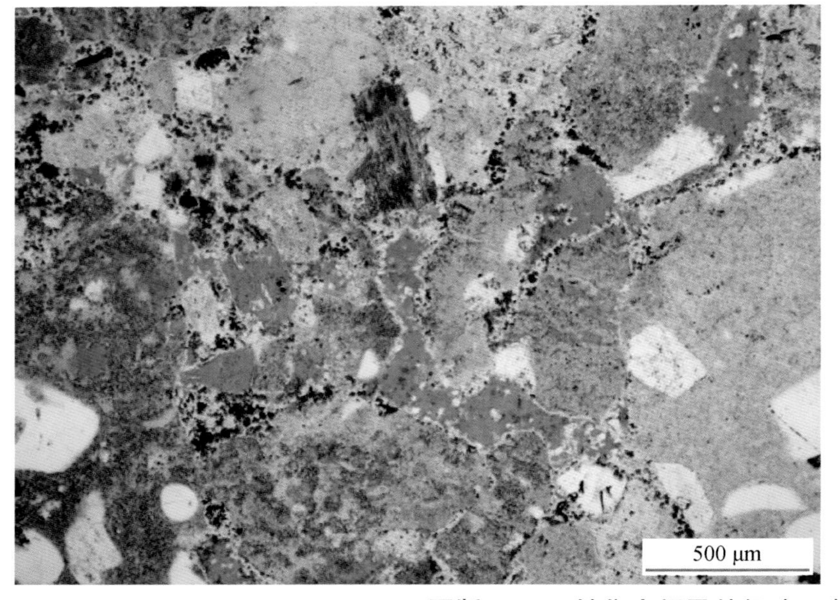

粒间溶孔

砾石间的砂级碎屑之间发育粒间溶孔，孔隙壁上生长石英小晶体。部分英安岩岩屑溶蚀形成粒内溶孔及少量铸模孔。部分英安岩岩屑内发育基质微孔。

巴音都兰凹陷

巴101X井　1938.45m

阿尔善组

铸体薄片　单偏光

图版 3-50　储集空间及特征（二）

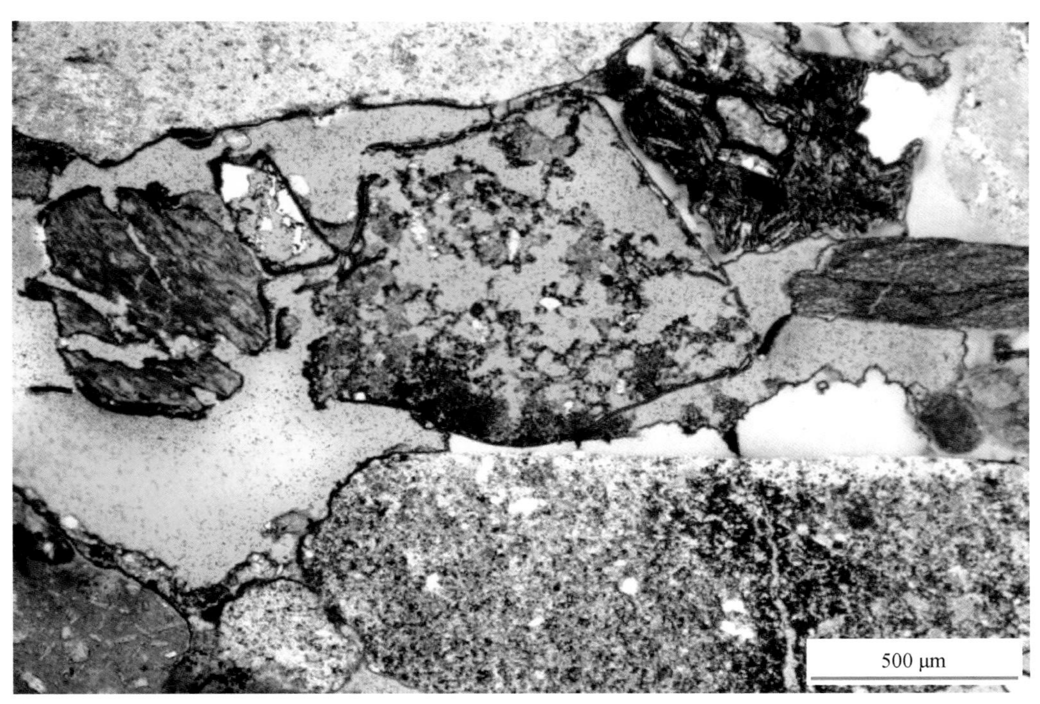

残余粒间孔 粒内溶孔

碎屑间的残余粒间孔，火山岩屑溶蚀形成粒内溶孔。右侧可见蚀变火山灰，浅黄-褐黄色。

阿南凹陷

阿17-7井 803.97m

阿尔善组

铸体薄片 单偏光

残余粒间孔 长石铸模孔 晶内溶孔

残余粒间孔，部分被溶蚀残余蚀变火山灰充填，蚀变火山灰被烃类污染呈深褐色，粒间的长石碎屑溶蚀形成粒内溶孔-铸模孔。

阿南凹陷

阿17-7井 809.39m

阿尔善组

铸体薄片 单偏光

图版 3-51 储集空间及特征（三）

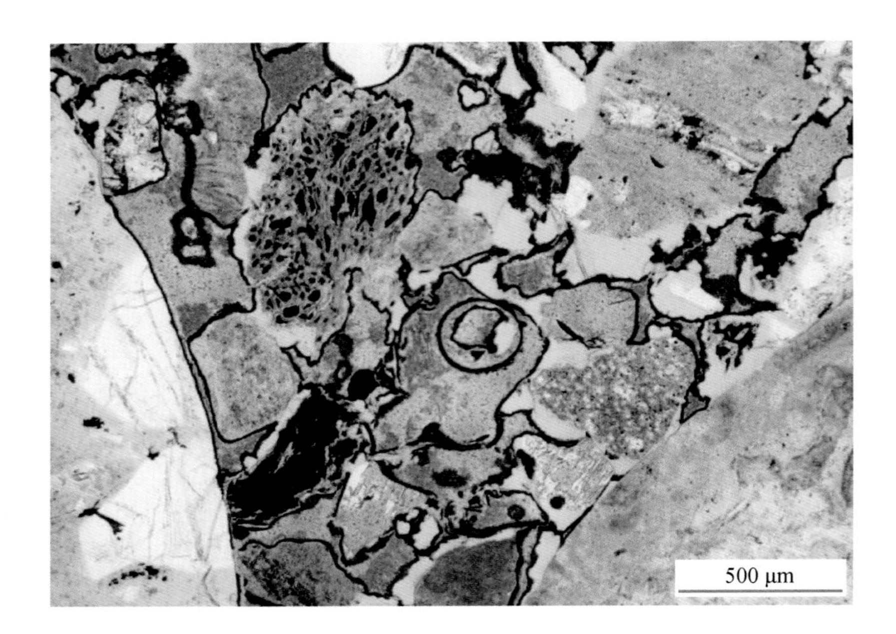

残余粒间孔 粒内溶孔

残余粒间孔发育，部分被蚀变火山灰充填。孔隙边缘的蚀变火山灰被沥青染成深褐色。部分长石溶解形成铸模孔和粒内溶孔。图片中所见碎屑成分为流纹岩、浮岩等岩屑。

阿南凹陷

阿200井 791.51m

阿尔善组

铸体薄片 单偏光

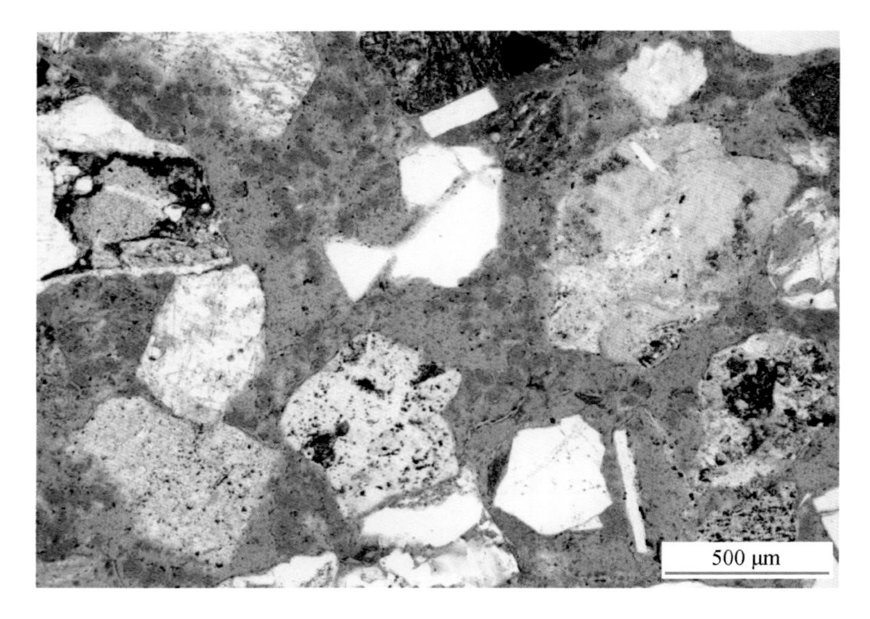

残余粒间孔

残余粒间孔发育，蚀变火山灰呈分散的团粒状。孔隙连通性好。

阿南凹陷

阿200井 856.84m

阿尔善组

铸体薄片 单偏光

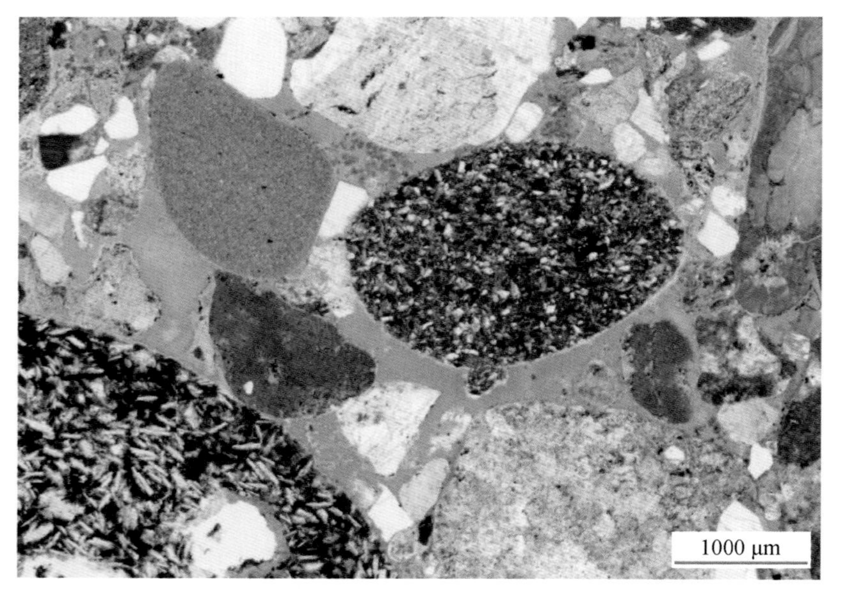

残余粒间孔

残余粒间孔发育，孔隙连通性好。图片中的岩屑为安山岩、流纹岩、凝灰岩岩屑及少量火山型石英。

阿南凹陷

阿200井 843.78m

阿尔善组

铸体薄片 单偏光

图版 3-52 储集空间及特征（四）

残余粒间孔 原生粒内孔

浮岩岩屑发育原生粒内孔。粒间孔孔隙壁上为囊脱石胶结物，呈黄绿色，绒球状集合体。残留褐黄色蚀变火山灰。

阿南凹陷

阿200井 847.04m

阿尔善组

铸体薄片 单偏光

粒间溶孔

粒间火山灰溶蚀强烈形成粒间溶孔，颗粒表面未覆盖胶结物，局部残留少量蚀变火山灰；下方见一小石英晶体。岩屑类型为安山岩、浅变质岩及霏细岩等。

阿南凹陷

哈362井 2127.80m

阿尔善组

铸体薄片 单偏光

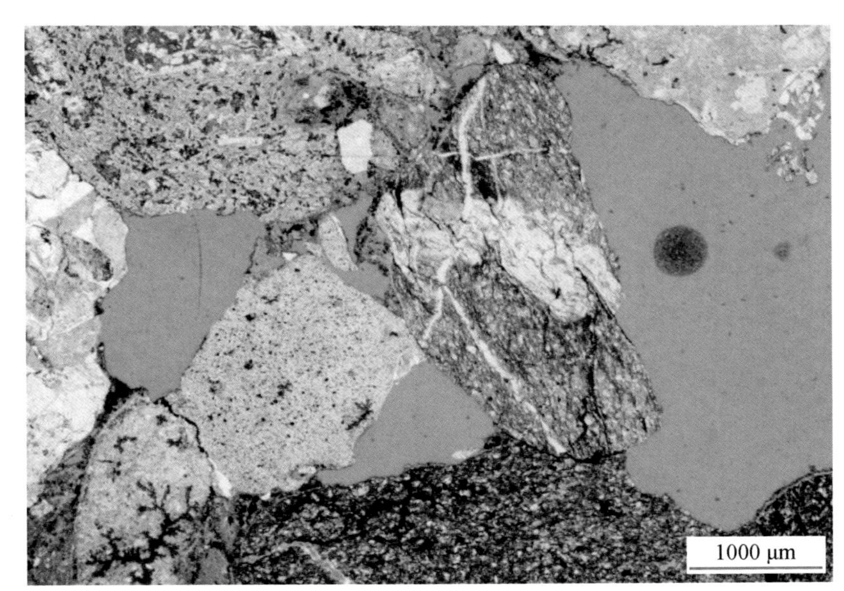

粒间溶孔

粒间溶孔发育，仅充填少量蚀变火山灰，呈深褐色团粒状。溶孔局部被石英胶结物充填，孔隙壁上生长少量石英小晶体。孔隙连通性较好。

阿南凹陷

哈22井 2058.00m

阿尔善组

铸体薄片 单偏光

图版 3-53 储集空间及特征（五）

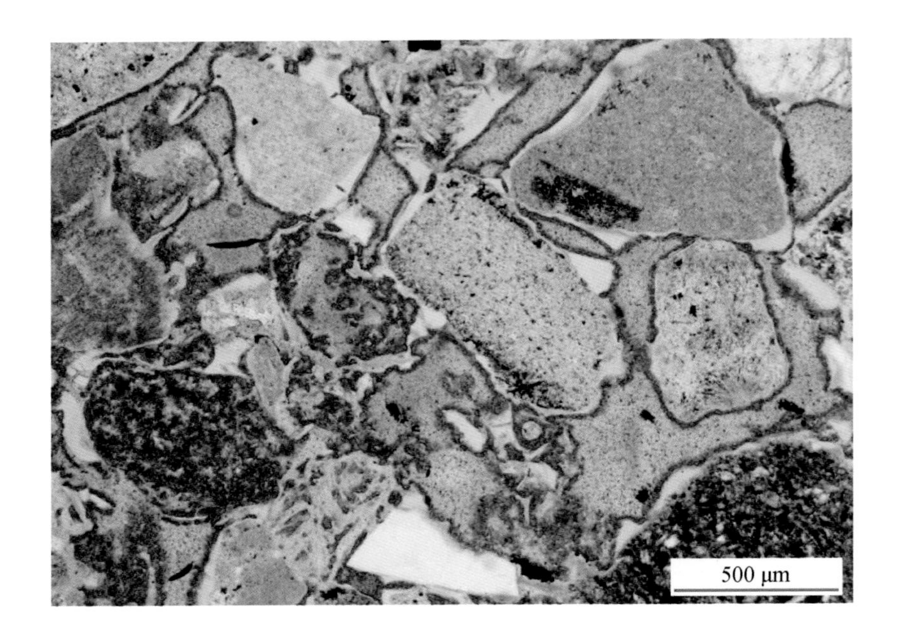

残余粒间孔

残余粒间孔发育，孔隙边缘见孔隙衬里式的膜状囊脱石胶结物。碎屑周围被溶蚀残余的蚀变火山灰包围。

阿南凹陷

阿200井　777.39m

阿尔善组

铸体薄片　单偏光

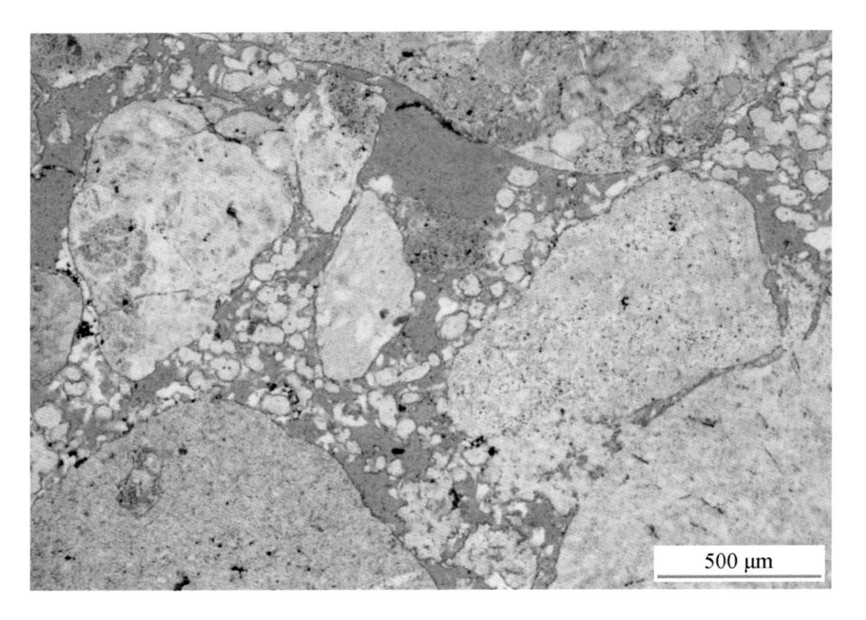

粒间溶孔

粒间溶孔发育，颗粒表面覆盖很薄的绿泥石膜，孔内充填少量分散的团粒状的蚀变火山灰。孔隙连通性较好。

阿南凹陷

哈39井　2081.19m

阿尔善组

铸体薄片　单偏光

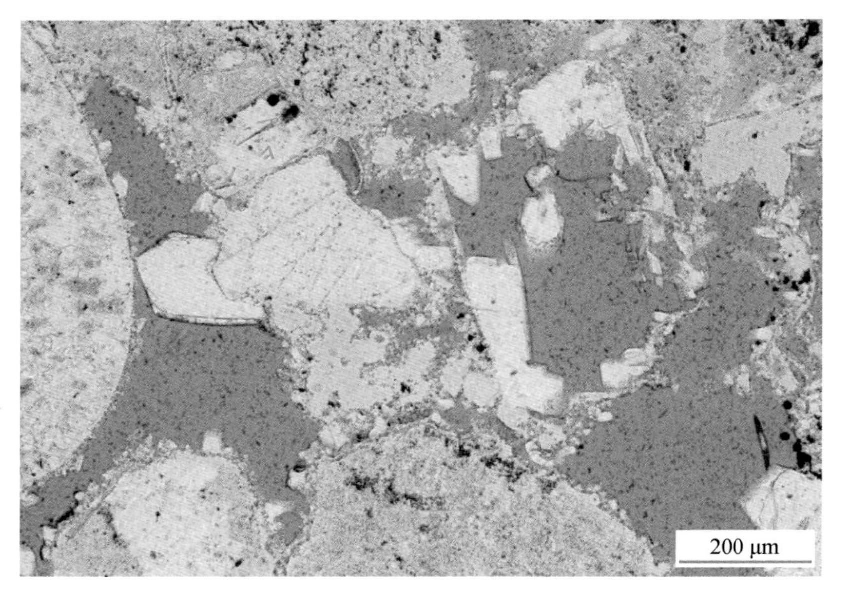

粒间溶孔 长石粒内溶孔

粒间溶孔发育，孔隙壁上生长薄膜状绿泥石及少量自形的石英晶体。长石大部分溶解，形成粒内溶孔。孔隙连通性较好。

阿南凹陷

哈39井　2085.15m

阿尔善组

铸体薄片　单偏光

图版 3-54　储集空间及特征（六）

粒间溶孔 膜状囊脱石

粒间溶孔发育，黄绿色、膜状囊脱石呈孔隙衬里式胶结。图片上部碎屑下方的黏土薄膜呈悬挂状，其内外均发育囊脱石膜。原来覆盖在颗粒表面的蚀变黏土膜脱离颗粒而悬空，之后囊脱石膜在颗粒表面及黏土膜表面生长。

阿南凹陷

哈39井 2115.0m

阿尔善组

铸体薄片 单偏光

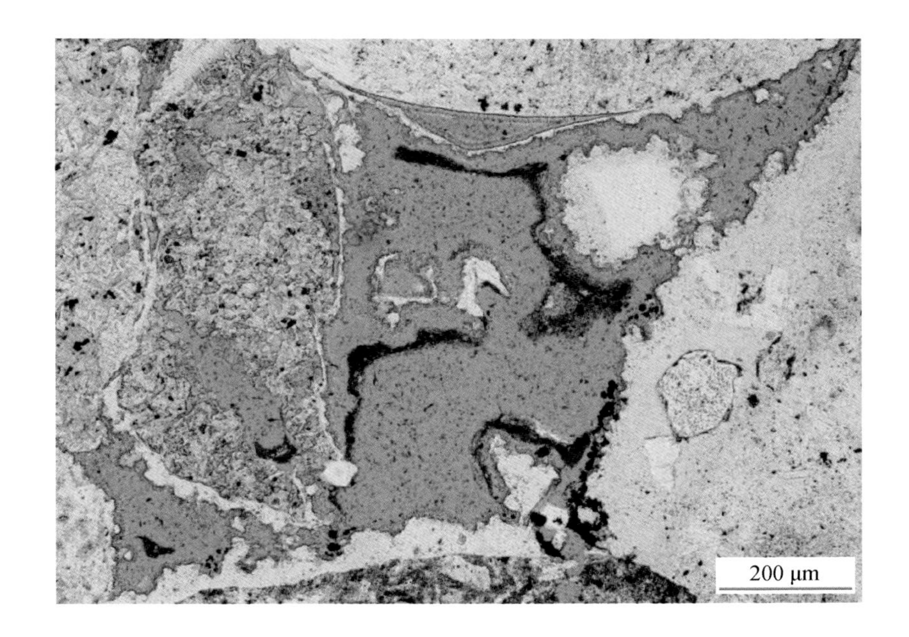

粒间溶孔 自生石英

粒间溶孔发育，孔隙壁上生长少量石英小晶体。蚀变火山灰呈不规则凝絮团块状充填孔隙，下方的碎屑表面见溶蚀形成的凹凸不平的边缘，孔隙连通性好。

阿南凹陷

哈39井 2088.52m

阿尔善组

铸体薄片 单偏光

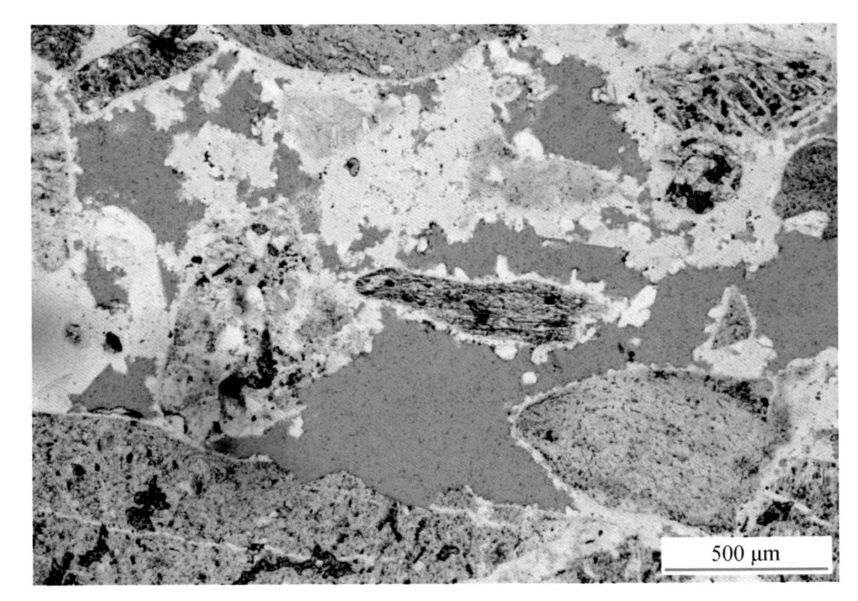

粒间溶孔 长石铸模孔

被包围在蚀变火山灰中的长石溶蚀形成铸模孔，孔隙边缘见褐黑色的烃类污染的黏土膜。左侧的铸模孔在无黏土膜处又充填了少量蚀变火山灰，孔内见残余长石。下部粒间溶孔充填少量团粒状蚀变火山灰，下方的颗粒表面上生长晶簇状石英晶体。

阿南凹陷

哈362井 2103.14m

阿尔善组

铸体薄片 单偏光

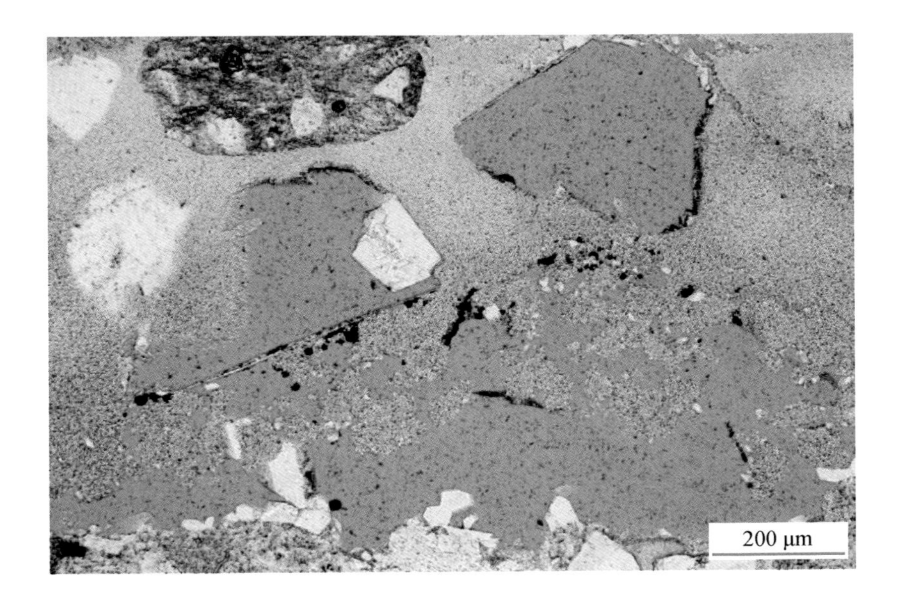

图版 3-55 储集空间及特征（七）

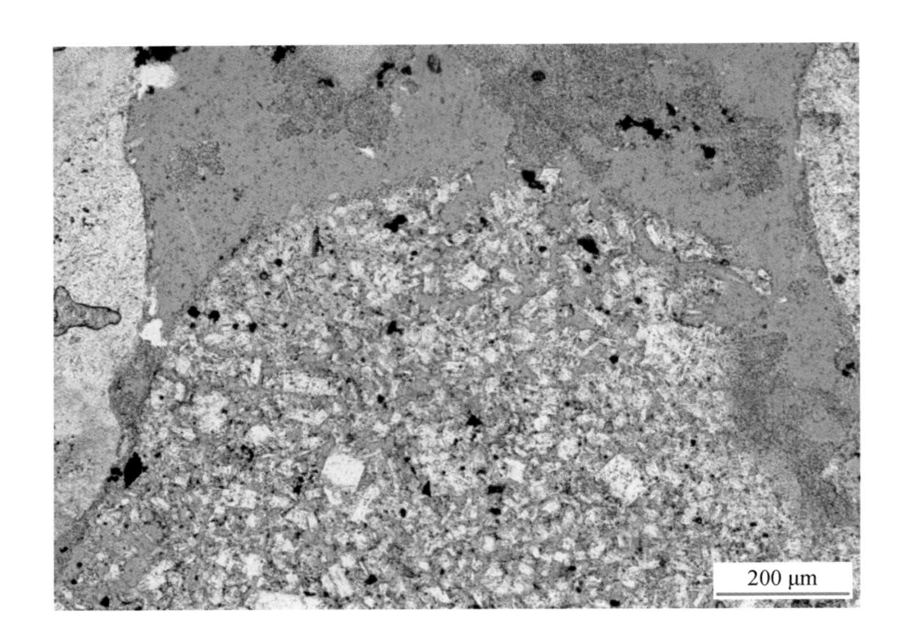

粒间溶孔 粒内溶孔

粒间溶孔，充填少量蚀变火山灰；图下方的安山岩屑内斜长石微晶之间的基质部分几乎全部被溶解，形成粒内溶孔。

阿南凹陷

哈362井 2119.09m

阿尔善组

铸体薄片 单偏光

长石铸模孔 残余粒间孔

长石被完全溶蚀，形成铸模孔，保留长石的柱状形态；周围发育残余粒间孔；蚀变火山灰被烃类污染呈褐黄—褐色。中间的石英干净透明无包体，为火山型石英。

阿南凹陷

阿17-7井 795.49m

阿尔善组

铸体薄片 单偏光

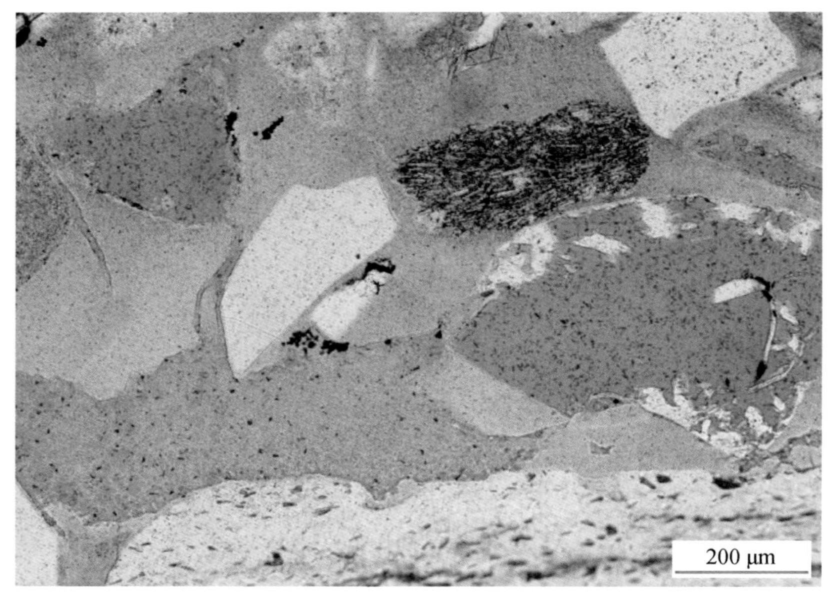

长石铸模孔 自生高岭石晶间微孔

图左上方及图右侧为长石溶蚀形成的铸模孔；图左下方的孔隙内充填自生高岭石，发育高岭石晶间微孔。

阿南凹陷

阿12井 785.12m

阿尔善组

铸体薄片 单偏光

图版 3-56 储集空间及特征（八）

玻屑铸模孔 粒内溶孔

玻屑溶蚀成铸模孔，保留了玻屑的弧面棱角状形态；长石晶屑溶蚀形成长石粒内溶孔。

阿南凹陷

阿200井 846.43m

阿尔善组

铸体薄片 单偏光

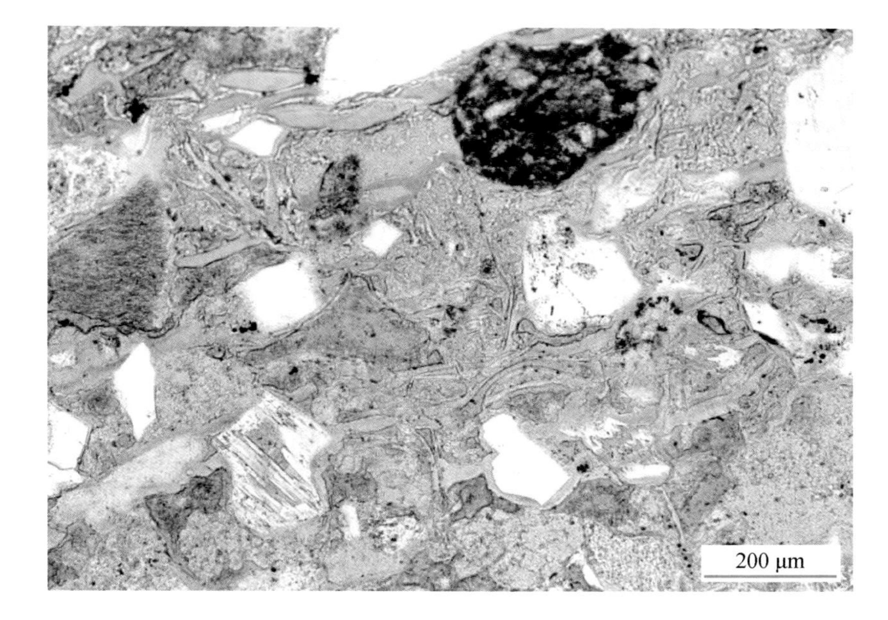

英安岩岩屑内的长石铸模孔

英安岩岩屑内的长石斑晶大部分溶蚀形成长石铸模孔，构成了岩屑粒内溶孔。长石铸模孔中残留少量干净透明的透长石和丝缕状黏土。由孔隙形状可见为两个长石晶体互相穿插，呈聚斑结构。基质微孔发育。

巴音都兰凹陷

巴101X井 1941.07m

阿尔善组

铸体薄片 单偏光

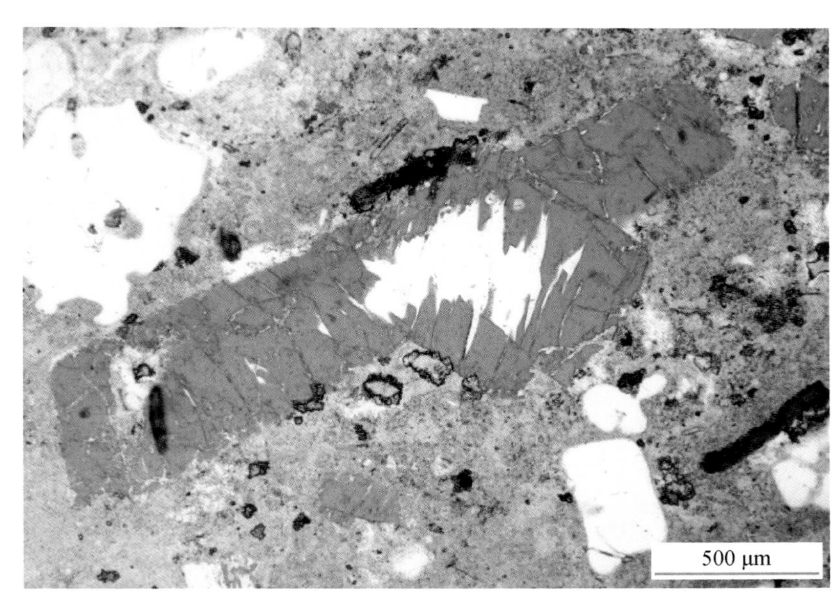

英安岩屑内的长石铸模孔

英安岩砾石内的长石斑晶在结晶后又被高温熔蚀，形成熔蚀港湾结构，后被石英和少量基质充填。长石溶蚀形成铸模孔，包裹在内的石英不溶蚀而被保留。孔隙内在原包含的石英上又生长了石英晶体。基质中微孔发育。

巴音都兰凹陷

巴101X井 1941.85m

阿尔善组

铸体薄片 单偏光

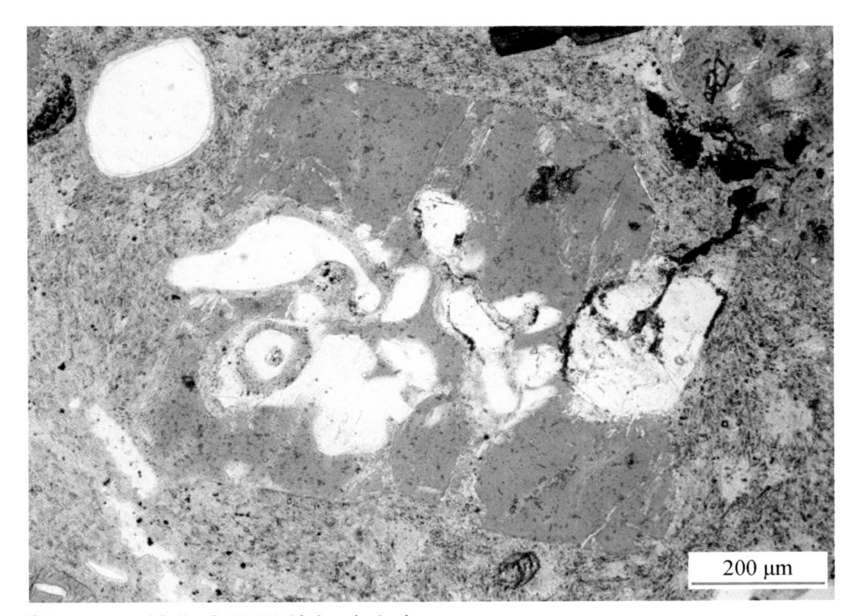

图版 3-57 储集空间及特征（九）

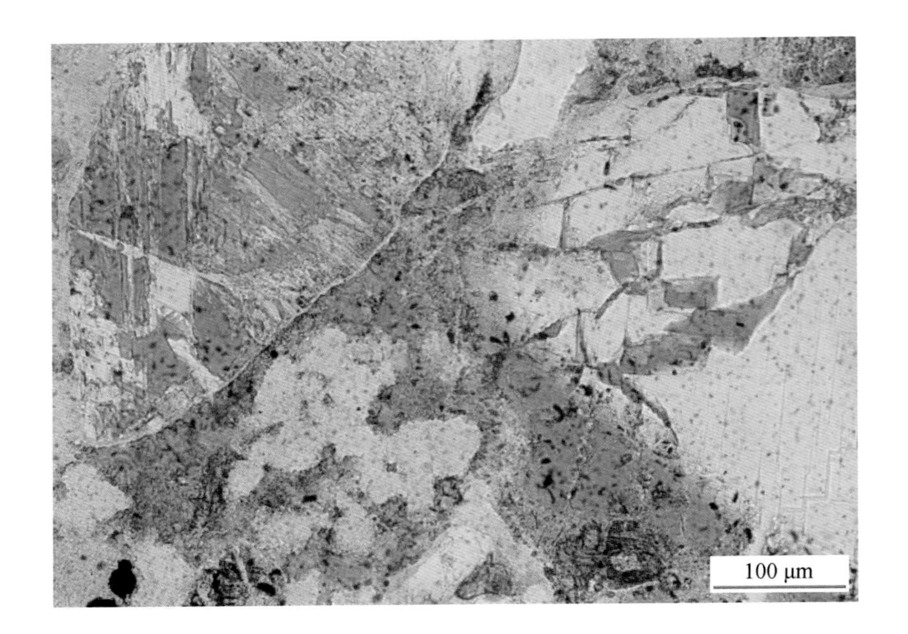

粒内溶孔 粒间孔

长石部分溶解形成的粒内溶孔；中下部为粒间孔，残留团粒状蚀变火山灰。

阿南凹陷

阿12井 788.23m

阿尔善组

铸体薄片 单偏光

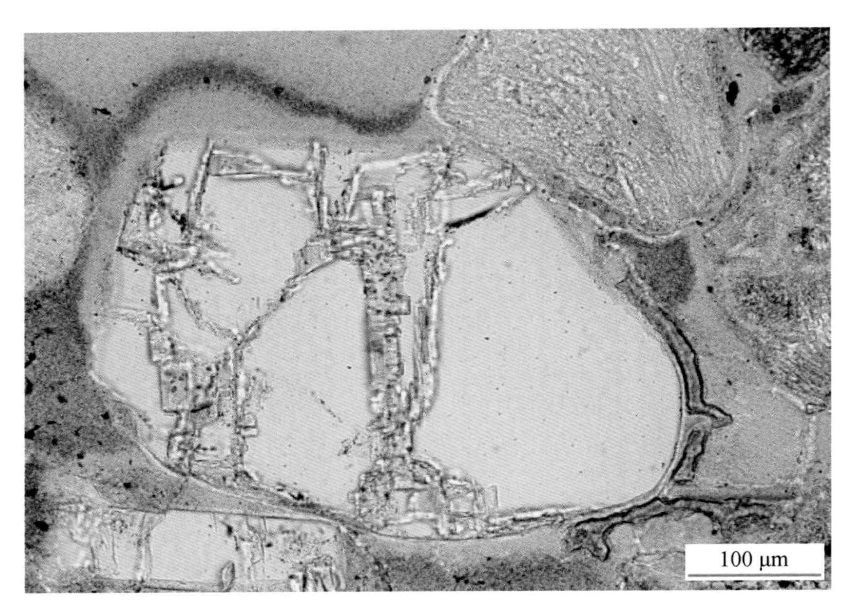

长石粒内溶孔

干净透明的透长石沿解理缝开始溶蚀，显示初始的溶蚀状态。透长石边缘圆滑，说明其在岩浆阶段在高温下融熔形成溶蚀结构；粒间凝胶状的蚀变火山灰填隙，凝缩缝充填囊脱石（右下方）。

阿南凹陷

阿200井 805.73m

阿尔善组

铸体薄片 单偏光

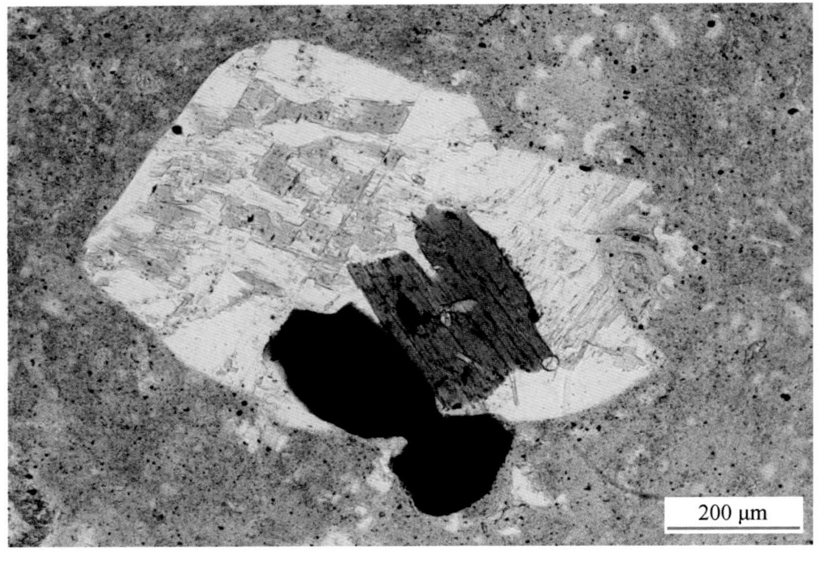

长石粒内溶孔

英安岩碎屑内长石斑晶，包含黑云母，发育粒内溶孔。斑晶周围的基质中发育微孔。

阿南凹陷

阿200井 857.70m

阿尔善组

铸体薄片 单偏光

图版 3-58 储集空间及特征（十）

长石铸模孔 岩屑粒内溶孔

砾石间填隙物中的长石溶解成铸模孔；左下为英安岩岩屑的长石斑晶被溶蚀形成粒内溶孔（长石铸模孔），基质微孔发育。

巴音都兰凹陷

巴101X井 1939.85m

阿尔善组

铸体薄片 单偏光

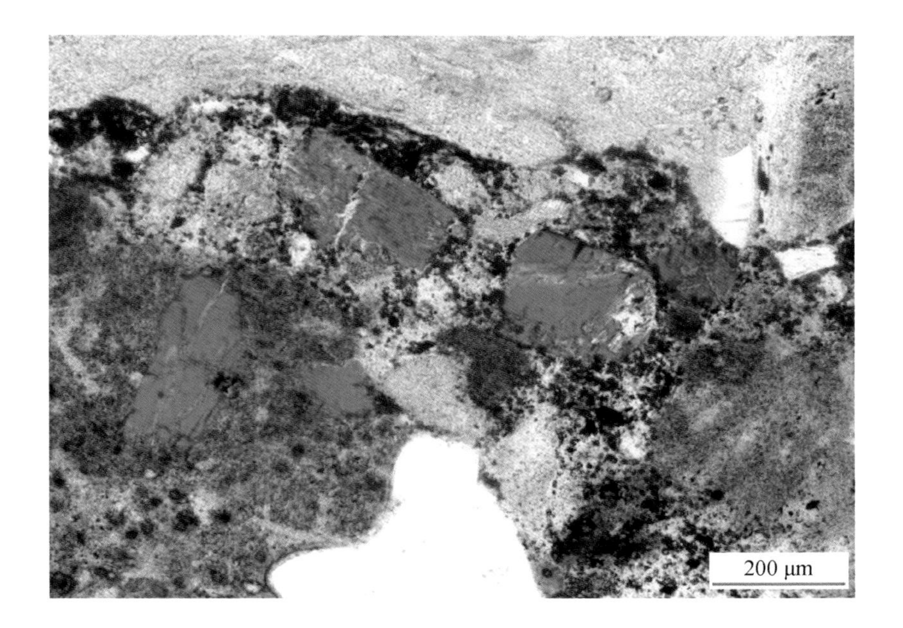

长石粒内溶孔

长石部分被溶蚀形成粒内溶孔。长石周围被蚀变火山灰包围，部分被溶蚀形成粒间溶孔，蚀变火山灰被烃类污染呈褐黄—深褐色。

阿南凹陷

阿17-7井 795.87m

阿尔善组

铸体薄片 单偏光

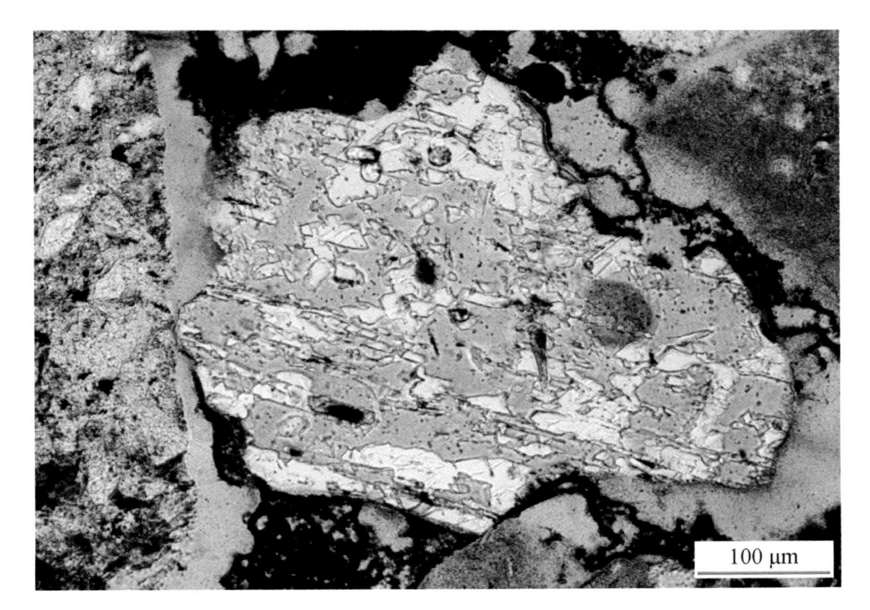

长石粒内溶孔

长石溶蚀强烈，接近铸模孔；周围的蚀变火山灰部分被溶蚀形成粒间溶孔，被自生高岭石充填，发育高岭石晶间微孔。

阿南凹陷

阿12井 788.59m

阿尔善组

铸体薄片 单偏光

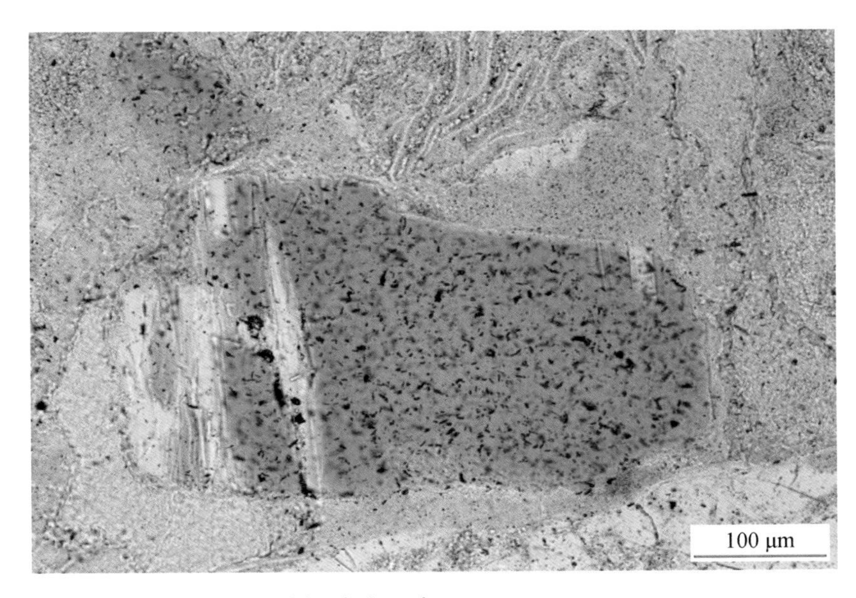

图版 3-59 储集空间及特征（十一）

长石粒内溶孔

长石沿解理方向进行溶蚀，形成长石粒内溶孔；残余长石呈片状。

巴音都兰凹陷

巴101X井 1982.84m

阿尔善组

扫描电镜

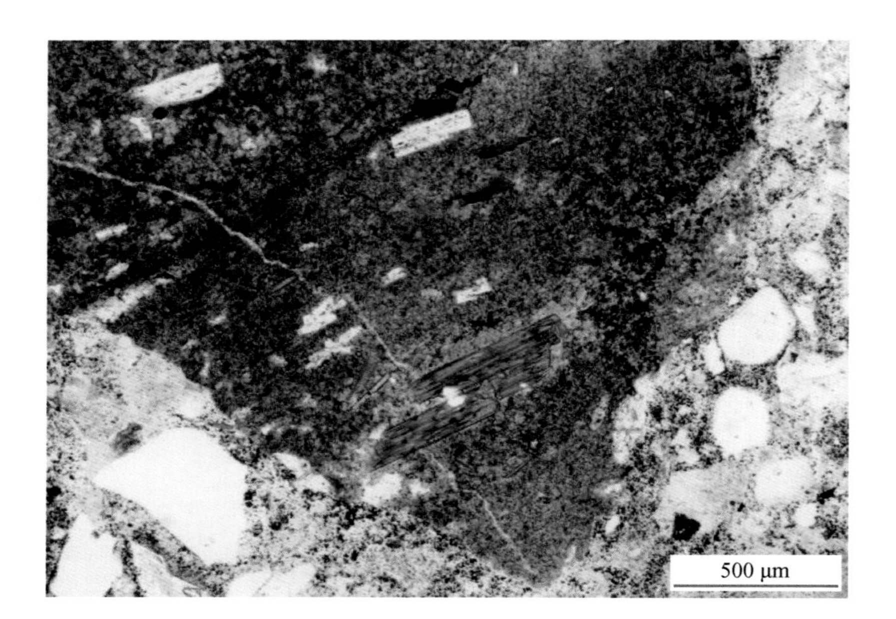

黑云母粒内溶孔

英安岩岩屑内黑云母斑晶部分被溶蚀形成粒内溶孔，基质微孔发育。

巴音都兰凹陷

巴101X井 1942.40m

阿尔善组

铸体薄片 单偏光

长石粒内溶孔

英安岩岩屑内长石斑晶被溶蚀形成粒内溶孔，未溶解的长石为具有聚片双晶的斜长石。被溶解的长石为高温相的透长石，反映了两种长石在有机酸作用下具有不同的溶解度，高温长石具有无序结构，在相同条件下更容易溶解。

巴音都兰凹陷

巴101X井 1984.52m

阿尔善组

铸体薄片 单偏光

图版 3-60 储集空间及特征（十二）

粒内溶孔

晶屑熔结凝灰岩岩屑中的长石被溶蚀形成铸模孔，构成岩屑粒内溶孔。周围蚀变火山灰包围的长石晶屑被溶蚀形成粒内溶孔及铸模孔。

阿南凹陷

阿17-7井　802.90m

阿尔善组

铸体薄片　单偏光

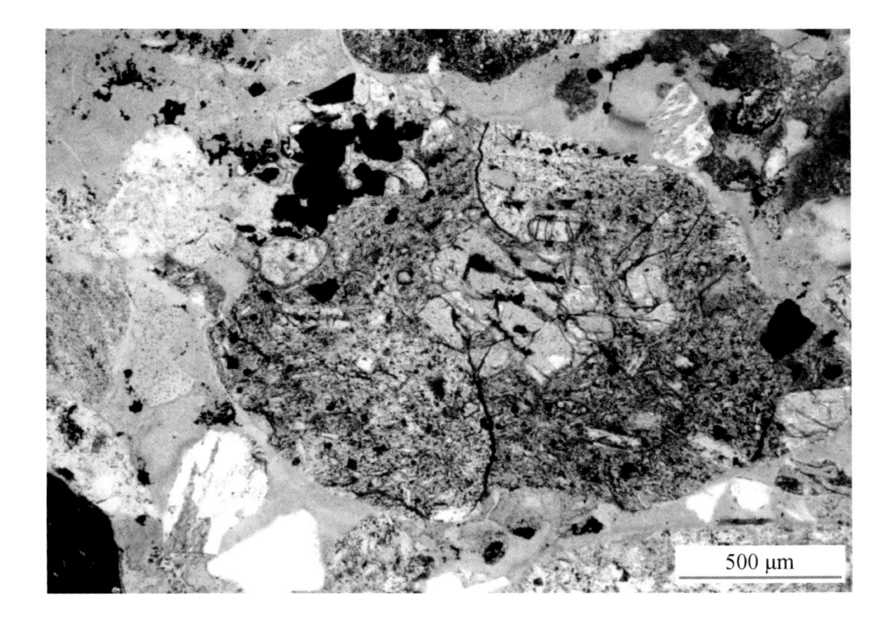

粒内溶孔

发育在安山岩屑边缘部位的粒内溶孔，残余少量斜长石微晶及基质内部未发生溶蚀。

阿南凹陷

阿17-7井　802.90m

阿尔善组

铸体薄片　单偏光

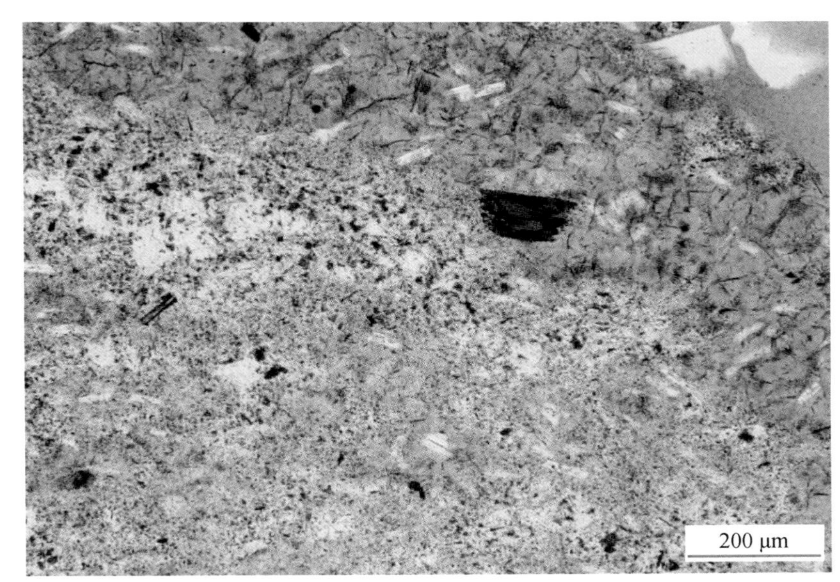

粒内溶孔

左下方熔结凝灰岩岩屑粒内溶孔，右侧长石发育粒内溶孔。中部发育粒间孔。

阿南凹陷

阿17-7井　815.06m

阿尔善组

铸体薄片　单偏光

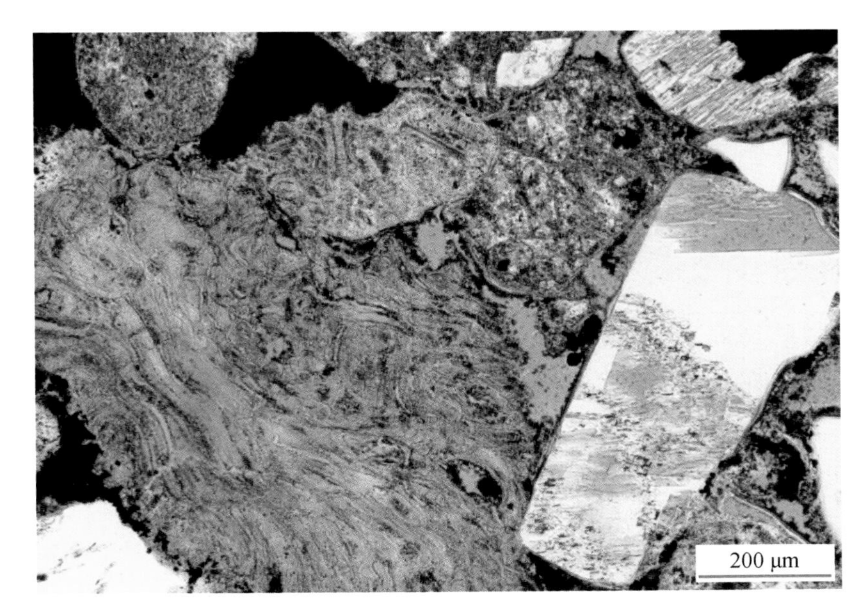

图版 3-61　储集空间及特征（十三）

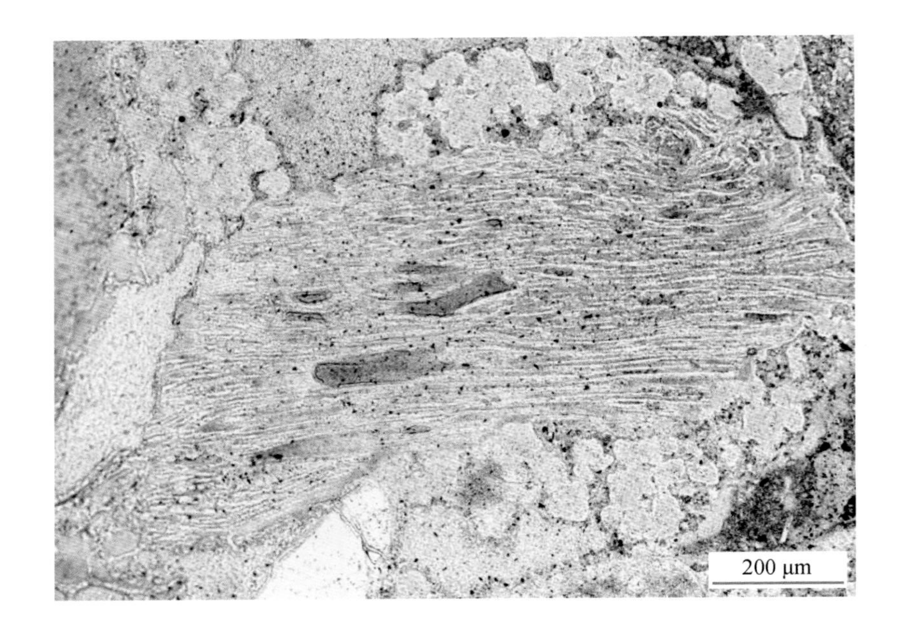

粒内溶孔 晶间微孔

塑变玻屑熔结凝灰岩，发育假流纹构造。沿假流纹方向部分玻屑被溶解形成粒内溶孔；岩屑周围蚀变火山灰呈团粒状集合体，表面见绿泥石膜，其间的粒间孔隙充填自生高岭石，发育晶间微孔。

阿南凹陷

阿12井　789.60m

阿尔善组

铸体薄片　单偏光

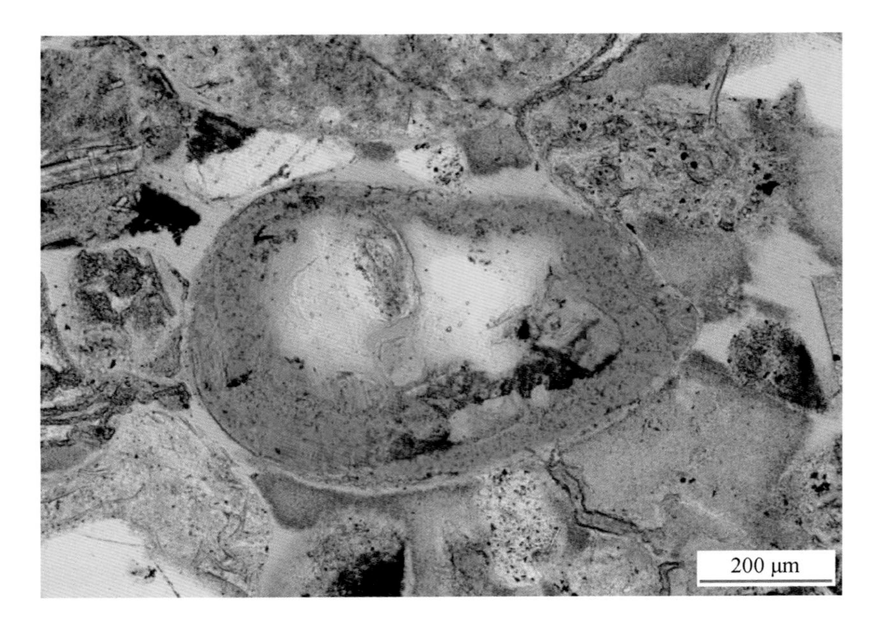

粒内收缩孔

岩屑完全蚀变为凝胶状物质，后向中心收缩，呈现出沿颗粒边缘的环状孔隙。碎屑间充填蚀变火山灰，见收缩缝，缝内充填绿色的囊脱石。

阿南凹陷

阿200井　803.50m

阿尔善组

铸体薄片　单偏光

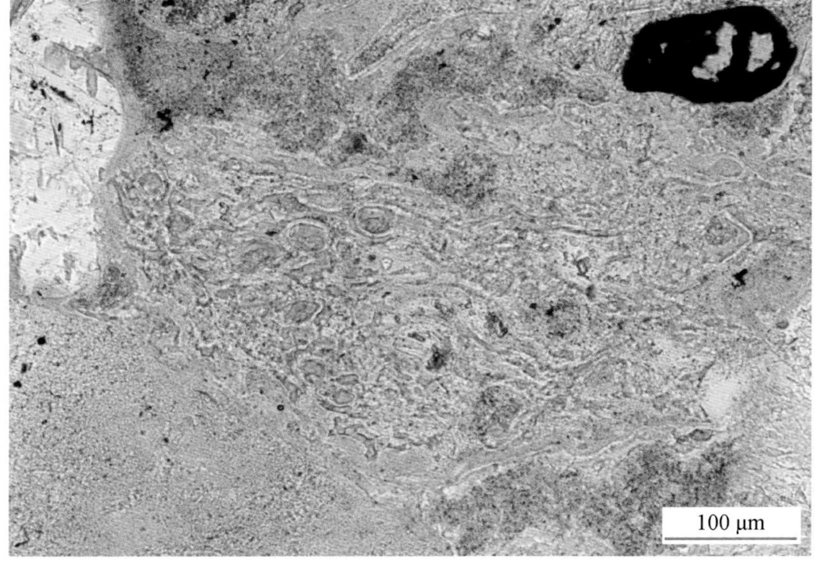

原生粒内孔

玻屑凝灰岩砾石内局部气孔发育，未被充填，构成原生粒内孔。

阿南凹陷

阿200井　826.39m

阿尔善组

铸体薄片　单偏光

图版 3-62　储集空间及特征（十四）

安山岩屑粒内溶孔

岩屑内的斜长石斑晶及基质中斜长石微晶之间的物质被溶解形成粒内溶孔；碎屑间残余粒间孔发育，残余少量蚀变火山灰。

阿南凹陷

阿200井　840.45m

阿尔善组

铸体薄片　单偏光

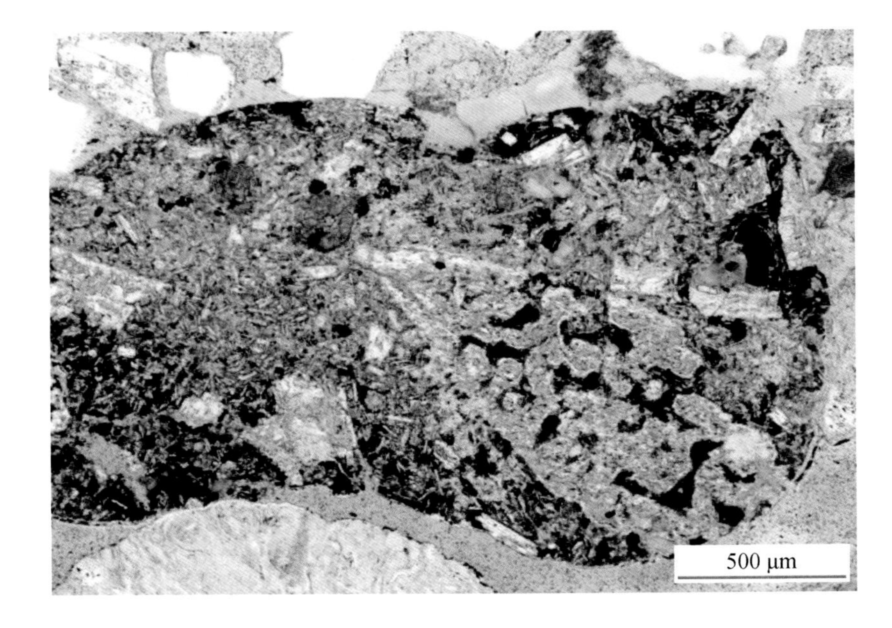

岩屑粒内溶孔

碎屑为火山岩杏仁体，其中部分物质溶解形成粒内溶孔，剩余部分为玉髓，具有环带构造。周围蚀变火山灰填隙。

阿南凹陷

阿200井　850.31m

阿尔善组

铸体薄片　单偏光

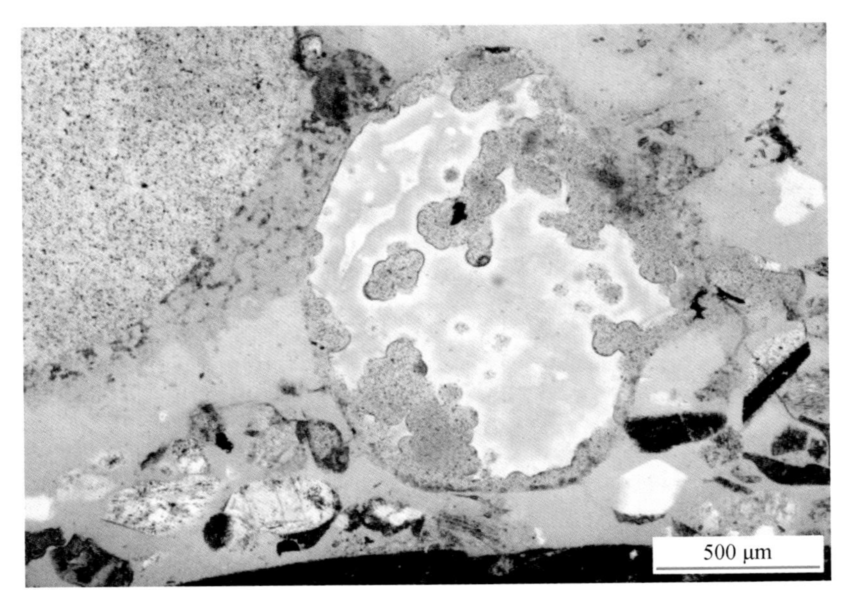

粒内溶孔

玻屑凝灰岩砾石中的玻屑被溶解形成铸模孔，保留了玻屑的弧面棱角状形态。玻屑间的物质蚀变形成黏土。

阿南凹陷

阿200井　848.14m

阿尔善组

铸体薄片　单偏光

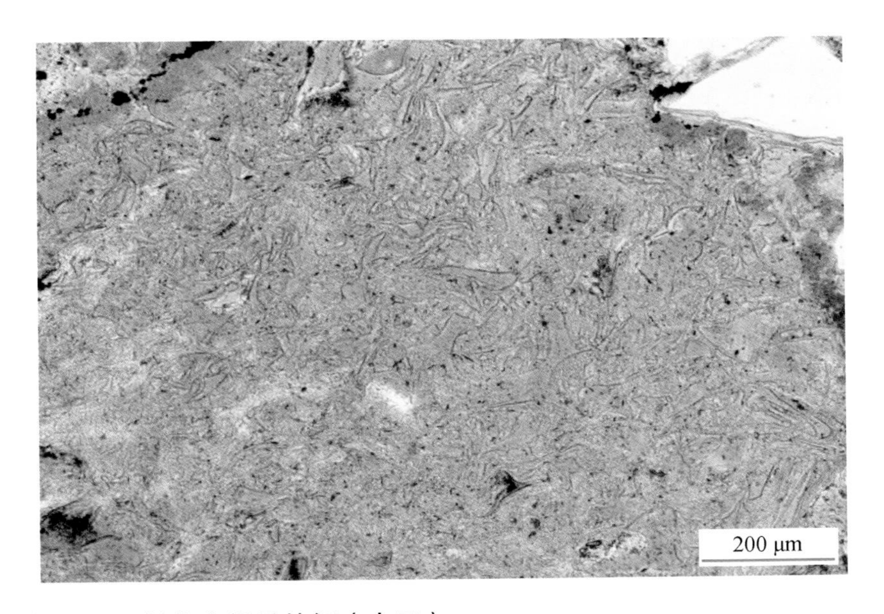

图版 3-63　储集空间及特征（十五）

粒内溶孔

安山岩屑中的长石斑晶被部分溶解形成粒内溶孔，图片上方为残余粒间孔，蚀变火山灰呈团粒状-葡萄状集合体。

阿南凹陷

阿200井　857.70m

阿尔善组

铸体薄片　单偏光

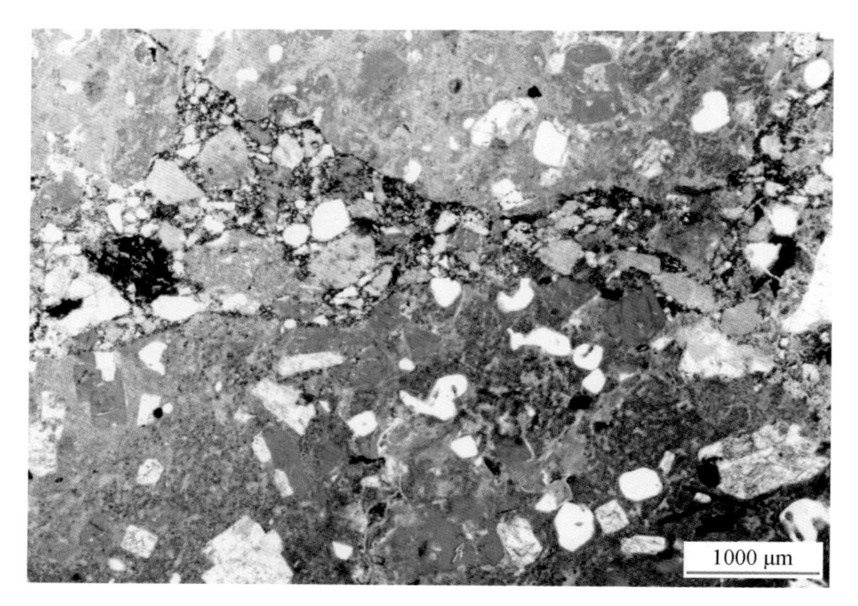

粒内溶孔

下方及上方的英安岩砾石内发育长石铸模孔，构成岩屑粒内溶孔；图片中部砾石间填隙物中的长石颗粒也被溶解形成铸模孔。岩屑内基质微孔发育。

巴音都兰凹陷

巴101X井　1939.85m

阿尔善组

铸体薄片　单偏光

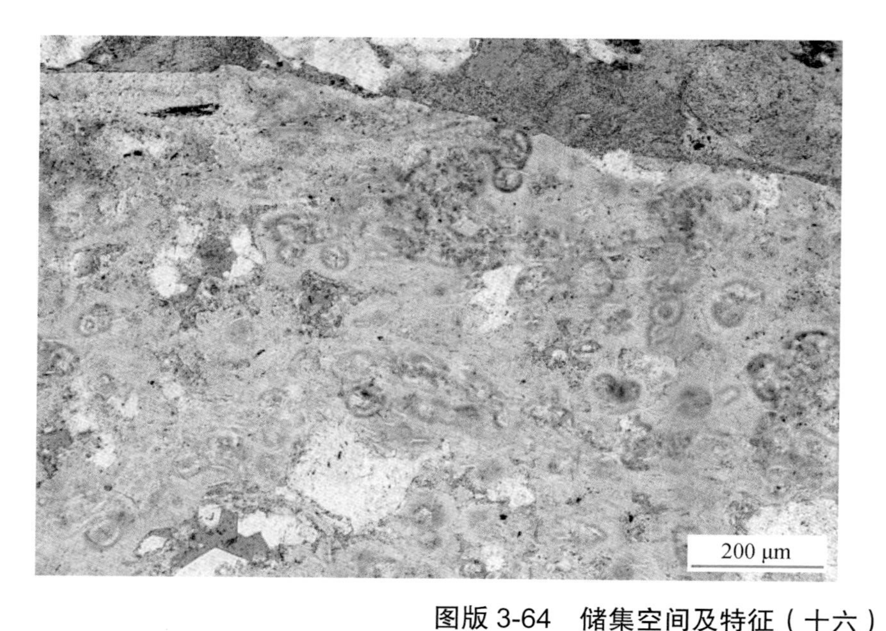

粒内溶孔

球粒霏细岩砾石的粒内溶孔，左下方孔内部分充填石英胶结物。

阿南凹陷

哈362井　2118.80m

阿尔善组

铸体薄片　单偏光

图版 3-64　储集空间及特征（十六）

粒内裂缝型孔隙

霏细岩岩屑受压实而破碎，形成粒内裂缝型孔隙。其周围见粒间溶孔。上部的砾石为凝灰岩。

阿南凹陷

哈362井 2106.45m

阿尔善组

铸体薄片 单偏光

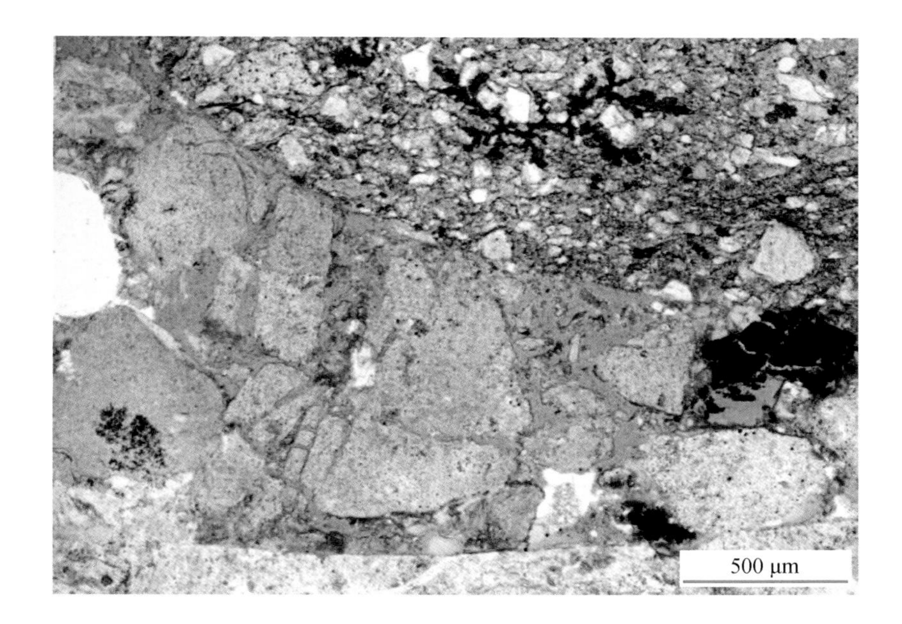

英安岩基质微孔

英安岩砾石中的基质被溶蚀，形成基质中的微孔。

巴音都兰凹陷

巴101X井 1936.75m

阿尔善组

铸体薄片 单偏光

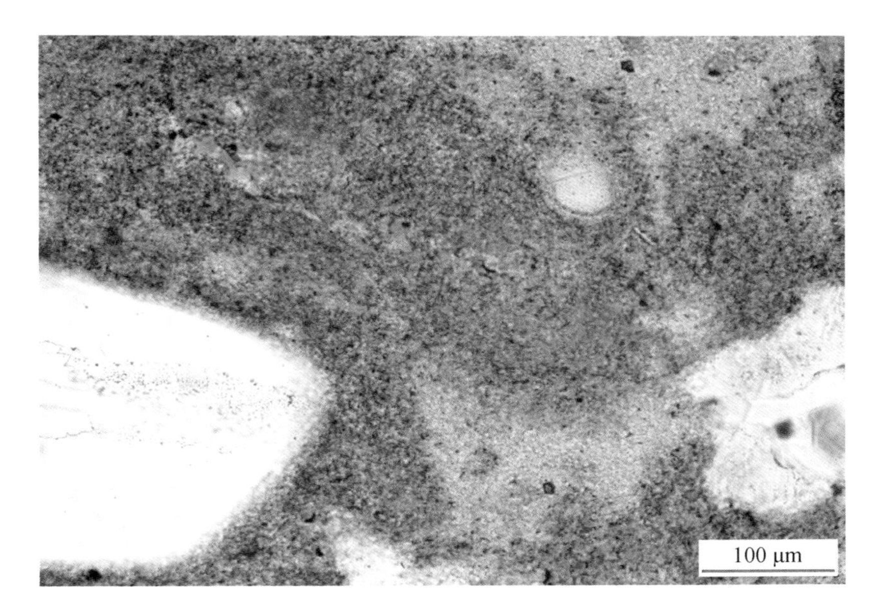

英安岩基质微孔

英安岩岩屑的基质被溶蚀，孔隙壁上生长石英小晶体及少量伊利石。

巴音都兰凹陷

巴101X井 1938.45m

阿尔善组

扫描电镜

100 μm

图版 3-65 储集空间及特征（十七）

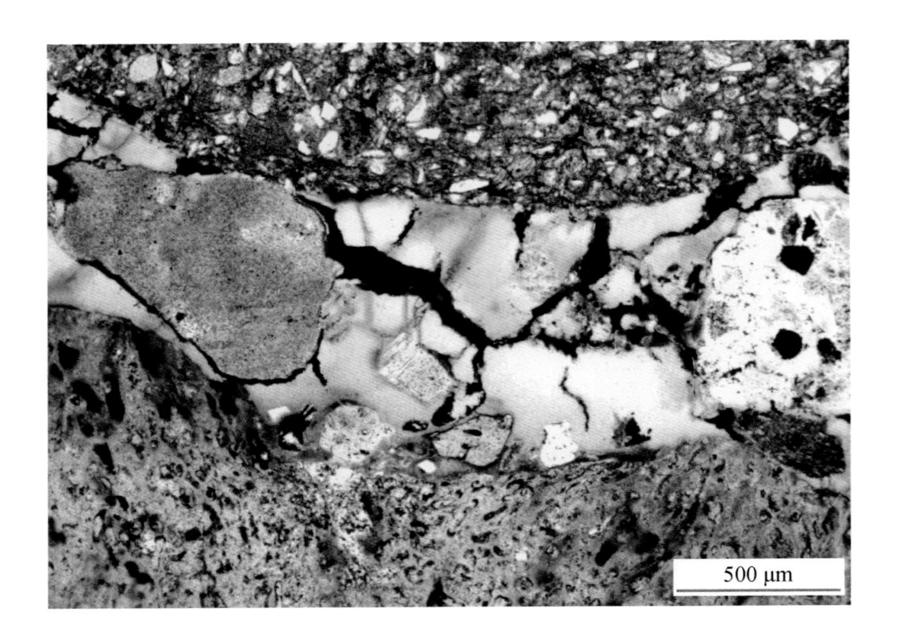

收缩缝被沥青质充填

砾石间蚀变火山灰内的收缩缝被褐黑色沥青充填，包含的长石溶蚀形成铸模孔。

阿南凹陷

阿17-7井　795.4m

阿尔善组

铸体薄片　单偏光

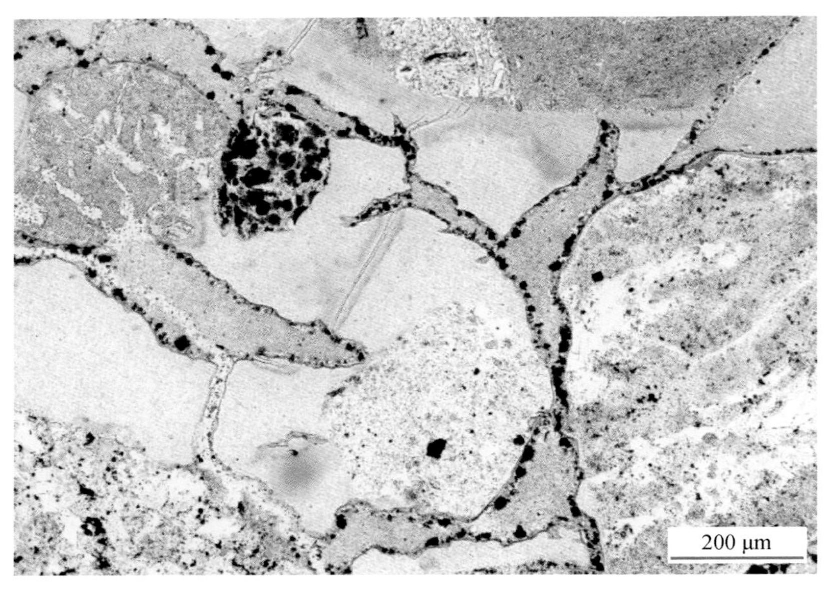

自生高岭石充填收缩缝

粒间蚀变火山灰的收缩缝中充填自生高岭石，发育晶间微孔。蚀变火山灰边缘的暗色矿物为菱铁矿，氧化后呈深褐色。

阿南凹陷

阿12井　784.45m

阿尔善组

铸体薄片　单偏光

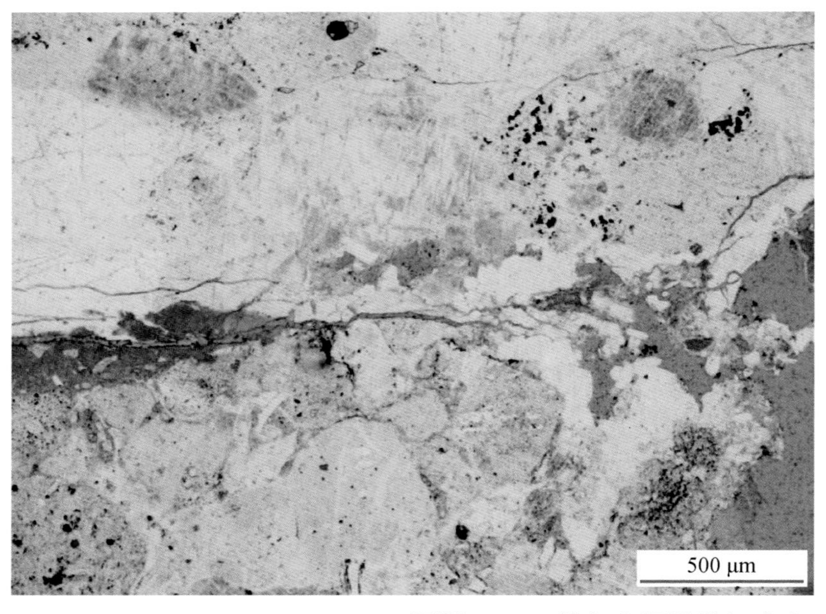

构造微裂缝

多条平行排列的构造微裂缝，右侧为粒间溶孔。

阿南凹陷

哈39井　2006.83m

阿尔善组

铸体薄片　单偏光

图版 3-66　储集空间及特征（十八）

二、物性特征

对各典型凹陷砾岩储层的孔渗数据进行了统计（表 3-2），其中，阿尔善组近岸水下扇砾岩储层类型主要是特低孔超低渗、特低孔特低渗、低孔特低渗和低孔低渗储层，其中低孔低渗储层占 15% 左右（图 3-2）；腾格尔组远岸水下扇砾岩储层类型主要是特低孔超低渗储层（图 3-3）；阿尔善组扇三角洲砾岩储层类型主要是低孔超低渗和中孔超低渗储层（图 3-4）。

表3-2　二连盆地砾岩储层物性统计表

沉积相	层位	孔隙度（%）	渗透率（mD）	样品数量	代表凹陷	代表井
近岸水下扇	阿尔善组	$\frac{5.7\sim18}{10.7}$	$\frac{0.2\sim2434}{311}$	25	阿南	哈362
远岸水下扇	腾格尔组	$\frac{2.7\sim22.8}{11.3}$	$\frac{0.07\sim3.9}{1.04}$	27	乌里雅斯太	太21、太33、太41、太45
扇三角洲	阿尔善组	$\frac{2.7\sim25.2}{13.4}$	$\frac{<0.02\sim1.95}{0.24}$	45	巴音都兰	巴101X

注：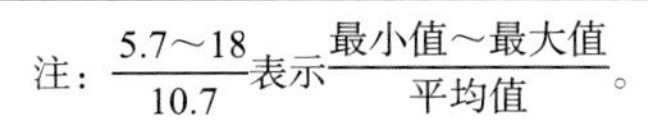$\frac{5.7\sim18}{10.7}$表示$\frac{最小值\sim最大值}{平均值}$。

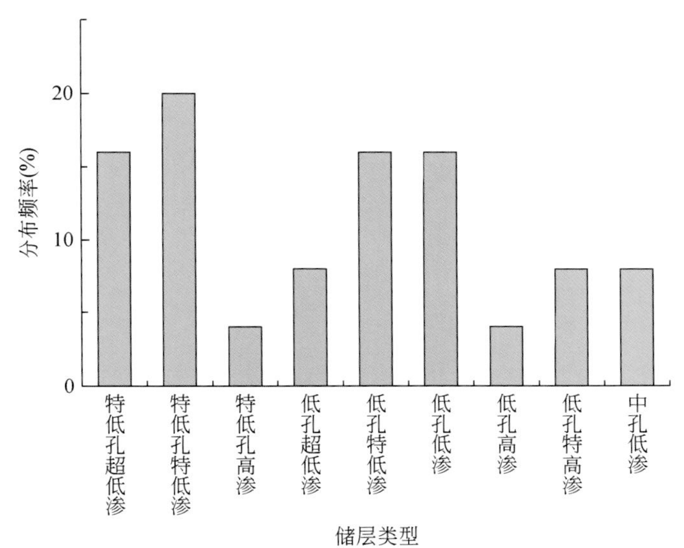

图 3-2　阿南凹陷近岸水下扇砾岩储层类型分布图

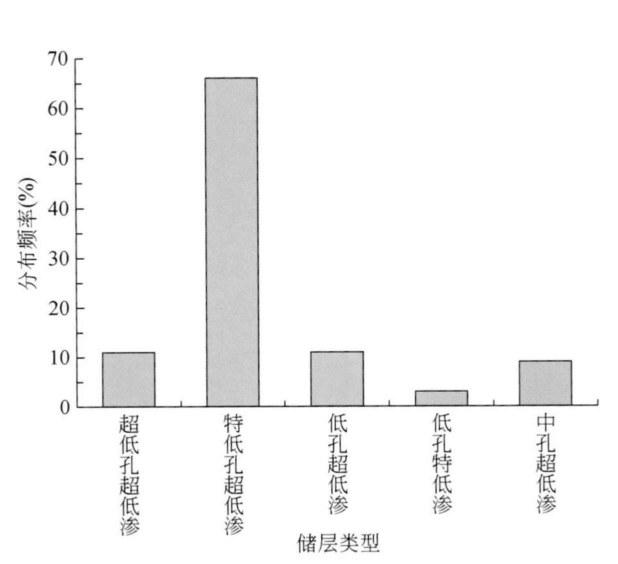

图 3-3　乌里雅斯太凹陷远岸水下扇砾岩储层类型分布图

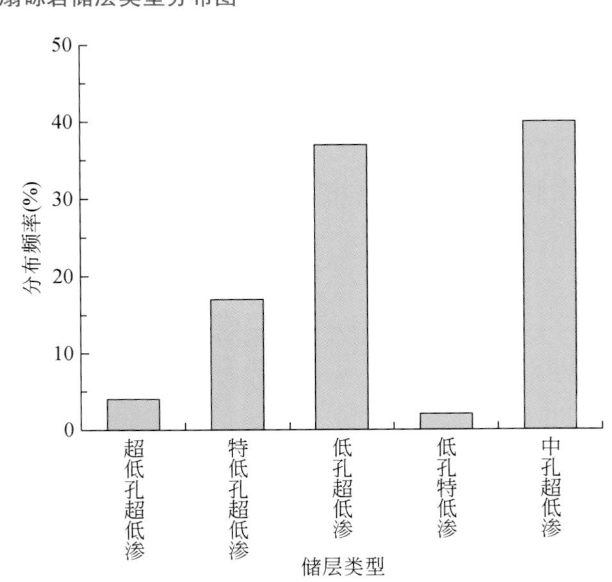

图 3-4　巴音都兰凹陷扇三角洲砾岩储层类型分布图

第四章 砂砾岩储层

在二连盆地的勘探和生产中，砂砾岩主要指具细砾结构、砂质细砾结构、砾质砂状结构的碎屑岩。砂砾岩在粒度上具有较明显的双峰性，分选性差。砂砾岩储层在沉积相平面分布上及在垂向沉积层序上常与砾岩过渡。与砾岩一样，砂砾岩的碎屑成分主要由各凹陷周围古高地的物源岩石组合决定，其结构构造则受沉积作用控制，成岩作用及孔隙演化则是在成分、结构、构造的基础上，受埋藏条件下所处成岩阶段的各种物理化学因素的控制。

依据砂砾岩储层发育特征、含油气性及岩心、薄片等资料情况，砂砾岩储层资料主要选自于阿尔、阿南、乌里雅斯太、巴音都兰、乌兰花、赛汉塔拉凹陷。

第一节 岩石学特征

砂砾岩岩石学特征与砾岩相似，主要包括成分、结构、构造和成岩作用形成的一系列现象。

一、结构构造特征

结构构造特征包括在露头剖面、岩心上所见的宏观的结构构造现象和在显微镜下观察的微观结构构造。

砂砾岩主要为强水动力条件下近源快速堆积的产物，在沉积序列上表现为正递变层叠覆，具有块状层理或“ABAB”、“AAA”序叠覆递变层理，偶见砾石的叠瓦状排列。辫状河三角洲型的砂砾岩常具有牵引流成因的沉积构造，如各种类型的交错层理。其成分成熟度与结构成熟度低，以颗粒支撑为主。

砂砾岩填隙物以砂级碎屑为主。当砂级碎屑间的填隙物主要为细粉砂－泥级杂基时，其沉积与重力流有关。当砂粒间泥质杂基较少，主要为方解石、自生黏土矿物或硅质胶结物时，则主要与牵引流沉积有关。

与砾岩相比，当砂砾岩含有中—粗砾等较大砾石时，砾岩碎屑的粒度具有明显的双峰特征，且较大的中—粗砾石为漂浮状接触；在垂向上多渐变为细砾岩、含砾粗砂岩；当砂砾岩以细砾为主时，整体上则较均匀，具有块状构造。

二、碎屑成分特征

由于砂砾岩储层与砾岩储层沉积相类型相同，同一凹陷同一砂体碎屑物来源一致，其碎屑成分也基本相似。故这里仅对砾岩储层一章中未涉及到的凹陷或砂体中的砂砾岩储层的碎屑成分做进一步展示。巴音都兰凹陷巴 9、巴 76、巴 79 井腾格尔组扇三角洲相砂砾岩的碎屑成分，主要为板岩、千枚岩、石英岩、变质砂岩等，其次为凝灰岩、流纹岩及花岗岩；巴 45、巴 43 井腾格尔组近岸水下扇相砂砾岩碎屑成分主要为花岗岩、酸性喷出岩、凝灰岩，其次为浅变质岩、沉积岩。

a.火山岩质砂砾岩

砂砾结构，块状构造。砾石成分以中酸性火山岩、凝灰岩为主，砾径一般为2～8mm，最大25mm，棱角-次棱角状，含较多粗砂，分选性差。

阿南凹陷

阿50井 1128.10～1128.35m

阿尔善组

近岸水下扇相

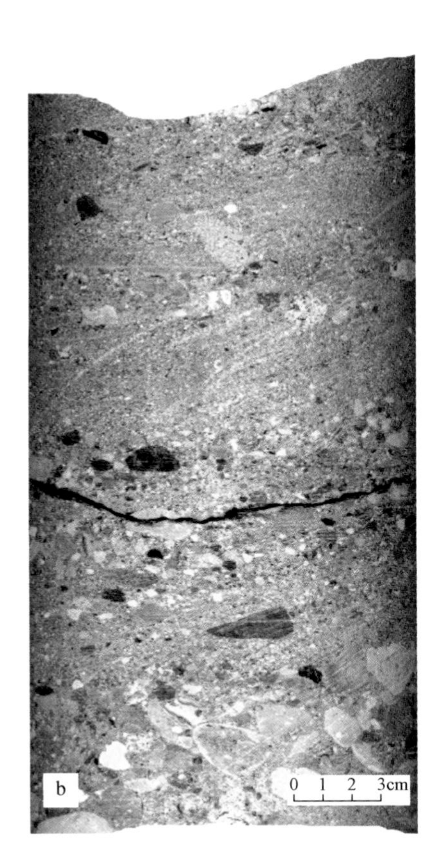

b.火山岩质砂砾岩

粗砂质中细砾结构，正递变层理，砂岩部分具有槽状交错层理。砾石成分以中酸性火山岩为主，其次为凝灰岩。砾径一般为2～10mm，最大达20mm，砂为粗砂，棱角-次圆状，分选性差。

阿南凹陷

哈54井 1230.23～1230.46m

阿尔善组

近岸水下扇相

c.火山岩-长石质砂砾岩

粗砂质中细砾结构，块状构造。砾石成分以长石及中酸性火山岩为主，砾径最大12mm，一般为2～8mm，砂为粗砂，分选性差，次棱角状。

巴音都兰凹陷

巴43井 977.71～977.90m

阿尔善组

近岸水下扇相

d.火山岩质砂砾岩

粗砂质中细砾结构，块状构造。砾石成分以中酸性火山岩为主，砾径一般为5～15mm，最大30mm，杂乱分布，次棱角-次圆状；砂以细-粗砂为主，次圆-次棱角状；分选性差，泥质胶结。

吉尔嘎朗图凹陷

吉35井 1545.96～1546.14m

阿尔善组

近岸水下扇相

图版 4-1 结构、构造及成分特征（一）

a.长石-火山岩质砂砾岩

粗砂质中细砾结构，正递变构造。成分以火山岩屑为主，其次为长石、石英，砾径一般为2～10mm，最大30mm，分选性差，次棱角状。粗砂成分以长石和岩屑为主，石英次之。

吉尔嘎朗图凹陷

吉37井　1224.77～1224.99m

阿尔善组

近岸水下扇相

b.火山岩质砂砾岩

粗砂质中细砾结构，正递变构造。砾石成分为中酸性火山岩岩屑及长石、石英。砾径一般为2～10mm，最大35mm，次棱角-次圆状；砂以细-粗砂为主，次棱角-次圆状。分选性差。

吉尔嘎朗图凹陷

吉66井　1333.65～1333.87m

阿尔善组

近岸水下扇相

c.浅变质岩质砂砾岩

中-粗砂质中细砾结构，块状构造。砾石以浅变质岩及凝灰岩岩屑为主，少量为中酸性火山岩岩屑，粒径一般5～20mm，最大40mm，无序排列。砾石间以中-细砂充填为主。砾石次棱角-次圆状，分选性差。

阿南凹陷

哈25井　1137.63～1137.86m

阿尔善组

近岸水下扇相

d.油斑火山岩质砂砾岩

粗砂质细-中砾结构，块状构造，下部见冲刷面。砾石成分以中酸性火山岩岩屑为主，其次为石英砾，砾径一般为2～8mm，最大25 mm；砾石间为粉-细砂，成分为石英及火成岩屑，分选性差，次棱角-次圆状。油斑明显。

洪浩尔舒特凹陷

洪61井　2237.72～2237.93m

阿尔善组

近岸水下扇相

图版 4-2　结构、构造及成分特征（二）

a.花岗岩质砂砾岩

粗砂质细中砾结构，块状构造。砾石成分以花岗质岩、浅变质岩岩屑为主，长石、石英砾次之，砾石杂乱排列，漂浮状接触。砾径一般为2～4mm，最大35mm。砂以中粗砂为主，细砂次之，分选性差，次棱角-次圆状。

赛汉塔拉凹陷

赛66井　2236.02～2236.27m

腾二段

远岸水下扇相

b.凝灰岩-浅变质岩质砂砾岩

粗砂质细中砾结构，砾石成分以凝灰岩、浅变质岩岩屑为主，安山岩岩屑次之，砾径一般为2～20mm，最大50mm，砾石间漂浮接触，砂为中-粗砂，分选性差，次棱角-次圆状。

乌里雅斯太凹陷

太参1井　1931.34～1931.56m

阿尔善组

远岸水下扇相

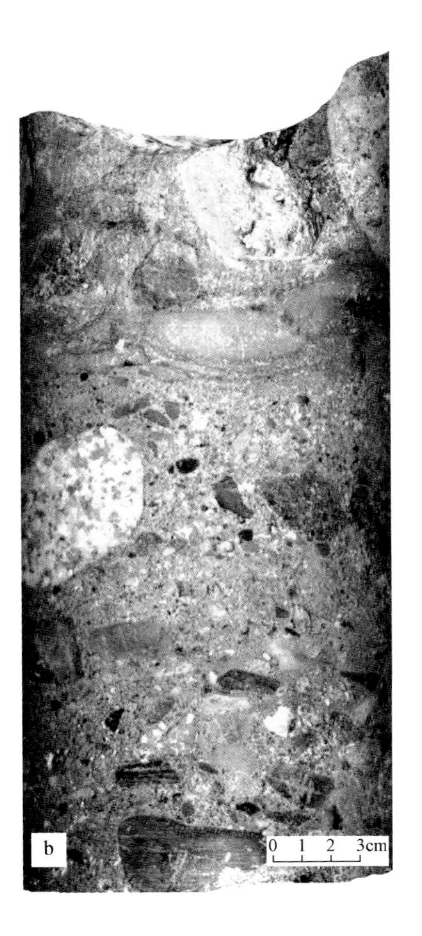

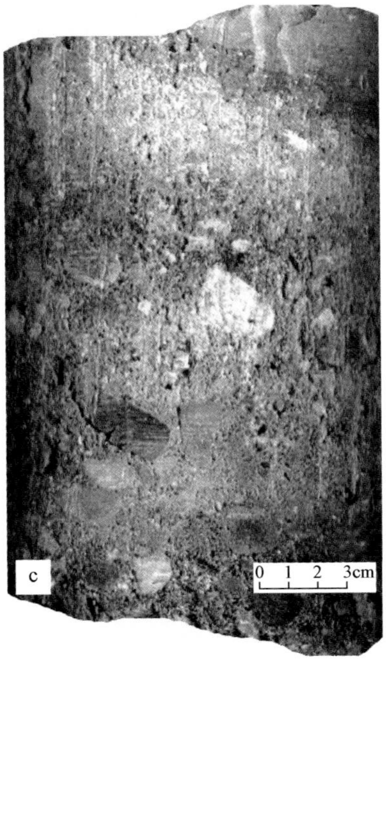

c. 油斑火山岩质砂砾岩

粗砂质中砾结构，块状构造。砾石成分以火山岩岩屑为主，其次为石英砾，砾径一般为2～10mm，最大32mm；砂粒为粉-粗砂；分选性差，次棱角状。

乌里雅斯太凹陷

太27井　1729.39～729.56m

阿尔善组

远岸水下扇相

d.油斑长英质砂砾岩

粗砂质细砾结构，块状构造。砾石主要为石英砾、燧石砾，长石砾次之，砾径为2～5mm，砂为中-粗砂，分选性较差，次圆-次棱角状。

乌里雅斯太凹陷

太101井　2280.60～2280.76m

阿尔善组

远岸水下扇相

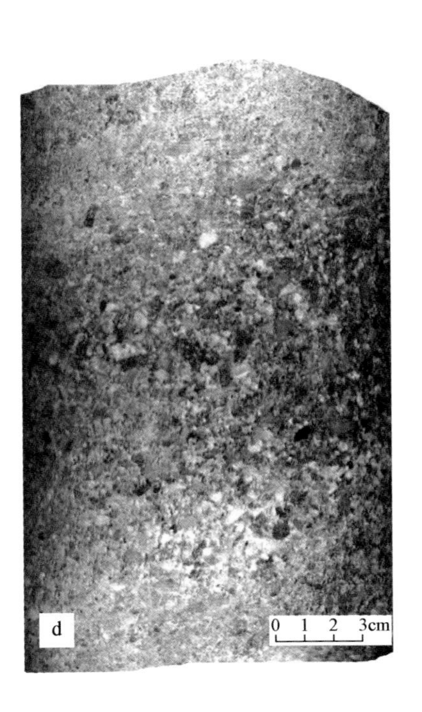

图版 4-3　结构、构造及成分特征（三）

a.火山岩质砂砾岩

粗砂质中细砾结构，块状构造。砾石成分为中酸性火山岩、浅变质岩及石英岩岩屑，砾径一般为2～8mm，最大35mm，粗砂成分以浅变质岩岩屑为主，石英、长石次之。分选性差，次圆-次棱角状。

赛汉塔拉凹陷

赛82井　1744.88～1745.10m

阿尔善组

扇三角洲相

b.浅变质岩质砂砾岩

砂砾结构，块状构造。砾径一般为2～4mm，最大8mm，粗砂直径为1mm左右，成分以浅变质岩岩屑为主，石英、长石次之，分选性差，次棱角-次圆状。

赛汉塔拉凹陷

赛81井　2094.16～2094.33m

阿尔善组

扇三角洲相

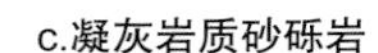

c.凝灰岩质砂砾岩

正递变构造，下部粗砂质中细砾结构，向上渐变为粗砂、中砂及细砂结构。砾石成分以凝灰岩、浅变质岩岩屑为主，石英、长石次之，砾径一般为2～4mm，最大30mm，砂为细-粗砂，分选性差，次棱角-次圆状。

巴音都兰凹陷

巴66井　1679.37～1679.60m

阿尔善组

扇三角洲相

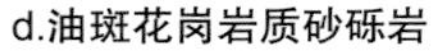

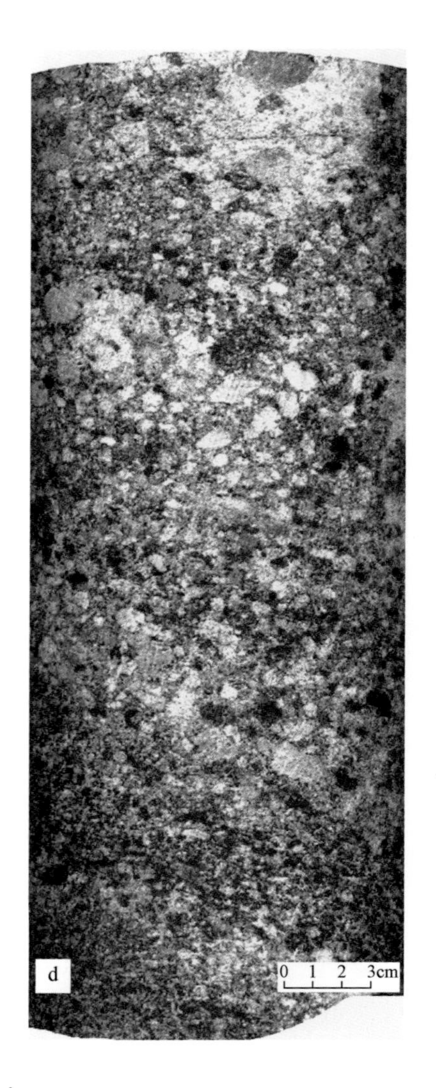

d.油斑花岗岩质砂砾岩

粗砂质中细砾结构，反粒序层叠置构成大型板状交错层理，砾石成分以花岗岩岩屑及长石为主，有少量石英及泥砾，砾径一般为2～10mm，最大15mm，砾间充填中-细砂。分选性差，次棱角-次圆状，钙质-泥质胶结。

乌兰花凹陷

兰4井　1749.2～1749.49m

腾格尔组

扇三角洲相

图版 4-4　结构、构造及成分特征（四）

a.油斑浅变质岩-凝灰岩质砂砾岩

粗砂质中细砾结构，递变层理。砾石成分以浅变质岩、凝灰岩岩屑为主，石英、花岗岩岩屑次之，砾径一般为2～10mm，最大30mm，砾石杂乱分布，砂为细-粗砂，分选性差，次棱角-次圆状。油斑明显。

阿尔凹陷

阿尔23井　1638.55～1638.85m

阿尔善组

辫状河三角洲相

b.具递变层理的火山岩质砂砾岩

细砾岩与中砂岩互层。砾石以安山岩、流纹岩及凝灰岩岩屑为主，浅变质岩岩屑、石英、长石次之，砾径一般为2～5mm，最大10mm；中砂岩层成分以岩屑为主，石英长石次之。次棱角-次圆状，分选性差。

吉尔嘎朗图凹陷

吉92井　953.46～953.79mm

腾格尔组

辫状河三角洲相

c.具有交错层理的火山岩质砂砾岩

粗砂质细砾结构，大型板状交错层理。砾石成分以中酸性火山岩岩屑为主，砾径一般为2～4mm，最大8mm，砂以中粒为主，分选性较差，次圆-次棱角状。

额仁淖尔凹陷

淖28井　1392.79～1692.90m

阿尔善组

辫状河三角洲相

d.油斑火成岩质砂砾岩

粗砂质中细砾结构，砾石成分以中酸性火成岩岩屑为主，砾径一般为2～4mm，最大20mm，砂为中-粗粒，分选性较差，次圆-次棱角状。

额仁淖尔凹陷

淖68井　2102.98～2103.15m

阿尔善组

辫状河三角洲相

图版 4-5　结构、构造及成分特征（五）

花岗岩砾石

由石英和条纹长石组成，石英颗粒内见糜棱化细脉。右下见方解石胶结物。

巴音都兰凹陷

巴43井　976.90m

腾格尔组二段

铸体薄片　正交偏光

花岗岩岩屑

总体为一单晶石英，石英晶体内含有他形斜长石微晶（发育聚片双晶）及沿微X形节理分布的次生气液包体。

巴音都兰凹陷

巴43井　977.16m

腾格尔组二段

铸体薄片　正交偏光

细粒花岗岩砾石

细粒等粒结构，由石英和长石组成。长石呈半自形板柱状，石英为它形。为花岗斑岩的基质部分。

巴音都兰凹陷

巴43井　977.16m

腾格尔组二段

铸体薄片　正交偏光

图版 4-6　碎屑成分及特征（一）

花岗岩砾石

花岗结构，由石英和条纹长石组成。条纹长石发育卡斯巴双晶，石英具有弱波状消光，内含少量细小的条纹长石。

巴音都兰凹陷

巴43井　1024.44m

腾格尔组二段

铸体薄片　正交偏光

花岗岩砾石

花岗结构，由石英和长石组成；石英具有明显的波状消光，长石具有绢云母化。

阿尔凹陷

阿尔2井　1567.05m

腾格尔组一段

铸体薄片　正交偏光

花岗岩砾石

花岗结构，以较自形的斜长石为主，表面泥化呈浅褐红色，发育聚片双晶，见少量钾长石及石英。

阿尔凹陷

阿尔3井　1793.26m

腾格尔组一段

铸体薄片　正交偏光

图版 4-7　碎屑成分及特征（二）

花斑岩砾石

花斑结构，斑晶为斜长石，基质具有显微文象结构。

阿尔凹陷

阿尔3井 1793.61m

腾格尔组一段

铸体薄片　正交偏光

花岗斑岩砾石

斑状结构，斑晶为因熔蚀而圆化的石英和较自形的长石，长石斑晶弱黏土化呈浅褐红色。基质为霏细结构，由微粒长石和石英组成。

乌兰花凹陷

兰4井　1544.63m

腾格尔组一段

铸体薄片　正交偏光

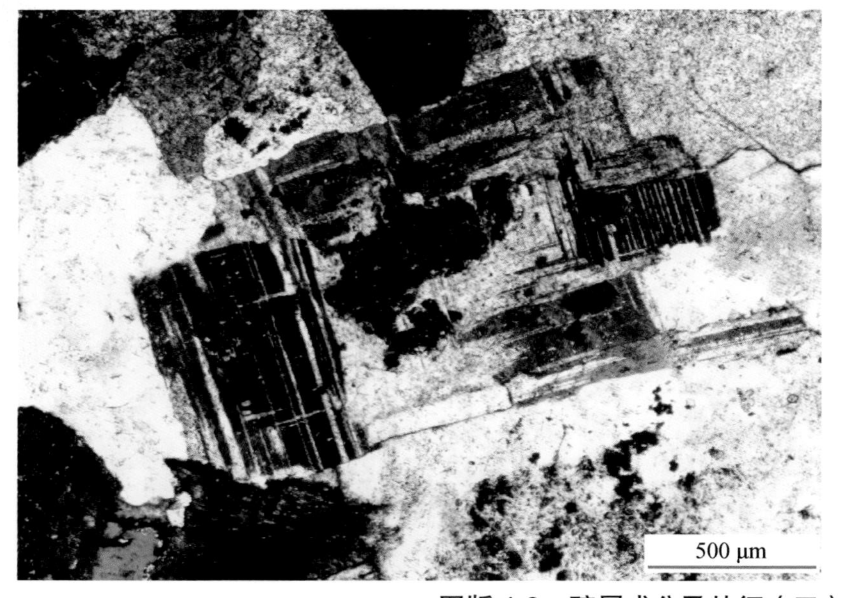

花岗岩砾石

花岗结构。由斜长石和石英组成，斜长石具有复合聚片双晶。

赛汉塔拉凹陷

赛66井　2331.06m

腾格尔组一段

铸体薄片　正交偏光

图版 4-8　碎屑成分及特征（三）

花岗斑岩砾石

显微斑状结构，斑晶为斜长石，基质成分主要为石英和长石，它形微粒状结构。

赛汉塔拉凹陷

赛66井　2331.06m

腾格尔组一段

铸体薄片　正交偏光

花岗岩岩屑

显微文象结构，正长石包含石英，且石英统一消光与干涉，光性方位一致。上方见方解石交代物。

乌兰花凹陷

兰6X井　741.66m

阿尔善组

铸体薄片　正交偏光

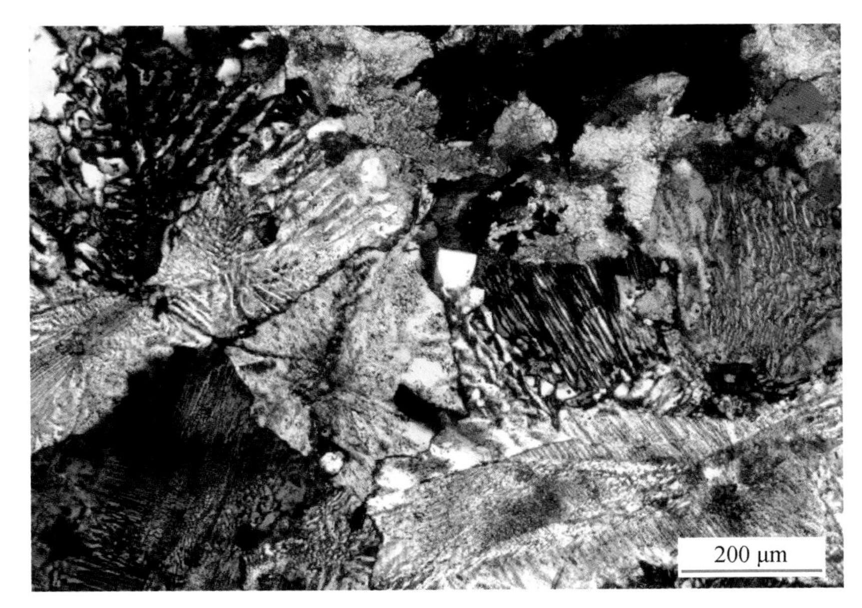

绢云母化碎裂花岗岩砾石

碎裂结构，碎裂的棱角状碎屑主要为长石，少量石英，碎裂颗粒间绢云母化明显。

阿尔凹陷

阿尔4井　1880.26m

腾格尔组一段

铸体薄片　正交偏光

图版 4-9　碎屑成分及特征（四）

流纹岩砾石

褐黄色，含暗化的矿物（黑云母），流纹构造，流纹平行而连续。周围为砂级填隙物，由石英及少量火山岩屑、长石组成，泥质胶结。

吉尔嘎朗图凹陷

吉92井　947.00m

腾格尔组一段

铸体薄片　单偏光

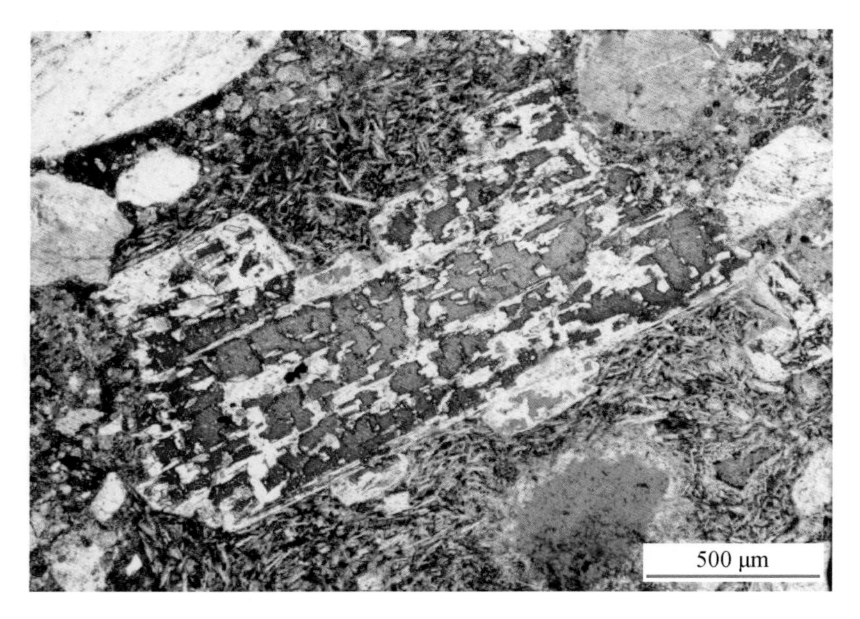

安山岩砾石

斑状结构，斜长石斑晶被方解石交代，染色后呈紫粉色，具有少量晶内溶孔。基质具有安山结构；右下方见未充填的气孔。

巴音都兰凹陷

巴45井　1242.06m

腾格尔组一段

铸体薄片　单偏光

安山岩砾石

斜长石微晶定向排列，类似粗面结构，反映了熔岩流的流动性，形成于熔岩流顶部。

巴音都兰凹陷

巴45井　1242.39m

腾格尔组一段

铸体薄片　正交偏光

图版 4-10　碎屑成分及特征（五）

安山岩砾石

安山结构，斜长石微晶结晶差，粒度细小，微晶间为脱玻化的玻璃质。

阿尔凹陷

阿尔3井 1795.11m

腾格尔组一段

铸体薄片 正交偏光

安山岩岩屑

安山结构，由斜长石微晶和其间的玻璃质组成。粒间溶孔发育。

洪浩尔舒特凹陷

洪37井 1982.10m

阿尔善组

铸体薄片 单偏光

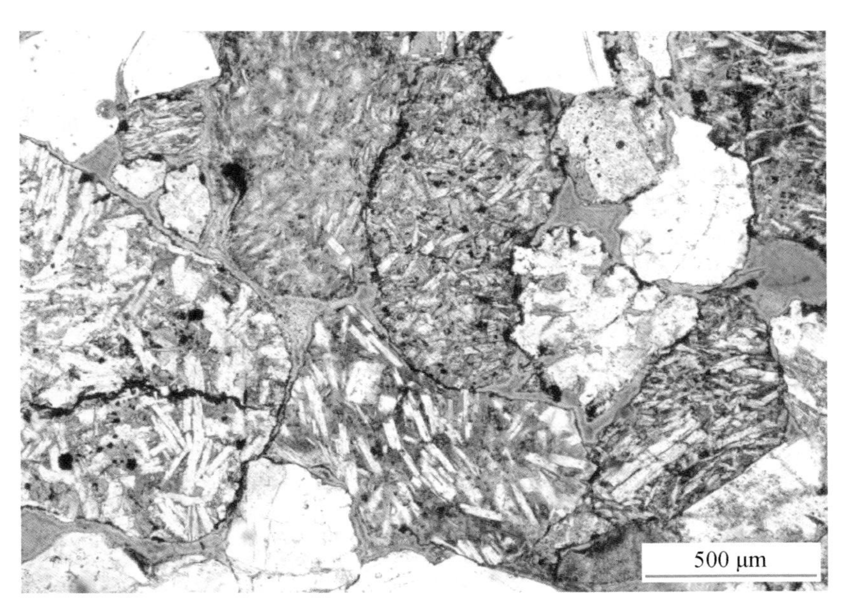

安山岩岩屑

中间的安山岩屑具有显微斑状结构，少量细长的斜长石斑晶，基质为褐色，玻璃质结构，显微杏仁构造，杏仁体由玉髓组成。周围的碎屑主要为安山岩及塑变玻屑凝灰岩岩屑。泥质杂基填隙。

乌兰花凹陷

兰12X井 2145.70m

阿尔善组

铸体薄片 单偏光

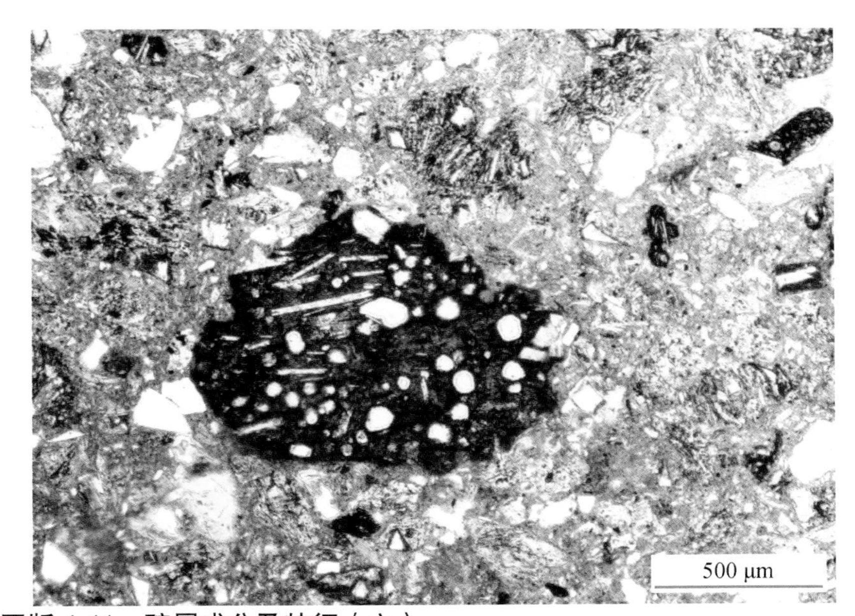

图版 4-11 碎屑成分及特征（六）

闪长岩砾石

半自形细粒等粒结构，由板柱状斜长石组成。

阿尔凹陷

阿尔3井 1794.51m

铸体薄片 正交偏光

晶屑玻屑熔结凝灰岩岩屑

熔结凝灰结构，塑变玻屑在热压作用下发生变形且定向排列。周围的砂级碎屑以长石为主，少量火山岩岩屑，其间充填泥质-钙质胶结物（染色呈紫粉色）。

巴音都兰凹陷

巴43井 967.83m

腾格尔组二段

铸体薄片 正交偏光

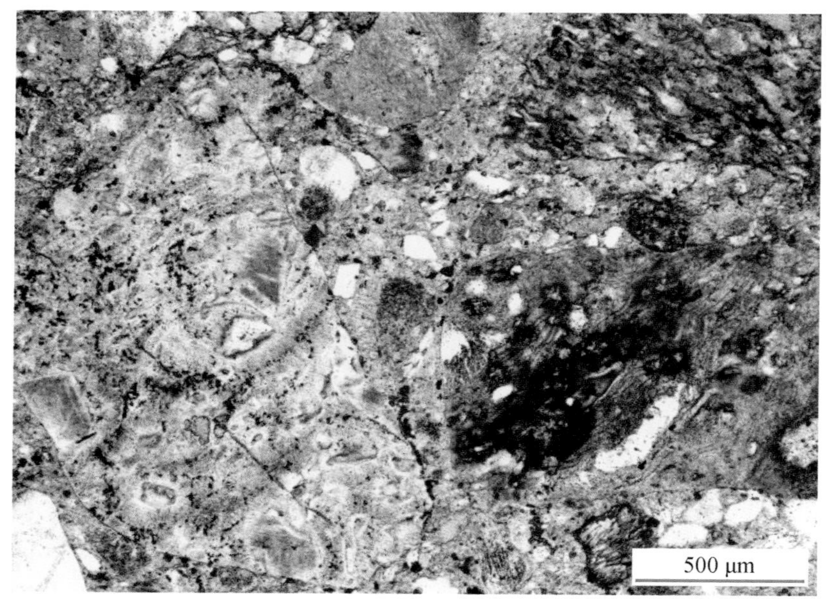

熔结凝灰岩岩屑

岩屑具有熔结凝灰结构，凝灰质为长石晶屑及塑变玻屑，长石呈浅褐色。岩屑间为砂泥质杂基。

巴音都兰凹陷

巴45井 1242.06m

腾格尔组一段

铸体薄片 单偏光

图版 4-12 碎屑成分及特征（七）

玻屑凝灰岩岩屑

凝灰结构，凝灰质主要由刚性玻屑组成，少量岩屑及晶屑。

巴音都兰凹陷

巴9井　2417.20m

阿尔善组

铸体薄片　单偏光

凝灰岩岩屑

凝灰结构，由尖棱角状的晶屑及泥化的火山灰组成。周围粒间充填自生高岭石，晶间微孔发育。

阿尔凹陷

阿尔2井　1320.80m

腾格尔组一段

铸体薄片　单偏光

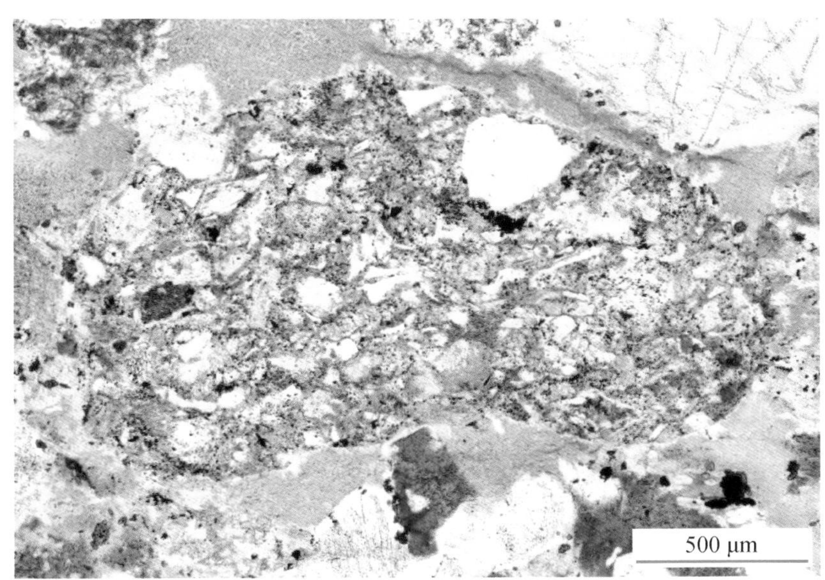

绢云千枚岩砾石

鳞片变晶结构，显微千枚构造，绢云母定向排列明显。岩屑内局部发生硅化。

阿尔凹陷

阿尔2井　1315.55m

腾格尔组一段

铸体薄片　正交偏光

图版 4-13　碎屑成分及特征（八）

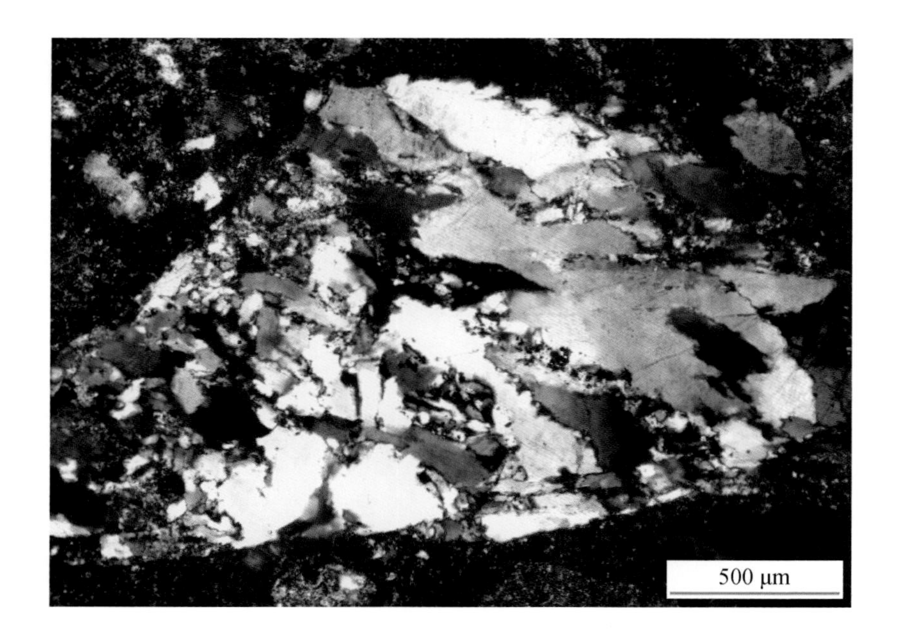

石英质糜棱岩砾石

糜棱结构，拉长状定向排列的石英颗粒之间为缝合线接触，石英具有明显的波状消光。

阿尔凹陷

阿尔2井 1317.75m

腾格尔组一段

铸体薄片 正交偏光

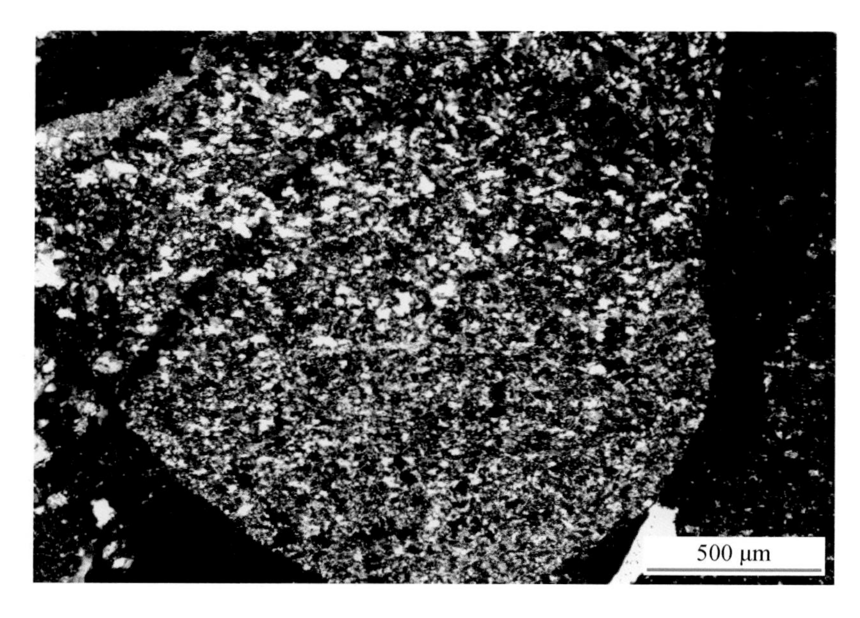

绢云石英千枚岩砾石

鳞片细粒变晶结构，显微千枚构造。由石英及少量绢云母组成，绢云母定向排列。

阿尔凹陷

阿尔2井 1317.75m

腾格尔组一段

铸体薄片 正交偏光

花岗质糜棱岩砾石

糜棱结构，碎斑为多晶石英，碎基为细粒化的长石及石英，含绢云母。

阿尔凹陷

阿尔2井 1322.35m

腾格尔组二段

铸体薄片 正交偏光

图版 4-14 碎屑成分及特征（九）

细晶灰岩岩屑

细晶结构，矿物成分为方解石。粒间充填微晶铁白云石。

阿尔凹陷

阿尔3井 1636.10m

腾格尔组一段

铸体薄片 正交偏光

板岩岩屑

变余泥质结构-显微鳞片变晶结构，显微斑点构造，绢云母定向排列。斑点近圆形，由显微隐晶质的矿物组成。

阿尔凹陷

阿尔4井 1824.20m

腾格尔组一段

铸体薄片 正交偏光

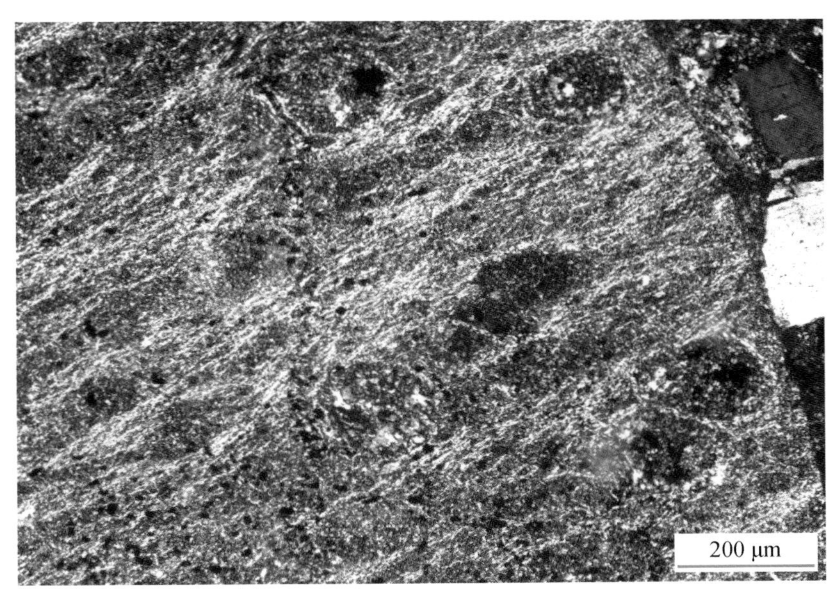

石英质糜棱岩砾石

糜棱结构，碎粒化作用强，碎斑及碎基主要由石英组成。

阿尔凹陷

阿尔4井 1880.26m

腾格尔组一段

铸体薄片 正交偏光

图版 4-15 碎屑成分及特征（十）

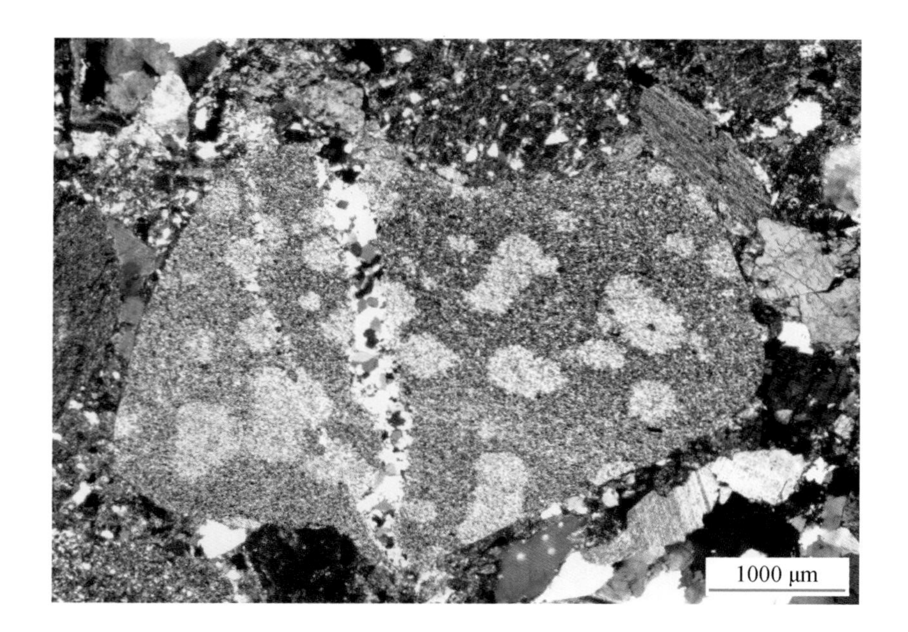

斑点板岩砾石

变余泥质结构，显微斑点构造。主要由绢云母组成。岩屑中穿插一条石英脉。

阿尔凹陷

阿尔22井　1704.25m

腾格尔组一段

铸体薄片　正交偏光

绢云石英岩岩屑

鳞片粒状变晶结构，显微片状构造，由石英和绢云母组成。由砂岩变质形成。

阿尔凹陷

阿尔22井　1915.66m

腾格尔组一段

铸体薄片　正交偏光

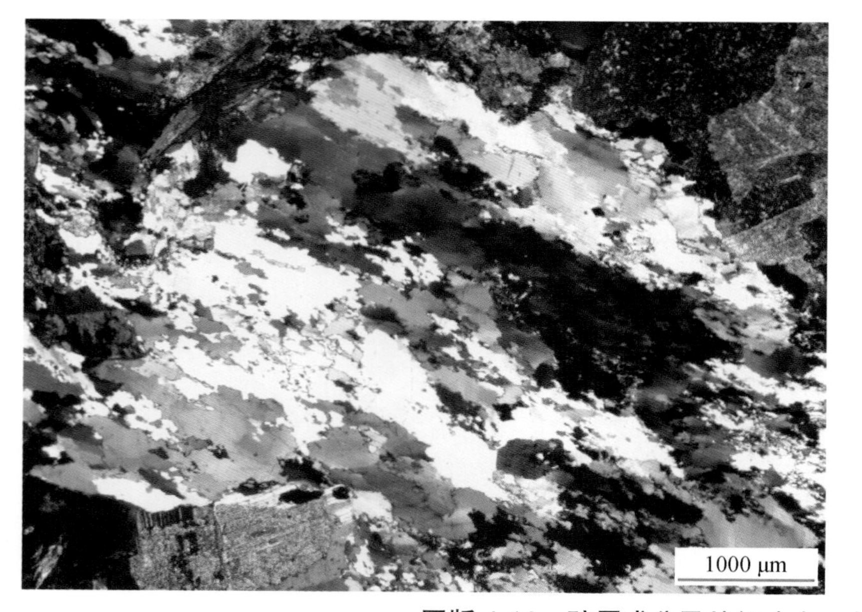

糜棱岩砾石

糜棱结构，主要由石英组成。颗粒间缝合线状接触，定向排列。左下方见微斜碎斑长石，原岩为花岗岩，在断层带受强烈构造应力作用而形成。

阿尔凹陷

阿尔22井　1670.27m

腾格尔组一段

铸体薄片　正交偏光

图版 4-16　碎屑成分及特征（十一）

片岩砾石

白云母片岩，主要由白云母组成，少量石英，鳞片变晶结构，显微片状构造。白云母具有鲜艳的二级彩色干涉色。

洪浩尔舒特凹陷

洪37井 1603.40m

腾格尔组一段

铸体薄片 正交偏光

白云斜长片岩砾石

鳞片细粒状变晶结构，白云母定向排列，浅色矿物主要为长石，少量石英。

赛汉塔拉凹陷

赛66井 2234.83m

腾格尔组二段

铸体薄片 正交偏光

黑云石英岩岩屑

鳞片细粒等粒变晶结构。由微粒石英和少量黑云母组成，黑云母定向排列，石英晶粒间镶嵌接触。

巴音都兰凹陷

巴43井 976.90m

腾格尔组二段

铸体薄片 正交偏光

图版 4-17 碎屑成分及特征（十二）

变质砂岩岩屑

变余不等粒砂状结构，碎屑成分以石英为主，少量长石。砂及粉砂之间的泥质物质发生了较明显的绢云母化。周围的碎屑以条纹长石为主。

巴音都兰凹陷

巴43井　967.72m

腾格尔组二段

铸体薄片—正交偏光

变质泥质粉砂岩砾石

变余泥质粉砂结构，泥质发生了较明显的黑云母化。砾间填隙物为长石、石英碎屑及方解石。

巴音都兰凹陷

巴43井　967.72m

腾格尔组二段

铸体薄片　正交偏光

变质细砂岩岩屑

细砾岩中的变质细砂岩岩屑，变余细砂结构。岩屑磨圆度差，反映了近源搬运沉积。其他碎屑主要为斜长石。

阿尔凹陷

阿尔3井　1792.09m

腾格尔组一段

铸体薄片　正交偏光

图版 4-18　碎屑成分及特征（十三）

变质粉砂岩岩屑

变余粉砂结构，泥质部分已明显绢云母化，且定向排列。

阿尔凹陷

阿尔3井　1636.10m

腾格尔组一段

铸体薄片　正交偏光

变质细砂岩岩屑

变余细砂结构，碎屑由长石及千枚岩屑组成，少量石英。

阿尔凹陷

阿尔3井　1791.91m

腾格尔组一段

铸体薄片　正交偏光

含生物碎屑灰岩岩屑

粉晶石灰岩岩屑含破碎的生物碎屑。生物可能为介形虫类，壳薄，具有玻纤结构，部分被黄铁矿交代。左侧与凝灰岩岩屑接触处压溶而呈齿状接触。

巴音都兰凹陷

巴43井　967.83m

腾格尔组二段

铸体薄片　正交偏光

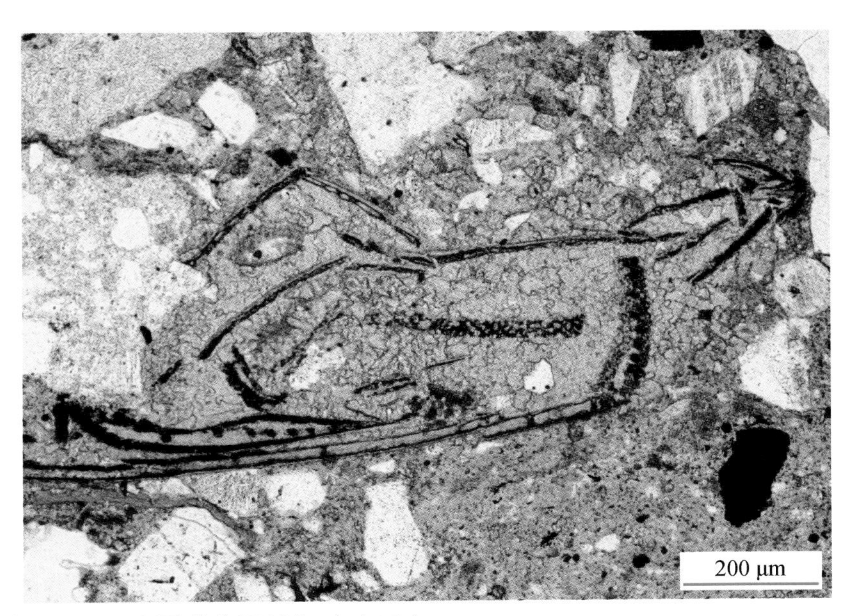

图版 4-19　碎屑成分及特征（十四）

碎屑方解石

发育弯曲的次生聚片双晶。

赛汉塔拉凹陷

赛82井　1734.06m

腾格尔组一段

铸体薄片　正交偏光

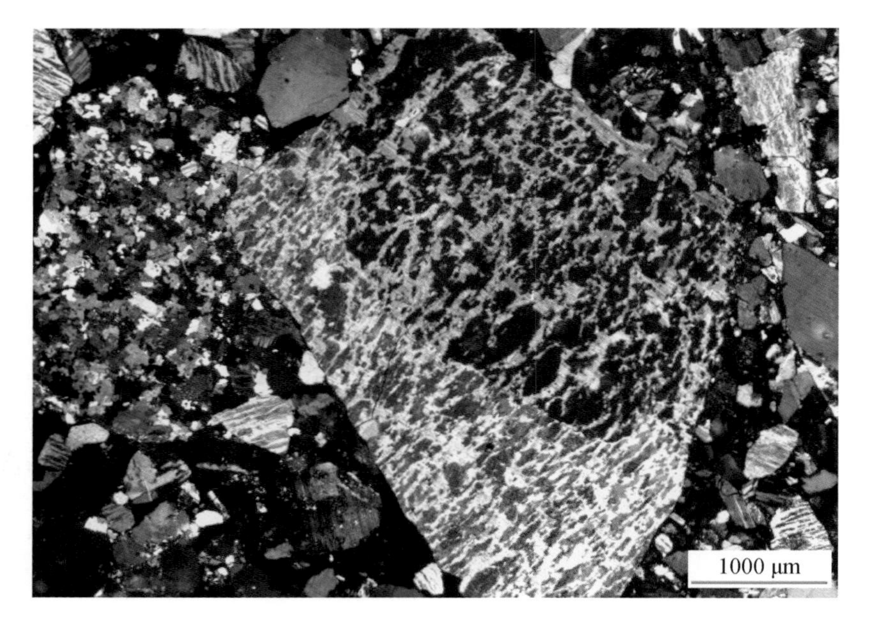

条纹长石

条纹结构。主晶为具有卡斯巴双晶的正长石，嵌晶为钠长石，细脉状，脉体具有统一的消光与干涉。其周围的碎屑主要为花岗岩岩屑及条纹长石。

巴音都兰凹陷

巴43井　977.16m

腾格尔组二段

铸体薄片　正交偏光

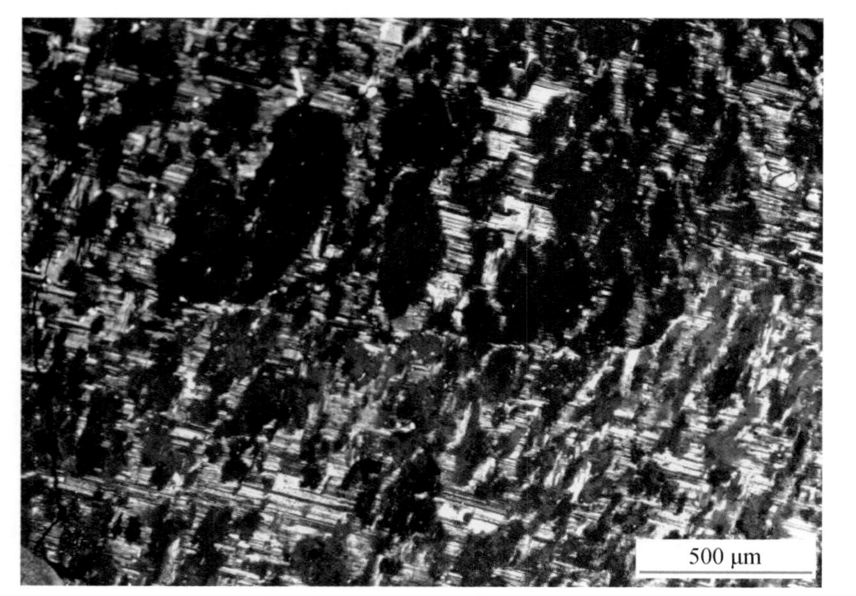

反条纹长石

条纹结构。主晶为发育聚片双晶的斜长石，嵌晶为正长石，具有统一的消光与干涉。

巴音都兰凹陷

巴43井　977.16m

腾格尔组二段

铸体薄片　正交偏光

图版 4-20　碎屑成分及特征（十五）

长石

条纹长石中包含具有环带结构且绢云母化的斜长石。其周围为砂级填隙物及方解石胶结物。

巴音都兰凹陷

巴43井 977.16m

腾格尔组二段

铸体薄片 正交偏光

微斜长石

格子状双晶，内部包含少量石英。

阿尔凹陷

阿尔3井 1793.61m

腾格尔组一段

铸体薄片 正交偏光

斜长石

斜长石具有弯曲的聚片双晶，是在原来的岩石内受到构造应力作用而变形形成。周围的碎屑为绢云母化的斜长石、正长石及石英。

阿尔凹陷

阿尔3井 1792.09m

腾格尔组一段

铸体薄片 正交偏光

图版 4-21 碎屑成分及特征（十六）

条纹长石

主晶为微斜长石，具格子双晶。条纹为钠长石。

乌兰花凹陷

兰4井　1543.78m

腾格尔组一段

铸体薄片　正交偏光

斜长石

钠长石-巴温诺律复合双晶，形成方框形的外貌。表面弱绢云母化。

赛汉塔拉凹陷

赛66井　2234.73m

腾格尔组一段

铸体薄片　正交偏光

斜长石

斜长石，聚片双晶，弱绢云母化。

赛汉塔拉凹陷

赛66井　2213.67m

腾格尔组一段

铸体薄片　正交偏光

图版 4-22　碎屑成分及特征（十七）

脉石英

不等粒粒状结构，颗粒之间缝合线接触，石英具有明显的波状消光。

阿尔凹陷

阿尔2井　1318.65m

腾格尔组一段

铸体薄片　正交偏光

植物碎屑

黑色，具有细胞结构，胞腔孔隙。上方见长石铸模孔。

阿尔凹陷

阿尔3井　1636.22m

腾格尔组一段

铸体薄片　单偏光

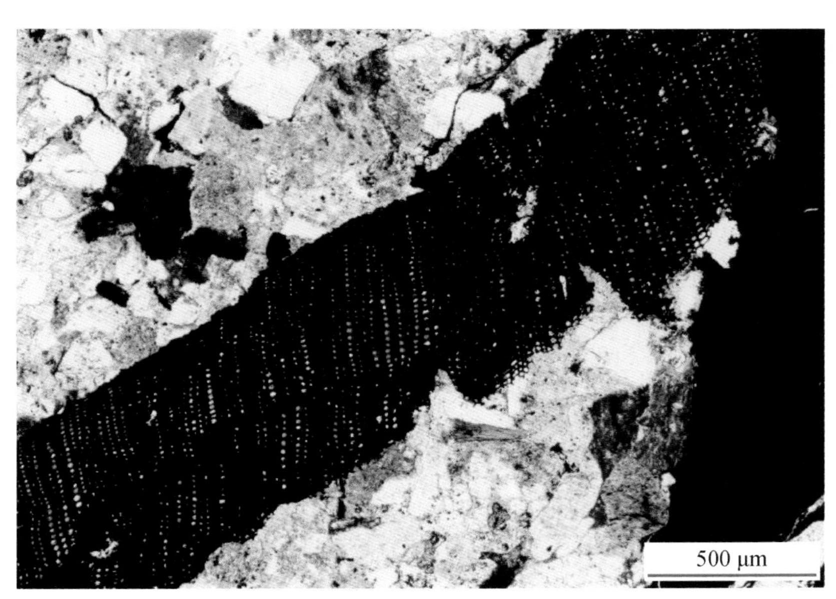

重矿物 磷灰石

磷灰石，短柱状，自形，无色透明，正中突起，无解理，见横向裂理。

乌兰花凹陷

兰6X井　1489.50m

阿尔善组

铸体薄片　单偏光

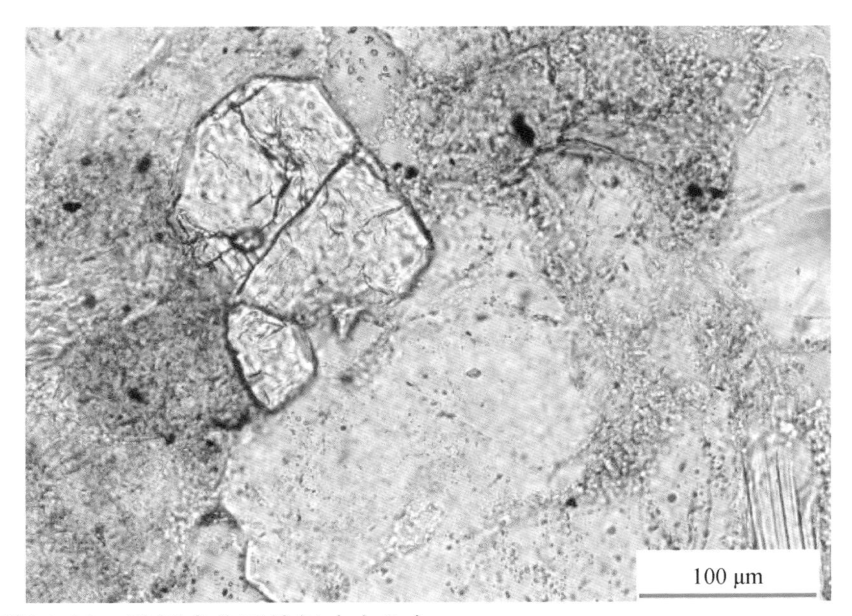

图版 4-23　碎屑成分及特征（十八）

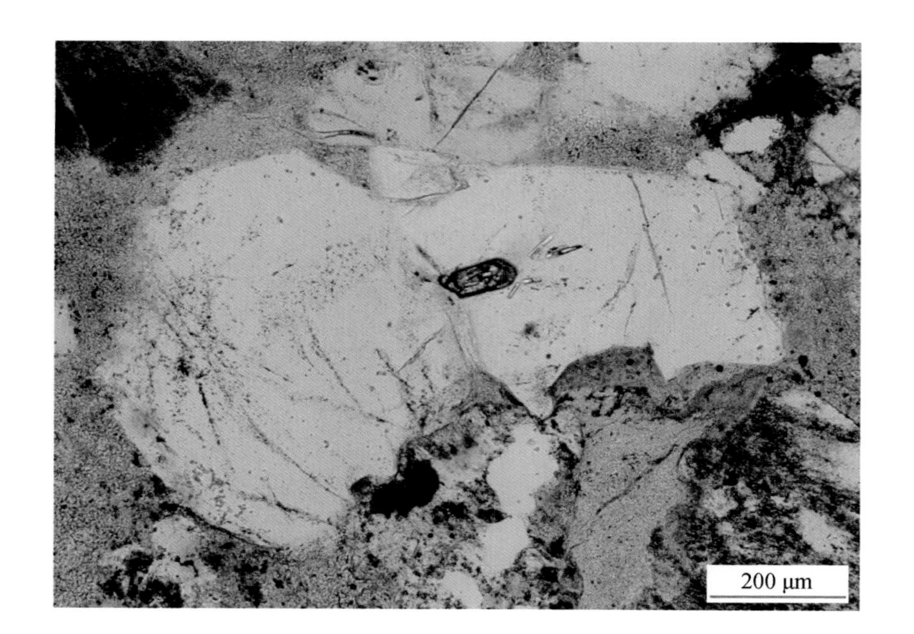

石英中的锆石包体

石英中含自形的锆石，呈柱锥状；石英为花岗岩型石英，含次生气液包体。

乌兰花凹陷

兰6X井　1491.50m

阿尔善组

铸体薄片　单偏光

重矿物 锆石

图片左下方的锆石正高突起，二级绿干涉色。中部的斜长石被压实破碎。粒间充填自生高岭石，干涉色为一级暗灰。

赛汉塔拉凹陷

赛66井　2213.67m

腾格尔组二段

铸体薄片　正交偏光

图版 4-24　碎屑成分及特征（十九）

三、成岩作用特征

砂砾岩在垂向及横向上与砾岩共生，在同一凹陷同一位置时，其岩石成分相同或相似，且共处于统一的成岩作用环境中，因此，成岩作用的特征基本相似。但处于不同凹陷或不同层位时，岩石成分及成岩作用环境有所不同，则成岩特征可表现出不同的面貌。成岩作用的主要类型与砾岩基本相同，包括压实和压溶作用、胶结作用、交代—蚀变作用、溶解作用和重结晶作用等。

成岩作用类型简述如下：

1. 压实作用和压溶作用

压实作用是沉积物埋藏后在上覆压力作用下排出孔隙水、颗粒重新排列、孔隙减少，造成体积减小、密度增大。压实作用主要表现为颗粒的塑性变形和脆性变形。如刚性碎屑在接触处发生破裂、沿解理或双晶劈开、局部波状消光等，塑性的碎屑发生塑性变形，甚至发生假杂基化。

压实作用程度与岩石的成分和结构有关，与重力流有关的砂砾岩中泥质杂基含量高，或碎屑成分以较软的浅变质岩屑为主时，压实造成的塑性变形更明显。而牵引流沉积的砂砾岩以颗粒支撑为主，尤其是以刚性碎屑为主时，原生孔隙较发育，压实现象更多见脆性变形特征。

当压力增加到一定程度时，除颗粒的脆性、塑性变形外，还可出现压溶，刚性碎屑间的凹凸状—缝合线状接触，即压溶作用现象。

2. 胶结作用

砂砾岩储层胶结作用与砾岩相似，常见的胶结物包括硅质、长石、自生黏土矿物、碳酸盐、自生黄铁矿等几种类型。

硅质胶结物常呈石英次生加大边和自生晶体形式存在。石英次生加大边在砂砾岩中普遍存在，干净透明，和碎屑石英具有一致的光性方位，当石英加大边不连续时，表现为在碎屑石英颗粒表面呈晶簇状或孤立状生长的自生石英微晶。加大边的形成时间延续较长，可见加大边内部包含自生高岭石的现象，反映了石英次生加大→自生高岭石生成→石英次生加大的成岩序列，此外在溶孔内常见自生石英。硅质胶结物在富含火山灰杂基及长石、花岗岩碎屑溶蚀强烈的砂砾岩中存在普遍，表明其来源与长石的溶蚀或火山灰高岭石化等有关。

长石胶结物呈加大边或自生晶体形式存在，主要为具有聚片双晶的钠长石。长石加大边干净透明，与表面浑浊的长石碎屑的界线明显。

自生黏土矿物包括绿泥石、高岭石、伊利石等。高岭石最常见，多以充填孔隙的方式存在，在扫描电镜下呈自形假六方片状，集合体呈书页状、蠕虫状，主要与火山灰蚀变及长石溶蚀有关。绿泥石呈淡绿色，正交偏光下为一级灰干涉色，常以孔隙衬里式生长在孔隙壁上，含量一般较低。伊利石多呈丝缕状、弯曲片状或膜状，包覆在颗粒表面，无色透明，具有一级黄及以上的干涉色。

碳酸盐胶结物主要为方解石及铁白云石。方解石胶结物存在普遍，常具连晶结构或嵌晶结构，同时对碎屑具有交代作用。铁白云石以细粉晶为主，其次为较自形的菱形粗粉晶。从成岩共生矿物相互关系判断，细粉晶铁白云石形成于成岩早期，粗粉晶铁白云石形成较晚，主要存在于粒间溶孔中。

自生黄铁矿：在透射光下为黑色不透明的晶粒或集合体，反射光下为浅铜黄色。其形成与富含有机质的还原介质条件有关，硫离子主要来自有机质的分解，铁离子来自成岩过程中的含铁矿物的分解。

3. 交代－蚀变作用

主要表现为方解石对碎屑颗粒的交代，其次是长石或火山灰高岭石化、水云母化。此外还见伊利石类矿物对石英、长石的交代，代表成岩环境由酸性转化为碱性后发生的成岩作用。

4. 溶解作用

有机质演化形或的酸性流体对砂砾岩中不稳定成分如长石、花岗岩屑、火山灰产生了或强或弱的溶解作用，形成各种次生溶孔，包括粒内溶孔、晶内溶孔、粒间溶孔等，改善了岩石的储集物性。

5. 构造应力作用

在岩石成岩后，构造压力使岩石产生裂缝，一般表现为剪张性，镜下可见穿过碎屑和填隙物。可成为流体的流动通道。

压裂粒内缝

中间的长石受压实而断裂形成粒内裂缝，右侧受压力大的地方裂缝宽，左侧受压力较小，裂缝较窄。长石与上下方的碎屑之间为凹凸状接触，发生了压溶作用。粒间溶孔发育。

阿尔凹陷

阿尔3井　1791.76m

腾格尔组一段

单偏光

压溶作用

绢云母千枚岩岩屑与石英碎屑接触处，石英发生了明显的压溶。绢云母在压实过程中，同时受温度等成岩作用因素的影响，释放出钾离子，使两碎屑接触处的极薄的水膜呈碱性，导致了石英的溶蚀。

阿尔4井　1880.96m

腾格尔组一段

铸体薄片　正交偏光

石英加大边

中间的石英碎屑发育加大边，在粒间溶孔中形成自形的柱锥状晶体，边缘平直。左下方为石英胶结物充填粒间孔隙。粒间溶孔发育。

阿尔凹陷

阿尔3井　1791.41m

腾格尔组一段

铸体薄片　单偏光

图版 4-25　压实－压溶作用与石英自生加大

自生石英

长石溶蚀形成粒内溶孔，溶孔内部分充填自形的石英。可能是由长石内包含的另外一种长石被溶蚀所致。照片上部粒间溶孔发育，不规则。

阿尔凹陷

阿尔2井 1321.75m

腾格尔组一段

铸体薄片 单偏光

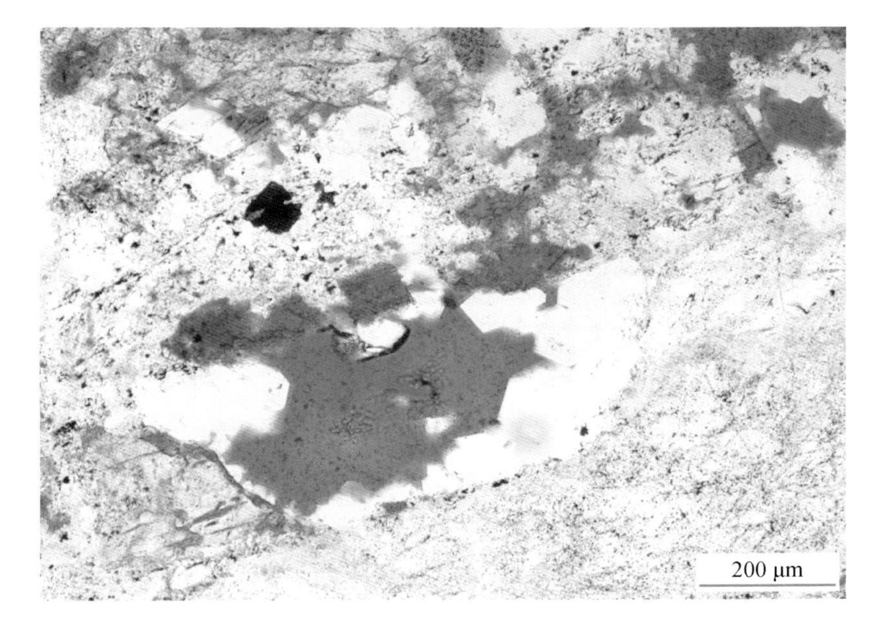

石英加大边

下方的石英颗粒发育加大边，形成自形的边缘，厚度达0.5mm。反映粒间孔隙为其提供了足够的自由生长空间。

阿尔凹陷

阿尔3井 1791.96m

腾格尔组一段

铸体薄片 单偏光

自生石英晶体

颗粒表面自形的自生石英晶体；同时碎屑表面覆盖弯曲鳞片状伊/蒙间层黏土矿物。

阿尔凹陷

阿尔3井 1887.43m

腾格尔组一段

扫描电镜

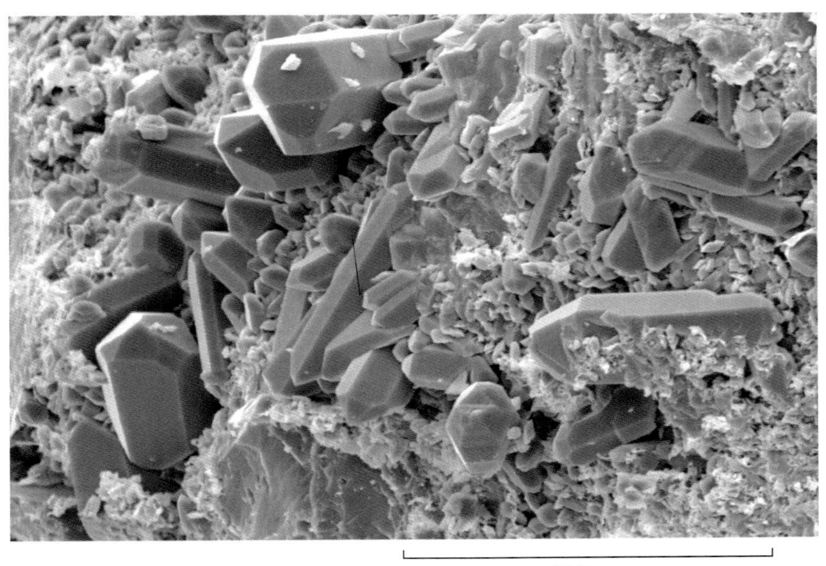

图版 4-26 胶结作用（自生石英与石英自生加大边）

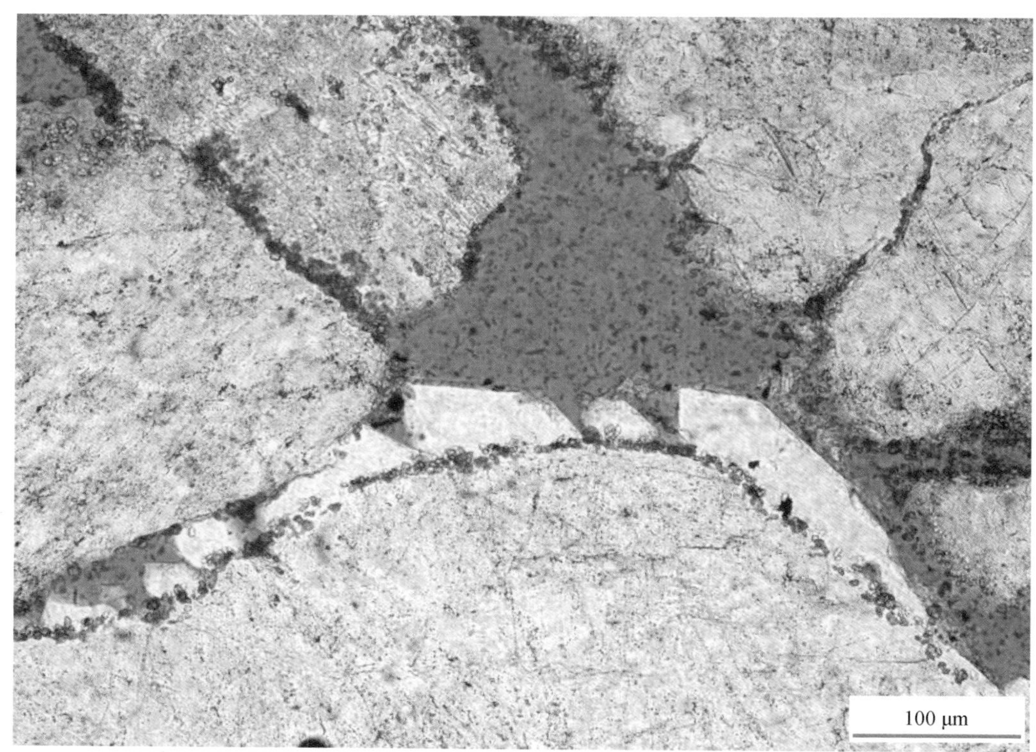

铁白云石 石英晶体

在碎屑表面第一期胶结物为铁白云石微晶，第二期为自生石英晶体，粒间溶孔发育。

阿尔凹陷　阿尔3井　1791.41m

腾格尔组一段　铸体薄片　单偏光

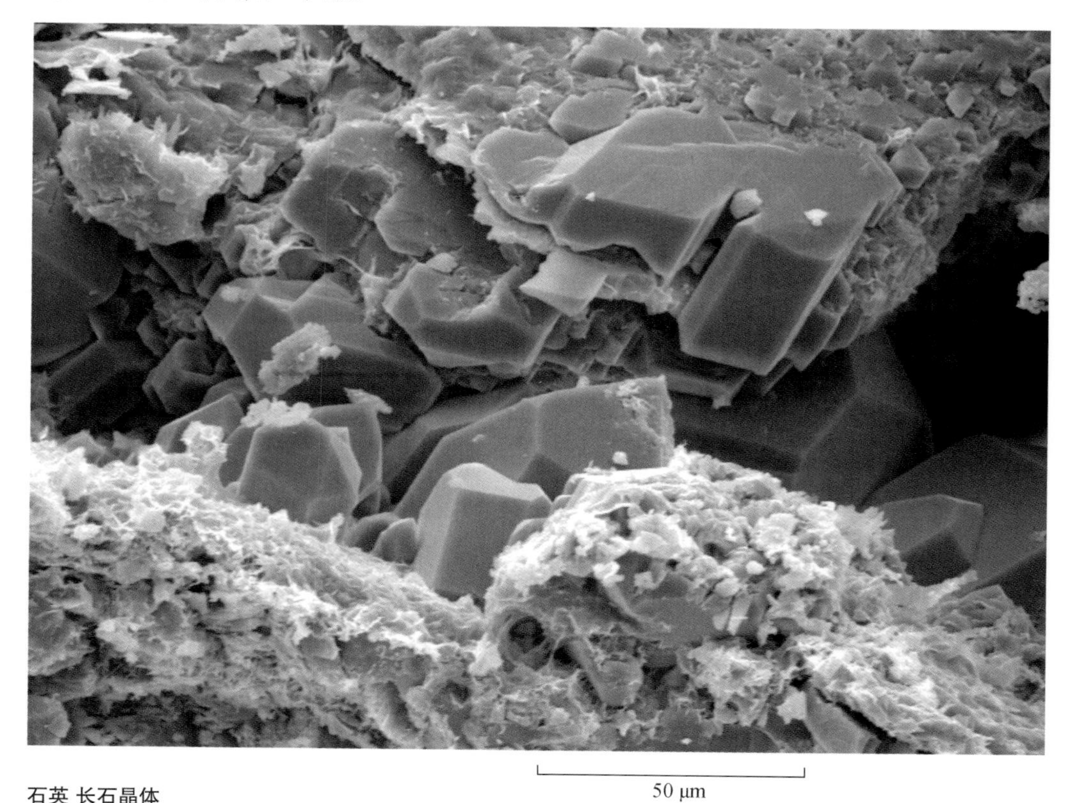

石英 长石晶体

孔隙内充填自形的自生石英和长石晶体；碎屑表面覆盖弯曲鳞片状伊/蒙间层黏土。

阿尔凹陷　阿尔3井　1794.41m

腾格尔组一段　扫描电镜

图版 4-27　胶结作用（铁白云石、自生石英、自生长石）

自生石英晶体

石英碎屑表面生长自形石英晶体，其光性与碎屑石英一致，属于不完整的石英加大边。周围为粒间溶孔及自生高岭石。

阿尔凹陷

阿尔3井　1791.41m

腾格尔组一段

铸体薄片　单偏光

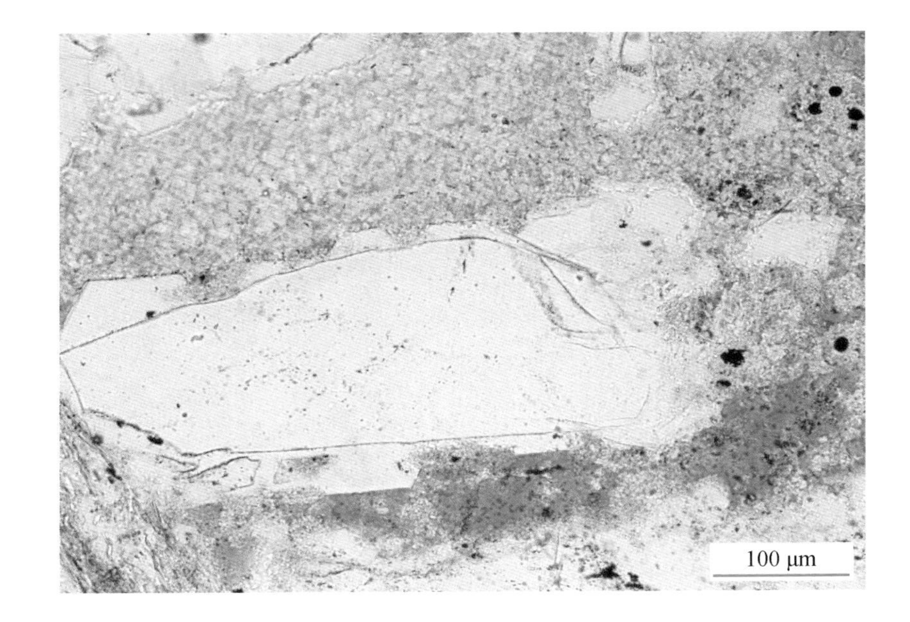

自生高岭石 晶间微孔

自生高岭石结晶细小，无色透明，晶间微孔发育。残留少量浅褐黄色的火山灰蚀变黏土。

阿尔凹陷

阿尔2井　1317.75m

腾格尔组一段

铸体薄片　单偏光

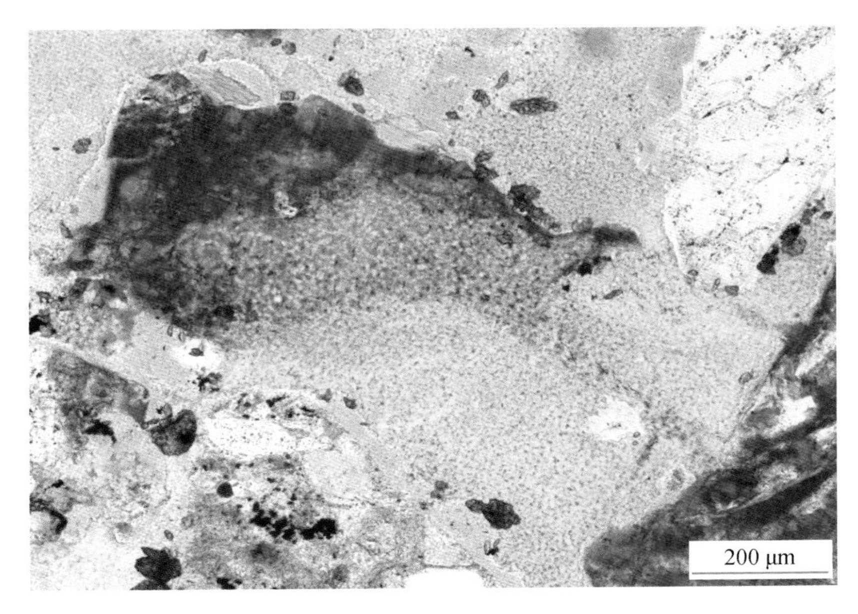

自生高岭石 晶间微孔

高岭石呈自形的假六方片状、书页状集合体；晶间微孔发育。

阿尔凹陷

阿尔2井　1320.65m

腾格尔组一段

扫描电镜

图版 4-28　胶结作用（石英自生加大边与粒间自生高岭石）

绿泥石

淡绿色，充填粒间溶孔和长石粒内溶孔。图片中的碎屑为正长石，因弱泥化而呈很浅的褐红色。

阿尔凹陷

阿尔3井 1796.56m

腾格尔组一段

铸体薄片 单偏光

绿泥石 自生石英

鳞片状绿泥石呈玫瑰花状集合体，共生自生石英，从空间关系看，绿泥石形成较早。自生矿物间发育晶间微孔。

阿尔凹陷

阿尔2井 1317.75m

腾格尔组一段

扫描电镜

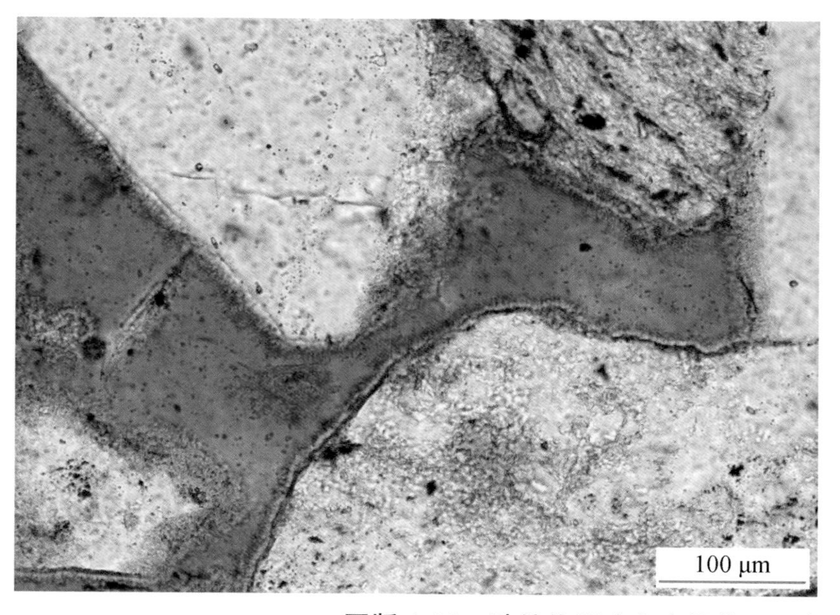

绿泥石

绿泥石鳞片垂直于颗粒表面生长，构成栉状结构，孔隙衬里式分布；粒间溶孔发育。

洪浩尔舒特凹陷

洪37井 1601.40m

腾格尔组一段

铸体薄片 单偏光

图版 4-29 胶结作用（自生绿化石、自生石英）

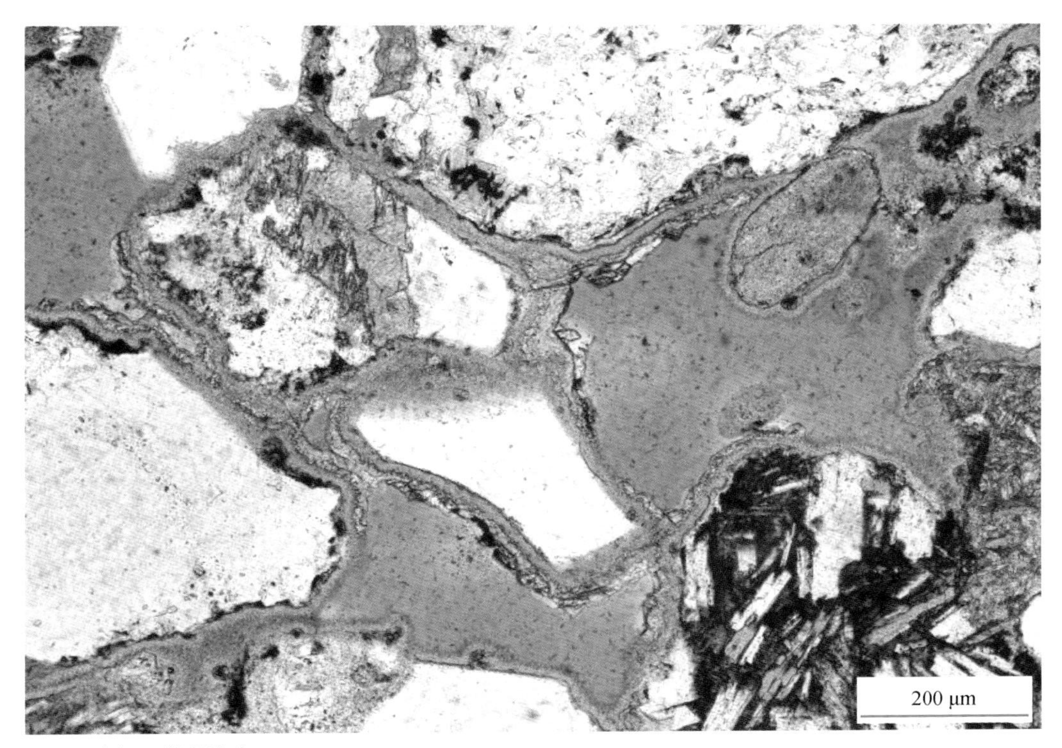

绿泥石 方解石 粒间溶孔

第一期绿泥石胶结物具有膜状-栉状结构；第二期方解石胶结物覆盖在绿泥石膜上，因后期的溶蚀而保存不完整；粒间溶孔发育。右下方的安山岩屑具有粒内溶孔。

洪浩尔舒特凹陷 洪37井 1982.10m

阿尔善组 铸体薄片 单偏光

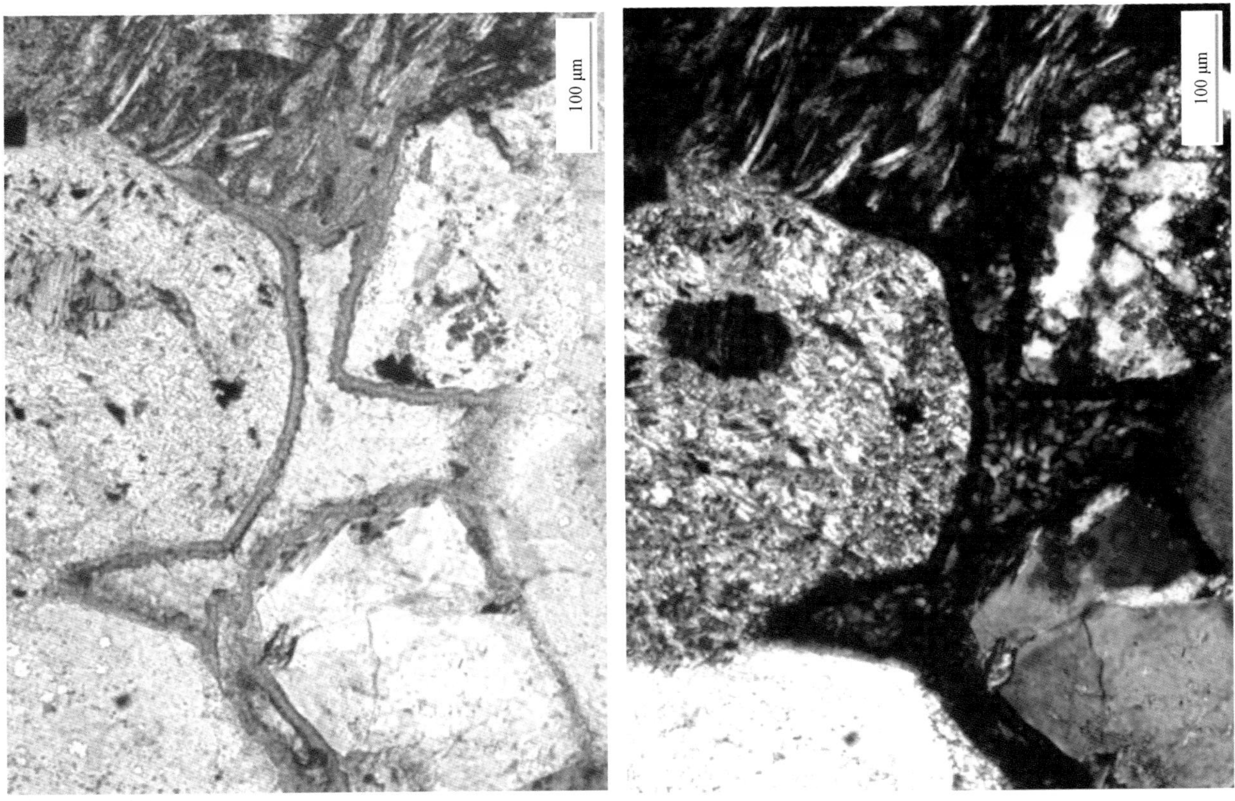

绿泥石 自生高岭石

绿泥石呈膜状-栉状结构，正交偏光下干涉色很低。自生高岭石充填孔隙，晶间微孔发育。

洪浩尔舒特凹陷 洪37井 1603.40m 腾格尔组一段 左：单偏光 右：正交偏光

图版 4-30 胶结作用（方解石、自生绿化石、自生高岭石）

伊利石

碎屑颗粒表面包覆膜状伊利石，一级黄干涉色。粒间溶孔较发育（正交偏光下全消光）。图片中碎屑组分以长石为主，少量石英。

乌兰花凹陷

兰6X井　731.90m

腾格尔组二段

铸体薄片　正交偏光

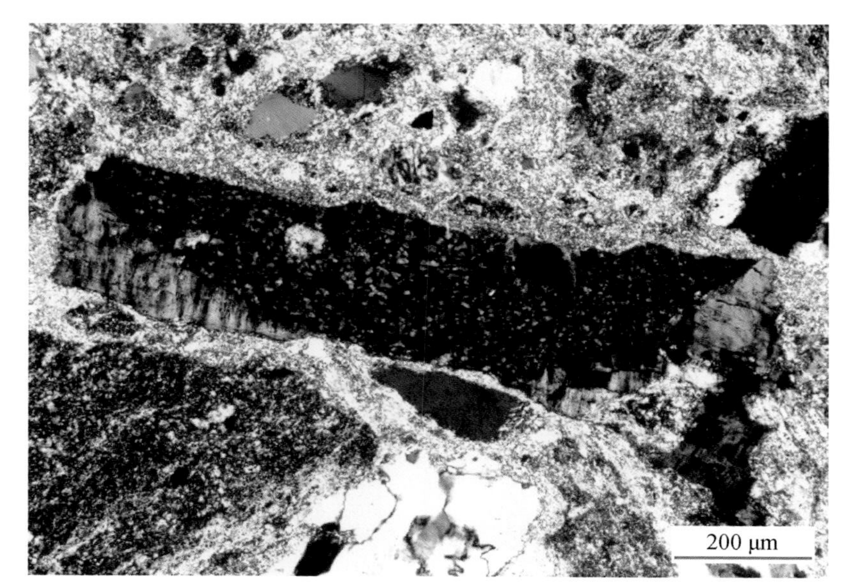

伊利石 长石高岭石化

颗粒间的伊利石呈杂乱的鳞片状，一级黄及以上干涉色。柱状的长石碎屑大部分被高岭石交代。

阿尔凹陷

阿尔22井　1576.25m

腾格尔组一段

铸体薄片　正交偏光

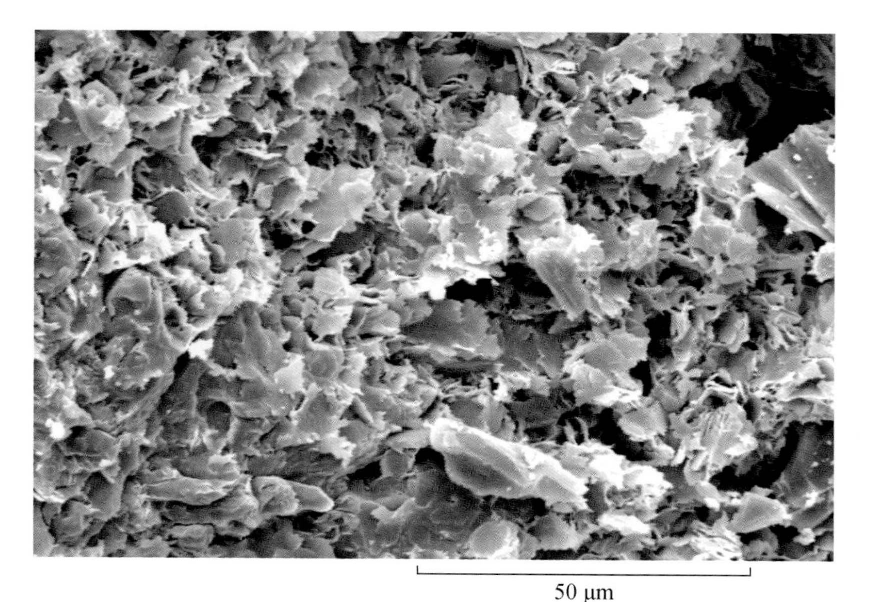

伊利石 伊/蒙间层

碎屑颗粒间的伊利石及伊/蒙间层呈杂乱弯曲的鳞片状，晶间微孔发育。

阿尔凹陷

阿尔22井　1579.00m

腾格尔组一段

扫描电镜

图版 4-31　胶结作用（自生伊利石及伊 / 蒙间层）

自生高岭石
粒间孔发育，高岭石呈细小鳞片状，呈斑块充填粒间孔，高岭石晶间微孔发育。主要碎屑组分为长石，表面呈浅—深的褐红色。
乌兰花凹陷
兰6X井　732.80m
腾格尔组二段
铸体薄片　单偏光

自生高岭石
粒间自生高岭石呈假六方片状，书页状集合体。
乌兰花凹陷
兰6X井　734.65m
腾格尔组二段
扫描电镜

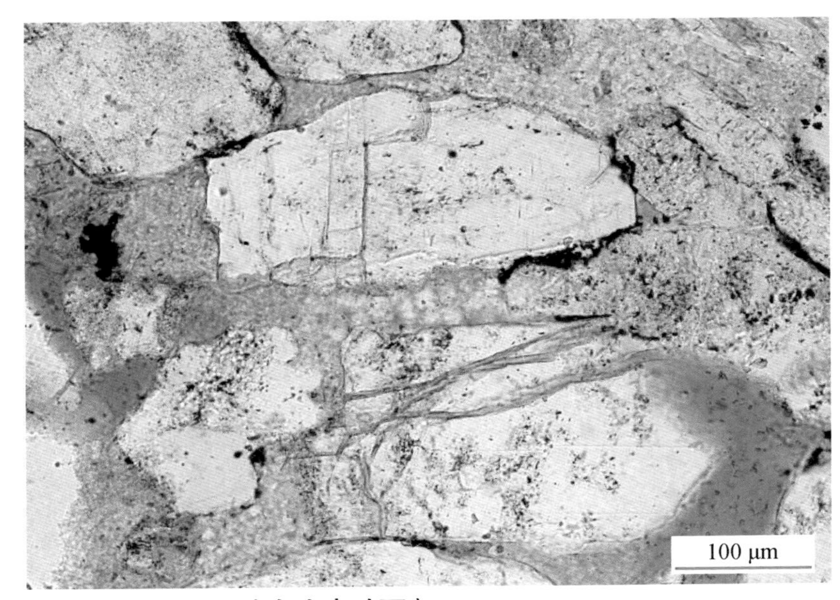

自生高岭石
自生高岭石充填粒间溶孔，结晶细小，干净透明，晶间微孔发育。长石碎屑沿解理形成粒内裂缝。
乌兰花凹陷
兰6X井　1301.04m
腾格尔组一段
铸体薄片　单偏光

图版 4-32　胶结作用（自生高岭石）

方解石

连晶结构，染色而呈浅紫红色。方解石胶结物形成后被溶蚀形成粒间溶孔。左侧的长石粒内裂缝被方解石充填，右上方的岩屑发育粒内溶孔。

乌兰花凹陷

兰6X井　737.06m

腾格尔组二段

铸体薄片　单偏光

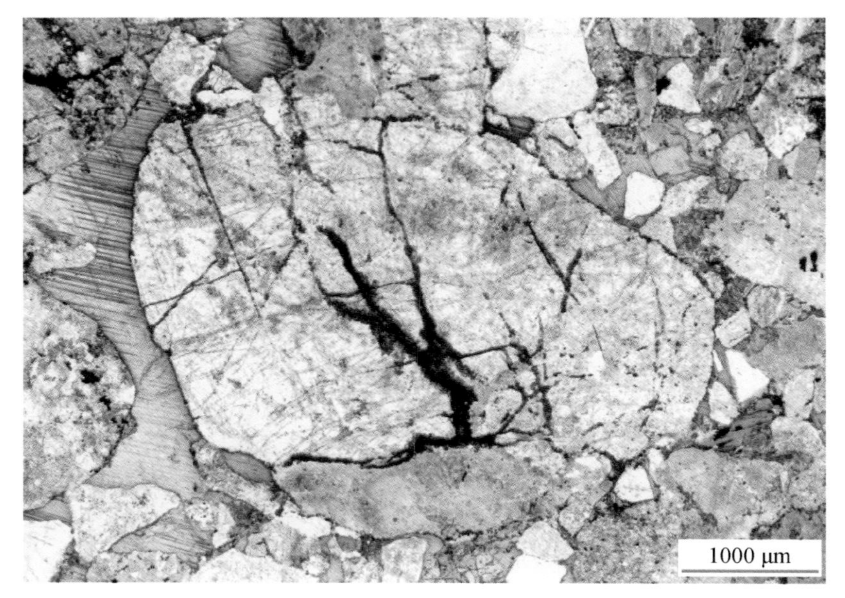

方解石

连晶结构发育聚片双晶。中部长石沿解理发育粒内裂缝，被黑色物质充填。

阿尔凹陷

阿尔3井　1886.13m

腾格尔组一段

铸体薄片　单偏光

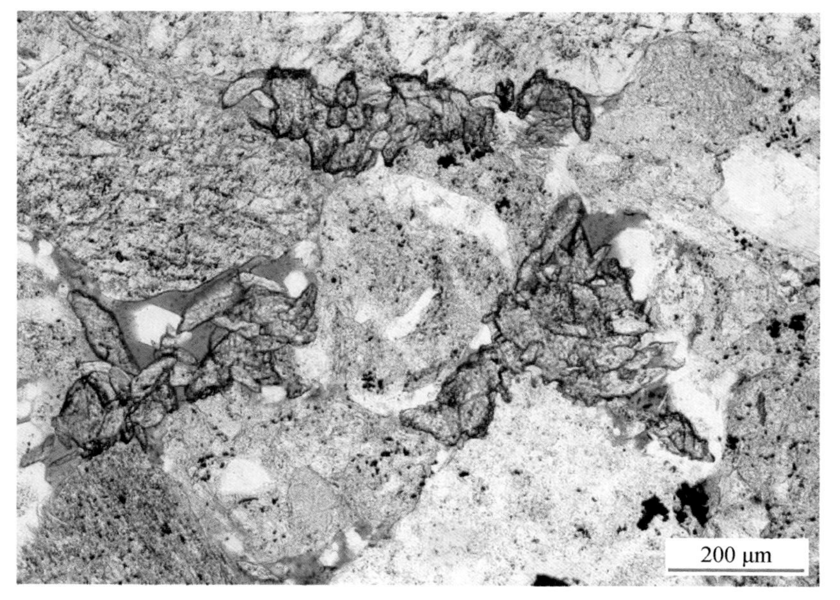

铁白云石

粒间溶孔发育，孔隙中充填自形的石英及铁白云石，后者菱形。碎屑为凝灰岩岩屑及长石，左上方的长石具有粒内溶孔。

阿尔凹陷

阿尔22井　1672.97m

腾格尔组一段

铸体薄片　单偏光

图版 4-33　胶结作用（方解石、铁白云石）

铁白云石

粒间孔中的铁白云石，呈自形菱面体。

阿尔凹陷

阿尔3井　1791.91m

腾格尔组一段

扫描电镜

铁白云石

暗褐黄色，微晶集合体，充填孔隙。对石英碎屑具有交代作用，使其边缘呈微锯齿状。与方解石共生。

阿尔凹陷

阿尔3井　1636.10m

腾格尔组一段

铸体薄片　单偏光

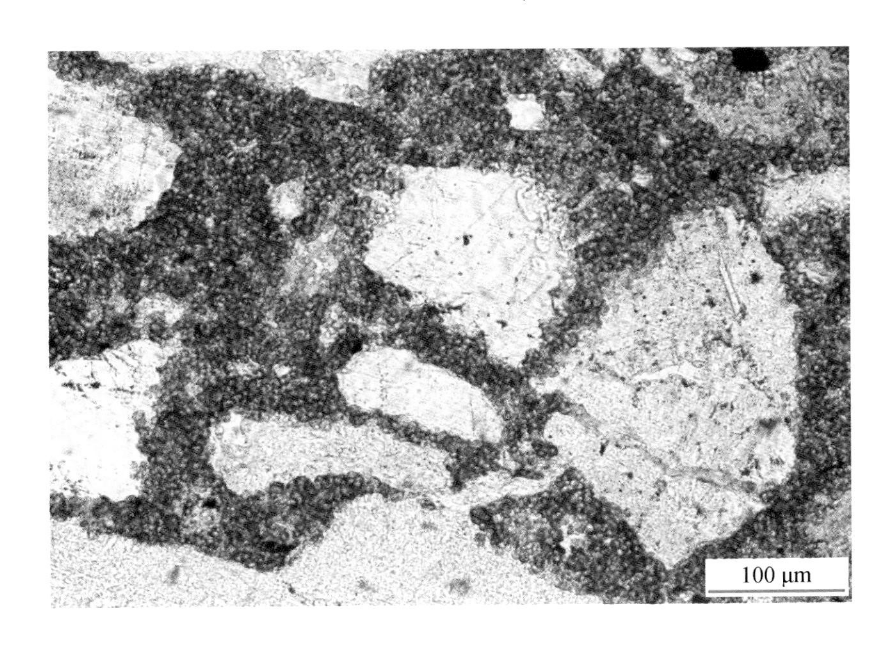

铁白云石

自形菱面体，少量弯曲片状的伊/蒙间层，白云石晶间微孔发育。

阿尔凹陷

阿尔3井　1887.43m

腾格尔组一段

扫描电镜

图版 4-34　胶结作用（铁白云石）

第二节　储集空间及物性特征

一、孔隙类型

砂砾岩储层的储集空间类型与砾岩储层基本一样，主要发育原生粒间孔、粒间溶孔、粒内溶孔、铸模孔、黏土晶间微孔、构造裂缝等6种。总体以次生孔隙为主，但在同一样品中通常多种孔隙类型共存，大小不等，分布不均，其储层物性随溶蚀程度而变化。

长石粒内溶孔 自生高岭石晶间微孔

长石颗粒受强烈溶蚀形成粒内溶孔；其周围为自生高岭石，发育晶间微孔。

阿尔凹陷

阿尔2井　1320.08m

腾格尔组一段

铸体薄片　单偏光

长石粒内溶孔

长石碎屑受到淋滤溶蚀形成粒内溶孔，沿解理方向发育。

阿尔凹陷

阿尔2井　1320.65m

腾格尔组一段

扫描电镜

图版4-35　储集空间及特征（一）

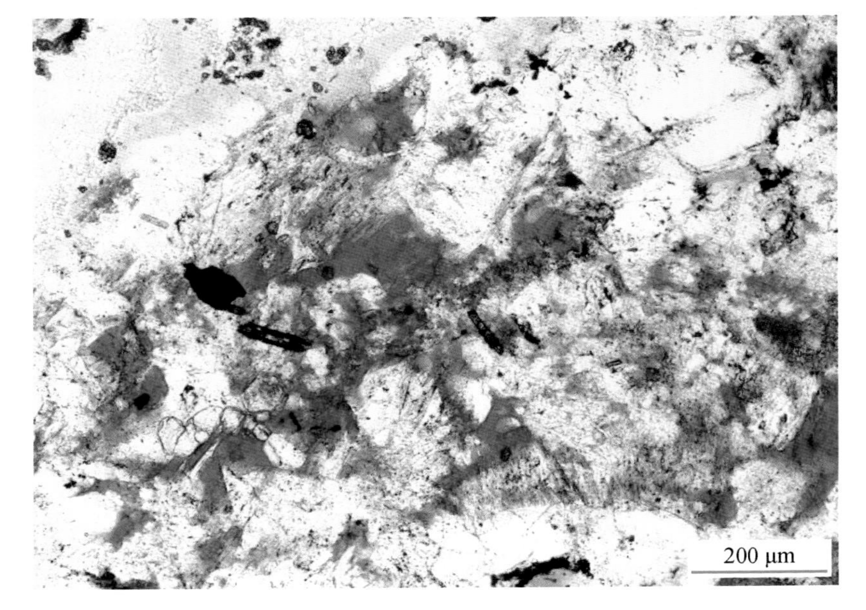

岩屑粒内溶孔

岩屑内部的长石被溶蚀形成粒内溶孔，残余少量长石。

阿尔凹陷

阿尔2井　1316.95m

腾格尔组一段

铸体薄片　单偏光

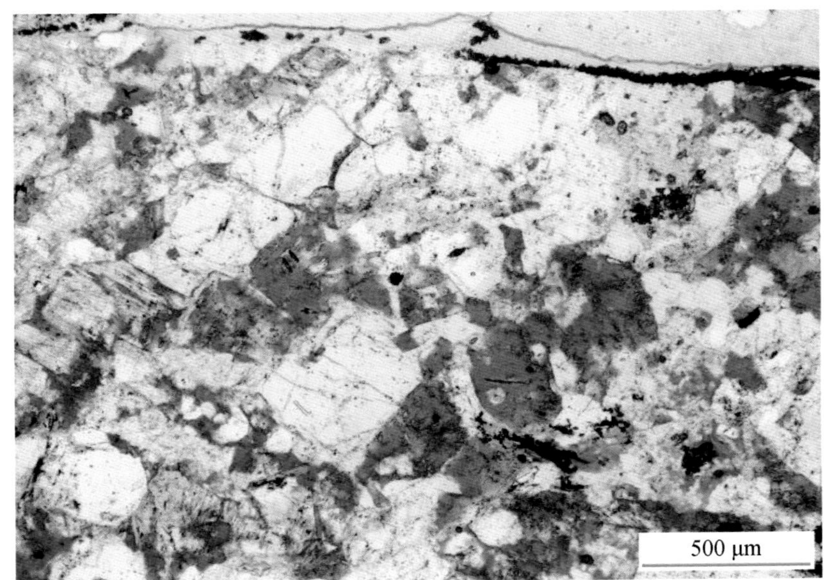

花岗岩砾内溶孔

花岗岩岩屑内的长石部分或完全溶蚀，形成岩屑粒内溶孔。

阿尔凹陷

阿尔2井　1316.95m

腾格尔组一段

铸体薄片　单偏光

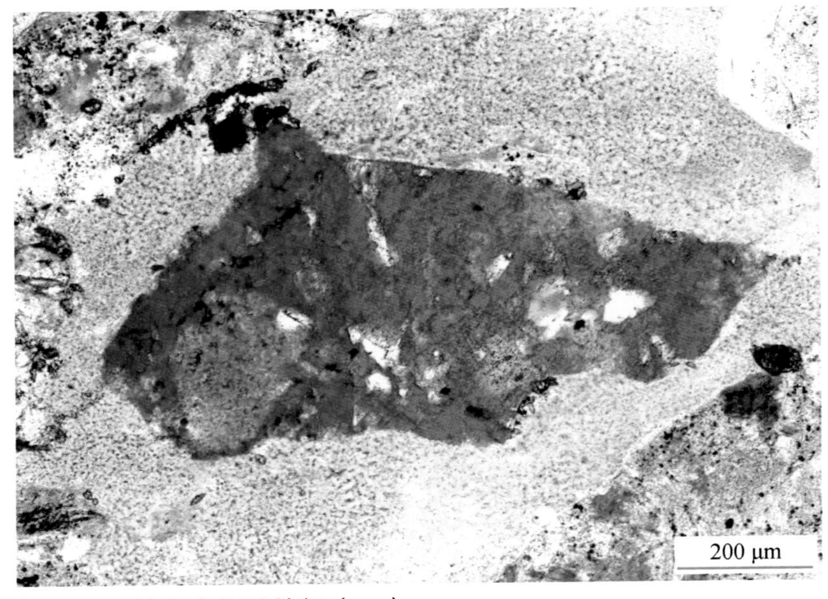

长石铸模孔 自生高岭石晶间微孔

长石铸模孔，铸模孔周围的粒间孔充填自生高岭石，晶间微孔发育。

阿尔凹陷

阿尔2井　1319.80m

腾格尔组一段

铸体薄片　单偏光

图版 4-36　储集空间及特征（二）

粒间溶孔 粒内溶孔

填隙物被溶蚀形成粒间溶孔，长石碎屑内部溶蚀形成粒内溶孔。孔隙连通性较好。长石碎屑表面为浅褐红色，棱角状，分选性差，反映了近源的快速沉积。石英具有加大边。

阿尔凹陷

阿尔3井 1796.56m

腾格尔组一段

铸体薄片 单偏光

粒间溶孔

填隙物铁白云石溶蚀形成粒间溶孔，碎屑边缘见少量残余铁白云石。孔内充填少量自生石英，石英碎屑具有自生加大边。图片左侧长石碎屑内见少量粒内溶孔。

阿尔凹陷

阿尔3井 1796.56m

腾格尔组一段

铸体薄片 单偏光

粒间溶孔

填隙物被溶解形成粒间溶孔，孔隙连通性好。石英碎屑表面发育不完整的加大边。

阿尔凹陷

阿尔3井 1791.61m

腾格尔组一段

铸体薄片 单偏光

图版 4-37 储集空间及特征（三）

晶间微孔 自生石英 伊/蒙间层

沿粒表生长的自形石英晶体与蜂窝状伊/蒙间层，晶间微孔发育。

阿尔凹陷

阿尔3井　1794.41m

腾格尔组一段

扫描电镜

粒间溶孔

粒间细粉砂级长石溶解形成铸模孔，泥质杂基不溶解，呈条状带分布，孔隙连通性好。下部见长石沿解理发育的粒内裂缝，左侧长石发育粒内溶孔。上方石英碎屑表面发育不完整的加大边及石英小晶体。

阿尔凹陷

阿尔3井　1791.76m

腾格尔组一段

铸体薄片　单偏光

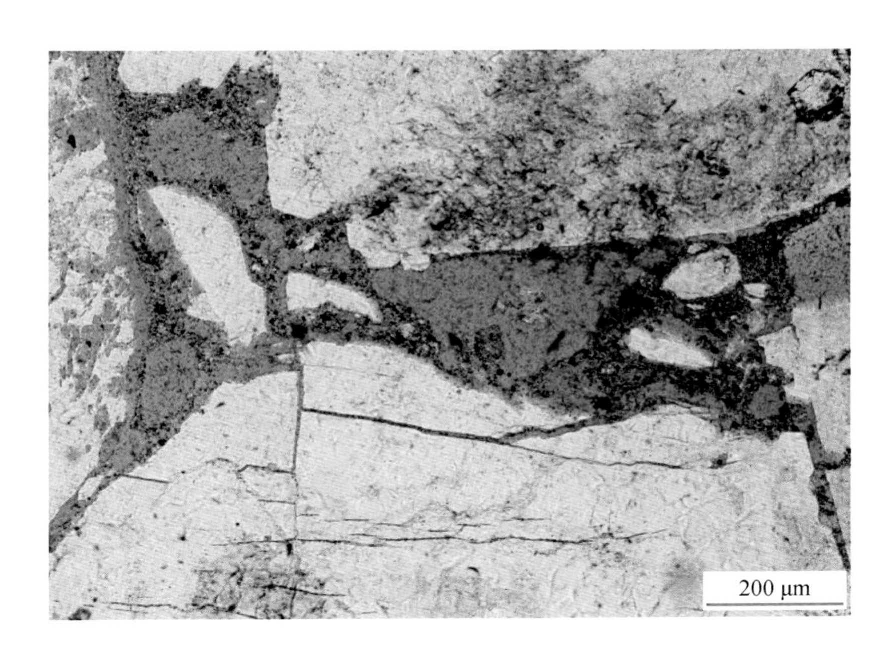

长石粒内溶孔

长石内部沿解理发生溶蚀，形成粒内溶孔。

阿尔凹陷

阿尔22井　1670.27m

腾格尔组一段

铸体薄片　单偏光

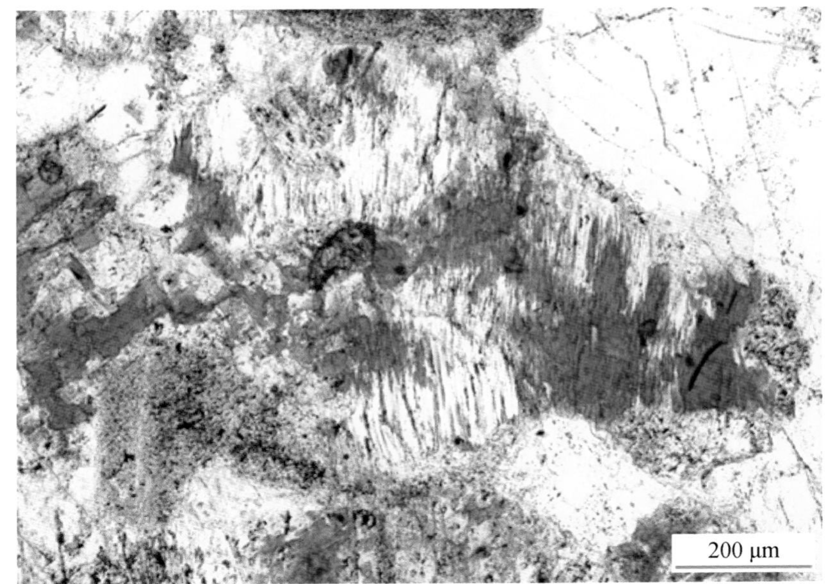

图版 4-38　储集空间及特征（四）

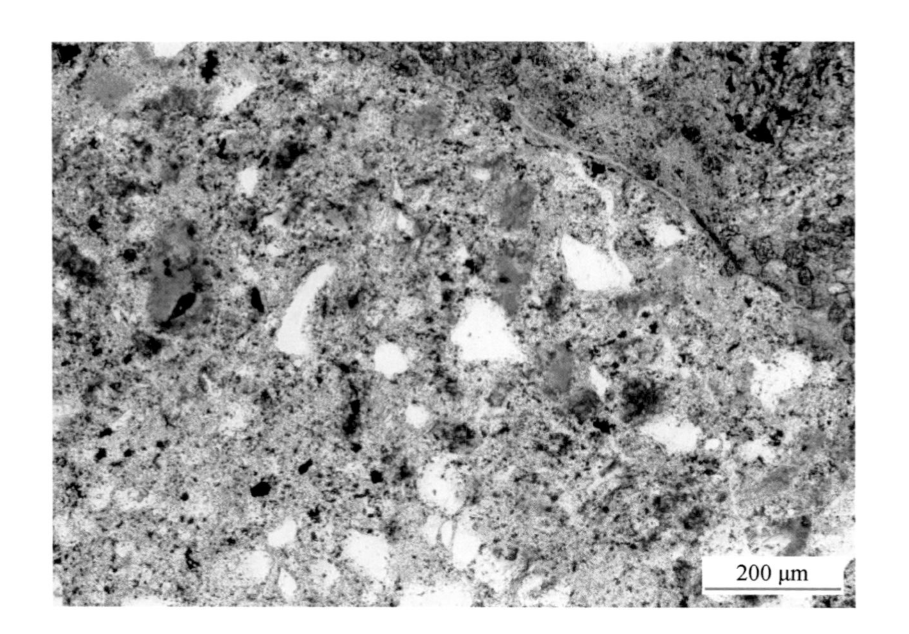

岩屑粒内溶孔

凝灰岩屑内的长石晶屑被溶蚀形成铸模孔，部分火山尘被溶蚀形成微孔，构成粒内溶孔。

阿尔凹陷
阿尔22井 1915.16m
腾格尔组一段
铸体薄片 单偏光

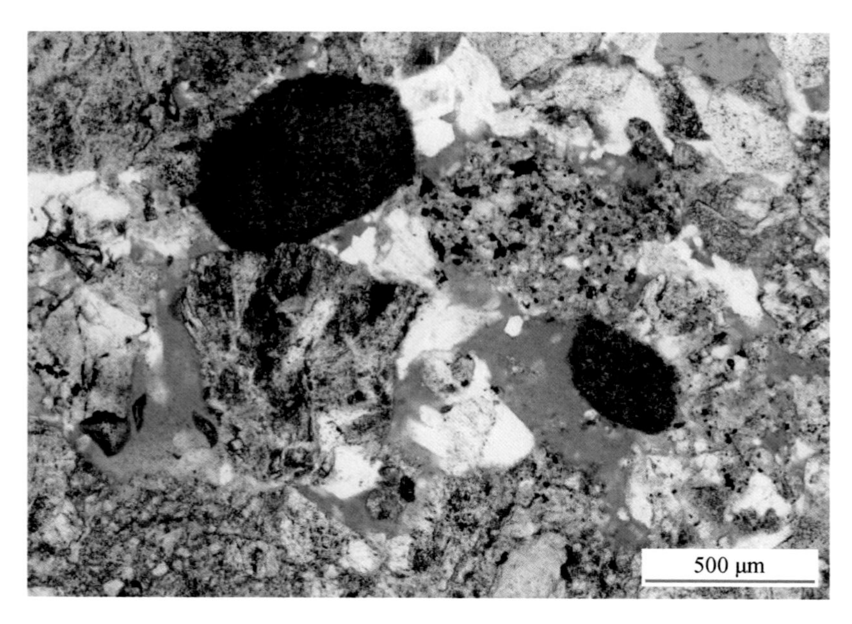

粒间溶孔

填隙物被强烈溶蚀形成粒间溶孔。孔隙内生长自生石英晶体，石英碎屑具有加大边。

阿尔凹陷
阿尔22井 1672.97m
腾格尔组一段
铸体薄片 单偏光

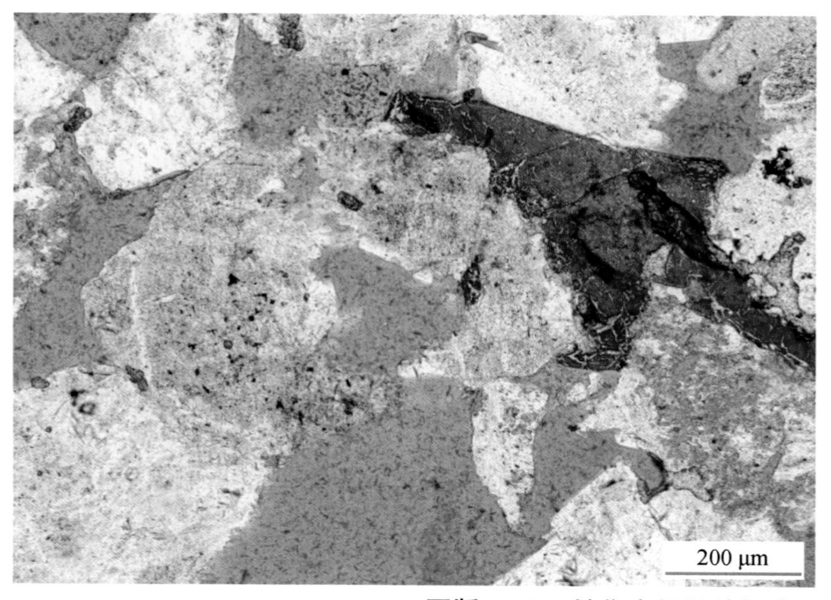

粒间溶孔 粒内溶孔

填隙物被强烈溶蚀形成粒间溶孔，长石碎屑内发育粒内溶孔。长石具有不完整的加大边。铁方解石胶结物局部充填粒间且交代长石。

阿尔凹陷
阿尔4井 1879.16m
腾格尔组一段
铸体薄片 单偏光

图版 4-39 储集空间及特征（五）

粒间溶孔

粒间溶孔发育，石英颗粒具有加大边，其他颗粒表面生长自生石英晶体。

阿尔凹陷

阿尔4井 1879.16m

腾格尔组一段

铸体薄片 单偏光

粒内裂缝 粒间溶孔

长石受早期压实影响而破裂形成粒内裂缝，后期沿裂缝溶蚀形成粒内溶蚀缝。粒间溶孔发育。

阿尔凹陷

阿尔4井 1877.16m

腾格尔组一段

铸体薄片 单偏光

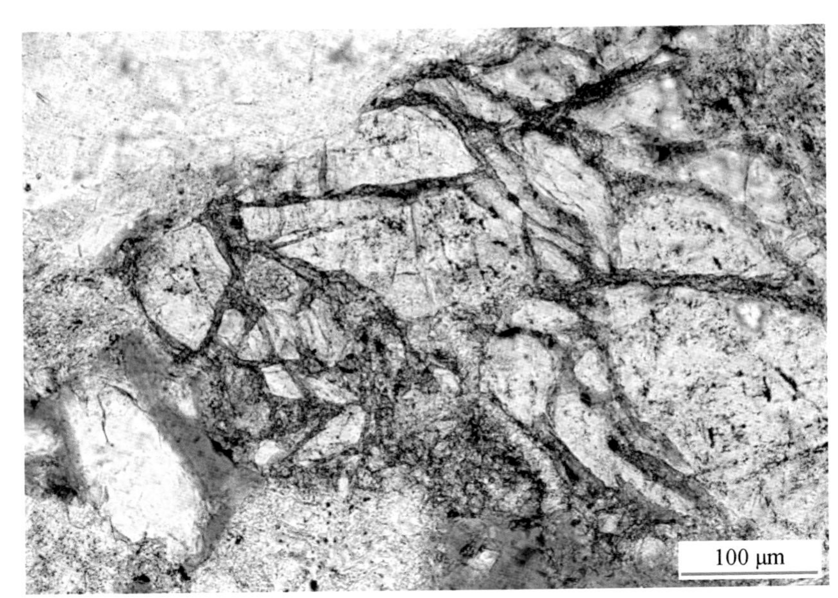

岩屑粒内溶孔

塑变玻屑熔结凝灰岩内的大部分玻屑被溶解形成粒内溶孔，其他组分多发生蚀变形成黏土。

巴音都兰凹陷

巴9井 2417.2m

腾格尔组一段

铸体薄片 单偏光

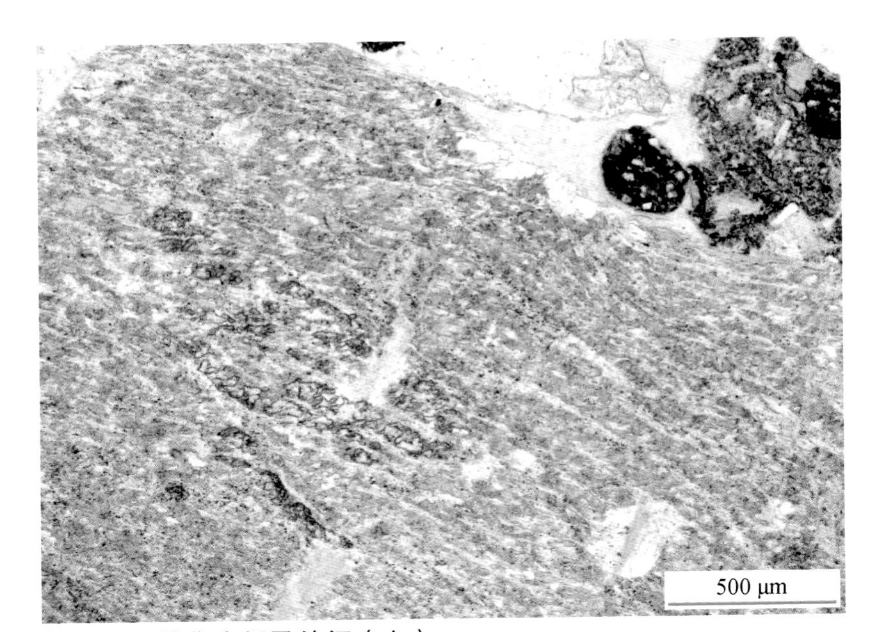

图版 4-40 储集空间及特征（六）

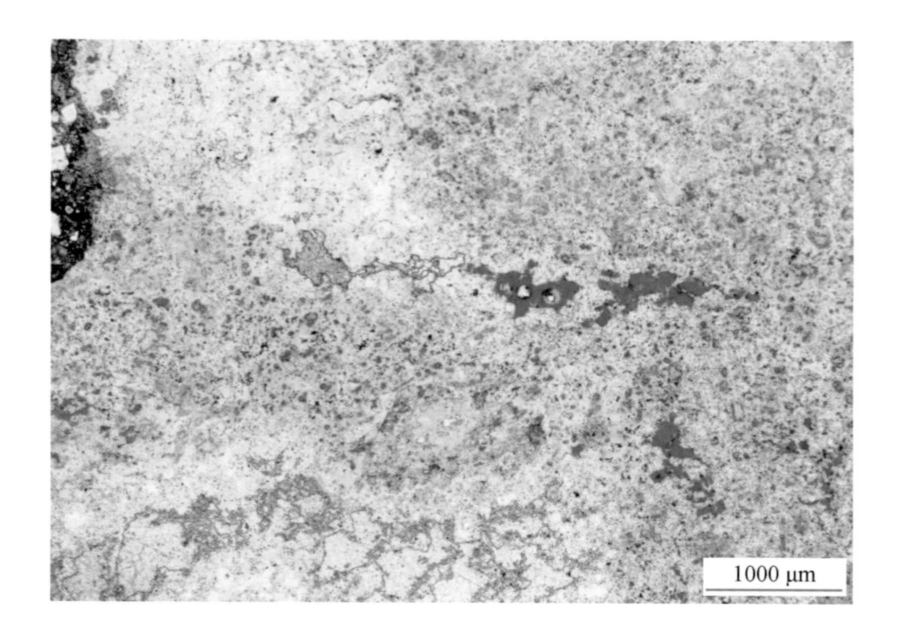

岩屑粒内溶孔

火山岩屑的基质被部分溶蚀形成粒内溶孔。

巴音都兰凹陷

巴45井 1242.39m

腾格尔组一段

铸体薄片 单偏光

长石粒内溶孔

长石粒内溶孔发育，溶孔中发育方解石和自生伊/蒙间层，伊利石呈弯曲片状。

巴音都兰凹陷

巴45井 1242.39m

腾格尔组一段

扫描电镜

长石粒内溶孔

长石部分被溶蚀形成粒内溶孔；粒间孔边缘发育孔隙衬里式的绿泥石膜状胶结物。

洪浩尔舒特凹陷

洪37井 1603.40m

腾格尔组一段

铸体薄片 单偏光

图版 4-41 储集空间及特征（七）

粒内溶孔

安山岩岩屑内斜长石微晶间的玻璃质被溶蚀，形成粒内溶孔。

洪浩尔舒特凹陷

洪37井 1603.40m

腾格尔组一段

铸体薄片 单偏光

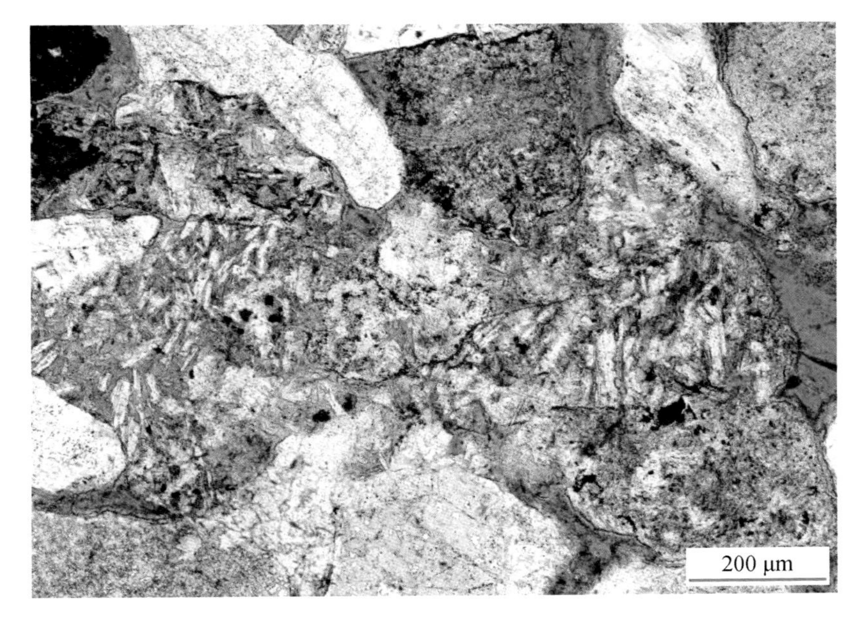

残余粒间孔

粒间孔隙被方解石胶结物部分充填，残余粒间孔发育。图片左侧安山岩岩屑被方解石强烈交代。

乌兰花凹陷

兰6X井 737.06m

腾格尔组二段

铸体薄片 单偏光

长石粒内裂缝 高岭石晶间孔

长石呈褐色，沿解理发育粒内裂缝，粒间孔充填自生高岭石，晶间孔发育。

乌兰花凹陷

兰6X井 1491.76m

腾格尔组一段

铸体薄片 单偏光

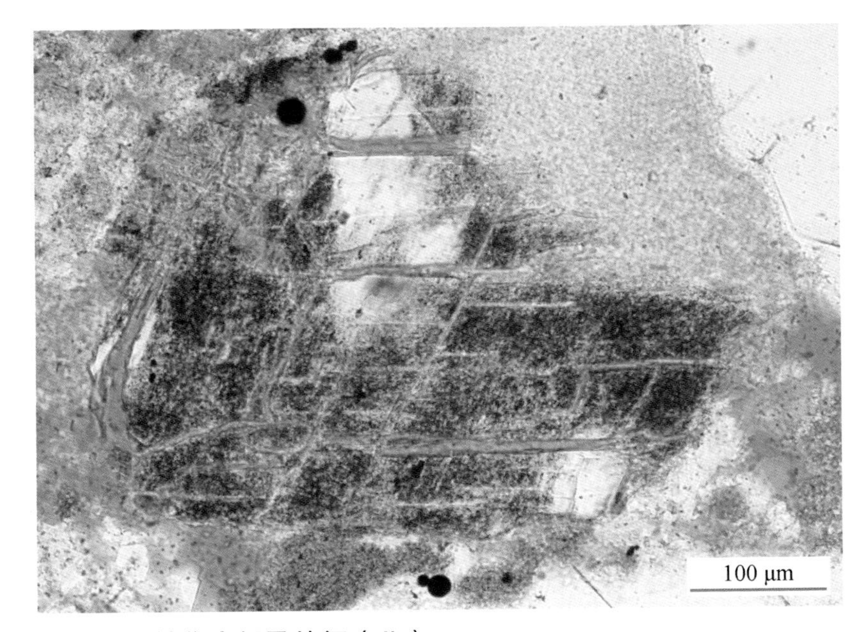

图版 4-42 储集空间及特征（八）

自生高岭石晶间微孔 长石粒内溶孔

长石碎屑发育粒内溶孔，粒间充填自生高岭石，晶间微孔发育。

乌兰花凹陷

兰6X井　1491.76m

腾格尔组一段

铸体薄片　单偏光

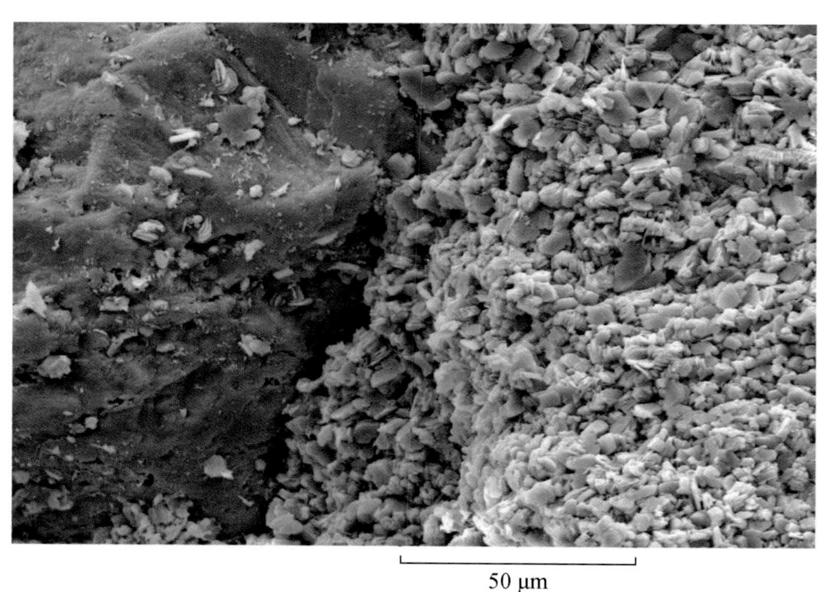

自生高岭石晶间微孔

粒间充填自生高岭石，其呈假六方片状、书页状集合体，发育晶间微孔。

乌兰花凹陷

兰6X井　1491.76m

腾格尔组一段

扫描电镜

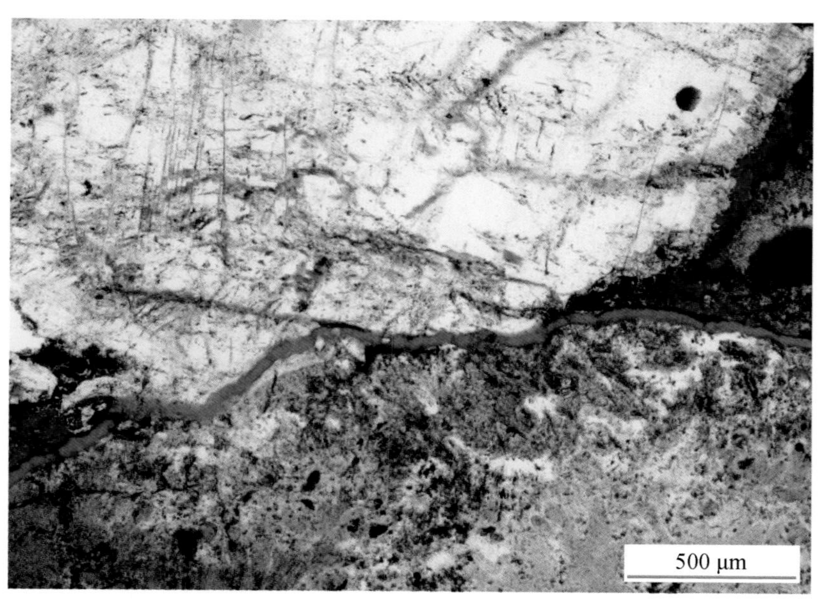

粒内溶孔 微裂缝

长石溶蚀较弱，形成少量粒内溶孔、微裂缝。粒间充填方解石胶结物。

乌兰花凹陷

兰6X井　737.80m

腾格尔组一段

铸体薄片　单偏光

图版 4-43　储集空间及特征（九）

二、物性特征

据典型凹陷各种沉积相的砂砾岩储层的物性统计（表 4-1），二连盆地下白垩统腾格尔组与阿尔善组近岸水下扇和远岸水下扇相砂砾岩储层主要为超低渗、特低渗储层，少量低渗储层，孔隙度变化较大，从特低孔—中孔均有出现（图 4-1，图 4-2）；扇三角洲相砂砾岩储层以特低渗储层占优，低渗—高渗储层约占所统计样品数的 40%，孔隙度以中孔—低孔为主（图 4-3）；辫状河三角洲相砂砾岩储层与扇三角洲相砂砾岩储层相似，低渗—高渗储层约占所统计样品数的 40%，而且出现了约占所统计样品数 3% 的特高渗储层（图 4-4）。由此可见，扇三角洲与辫状河三角洲相砂砾岩储层具有较好的储集性能，是有利的油气储集层。

表4-1　二连盆地砂砾岩储层物性统计表

沉积相	层位	孔隙度（%）	渗透率（mD）	样品数量（个）	代表凹陷	代表井
近岸水下扇	腾格尔组	$\frac{3.9\sim22.2}{9.04}$	$\frac{0.01\sim66}{3.43}$	101	巴音都兰、吉尔嘎朗图	巴45、吉35、吉55、吉58、吉60
	阿尔善组	$\frac{8.7\sim20}{16.3}$	$\frac{0.5\sim47.3}{9.2}$	21	阿南	哈51、哈54、阿50
远岸水下扇	腾格尔组	$\frac{3.1\sim23.6}{12.1}$	$\frac{0.034\sim175}{5.2}$	109	洪浩尔舒特、吉尔嘎朗图	洪37、洪61、洪63、吉108、吉66、吉36
	阿尔善组	$\frac{4.3\sim16.1}{9.05}$	$\frac{<0.02\sim1.34}{0.43}$	8	乌里雅斯太、阿南	哈25、哈28、太101
扇三角洲	腾格尔组	$\frac{2.3\sim38.1}{12.2}$	$\frac{0.06\sim16119}{518.9}$	138	乌兰花、阿尔	兰4、兰6X、兰11X、兰12X、兰42、兰43X、阿尔1、阿尔3、阿尔4、阿尔22
	阿尔善组	$\frac{1.5\sim13.9}{9.3}$	$\frac{<0.02\sim33}{3.35}$	24	赛汉塔拉、巴音都兰	赛81、赛82、巴66、巴76、巴79
辫状河三角洲	腾格尔组	$\frac{4.4\sim27}{15.9}$	$\frac{0.42\sim3432}{197.7}$	80	吉尔嘎朗图、额仁淖尔	吉86、吉92、林20、淖28、淖38、淖84
	阿尔善组	$\frac{4.5\sim18}{10.3}$	$\frac{0.09\sim2478}{163.7}$	32	阿尔、额仁淖尔	阿尔23、阿尔66、阿尔68、淖35、淖68

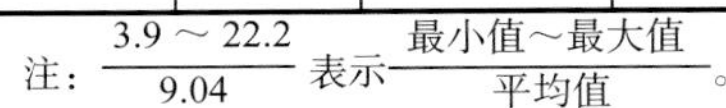
注：$\frac{3.9\sim22.2}{9.04}$ 表示 $\frac{\text{最小值}\sim\text{最大值}}{\text{平均值}}$。

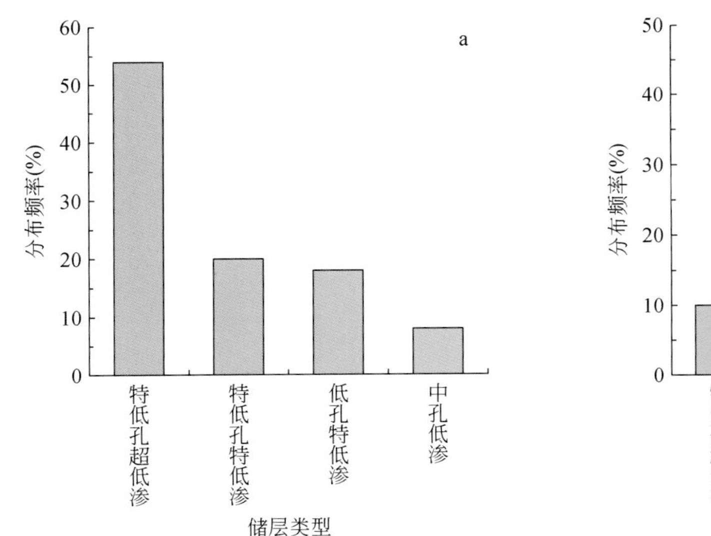

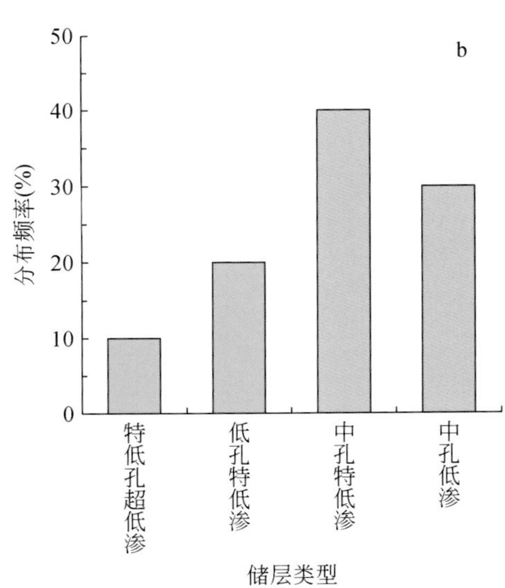

图 4-1　二连盆地近岸水下扇砂砾岩储层类型

a. 腾格尔组；b. 阿尔善组

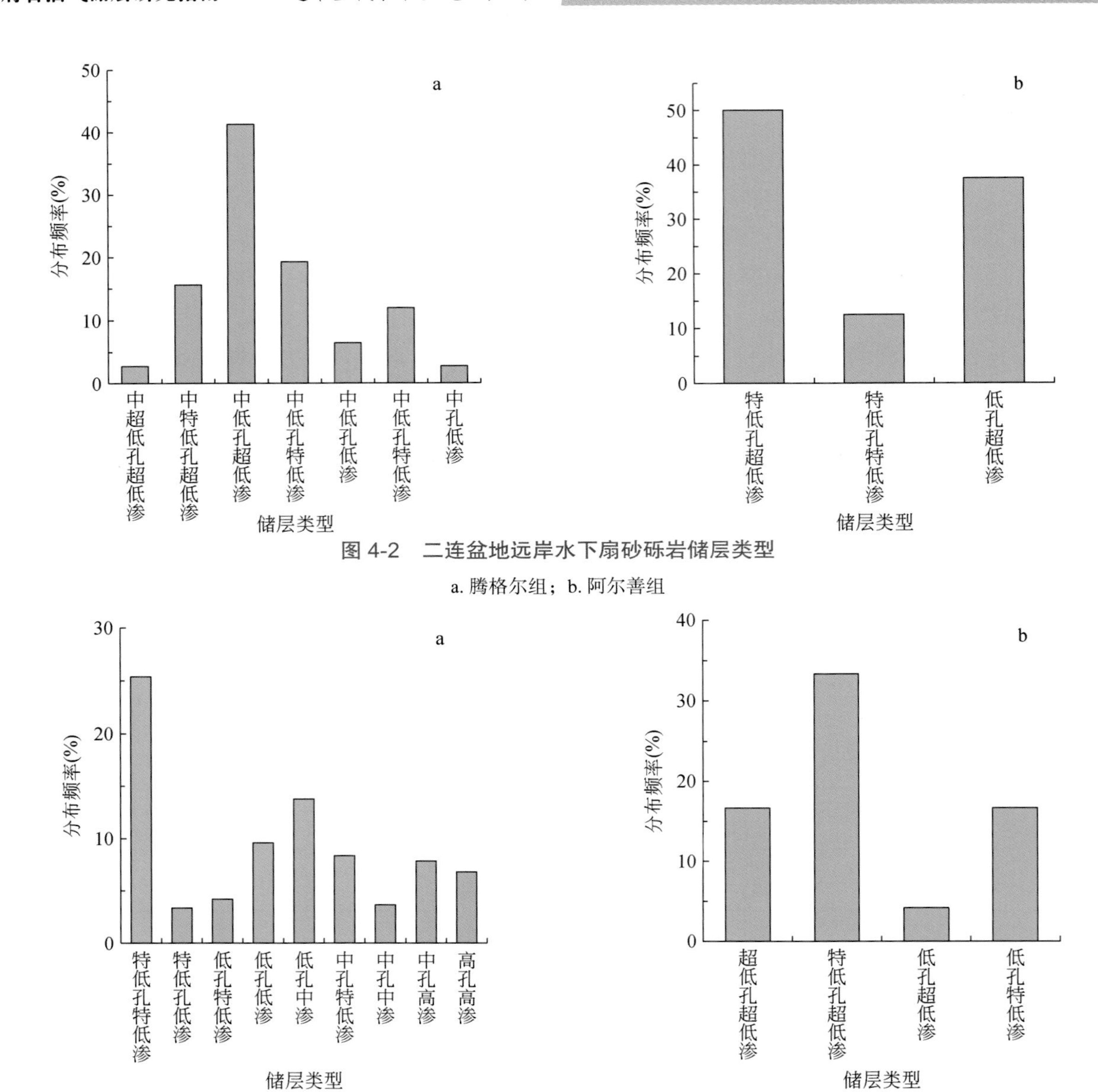

图 4-2　二连盆地远岸水下扇砂砾岩储层类型

a. 腾格尔组；b. 阿尔善组

图 4-3　二连盆地扇三角洲砂砾岩储层类型

a. 腾格尔组；b. 阿尔善组

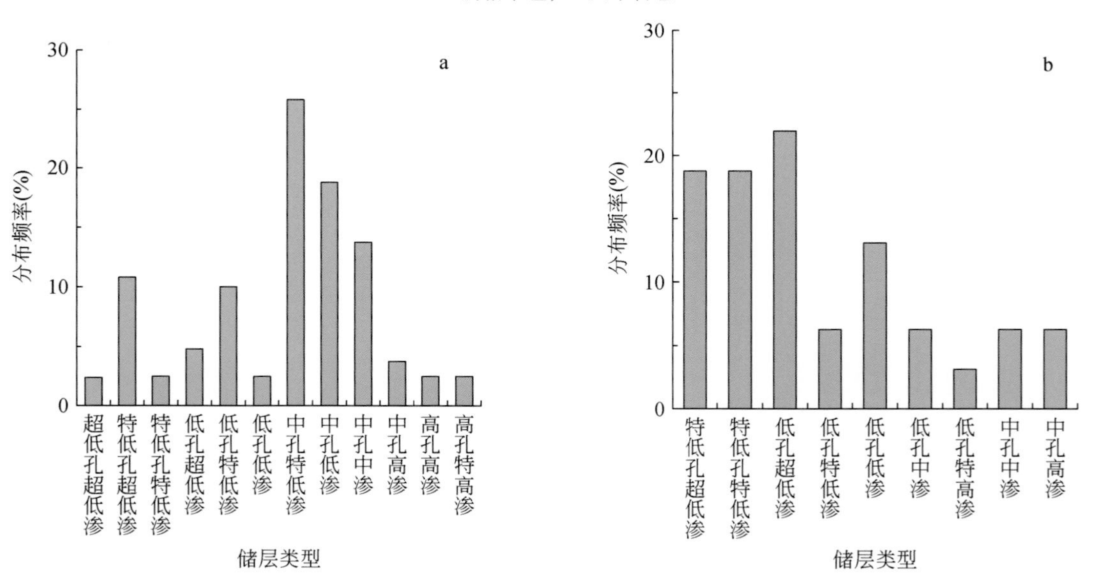

图 4-4　二连盆地辫状河三角洲砂砾岩储层类型

a. 腾格尔组；b. 阿尔善组

第五章　砂岩储层

砂岩是指粒径为 0.0625 ～ 2mm 的碎屑颗粒含量占 50% 以上的碎屑岩。

砂岩储层是二连盆地重要的油气储层类型，在各个凹陷普遍存在，且不同凹陷的砂岩储层既有相似性，也有特殊性，主要表现在岩性、岩相、成岩作用及储集性能等方面。砂岩碎屑成分主要受各凹陷周围的古高地的物源岩石组成控制，结构构造受沉积作用控制，成岩作用及孔隙演化是在成分、结构、构造的基础上，受到埋藏条件下所处成岩阶段的各种物理、化学等因素的影响。

第一节　岩石学特征

砂岩岩石学特征的研究内容包括成分、结构、构造和成岩作用形成的一系列现象。

一、结构和构造特征

结构和构造特征包括在露头剖面、岩心上所见的宏观结构构造现象，以及在显微镜、扫描电镜等仪器下观察的微观结构构造。砂岩储层按成因分为重力流型水道沉积砂岩和牵引流型水道沉积砂岩。

重力流型水道沉积砂岩在较长而完整的岩心上多见正递变层叠覆的旋回；在远岸水下扇（浊积扇）及扇三角洲水下分流河道则多具有叠覆冲刷递变层理，显现“ABAB”“ABC”型的叠置序列；因沉积速度快，结构成熟度较低，表示为粒度较粗，分选性差，磨圆度低，杂基含量高。

牵引流型水道沉积砂岩常见各种交错层理与平行层理，结构成熟度较好，主要表现为杂基含量低，分选性较好，磨圆度中等，一般为次圆 - 次棱角状，粒度较大者则多为次圆状。

在微观结构和构造方面，除粒度、磨圆度、分选性等结构特征以外，填隙物类型和孔隙特征也是微观结构的重要表现，主要受控于成岩作用，但与沉积作用形成的原生结构密切相关。根据填隙物类型及孔隙的发育特征，砂岩储层可分为以下几种类型：

孔隙发育型：孔隙类型主要为粒间溶孔、粒内溶孔、铸模孔等；常见于牵引流型水道沉积的粒度较粗且富含长石、火山岩屑的砂岩中，杂基含量低，原生孔隙发育良好，有利于孔隙水的流通，便于发生次生溶蚀作用。

强胶结致密型：方解石连晶胶结为主，孔隙不发育；多见于粒度较粗、分选性良好、杂基含量低的砂岩中；多形成于牵引流型水道沉积砂岩中。

杂基充填致密型：主要见于重力流型水道沉积砂岩中，洪水期的快速沉积导致粒间杂基含量高，压实后不利于孔隙水流通，一般孔隙发育；该类砂岩一般分选性差或粒度较细。

石英、长石加大型：孔隙发育中等。

白云石胶结型：孔隙发育差一中等。白云石胶结物多与火山碎屑分解的富含镁、钙离子的富集有关。

蚀变火山灰及自生高岭石胶结型：见于与火山物源有关的凹陷，如阿南凹陷，发育高岭石晶间微孔。

a. 细粒长石砂岩

灰色细砂结构，变形层理，由砂岩中具韵律层理的粉砂岩-泥岩薄夹层经液化作用而变形所致。碎屑成分以长石为主，石英次之。分选性中等，次圆状。

巴音都兰凹陷

巴71X井 1179.42～1179.65m

阿尔善组四段

近岸水下扇相

b. 油斑中粒长石砂岩

原岩灰色，因含油显褐灰色，中砂结构，脉状层理，岩石中夹暗灰色泥质条纹及透镜体。碎屑成分以长石为主，石英次之。分选性中等。泥质胶结。

巴音都兰凹陷

巴71x井 1951.52～1951.68m

阿尔善组四段

近岸水下扇相

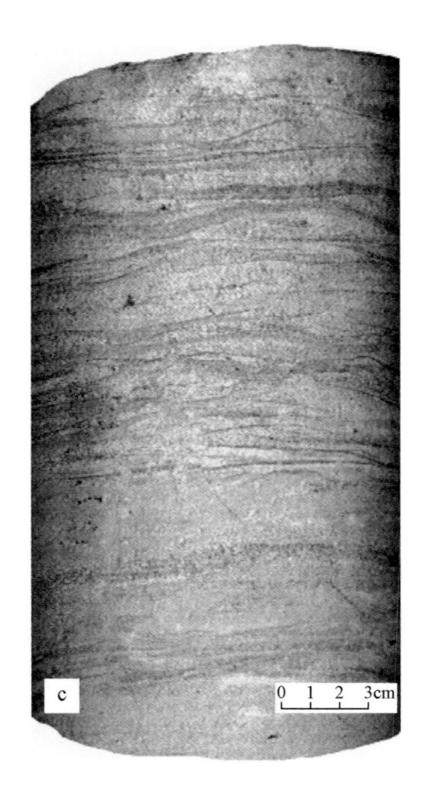

c. 细粒长石砂岩

灰色，细砂结构，脉状-波状层理，夹深灰色粉砂质条纹及透镜体。碎屑成分以长石为主，石英次之。分选性中等，泥质胶结。

巴音都兰凹陷

巴75井 1925.79～1925.97m

阿尔善组四段

近岸水下扇相

d.油斑中粒长石砂岩

灰色，中砂结构，脉状层理，夹少量深灰色泥质条纹。碎屑成分以长石为主，石英次之。分选性较好，次棱角-次圆状，泥质胶结，较致密。见褐色油斑。

巴音都兰凹陷

巴75井 1925.05～1925.24m

阿尔善组四段

近岸水下扇相

图版 5-1 结构、构造及成分特征（一）

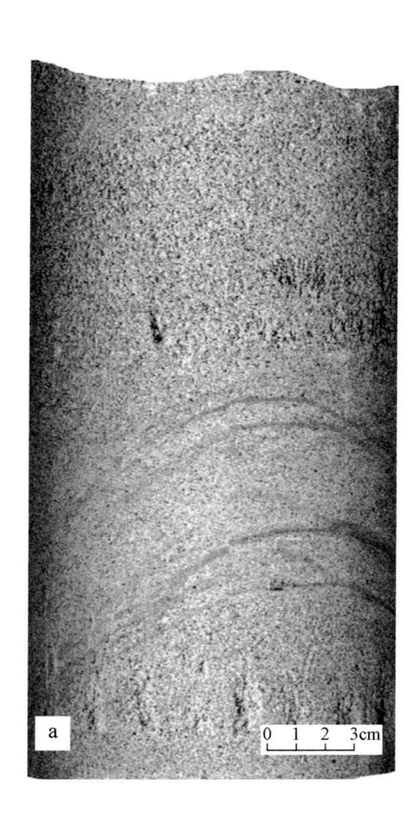

a.中-粗粒岩屑砂岩

灰色，中-粗砂结构，正递变层理，上部粗砂岩为块状层理，下部中砂岩具有砂纹层理，且被上部的粗砂岩冲刷。碎屑成分以火山岩屑为主，石英次之。分选性较好，碎屑次棱角-次圆状。泥质胶结，岩性致密。

阿南凹陷

哈54井　1531.84～1538.03m

阿尔善组

近岸水下扇相

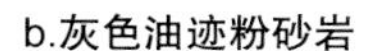

b.灰色油迹粉砂岩

灰色，粉砂结构，岩心下部具有中砂岩-粉砂岩的正递变层理，中部见冲刷面，上部为含粉砂岩角砾的粗砂岩。砂岩中碎屑以长石为主，岩屑次之，少量石英，分选性中等，次棱角状。

吉尔嘎朗图凹陷

吉34井　1020.20～1020.43m

腾格尔组一段

远岸水下扇相

c. 油斑粉砂岩

褐灰色，粉砂结构，波状层理，由颜色不同的条带显示。油斑明显。

吉尔嘎朗图凹陷

吉34井　1036.90～1037.05m

腾格尔组一段

远岸水下扇相

d.粉砂岩

浅灰色，粉砂结构，水平层理，由浅暗相间的纹层显示。下部夹黑色泥岩纹层，火焰状构造。紫外线下见荧光。

赛汉塔拉凹陷

赛66井　2334.03～2334.27m

腾格尔组二段

远岸水下扇相

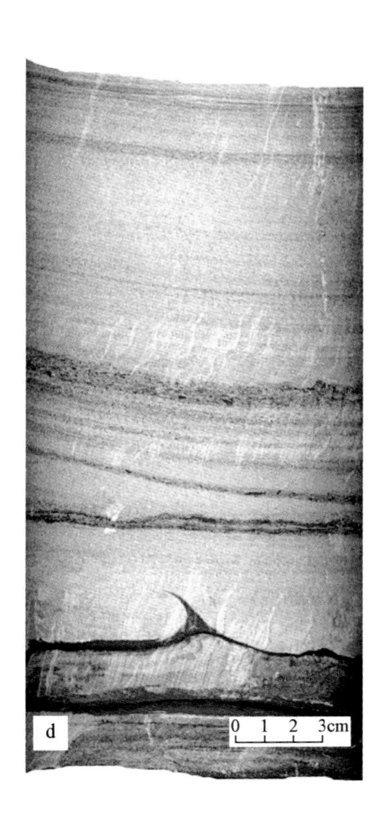

图版 5-2　结构、构造及成分特征（二）

a. 油斑中-粗粒岩屑长石砂岩

中-粗砂结构，原岩灰色，含油部分为红褐色，正递变层理，底部见冲刷面，上部见平行层理。碎屑成分以长石为主，岩屑次之，有少量石英。分选性中等，次棱角状。泥质胶结。含油面积约20%。

阿尔凹陷

阿尔29井　1323.22～1323.42m

腾格尔组一段

辫状河三角洲相

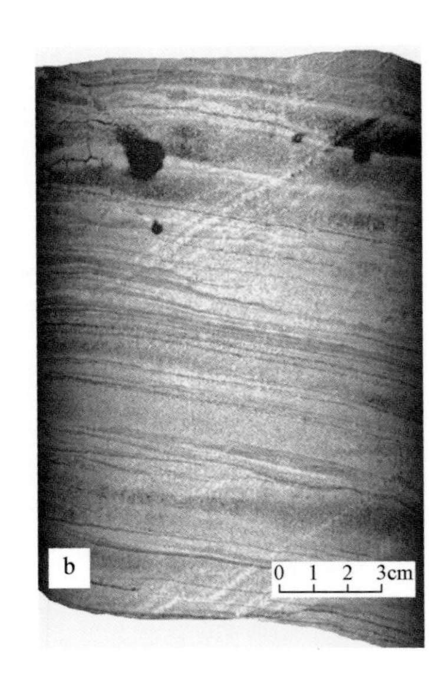

b. 油斑细粒岩屑长石砂岩

灰色，细砂结构，波状层理，由浅暗相间的纹层显示。碎屑成分以长石为主，岩屑次之，次棱角状，分选性好，泥质胶结。含油面积约5%。

阿尔凹陷

阿尔29井　1692.98～1693.18m

腾格尔组一段

辫状河三角洲相

c. 油浸细粒长石砂岩

浅灰色细砂结构，水平层理-砂纹层理。碎屑成分以长石为主，少量岩屑和石英，次棱角状，分选性好。泥质胶结。含油面积约50%。

额仁淖尔凹陷

淖38井　1096.31～1096.56m

阿尔善组四段

辫状河三角洲相

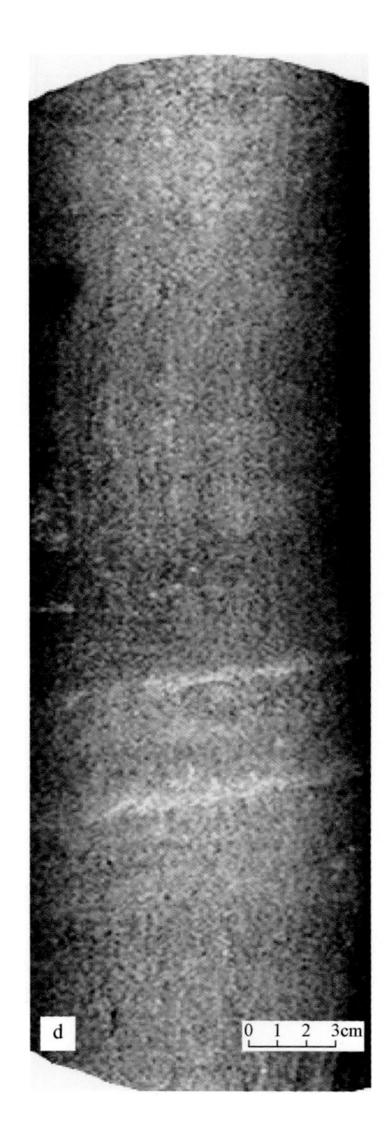

d.富含油中粒长石砂岩

因富含油而呈褐黄色，中砂结构，块状构造。碎屑成分以长石为主，少量岩屑和石英，次棱角状，分选性好，泥质胶结。含油面积约80%。

额仁淖尔凹陷

淖68井　1723.06～1723.38m

阿尔善组四段

辫状河三角洲相

图版 5-3　结构、构造及成分特征（三）

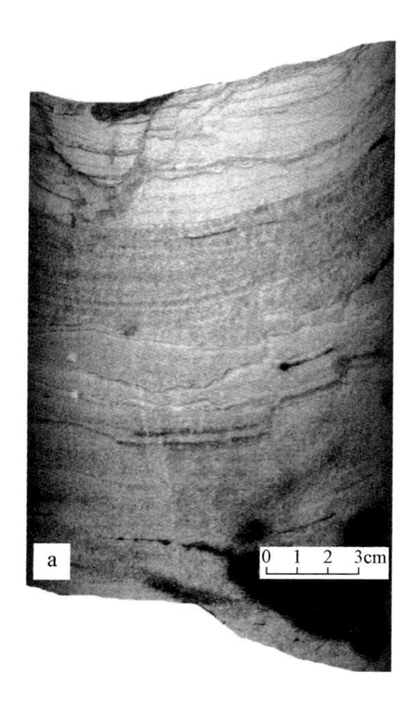

a.油斑细粒长石砂岩

灰色，细砂结构，水平层理。岩心中、上部见由地震活动造成的小断层和碎裂。次棱角状，分选性好。泥质胶结。含油面积约5%。

巴音都兰凹陷

巴92X井 2494.12～2494.31m

阿尔善组四段

扇三角洲相

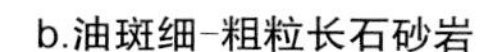

b.油斑细-粗粒长石砂岩

灰色细砂结构，正递变层理，岩心中上部具有砂纹层理。分选性中等，次棱角状。局部钙质胶结，加酸起泡。含油面积约10%。

额仁淖尔凹陷

淖72井 813.39～813.62m

阿尔善组四段

扇三角洲相

c. 油斑钙质粉砂岩

灰色，粗粉砂结构，砂纹层理，夹暗色泥质条纹。含油面积约5%。

赛汉塔拉凹陷

赛4井 805.66～805.82m

腾格尔组二段

扇三角洲相

d.油斑粉砂岩

灰色粗粉砂结构，变形层理。含油面积约15%。

赛汉塔拉凹陷

赛28井 998.90～999.10m

腾格尔组二段

扇三角洲相

图版 5-4 结构、构造及成分特征（四）

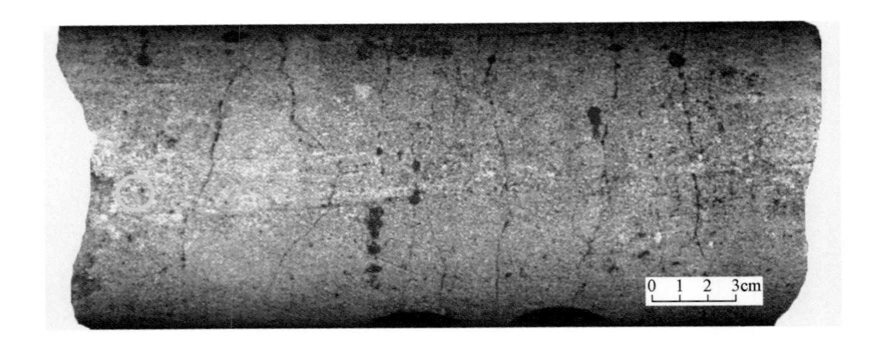

油浸细粒岩屑砂岩

灰色，细砂结构，块状构造。碎屑成分以岩屑为主，有少量石英、长石。分选性较好，次圆-次棱角状。泥质胶结。斑点状及条纹状油浸明显。

阿南凹陷　哈50井　1034.67～1034.89m　阿尔善组　近岸水下扇相

细粒岩屑砂岩

细砂结构，粒度以0.2mm左右为主，显微均一构造。碎屑成分以泥化的火山岩屑及浅变质岩屑为主，有少量石英及长石。碎屑分选性较好，磨圆度差，多为棱角状-次棱角状。粒间溶孔发育，连通性较好。

哈50井　1034.76m　单偏光

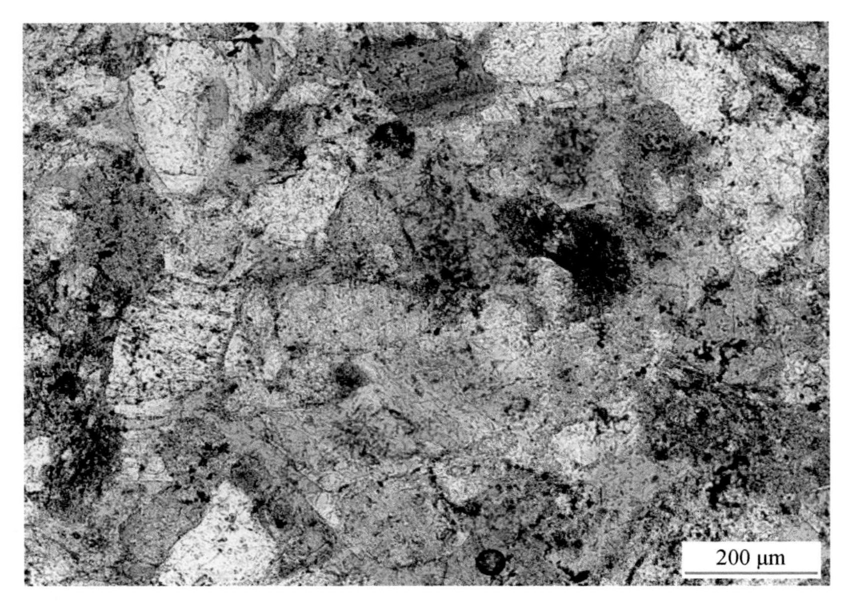

粒间溶孔 粒内溶孔 铸模孔

碎屑长石被溶蚀形成铸模孔及粒内溶孔，长石铸模孔保留原碎屑长石的柱状形态；碎屑颗粒间的杂基（如火山灰等）被溶蚀形成粒间溶孔。中下方的长石具有长石加大边。

哈50井　1034.76m　单偏光

图版 5-5　结构、构造、成分及储集空间特征（一）

油浸粗粒长石砂岩

浅褐灰色，粗砂结构，大型板状交错层理。成分以浅灰红色及灰白色的长石为主，少量酸性火成岩碎屑及浅变质岩屑。碎屑分选性中等，次棱角-次圆状，泥质胶结，局部加酸起泡，含钙质胶结物。油浸明显。

巴音都兰凹陷

巴75井 1922.40～1922.62m

阿尔善组四段

近岸水下扇相

粗粒长石砂岩

粗砂结构，次棱角状，分选性差。碎屑成分以酸性火山岩屑及长石为主，见粒间溶孔及压实粒内裂缝，局部钙质胶结。

巴75井 1922.62m 单偏光

次生溶孔及自生长石

长石铸模孔及粒间溶孔发育，见板柱状自生长石及长石加大边。

巴75井 1922.62m 单偏光

粒间溶孔及长石晶内溶孔

孔中含絮状黏土及方解石。

巴75井 1922.62m 单偏光

斜长石及方解石胶结物

斜长石具有细密的连续性较差的聚片双晶。

巴75井 1922.62m 正交偏光

图版 5-6 结构、构造、成分及储集空间特征（二）

灰色油斑含砾砂岩

灰色，含细砾中-粗砂结构，正递变层理，成分以长石为主，石英次之，细砾石成分以花岗岩岩屑为主，石英、长石砾次之，砾径一般2～3mm，最大10mm×30mm，分选性差，次棱角-次圆状。加酸起泡，泥质-钙质胶结。

乌兰花凹陷　兰1井　2065.60～2065.86m　阿尔善组　辫状河三角洲相

中粗粒长石砂岩

取样部分具中粗砂结构，碎屑分选性中等，次棱角-次圆状。碎屑成分以长石为主，包括微斜长石、斜长石及条纹长石等，石英次之。钙质胶结。

兰1井　2065.66m

正交偏光

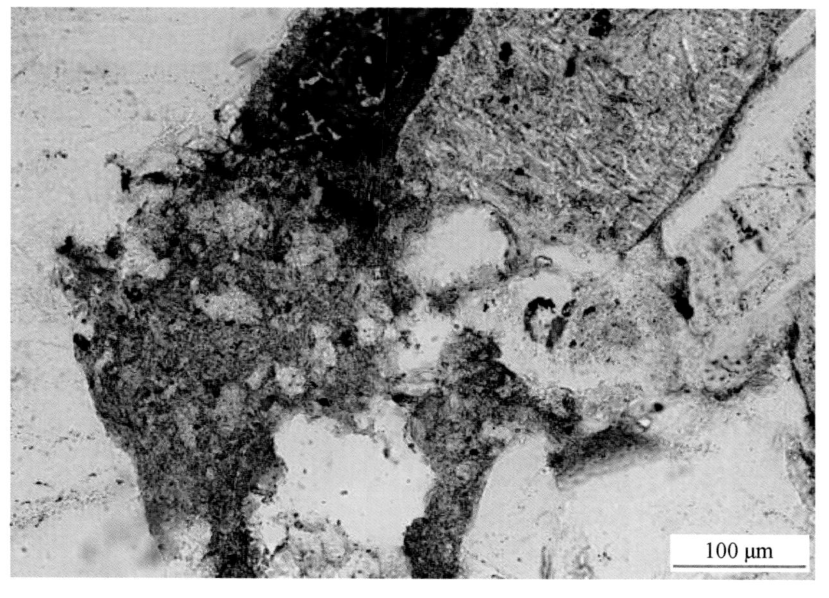

填隙物

由蚀变火山灰及少量粉砂组成，上方见方解石，染色后呈深红色。

兰1井　2065.66m

正交偏光

图版 5-7　结构、构造及成分特征（五）

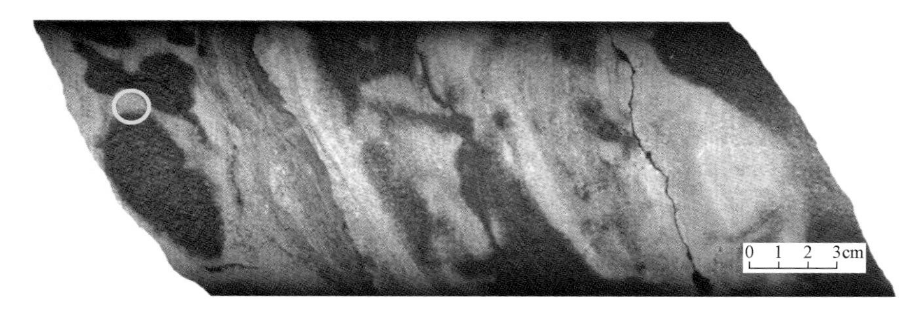

油浸细粒岩屑长石砂岩

褐灰色，细砂结构，夹深灰色泥质条纹，脉状层理。碎屑成分以长石及岩屑为主，石英次之。碎屑次棱角状，分选性好。加酸起泡，局部钙质胶结。见大片油浸斑块。

巴音都兰凹陷　巴92X井　2497.13～2497.46m　阿尔善组四段　扇三角洲相

细粒岩屑长石砂岩

细砂结构，粒度以0.2mm左右为主。碎屑成分以长石及泥化的火山岩屑为主，有少量石英。碎屑分选性较好，圆度中等。局部方解石胶结。粒间溶孔及铸模孔发育（孔隙处呈浅褐黄色），孔隙连通性较好。

巴92X井　2497.27m　单偏光

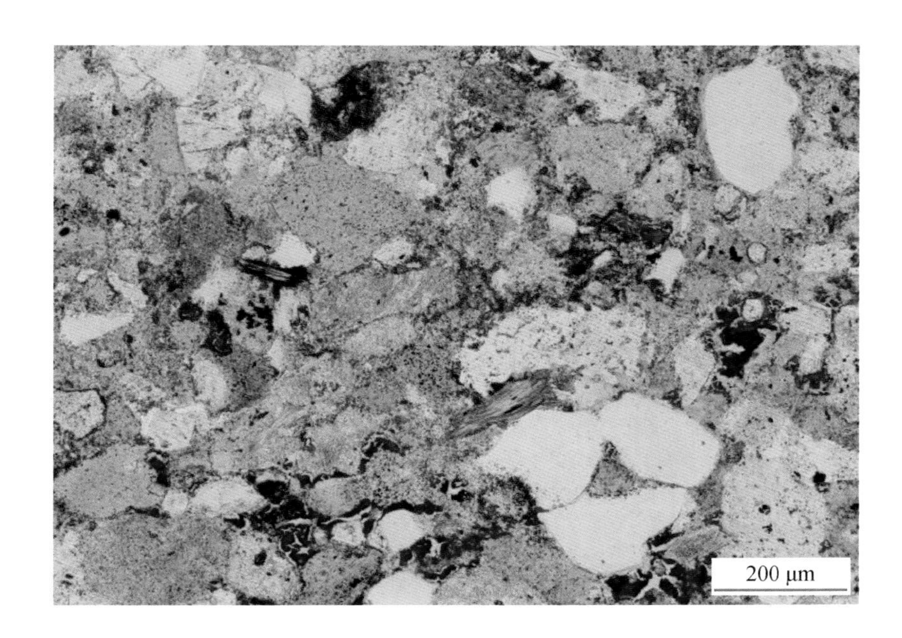

方解石胶结

方解石胶结物呈不规则的斑块状分布，连晶结构。

巴92X井　2497.27m　正交偏光

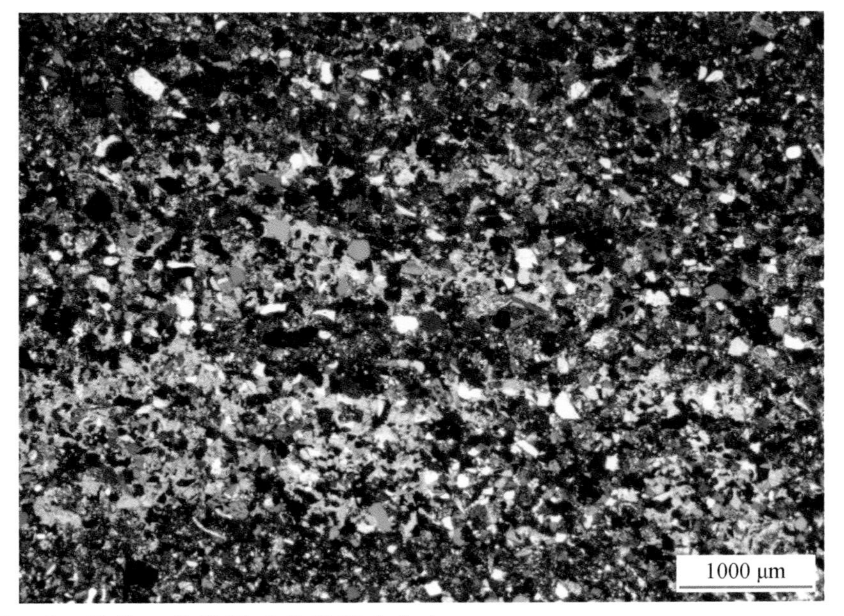

图版 5-8　结构、构造及成分特征（六）

油斑钙质含细砾粗粒长石砂岩

褐灰色，含细砾粗砂结构，块状构造碎屑成分以长石为主，石英次之，次棱角-次圆状，分选性中等。加酸起泡，钙质胶结。油斑较明显。

巴音都兰凹陷

巴9井 1612.02～1612.29m

阿尔善组四段

扇三角洲相

中-粗粒长石砂岩

碎屑以各种长石为主，有少量石英及岩屑，取样部位具中砂结构，分选性较好，次棱角-次圆状，局部钙质胶结。

巴9井 1612.20m 正交偏光

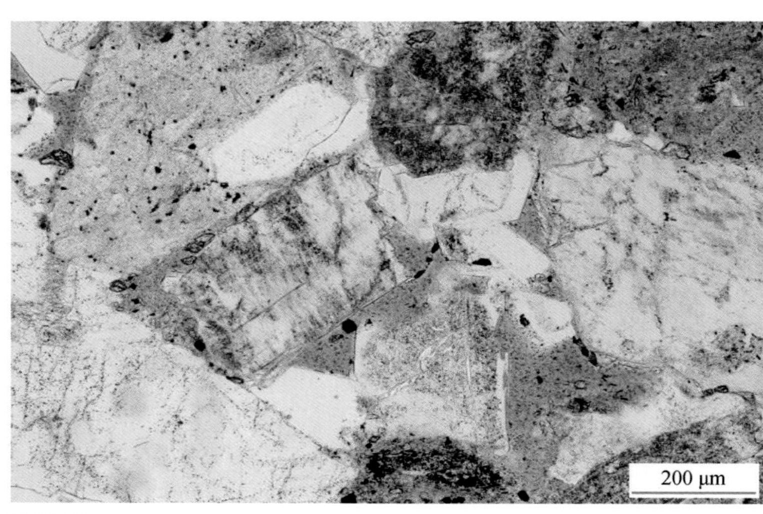

粒间溶孔

碎屑颗粒间点状接触，粒间溶孔发育，见明显的石英及长石加大边。

巴9井 1612.20m 单偏光

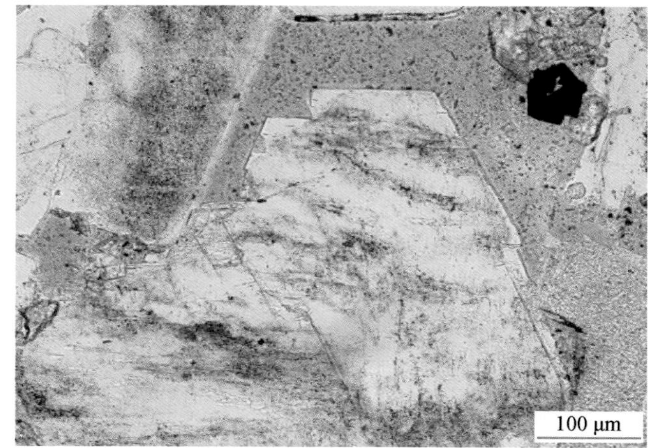

粒间溶孔及长石加大边

长石加大边干净透明，呈自形边缘，溶孔内残留少量黏土。

巴9井 1612.20m 单偏光

长石加大边及方解石胶结物

长石碎屑呈柱状，因黏土化而较脏污，长石加大边干净自形，碎屑与加大边的聚片双晶连续。左上方为方解石胶结物。

巴9井 1612.20m 正交偏光

图版 5-9 结构、构造、成分及储集空间特征（三）

油斑细粒岩屑长石砂岩

浅灰色，细砂结构，砂纹层理。碎屑成分以长石为主，岩屑和石英次之，分选性好，次棱角状。以泥质胶结为主。见油斑。

赛汉塔拉凹陷

赛4井　822.73～823.28m

腾格尔组二段

扇三角洲相

细粒岩屑长石砂岩

以长石和泥化火山岩屑为主，石英及千枚岩屑次之，次棱角状，分选性好。碎屑蚀变高岭石及粒间自生高岭石胶结。

赛4井　822.73m　正交偏光

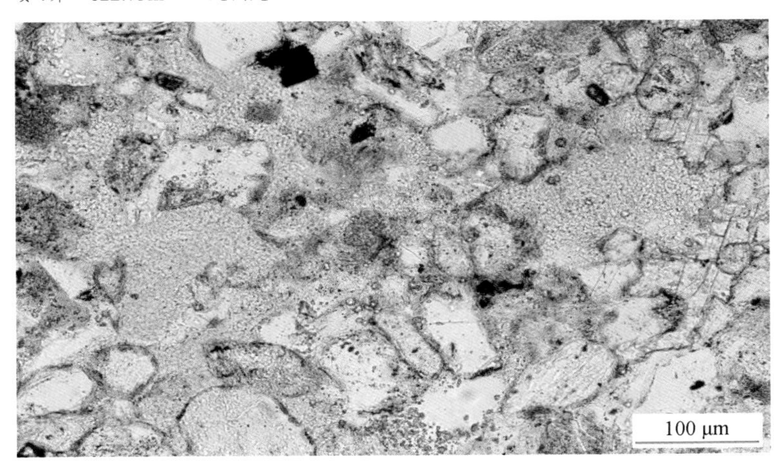

自生高岭石

碎屑蚀变高岭石具碎屑形态；高岭石呈细小鳞片状集合体，无色透明。周围褐黄色者为蚀变火山灰，右侧见少量方解石。

赛4井　822.73m　单偏光

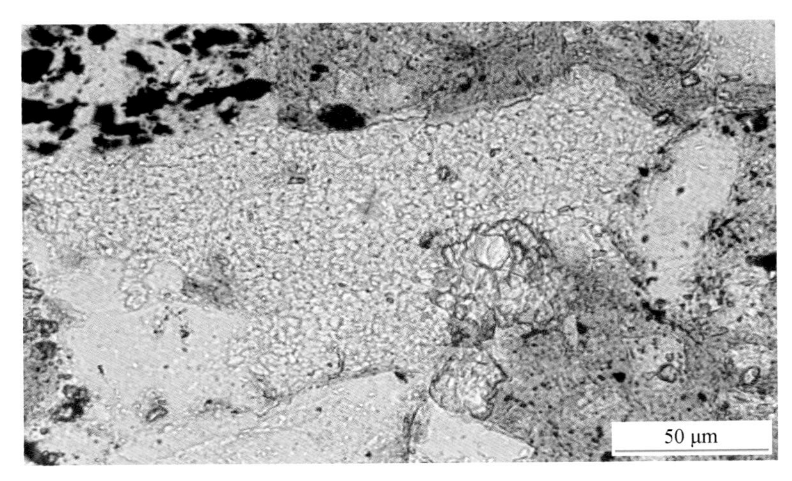

碎屑蚀变高岭石

呈碎屑形态，由长石质碎屑高岭石化而成。周围褐黄色者为蚀变火山灰，共生少量方解石。

赛4井　822.73m　单偏光

图版 5-10　结构、构造及成分特征（七）

二、碎屑成分特征

二连盆地下白垩统砂岩储层的碎屑成分受凹陷邻近高地的源岩类型控制，具有多物源、近物源、母岩类型多、成分复杂的特征。一般来说，阿尔善组以长石砂岩、岩屑长石砂岩为主，有部分岩屑砂岩；腾格尔组以岩屑砂岩为主，其次为长石砂岩及长石岩屑砂岩。

石英：火山型石英在阿南、阿尔凹陷多见，表现为干净透明，不含气液包体，一致消光，偶见含玻璃质包体；常见部分自形边缘或熔蚀边缘；热液型石英气液包体较多，部分含囊脱石、绿泥石的蠕虫状包体；来自花岗岩的石英常含次生气液包体，弱－中等波状消光；复晶石英主要为花岗岩型、脉石英型及糜棱岩型，花岗岩型亚晶数量少，接触界线直或弯曲，波状消光弱；脉石英及糜棱岩型复晶石英的亚晶粒度常为双峰型，其间缝合线状接触，但糜棱岩型具有明显的定向排列和强烈的波状消光。

长石：长石主要来自花岗岩类的物源；包括微斜长石、斜长石、条纹长石及正长石；条纹长石具有原生条纹结构，条纹定向排列，具有一致的光性方位，统一干涉和消光；斜长石发育聚片双晶，常发生绢云母化。

岩屑：岩屑类型直接反映了母岩的类型，类型多样，如中－酸性火山岩屑、花岗质岩屑、各种浅变质岩岩屑及沉积岩屑。

填隙物：可划分为杂基和胶结物两类。杂基一般为泥质杂基，偶见火山灰杂基，在阿南凹陷等与火山岩各物源关联的区域内，常见蚀变火山灰，是形成粒间溶孔的物质基础；胶结物类型多样，其受不同成岩阶段胶结作用的控制，所以放在成岩作用部分叙述。

花岗型单晶石英

石英碎屑内含分布不均匀的次生气液两相包体，来源于花岗岩。图片左侧的石英下方为正长石，可作为花岗岩屑，也佐证了石英的花岗岩来源。粒间为石英加大边及铁白云石胶结物。

巴音都兰凹陷

巴9井　1611.00m

腾格尔组一段

铸体薄片　正交偏光

图版 5-11　碎屑成分及特征（一）

火山型单晶石英

具有熔蚀港湾结构（充填玻璃质），干净透明，不含包裹体，大致具有不完整的六边形外形。具有薄石英加大边，构成自形边缘。左下方为粉砂泥质杂基，右上方为方解石胶结物。

阿南凹陷

阿11井　2201.53m

阿尔善组

铸体薄片　单偏光

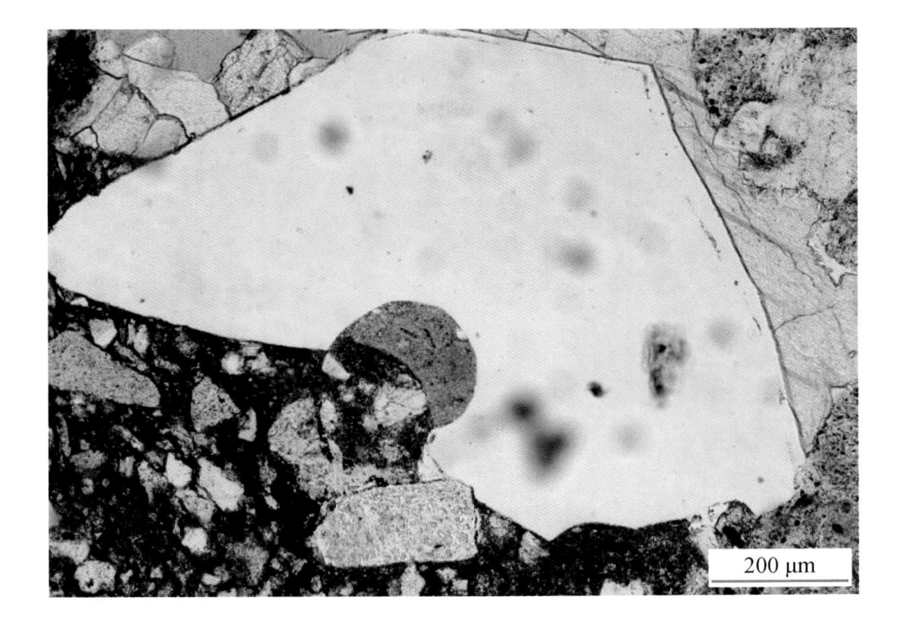

火山型单晶石英

棱角状，干净透明，不含包裹体。粒间发育强烈的方解石交代与胶结。

阿尔凹陷

阿尔6井　2169.50m

阿尔善组

铸体薄片　单偏光

火山型单晶石英

棱角状，或具有部分平直边缘，干净透明，左右两侧的石英中含玻璃质包体，正交偏光下全消光。

阿尔凹陷

阿尔6井　2169.50m

阿尔善组

铸体薄片　正交偏光

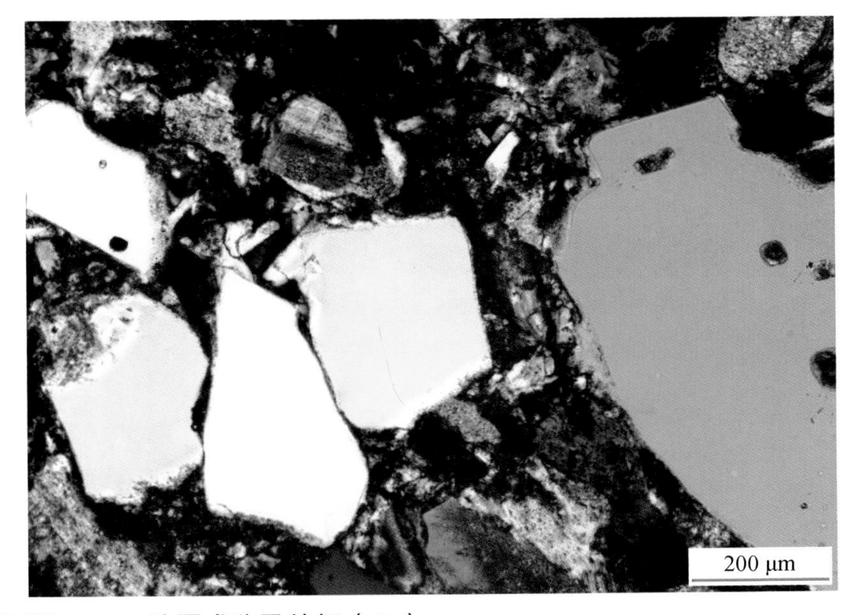

图版 5-12　碎屑成分及特征（二）

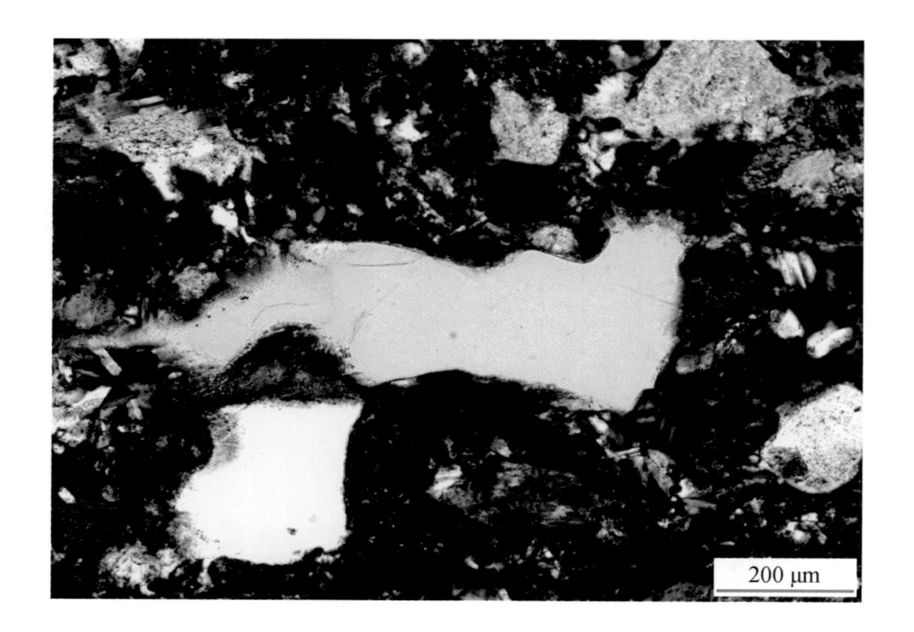

火山型单晶石英

石英呈棱角状，具有溶蚀港湾边缘，干净透明，不含包裹体，不具有波状消光。

阿尔凹陷

阿尔6井　2169.50m

阿尔善组

铸体薄片　正交偏光

脉石英型复晶石英

石英亚颗粒大小不等，缝合线状接触，含次生气液包体，略具有波状消光。含极少量的云母。

巴音都兰凹陷

巴9井　1611.8m

腾格尔组一段

铸体薄片　正交偏光

糜棱岩化脉石英

石英亚颗粒大小不等，定向排列，波状消光明显。颗粒内部可见细粒化的糜棱岩条纹。

巴音都兰凹陷

巴43井　1666.11m

腾格尔组腾一段

铸体薄片　正交偏光

图版 5-13　碎屑成分及特征（三）

火山型单晶石英

石英内部裂纹发育，裂纹内被隐晶质的岩浆物质充填。石英具有部分平直边缘，棱角处受熔蚀而稍圆化。颗粒左上方受压实破碎，裂缝处充填方解石。方解石胶结物发育聚片双晶。左下侧为附着在石英上的显微隐晶质岩浆物质。

巴音都兰凹陷

巴92X井　2718.57m

阿尔善组

铸体薄片　正交偏光

含囊脱石的热液型石英

热液型变晶石英内含绿色囊脱石，蠕虫状，呈一级红-二级蓝干涉色。含原生及次生气液包体。

阿南凹陷

哈50井　1039.43m

阿尔善组

铸体薄片　左：正交偏光　右：单偏光

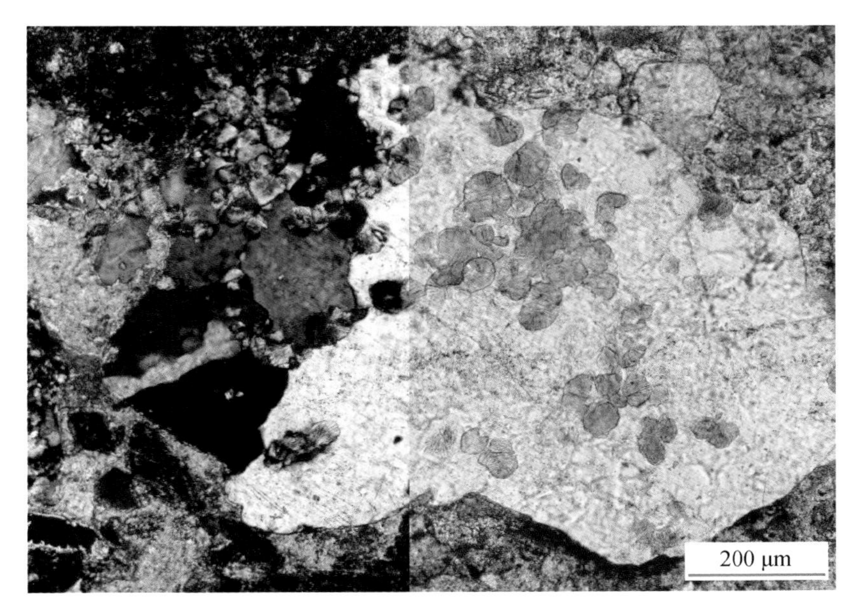

花岗岩型复晶石英

由三个亚颗粒组成的复晶石英，含次生气液包体。

乌兰花凹陷

兰1井　2062.01m

腾格尔组一段

铸体薄片　正交偏光

图版 5-14　碎屑成分及特征（四）

糜棱岩化石英

石英颗粒中部具有明显的细粒化，且定向排列明显。波状消光，含较多次生气液包体。方解石（染色呈红色）充填粒间孔隙并交代长石。

乌兰花凹陷

兰1井　2066.15m

腾格尔组一段

铸体薄片　正交偏光

脉石英型复晶石英

石英亚颗粒大小不等，缝合线状接触，含次生气液包体，波状消光明显。

乌兰花凹陷

兰1井　2067.70m

腾格尔组一段

铸体薄片　正交偏光

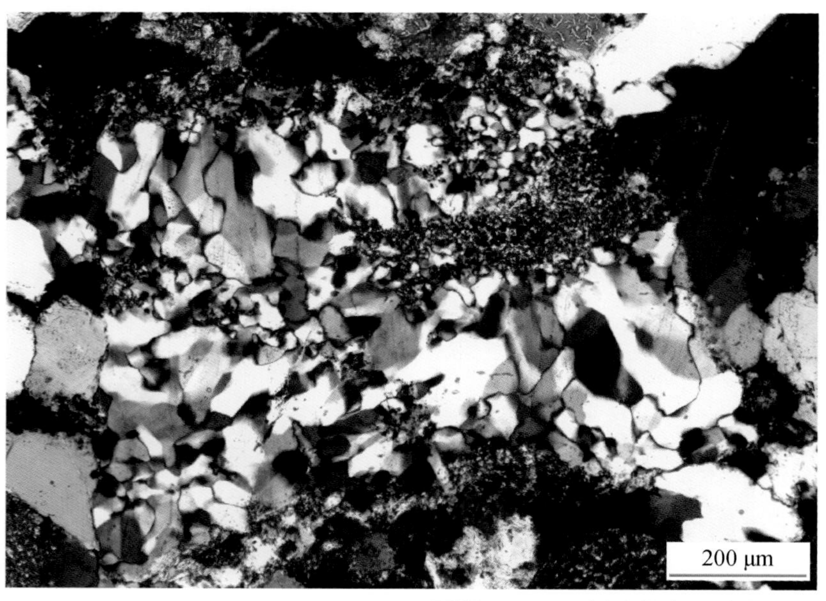

脉石英型复晶石英

石英亚颗粒大小不等，栉状结构，波状消光。

乌兰花凹陷

兰1井　2067.70m

腾格尔组一段

铸体薄片　正交偏光

图版 5-15　碎屑成分及特征（五）

斜长石

聚片双晶，表面具有绢云母化。上部干净部分为长石加大边，解理发育，边缘自形。斜长石周围浅红色，自形菱形者为白云石，交代长石边缘。

巴音都兰凹陷

巴43井 1611.00m

腾格尔组一段

铸体薄片 正交偏光

反条纹长石

条纹结构，主晶为具有细密聚片双晶的钠长石，嵌晶为正长石，不具有双晶结构。条纹定向排列，具有一致的光性方位，统一干涉和消光。

巴音都兰凹陷

巴9井 1677.16m

腾格尔组一段

正交偏光

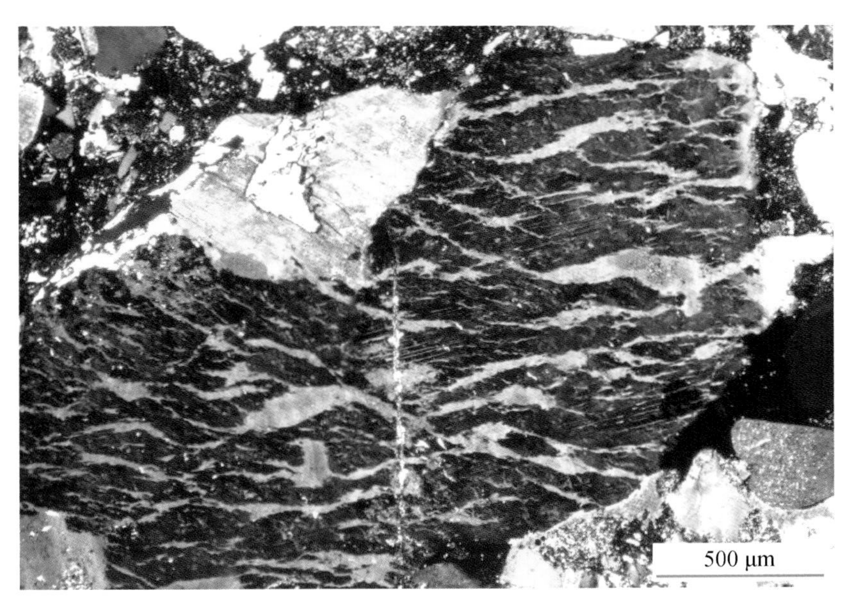

斜长石

表面因次生变化而呈浅褐红色，上方边缘处自生加大。

巴音都兰凹陷

巴19井 1510.16m

腾格尔组一段

铸体薄片 单偏光

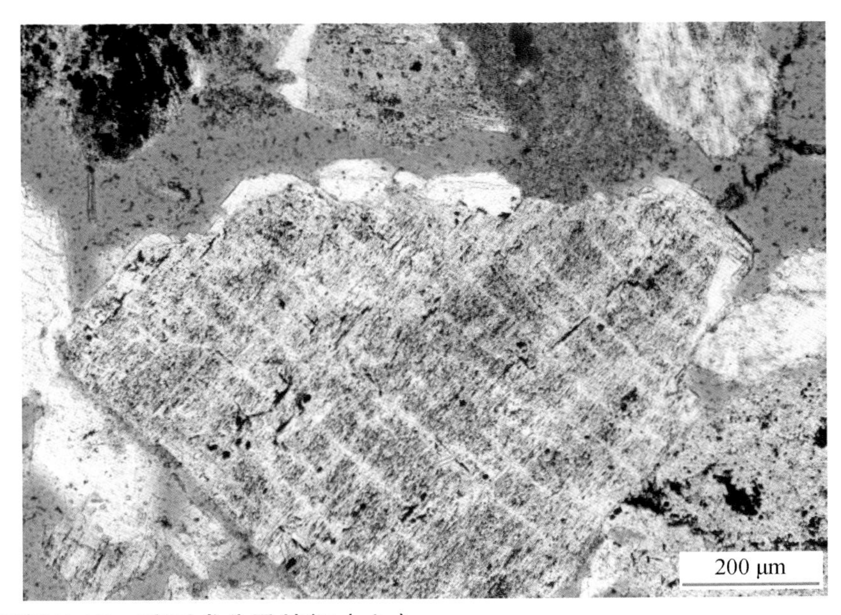

图版 5-16 碎屑成分及特征（六）

斜长石

聚片双晶，表面具有绢云母化。受压实作用影响，双晶略弯曲变形。

乌兰花凹陷

兰14X井　2007.13m

阿尔善组

铸体薄片　正交偏光

条纹长石

条纹结构，主晶为正长石，条纹为钠长石嵌晶，明显定向排列，具有一致的光性方位，统一干涉和消光。条纹长石两端与斜长石组合在一起构成花岗岩岩屑。

巴音都兰凹陷

巴19井　1510.16m

腾格尔组一段

铸体薄片　正交偏光

微斜长石

格子双晶，受应力作用破裂，碎屑颗粒间及压实裂缝内充填方解石。

赛汉塔拉凹陷

赛10井　1368.40m

阿尔善组

铸体薄片　正交偏光

图版 5-17　碎屑成分及特征（七）

花岗岩岩屑

细粒花岗结构，由半自形的正长石、斜长石和它形的石英构成。长石表面弱绢云母化。

巴音都兰凹陷

巴9井 1611.8m

腾格尔组一段

铸体薄片 正交偏光

花斑岩岩屑

石英和正长石规则交生，具有显微文象结构。正长石经次生变化呈浅褐红色。

巴音都兰凹陷

巴9井 1611.8m

腾格尔组一段

铸体薄片 单偏光

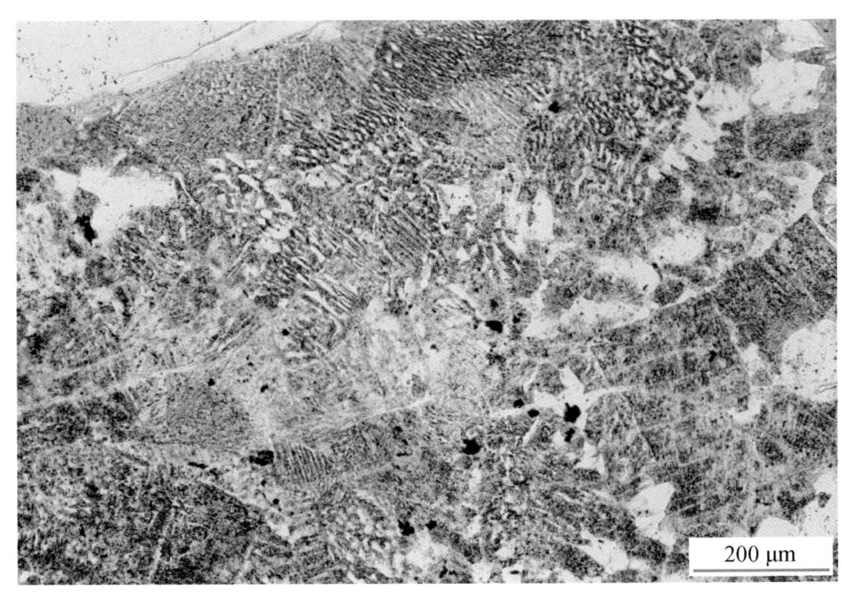

花岗斑岩岩屑

显微斑状结构，斑晶石英具有自形的形态，基质由长英质球粒、粒状的石英和长石组成。

阿南凹陷

哈76井 1700.10m

阿尔善组

铸体薄片 正交偏光

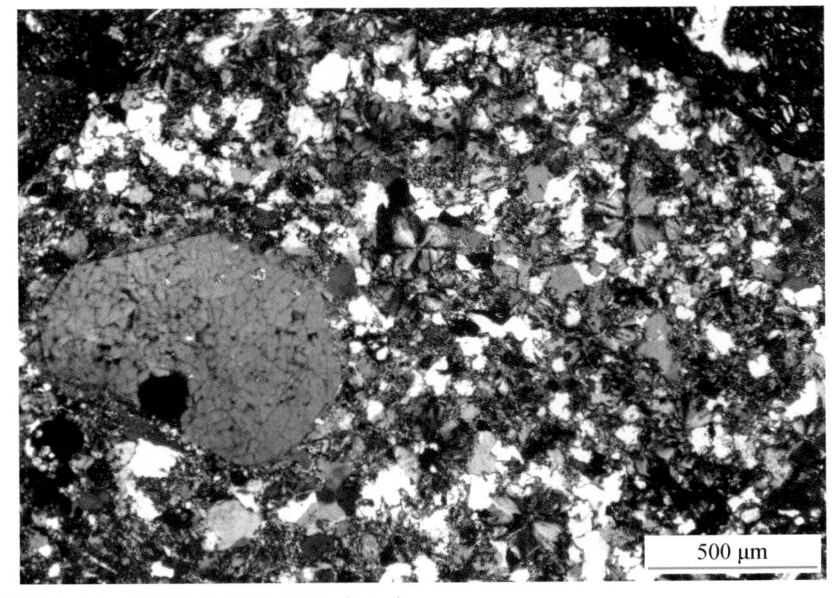

图版 5-18 碎屑成分及特征（八）

流纹岩岩屑

显微斑状结构，斑晶为具有熔蚀结构的石英，基质具有显微流纹构造。

乌兰花凹陷

兰5井　1753.18m

腾格尔组一段

铸体薄片　单偏光

流纹岩岩屑

显微斑状结构，斑晶为具有熔蚀结构、棱角处圆化的透长石，基质具有球粒霏细结构及显微流纹构造。

阿南凹陷

哈76井　1700.10m

阿尔善组

铸体薄片　单偏光

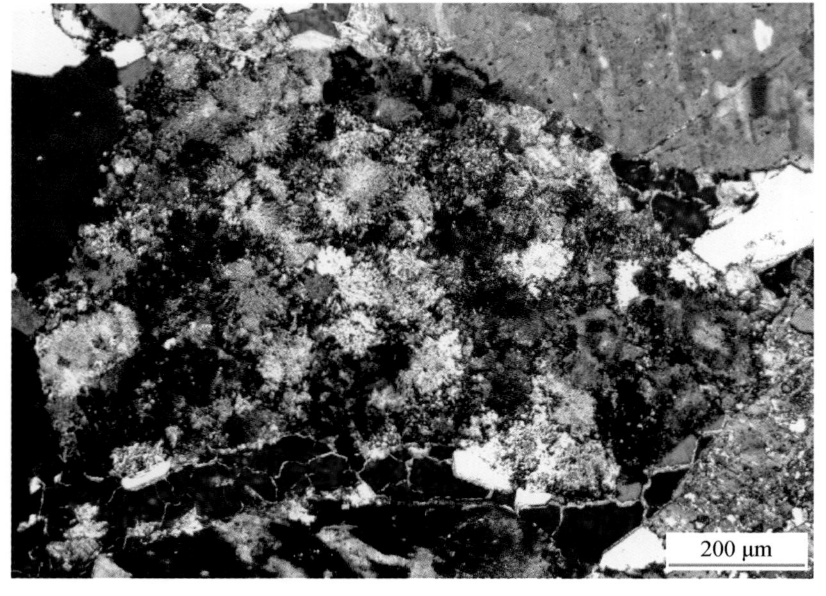

球粒霏细岩岩屑

球粒霏细结构，球粒由放射状排列的长英质纤维组成。岩屑周围为方解石与白云石胶结物。

巴音都兰凹陷

巴9井　1612.60m

腾格尔组一段

铸体薄片　正交偏光

图版 5-19　碎屑成分及特征（九）

安山岩岩屑

安山结构，由交织状的斜长石微晶及其间的玻璃质组成。玻璃质发生脱玻化，呈浅紫色。黄绿色的矿物为蚀变形成的囊脱石。

阿南凹陷

哈76井 1700.10m

阿尔善组

铸体薄片 单偏光

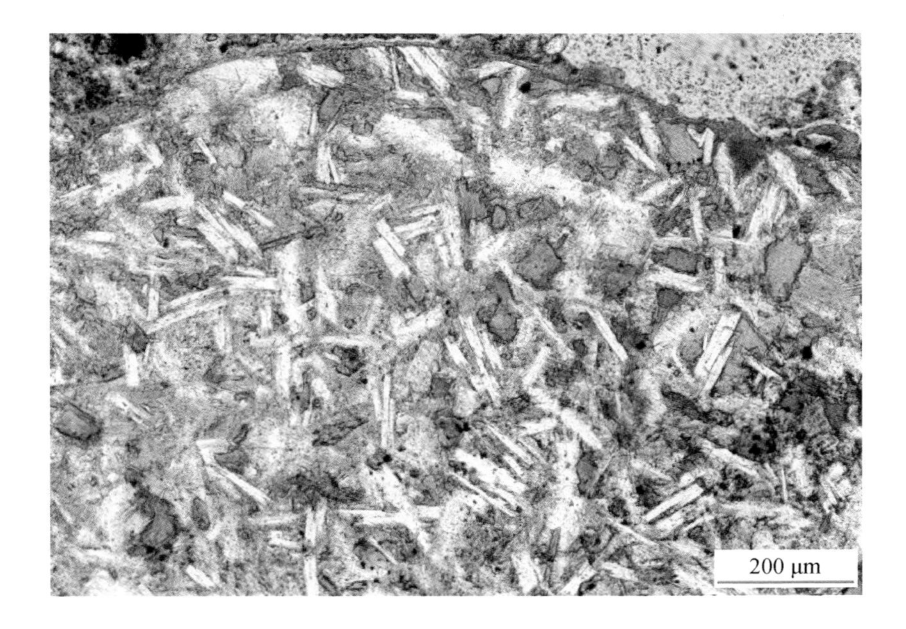

玻屑凝灰岩岩屑

刚性玻屑呈弧面棱角状，脱玻化后具有梳状结构。玻屑间为非常细小的火山灰。

阿尔凹陷

阿尔6井 2169.50m

阿尔善组

铸体薄片 单偏光

晶屑凝灰岩岩屑

晶屑成分主要为斜长石，棱角状，晶屑间为非常细小的火山灰，光性微弱。

巴音都兰凹陷

巴18井 1517.30m

阿尔善组

铸体薄片 正交偏光

图版 5-20 碎屑成分及特征（十）

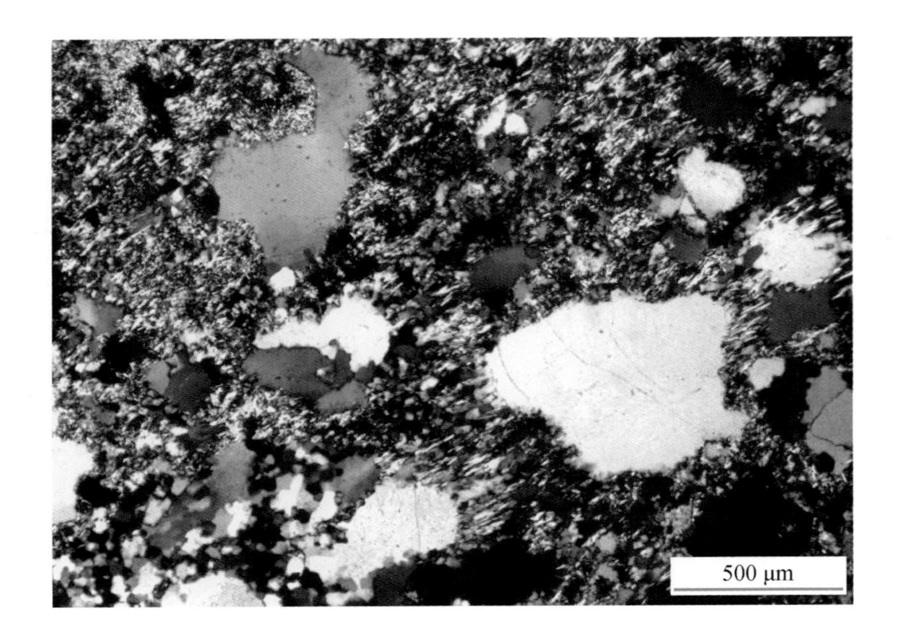

变质砂岩岩屑

砂岩中的一个细砾，变余中砂结构，片理化构造，粒间杂基变质形成绢云母和石英，具千枚岩状构造。

赛汉塔拉凹陷

赛4井　1105.0m

阿尔善组

铸体薄片　正交偏光

绢云千枚岩岩屑

鳞片变晶结构，显微千枚状构造。

赛汉塔拉凹陷

赛4井　1026.10m

阿尔善组

铸体薄片　正交偏光

变质粉砂岩岩屑

变质粉砂结构，绢云母的定向排列显示了片理化构造。

赛汉塔拉凹陷

赛4井　1023.50m

阿尔善组

铸体薄片　正交偏光

图版 5-21　碎屑成分及特征（十一）

绢云母化微晶闪长岩岩屑

微晶闪长岩岩屑具有微粒结构，主要由微晶斜长石组成，受交代作用影响发生绢云母化。

赛汉塔拉凹陷

赛4井　1023.50m

阿尔善组

铸体薄片　正交偏光

变质粉砂岩岩屑

变余粉砂结构，显微千枚状构造。

赛汉塔拉凹陷

赛4井　1023.50m

阿尔善组

铸体薄片　正交偏光

糜棱岩岩屑

原岩为花岗斑岩，受构造应力作用发生糜棱岩化，长石斑晶形成碎斑，基质的长英质发生定向排列，重结晶形成的绢云母定向排列明显。

赛汉塔拉凹陷

赛4井　1020.50m

阿尔善组

铸体薄片　正交偏光

图版 5-22　碎屑成分及特征（十二）

变质岩岩屑

粗粒岩屑砂岩中的3个浅变质岩岩屑，左侧为石英岩岩屑，鳞片等粒变晶结构，含少量绢云母，定向排列。中上部为绢云千枚岩岩屑，鳞片变晶结构，显微千枚状构造。右侧为糜棱岩岩屑，糜棱结构。

赛汉塔拉凹陷

赛4井　1119.9m

阿尔善组

铸体薄片　正交偏光

糜棱岩岩屑

原岩为花岗斑岩，受构造应力作用发生糜棱岩化，长石斑晶为碎斑，基质的长英质发生定向排列，少量重结晶形成的绢云母定向排列明显。

赛汉塔拉凹陷

赛4井　1023.50m

阿尔善组

铸体薄片　正交偏光

浅变质岩岩屑

3个浅变质岩岩屑。左下为变质白云质灰岩岩屑，中上及右下为变质粉砂岩岩屑。岩屑与石英碎屑接触处石英边缘溶蚀。

赛汉塔拉凹陷

赛4井　1023.50m

阿尔善组

铸体薄片　正交偏光

图版 5-23　碎屑成分及特征（十三）

变质细砂岩岩屑

变余细砂结构，填隙物已变质形成绢云母。

乌兰花凹陷

兰5井 1752.53m

阿尔善组

铸体薄片 正交偏光

硅化凝灰岩岩屑

硅化后原岩结构变得不清楚，可见残留的玻屑、晶屑的形态。

乌兰花凹陷

兰5井 1752.53m

阿尔善组

铸体薄片

左：单偏光 右：正交偏光

变质砂岩岩屑

图片中的两个岩屑均具有变质砂状结构，填隙物均已绢云母化，且具定向排列形成片理化构造。上方的变质岩屑含白云母较多，且单独成层，结晶较好。

乌兰花凹陷

兰1井 1241.03m

阿尔善组

铸体薄片 正交偏光

图版 5-24 碎屑成分及特征（十四）

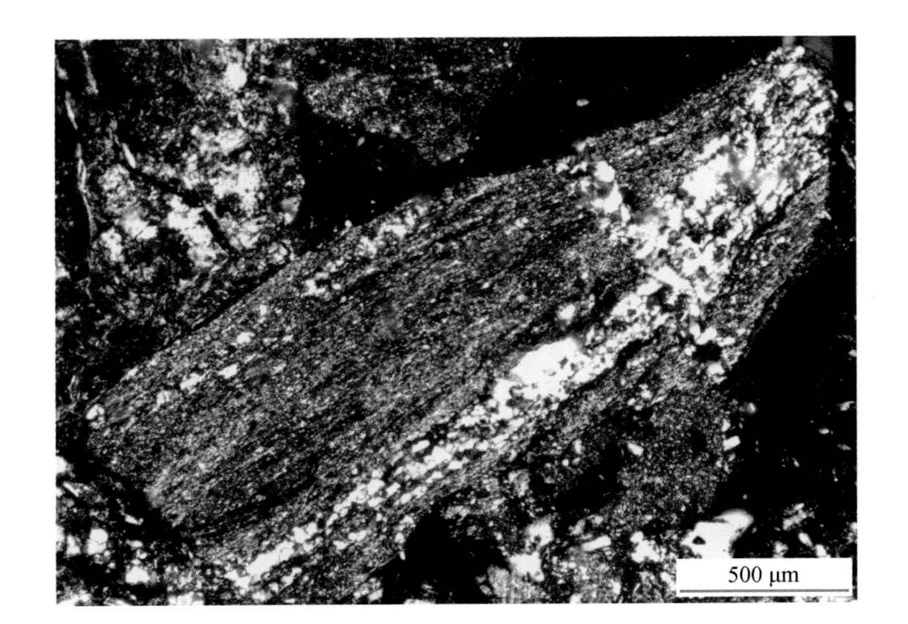

千枚岩岩屑

鳞片变晶结构，显微千枚状构造。主要矿物成分为绢云母和石英。

阿南凹陷

哈76井 1700.10m

阿尔善组

铸体薄片 正交偏光

绢云母化花岗岩岩屑

岩屑为花岗岩，经强烈交代作用发生绢云母化。

巴音都兰凹陷

巴18井 1517.30m

腾格尔组一段

铸体薄片 正交偏光

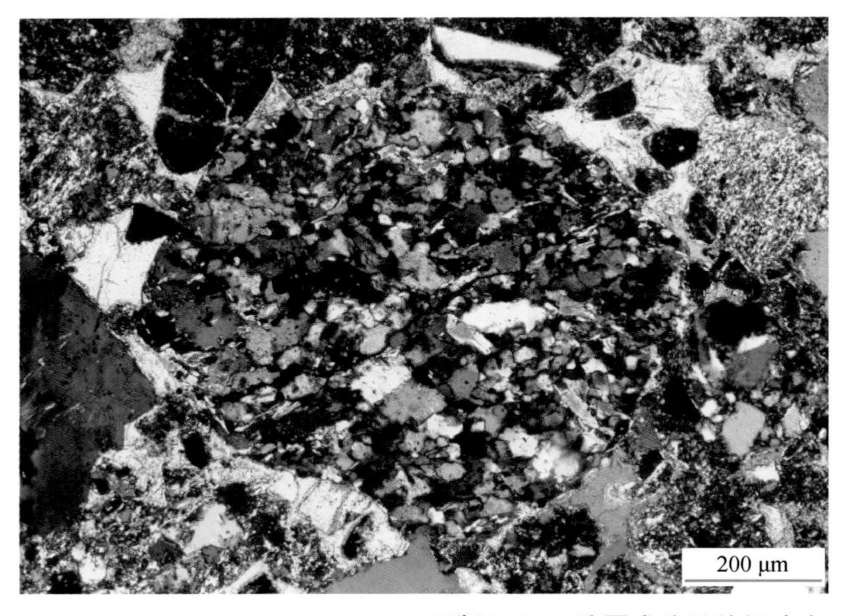

长英质岩岩屑

微粒等粒变晶结构，主要由石英和长石组成，由长石粉砂岩变质而成。岩屑中含少量绢云母。

巴音都兰凹陷

巴9井 2364.11m

阿尔善组

铸体薄片 正交偏光

图版 5-25 碎屑成分及特征（十五）

石英岩岩屑

缝合线镶嵌细粒变晶结构，石英具有带状消光且方向一致。

乌里雅斯太凹陷

太43井　1873.72m

阿尔善组

铸体薄片　正交偏光

炭化植物碎屑

具有清晰的植物细胞结构，黑色，边缘褐红色半透明，属于结构镜质体。

乌兰花凹陷

兰1井　933.50m

腾格尔组一段

铸体薄片　单偏光

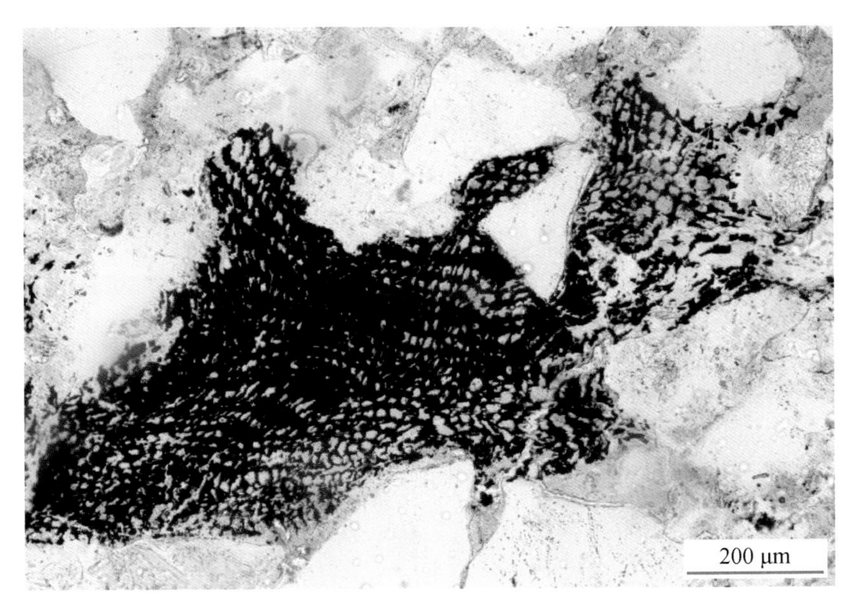

重矿物 磷灰石

横截面呈六边形，无色透明，正中突起。中间圆化的短柱状重矿物为锆石，正极高突起。

阿尔凹陷

阿尔6井　2170.40m

阿尔善组

铸体薄片　单偏光

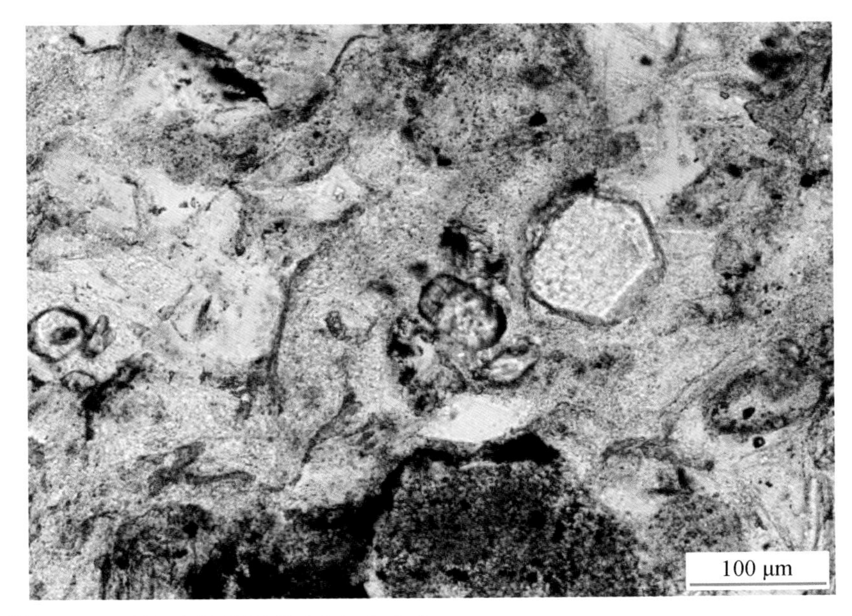

图版 5-26　碎屑成分及特征（十六）

三、成岩作用特征

砂岩储层的成岩作用类型与砾岩、砂砾岩基本相似，但长石加大比较普遍，在高力罕、洪浩尔舒特等凹陷出现片钠铝石。

1. 长石

长石胶结物主要表现为长石加大边及自形程度较好的钠长石柱状晶体，形成条件是孔隙溶液中有足够高浓度的 SiO_2 和 Al_2O_3，以及丰富的 K^+、Na^+、Ca^{2+} 等碱性阳离子。

长石或火山灰溶蚀后，大量的 K^+、Na^+、Ca^{2+} 等离子迁移并进入孔隙水中，一方面形成伊利石等黏土矿物，与此同时，SiO_2 和 Al_2O_3 等就近形成高岭石和 SiO_2 沉淀；另一方面可使钾长石发生钠长石化，形成钠长石次生加大边或自生钠长石。反应式如下：

$2KAlSiO_3+H_2O+2H^+ \rightarrow Al_2Si_2O_5(OH)+4SiO_2+2K^+$

$KAlSi_3O_8+Na^+=NaAlSi_3O_8+K^+$

钾长石　　　钠长石

$5Al_2Si_3O_8(OH)_4+2K^++4SiO_2=2KAl_3Si_3O_{10}(OH)_2+5H_2O+2H^+$

高岭石　　　　　　　　　伊利石

有利于形成自生长石的条件除了孔隙溶液中有足够的 SiO_2 以外，还必须满足：Al_2O_3 的浓度高，Na^+ 与 H^+、K^+ 与 H^+ 的活度比高，以及中等的地温梯度。在这种环境下，有些碎屑长石部分溶解，再沉淀为纯净的自生长石，按以下方程式 Na^+ 替代 Ca^{2+}。

$CaAl_2Si_2O_8+2Na^++2Cl^-+4SiO_2 \rightarrow NaAlSi_3O_8+Ca^{2+}+2Cl^-$

钙长石　　　　　　　　　　钠长石

2. 铁白云石

巴音都兰凹陷发育的白云质砂岩中，白云石晶体大多以单个晶体形式星散状分布于颗粒间。地球化学测试分析其 Sr 含量介于 114～939mg/kg，平均值为 390mg/kg，小于 1000mg/kg 的现代海水标准；Sr/Ba 值介于 0.271～2.871，平均值为 0.925，接近 1，指示其古沉积水介质为半咸水环境。

下白垩统中安山质凝灰岩含 Mg^{2+}、Fe^{2+}，受溶解作用分级释放出 Mg^{2+}、Fe^{2+}，为铁白云石的离子来源。在 CO_2 影响下，斜长石水解形成铁白云石，如下式：

$2NaCaAl_3Si_5O_{16}$（拉长石）+$(1-x)Mg^{2+}+xFe^{2+}+4CO_2+7H_2O=CaMg_{1-x}Fe_x[CO_3]_2$（铁白云石）+$2Na^++Ca^{2+}+2HCO_3^-+4SiO_2+3Al_2Si_2O_5(OH)_4$（高岭石）

3. 片钠铝石

片钠铝石 $[NaAlCO_3(OH)_2]$，也称碳钠铝石，是一种含水、钠和铝的碳酸盐矿物，其单体呈针柱状或板状，属于斜方晶系。在偏光显微镜下片钠铝石无色透明，具有高级白干涉色，主要以充填孔隙和交代长石颗粒（部分交代或者完全交代）两种形式存在于储层中，在孔隙中，片钠铝石一般呈毛发状、放射状、板状和菊花状。交代颗粒主要呈长柱状、片板状集合体，因此片钠铝石的含量与长石含量密切相关，主要发育在富含 CO_2 的砂岩和火山碎屑岩中，片钠铝石中的 Na、Al 主要来自各种长石。

长石在与 CO_2 流体发生溶蚀反应之后，除了为片钠铝石的生成提供必需的铝元素以外，还有生长空间。长石的溶解速率不一，通常情况下，斜长石溶解速率最高，其次为钙长石、钠长石，钾长石溶解速率最小。在含片钠铝石的储层当中，常见钾长石残留，而斜长石少见。除了长石，桂丽黎等（2015）在扫描电镜下观察到高岭石溶解，并被片钠铝石交代的现象，实验证明，高岭石也可作为片钠铝石生成的“前体物质”。

片钠铝石是一种在高 CO_2 分压条件下热力学稳定的碳酸盐矿物，因此片钠铝石的生成主要有以下物质条件：充足的“前体物质”——金属氧化物和 CO_2 气体。各类长石和高岭石与 CO_2 反应如下：

$KAlSi_3O_8$（钾长石）$+Na^++CO_2+H_2O=NaAlCO_3(OH)_2$（片钠铝石）$+3SiO_2+K^+$

$NaAlSi_3O_8$（钠长石）$+CO_2+H_2O=NaAlCO_3(OH)_2$（片钠铝石）$+3SiO_2$

$CaAl_2Si_2O_8$（钙长石）$+2Na^++2CO_2+2H_2O=2NaAlCO_3(OH)_2$（片钠铝石）$+2SiO_2+Ca^{2+}$

$Al_2Si_2O_5(OH)_4$（高岭石）$+2HCO_3^-+2Na^+=2NaAlCO_3(OH)_2$（片钠铝石）$+2SiO_2+H_2O$

片钠铝石的成因及其与铁碳酸盐等矿物的共生关系表明，片钠铝石是在晚成岩期偏碱性环境中自生形成的产物，可以作为成岩阶段的标志之一，而由其形成过程与 CO_2 充注的密切关系，也可解读出 CO_2 的充注时间和分压变化，可以作为 CO_2 的“示踪性矿物”。

压实碎裂

压实作用造成流纹岩岩屑开裂，形成粒内缝。裂缝壁上生长稀疏的石英小晶体。

巴音都兰凹陷

巴75井　1922.82m

阿尔善组

单偏光

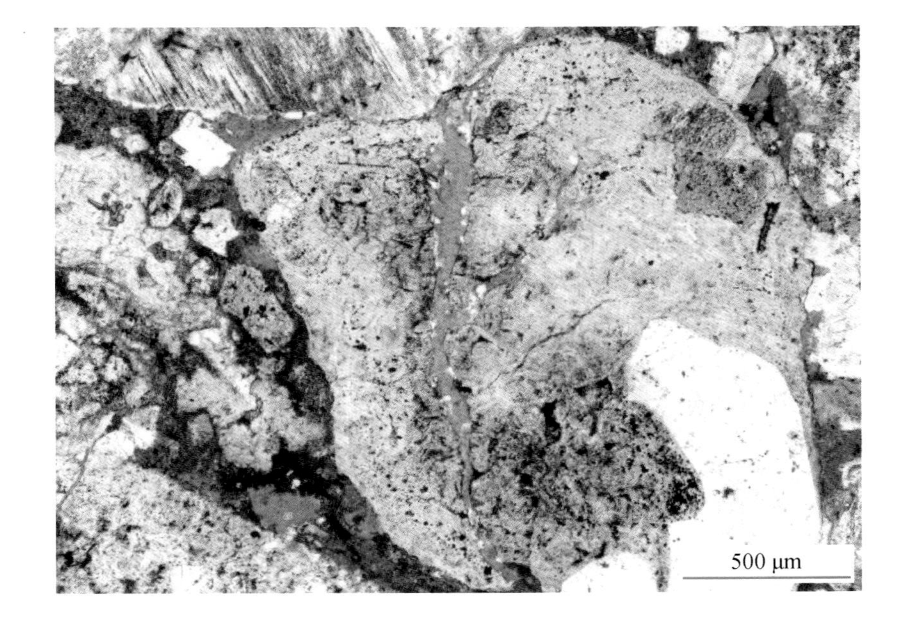

压实碎裂

夹在上下两个较大的长石碎屑之间的长石被压裂劈开，形成粒内裂缝，并在裂缝基础上发生溶蚀。

巴音都兰凹陷

巴75井　1923.8m

阿尔善组

铸体薄片　单偏光

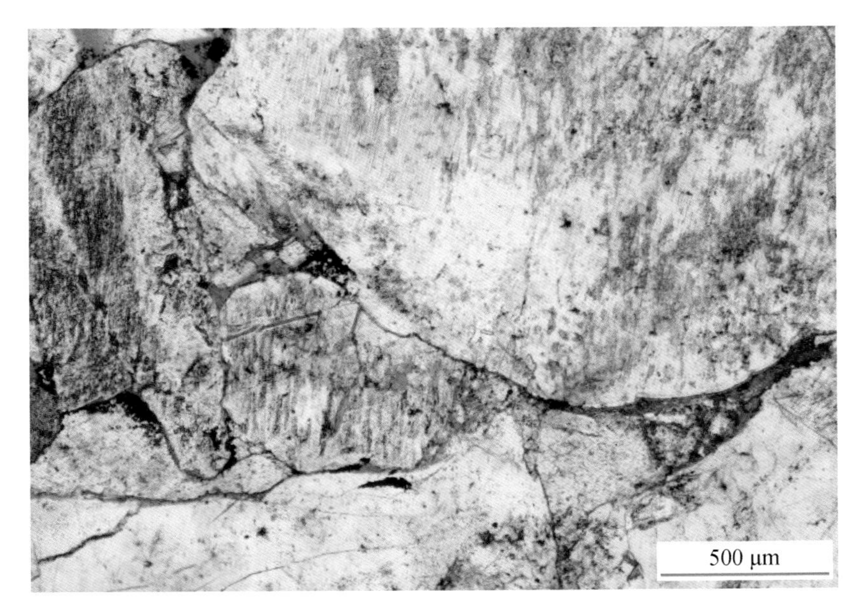

压实塑性颗粒变形 假杂基

泥质粉砂岩岩屑受压实发生塑性变形，局部假杂基化充填孔隙。

巴音都兰凹陷

巴75井　1922.82m

阿尔善组

铸体薄片　正交偏光

图版 5-27　压实作用及特征

长石受压实而发生碎裂

下方的长石与上方石英接触处，压实作用在长石中形成粒内缝。

乌兰花凹陷

兰14X井 1272.82m

腾格尔组

铸体薄片 正交偏光

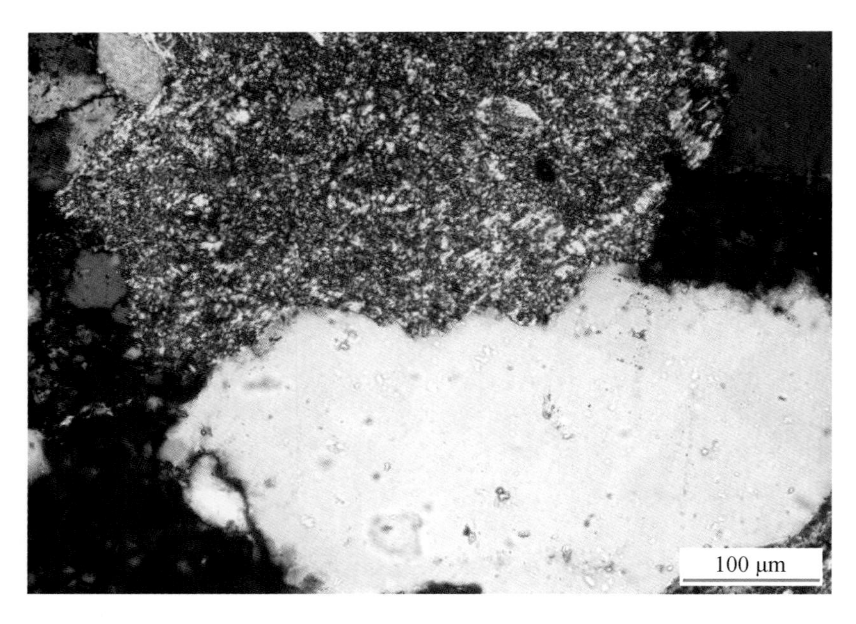

压溶形成的缝合线接触

上方的泥岩岩屑与下方的石英接触处为缝合线状接触，石英发生溶解。

赛汉塔拉凹陷

赛4井 1162.9m

阿尔善组

铸体薄片 正交偏光

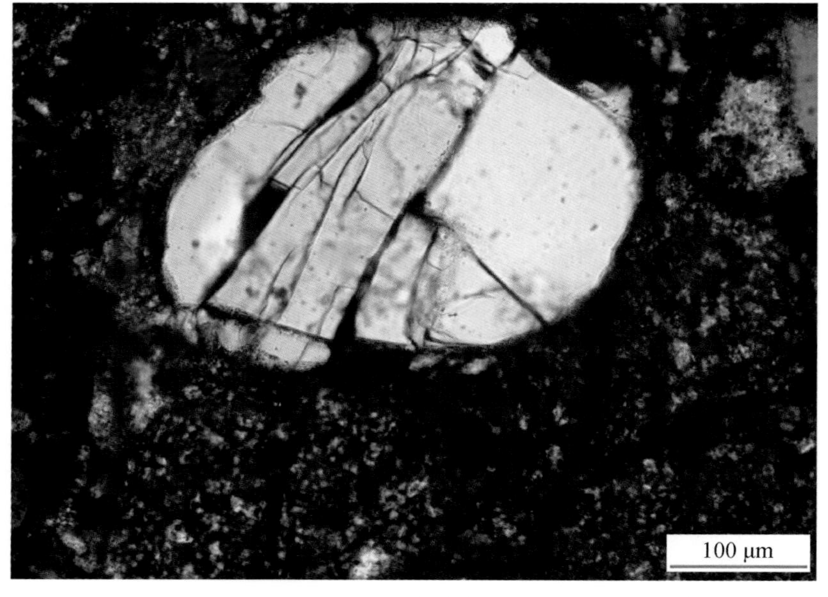

粒内裂缝及凹凸接触

石英与具有霏细结构的喷出岩岩屑呈凹凸状接触，石英被压裂形成粒内裂缝。

阿南凹陷

阿11井 1626.2m

阿尔善组

铸体薄片 正交偏光

图版 5-28 压实－压溶作用及特征

黑云母的压实变形

砂岩中的黑云母压实变形，假杂基化。张性裂缝发育。图片中呈粉红色者为黏土物质（吸附了茜素红S染色剂）。

乌兰花凹陷

兰1井 933.20m

腾格尔组二段

铸体薄片 单偏光

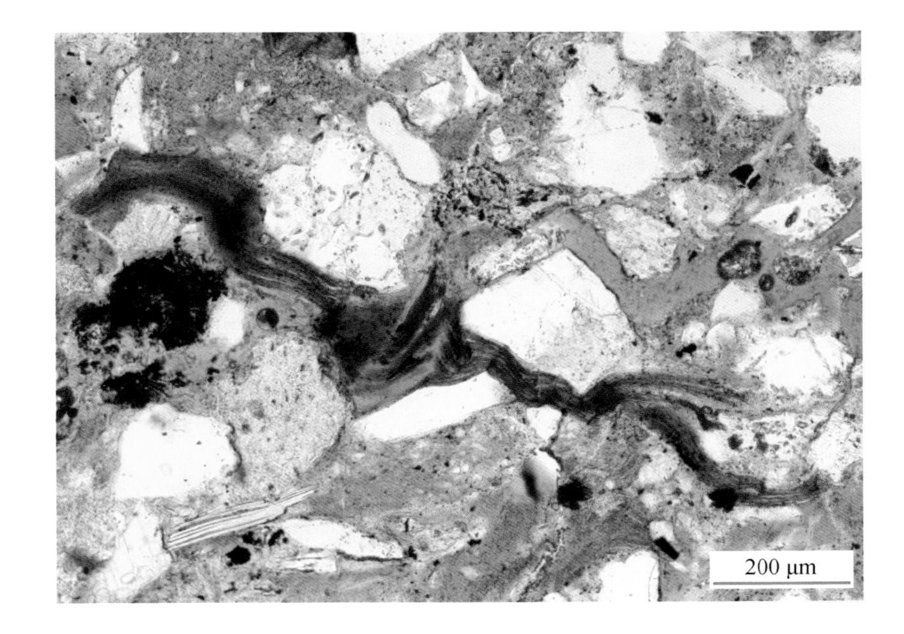

绢云千枚岩的假杂基化

绢云千枚岩受压实变形假杂基化，充填周围的孔隙。

赛汉塔拉凹陷

赛4井 1020.50m

阿尔善组

铸体薄片 正交偏光

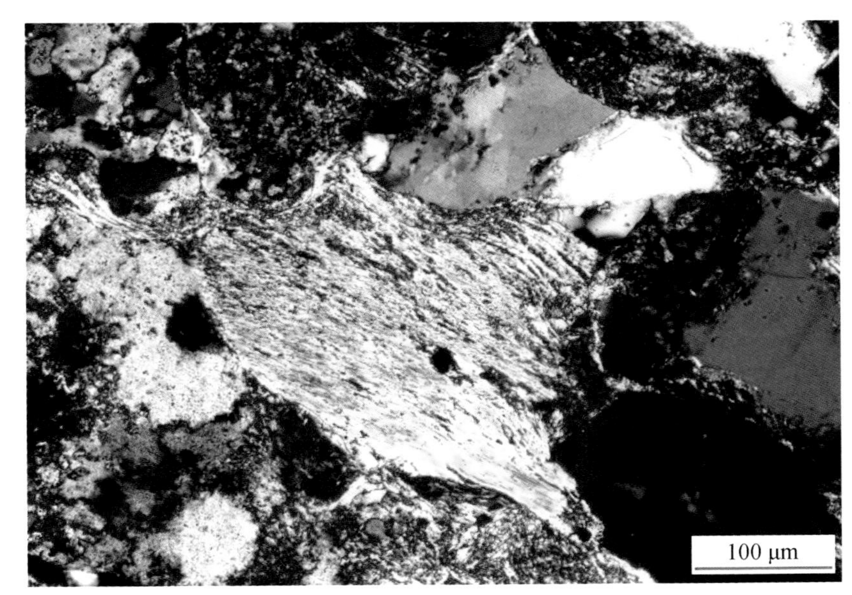

石英加大边

石英胶结物具有加大边结构，在孔隙空间中生长，具有自形边缘。

阿尔凹陷

阿尔6井 2168.50m

阿尔善组

铸体薄片 单偏光

图版 5-29 压实、硅质胶结作用（石英加大边）及特征

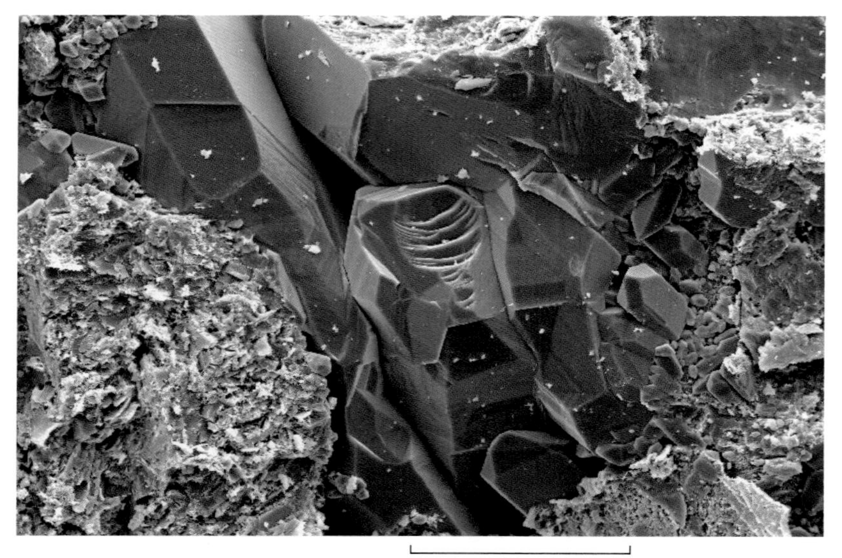

石英加大边

石英自生加大后形成自形晶体，边缘自形规则，中间的石英具有贝壳状断口结构。右侧为初始加大形成的石英小晶体。

阿尔凹陷

阿尔6井　2168.55m

阿尔善组

扫描电镜

石英加大边

石英胶结物自生加大，由密集平行的小晶体组成。反映了石英加大的初始阶段。

阿尔凹陷

阿尔6井　2171.25m

阿尔善组

扫描电镜

石英加大边 铁白云石

两期胶结物，在碎屑石英的表面上首先形成少量自形的铁白云石，其次石英胶结物次生加大。

巴音都兰凹陷

巴9井　1611.00m

腾格尔组一段

铸体薄片　正交偏光

图版 5-30　硅质胶结作用（石英加大边）及特征

石英加大边

石英胶结物具有加大边结构，具有自形的边缘，石英颗粒包含次生气液包体等，加大边干净透明，二者界线明显。

巴音都兰凹陷

巴9井　1612.6m

腾格尔组一段

铸体薄片　单偏光

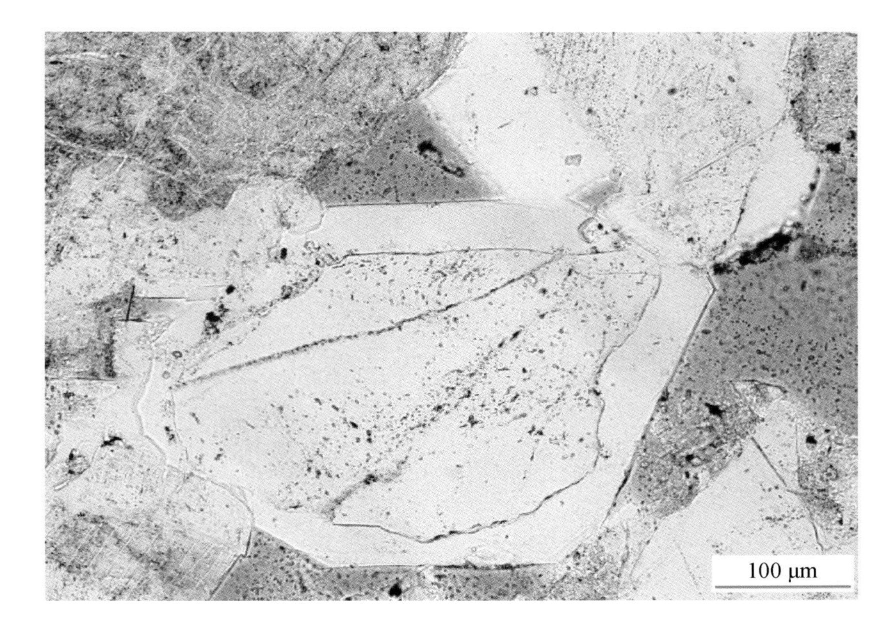

石英加大边和方解石

两期胶结物，第一期为石英加大边和长石加大边，石英加大边发育自形的边缘。第二期方解石胶结物具有连晶结构。形成方解石胶结物时孔隙水的碱性程度低，不能溶解石英。右下方的长石碎屑表面见发育不完整的长石加大边。

巴音都兰凹陷

巴9井　1612.6m

腾格尔组一段

铸体薄片　单偏光

石英加大边 长石加大边

石英胶结物具有加大边结构，具有自形的边缘。长石碎屑黏土化呈浅褐红色，长石加大边干净透明。残余粒间孔发育。

巴音都兰凹陷

巴19井　1508.76m

腾格尔组一段

铸体薄片　单偏光

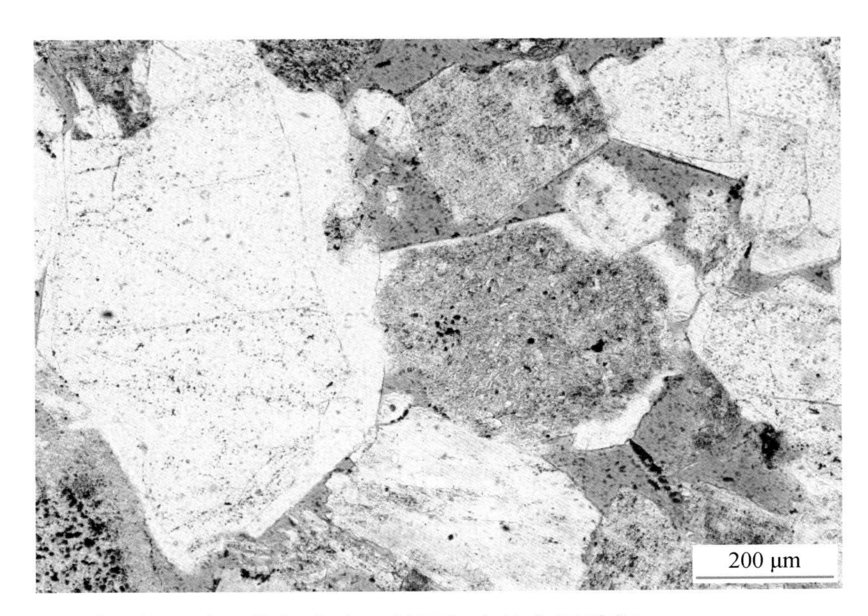

图版 5-31　硅质、长石胶结作用（石英加大边、长石加大边）及特征

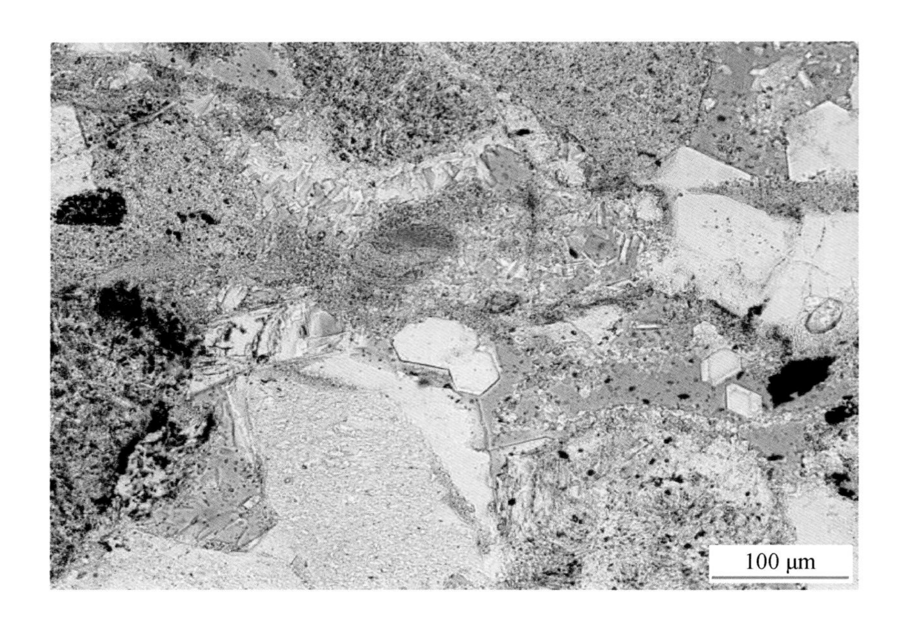

石英加大边和自生石英晶体

石英胶结物具有加大边结构，具有自形的边缘。孔隙中自生石英晶体，横截面呈六边形。

巴音都兰凹陷

巴19井　1508.76m

腾格尔组一段

铸体薄片　单偏光

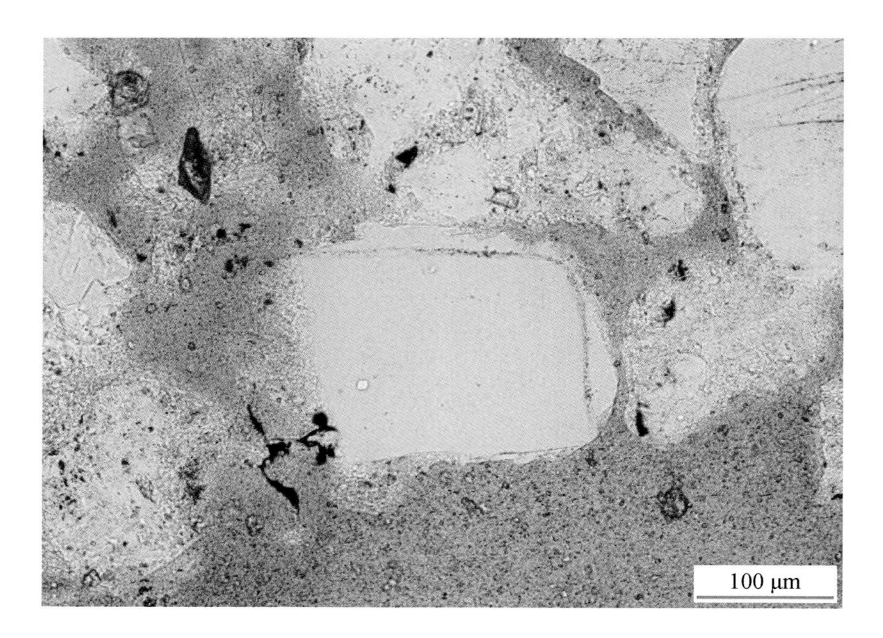

石英加大边

石英胶结物具有加大边结构，边缘不规则，周围为蚀变火山灰。

赛汉塔拉凹陷

赛4井　1024.80m

阿尔善组

铸体薄片　单偏光

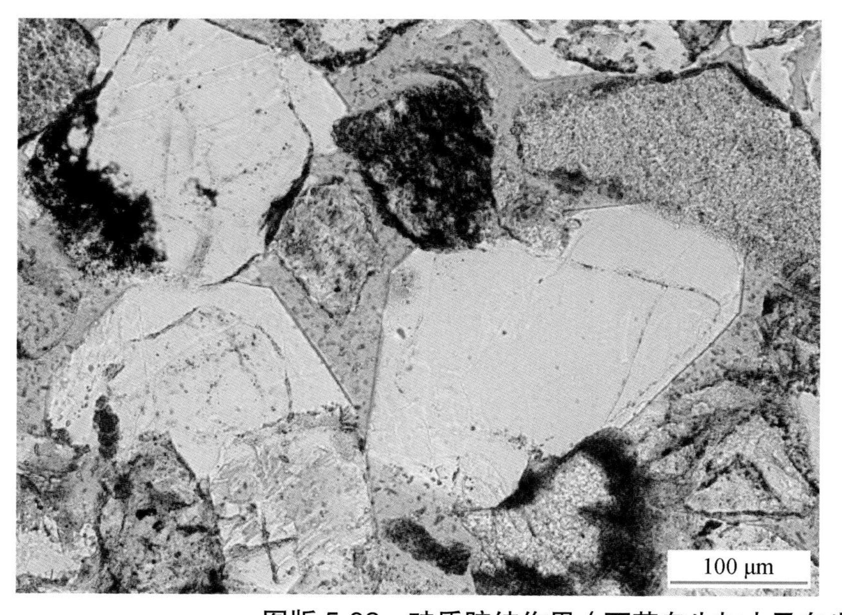

石英加大边

石英胶结物具有加大边结构，加大后边缘平直规则，加大边与碎屑界线明显。

赛汉塔拉凹陷

赛4井　1024.80m

阿尔善组

铸体薄片　单偏光

图版 5-32　硅质胶结作用（石英自生加大及自生石英）及特征

充填孔隙的自生长石

自生长石呈板柱状晶体，充填孔隙。自生长石为斜长石，聚片双晶，充填孔隙。

阿尔凹陷

阿尔6井 2170.40m

阿尔善组

铸体薄片 左：单偏光；右：正交偏光

长石加大边

长石具有加大边结构，在孔隙处形成自形边缘，加大边干净透明，长石碎屑表面因泥化而较脏污，呈浅褐红色。

阿尔凹陷

阿尔6井 2168.50m

阿尔善组

铸体薄片 单偏光

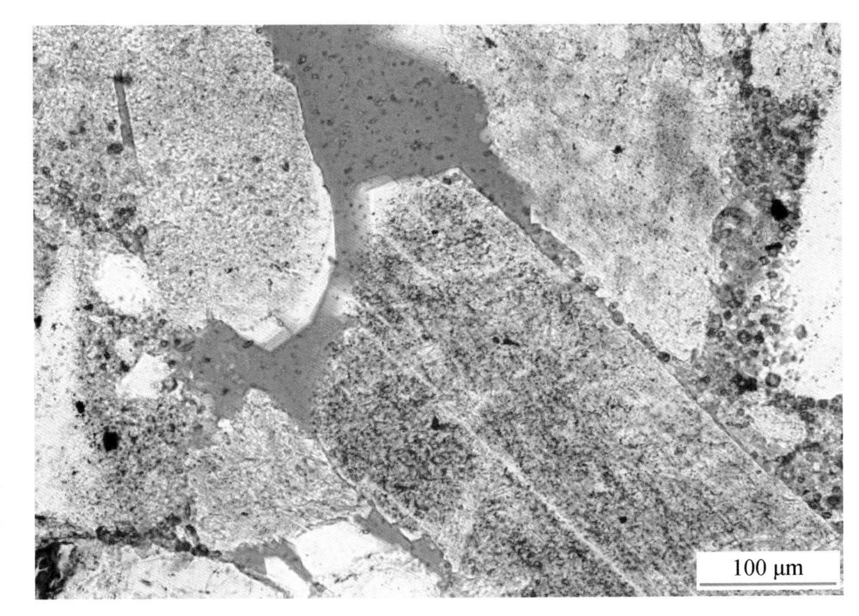

自生长石晶体

碎屑中间为斜长石，周围为蠕虫状结构的蠕英石。向孔隙方向生长柱状的自生长石晶体。

巴音都兰凹陷

巴9井 1611.0m

腾格尔组

铸体薄片 正交偏光

图版 5-33 长石胶结作用（长石加大边、自生长石）及特征（一）

自生长石晶体

孔隙中充填自形板状的自生长石晶体，伴生鳞片状的伊利石类黏土矿物。

阿尔凹陷　阿尔6井　2169.90m

阿尔善组　扫描电镜

自生长石

孔隙中充填自形板状的自生长石晶体。见晶间微孔。

阿尔凹陷　阿尔6井　2171.25m

阿尔善组　扫描电镜

图版 5-34　长石胶结作用（自生长石）及特征（一）

长石加大边

碎屑长石表面因黏土化不干净，长石加大边在孔隙处发育自形边缘，干净透明。孔隙处残留少量黏土。

巴音都兰凹陷

巴9井　1616.20m

腾格尔组

铸体薄片　单偏光

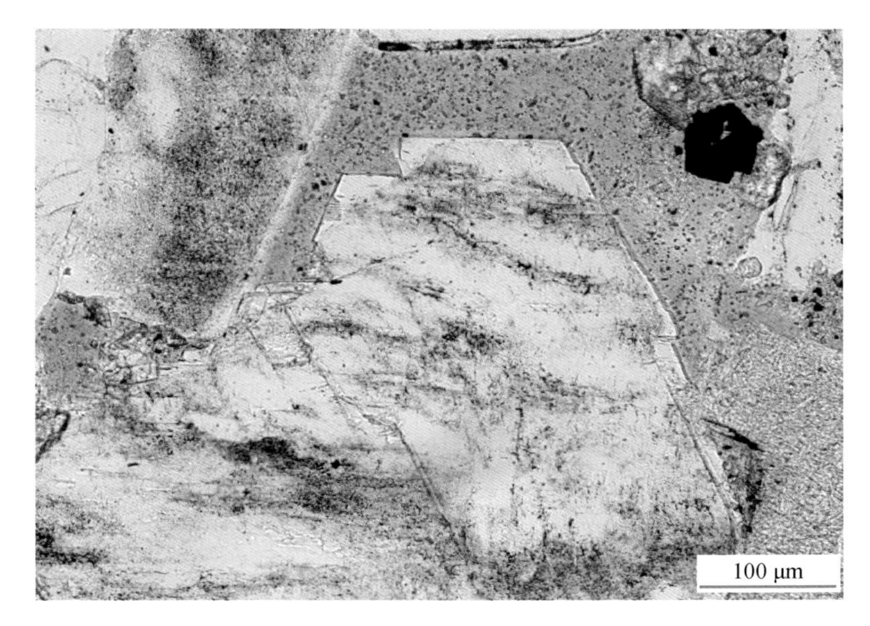

长石加大边

碎屑长石表面因黏土化不干净，长石加大边具有自形边缘，干净透明。

巴音都兰凹陷

巴19井　1502.30m

腾格尔组一段

铸体薄片　单偏光

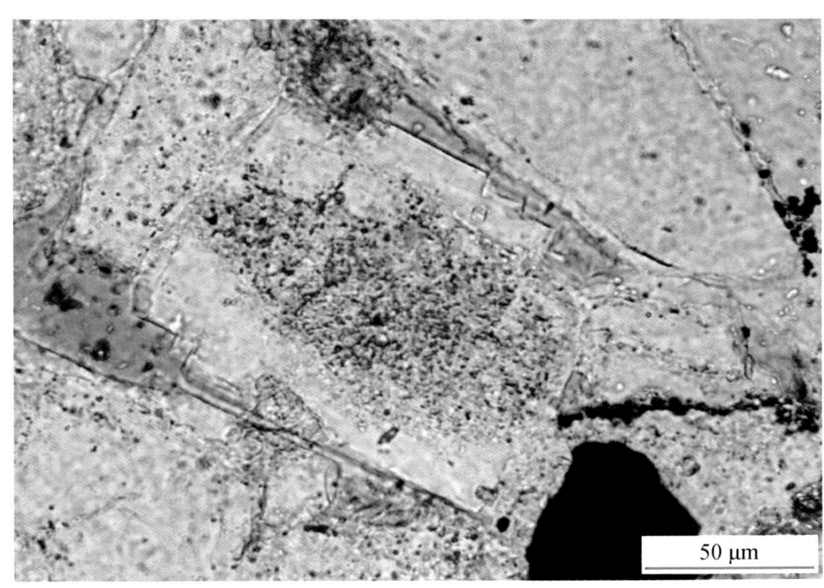

自生斜长石晶体

下方的条纹长石碎屑表面垂直生长斜长石晶体，具有聚片双晶结构。与铁白云石晶体共生。全消光处为孔隙。

巴音都兰凹陷

巴9井　1610.90m

腾格尔组

铸体薄片　正交偏光

图版 5-35　长石胶结作用（长石加大边、自生长石）及特征（二）

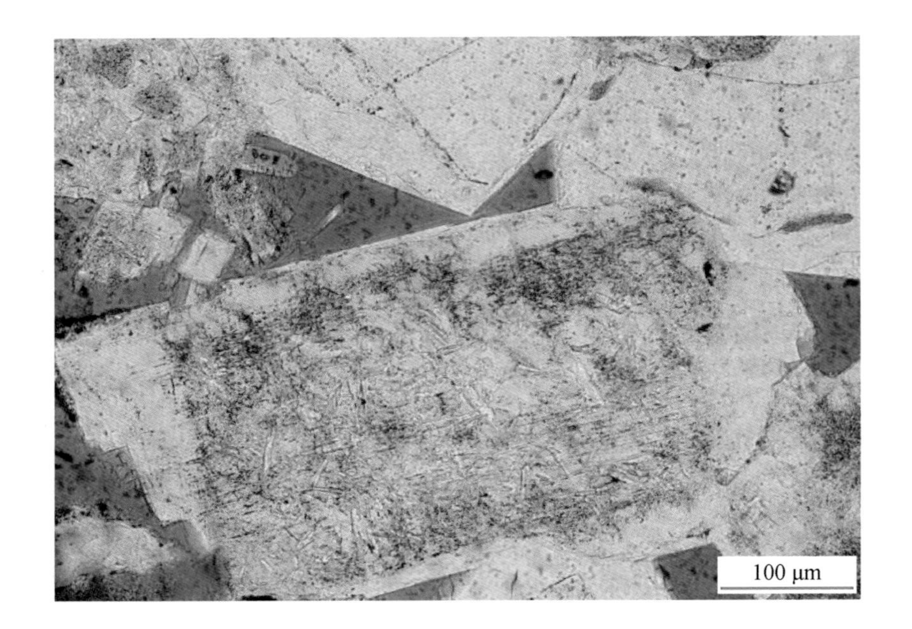

长石加大边

碎屑长石表面因黏土化不干净，长石加大边具有自形边缘，干净透明。左下方可见少量残留的蚀变黏土。上方见石英加大边。

巴音都兰凹陷

巴19井　1507.65m

腾格尔组一段

铸体薄片　单偏光

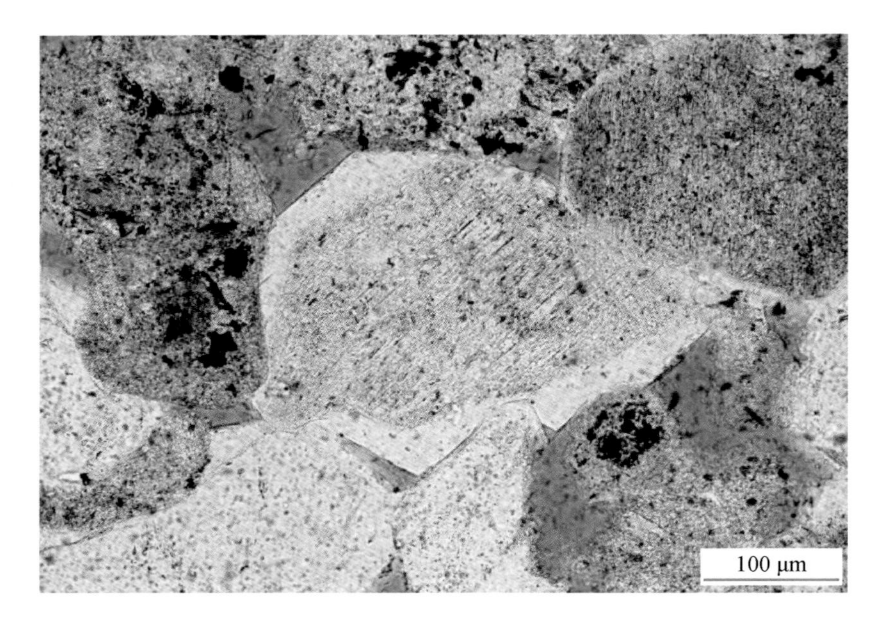

长石加大边

碎屑长石表面因黏土化不干净，长石加大边具有自形边缘，干净透明。

巴音都兰凹陷

巴19井　1508.76m

腾格尔组一段

铸体薄片　单偏光

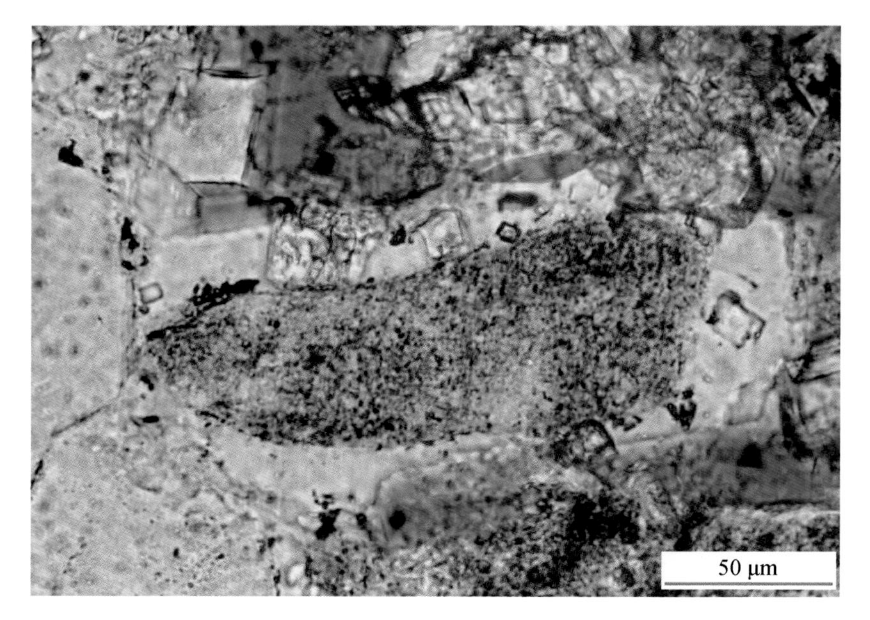

长石加大边

长石加大边，发育自形边缘，干净透明，包含自形菱面体的白云石晶体。碎屑长石表面因黏土化不干净，二者界线明显。

巴音都兰凹陷

巴19井　1505.30m

腾格尔组一段

铸体薄片　单偏光

图版 5-36　长石胶结作用（长石加大边）及特征

自生长石

自形板柱状的自生长石晶体，构成长石加大边。长石晶间孔。

乌兰花凹陷

兰11X井　1449.10m

腾格尔组

扫描电镜

200 μm

自生长石

自形板柱状的自生长石晶体，构成长石加大边。可见长石表面受溶蚀的现象。

乌兰花凹陷

兰11X井　1110.80m

腾格尔组

扫描电镜

200 μm

自生长石

图片左下侧显示自形板柱状的自生长石晶体平行连生，构成长石加大边。

乌兰花凹陷

兰11X井　1449.45m

腾格尔组

扫描电镜

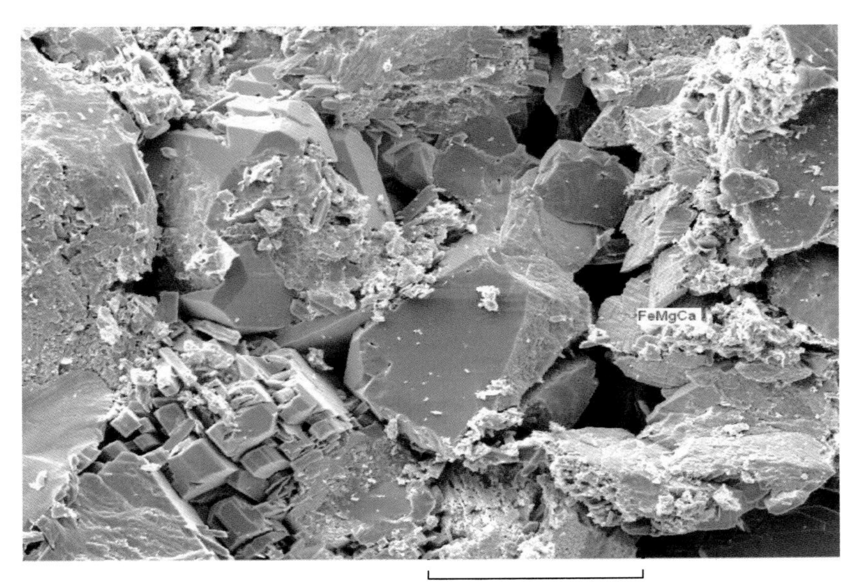

200 μm

图版 5-37　长石胶结作用（自生长石）及特征（二）

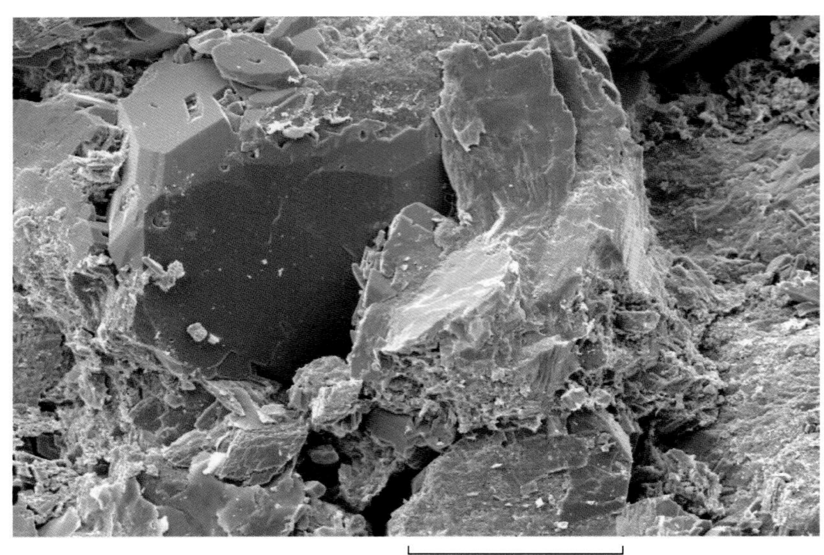

长石加大

碎屑长石加大后，外部表现为自形长石的晶体外形。

乌兰花凹陷
兰11X井　1449.70m
腾格尔组
扫描电镜

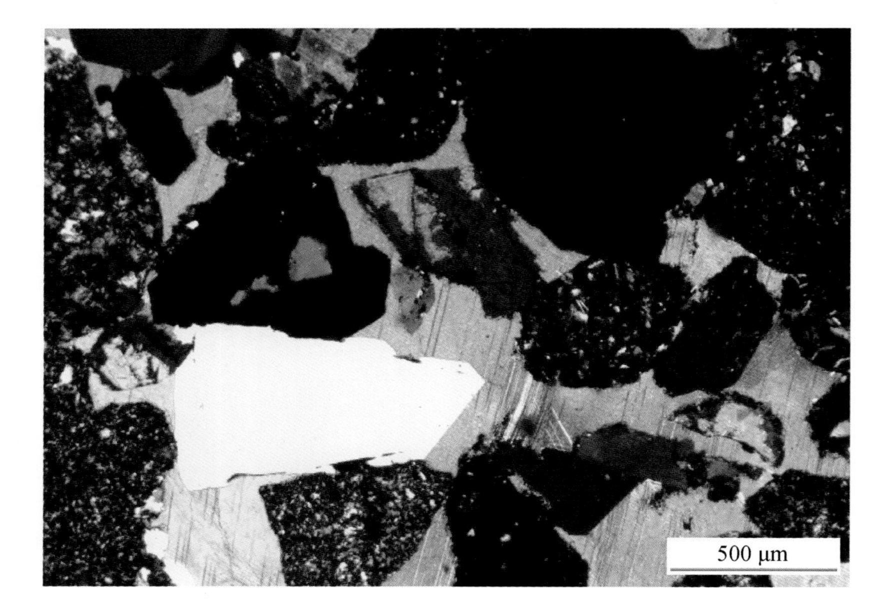

方解石

方解石胶结物具有连晶结构，发育聚片双晶，对碎屑具有强烈的交代作用，使其边缘呈微锯齿状，并形成局部的基底式胶结。左侧见石英发育加大边，图中可见长石被交代的明显痕迹，说明沉淀方解石的孔隙水的碱性程度不能溶解石英，但可以溶解长石。

阿南凹陷
阿11井　2201.53m
阿尔善组
铸体薄片　正交偏光

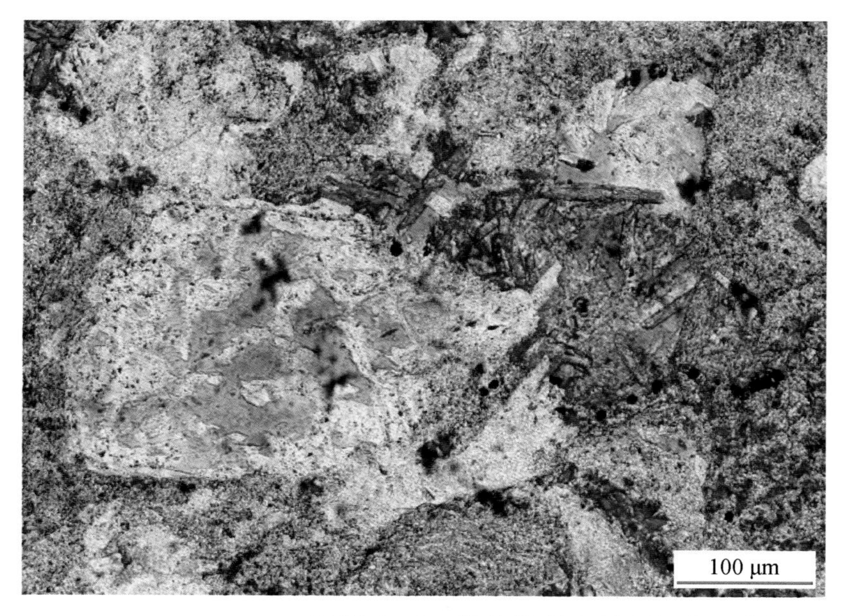

方解石

方解石胶结物呈针柱状，染色后呈红色。

阿南凹陷
阿27井　2211.72m
腾格尔组一段
铸体薄片　单偏光

图版 5-38　胶结作用（长石加大、方解石胶结）及特征

方解石　自生长石

粒间溶孔中充填板柱状长石和方解石，方解石染色后呈红色，连晶结构。方解石形成晚于自生长石。

阿南凹陷

阿27井　2211.72m

腾格尔组一段

铸体薄片　单偏光

绿泥石-铁方解石胶结物

铁方解石胶结物，强烈交代碎屑物质。两期胶结物，第一期绿泥石呈膜状结构，第二期铁方解石胶结物，染色后呈紫红色，同时强烈交代碎屑物质。左侧见绿泥石片岩岩屑，石英碎屑为火山型，干净透明，尖棱角状。

阿尔凹陷

阿尔6井　2168.90m

阿尔善组

铸体薄片　单偏光

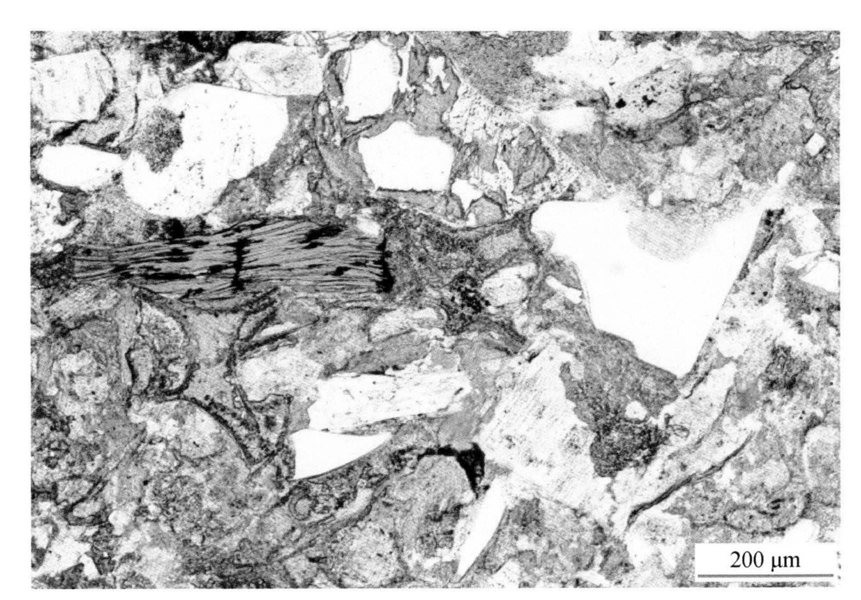

方解石

粒间的方解石胶结物为它形粒状。

阿尔凹陷

阿尔6井　2167.45m

阿尔善组

扫描电镜

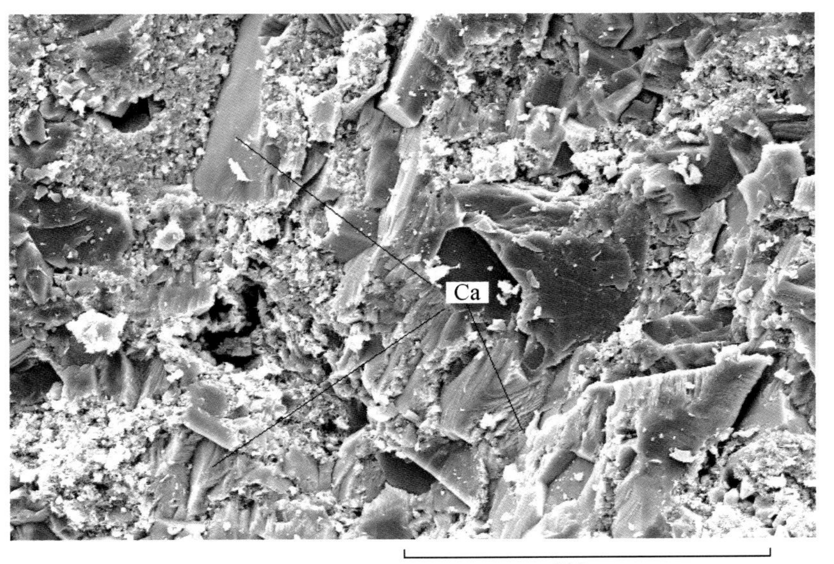

图版 5-39　胶结作用（自生长石、绿泥石、方解石胶结）及特征

方解石 自生白云石

方解石胶结物具有连晶结构，下部见自生白云石胶结物，呈自形菱形的晶体。

赛汉塔拉凹陷

赛4井 1026.40m

阿尔善组

铸体薄片 正交偏光

铁方解石

粒间的铁方解石呈自形菱面体。

乌兰花凹陷

兰11X井 1272.82m

腾格尔组

扫描电镜

铁白云石

铁白云石胶结物呈较为自形的菱形晶体状，具高级白干涉色，对石英碎屑具有明显的交代作用，反映了形成铁白云石时孔隙水的碱性程度较强，可溶解石英。

巴音都兰凹陷

巴9井 1583.50m

腾格尔组

铸体薄片 正交偏光

图版 5-40 胶结作用（方解石、铁方解石、白云石、铁白云石胶结）及特征

方解石

方解石被染色后呈红色，连晶结构。对部分碎屑具有交代作用。石英加大边形成较早，为第一期胶结物，方解石为第二期胶结物。

巴音都兰凹陷

巴9井　1610.00m

腾格尔组

铸体薄片　单偏光

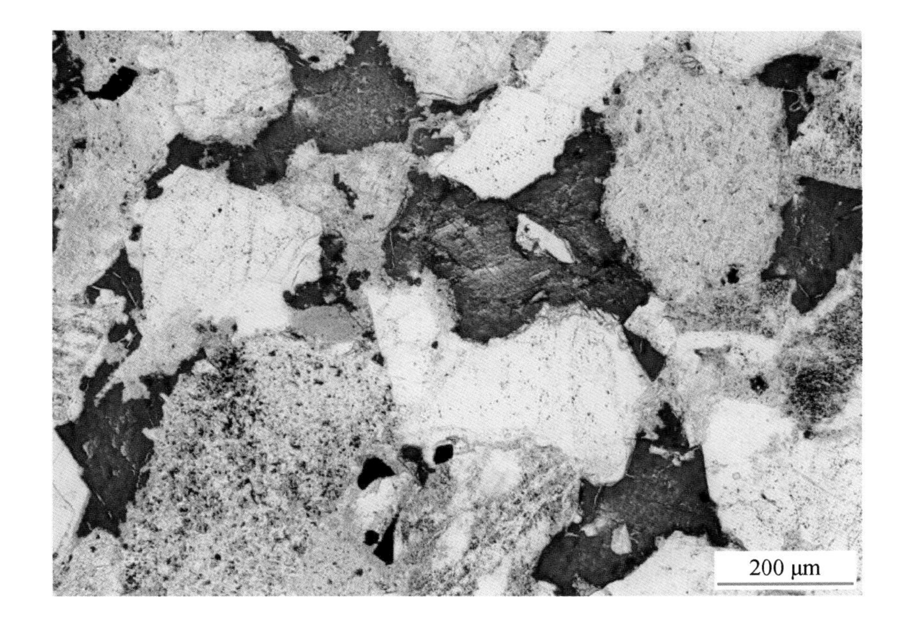

方解石

方解石胶结物具有连晶结构，为第二期胶结物。同时可见石英加大边和自生长石晶体（加大边为第一期胶结物）。

巴音都兰凹陷

巴9井　1610.90m

腾格尔组

铸体薄片　正交偏光

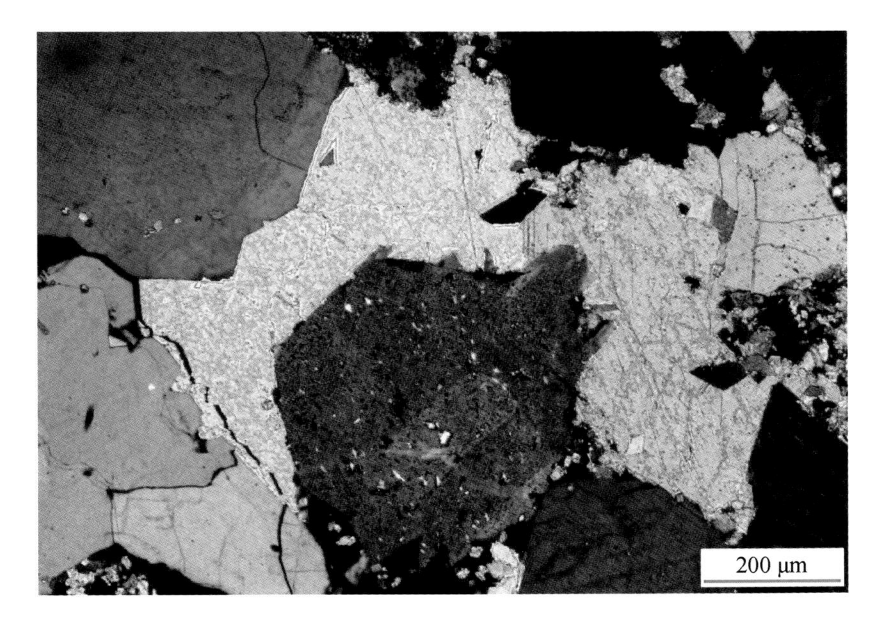

方解石

方解石胶结物具有连晶结构，同时对碎屑及填隙物具有强烈的交代作用，反映其形成时的孔隙水碱性程度较高，能溶解石英和长石。方解石二级绿干涉色，是由于薄片的切面方向近垂直于方解石光轴的缘故。

赛汉塔拉凹陷

赛4井　817.20m

阿尔善组

铸体薄片　正交偏光

图版 5-41　胶结作用（方解石胶结）及特征

铁白云石

铁白云石胶结物呈较为自形的菱形晶体状，包围在碎屑周围，对石英及长石碎屑具有交代作用。

巴音都兰凹陷

巴9井　1610.9m

腾格尔组

铸体薄片　正交偏光

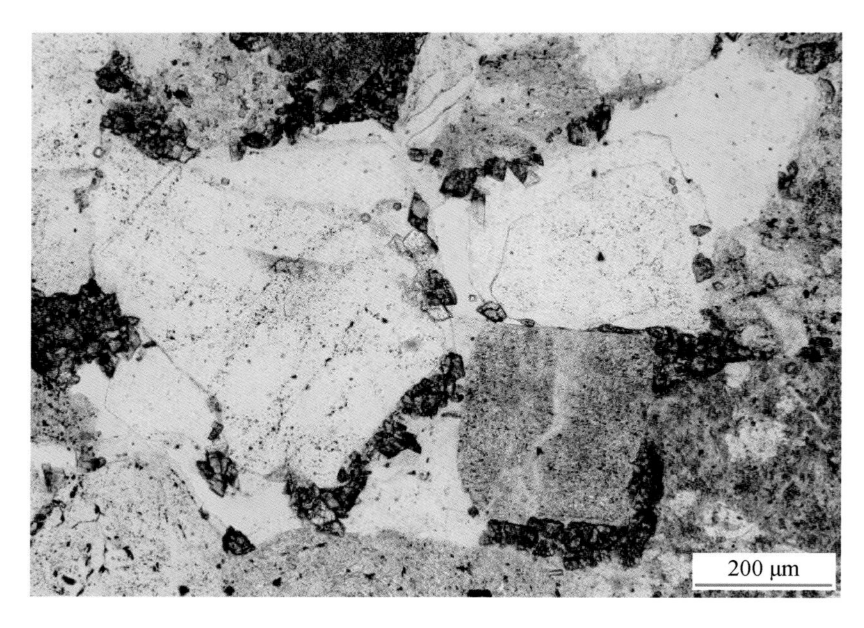

铁白云石

铁白云石胶结物呈自形菱形晶体状，包含在石英加大边中，说明铁白云石形成于早期的成岩作用。

巴音都兰凹陷

巴9井　1611.0m

腾格尔组

铸体薄片　单偏光

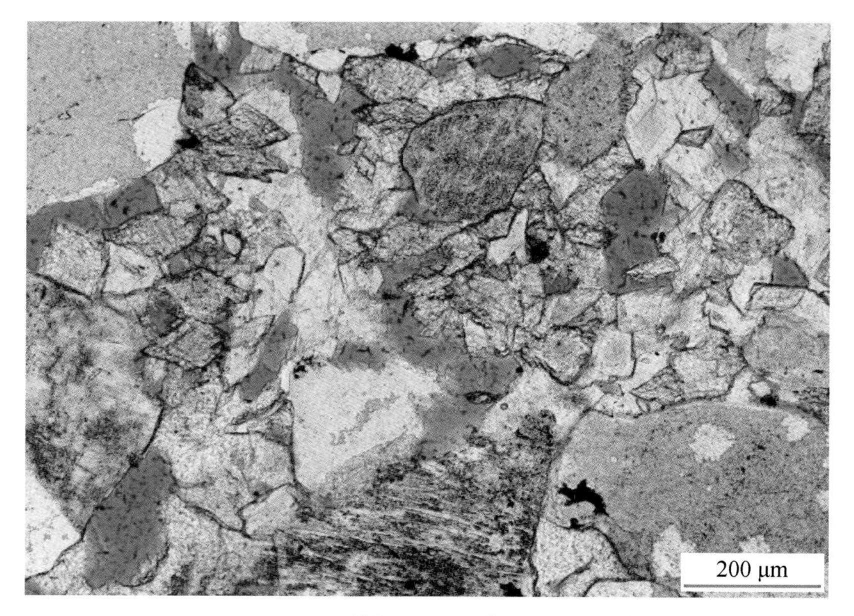

铁白云石

孔隙中的自生铁白云石呈分散的自形菱形晶体状。

巴音都兰凹陷

巴18井　1517.30m

腾格尔组

铸体薄片　单偏光

图版 5-42　胶结作用（铁白云石胶结）及特征（一）

铁白云石

铁白云石胶结物呈较为自形的菱形晶体状，对石英及长石碎屑具有交代作用。

巴音都兰凹陷

巴9井　1612.60m

腾格尔组

铸体薄片　单偏光

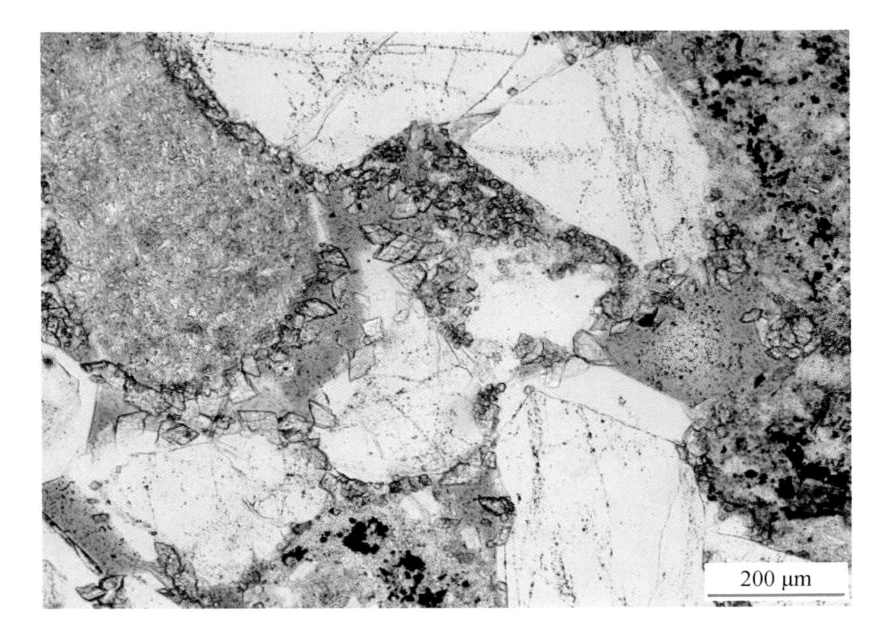

铁白云石

铁白云石胶结物呈较自形的菱形晶体，包含在方解石胶结物中，其形成早于方解石。

巴音都兰凹陷

巴18井　1517.30m

腾格尔组

铸体薄片　正交偏光

铁白云石

粒间的铁白云石呈菱面体状。下方碎屑颗粒表面生长自生石英晶体，左侧见长石加大。

乌兰花凹陷

兰11X井　1109.40m

腾格尔组

扫描电镜

图版 5-43　胶结作用（铁白云石胶结）及特征（二）

铁白云石

铁白云石胶结物呈较为自形的菱形晶体状，对石英及长石碎屑具有较强的交代作用。

赛汉塔拉凹陷

赛4井　1132.0m

阿尔善组

铸体薄片　正交偏光

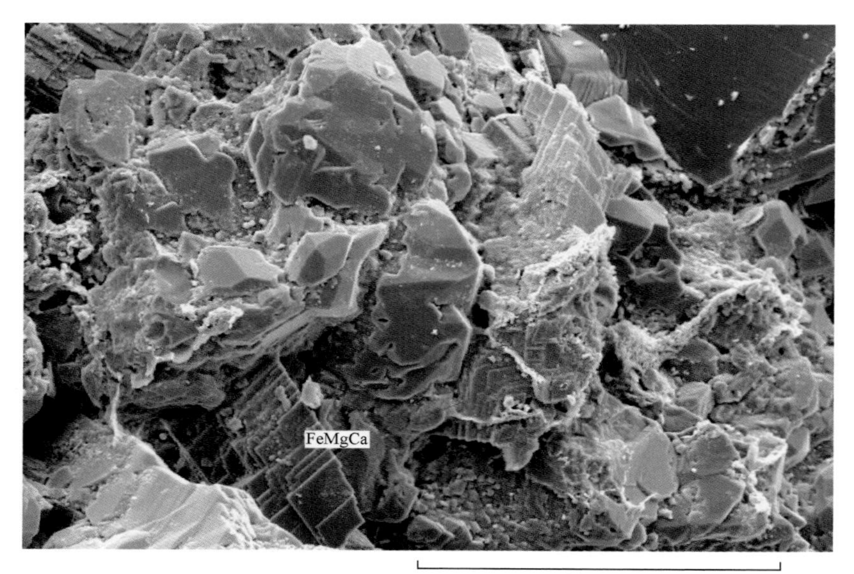

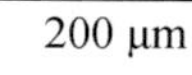

200 μm

铁白云石

粒间的铁白云石呈菱面体状，发育阶梯状的晶面。同时可见碎屑颗粒表面的自生石英。

乌兰花凹陷

兰11X井　1112.20m

腾格尔组

扫描电镜

100 μm

铁白云石

粒间的铁白云石呈菱面体状，平行连生。同时可见碎屑颗粒表面的自生石英。

乌兰花凹陷

兰11X井　1113.50m

腾格尔组

扫描电镜

图版 5-44　胶结作用（铁白云石胶结）及特征（三）

铁白云石

粒间的铁白云石为自形菱面体状微晶，颜色较深，褐黄色。形成于早成岩期。

阿尔凹陷

阿尔6井　2168.50m

阿尔善组

铸体薄片　单偏光

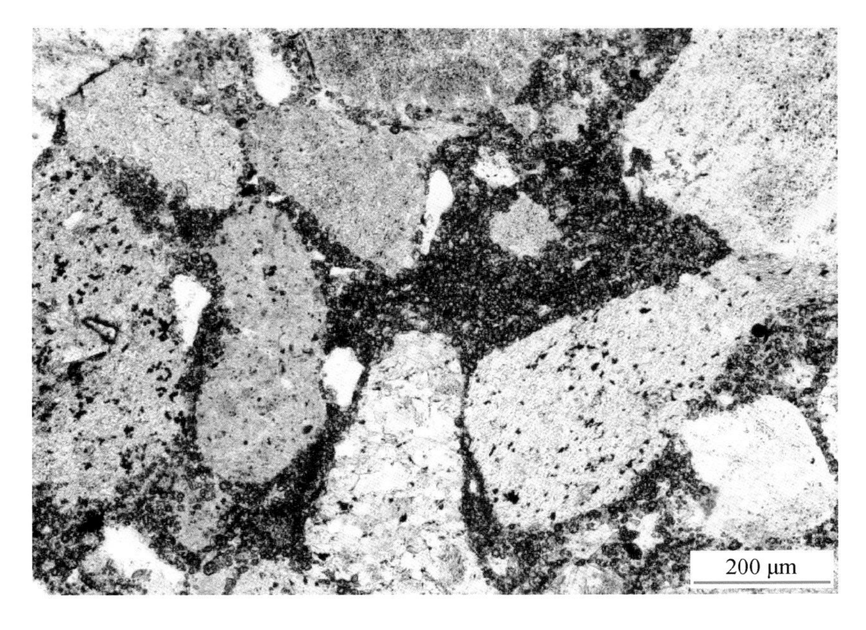

铁白云石

粒间的铁白云石呈团粒状微晶集合体及较为密集的微晶，单体呈自形菱面体状，颜色较深，为褐黄色。形成于早成岩期。

巴音都兰凹陷

巴9井　1582.50m

阿尔善组

铸体薄片　单偏光

铁白云石

呈较为密集的粒度很细的微晶集合体状，颜色较深，为褐黄色。形成于早成岩期的还原环境。

乌兰花凹陷

兰5井　1753.53m

阿尔善组

铸体薄片　单偏光

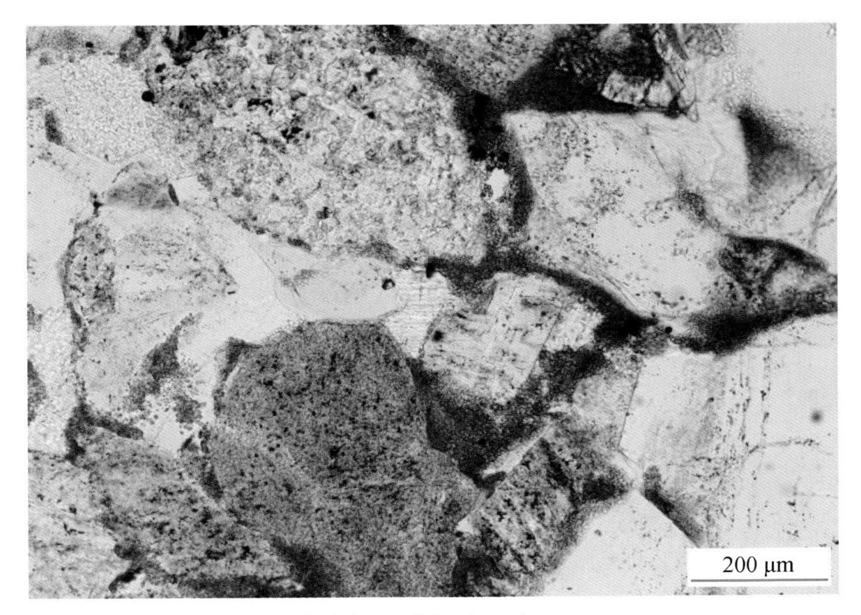

图版 5-45　胶结作用（铁白云石胶结）及特征（四）

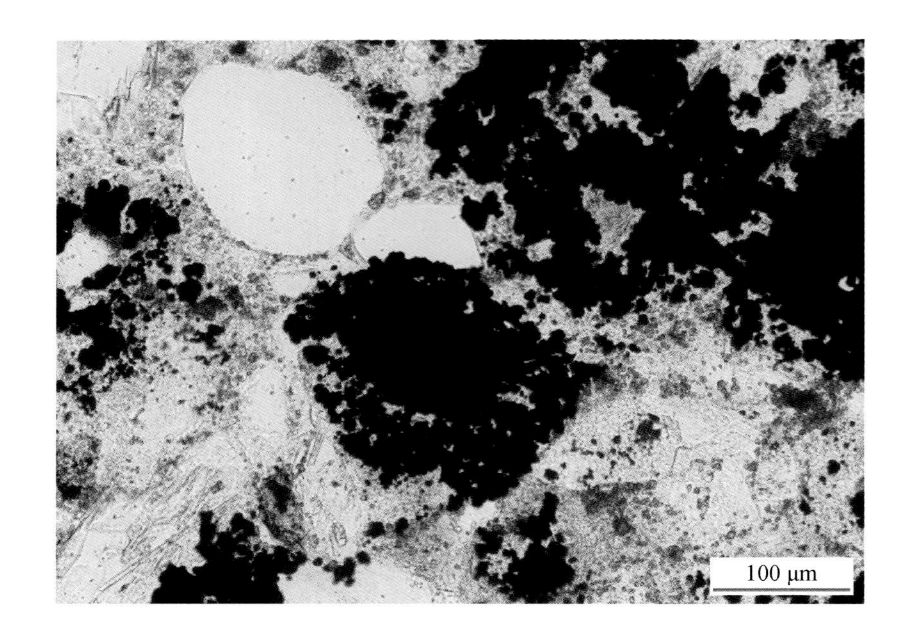

黄铁矿

粒间的黄铁矿呈较为密集的微晶集合体状，黑色不透明。形成于早成岩期的还原环境。

巴音都兰凹陷

巴92X井　2497.88m

阿尔善组

铸体薄片　单偏光

黄铁矿

黑色，不透明，自形立方体状。交代碎屑，形成于早成岩期的强还原环境。

巴音都兰凹陷

巴19井　1505.80m

腾格尔组一段

铸体薄片　单偏光

片钠铝石

单体板片状，集合体近于粒状，高级白干涉色。

高力罕凹陷

高5井　1128.11m

阿尔善组

正交偏光

图版 5-46　交代作用（黄铁矿、片钠铝石交代碎屑颗粒）及特征

片钠铝石

单体针柱状，扇状-束状集合体，彩色-高级白干涉色。

洪浩尔舒特凹陷

洪12井　672.42m

腾格尔组二段

正交偏光

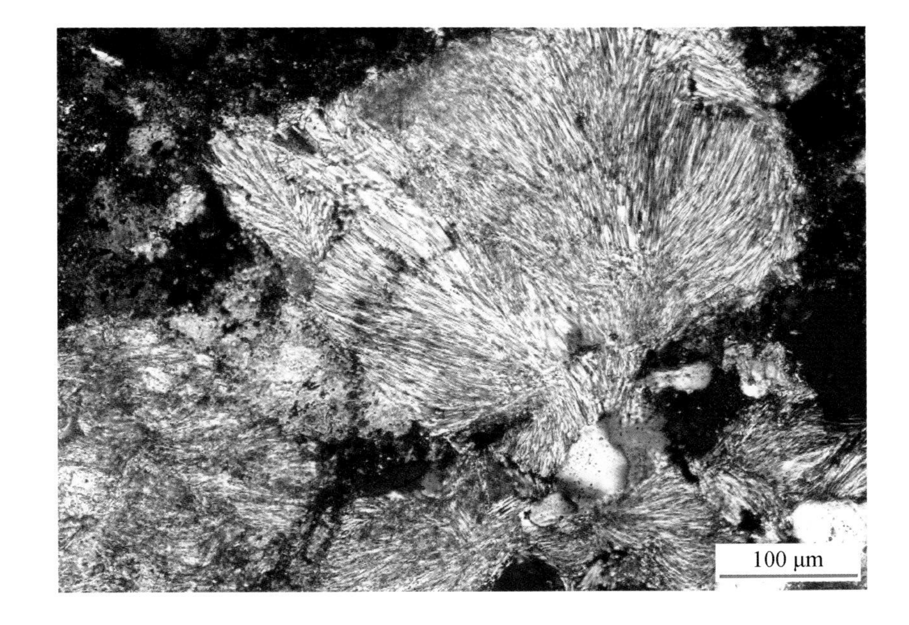

片钠铝石

放射状集合体，高级白干涉色。

高力罕凹陷

高5井　1128.11m

腾格尔组一段

正交偏光

片钠铝石

片钠铝石交代花岗岩岩屑中的长石。

洪浩尔舒特凹陷

洪12井　669.49m

腾格尔组一段

单偏光

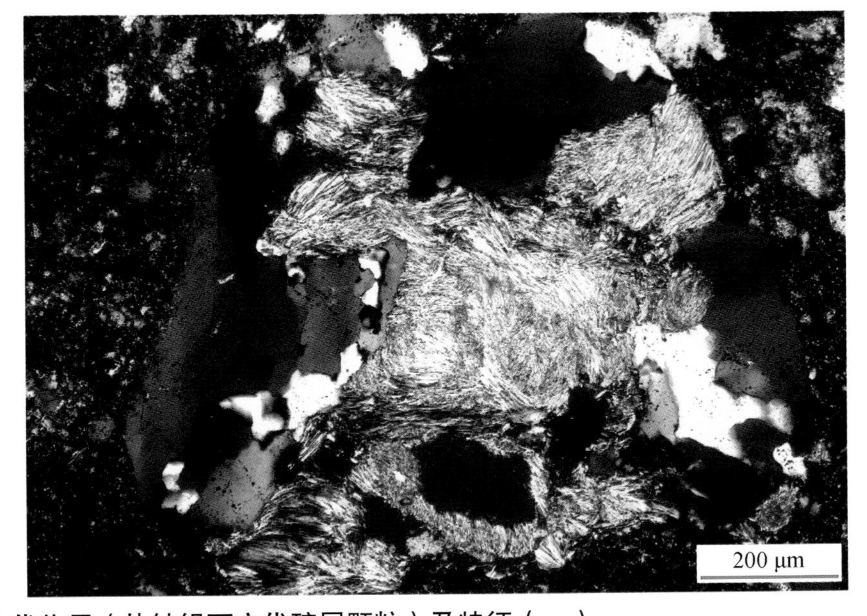

图版 5-47　交代作用（片钠铝石交代碎屑颗粒）及特征（一）

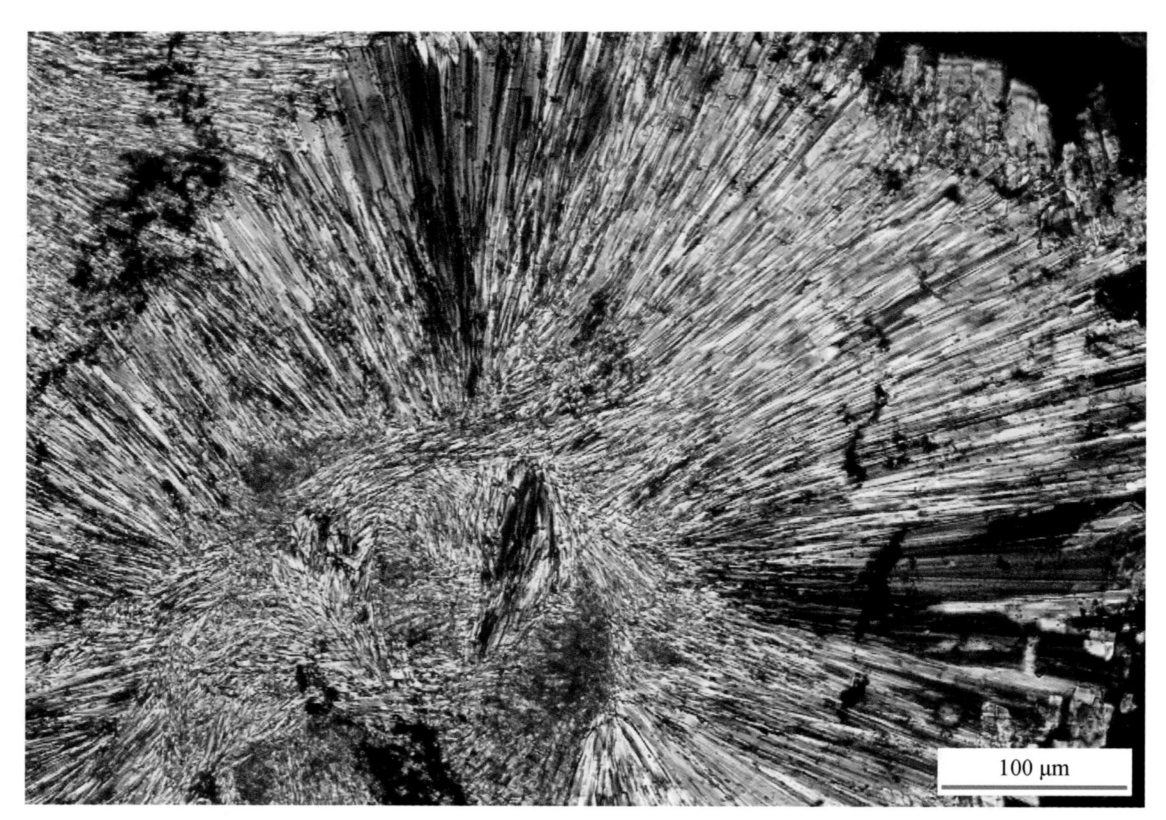

片钠铝石

单体针柱状，放射状集合体，三—四级彩色干涉色。

洪浩尔舒特凹陷　洪22井　590.44m

腾格尔组二段　正交偏光

片钠铝石

单体针柱状，放射状集合体，三—四级彩色干涉色，外圈部位含碳质，并具有环带结构。

洪浩尔舒特凹陷　洪22井　590.44m　腾格尔组二段　正交偏光

图版 5-48　交代作用（片钠铝石交代碎屑颗粒）及特征（二）

片钠铝石

单体针柱状，放射状集合体，右侧为自生高岭石，假六方片状集合体。

高力罕凹陷　高5井　1124.88m

腾格尔组一段　扫描电镜

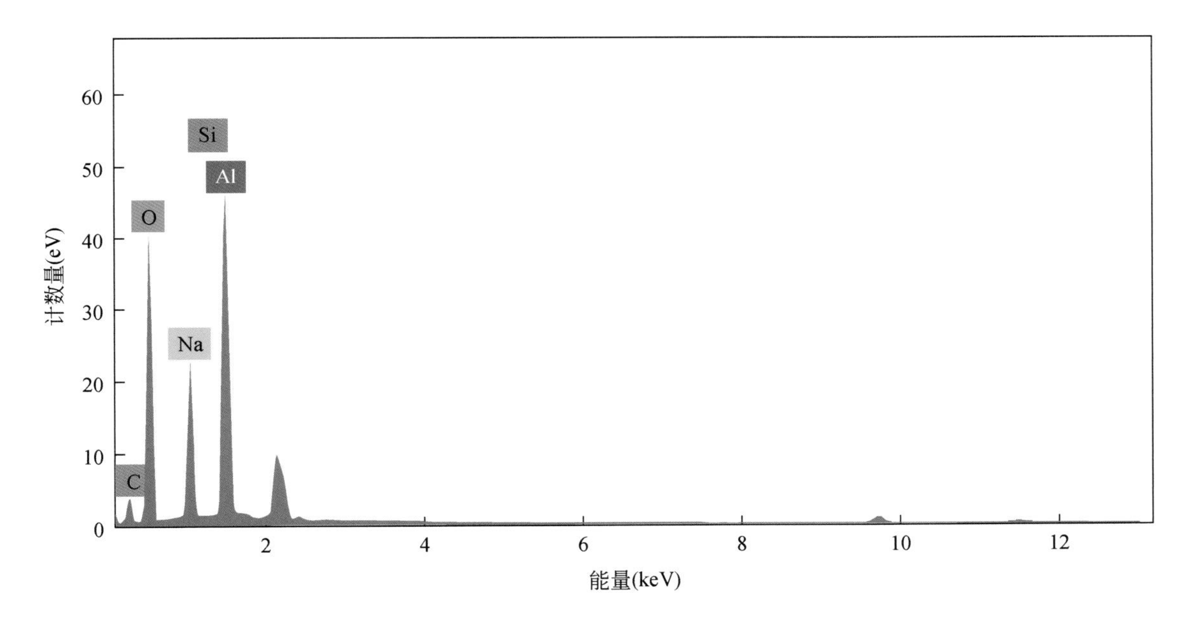

元素	原子数	净值	质量(%)	归一化质量(%)	原子(%)	abs.error(%)(1 sigma)	rel.error(%)(1 sigma)	rel.error(%)(2 sigma)
O	8	204530	39.56	51.47	56.61	4.33	10.95	21.90
Al	13	297499	16.67	21.69	14.14	0.82	4.93	9.85
Na	11	127752	11.08	14.41	11.03	0.74	6.67	13.34
C	6	14467	9.56	12.43	18.21	1.30	13.59	27.17
		总计：	76.87	100.00	100.00			

片钠铝石能谱图

图版 5-49　成岩自生矿物（片钠铝石）及特征（一）

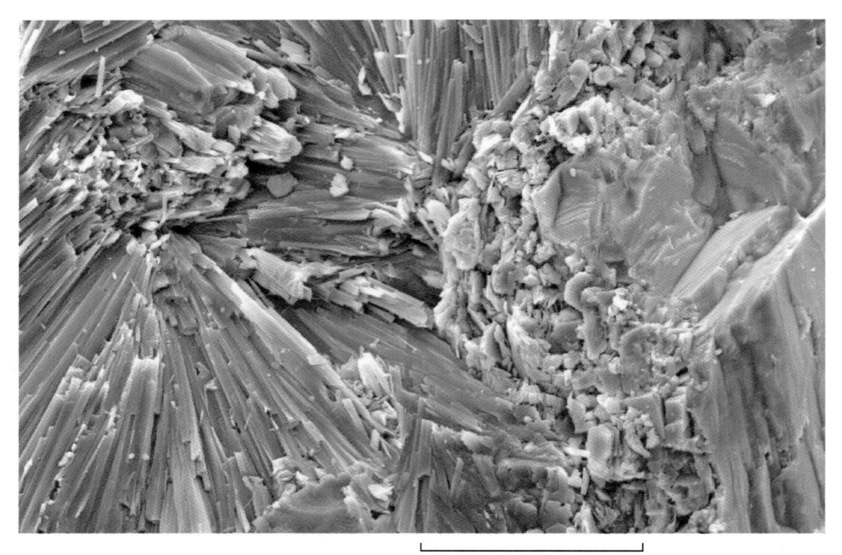

片钠铝石

单体针柱状，放射状集合体，伴生自生高岭石和铁白云石。

洪浩尔舒特凹陷

洪12井　675.73m

腾格尔组一段

扫描电镜

片钠铝石

单体针柱状，在孔隙中呈杂乱的放射状，孔隙内共生自生石英和铁白云石，左侧为自生高岭石。

高力罕凹陷

高5井　1128.83m

腾格尔组二段

扫描电镜

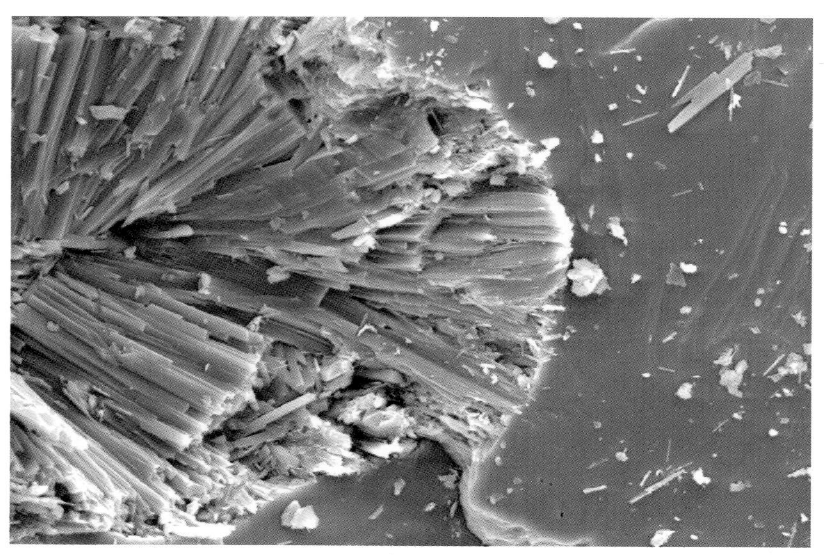

片钠铝石

单体针柱状，放射状集合体，右侧为石英，从二者的接触界线看，片钠铝石对石英进行了交代。

洪浩尔舒特凹陷

洪12井　675.73m

腾格尔组一段

扫描电镜

图版 5-50　成岩自生矿物（片钠铝石）及特征（二）

绿泥石

绿色，膜状结构，包覆在石英碎屑上。

阿南凹陷

阿11井　1626.2m

阿尔善组

铸体薄片　单偏光

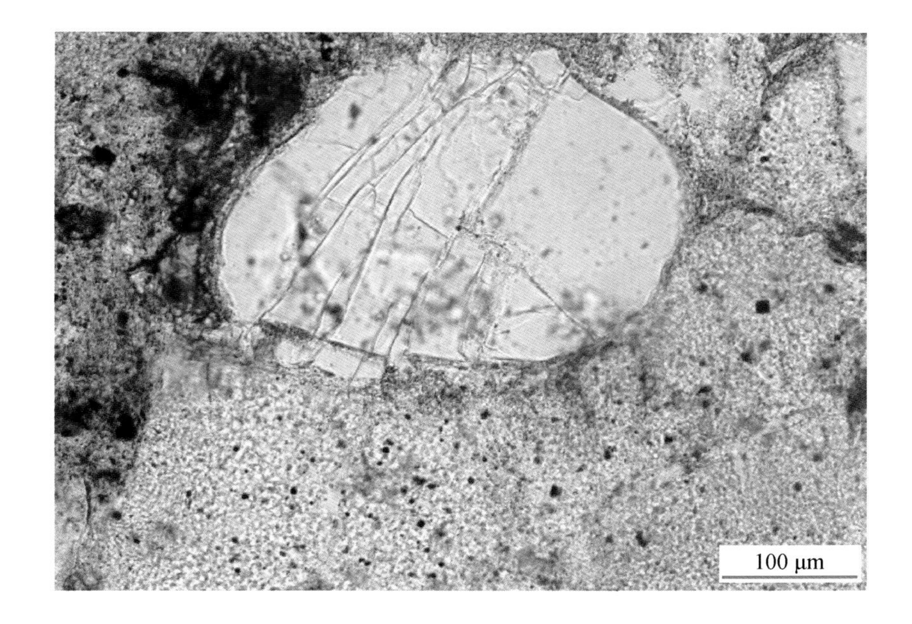

绿泥石

褐黄绿色，膜状结构，不连续地包覆在碎屑颗粒表面。

巴音都兰凹陷

巴92X井　2718.86m

阿尔善组

铸体薄片　单偏光

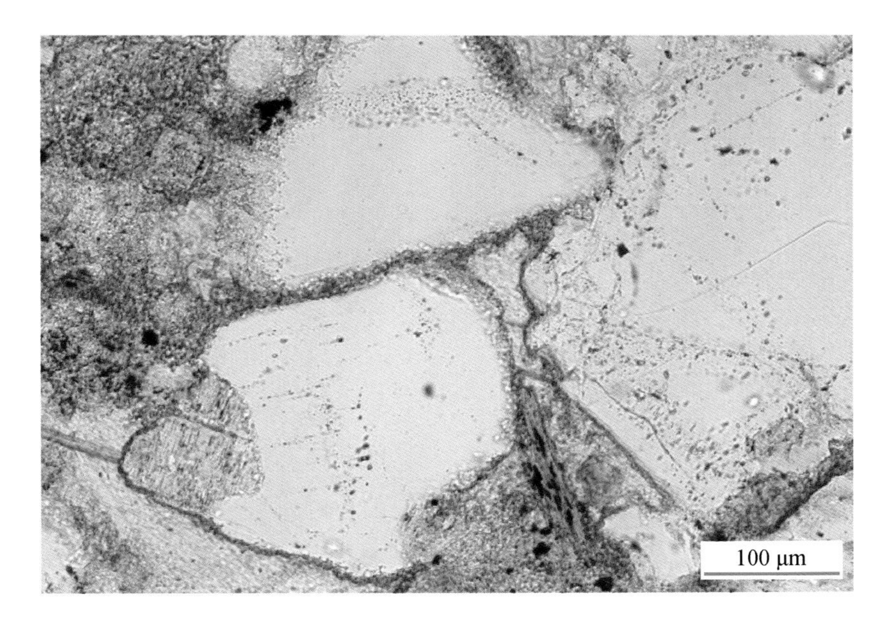

绿泥石

鳞片状，玫瑰花状集合体。共生少量自生石英晶体。

阿尔凹陷

阿尔6井　2167.25m

阿尔善组

扫描电镜

20 μm

图版 5-51　成岩自生矿物（绿泥石）及特征

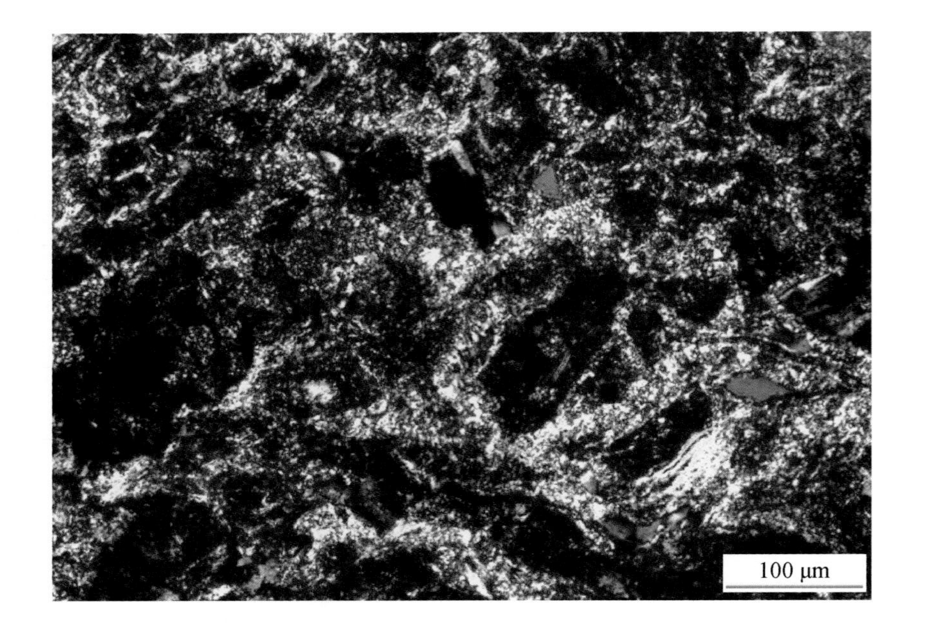

伊利石

细小鳞片状，呈一级黄干涉色。

阿尔凹陷

阿尔6井　2170.0m

阿尔善组

正交偏光

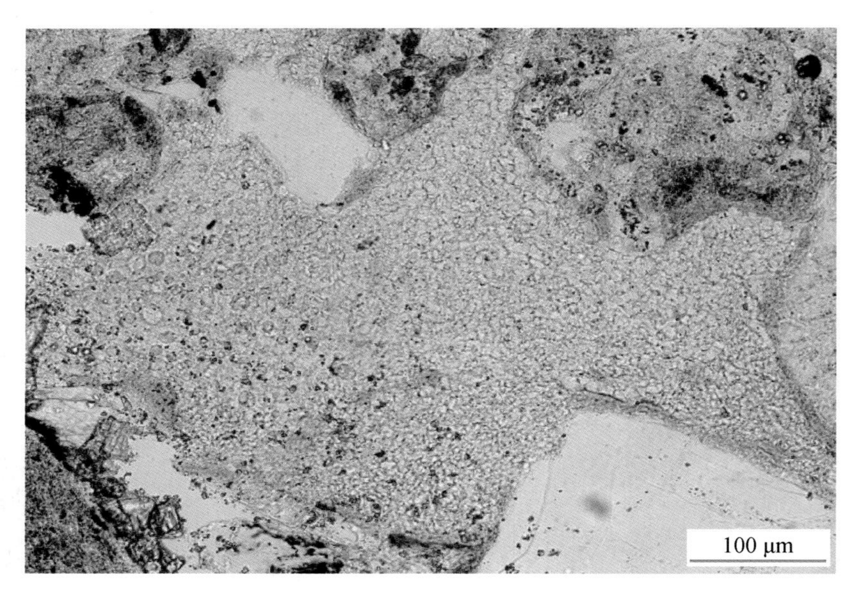

自生高岭石

无色透明，鳞片状集合体。碎屑颗粒表面包覆膜状黏土，自生高岭石是由火山灰蚀变而成。

赛汉塔拉凹陷

赛4井　1020.50m

阿尔善组

单偏光

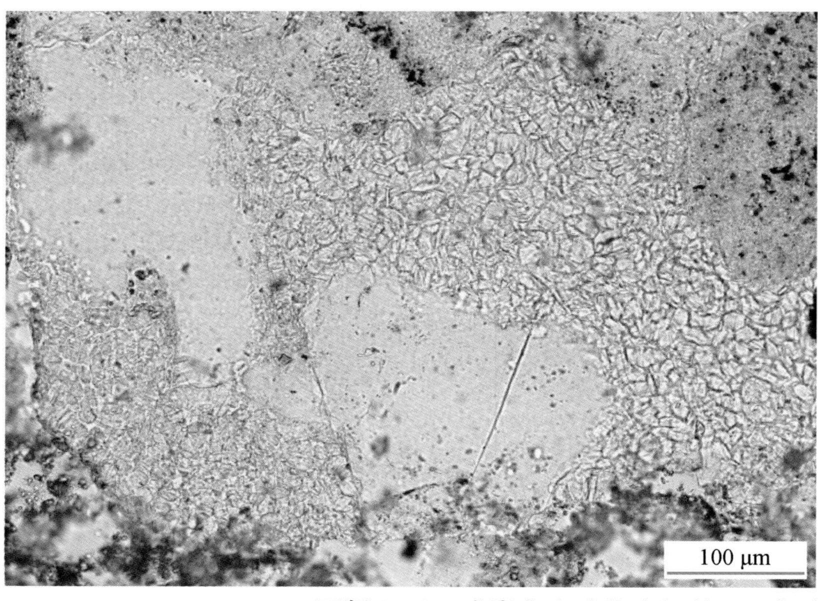

自生高岭石

无色透明，鳞片状集合体。

赛汉塔拉凹陷

赛4井　1162.0m

阿尔善组

单偏光

图版 5-52　成岩自生矿物（伊利石、高岭石）及特征

自生高岭石

鳞片状集合体，假六方片状，书页状集合体。共生弯曲鳞片状及丝缕状的伊利石及伊/蒙间层黏土。

阿尔凹陷

阿尔6井　2168.55m

阿尔善组

扫描电镜

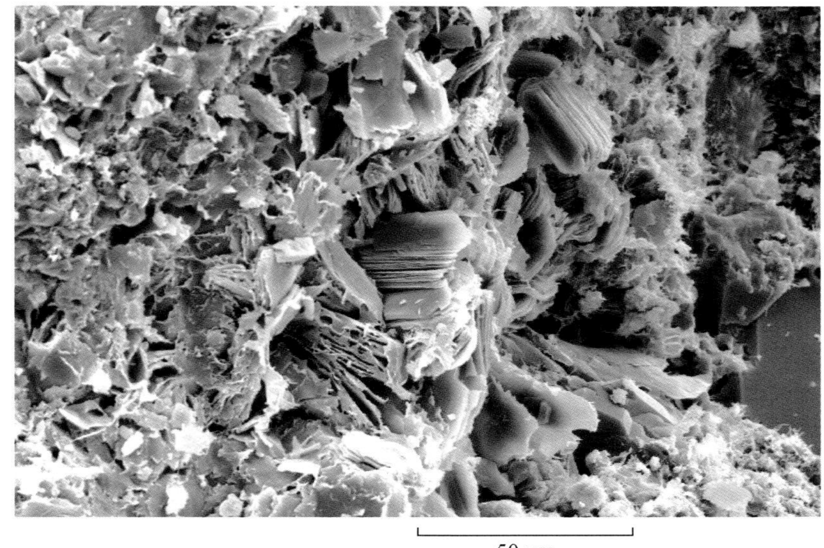

自生高岭石

鳞片状集合体，一级暗灰干涉色。

赛汉塔拉凹陷

赛4井　1016.0m

阿尔善组

正交偏光

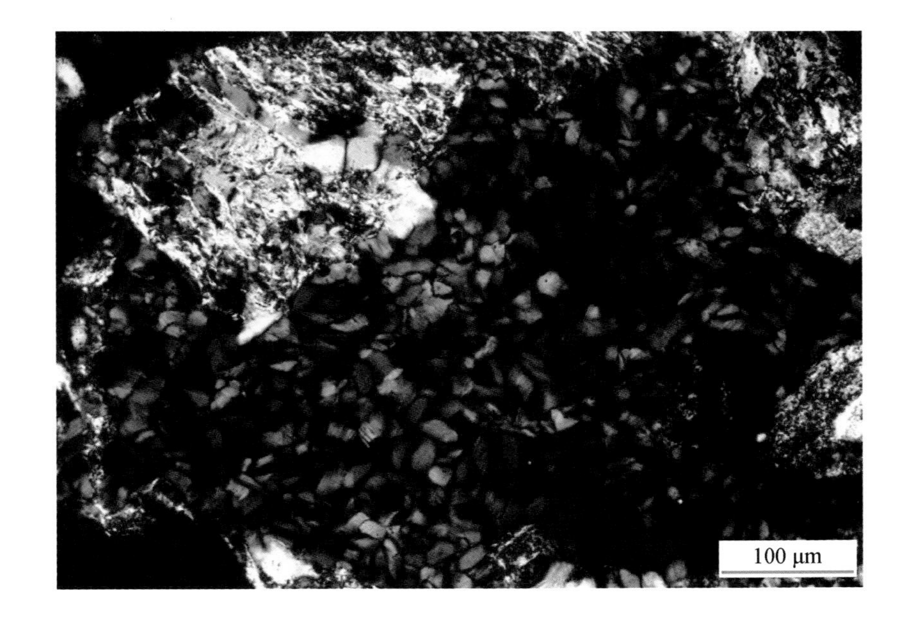

自生高岭石

无色透明，鳞片状集合体。

乌兰花凹陷

兰1井　1241.03m

腾格尔组

单偏光

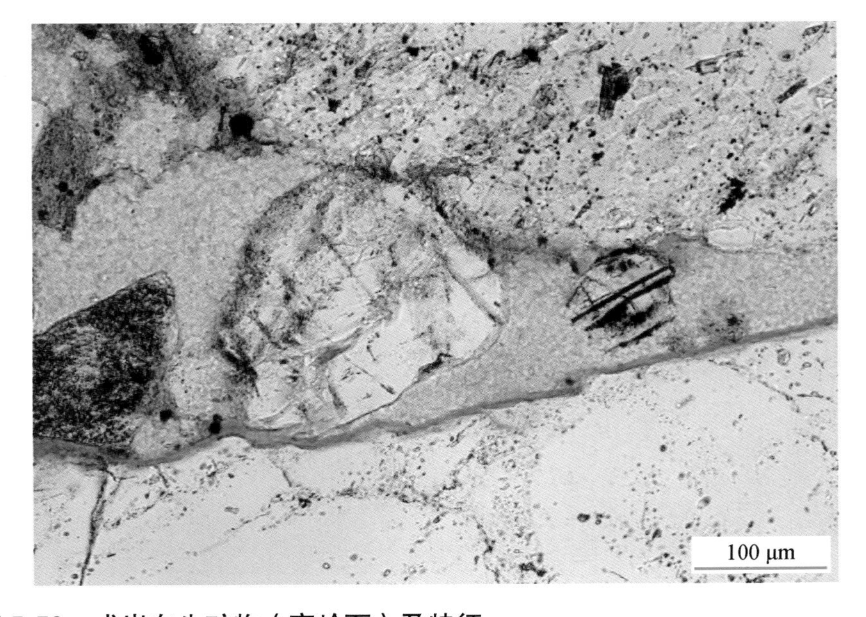

图版 5-53　成岩自生矿物（高岭石）及特征

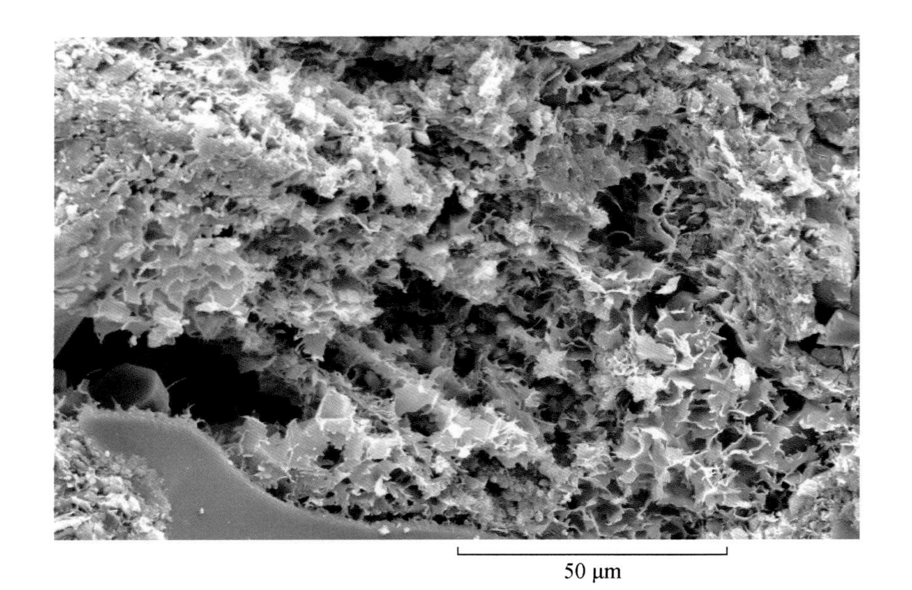

伊利石

弯曲鳞片状，蜂窝状集合体。晶间孔。左下方孔隙处充填自生长石。

阿尔凹陷

阿尔6井 2169.90m

阿尔善组

扫描电镜

绿泥石及伊利石

绿泥石呈玫瑰花状集合体，存在于颗粒表面。伊利石呈蜂窝状集合体。晶间孔。左侧孔隙处充填菱面体状自生白云石。

阿尔凹陷

阿尔6井 2169.90m

阿尔善组

扫描电镜

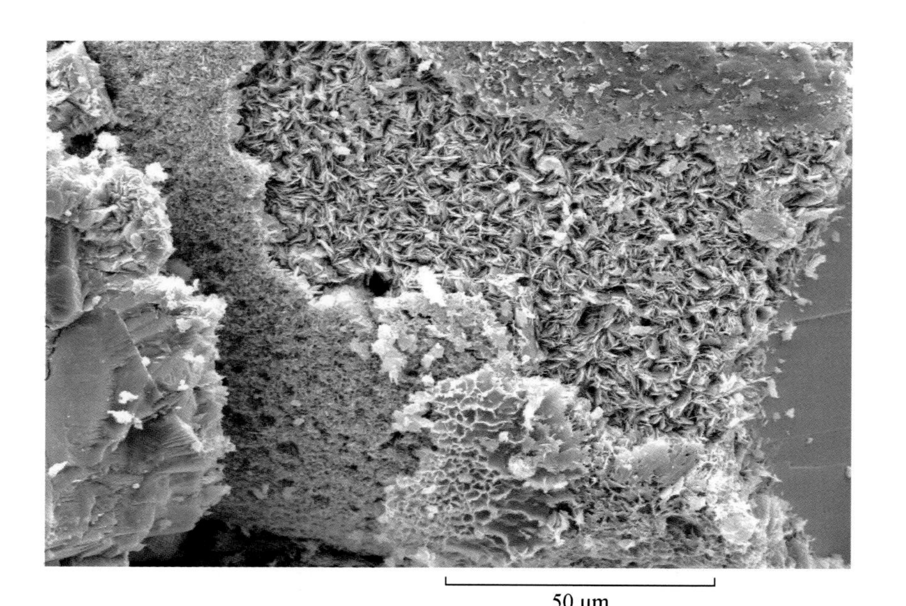

绿泥石及伊利石

绿泥石呈玫瑰花状集合体状，存在于颗粒表面。伊利石呈蜂窝状集合体状。晶间孔。左侧孔隙处充填自生白云石。

阿尔凹陷

阿尔6井 2171.25m

阿尔善组

扫描电镜

图版 5-54 成岩自生矿物（伊利石、绿泥石）及特征

伊利石

粒间的伊利石类黏土呈鳞片状集合体状。晶间孔。

乌兰花凹陷

兰11X井　1448.60m

腾格尔组

扫描电镜

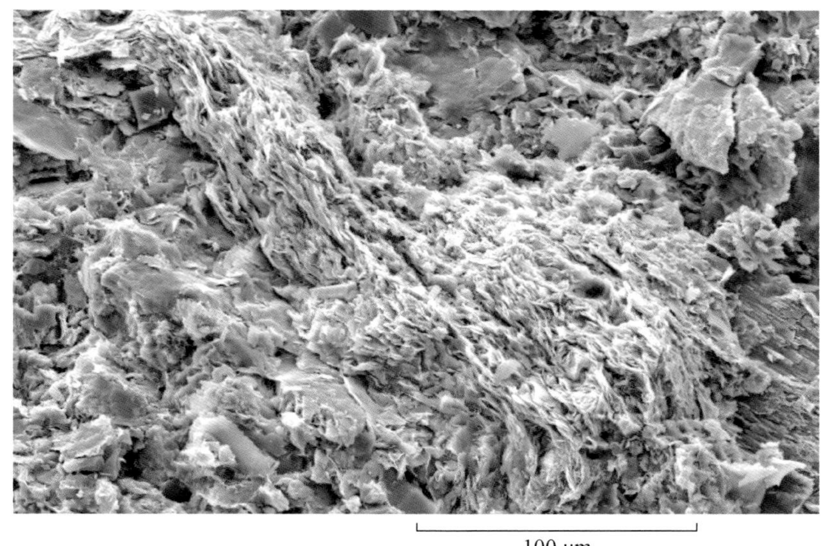

绿泥石

粒间的绿泥石呈鳞片状集合体状，鳞片大致平行。有少量弯曲鳞片状伊利石类黏土矿物。晶间孔。

阿尔凹陷

阿尔6井　2167.85m

阿尔善组

扫描电镜

伊利石及伊/蒙间层

存在于粒间及颗粒表面，鳞片状集合体，为伊利石及伊/蒙间层黏土。

乌兰花凹陷

兰11X井　1448.35m

腾格尔组

扫描电镜

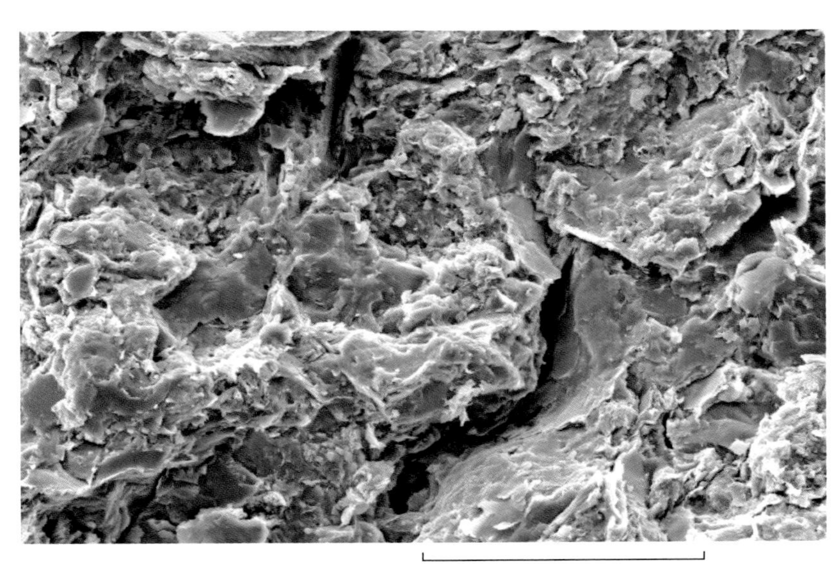

图版 5-55　成岩自生矿物（伊利石、绿泥石、蒙皂石）及特征

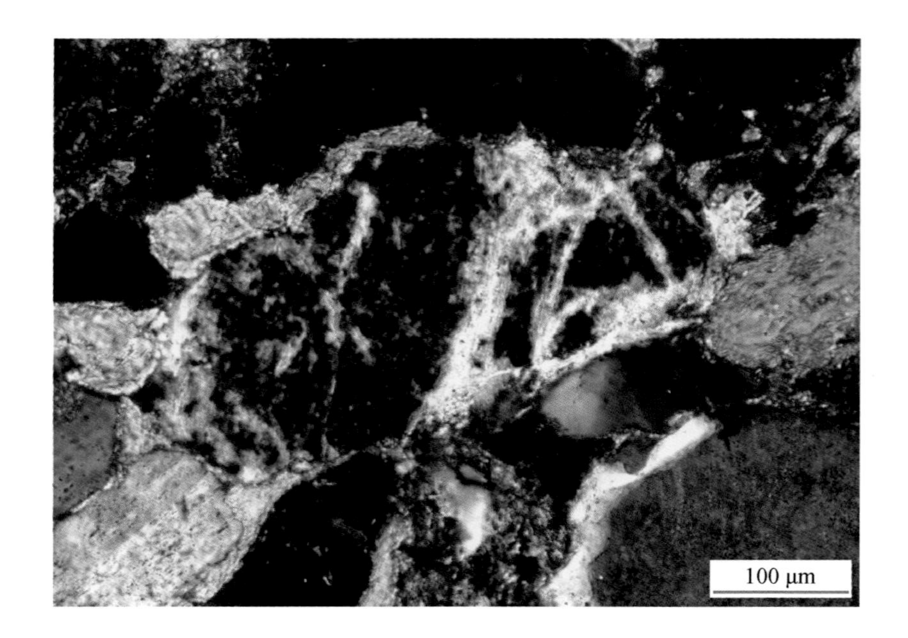

高岭石交代长石

长石内部被高岭石交代，残留少量长石。高岭石具一级暗灰干涉色。

乌兰花凹陷

兰5井 1754.28m

阿尔善组

正交偏光

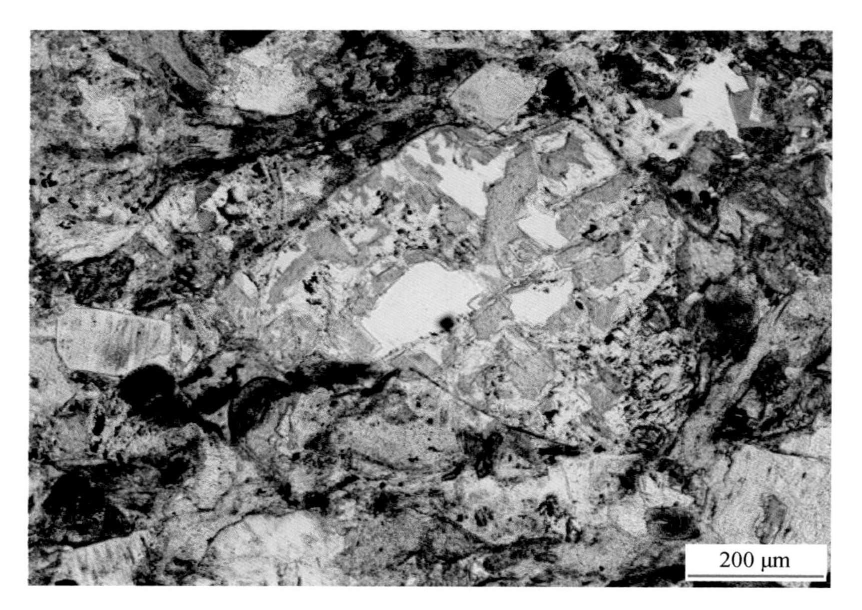

方解石交代长石

短柱状的长石内部被铁方解石部分交代。

阿尔凹陷

阿尔6井 2168.90m

阿尔善组

单偏光

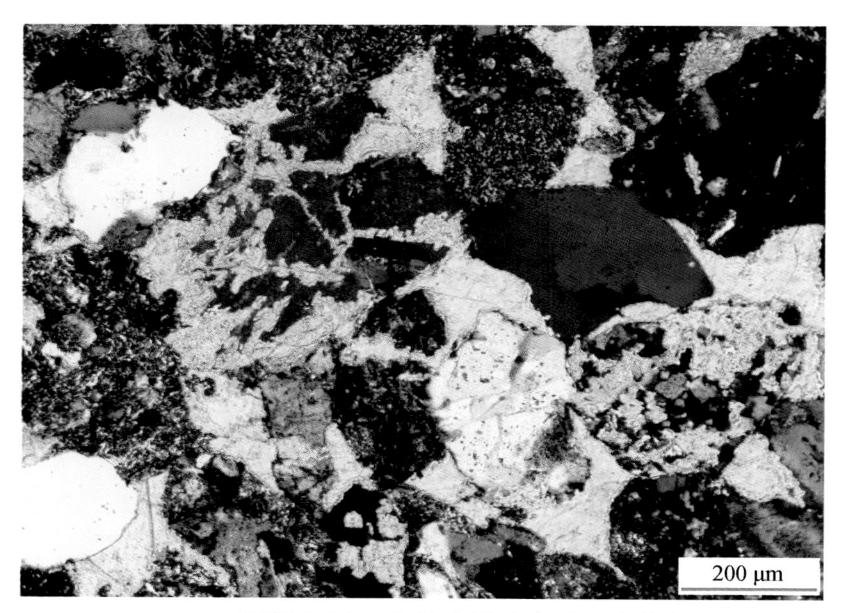

方解石交代长石及石英

长石内部被铁方解石部分交代，石英则沿边缘进行交代。方解石连晶式胶结。

阿尔凹陷

阿尔6井 2164.10m

阿尔善组

正交偏光

图版 5-56 交代作用（高岭石交代长石、方解石交代长石）及特征

第二节　储集空间及物性特征

一、孔隙类型

砂岩储层的储集空间类型主要为孔隙。孔隙类型为残余粒间孔、粒间溶孔、粒内溶孔、铸模孔、晶间孔以及构造裂缝等。总体而言，以次生孔隙为主，在同一薄片样品中一般可见多种孔隙类型共同存在，大小不等，分布不均，其储层物性随溶蚀程度而变化。

粒间溶孔

粒间的蚀变火山灰被溶蚀而形成粒间溶孔。溶孔中见横截面呈六边形的自生石英晶体及细长柱状的自生长石晶体。下部的绢云母化长石碎屑发育长石加大边。

阿南凹陷

阿11井　1386.50m

阿尔善组

单偏光

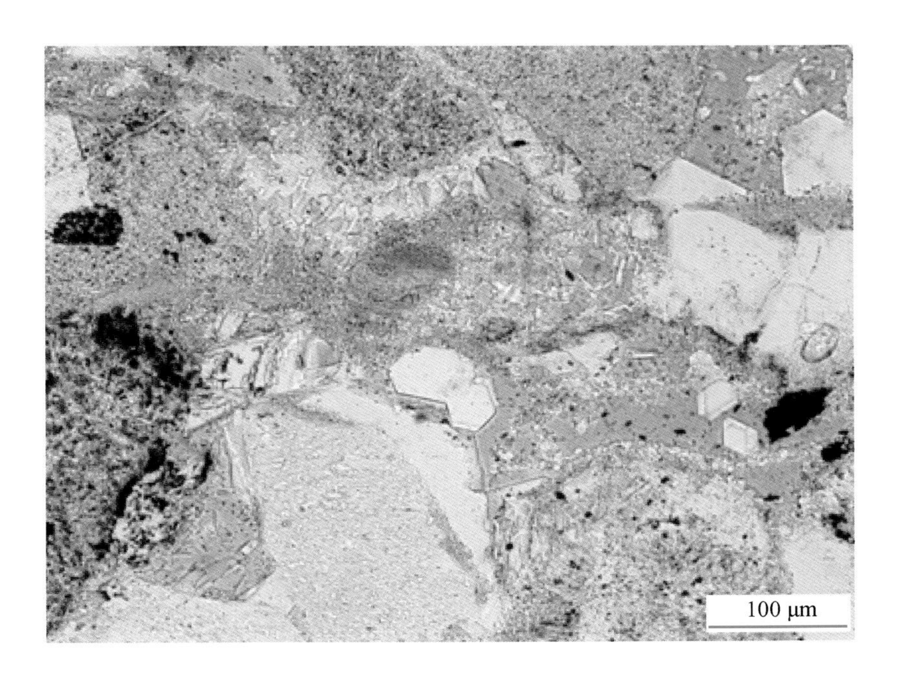

粒间溶孔

粒间的蚀变火山灰被溶蚀形成粒间溶孔，同时发育长石铸模孔及粒内溶孔，由黏土边显示长石碎屑的轮廓。溶孔中见细长柱状的自生长石晶体。

阿南凹陷

阿11井　1386.50m

阿尔善组

单偏光

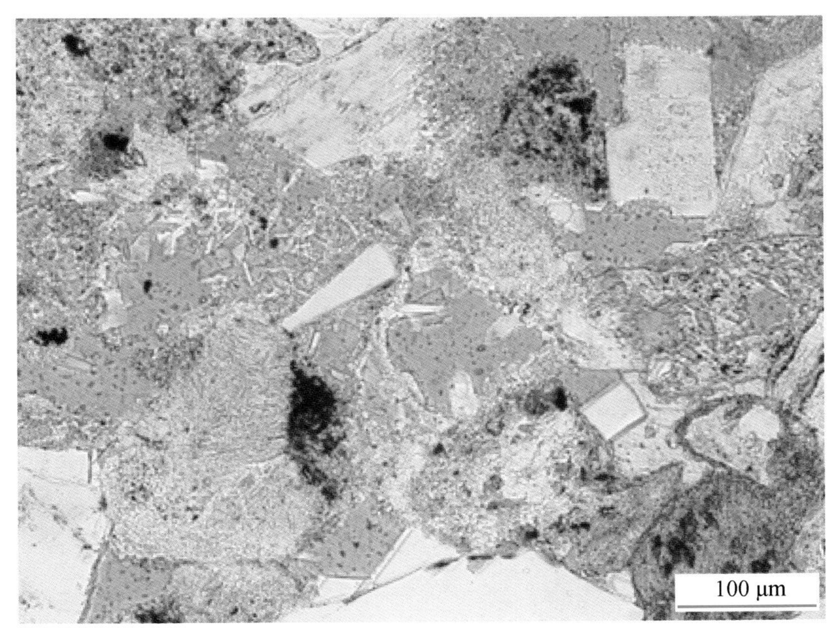

图版 5-57　储集空间及特征（一）

粒间溶孔

粒间溶孔发育，有少量长石铸模孔及岩屑粒内溶孔，孔隙内充填少量蚀变火山灰。

阿南凹陷

阿11井 1386.50m

阿尔善组

单偏光

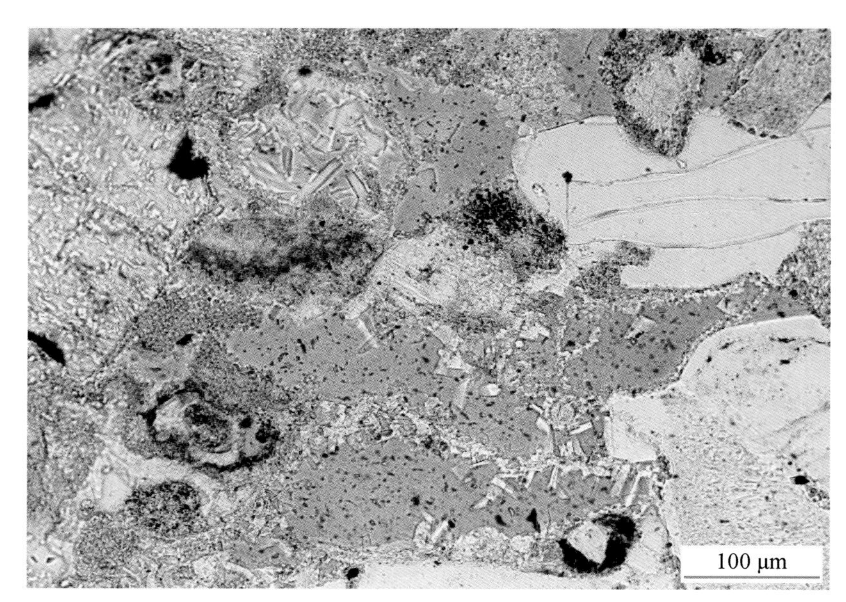

粒间溶孔 铸模孔

由黏土边显示碎屑的轮廓，其边缘或内部存在柱状的自生长石晶体。右侧见石英加大边。

阿南凹陷

阿11井 1386.50m

阿尔善组

单偏光

粒间溶孔 杂基微孔

粒间的蚀变火山灰部分被溶蚀形成粒间溶孔和杂基微孔。粒间溶孔中含自形柱状自生长石。

阿南凹陷

阿27井 2211.72m

腾格尔组一段

单偏光

图版 5-58 储集空间及特征（二）

岩屑粒内溶孔

火山岩岩屑内部分被溶蚀形成粒内溶孔。

阿南凹陷

阿27井　2211.72m

腾格尔组一段

单偏光

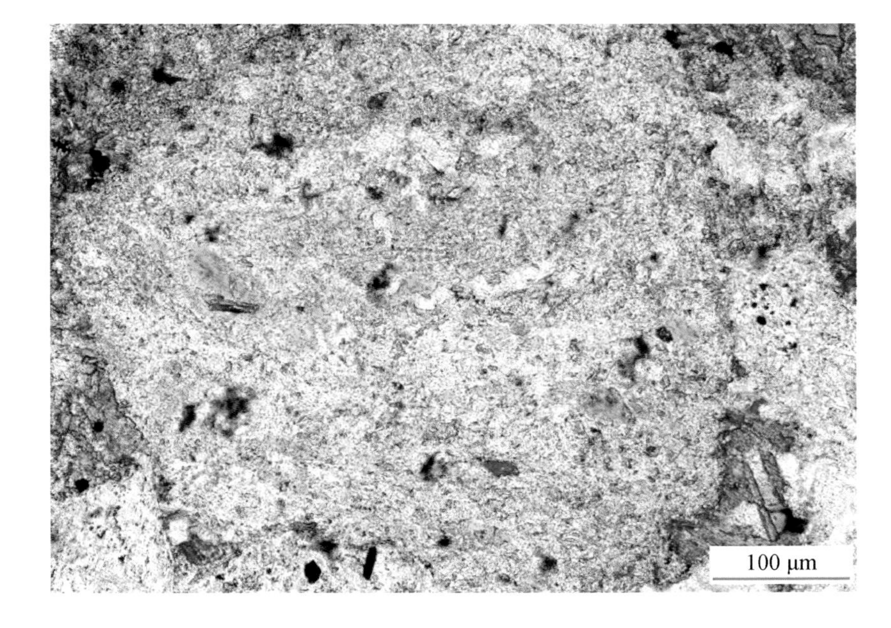

粒间溶孔 粒间溶孔 铸模孔

粒间火山灰被溶蚀形成粒间溶孔；泥化的火山岩屑内的长石及长石晶屑被溶蚀形成粒内溶孔及铸模孔。

阿南凹陷

阿35井　1591.61m

阿尔善组

单偏光

粒间溶孔

泥质粉砂岩中的细砂岩薄夹层粒间溶孔发育。

阿南凹陷

阿35井　1596.18m

阿尔善组

单偏光

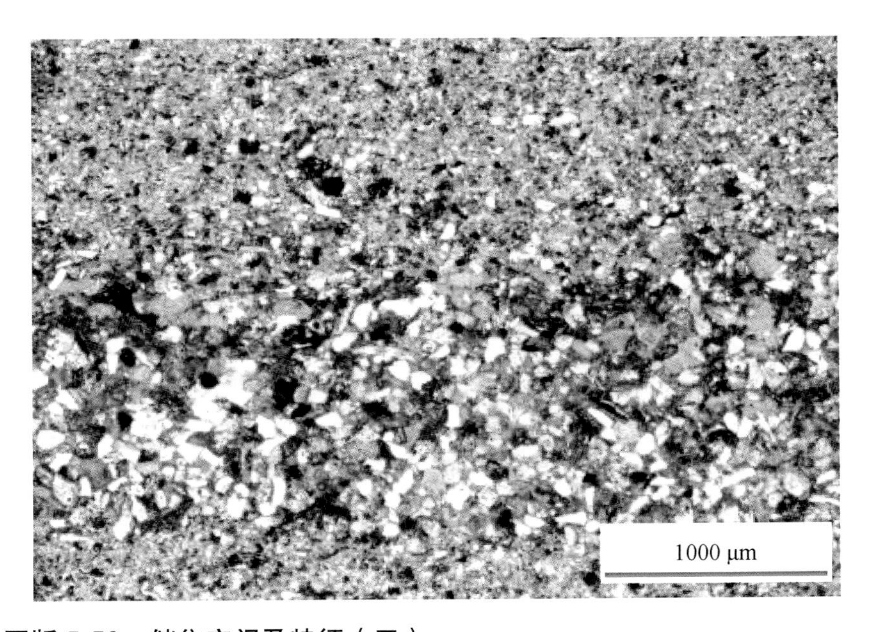

图版 5-59　储集空间及特征（三）

粒间溶孔

粒间溶孔发育，颗粒边缘见由溶蚀造成的痕迹，有少量长石粒内溶孔，狭窄状喉道，连通性好。

阿尔凹陷

阿尔6井　2168.50m

阿尔善组

单偏光

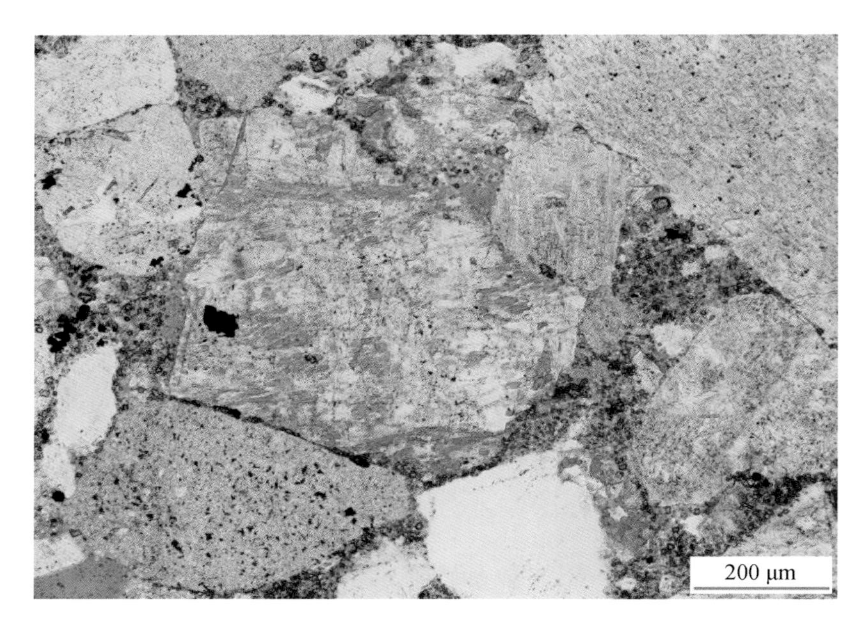

长石粒内溶孔 粒间溶孔

长石内部部分被溶蚀形成粒内溶孔。粒间溶孔内有少量铁白云石微晶。

阿尔凹陷

阿尔6井　2168.50m

阿尔善组

单偏光

长石铸模孔 粒间溶孔

长石几乎完全被溶蚀形成铸模孔，残余部分方解石化。粒间溶孔内铁白云石微晶局部集中。

阿尔凹陷

阿尔6井　2168.50m

阿尔善组

单偏光

图版 5-60　储集空间及特征（四）

长石铸模孔

长石碎屑溶蚀后形成铸模孔，孔内又充填了自生长石，具有自形的柱状形态。

阿尔凹陷

阿尔6井 2169.50m

阿尔善组

单偏光

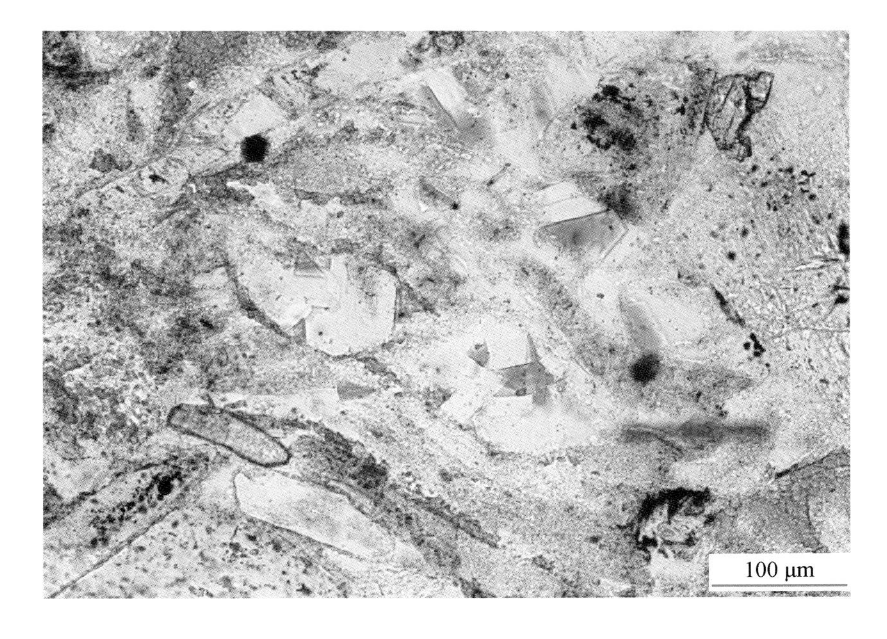

铸模孔 粒间溶孔

长石及火山岩岩屑溶蚀，形成铸模孔和粒间溶孔，孔内又充填了自生长石，具有自形的柱状形态。

阿尔凹陷

阿尔6井 2171.50m

阿尔善组

单偏光

粒内溶孔 粒间溶孔

流纹岩岩屑内部溶蚀，形成粒内溶孔。粒间的杂基（蚀变黏土）被溶蚀形成粒间溶孔，孔内充填少量自生长石。

阿尔凹陷

阿尔6井 2171.50m

阿尔善组

单偏光

图版 5-61 储集空间及特征（五）

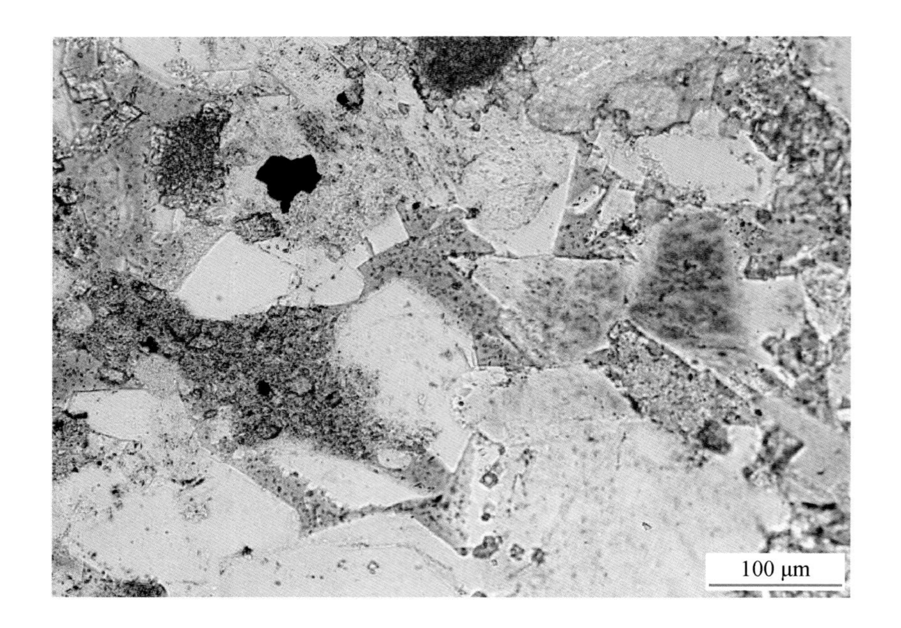

粒间溶孔

粒间的填隙物（铁白云石）被溶蚀形成粒间溶孔。石英及长石加大边。

巴音都兰凹陷

巴9井　1573.50m

腾格尔组

单偏光

铸模孔 粒间溶孔

填隙物铁白云石溶蚀形成粒间溶孔，长石碎屑溶蚀形成铸模孔。

巴音都兰凹陷

巴9井　1582.0m

腾格尔组

单偏光

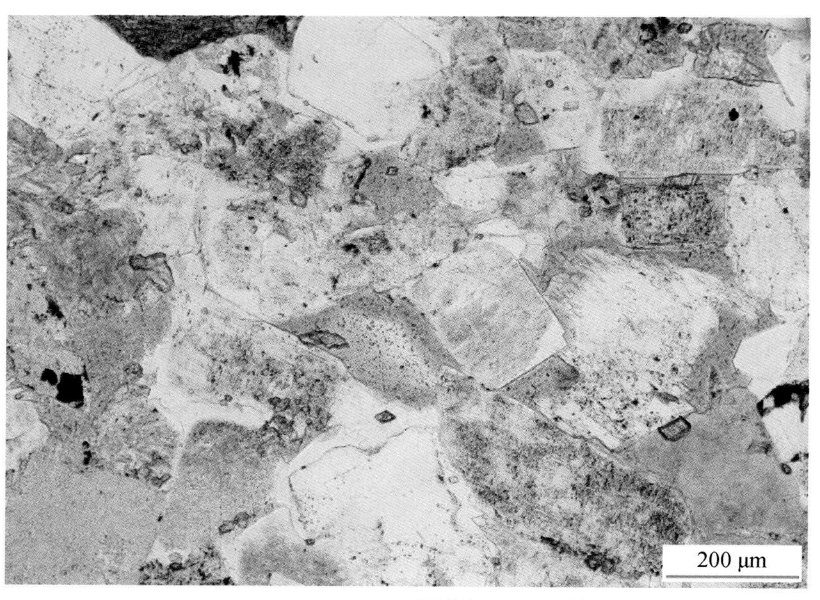

粒间溶孔

粒间溶孔，狭窄状喉道。石英及长石加大边发育。

巴音都兰凹陷

巴9井　1583.50m

腾格尔组

单偏光

图版 5-62　储集空间及特征（六）

粒间溶孔

粒间溶孔发育，部分充填铁白云石及石英加大边，孔隙连通性较好。

巴音都兰凹陷

巴9井　1610.90m

腾格尔组

单偏光

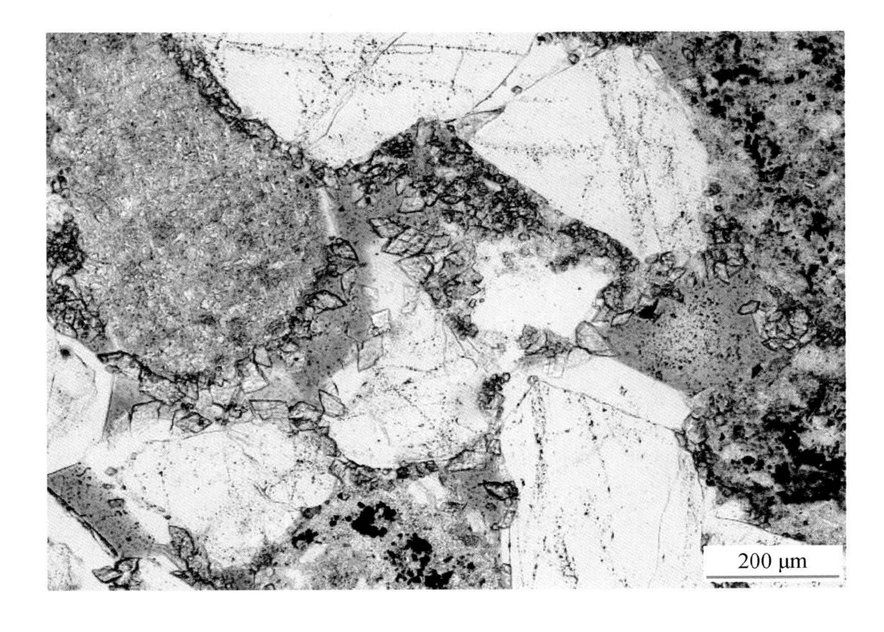

粒间溶孔 长石粒内裂缝孔

粒间的填隙物被强烈溶蚀，仅残余少量，形成粒间溶孔。长石受压实而破裂形成粒内裂缝孔。孔隙连通性好。

巴音都兰凹陷

巴9井　1611.80m

腾格尔组

单偏光

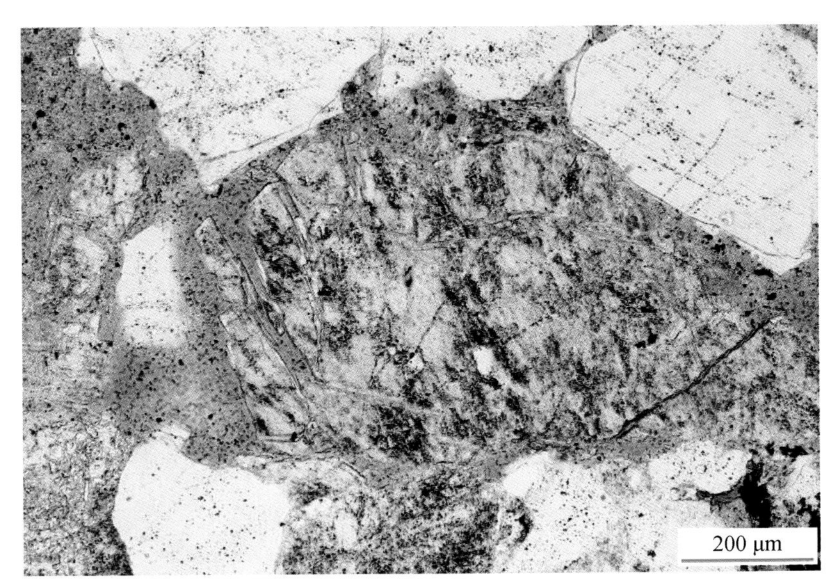

粒间溶孔 铸模孔

粒间溶孔发育，长石铸模孔，孔隙连通性好。自生长石和石英加大边。

巴音都兰凹陷

巴9井　1612.6m

腾格尔组

单偏光

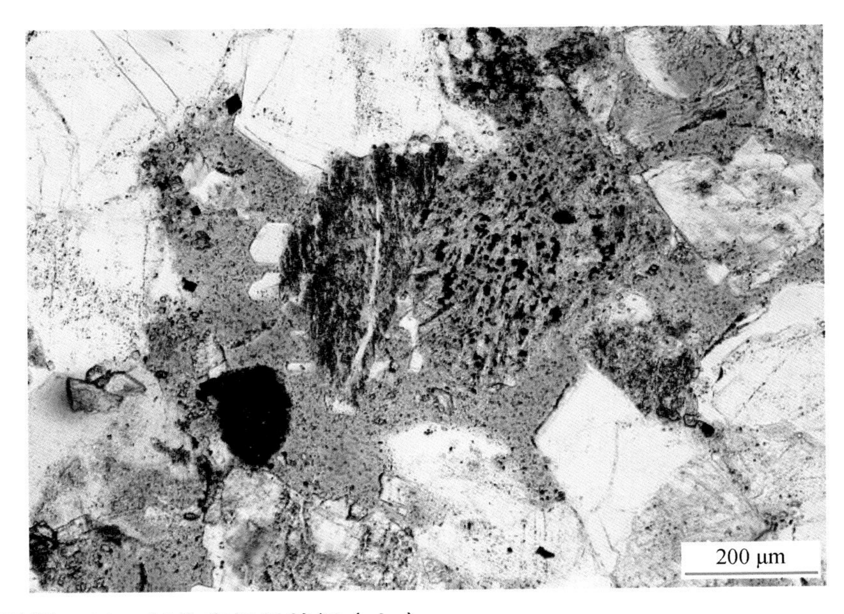

图版 5-63　储集空间及特征（七）

粒间溶孔

粒间溶孔发育，部分充填自生白云石和方解石胶结物，孔隙连通性好。

巴音都兰凹陷

巴18井 1517.30m

腾格尔组

单偏光

粒间溶孔

粉砂岩的填隙物铁白云石被强烈溶蚀，形成粒间溶孔。有少量粒内溶孔。

巴音都兰凹陷

巴19井 1436.70m

腾格尔组

单偏光

粒间溶孔

细粒长石砂岩，粒间溶孔发育，局部孔隙直径大于碎屑直径。孔隙连通性好。孔隙内充填少量自生白云石。

巴音都兰凹陷

巴19井 1501.40m

腾格尔组

单偏光

图版 5-64 储集空间及特征（八）

粒间溶孔

粒间溶孔，狭窄状喉道，孔隙连通性好。下部碎屑表面发育自生长石晶体。

巴音都兰凹陷

巴19井　1505.80m

腾格尔组

单偏光

长石铸模孔 粒间溶孔

长石全部被溶蚀形成铸模孔，铸模孔原长石的加大边未溶解，由此可知溶蚀作用发生在长石加大之后。粒间溶孔发育，孔隙连通性好。

巴音都兰凹陷

巴19井　1506.30m

腾格尔组

单偏光

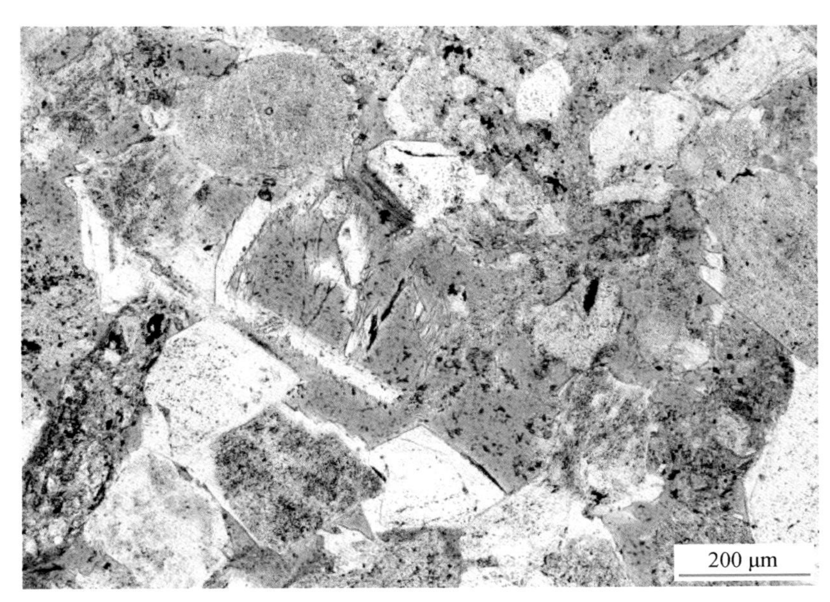

长石粒内溶孔 粒间溶孔

长石溶蚀较强烈形成粒内溶孔，边部的残余长石加大边未溶解。粒间溶孔。孔隙连通性好。长石加大边。

巴音都兰凹陷

巴19井　1509.26m

腾格尔组

单偏光

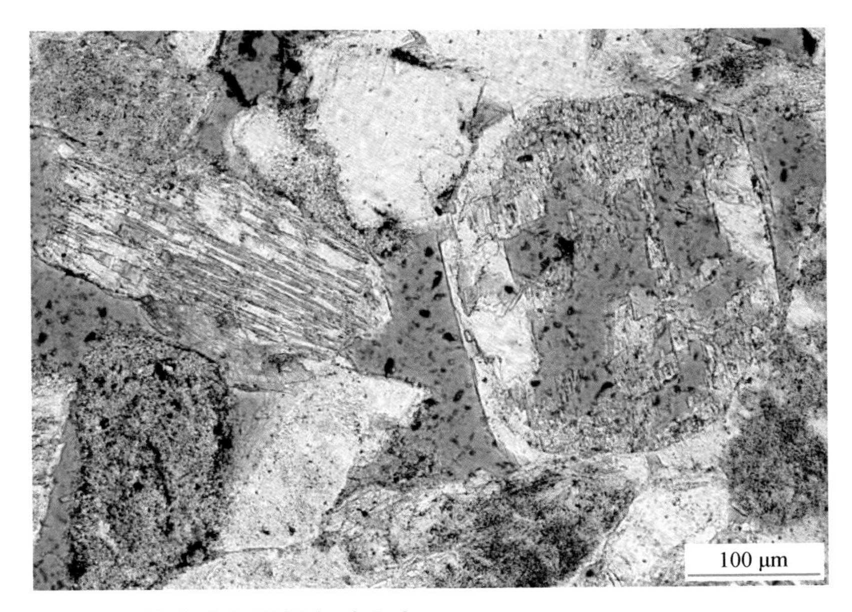

图版 5-65　储集空间及特征（九）

长石铸模孔 粒间溶孔

长石溶蚀较强烈形成铸模孔。粒间溶孔发育。孔隙连通性好。

巴音都兰凹陷

巴19井 1510.16m

腾格尔组

单偏光

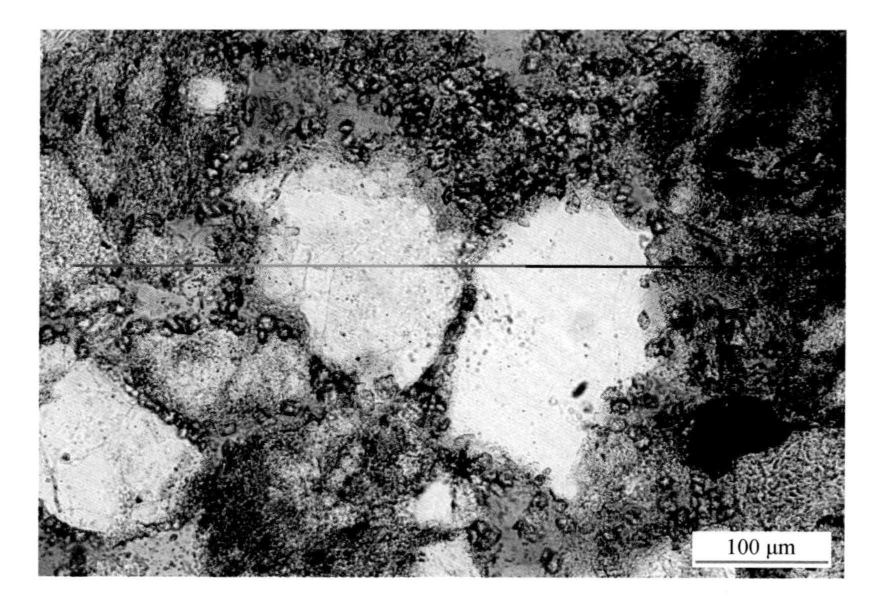

粒间溶孔

粒间的填隙物被强烈溶蚀形成粒间溶孔，少量铁白云石微晶。

阿南凹陷

哈50井 1000.80m

阿尔善组

单偏光

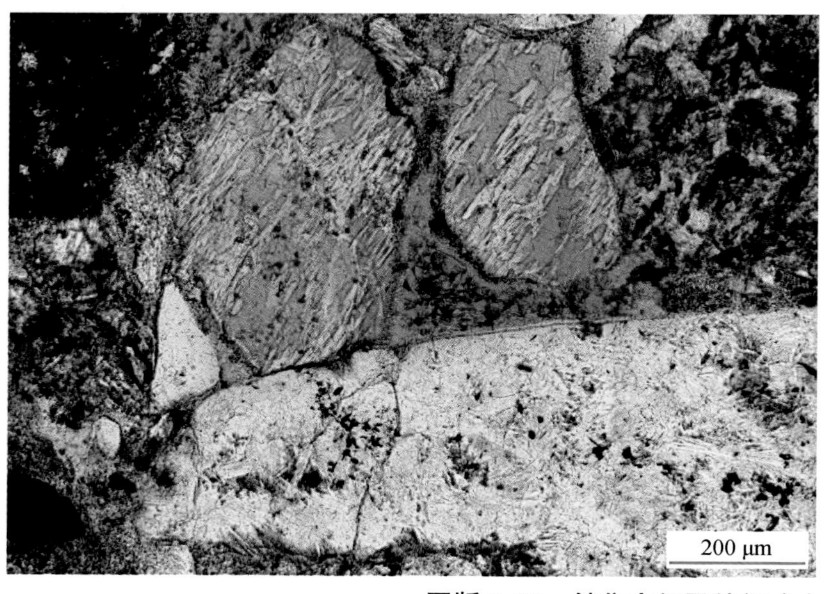

长石铸模孔 粒间溶孔

长石被强烈溶蚀形成铸模孔，铸模孔孔壁为膜状囊脱石，粒间溶孔。

阿南凹陷

哈50井 1043.88m

阿尔善组

单偏光

图版 5-66 储集空间及特征（十）

张性微裂缝

岩石整体孔隙不发育，由构造作用形成的微裂缝构成了酸性水溶蚀的通道，其两侧发生溶蚀形成粒间溶孔。

乌兰花凹陷

兰1井　933.20m

腾格尔组

单偏光

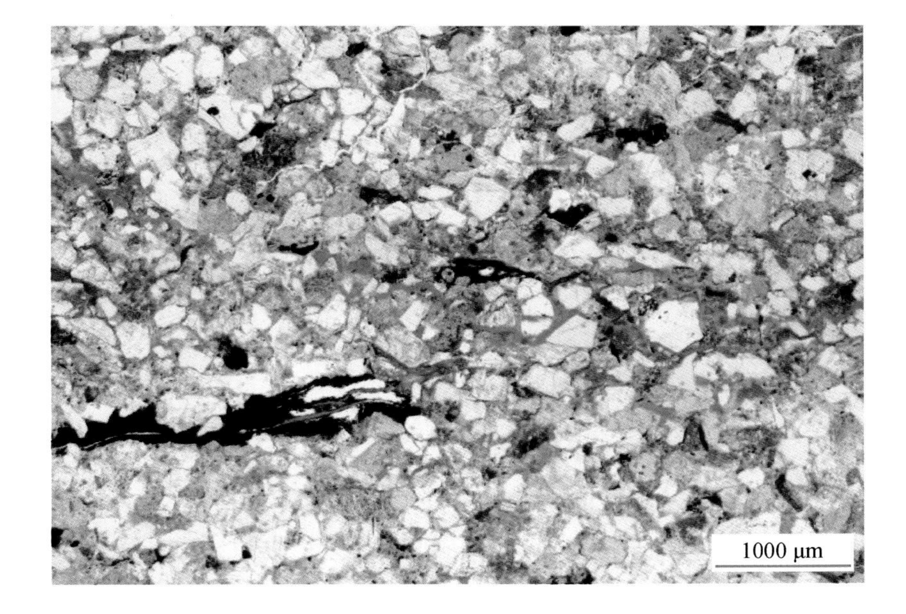

粒间孔

不等粒长石砂岩的粒间孔，孔隙连通性好。

乌兰花凹陷

兰1井　933.50m

腾格尔组

单偏光

长石粒内溶孔及裂缝溶孔 粒间孔

右侧的长石在原有裂缝基础上溶蚀扩大了孔隙，左侧的长石内部溶蚀较弱，形成少量粒内溶孔。粒间孔中见少量火山灰蚀变黏土，孔隙连通性好。

乌兰花凹陷

兰1井　933.50m

腾格尔组

单偏光

图版 5-67　储集空间及特征（十一）

粒内溶孔

安山岩岩屑内斜长石微晶间的玻璃质物质部分被溶蚀，形成粒内溶孔。粒间充填自生高岭石。

乌兰花凹陷

兰1井　1241.03m

腾格尔组

单偏光

长石粒内溶孔

左下方的长石压实破裂，并在此基础上进一步被溶蚀，形成粒内溶孔。右侧的长石内部溶蚀强烈形成粒内溶孔。粒间充填自生高岭石。

乌兰花凹陷

兰1井　1241.03m

腾格尔组

单偏光

粒间溶孔 晶间孔

粒间溶孔发育，颗粒间填隙物少，仅局部充填自生高岭石，发育晶间孔。

乌兰花凹陷

兰5井　1312.61m

腾格尔组

单偏光

图版 5-68　储集空间及特征（十二）

晶间孔

粒间及中间的长石粒内溶孔，充填自生高岭石，发育晶间孔。

乌兰花凹陷

兰5井　1312.61m

腾格尔组

单偏光

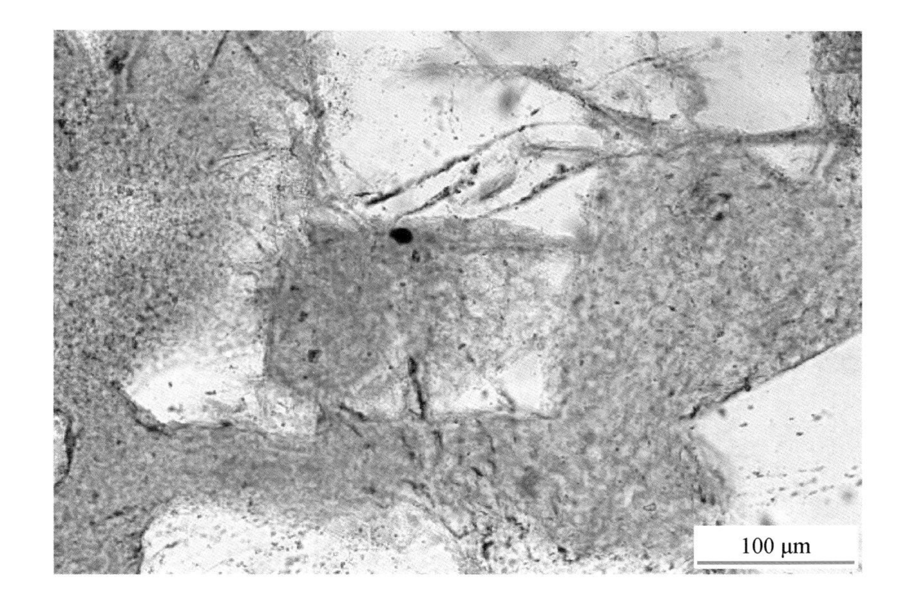

粒间溶孔 铸模孔

粒间填隙物蚀变火山灰被溶蚀形成粒间溶孔，部分长石被强烈溶蚀形成铸模孔。

赛汉塔拉凹陷

赛4井　825.0m

阿尔善组

单偏光

长石粒内溶孔

长石沿解理缝发生溶蚀，形成粒内溶孔。

阿尔凹陷

阿尔6井　2167.85m

阿尔善组

扫描电镜

图版 5-69　储集空间及特征（十三）

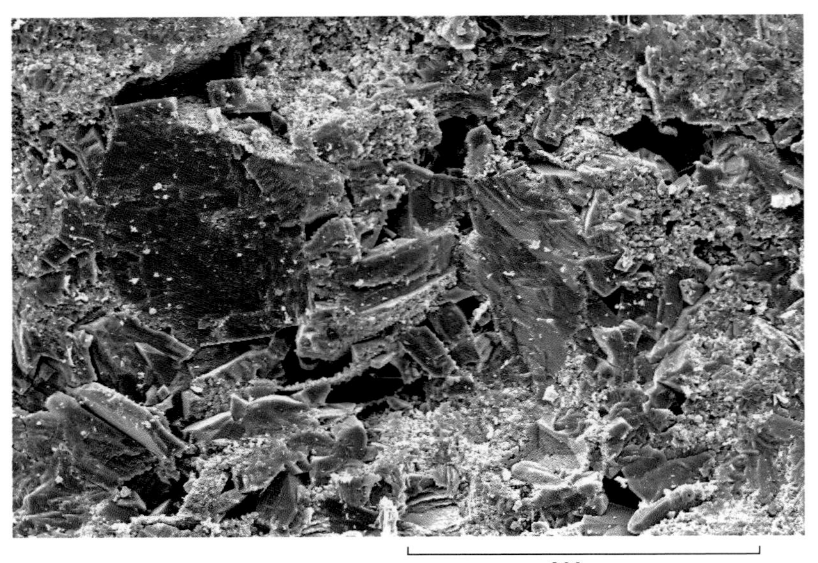

200 μm

粒间溶孔

粒间溶孔，充填少量菱面体状铁白云石及板状自生长石。

阿尔凹陷

阿尔6井 2167.45m

阿尔善组

扫描电镜

100 μm

长石粒内溶孔

长石沿解理发生溶蚀，形成粒内溶孔。

阿尔凹陷

阿尔6井 2168.55m

阿尔善组

扫描电镜

2 mm

粒间溶孔

粒间的填隙物被溶蚀形成粒间溶孔。

乌兰花凹陷

兰11X井 1110.80m

腾格尔组

扫描电镜

图版 5-70 储集空间及特征（十四）

残余粒间孔

石英加大后残余的粒间溶孔，粒间溶孔形成后被后来的自生加大石英占据大部分空间；石英加大后呈自形晶面。

乌兰花凹陷

兰11X井　1110.80m

腾格尔组

扫描电镜

残余粒间孔

长石及石英加大后残余的粒间孔隙。

乌兰花凹陷

兰11X井　1110.80m

腾格尔组

扫描电镜

残余粒间孔

粒间孔被自生石英、铁白云石及自生黏土部分充填，形成残余粒间孔。

乌兰花凹陷

兰11X井　1447.60m

腾格尔组

扫描电镜

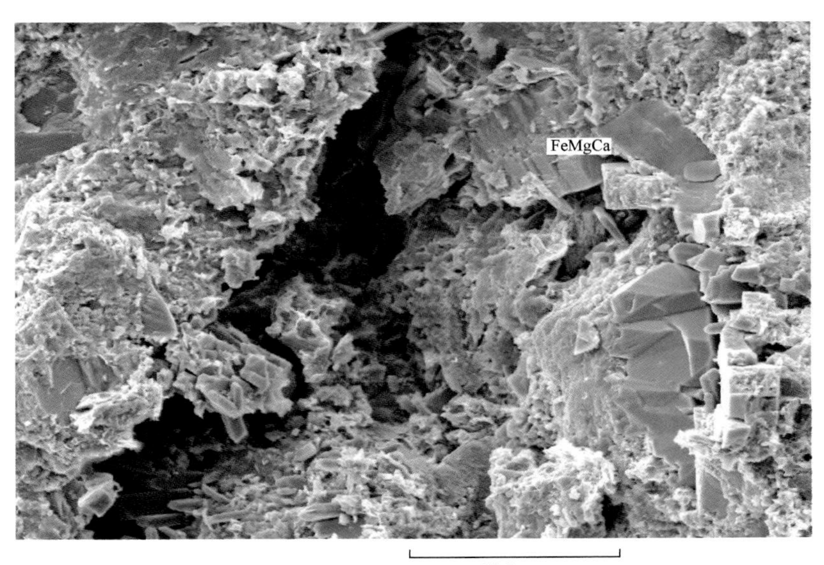

图版 5-71　储集空间及特征（十五）

长石粒内溶孔

长石沿解理缝发生溶蚀，形成粒内溶孔。石英加大及自生黏土。

乌兰花凹陷

兰11X井　1448.90m

腾格尔组

扫描电镜

残余粒间孔

粒间孔被自生石英、铁白云石及自生长石加大部分充填，形成残余粒间孔。

乌兰花凹陷

兰11X井　1449.45m

腾格尔组

扫描电镜

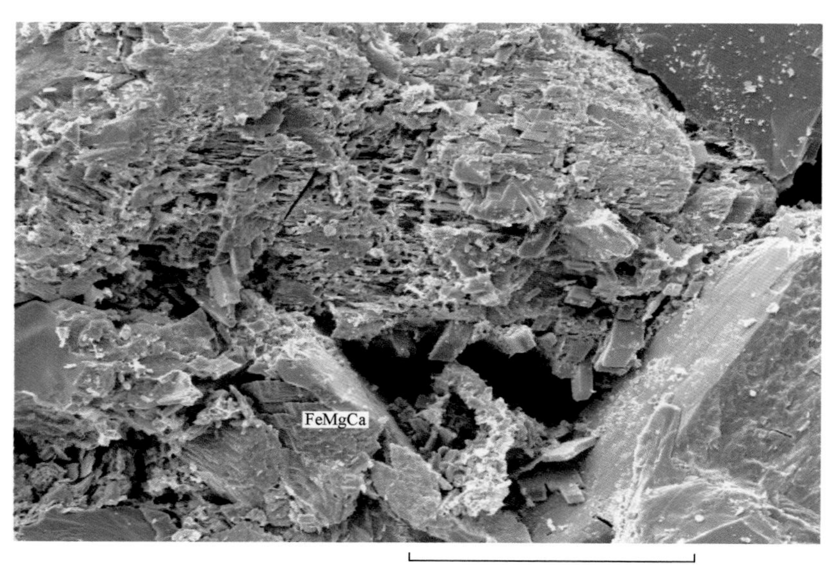

残余粒间孔 长石粒内溶孔

粒间孔被铁白云石及自生长石部分充填，形成残余粒间孔。长石部分被溶蚀形成粒内溶孔。

乌兰花凹陷

兰11X井　1449.45m

腾格尔组

扫描电镜

图版 5-72　储集空间及特征（十六）

二、物性特征

根据《油气储层评价方法》（SY/T 6285—2011）对典型凹陷各种沉积相的砂岩储层进行了划分（表5-1）。其中，近岸水下扇相腾格尔组砂岩储层类型主要是低孔超低渗储层和中孔特低渗储层（图5-1）；远岸水下扇相腾格尔组砂岩储层类型主要是特低孔超低渗储层，阿尔善组砂岩储层类型主要是特低孔超低渗储层和低孔超低渗储层（图5-2）；扇三角洲相腾格尔组砂岩储层类型主要是中孔超低渗储层、中孔特低渗储层和高孔特低渗储层，阿尔善组砂岩储层类型主要是超低孔超低渗储层（图5-3）；辫状河三角洲相腾格尔组砂岩储层类型主要是中孔特低渗储层和中孔低渗储层，阿尔善组砂岩储层类型主要是特低孔超低渗储层和中孔低渗储层（图5-4）。

表5-1　二连盆地砂岩储层物性统计表

沉积相	层位	孔隙度（%）	渗透率（mD）	样品数量（个）	代表凹陷	代表井
近岸水下扇	腾格尔组	5.1～33.7 15.1	0.01～576 19.0	66	阿南、巴音都兰	哈72、哈50、巴75
远岸水下扇	腾格尔组	3.8～15.9 8.5	＜0.02～3.01 0.49	63	吉尔嘎朗图	吉33、吉34、吉35、吉60、林12
	阿尔善组	2.6～15.9 9.8	＜0.84～213 14.8	39	阿南	哈52、哈70
扇三角洲	腾格尔组	2.5～36.1 21.4	＜0.02～124 6.8	52	乌兰花、额仁淖尔	兰11X、淖65、淖72
	阿尔善组	1.9～24.9 13.7	＜0.02～135 16.0	36	赛汉塔拉、巴音都兰	赛28、巴92X
辫状河三角洲	腾格尔组	1.99～32.2 16.9	0.02～5732 138.2	140	阿尔、额仁淖尔、乌兰花	阿尔6、阿尔29、淖11、淖38、淖49、淖68、淖85、兰1、兰5
	阿尔善组	4.6～18.5 11.8	＜0.02～30.9 7.8	17	乌兰花	兰5

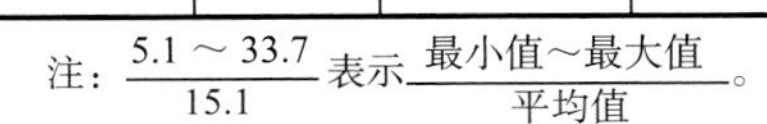
注：$\frac{5.1\sim33.7}{15.1}$表示$\frac{\text{最小值}\sim\text{最大值}}{\text{平均值}}$。

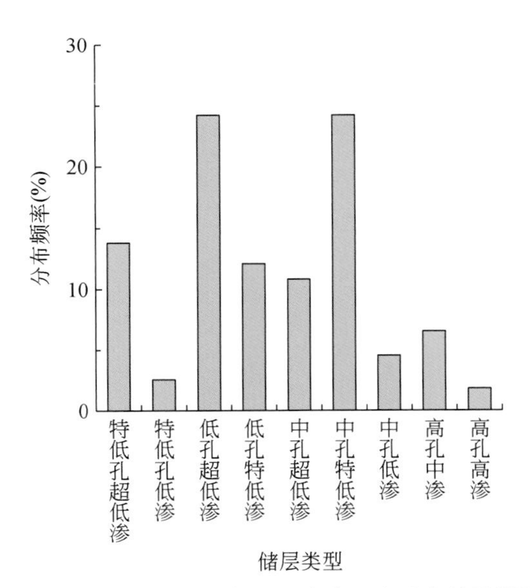

图5-1　二连盆地腾格尔组近岸水下扇砂岩储层类型

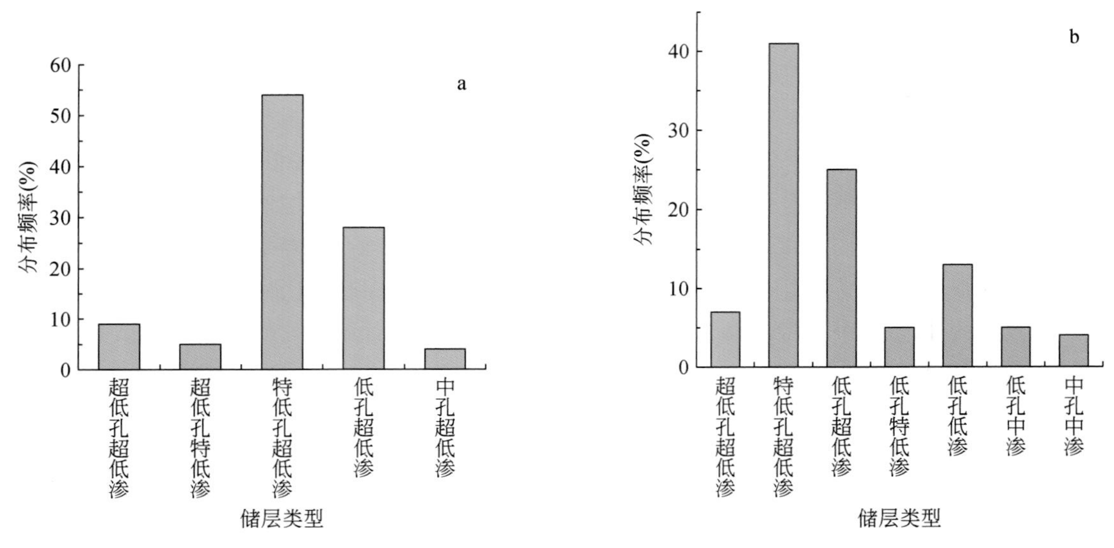

图 5-2　二连盆地远岸水下扇砂岩储层类型

a. 腾格尔组；b. 阿尔善组

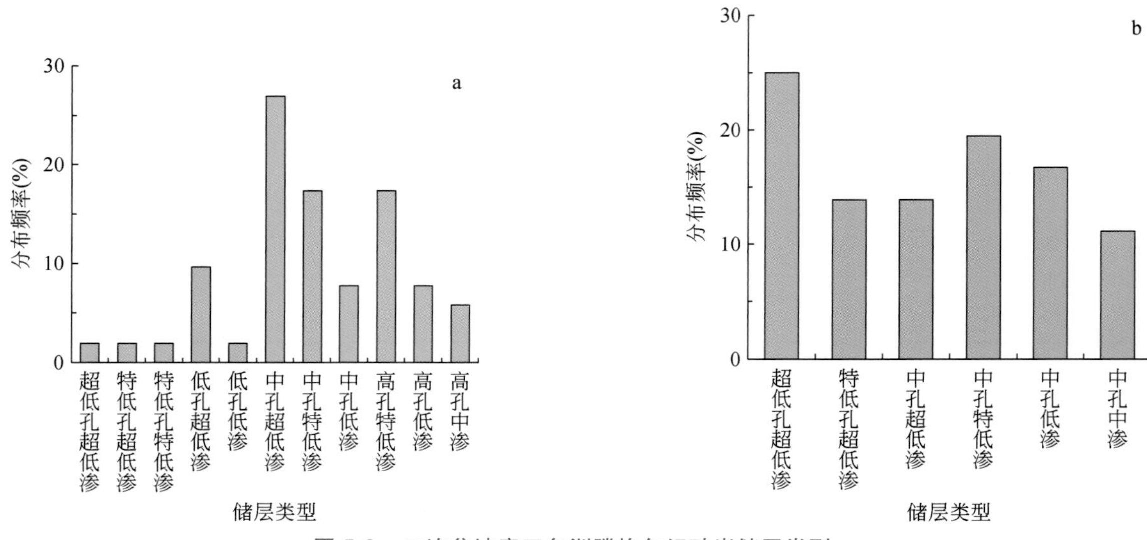

图 5-3　二连盆地扇三角洲腾格尔组砂岩储层类型

a. 腾格尔组；b. 阿尔善组

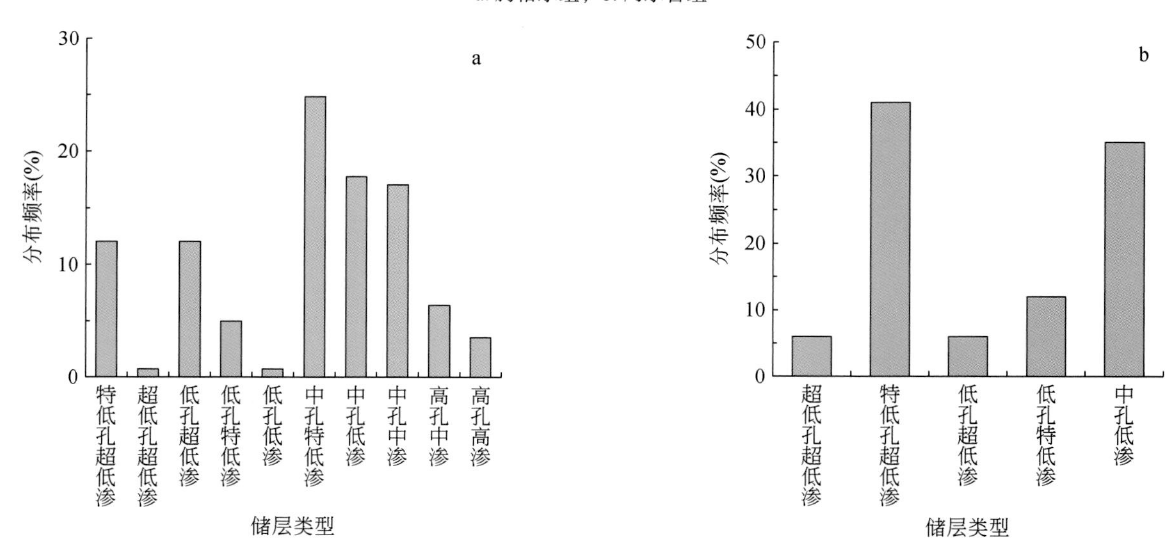

图 5-4　二连盆地辫状河三角洲砂岩储层类型

a. 腾格尔组；b. 阿尔善组

第六章 其他岩类储层

二连盆地除中生代地层中的砾岩、砂砾岩及砂岩类储层以外，还存在火成岩（包括花岗岩、安山岩及火山碎屑岩）、变质岩及碳酸盐岩类储层。这些岩类储层不占主要地位，在个别凹陷见油气显示或获得工业油流，如乌兰花凹陷的兰 18X 花岗岩潜山油藏、阿南凹陷哈 8 凝灰岩潜山油藏、赛汉塔拉凹陷赛 51 碳酸盐岩潜山油藏。

第一节 花岗岩储层

二连盆地岩浆岩分布广泛，以中酸性岩类为主，局部地区有超基性和基性岩类。目前在额仁淖尔、乌里雅斯太及乌兰花等多个凹陷钻遇古生界花岗岩，其中在乌兰花凹陷兰 23X、兰 18X、兰 47 和兰 9-1 井获得工业油流，在兰 18X 井获得自喷高产油流。

一、岩石学特征

乌兰花凹陷基底的花岗岩形成于二叠纪，岩石类型多种多样，包括二长花岗岩、钾长花岗岩、花岗闪长岩、石英闪长岩及花岗斑岩等多种类型，反映了多期次的岩浆作用过程。其中二长花岗岩最为常见。

宏观特征主要表现为呈浅灰红或肉红色，以半自形中粗粒等粒结构为主，块状构造。主要矿物为钾长石、酸性斜长石和石英，二长花岗岩中钾长石和斜长石二者含量近等，石英含量主要为 25% ～ 40%。次要矿物含量少，一般小于 10%，主要为黑云母。显微镜下花岗岩具典型的花岗结构，长石以自形、半自形为主，粒度相对较大，石英结晶较晚，呈它形粒状，含量较少时则充填在长石晶粒之间。长石类型以微斜长石和酸性斜长石为主，少量正长石。微斜长石具格子状双晶，多数具原生条纹结构，钠长石呈细长条纹定向分布，具统一的消光和干涉。微斜长石新鲜，无次生变化。酸性斜长石发育钠长石律双晶，部分具复合双晶、环带结构。受到岩浆活动晚期热液的影响，斜长石常发生绢云母化，少量斜长石边缘发生钠长石化而具净边结构。部分黑云母具绿泥石化。常见少量方解石交代长石。

额仁淖尔凹陷基底的花岗岩受构造作用影响而发生糜棱岩化。宏观特征表现为岩石的定向性构造发育，矿物成分以长石为主，黑云母等暗色矿物含量较高，石英含量相对较低。镜下特征显示岩石具较明显的糜棱岩化，部分矿物碎粒化，黑云母、拉长状石英等具定向排列，石英具波状消光。

a.油斑粗粒二长花岗岩

灰红色，半自形粗粒等粒结构，块状构造。主要由肉红色钾长石、灰白色斜长石及烟灰色石英组成，少量黑云母。裂隙发育。见长石溶孔、油斑。

乌兰花凹陷

兰18X井　2097.01～2097.26m

古生界

b.粗粒二长花岗岩

灰红色，间杂浅灰绿色，粗粒等粒结构，块状构造。主要由肉红色钾长石、灰白色斜长石组成，石英及黑云母次之。

乌里雅斯太凹陷

太7井　1764.85～1765.10m

古生界

c.油斑碎裂花岗岩

绿灰色，中粒等粒结构，碎裂构造。矿物成分以钾长石为主，斜长石和石英次之。沿裂隙处发育溶蚀缝。见油斑。

额仁淖尔凹陷

淖102井　961.39～961.65m

古生界

d.粗粒二长花岗岩

灰红色，粗粒等粒结构，块状构造。主要由肉红色钾长石及灰白色斜长石组成，石英次之，有少量黑云母。发育少量裂隙，其内被暗绿色物质充填。

乌兰花凹陷

兰23X井　2534.8～2535.12m

古生界

图版 6-1　花岗岩储层结构、构造及成分特征（一）

灰色油斑花岗岩　太5井　2660.45m　古生界

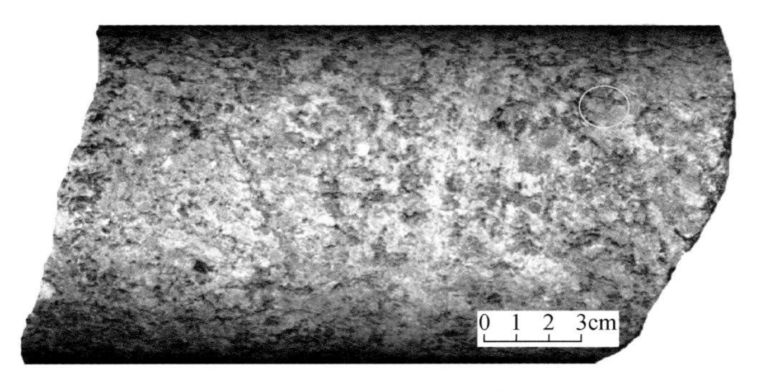

2660.31～2660.51m，以肉红色为主，局部为绿灰、灰、黄灰色斑块。中粒等粒结构，块状构造。矿物成分以石英（25%）、长石（68%）为主，含少量黑云母（5%）及普通角闪石（2%）。缝洞较发育，洞、孔直径最大为5mm，一般1～2mm，孔洞密度一般每4cm² 25～15个，最密30～40个。多为孔洞、缝洞相连，形如蜂窝状。

花岗岩

花岗结构，斜长石半自形，石英呈它形粒状结构充填长石间空隙。长石具有弱-中等的绢云母化，边缘干净，构成净化边结构，由钠长石化形成。

铸体薄片　正交偏光

长石晶内溶孔

长石受到溶蚀淋滤，形成蜂窝状的晶内溶孔，孔径1～40μm。

扫描电镜

图版 6-2　花岗岩储层结构、构造、成分及储集空间特征

中粒黑云二长花岗岩

花岗结构。矿物成分包括石英、斜长石、微斜长石及少量黑云母（照片下方），其中斜长石和微斜长石含量相当。斜长石发生不同程度的绢云母化，边缘具净边结构。照片左上见方解石充填孔洞。

乌兰花凹陷

兰18X井　2098.01m

古生界

正交偏光

中粒黑云二长花岗岩

花岗结构。矿物成分为石英、斜长石、微斜长石、正长石及少量黑云母。斜长石具环带状结构，弱绢云母化。

乌兰花凹陷

兰18X井　2097.34m

古生界

正交偏光

条纹长石

微斜长石为主晶，具格子双晶，条纹为钠长石，具有一致消光。长石间的空隙充填石英。

乌兰花凹陷

兰18X井　2100.03m

古生界

正交偏光

图版 6-3　花岗岩储层结构及成分特征（一）

花岗岩中晶体的平直接触

花岗结构，条纹长石和石英之间接触界线平直。

乌兰花凹陷

兰18X井　2174.87m

古生界

正交偏光

石英中的次生气液包体

石英中含次生气液两相包体，沿愈合裂缝集中分布。照片左下方见长石中的溶蚀孔隙。

乌兰花凹陷

兰18X井　2101.09m

古生界

正交偏光

斜长石 双晶

斜长石具有典型的钠长石律双晶、肖钠长石律双晶和卡斯巴双晶的复合双晶。斜长石具弱云母化。

乌兰花凹陷

兰18X井　2097.34m

古生界

正交偏光

图版 6-4　花岗岩储层结构及成分特征（二）

微斜长石 双晶

条纹长石主晶微斜长石具有格子状双晶，同时发育“信封状”双晶，为卡斯巴双晶和巴温诺律双晶构成的复合双晶。嵌晶条纹为钠长石。

乌兰花凹陷

兰18X井　2174.52m

古生界

正交偏光

斜长石的绢云母化 净化边

酸性斜长石内部被绢云母强烈交代，边缘具有干净的钠长石化净化边，发育与绢云母化斜长石连续一致的聚片双晶。

乌兰花凹陷

兰18X井　2174.52m

古生界

正交偏光

条纹长石

条纹结构，微斜长石为主晶，具有典型格子双晶和卡斯巴双晶的复合双晶，脉状钠长石条纹具有一级黄干涉色，统一消光与干涉。

乌兰花凹陷

兰18X井　2174.87m

古生界

正交偏光

图版 6-5　花岗岩储层成分特征

糜棱岩化花岗岩

初始糜棱结构，部分矿物发生明显的碎粒化，石英具有明显的波状消光。糜棱岩化部位黑云母和石英定向排列。

额仁淖尔凹陷

淖102井　844.63m

古生界

正交偏光

花岗岩

石英呈暗棕色，长石呈蓝色或黄色。

乌兰花凹陷

兰20井　1473.58m

古生界

阴极发光

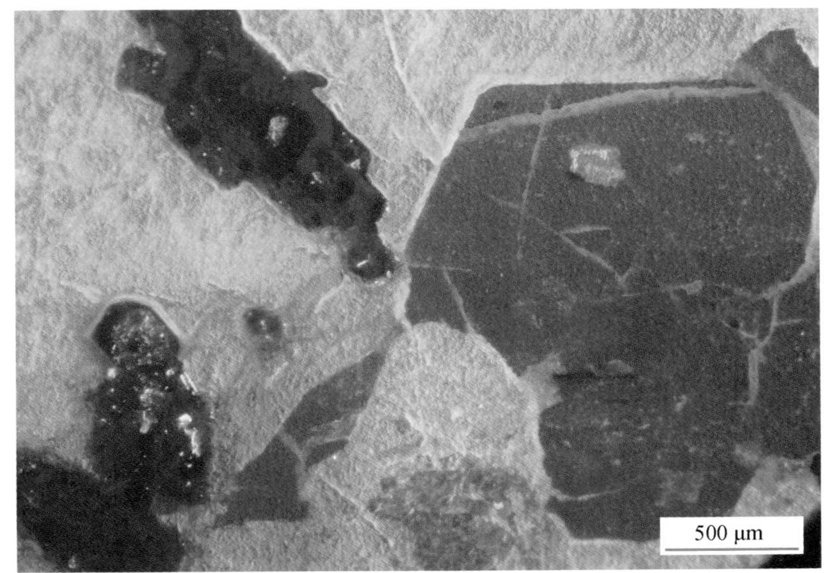

花岗岩

石英呈暗棕色，长石呈蓝色或蓝绿色；方解石分布在裂缝及长石粒内，发橘黄色光。

乌兰花凹陷

兰地3井　1030.62m

古生界

阴极发光

图版 6-6　花岗岩储层结构及成分特征（三）

二、储集空间特征

花岗岩储层储集空间有构造缝、溶蚀缝和溶蚀孔三大类，以中大孔隙（溶孔、小溶洞）为主（个别蚀变层段除外）。储集类型主要是裂缝－孔隙（溶孔）型。

1. 构造缝

发育多期次构造缝，有张性缝和剪切缝，早期以张性缝为主，被方解石及石英充填或半充填，晚期以剪切缝为主，最大裂缝宽度为2mm。以垂直或高角度斜交缝为主，少量为低角度缝。隐性的微裂缝非常发育，呈网状，分布密度大，微裂缝间距为毫米级。

2. 溶蚀缝

花岗岩沿裂缝发生溶蚀，形成溶蚀缝发育较普遍。溶蚀缝起到渗流通道作用，同时也是重要的储集空间。

3. 溶蚀孔

溶蚀孔主要由长石溶蚀形成，沿裂缝周围溶蚀孔较发育，局部见溶洞。

溶蚀缝

在构造缝的基础上进一步溶蚀形成较宽的溶蚀缝，缝内部分充填方解石，缝壁上生长少量自生石英晶体。

乌兰花凹陷

兰18x井　2098.01m

花岗岩

古生界

单偏光

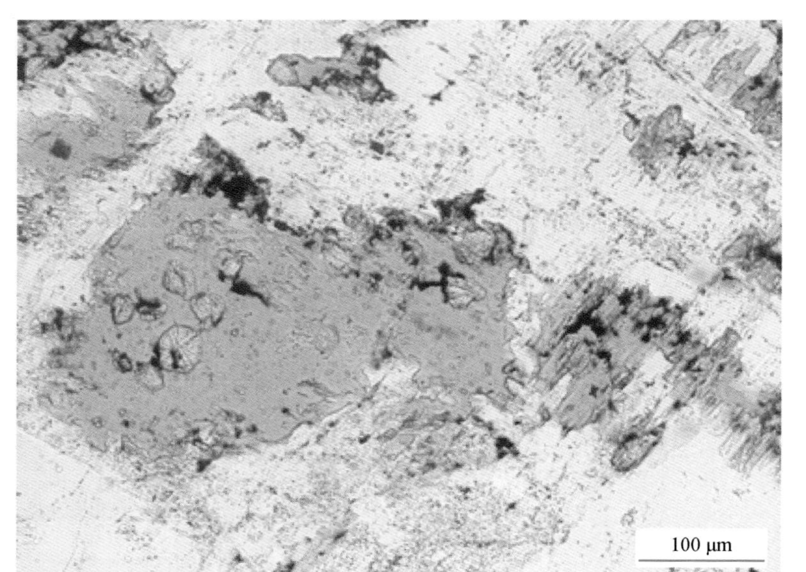

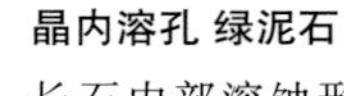

晶内溶孔 绿泥石

长石内部溶蚀形成大小不一的次生溶孔，孔内发育少量绿泥石。

乌兰花凹陷

兰18x井　2098.01m

花岗岩

古生界

单偏光

图版 6-7　花岗岩储层储集空间类型及特征

晶内溶孔 绿泥石

长石晶内溶孔，其中部分充填叶绿泥石，呈球状集合体。

乌兰花凹陷

兰18X井　2098.58m

灰色花岗岩

古生界

单偏光

晶内溶孔 绿泥石

长石受到淋滤，形成晶内溶孔，长石晶内溶孔中部分充填绿泥石，呈玫瑰花状集合体。

乌兰花凹陷

兰18X井　2097.34m

灰色花岗岩

古生界

扫描电镜

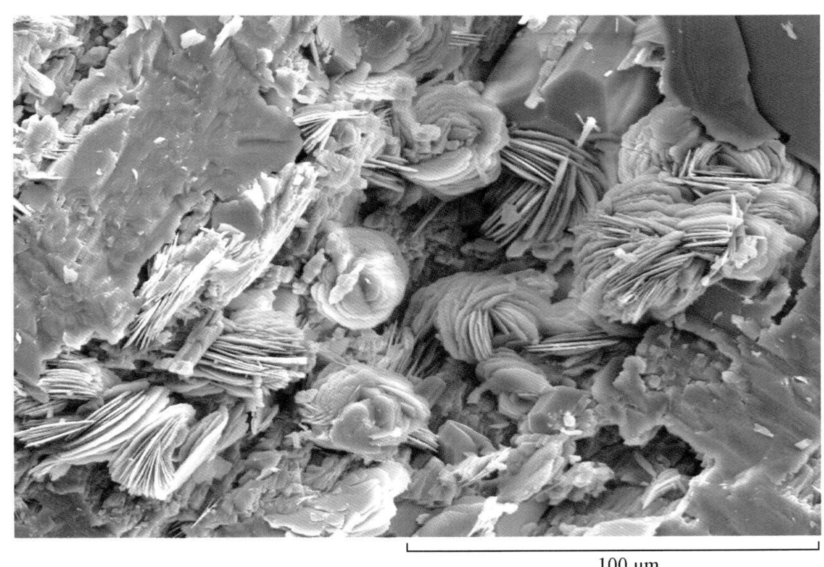

100 μm

晶内溶孔 绿泥石

长石晶内溶孔部分充填绿泥石。

乌兰花凹陷

兰18X井　2100.41m

灰色花岗岩

古生界

单偏光

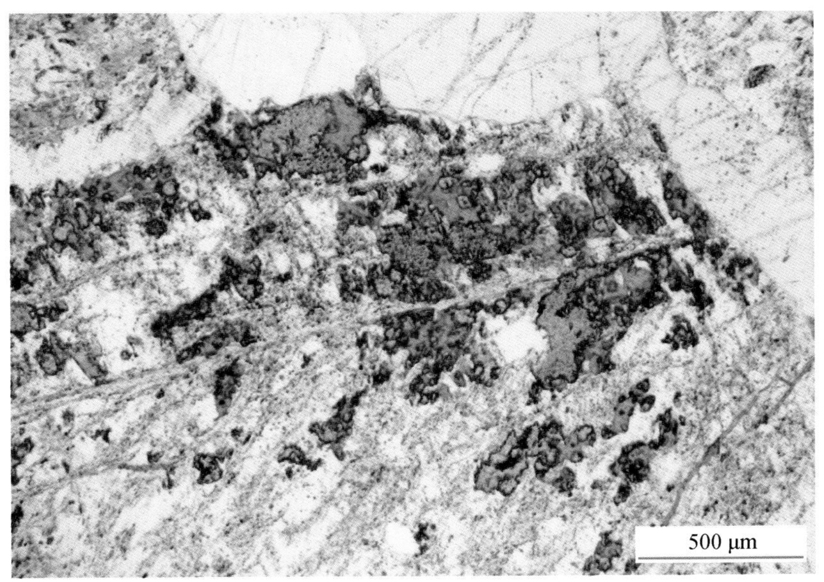

图版 6-8　花岗岩储层储集空间类型及后期矿物充填特征（一）

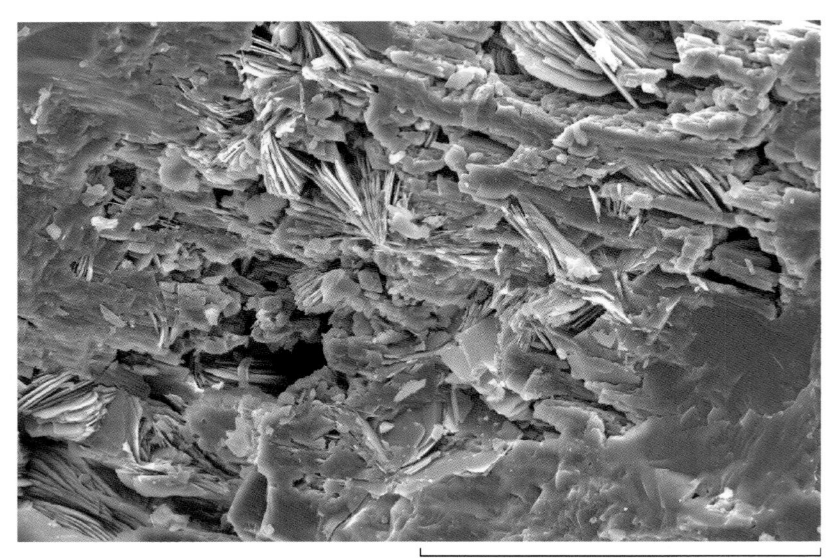

晶内溶孔 绿泥石

长石受到淋滤，形成晶内溶蚀孔，溶孔内充填鳞片状自生绿泥石。

乌兰花凹陷

兰18X井　2100.41m

灰色花岗岩

古生界

扫描电镜

晶内溶孔 溶缝

长石晶内溶孔及溶蚀裂缝发育，溶缝相互交织，并连通晶内溶孔。溶缝内局部充填方解石。

乌兰花凹陷

兰18X井　2098.01m

灰色花岗岩

古生界

单偏光

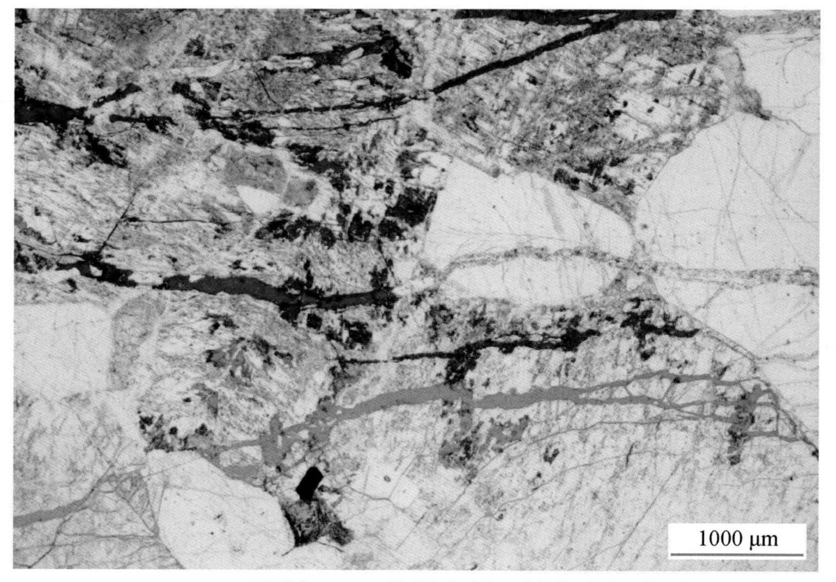

溶蚀裂缝

溶蚀裂缝在显微裂缝的基础上发育，切穿石英和长石，局部分叉。部分裂缝被方解石充填。

乌兰花凹陷

兰18X井　2101.09m

灰色花岗岩

古生界

单偏光

图版 6-9　花岗岩储层储集空间类型及后期矿物充填特征（二）

灰色油斑碎裂花岗岩　兰18X井　2098.70m　古生界　ϕ=6.5%　K=5.08mD

2098.68～2099.01m，浅褐灰色，碎裂结构，碎裂角砾大小不均，以5～50mm为主，其成分以长石为主，石英次之。与盐酸不反应。岩心表面局部见宽度为1～2mm的裂缝，最大裂缝宽度为5mm，多为横向分布，少量纵向分布。缝隙被棕褐色原油浸染。含油面积约30%，含油不均匀，呈斑块状分布。

花岗岩

花岗结构，主要成分为微斜长石和酸性斜长石，石英及黑云母次之。斜长石具有环带结构，弱绢云母化。

铸体薄片　正交偏光

晶内溶孔

长石晶内溶孔，局部被方解石充填。左侧具有环带结构的斜长石黏土化，因染色而呈浅粉色。

铸体薄片　单偏光

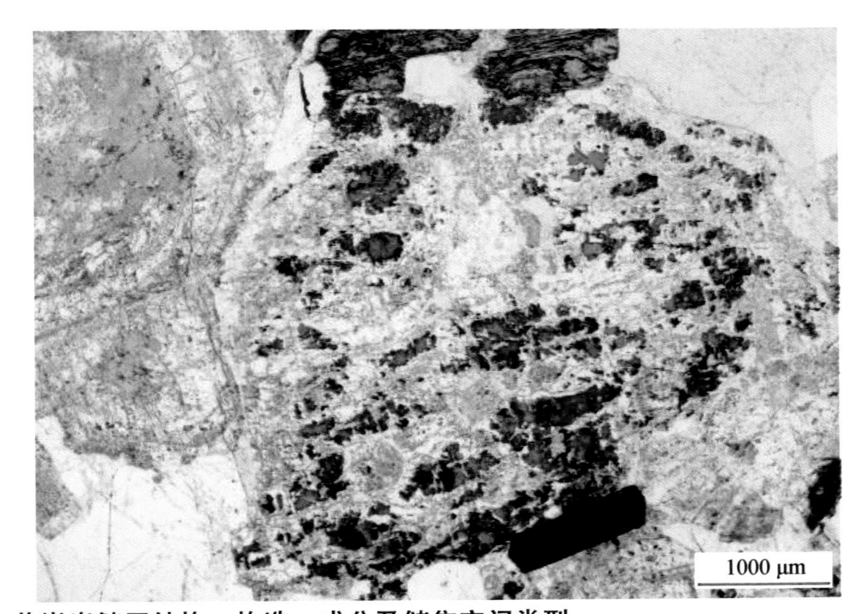

图版 6-10　花岗岩储层结构、构造、成分及储集空间类型

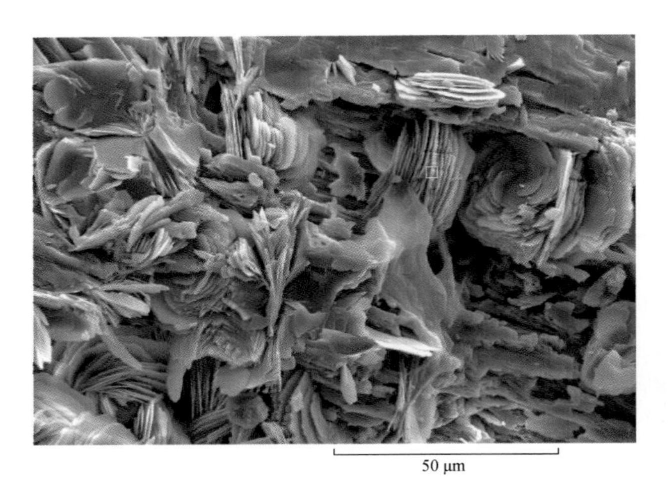

绿泥石

溶蚀孔隙内见叶片状绿泥石，玫瑰花状集合体。

扫描电镜

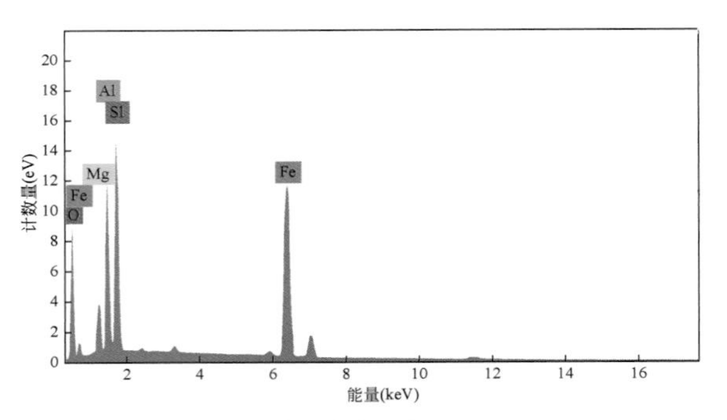

元素	原子数	线	净值	质量(%)	归一化质量(%)	原子(%)	abs.error(%)(1 sigma)	abs.error(%)(2 sigma)	abs.error(%)(3 sigma)	rel.error(%)(1 sigma)
Fe	26	K-Serie	185644	28.03	48.48	26.43	0.77	1.54	2.31	2.7
O	8	K-Serie	53622	11.55	19.98	38.02	1.38	2.76	4.14	11.9
Si	14	K-Serie	126768	8.09	13.99	15.17	0.37	0.74	1.11	4.5
Al	13	K-Serie	90882	7.51	12.99	14.66	0.39	0.77	1.16	5.1
Mg	12	K-Serie	24948	2.64	4.56	5.72	0.17	0.34	0.52	6.5
			总计：	57.82	100.00	100.00				

绿泥石能谱谱图

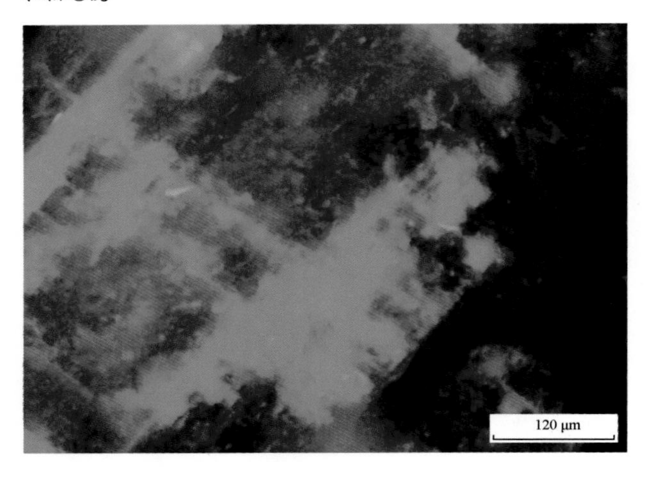

岩石含油较均匀，油主要分布在长石溶孔中，少量分布在部分裂缝内，发黄色、绿黄色和褐橙色光。

荧光薄片

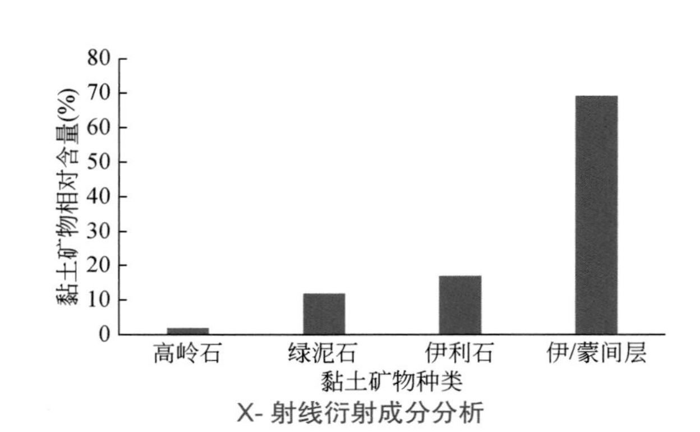

X- 射线衍射成分分析

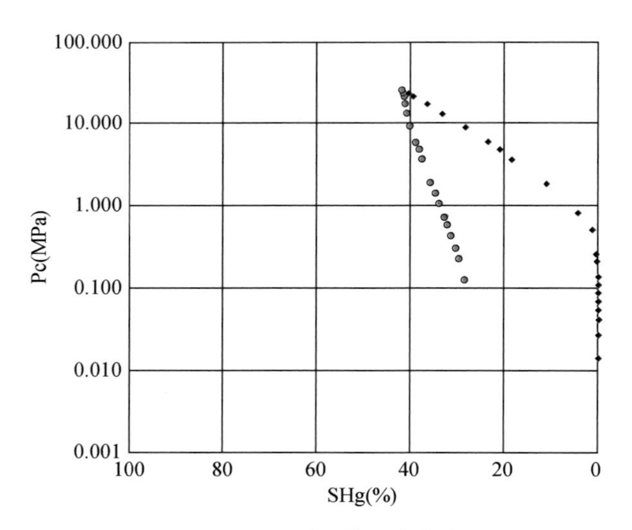

压汞法毛管压力曲线

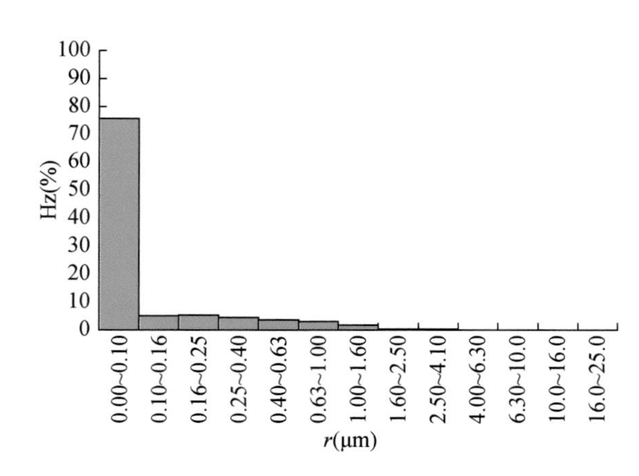

压汞法孔喉直方图

喉直径均值：0.50μm，分选系数：1.19

排驱压力：0.54MPa，进汞饱和度

41.65%；退汞效率：31.86%

图版 6-11 花岗岩储层后生矿物成分、含油性及常规压汞参数图

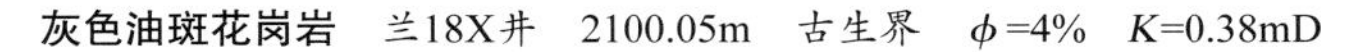
灰色油斑花岗岩 兰18X井 2100.05m 古生界 ϕ=4% K=0.38mD

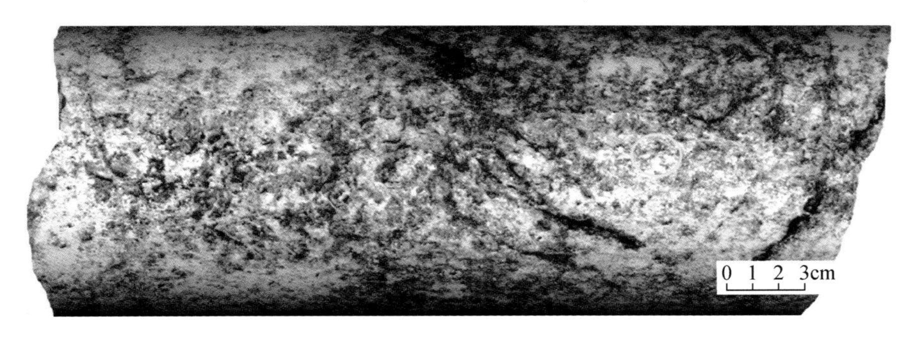

2099.88～2100.16m，浅灰色，中粒等粒结构，矿物成分以浅灰色板柱状斜长石为主，石英次之。岩性致密、较坚硬，与盐酸不反应。岩心表面局部见宽度为1～2mm的裂缝，最大裂缝宽度为5mm；多为横向分布，少量纵向分布。缝隙被棕褐色原油浸染。含油面积约30%，含油不均匀，呈斑块状分布。

花岗岩

花岗结构，矿物成分以酸性斜长石、石英为主，斜长石聚片双晶，弱绢云母化，环带结构。

铸体薄片 正交偏光

花岗岩

花岗结构，矿物成分为条纹长石、斜长石、石英及白云母。中间的微斜长石具有斜坡双晶（巴温诺律双晶）。

铸体薄片 正交偏光

图版 6-12 花岗岩储层结构、构造及成分特征（二）

自生矿物

斜长石加大、粒间粒表见弯曲片状、片絮状伊/蒙间层、伊利石。

扫描电镜

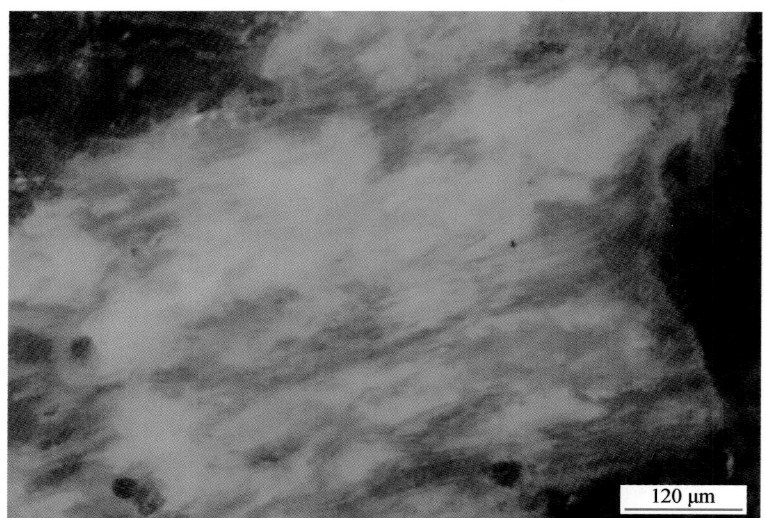

含油性

岩石含油较均匀，油主要分布在长石晶内，少量分布在部分裂缝内，发黄色和绿黄色光。

荧光薄片

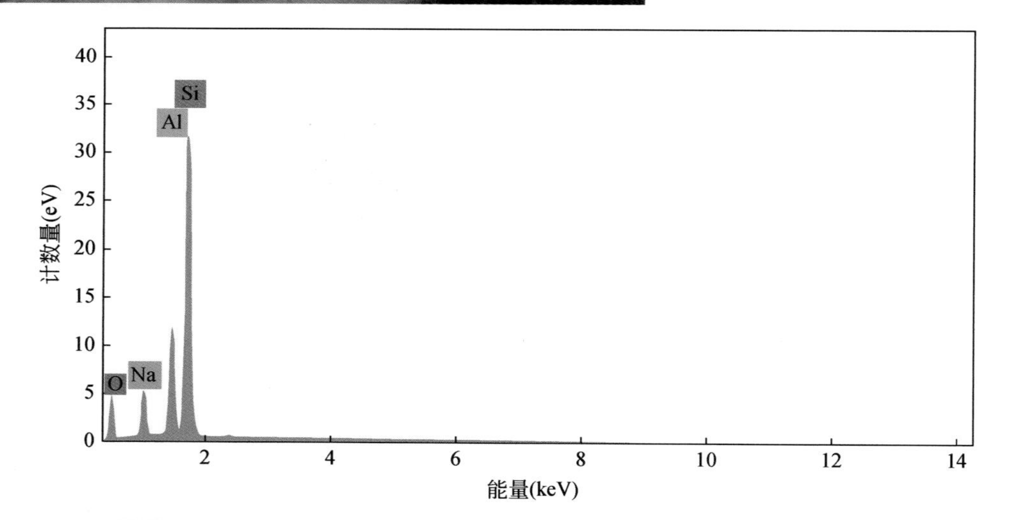

元素	原子数	线	净值	质量(%)	归一化质量(%)	原子(%)	abs.error(%)(1 sigma)	abs.error(%)(2 sigma)	abs.error(%)(3 sigma)	rel.error(%)(1 sigma)
Si	14	K-Serie	305466	16.91	49.69	40.67	0.75	1.49	2.24	4.41
O	8	K-Serie	28124	8.86	26.02	37.39	1.12	2.24	3.37	12.67
Al	13	K-Serie	91003	5.39	15.84	13.50	0.28	0.57	0.85	5.26
Na	11	K-Serie	32581	2.87	8.44	8.44	0.21	0.42	0.64	7.37
			总计：	34.03	100.00	100.00				

斜长石能谱谱图

图版 6-13　花岗岩储层次生长石成分及含油性特征

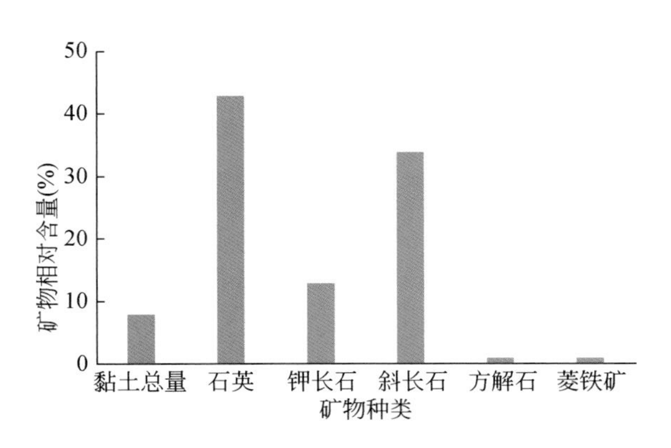

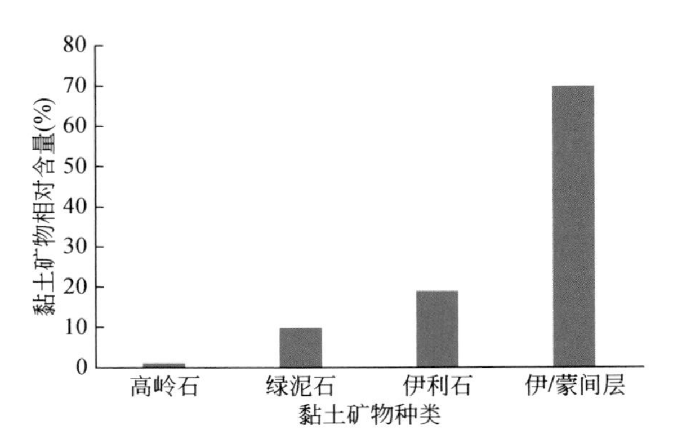

X 射线衍射成分分析

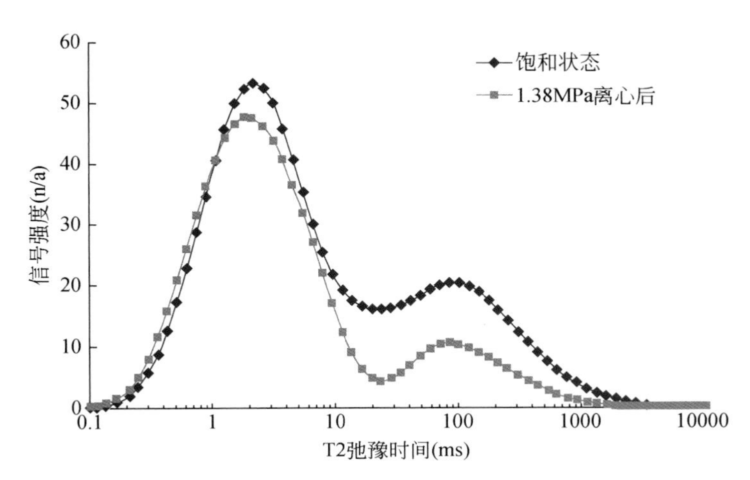

岩心核磁共振 T2 谱的频率分布

样品T2谱呈双峰态，实测核磁孔隙度为2.94%，束缚水饱和度为74.77%，可动流体饱和度为25.23%，T2截止值为34.65ms。

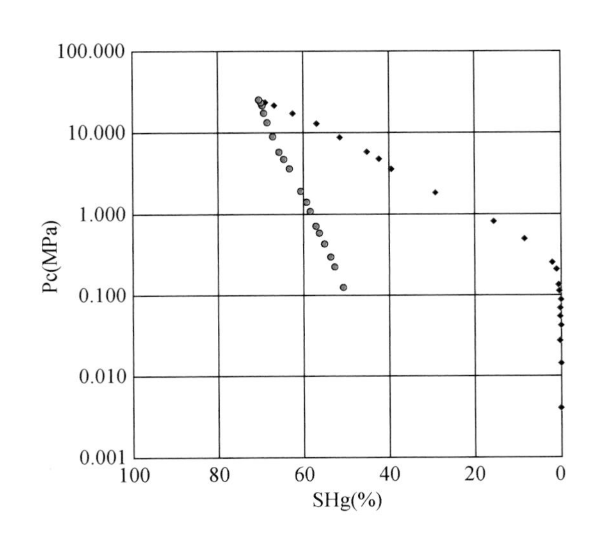

压汞法毛管压力曲线

Hz(%)
0.00~0.10
0.10~0.16
0.16~0.25
0.25~0.40
0.40~0.63
0.63~1.00
1.00~1.60
1.60~2.50
2.50~4.00
4.00~6.30
6.30~10.0
10.0~16.0
16.0~25.0
r(μm)

压汞法孔喉直方图

喉直径均值：0.91μm，分选系数：2.59

排驱压力：0.29MPa，中值压力：8.19MPa

进汞饱和度：70.31%，退汞效率：27.89%

图版 6-14 花岗岩储层 X 射线衍射成分、核磁共振 T2 谱及常规压汞参数特征

三、储层物性特征

据《油气储层评价方法》（SY/T6285—2011）中火成岩储层孔隙度、渗透率的划分标准，将重点凹陷花岗岩划分为Ⅲ～Ⅳ类储层，其中，乌兰花凹陷花岗岩孔隙度为 1.5% ～ 14.2%，平均为 3.5%；渗透率< 0.02 ～ 40.1mD，平均为 2.9mD（表 6-1）；额仁淖尔凹陷花岗岩孔隙度为 1.3% ～ 9.2%，平均为 6.2%；渗透率为 0.03 ～ 12.3mD，平均为 3.9 mD。另外，处于微裂缝或风化壳发育层段孔隙度和渗透率较高。

表 6-1　二连盆地花岗岩储层物性统计表

凹陷	层位	孔隙度（%）	渗透率（mD）	样品数量（个）	代表井	储层分类
乌兰花	古生界	1.5～14.2 / 3.5	<0.02～40.1 / 2.9	29	兰18X、兰23X、兰9-1、兰11X、兰地3	Ⅳ
额仁淖尔	古生界	1.3～9.2 / 6.2	0.03～12.3 / 3.9	9	淖102、淖63	Ⅲ

注：1.5～14.2 / 3.5 表示 最小值～最大值 / 平均值。

核磁 T2 谱形为多峰，谱峰较小，谱形分布较宽，有拖曳现象。裂缝、孔隙共存，可动流体孔隙度占比较大，储层物性较好、产出能力较强（图 6-1）。

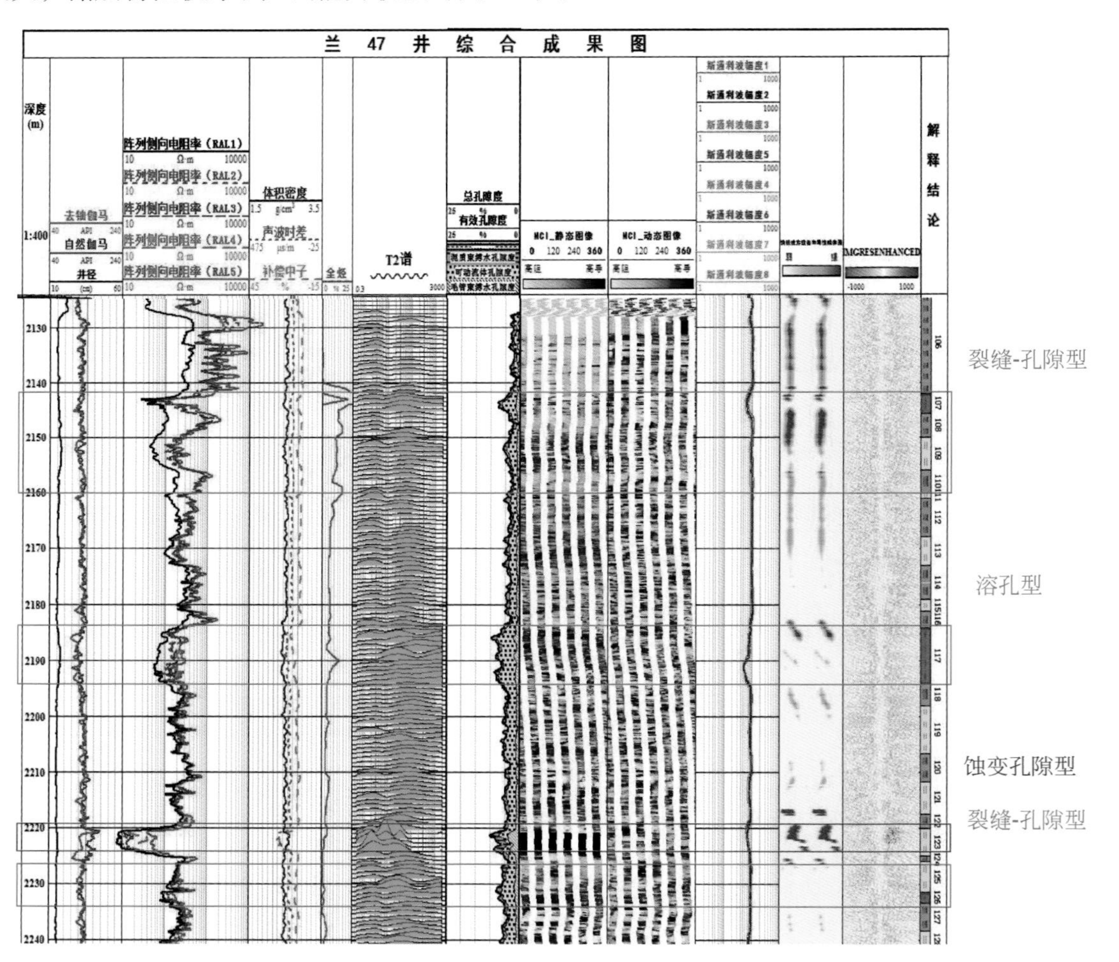

图 6-1　花岗岩储层核磁测井 T2 谱特征（兰 47 井）

第二节　安山岩储层

二连盆地火山熔岩分布范围较广，有23个凹陷钻遇中生代火山熔岩，但发现火山熔岩油气藏较少，仅在阿北凹陷和乌兰花凹陷发现较大规模的安山岩油藏，安山岩位于阿尔善组阿三段，呈假整合状夹于沉积岩之间。在洪浩尔舒特凹陷巴尔构造带和吉尔嘎朗图凹陷宝饶构造带发现小规模安山岩油藏，在赛汉塔拉和乌里雅斯太等凹陷安山岩储层见到油气显示。

一、岩石学特征

对重点凹陷的安山岩的岩心进行观察，主要为灰色、灰绿色、灰黑色等，少数为紫色，是岩浆喷出地表后遇空气强烈氧化所致。镜下观察多呈交织结构或玻基交织结构（安山结构）。斑晶少见，偶见长石斑晶，板柱状的斜长石斑晶多具环带结构。构造不均一，位于岩流层上部的安山岩常见气孔、杏仁构造，气孔或杏仁大小不一，形状多样，常见拉长状现象，指示流动方向；位于岩流层中、下部者多呈均一块状。依据结构、构造的差异，可将安山岩分为气孔杏仁安山岩、致密块状安山岩、岩流自碎安山岩。

（1）气孔杏仁安山岩

这类岩石呈绿灰色、灰绿色，有时为紫红色，肉眼可见气孔构造和杏仁构造。气孔和杏仁构造发育，大小不一，最小的直径不到0.1mm，最大的直径可达2cm以上，形状多样，有的呈椭圆形或卵圆形，也可呈各种不规则形状，有的气孔、杏仁被拉长，呈定向排列，指示熔岩流的流动方向。在镜下可见板条状斜长石与基质构成安山结构，充填气孔的杏仁体的成分为绿泥石、囊脱石、玉髓、方解石、沸石等，这些组成杏仁体的矿物为火山活动后的火山热液的结晶产物，多期充填现象清晰可见，代表了火山热液活动的阶段性。

（2）致密块状安山岩

常出现于熔岩流剖面的中部，气孔及杏仁构造不发育。常呈灰色、灰黑色或灰绿色，致密块状，发育稀疏的裂缝，有时呈网状，常被方解石充填。在显微镜下偶见具环带结构的中性斜长石（$Ab_{47}An_{53}$）斑晶，板条状斜长石微晶、暗色矿物蚀变的绿泥石及脱玻化的基质构成玻基交织结构。

（3）岩流自碎安山岩

岩流自碎安山岩主要分布在岩流顶部，也见于底部。由一些大小不等、成分与下伏熔岩一致的碎块组成，呈现集块岩和角砾岩的外貌。当熔岩从火山口溢出，呈岩流运动时，顶部首先冷凝，形成硬壳，而内部的熔岩仍在继续缓慢流动，在其流动压力下，致使顶部的硬壳炸裂成角砾状碎块；或者当岩流静止后，出溶气体不断膨胀，将顶部的硬壳炸裂为碎块。该岩类常呈灰绿色、绿灰色，有时呈砖红色、紫红色等不同颜色。岩石主要成分是安山岩角砾，大小一般1～100mm，更细的组分以填隙物形式存在，无分选性；未经任何磨圆作用，棱角尖锐；岩石不显层理，呈杂乱的块状构造。镜下可见角砾具有安山岩中特征的玻基交织结构。

（4）火山角砾岩

中性的安山岩浆喷发时，常表现为溢流式喷发为主，伴有间歇性的爆发式喷发，后者在火山口附近形成火山集块岩和火山角砾岩。因其呈夹层分布于溢流相安山岩中，所以在此归于安山岩类。其与岩流自碎安山岩有时不易区分，但多数情况下火山集块或火山角砾间的填隙物为细小的火山角砾、火山凝灰及后期热液作用形成的方解石等。

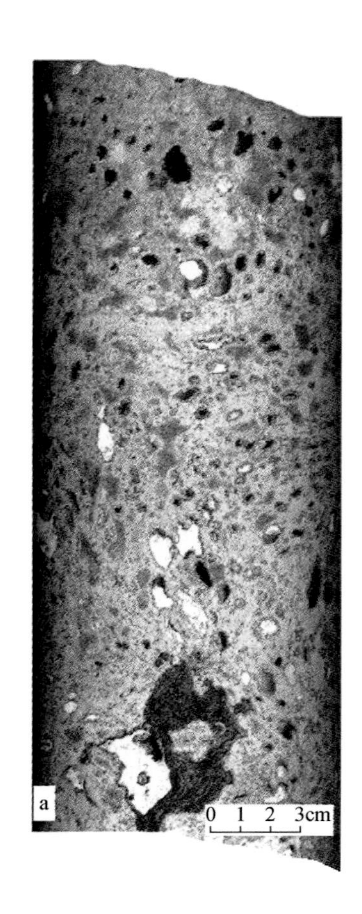

a.油迹气孔杏仁安山岩

灰绿色，隐晶质结构，气孔-杏仁构造，呈椭圆形及不规则形，直径一般2～15mm，其定向排列呈现出弯曲流动状态。杏仁体具有晶腺构造，首先充填暗绿色的囊脱石，后期充填白色的玉髓。见褐黑色油斑。

乌兰花凹陷

兰9井　1963.63～1964.00m

阿尔善组

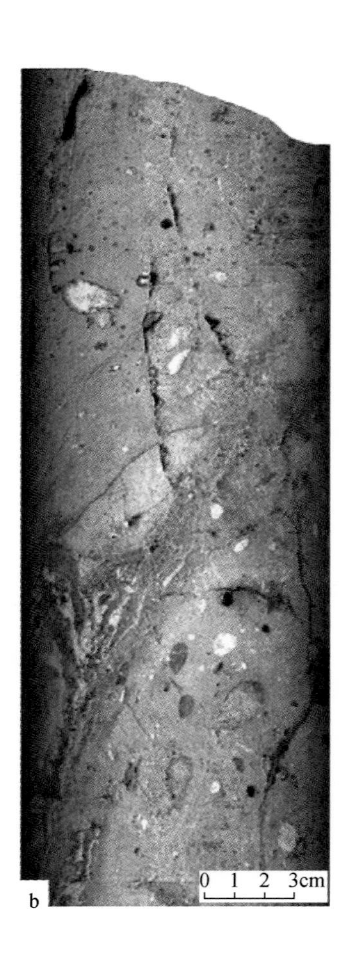

b.油迹自碎角砾安山岩

灰绿色，角砾结构，其间充填较小的角砾及热液物质，可能为自碎成因。安山岩具有杏仁构造，圆-椭圆形，定向排列，杏仁体成分为暗绿色的囊脱石及白色的玉髓。见油迹。

乌兰花凹陷

兰18X井　2015.26～2015.65m

阿尔善组

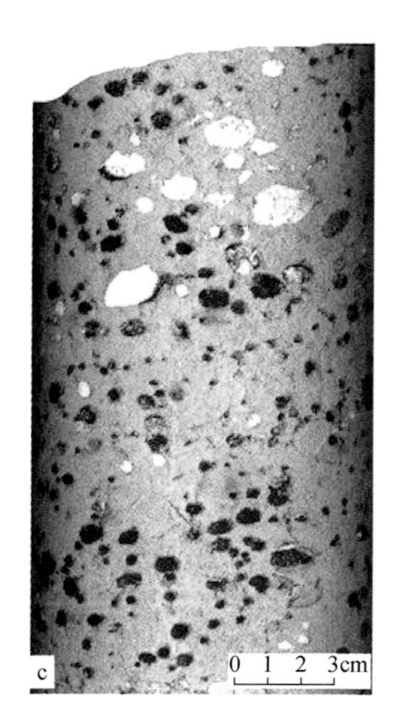

c.油斑杏仁安山岩

灰绿色，隐晶质结构，杏仁构造，杏仁体椭圆形，直径一般2～15mm，定向排列，小气孔充填早期沉淀的暗绿色囊脱石，大气孔充填晚期的白色的玉髓。见油斑。

乌兰花凹陷

兰42井　1702.17～1702.39m

阿尔善组

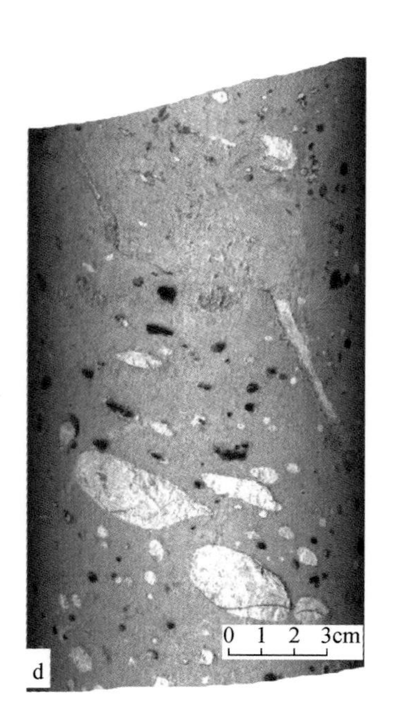

d.灰色油斑安山岩

绿灰色，隐晶质结构，杏仁构造，杏仁体直径一般2～40mm，圆-椭圆形，小气孔充填囊脱石，大气孔被玉髓充填。见油斑。

乌兰花凹陷

兰45X井　2127.60～2128.03m

阿尔善组

图版 6-15　安山岩储层结构、构造及成分特征（一）

a.安山质火山角砾岩

紫灰色，角砾结构，角砾粒度相差很大。角砾间充填细小的角砾及方解石和黏土。安山岩角砾具有隐晶质结构，部分含少量杏仁体，成分为玉髓。

阿北凹陷

阿7井　685.39～685.56m

阿尔善组

b.安山质火山角砾岩

褐紫色，角砾结构，块状构造。角砾为杏仁安山岩，杏仁体成分为白色的玉髓。较大的角砾间充填细小的角砾和白色的方解石。

阿北凹陷

阿100井　759.51～759.96m

阿尔善组

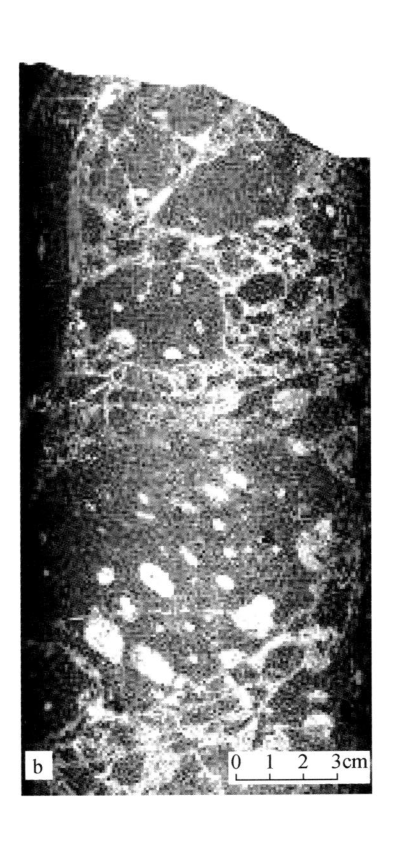

c.油斑安山质火山角砾岩

浅灰紫色，粗角砾结构，块状构造。角砾为气孔-杏仁安山岩，杏仁体成分为白色的玉髓。较大的角砾间充填细小的角砾和黏土。见油斑。

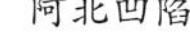

阿北凹陷

阿110井　757.93～758.18m

阿尔善组

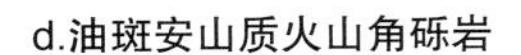

d.油斑安山质火山角砾岩

暗绿灰色，角砾结构，块状构造。角砾为含少量气孔和杏仁体的安山岩。角砾间充填细小的碎屑及白色的方解石。

阿北凹陷

阿110井　766.53～766.93m

阿尔善组

图版6-16　安山岩储层结构、构造及成分特征（二）

安山岩

玻基交织结构，板条状斜长石相互交织，其间由玻璃质充填。玻璃质发生绿泥石化和铁质析出。局部孔隙中充填方解石。

阿北凹陷

阿110井　792.08m

阿尔善组

左：单偏光　右：正交偏光

安山岩

显微斑状结构。斑晶为自形板柱状斜长石，已发生高岭石化，基质部分具有典型玻基交织结构。

阿北凹陷

阿100井　699.40m

阿尔善组

左：正交偏光　右：单偏光

杏仁安山岩

安山结构。杏仁体具有环带状构造，从边缘向中心依次为囊脱石—玉髓—方解石—绿泥石，具有多期充填特征。

阿北凹陷

阿7井　730.86m

阿尔善组

左：单偏光　右：正交偏光

图版 6-17　安山岩储层结构及成分特征

杏仁体

杏仁体由玉髓—石英—方解石依次充填形成。中间全消光部分为未充填的残余气孔。

阿北凹陷

阿7井 756.02m

阿尔善组

正交偏光

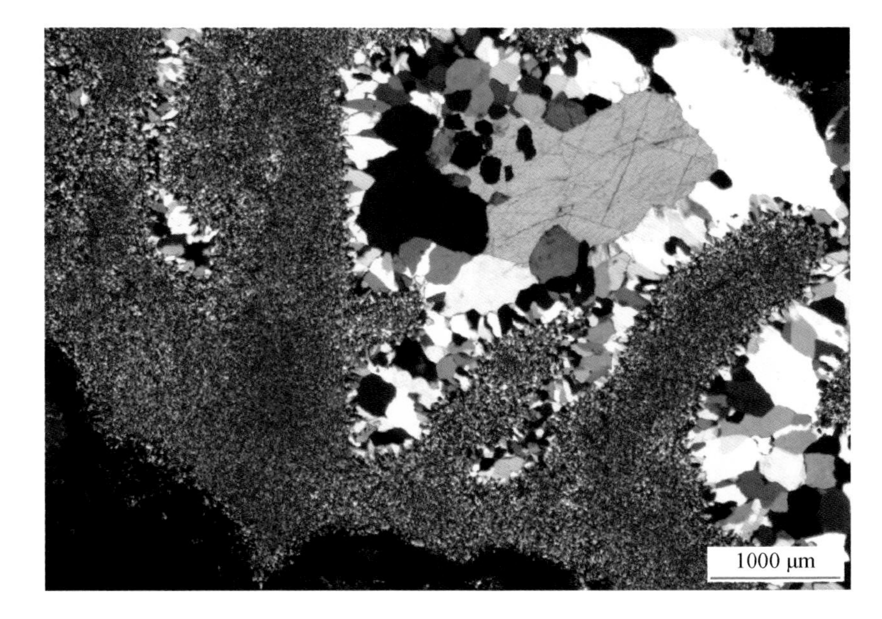

杏仁安山岩 杏仁体

安山结构。杏仁体具有多期充填特征，由边缘向中心分别为褐色囊脱石、栉壳状生长的玉髓及晶粒状方解石。

乌兰花凹陷

兰18X井 2012.94m

阿尔善组

左：正交偏光 右：单偏光

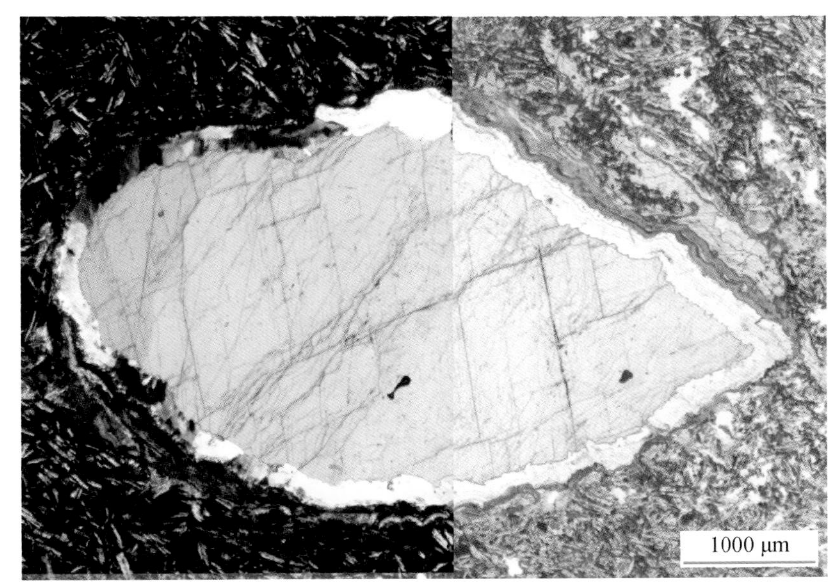

杏仁安山岩

安山结构。杏仁体边缘为褐色囊脱石，内部为晶粒状方解石（染红色）。

乌兰花凹陷

兰18X井 2013.29m

阿尔善组

单偏光

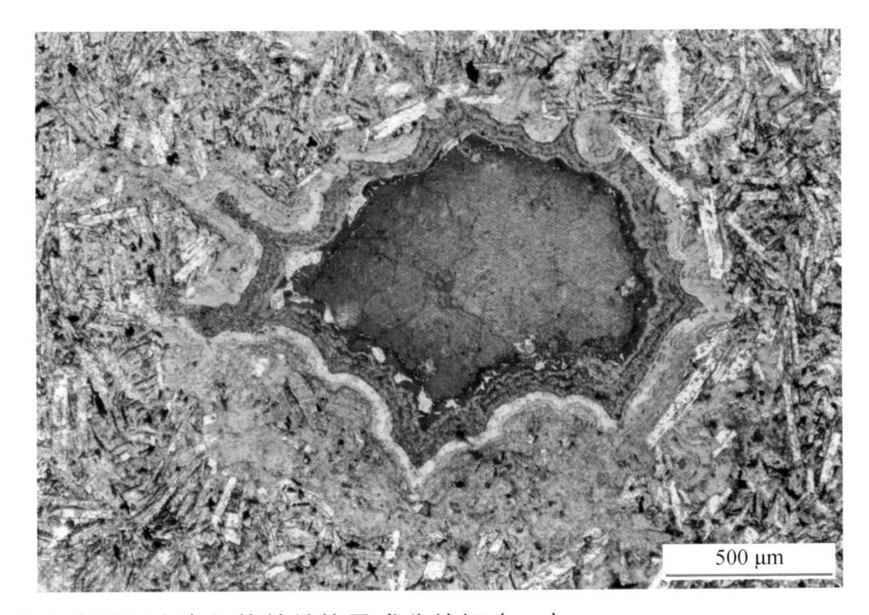

图版 6-18 安山岩储层中杏仁体的结构及成分特征（一）

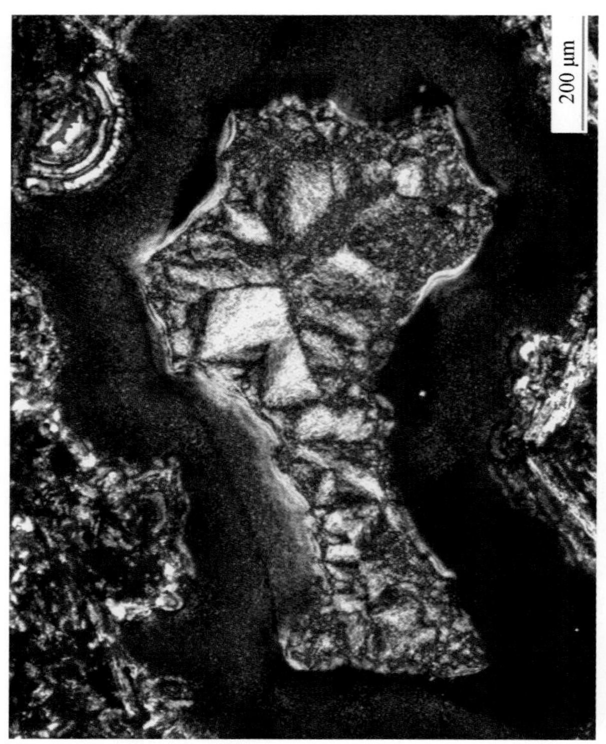

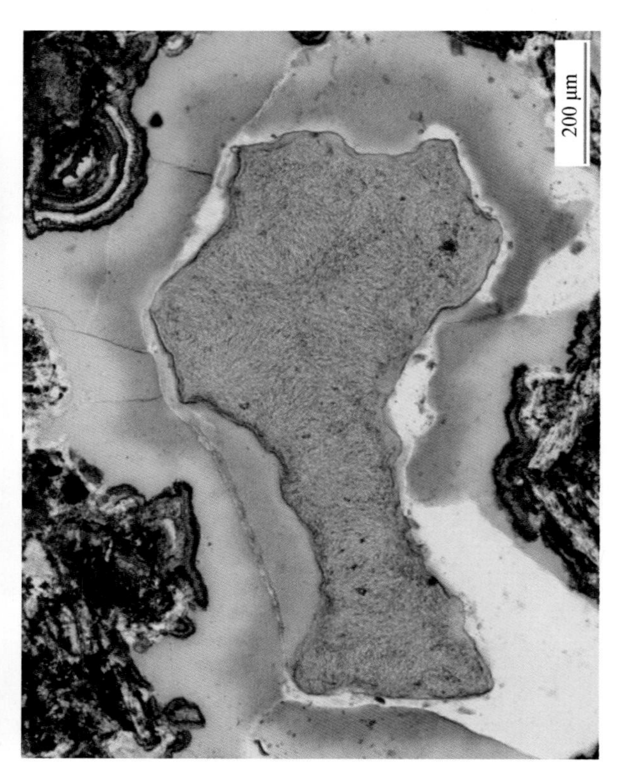

杏仁安山岩 杏仁体

杏仁体由膜状囊脱石-蛋白石-膜状囊脱石-放射纤维状依次充填；主要为脱玻化的蛋白石。早期的囊脱石含铁较多而颜色为深绿色，晚期的囊脱石含铁量较低，颜色为浅绿色，因晶粒度细小而干涉色为一级黄白。蛋白石在单偏光下局部呈粉色是由于薄片经茜素红染色吸附所致。

乌兰花凹陷　兰18X井　2014.62m　阿尔善组　左：正交偏光　右：单偏光

杏仁体

杏仁体由四个期次的玉髓—石英充填形成。玉髓呈纤维状-放射状集合体，纹层状构造。

乌兰花凹陷　兰18X井　2014.89m　阿尔善组　正交偏光

图版 6-19　安山岩储层中杏仁体的结构及成分特征（二）

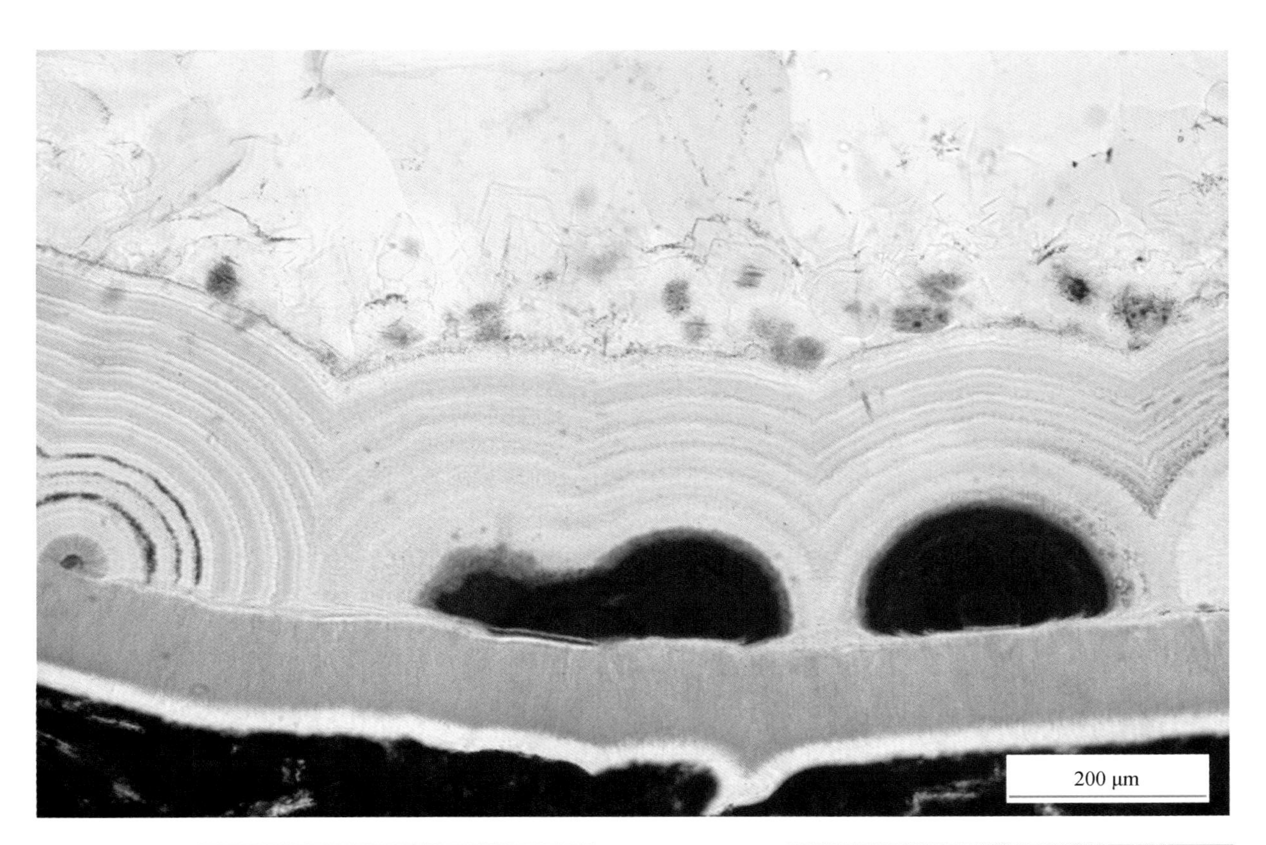

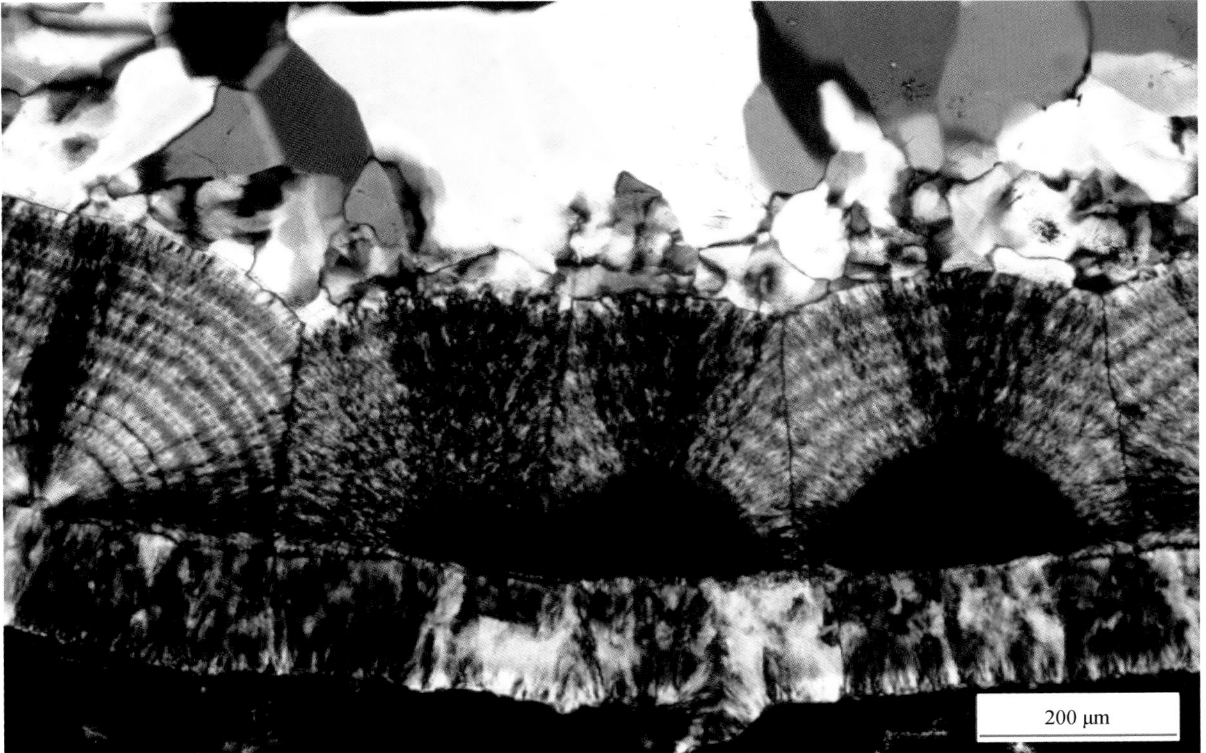

杏仁体

杏仁体由玉髓-石英充填形成。具有多期充填特征。单偏光下蓝色（铸体效应）环带-纹层状部分的玉髓纹层内发育细小的晶间孔。

乌兰花凹陷　兰18X井　2014.89m　阿尔善组　上：单偏光　下：正交偏光

图版 6-20　安山岩储层中杏仁体的结构及成分特征（三）

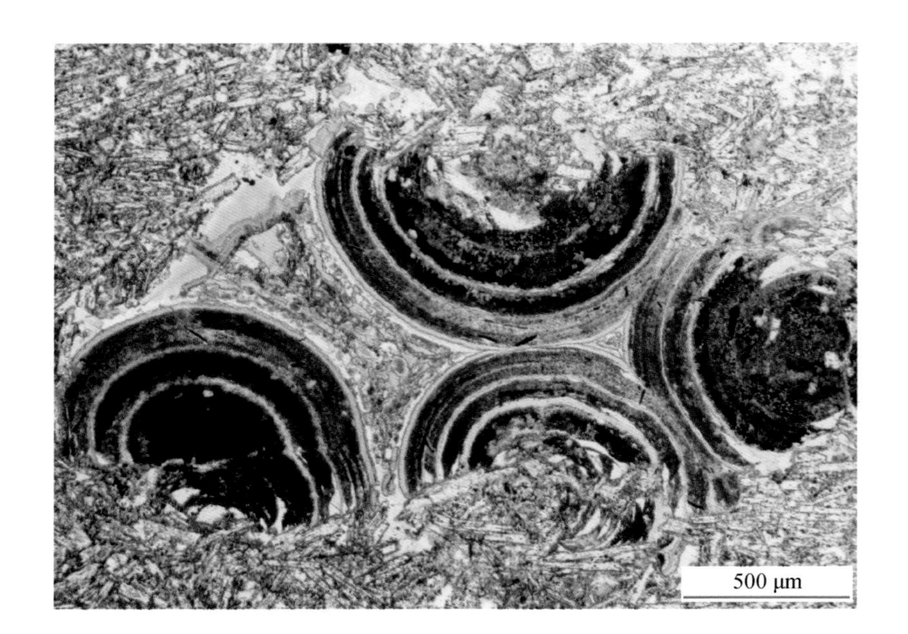

杏仁安山岩 杏仁体

杏仁体（温泉鲕）具不完整的同心纹层鲕粒结构，主要成分为含有机质而呈褐色的玉髓，内部浅色纹层为蛋白石，外圈为浅绿色的囊脱石。鲕粒间为团粒状囊脱石。

乌兰花凹陷

兰18X井　2014.62m

阿尔善组

单偏光

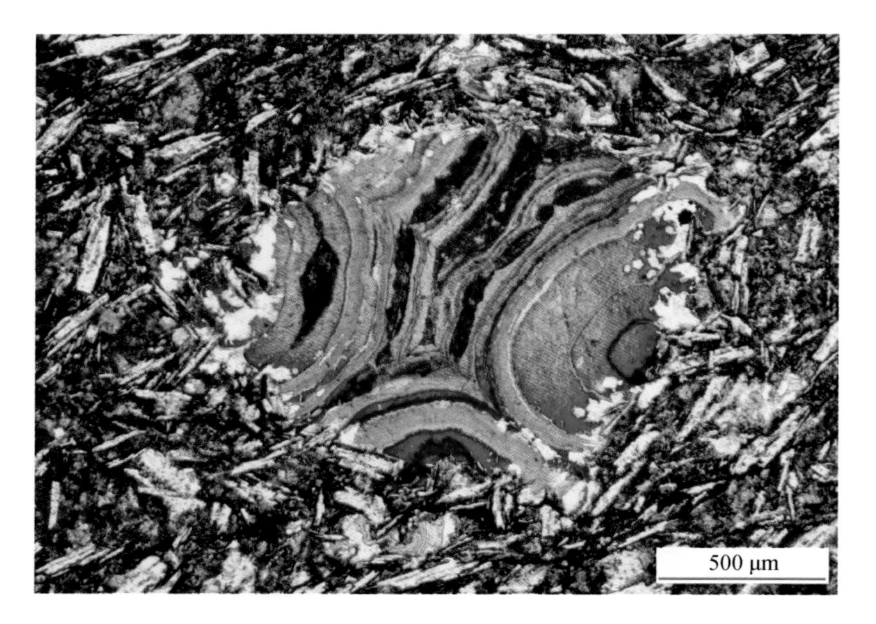

杏仁安山岩 杏仁体

气孔被方解石（染色后呈粉红色）-浅绿色囊托石充填，呈半球状-同心纹层。

乌兰花凹陷

兰18X井　2015.71m

阿尔善组

单偏光

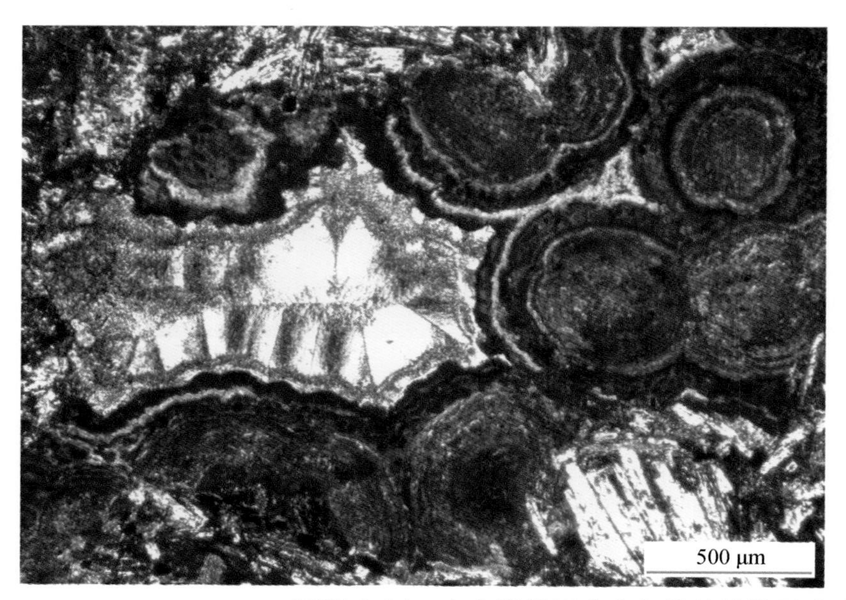

杏仁安山岩 杏仁体

不规则状气孔由早期的方解石质鲕粒和晚期的纤维-放射状玉髓充填。鲕粒纹层中夹有厚薄不一的囊脱石层。

乌兰花凹陷

兰18X井　2017.95m

阿尔善组

正交偏光

图版 6-21　安山岩储层中杏仁体的结构及成分特征（四）

杏仁安山岩

杏仁体由方解石、蛹绿泥石及玉髓依次组成。

阿北凹陷 阿110井 752.97m 阿尔善组 单偏光

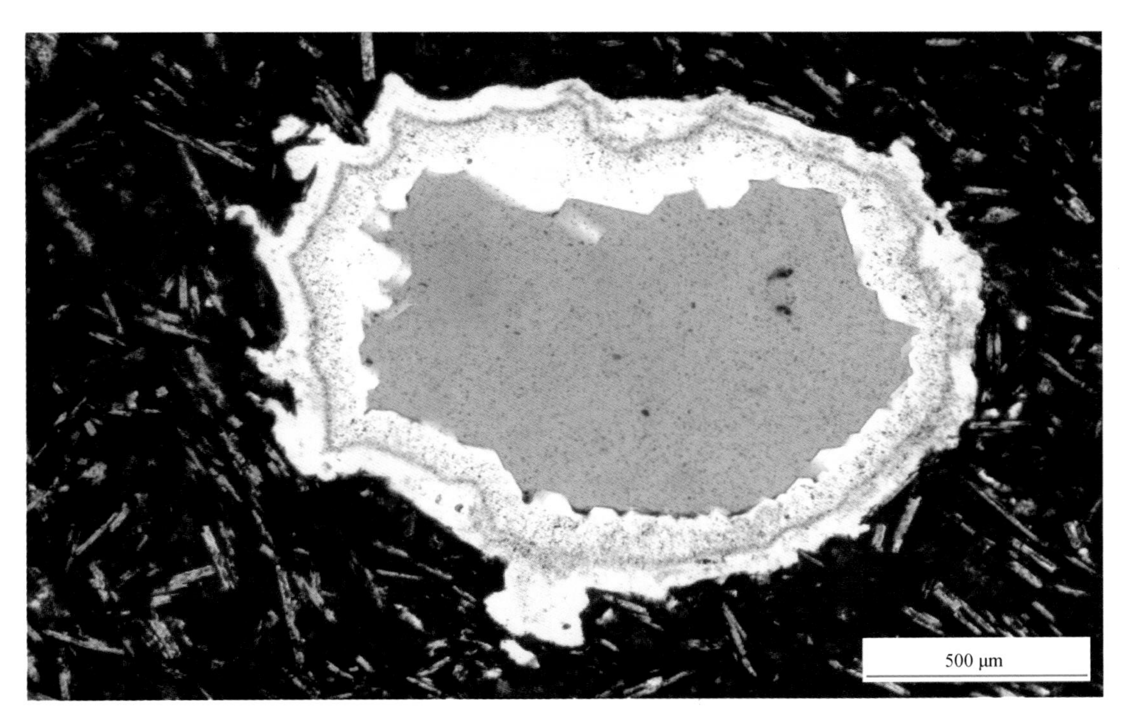

气孔安山岩

安山结构，玻璃质脱玻化后呈黑色。气孔边缘被蛋白石和石英沿气孔壁部分充填，残余气孔孔隙。

乌兰花凹陷 兰18X井 2014.89m 阿尔善组 单偏光

图版 6-22 安山岩储层杏仁、气孔构造及特征

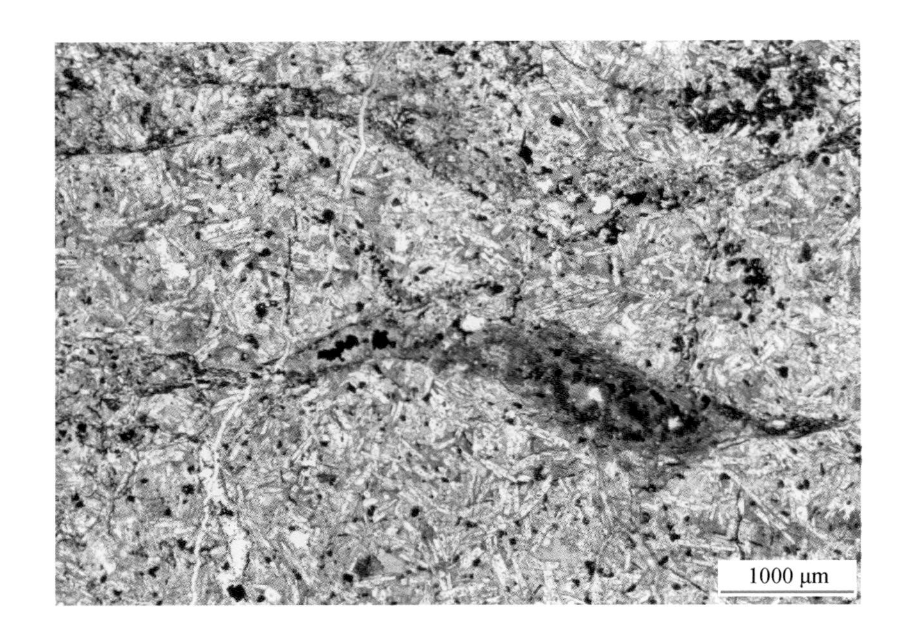

自碎安山岩

岩流自碎作用形成不规则状碎块，裂缝分布具有定向性。碎块形态可拼合，反映原位破碎特征。碎块之间的局部残余裂缝被方解石充填。

阿北凹陷

阿100井　768.84m

阿尔善组

单偏光

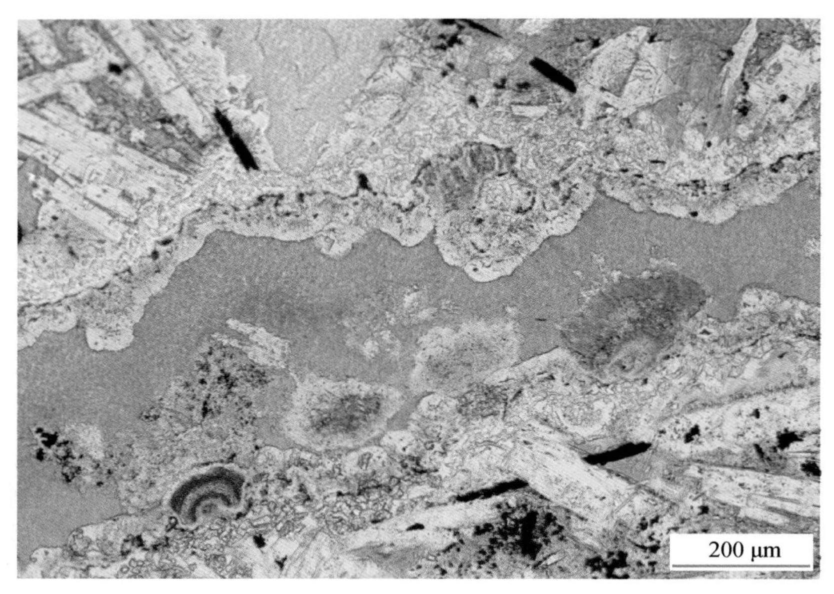

安山岩 裂缝充填物

张性构造裂缝，其边缘生长皮壳状方解石，局部蛹状；内部由囊脱石充填。

阿北凹陷

阿7井　722.92m

阿尔善组

单偏光

安山岩 裂缝充填物

安山结构，斜长石微晶间的玻璃质被浅绿-黄绿色的囊脱石交代；不规则的张性构造裂缝，被棱角状安山岩破碎颗粒和玉髓充填

阿北凹陷

阿7井　750.14m

阿尔善组

上：单偏光　下：正交偏光

图版 6-23　安山岩储层裂缝充填物成分及结构特征

安山岩 裂缝充填物

安山结构，斜长石微晶间的玻璃质被浅绿-黄绿色的囊脱石交代；张性构造裂缝，充填玉髓（无色-褐黄色）-黄铁矿，黄铁矿晶粒间残留部分孔隙。

阿北凹陷

阿7井　687.14m

阿尔善组

单偏光

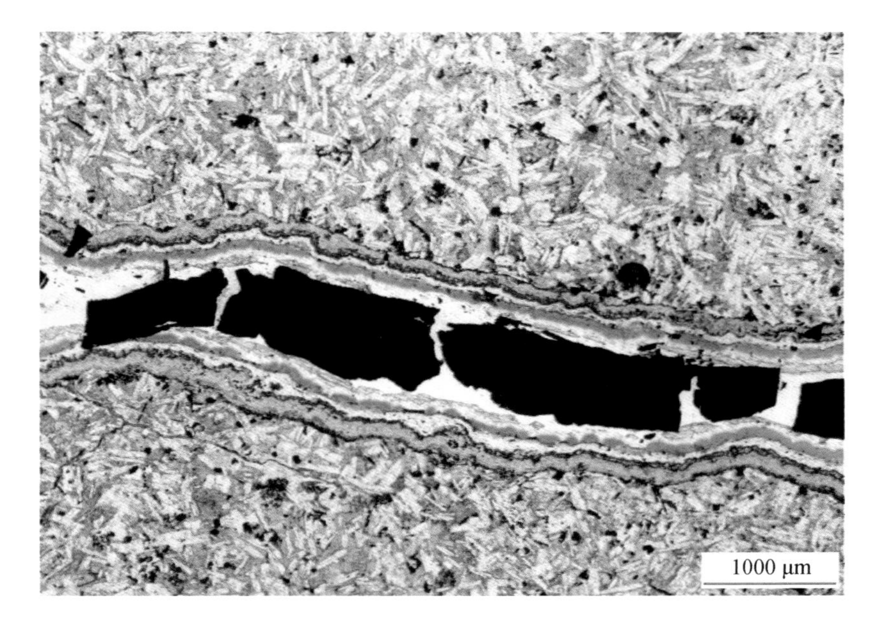

安山岩 裂缝充填物

安山结构，斜长石微晶间的玻璃质被浅绿-黄绿色的囊脱石交代；分叉张性构造裂缝，依次玉髓-方解石-囊脱石-玉髓充填。

阿北凹陷

阿7井　723.63m

阿尔善组

左：正交偏光　右：单偏光

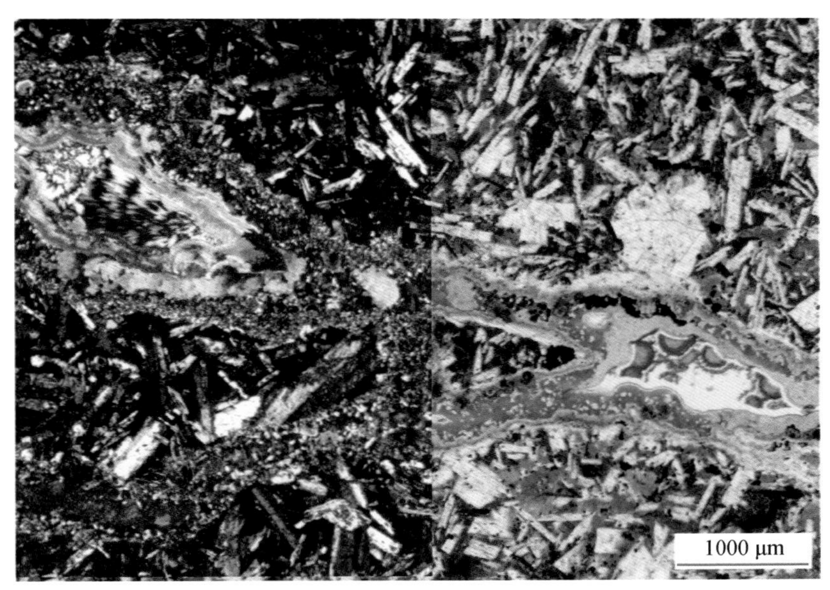

安山岩 囊脱石

不规则气孔溶蚀扩展形成大的溶蚀孔隙。孔隙被囊脱石充填。

阿北凹陷

阿7井　725.91m

阿尔善组

单偏光

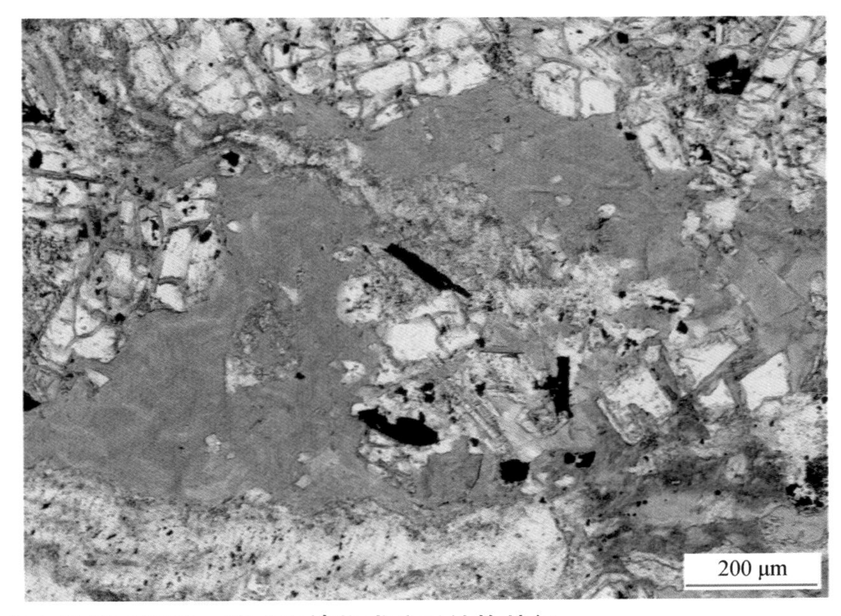

图版 6-24　安山岩储层裂缝、溶孔充填物成分及结构特征

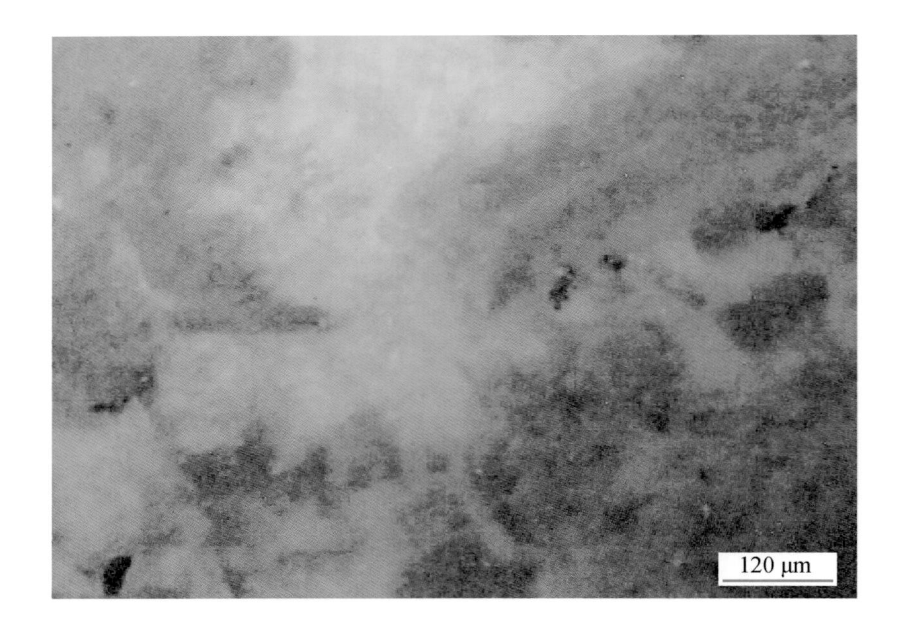

安山岩 油迹

岩石含油分布不均匀，油主要分布在部分基质中，发黄色、褐橙色和橙褐色光。

乌兰花凹陷

兰9井 2098.50m

阿尔善组

荧光薄片

安山岩

阴极发光下斜长石微晶呈蓝色，呈棕黄色者为交代成因的方解石，斜长石微晶间的玻璃质被囊脱石交代，因囊脱石含铁离子而在阴极发光下不发光。

乌兰花凹陷

兰45X井 2112.90m

阿尔善组

阴极发光

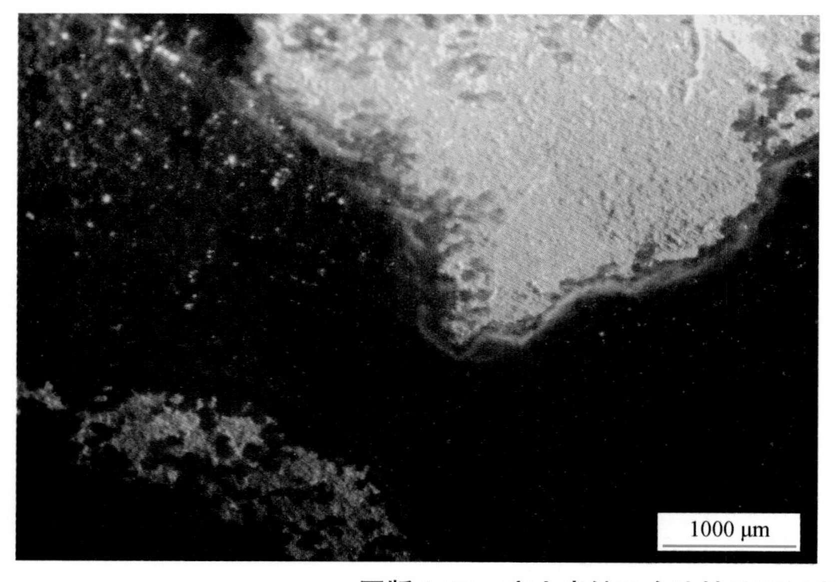

安山岩气孔中的方解石

气孔椭圆状，充填物主要为方解石，呈红色光。

乌兰花凹陷

兰45X井 2127.85m

阿尔善组

阴极发光

图版 6-25 安山岩储层含油性及阴极发光特征

二、储集空间特征

根据成因分为原生孔隙、次生孔隙和裂缝三大类。

1. 原生孔隙

原生孔隙主要为原生气孔（洞）和杏仁体内残余孔（洞）。安山岩中原生气孔发育，形态多样，多呈孤立状，部分气孔被裂缝切穿，其相互联通成为有效的孔隙。杏仁体内残余孔（洞）是矿物未充填满气孔遗留下的残余孔，一般形态不规则，多位于杏仁体中部。与缝、洞相连者含油性较好；未与裂缝连通的孤立气孔均不含油。

2. 次生孔隙

长石、角闪石等矿物被溶蚀形成大小不一的溶蚀孔。杏仁体中充填的碳酸盐矿物被溶解，形成形态不规则的溶蚀孔，常发育于杏仁体周缘，且常与裂缝连通，成为有利的储集空间。

3. 裂缝

裂缝从产状上可分为两种：一种为层状缝，缝面倾角低平，形似层理；另一种为高斜缝或直立缝，缝面倾角多在 70° 以上。缝面倾角大于 70° 者占 95%，以高斜缝或直立缝占绝对优势。其从成因上也可分为两种，包括冷凝收缩缝和构造缝。冷凝收缩缝是在熔浆冷凝、结晶过程中收缩形成的微裂缝，一般呈张开式，面状裂开，少错动；构造缝主要为斜交缝和高角度缝。

未被充填的裂缝与各种孔（洞）沟通形成火山熔岩储层最有利的孔隙－裂缝型储集空间类型。

三、储层物性特征

二连盆地发现安山岩油气藏的凹陷，安山岩储层主要为中－低孔特低渗储层，按《油气储层评价方法》（SY/T 6285-2011）中火山岩储层孔隙度、渗透率划分标准，阿北凹陷安山岩为Ⅲ类储层，乌兰花凹陷安山岩为Ⅳ类储层，洪浩尔舒特凹陷安山岩为Ⅴ类储层（表 6-2）。但勘探开发实践表明，裂缝性储层的一般特征是低孔高渗，因此岩心实测渗透率可能受样品条件的限制，仅代表了不含或少含裂缝的安山岩的渗透性。

表6-2 二连盆地安山岩物性统计表

凹陷	层位	孔隙度（%）	渗透率（mD）	样品数量（个）	代表井	储层分类
阿北	阿尔善组	$\frac{0.7\sim40.3}{19.2}$	$\frac{<0.1\sim47.7}{1.7}$	148	阿100、阿110	Ⅲ
洪浩尔舒特	阿尔善组	$\frac{1.5\sim11.5}{4.9}$	$\frac{<0.04\sim0.06}{0.05}$	3	洪82	Ⅴ
乌兰花	阿尔善组	$\frac{0.1\sim21.9}{6.5}$	$\frac{<0.02\sim0.04}{0.03}$	88	兰9、兰18X、兰42、兰45X	Ⅳ

注：$\frac{0.7\sim40.3}{19.2}$ 表示 $\frac{最小值\sim最大值}{平均值}$。

兰 18X 井 1981 ～ 2022m，灰色油迹安山岩，核磁 T2 谱形为双峰，谱峰较小，谱形分布窄。储层孔径分布以小孔径为主，可动流体孔隙度占比小，储层物性差，产出能力差（图 6-2）。

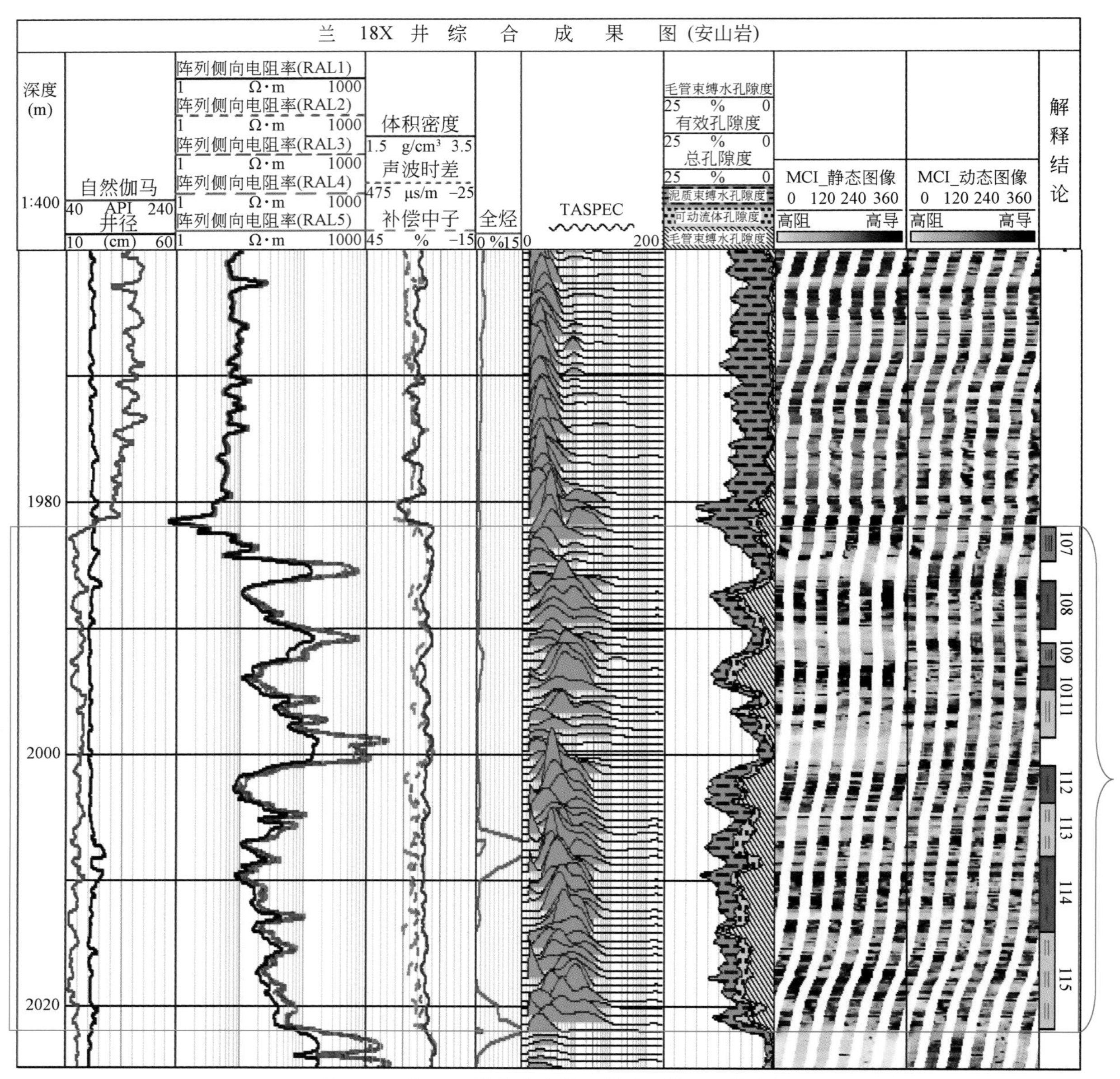

图 6-2 兰 18X 井安山岩储层核磁测井 T2 谱特征

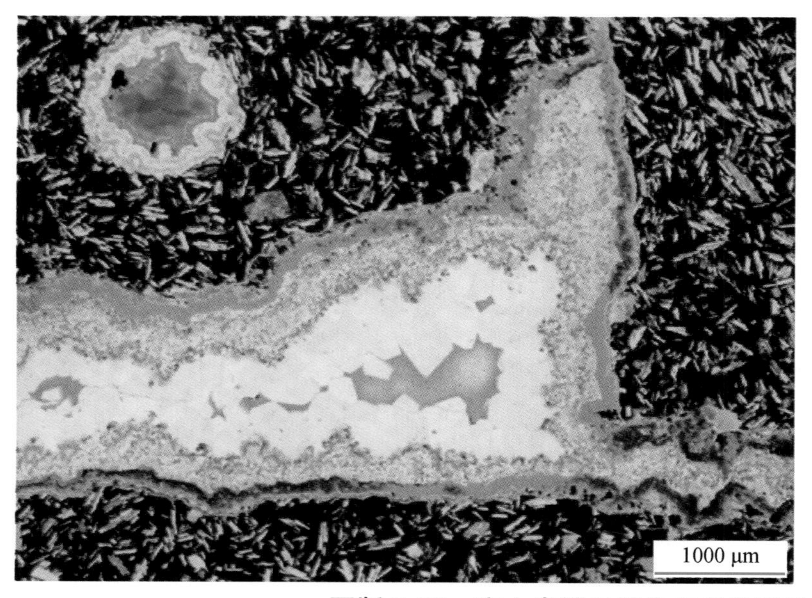

残余气孔孔隙

安山岩中的气孔被囊脱石、玉髓、石英依次充填，残余少量气孔孔隙。

阿北凹陷 阿100井 770.50m

阿尔善组 单偏光

图版 6-26 安山岩储层储集空间类型及特征（一）

安山岩中微孔隙

微孔隙多<1μm，少量1～3μm。有少量蚀变形成的伊/蒙间层、伊利石、绿泥石。

乌兰花凹陷

兰9井 1962.88m

阿尔善组

扫描电镜

安山岩 气孔及其充填物

安山岩气孔依次被玉髓-石英-自生黏土部分充填。玉髓呈均匀的隐晶质集合体，贝壳状断口；石英为自形的柱锥状晶体，自生黏土呈隐晶质土状集合体。

乌兰花凹陷

兰9井 1963.26m

阿尔善组

扫描电镜

安山岩 气孔及其充填物

椭圆状的气孔中充填平行连生状的自生石英晶体，且主要集中于一侧，具有类似于示顶底构造的特征。

乌兰花凹陷

兰18X井 2014.89m

阿尔善组

扫描电镜

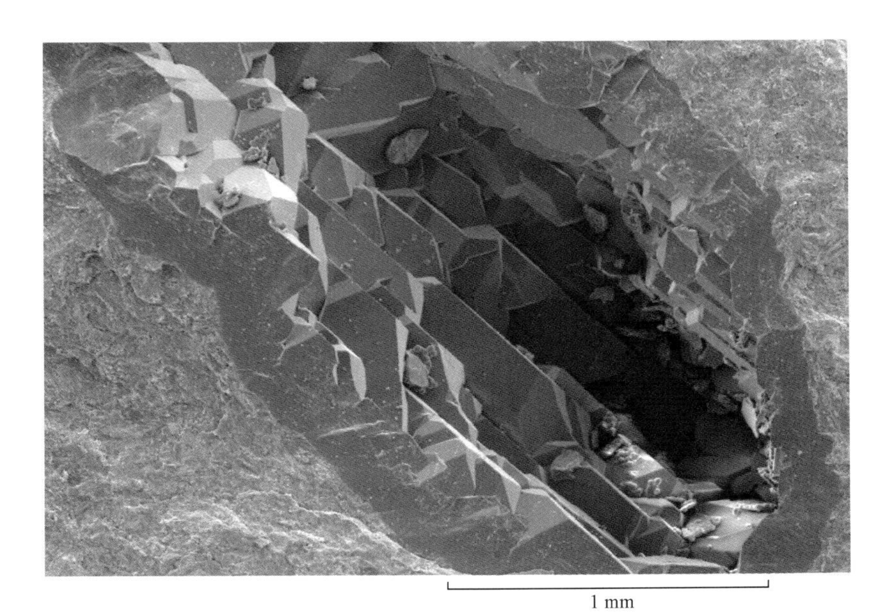

图版 6-27 安山岩储层储集空间类型及特征（二）

安山岩 杏仁体

安山岩的气孔被方解石完全充填，无残留孔隙。

乌兰花凹陷

兰9井 1962.88m

阿尔善组

扫描电镜

长石晶内溶孔

柱状斜长石溶蚀，形成长石晶内溶孔。微孔隙多<1μm，少量1～4μm

乌兰花凹陷

兰9井 1965.55m

阿尔善组

扫描电镜

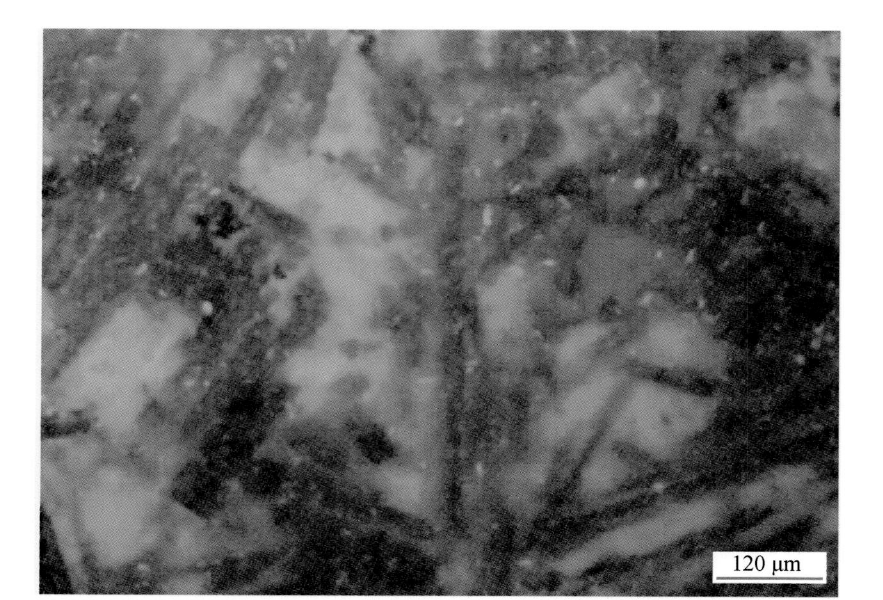

油斑杏仁安山岩

岩石含油分布不均匀，油主要分布在部分基质中，少量分布在杏仁体边缘，发黄色、绿黄色、褐橙色和橙褐色光。

乌兰花凹陷

兰9井 1963.85m

阿尔善组

荧光薄片

图版 6-28 安山岩储层储集空间类型及含油性特征

第三节 火山碎屑岩储层

二连盆地古生界—中生界均有火山碎屑岩分布，目前在阿南凹陷发现哈南古生界凝灰岩潜山油藏，在洪浩尔舒特凹陷阿尔善组火山角砾岩中见良好油气显示。

一、岩石学特征

哈南潜山岩石类型主要为熔结凝灰岩、熔结－压结凝灰岩、压结凝灰岩和凝灰岩4种类型。

洪浩尔舒特凹陷火山角砾岩角砾成分主要为安山岩、粗面岩。砾径1～10cm，大小混杂，主要为中砾、粗砾，细砾次之，含少量砂级火山碎屑颗粒，砾石占63%～90%，分选性差－中等，棱角－次棱角状，砾间被砂级颗粒、泥质、凝灰质、白云石等充填。在显微镜下观察，安山岩砾石为斑状结构、气孔构造，基质为交织结构；斑晶为斜长石，被方解石、白云石交代；气孔被白云石、泥质、硅质半充填－全充填。

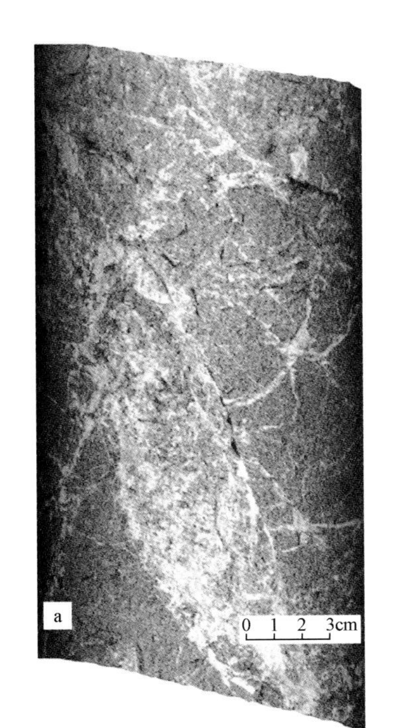

a.油斑碎裂凝灰岩

碎裂结构，块状构造。碎裂角砾间充填白色的玉髓。凝灰结构，凝灰组分主要为暗色的火山岩屑。见油斑。

阿尔凹陷

阿尔6井 2521.27～2521.56m

侏罗系

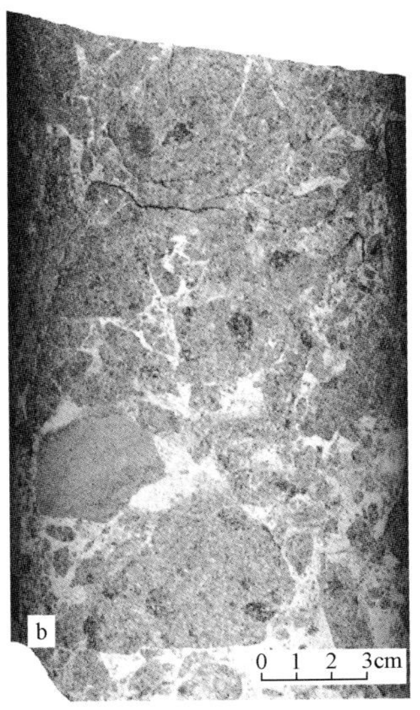

b.油斑凝灰质角砾岩

角砾结构，块状构造。角砾粒径变化大，以2～30mm为主，成分为凝灰岩，凝灰成分主要为暗色的火山岩屑。角砾间充填白色的玉髓。

阿南凹陷

哈301井 1636.43～1636.70m

二叠系

c.沉凝灰岩

沉凝灰结构，层理构造。凝灰组分粒度较小，主要成分为火山岩屑及长石等。

阿南凹陷

阿43井 2273.95～2274.16m

腾格尔组

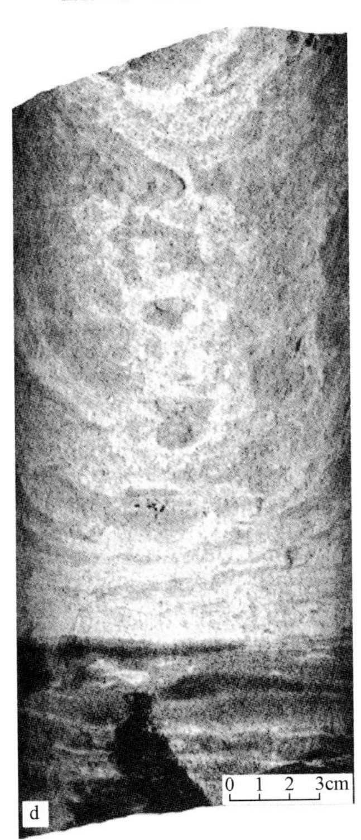

d.油斑沉凝灰岩

岩心下部的沉凝灰岩具有沉凝灰结构，水平层理，富含油。岩心中上部具斑块状油迹。

阿南凹陷

阿密2井 1589.25～1589.57m

腾格尔组

图版6-29 火山碎屑岩储层结构、构造及成分特征（一）

a.油斑沉凝灰岩

沉凝灰结构，块状构造。主要成分为凝灰级碎屑，包括火山岩屑和长石晶屑等。油斑明显。

阿南凹陷

阿47井 2010.44～2010.76m

腾格尔组

b.安山质火山角砾岩

角砾结构，块状构造。角砾砾径5～30mm，角砾成分为具隐晶质结构的安山岩。角砾间充填细小的碎屑和白色的玉髓。

洪浩尔舒特凹陷

洪26井 900.11～900.47m

阿尔善组

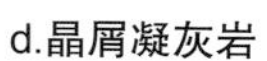

c.油迹安山质火山角砾岩

角砾结构，块状构造。角砾粒径5～20mm，安山岩角砾，隐晶质结构。角砾间为细小的安山岩碎屑。见油迹。

洪浩尔舒特凹陷

洪29井 1153.71～1154.04m

阿尔善组

d.晶屑凝灰岩

凝灰结构，水平层理。凝灰组分主要为浅色的长石、石英晶屑。

洪浩尔舒特凹陷

洪26井 925.30～925.65m

侏罗系

图版 6-30 火山碎屑岩储层结构、构造及成分特征（二）

安山质岩屑凝灰岩

凝灰结构。凝灰碎屑为安山岩屑，粒度以1～2mm为主，次棱角状，基质支撑，其间由细小晶屑和蚀变火山灰充填。

阿北凹陷

阿110井　702.67m

阿尔善组

单偏光

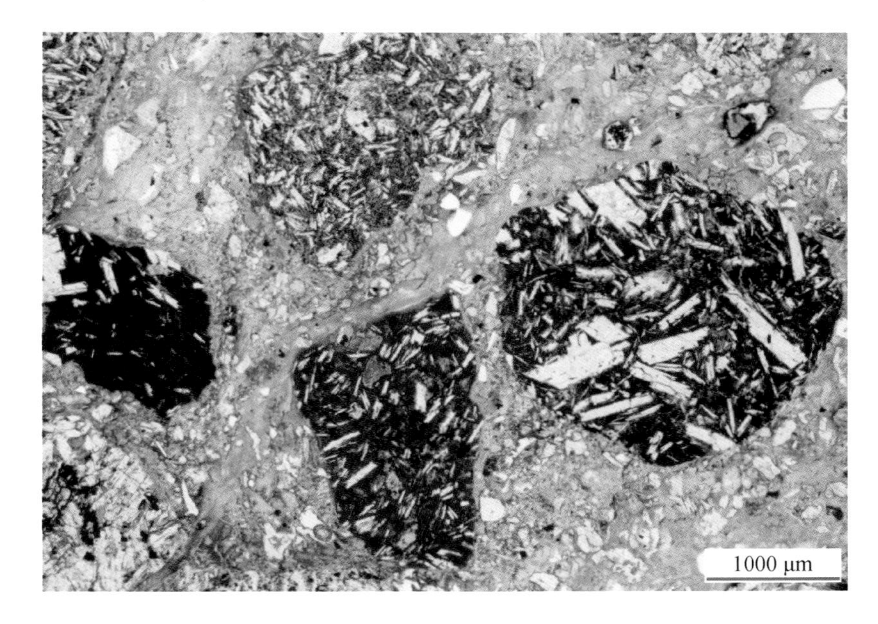

晶屑岩屑凝灰岩

凝灰结构。以岩屑为主，多为凝灰岩碎屑。晶屑以石英和长石为主。晶屑和岩屑之间由细小火山灰充填。

阿南凹陷

哈301井　1648.09m

二叠系

正交偏光

岩屑晶屑凝灰岩

凝灰结构。火山碎屑以长石晶屑为主，安山岩岩屑次之。岩屑和晶屑之间由细小火山灰充填。

阿南凹陷

哈301井　1685.88m

二叠系

正交偏光

图版 6-31　火山碎屑岩储层结构及成分特征（一）

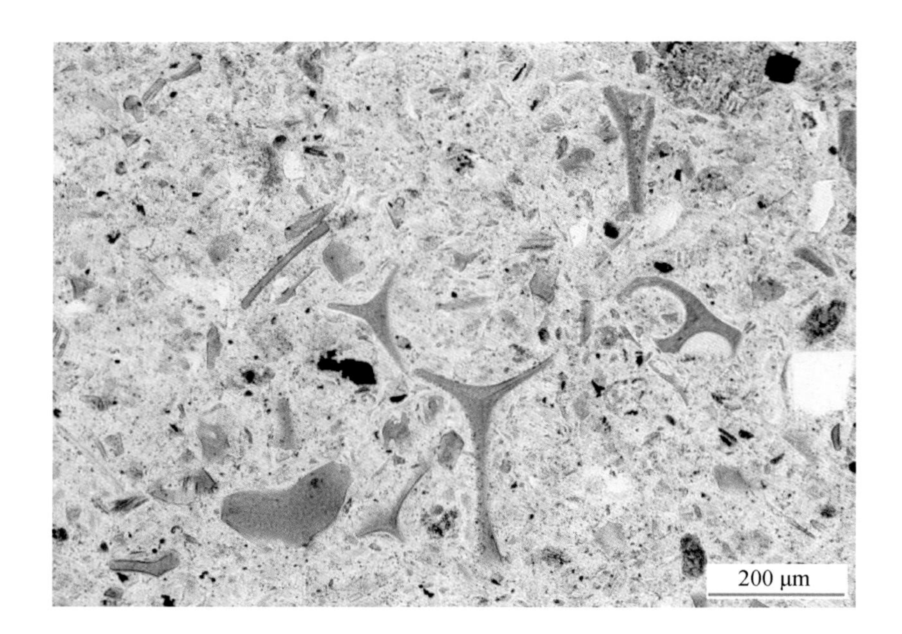

晶屑玻屑凝灰岩

凝灰结构。晶屑以石英为主，玻屑呈鸡骨状，被囊脱石交代而呈绿色。晶屑和玻屑之间为细小的火山灰。

阿北凹陷

阿110井　727.59m

阿尔善组

单偏光

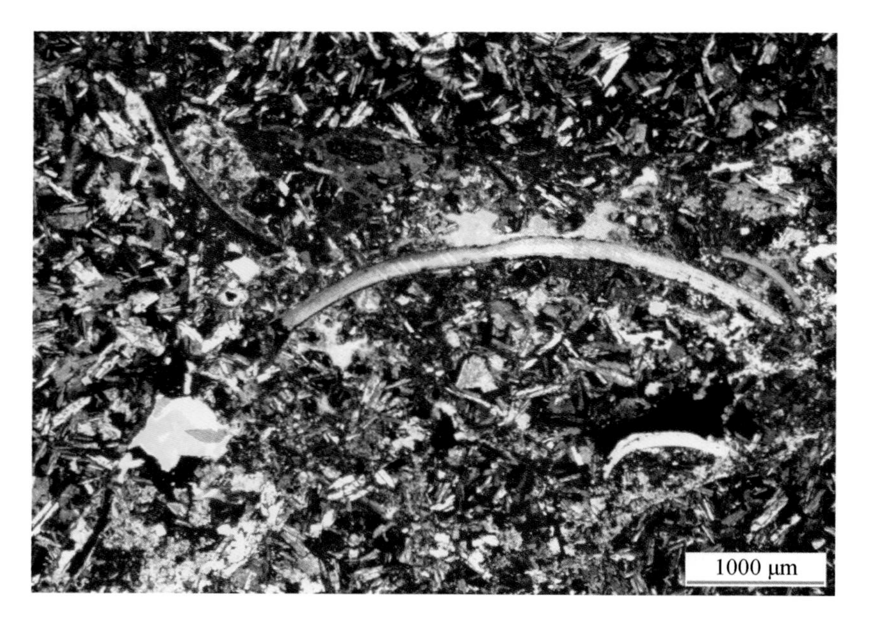

含生物碎屑沉火山角砾岩

沉火山角砾结构。火山角砾为安山岩，次棱角状。角砾之间由凝灰级安山质火山岩屑和灰泥充填，含生物碎屑。

阿北凹陷

阿7井　683.43m

阿尔善组

正交偏光

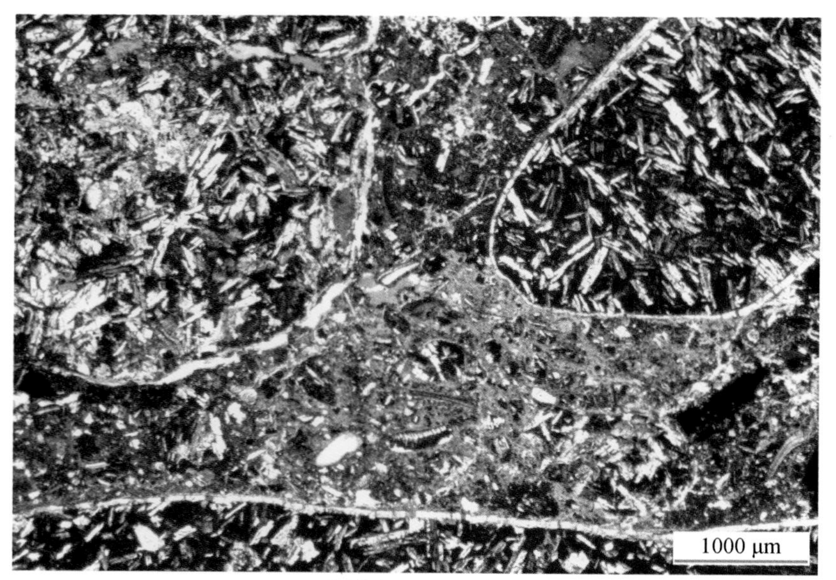

含生物碎屑沉火山角砾岩

沉火山角砾结构。火山砾为安山岩，次棱角-次圆状。填隙物由凝灰级安山质火山岩屑和灰泥充填，含生物碎屑。

阿北凹陷

阿7井　683.92m

阿尔善组

正交偏光

图版 6-32　火山碎屑岩储层结构及成分特征（二）

沉凝灰岩

火山凝灰与陆源碎屑互层，显微层理构造。照片上部的凝灰质由石英、长石晶屑和具霏细结构的火山岩屑构成，长石几乎无次生变化，棱角状为主，分选性较好。照片下部则主要为陆源碎屑，以长石为主，长石具明显的绢云母化；夹泥质纹层。

阿南凹陷

哈8井 1456.45m

阿尔善组

正交偏光

具有自碎结构的晶屑

长石、石英晶屑发育自碎结构，由快速的淬火冷却作用形成。颗粒间及矿物内裂缝被绿泥石交代-充填。

阿南凹陷

哈301井 1819.94m

二叠系

单偏光

晶屑岩屑沉凝灰岩

凝灰主要为火山岩屑何少量长石晶屑，次生变化强烈，其间的填隙物被绿泥石交代。

阿南凹陷

哈301井 1684.67m

二叠系

单偏光

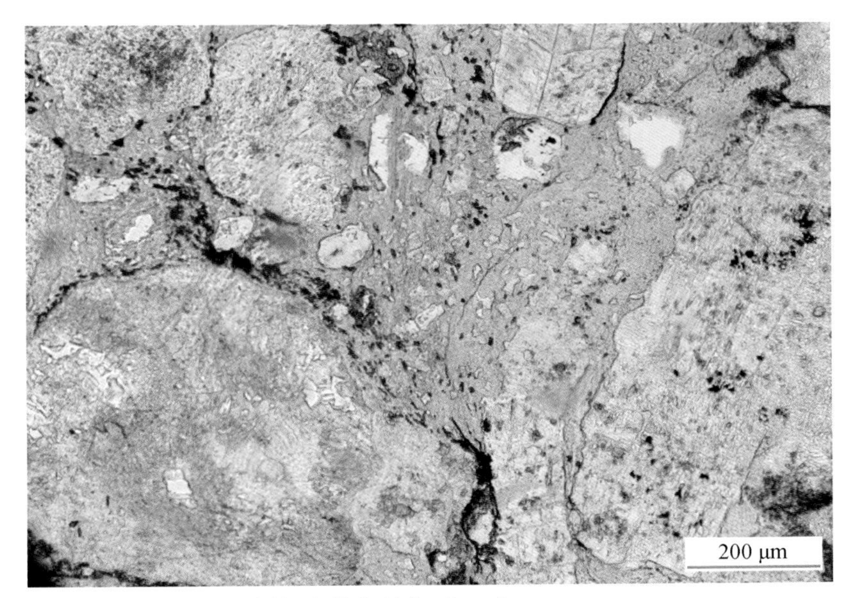

图版 6-33 火山碎屑岩储层结构及成分特征（三）

安山岩质沉火山角砾岩

火山角砾具有交织结构，内含杏仁体。周围为细小的火山灰填隙物。

洪浩尔舒特凹陷

洪29井　1156.30m

阿尔善组

单偏光

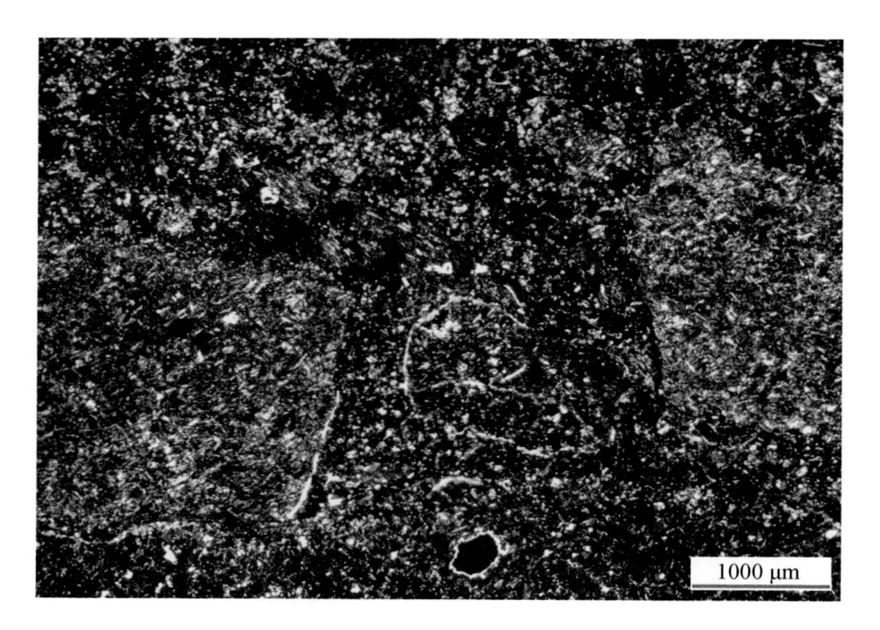

安山岩质沉火山角砾岩

安山岩角砾具有交织结构，棱角状。填隙物为细小的安山岩屑及碳酸盐胶结物。

洪浩尔舒特凹陷

洪29井　1156.30m

阿尔善组

正交偏光

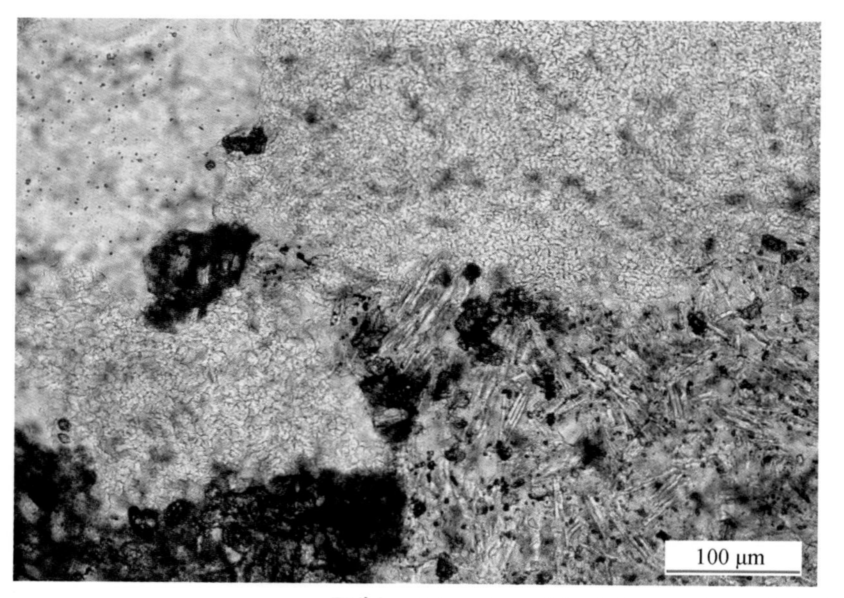

自生高岭石

安山岩质火山角砾岩中局部被溶蚀形成溶孔，后充填自生高岭石，无色透明，细小鳞片状集合体。

洪浩尔舒特凹陷

洪29井　1156.30m

阿尔善组

单偏光

图版 6-34　火山碎屑岩储层结构及成分特征（四）

二、储集空间特征

凝灰岩类储层主要有粒间孔、构造缝和溶蚀孔洞缝三种成因类型的储集空间；火山角砾岩主要发育砾内溶孔、砾（粒）间溶孔（洞）、晶间孔、晶内孔，而且晶内孔主要发育于斜长石中。

三、储层物性特征

凝灰岩类储层基质孔隙差别较大，按《油气储层评价方法》（SY/T 6285—2011）中火山碎屑岩储层孔隙度、渗透率划分标准，阿南凹陷二叠系潜山凝灰岩孔隙度 0.1% ～ 22.1%，平均 4.7%，渗透率＜ 0.01 ～ 31.6mD，平均 1.68mD，为Ⅴ类储层；阿南凹陷腾格尔组凝灰岩孔隙度 1.1% ～ 22.6%，平均 10%，渗透率 0.01 ～ 0.5mD，平均 0.12mD，为Ⅴ类储层；阿尔凹陷阿尔善组凝灰岩孔隙度 0.2% ～ 6.2%，平均 2.6%，渗透率＜ 0.04 ～ 0.76mD，平均 0.16mD，为Ⅴ类储层；洪浩尔舒特凹陷阿尔善组安山质火山角砾岩孔隙度 1.8% ～ 16.9%，平均 9.3%，渗透率为＜ 0.04 ～ 2.49mD，平均为 0.6mD，为Ⅳ类储层（表 6-3）。

表 6-3　二连盆地火山碎屑岩储层物性统计表

凹陷	层位	岩性	孔隙度（%）	渗透率（mD）	样品数量（个）	代表井	储层分类
阿南	二叠系（潜山）	凝灰岩	$\frac{0.1～22.1}{4.7}$	$\frac{＜0.01～31.6}{1.68}$	150	哈8、哈301、哈1、阿14、阿15	Ⅴ
阿南	腾格尔组	凝灰岩	$\frac{1.1～22.6}{10}$	$\frac{0.01～0.5}{0.12}$	25	阿密2、阿43、阿47	Ⅴ
阿尔	阿尔善组	凝灰岩	$\frac{0.2～6.2}{2.6}$	$\frac{＜0.04～0.76}{0.16}$	10	阿尔6	Ⅴ
洪浩尔舒特	阿尔善组	安山质火山角砾岩	$\frac{1.8～16.9}{9.3}$	$\frac{＜0.04～2.49}{0.6}$	5	洪29、洪36	Ⅳ

注：$\frac{0.1～22.1}{4.7}$ 表示 $\frac{最小值～最大值}{平均值}$ 。

粒间溶孔

粒间充填的细小凝灰物质发生溶蚀，形成粒间溶孔。长石和石英晶屑发生自生加大，粒间溶孔中见自形的自生石英晶体。

阿南凹陷

哈8井　1783.48m

二叠系

单偏光

图版 6-35　火山碎屑岩储层储集空间类型及特征（一）

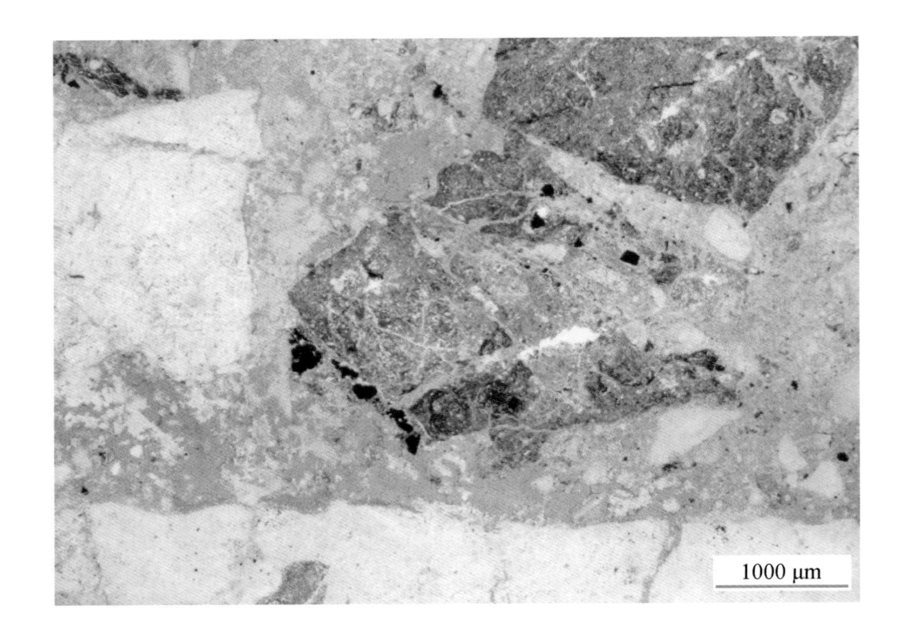

粒间溶孔

粒间充填的细小凝灰物质发生溶蚀，形成粒间溶孔。

阿南凹陷

哈8井 1783.48m

二叠系

单偏光

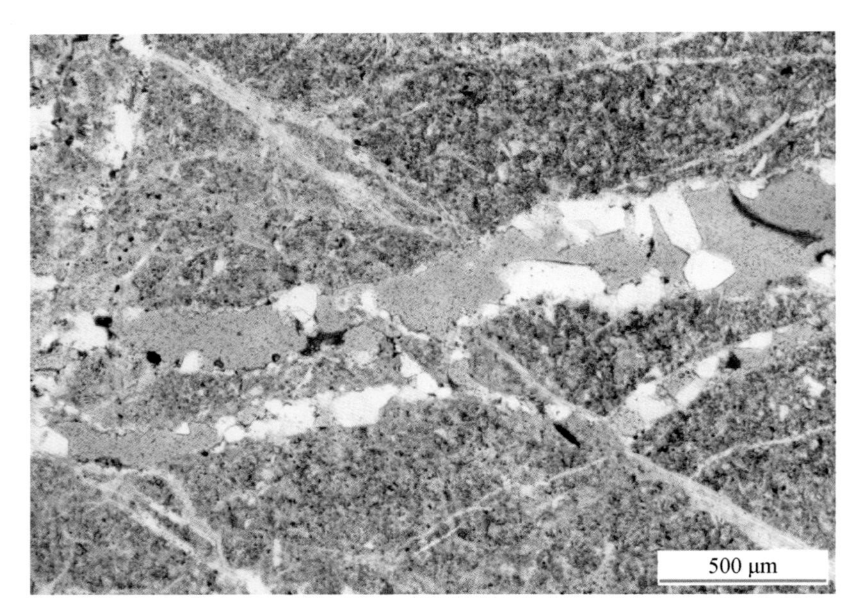

沉凝灰岩中的裂缝

凝灰岩由细小的火山灰组成，粒度细小，裂缝发育，缝壁发育柱状自生石英。

阿南凹陷

哈8井 1863.74m

二叠系

单偏光

次生溶孔

凝灰岩中长石晶屑的粒内溶孔，凝灰质基质中发育溶蚀微孔。

阿南凹陷

阿47井 2001.00m

阿尔善组

扫描电镜

图版 6-36 火山碎屑岩储层储集空间类型及特征（二）

溶蚀孔

沉凝灰岩中的粒间溶蚀微孔，孔径为2～30μm。

洪浩尔舒特凹陷

洪29井　1153.65m

阿尔善组

扫描电镜

晶间微孔

沉凝灰岩基质中微晶为钾长石、石英，少量弯曲鳞片状黏土矿物，晶间微孔隙发育，孔径为1～5μm。

阿南凹陷

阿43井　2054.75m

阿尔善组

扫描电镜

粒间溶孔

晶屑岩屑凝灰岩，凝灰级碎屑间的粒间溶孔，部分充填自生绿泥石及自生长石。

阿南凹陷

阿43井　2073.41m

阿尔善组

扫描电镜

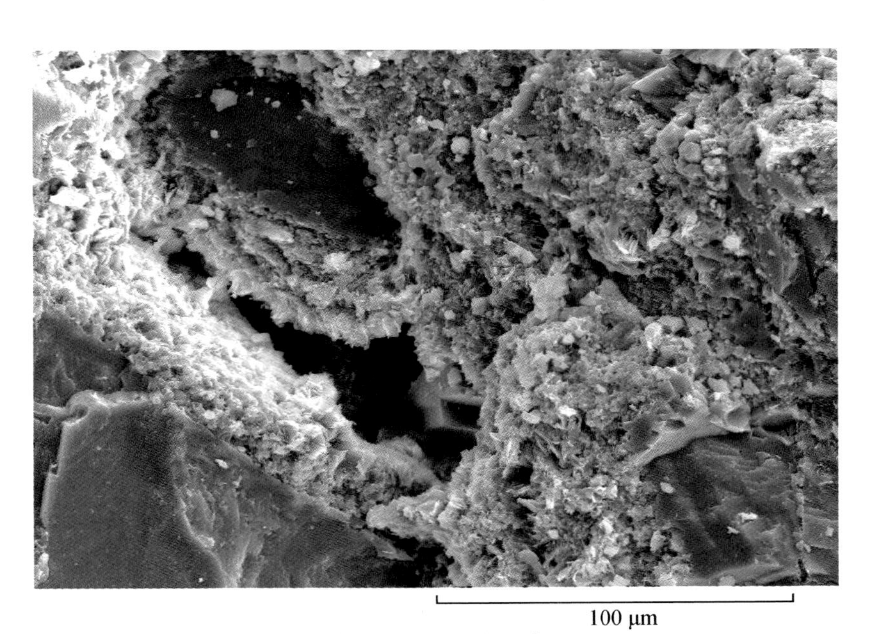

图版 6-37　火山碎屑岩储层储集空间类型及特征（三）

绿灰色油斑碎裂沉凝灰岩　哈8井　1689.15m　二叠系

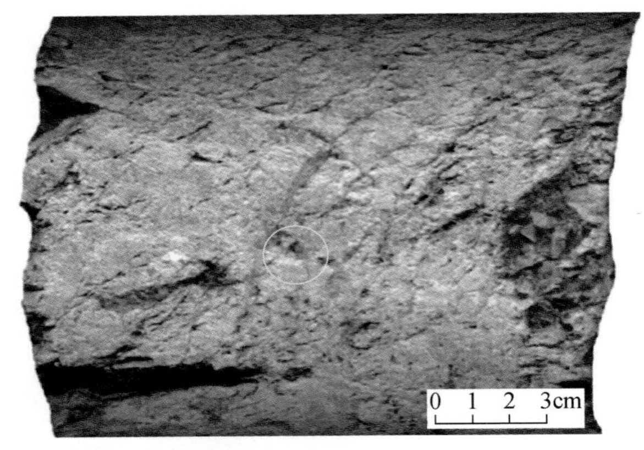

1689.07～1689.21m，碎裂沉凝灰岩。绿灰色，初始碎裂结构，节理发育。裂缝发育倾角不一，主裂缝近直立，微细裂缝两组交叉分布，夹角为60°，沿缝发育中孔，个别较大，达10mm×5mm，缝洞连通性较好，多为缝中洞，缝洞多未充填，局部被硅质充填，加盐酸反应弱。含油不均，面积可达20%，多为缝洞储油。

碎裂结构，碎裂角砾具沉凝灰结构，由长英质的细小凝灰物质及少量陆源石英、长石组成，溶孔发育，上方孔隙中见悬挂状黏土物质。

铸体薄片　单偏光

与左方照片同视域。

正交偏光

微孔隙孔径为1～15μm，孔隙内生长丝缕状及少量弯曲片状伊/蒙间层、伊利石。少量自生石英晶体。

扫描电镜

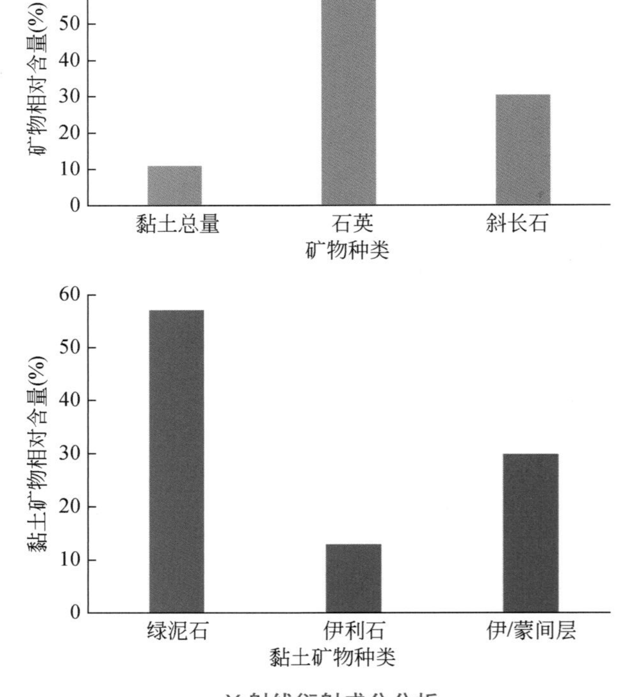

X射线衍射成分分析

图版 6-38　沉凝灰岩储层结构、构造及成分特征（一）

灰色油斑碎裂沉凝灰岩　阿尔6井　2519.78m　侏罗系　ϕ=3.9%，K＜0.02mD

2519.51～2519.86m，浅灰色，碎裂结构，碎裂角砾为长英质凝灰岩。致密坚硬，与盐酸不反应。含油面积20%～25%，不饱满不均匀，呈斑点状-条带状分布，油脂感弱，油味较浓，不污手。

凝灰岩质角砾

角砾为晶屑凝灰岩，凝灰结构，主要由长石、石英晶屑组成，粒度不等，分选性差。角砾周围的填隙物由长石和石英晶屑、具隐晶质结构的长英质岩屑和菱铁矿组成。

铸体薄片　正交偏光

碎裂岩的填隙物（局部）

主要由大小不等的粉砂-细砂级棱角状长石、石英及其间的菱铁矿组成，菱铁矿呈暗褐黄色，微晶集合体。

铸体薄片　单偏光

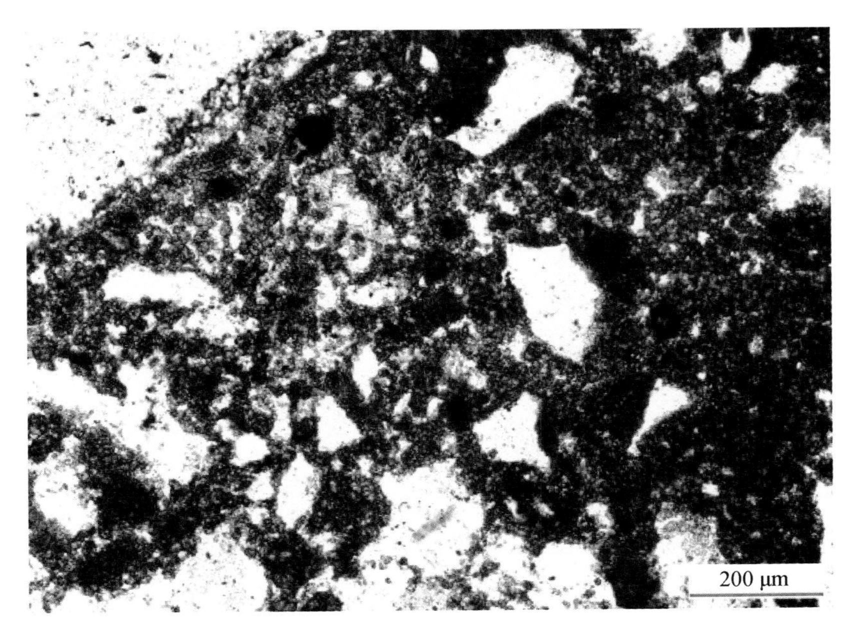

图版 6-39　沉凝灰岩储层结构、构造及成分特征（二）

菱铁矿 自生石英

菱铁矿具有阶梯状生长纹，图左见伊/蒙间层、伊利石及自生石英晶体。凹坑处为石英晶体掉落后留下的痕迹。

扫描电镜

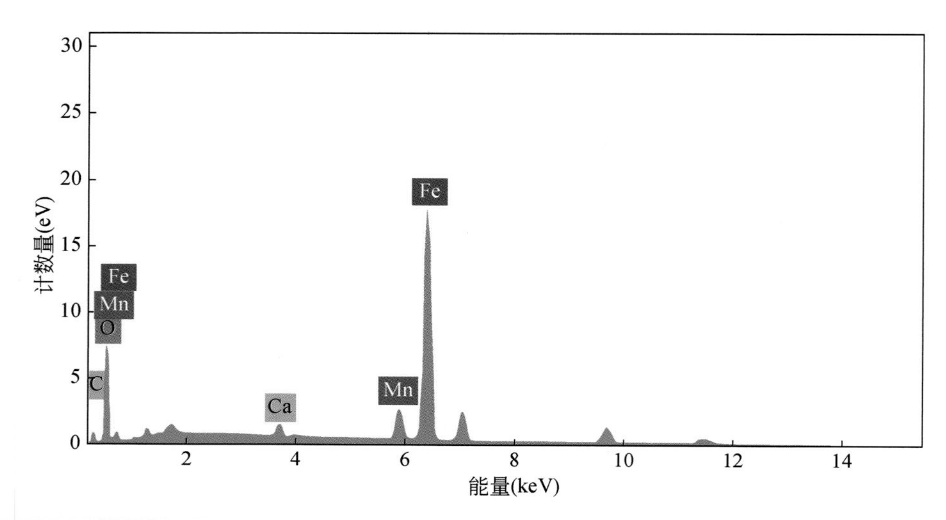

元素	原子数	线	净值	质量(%)	归一化质量(%)	原子(%)	abs.error(%) (1 sigma)	abs.error(%) (2 sigma)	abs.error(%) (3 sigma)	rel.error(%) (1 sigma)
Fe	26	K-Serie	283929	42.47	72.85	47.36	1.15	2.30	3.45	2.7
O	8	K-Serie	43425	8.79	15.08	24.22	1.07	2.15	3.22	12.2
Mn	25	K-Serie	30961	3.70	6.84	4.19	0.13	0.25	0.38	3.4
C	6	K-Serie	4049	2.49	4.26	12.89	0.43	0.86	1.29	17.2
Ca	20	K-Serie	11926	0.86	1.47	1.33	0.05	0.10	0.16	6.0
			总计：	58.29	100.00	100.00				

菱铁矿能谱谱图

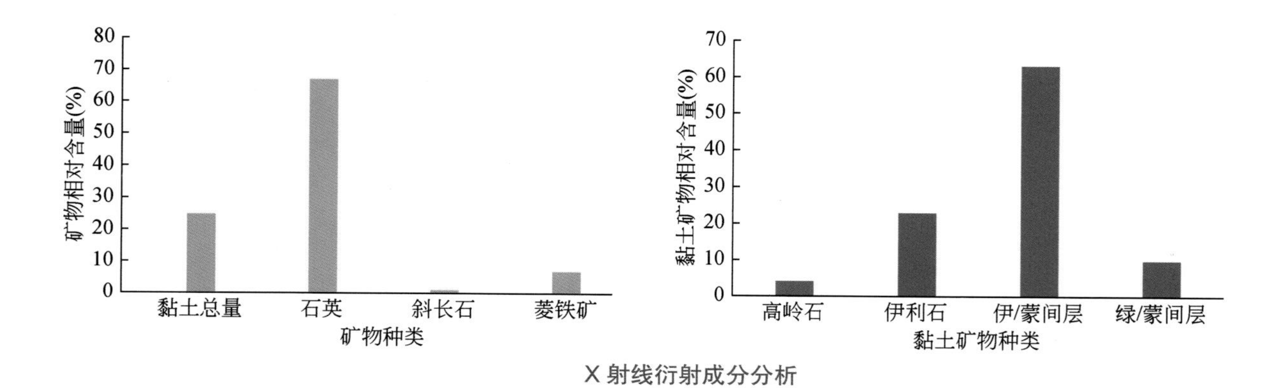

X 射线衍射成分分析

图版 6-40　沉凝灰岩储层成分及成岩自生矿物特征

含油性

岩石含油较均匀，油主要分布在基质内，发黄色和褐橙色光。

荧光薄片

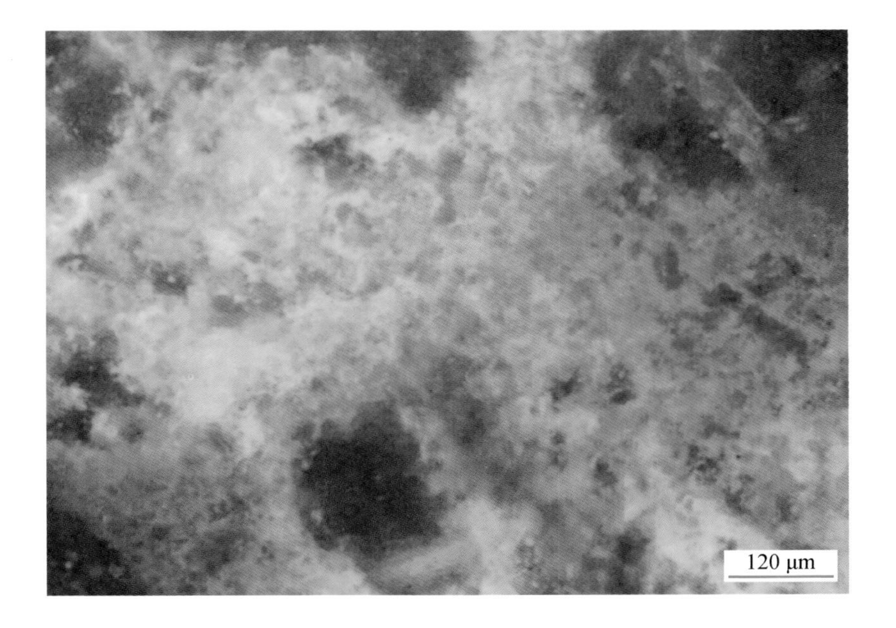

样品T2谱呈双峰态，实测核磁孔隙度为2.04%，束缚水饱和度为66.94%，可动流体饱和度为33.06%，T2截止值为5.57ms。

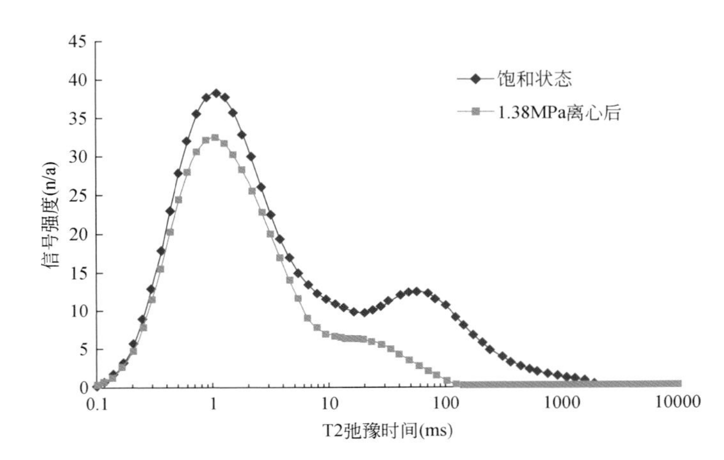

岩心核磁共振 T2 谱的频率分布

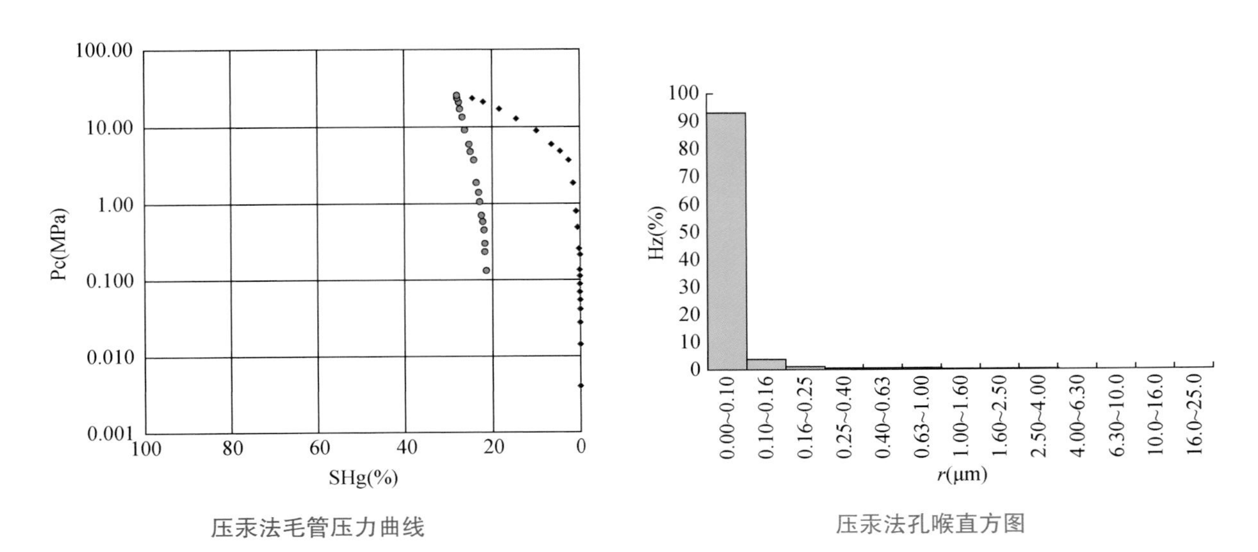

压汞法毛管压力曲线　　压汞法孔喉直方图

喉直径均值：0.12μm，分选系数：0.29

排驱压力：3.16MPa，进汞饱和度：28.06%

退汞效率：23.27%

图版 6-41　沉凝灰岩储层含油性及孔隙结构特征

第四节 碳酸盐岩储层

二连盆地碳酸盐岩类储层包括湖相和海相两种成因类型，湖相碳酸盐岩主要发育于下白垩统阿四段—腾一段，海相石灰岩发育于上古生界阿木山组，海相白云岩发育于下古生界。其中赛汉塔拉凹陷赛 51 井在阿木山组获得高产工业油流，巴音都兰凹陷巴 10 井湖相云质岩压裂后获得工业油流。

一、石灰岩

1. 岩石学及成岩作用特征

石灰岩类储层仅见于赛汉塔拉凹陷的赛 51 井、赛古 1X 井，属于古生界石炭 - 二叠系阿木山组。岩石类型为泥晶生屑灰岩及生屑泥晶灰岩。

赛 51 井的石灰岩中，生屑类型包括海百合茎、有孔虫、䗴、腹足、苔藓虫、介形虫、三叶虫等，生屑粒度较大，棱角 - 次圆状，分选性较差，海百合茎及腹足类生屑多具有泥晶套，泥晶 - 亮晶胶结。泥晶基质中含藻球粒及不辨门类的细小生屑。

赛 51 井石灰岩成岩作用主要特征如下：

同生作用：泥晶化作用，表现为海百合茎等生屑的泥晶化及泥晶套的形成。

压实 - 压溶作用：海百合茎受压溶形成不规则边缘的粒状。

胶结作用：在局部生屑颗粒富集处形成亮晶胶结物。

后期构造破碎作用：受构造作用形成节理或碎裂，裂缝内充填方解石脉。

溶解作用：石灰岩中方解石脉受到溶蚀，形成溶孔，孔内充填硅质碎屑或自生高岭石。

赛古 1X 井的石灰岩中生屑粒度较小，生屑类型较少，主要为有孔虫、䗴、介形虫、钙球等。形成于浅海泻湖相。成岩作用以压实 - 压溶及重结晶为主。

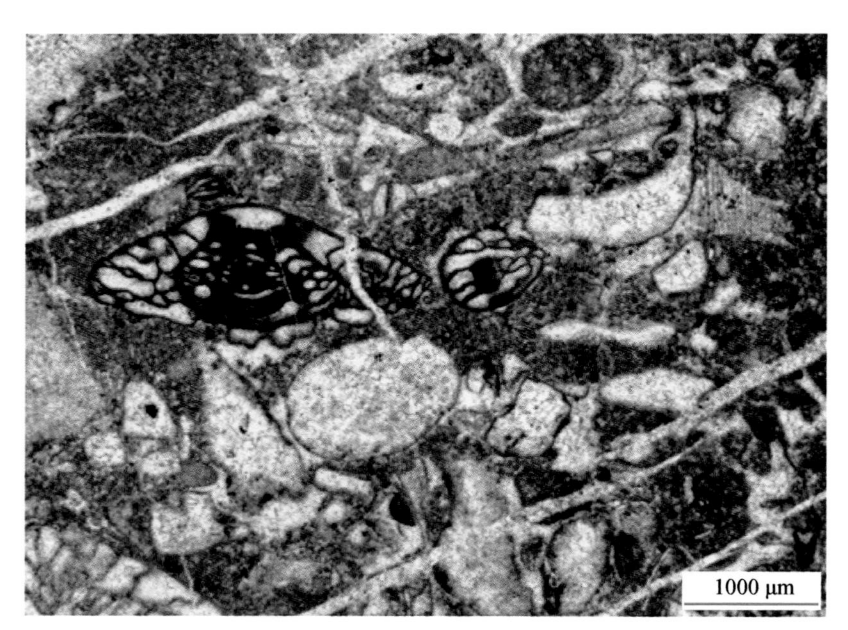

生物碎屑石灰岩

生物碎屑类型以䗴、海百合茎、腹足为主。海百合茎及腹足具暗色的泥晶套。泥晶胶结为主，局部颗粒间见少量亮晶。腹足碎屑以棱角状为主，生屑分选较好，孔隙-基底式胶结，颗粒支撑为主。

赛汉塔拉凹陷

赛51井 1273.60m

石炭-二叠系 阿木山组

浅海相

单偏光

图版 6-42 石灰岩储层结构及成分特征

生物碎屑石灰岩

生物碎屑类型可见䗴、海百合茎、腹足及门类不辨的细小生屑。海百合茎和腹足碎屑具有明显的暗色的泥晶套。泥晶-亮晶胶结，图片左侧可见渗滤粉砂和由亮晶构成的示顶底构造。生屑分选性较好，孔隙式胶结，颗粒支撑。

赛汉塔拉凹陷

赛51井 1273.60m

石炭-二叠系 阿木山组

浅海相

单偏光

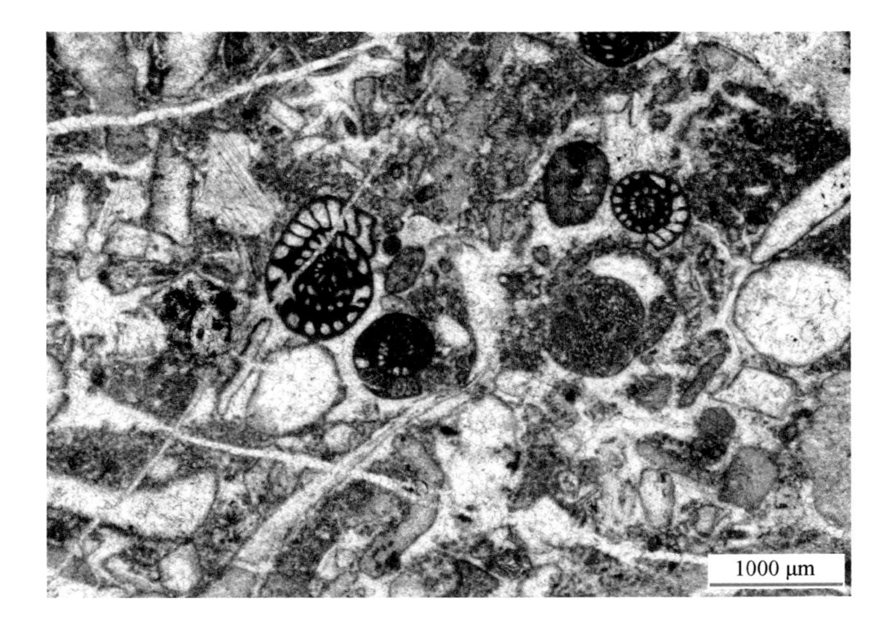

䗴化石

纺锤状，旋壁由致密层和蜂巢层组成，隔壁简单褶皱，旋脊、通道明显，初房未见。为*Schwagrina*类。体腔内充填亮晶胶结物。

赛汉塔拉凹陷

赛51井 1273.60m

石炭-二叠系 阿木山组

浅海相

单偏光

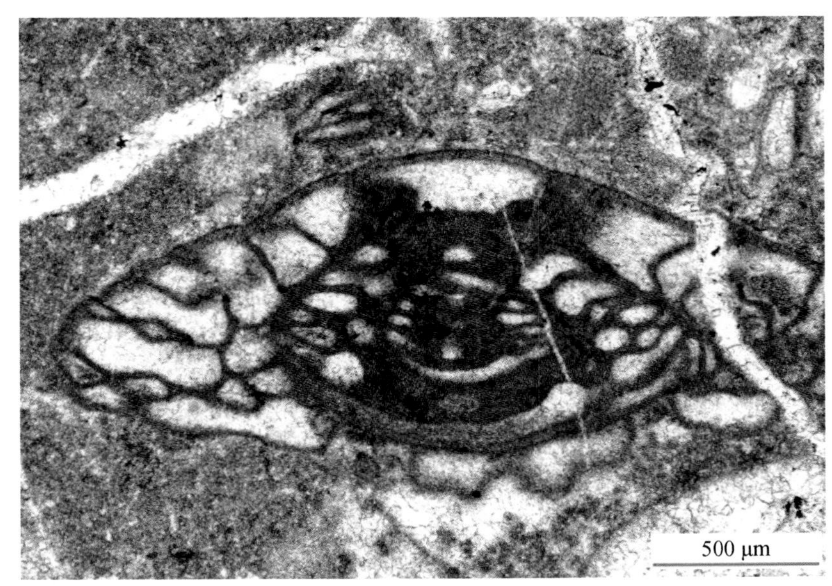

腹足类碎片

壳体弯曲且厚薄不均，晶粒结构，外表面具有薄的泥晶套结构。泥晶基质胶结。

赛汉塔拉凹陷

赛51井 1275.98m

石炭-二叠系 阿木山组

浅海相

单偏光

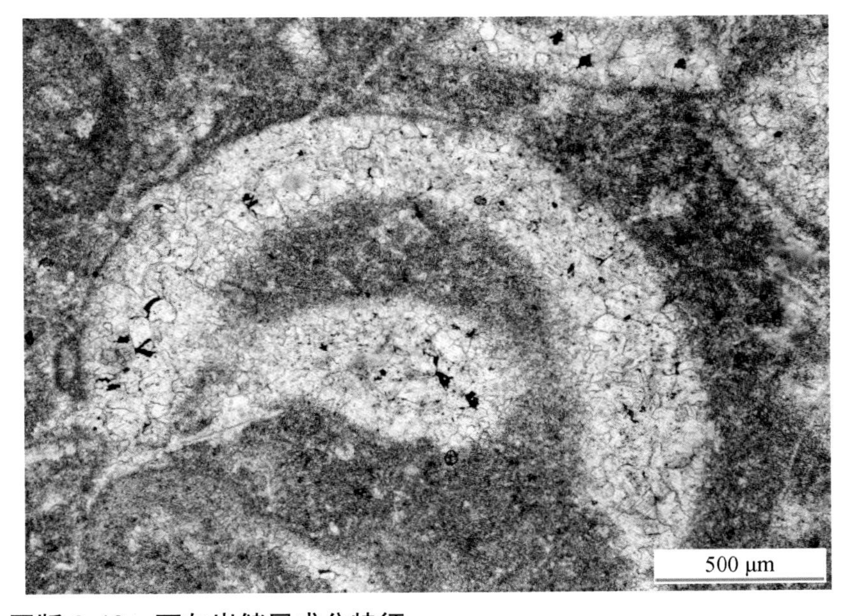

图版 6-43 石灰岩储层成分特征

三叶虫碎片

三叶虫碎片具有玻纤结构，波状消光。

赛汉塔拉凹陷

赛51井 1276.83m

石炭-二叠系 阿木山组

浅海相

正交偏光

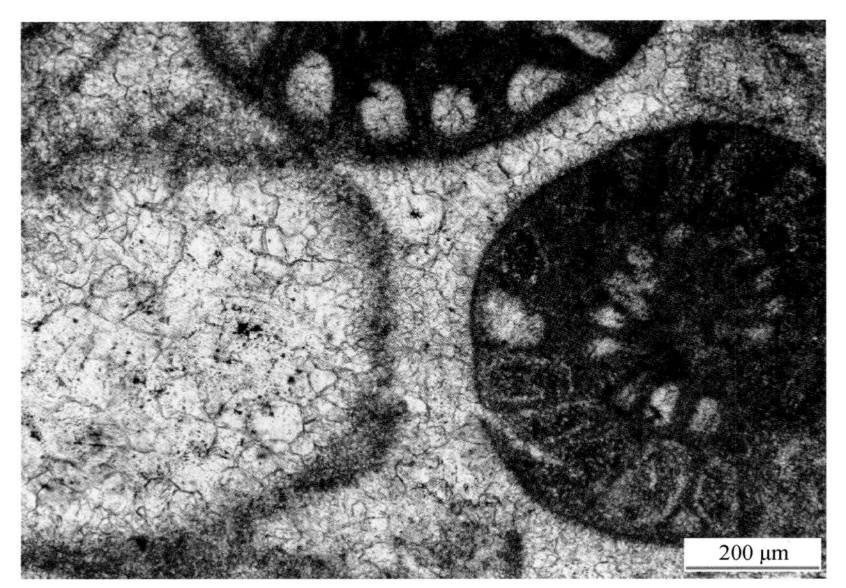

亮晶胶结物

颗粒之间的亮晶胶结物具有两个世代，第一世代为栉状结构，第二世代为粒状结构。颗粒为䗴类化石和具泥晶套的、具晶粒结构的腹足碎屑。

赛汉塔拉凹陷

赛51井 1273.60m

石炭-二叠系 阿木山组

浅海相

单偏光

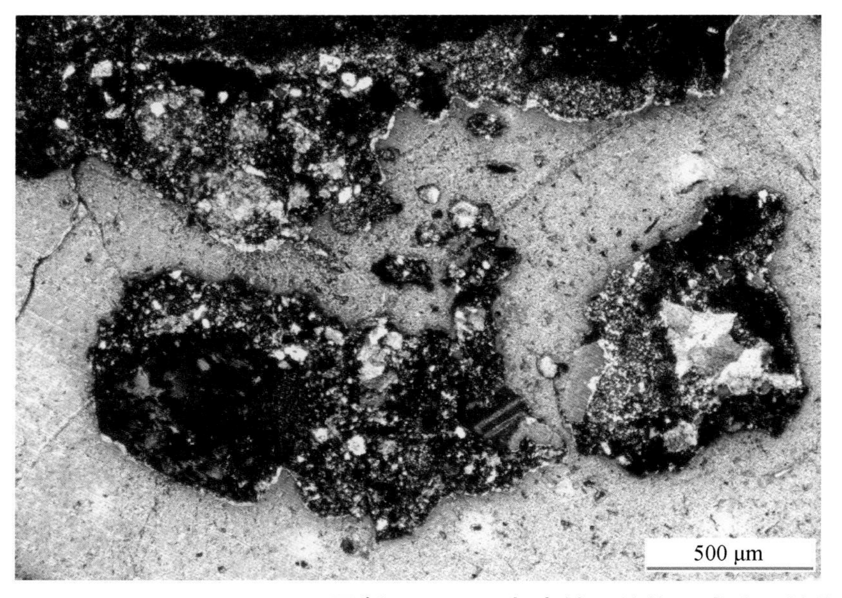

方解石脉中的溶孔及孔隙充填物

石灰岩中的方解石脉被溶解形成的不规则溶孔，部分被硅质充填。

赛汉塔拉凹陷

赛51井 1276.05m

石炭-二叠系 阿木山组

铸体薄片 单偏光

图版 6-44 石灰岩储层结构、成分及储集空间类型

2. 储集空间

以赛 51 井为例。泥晶生屑石灰岩孔隙不发育，镜下几乎无铸体效应。但受构造活动影响，在断裂带形成断层角砾岩，角砾间充填结晶方解石。结晶方解石被溶蚀形成了较大的孔隙，且连通性较好。孔隙内局部充填隐晶质硅质物质，受后期构造影响形成裂缝孔。孔隙内局部充填自生高岭石，发育高岭石晶间孔。

对赛 51 井及赛古 1 井的两个样品进行了常规测试技术联合分析。

粒间溶孔及粒内裂缝

石灰岩中的裂缝被大小不等的棱角状泥硅质的碎屑、方解石及少量白云石晶粒充填，碎屑间发育粒间溶孔，泥硅质碎屑内发育粒内裂缝（蓝色）。

赛汉塔拉凹陷

赛51井　1276.05m

石炭-二叠系　阿木山组

浅海相

单偏光

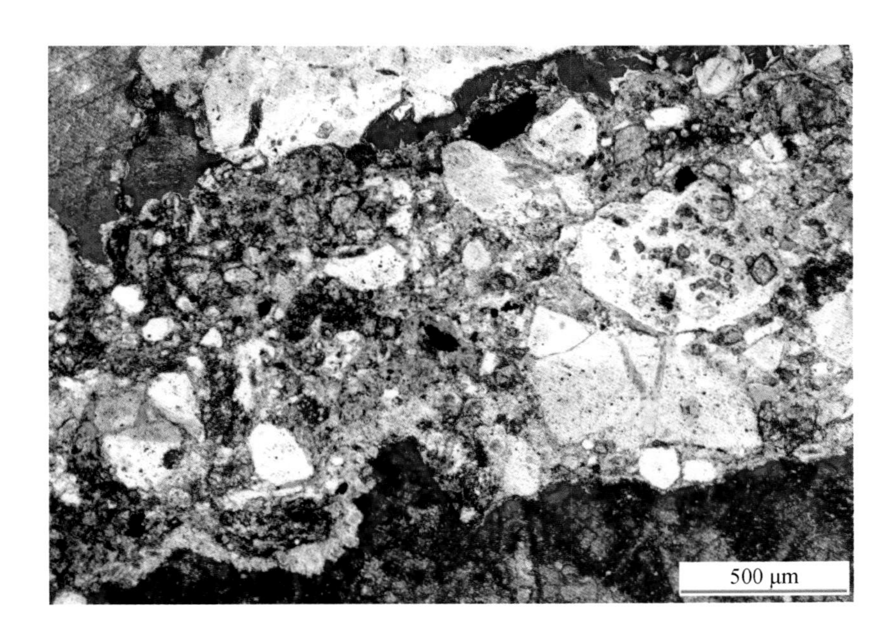

溶孔中的自生高岭石及晶间孔

方解石脉中的溶孔，具有不规则的溶蚀边缘。溶孔中充填自生高岭石，晶间孔发育。

赛汉塔拉凹陷

赛51井　1276.05m

石炭-二叠系　阿木山组

浅海相

单偏光

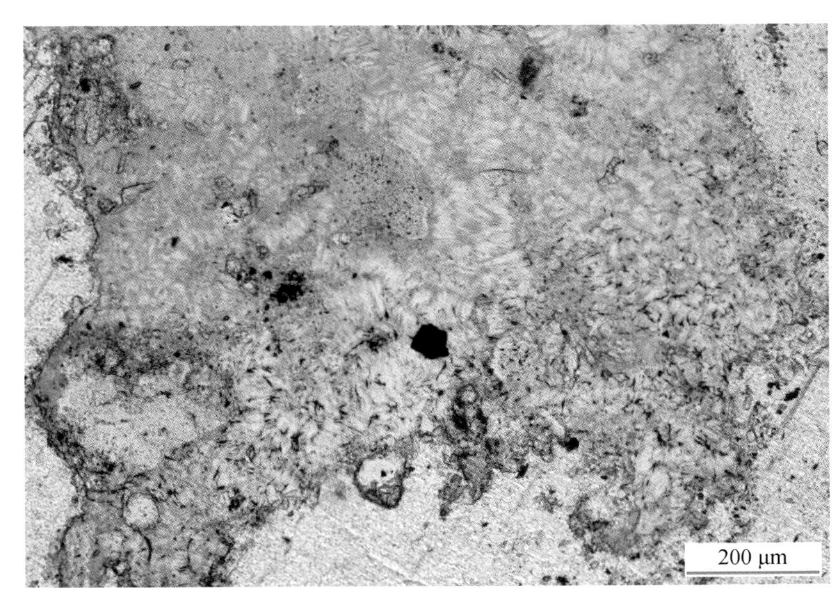

图版 6-45　石灰岩储层储集空间类型及特征（一）

灰色油斑石灰岩 赛51井 1276.05m 石炭-二叠系 ϕ=6.2%，K=1.36mD

1276.01～1276.18m，浅灰色，角砾状结构，以10～50mm角砾为主。角砾成分为生屑泥晶石灰岩，角砾间为结晶方解石，与稀盐酸反应强烈。裂缝发育，呈不规则网状分布，裂缝连通性较差，缝宽小于1mm，缝长一般3～5cm，最长22cm，裂缝均被泥质、方解石半充填-全充填，见棕褐色原油。

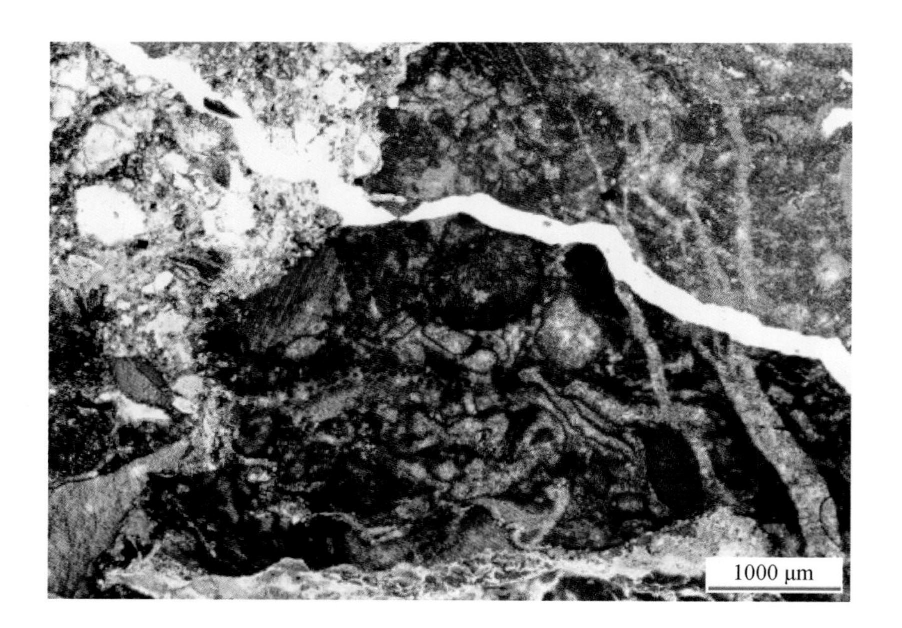

生物碎屑石灰岩角砾 次生孔隙

生物碎屑石灰岩角砾（染成红色），生物碎屑主要为有孔虫、钙藻，亮晶胶结。角砾间填隙物为棱角状硅质碎屑及其间的粉砂和泥质物质。孔隙存在于填隙物中，类型为粒间溶孔和粒内裂缝。

铸体薄片 单偏光

碎裂方解石脉及其填隙物

石灰岩中的方解石脉受后期构造活动影响而破碎形成角砾结构，方解石角砾具有溶蚀边缘，角砾间填隙物为含自形菱形状白云石晶体的硅质物质。发育微裂缝。

铸体薄片 单偏光

图版 6-46 石灰岩储层结构、构造及成分特征（一）

次生溶孔

方解石脉体中的次生溶孔，孔隙处的方解石结晶良好，呈自形的菱面体状，部分边缘具有溶蚀痕迹。

铸体薄片　单偏光

自生高岭石 晶间孔

方解石脉溶蚀形成次生溶孔，孔隙中充填自生高岭石，晶间孔发育。方解石具有溶蚀形成的不规则边缘。

铸体薄片　单偏光

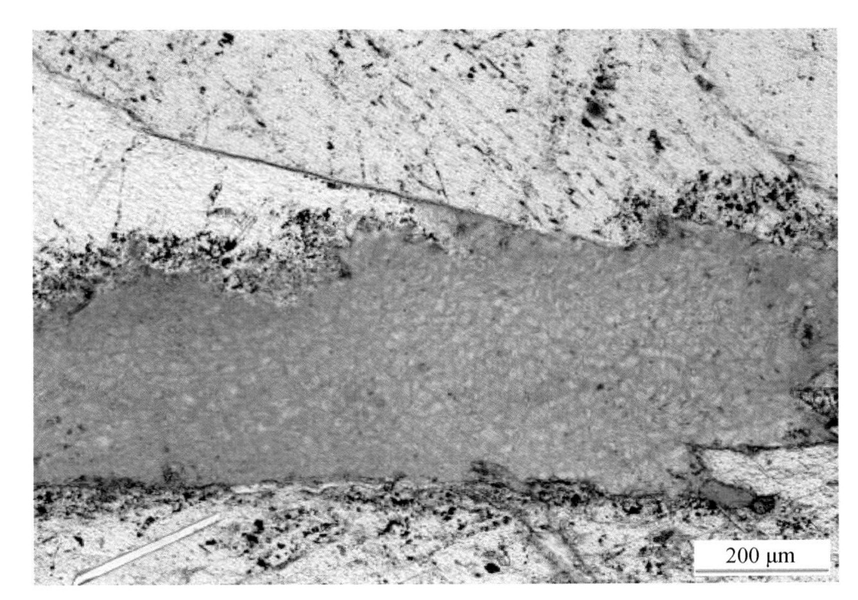

白云石 高岭石 晶间孔

方解石脉中的溶蚀缝中充填自形的菱面体状白云石及其间的自生高岭石，发育晶间微孔。

铸体薄片　单偏光

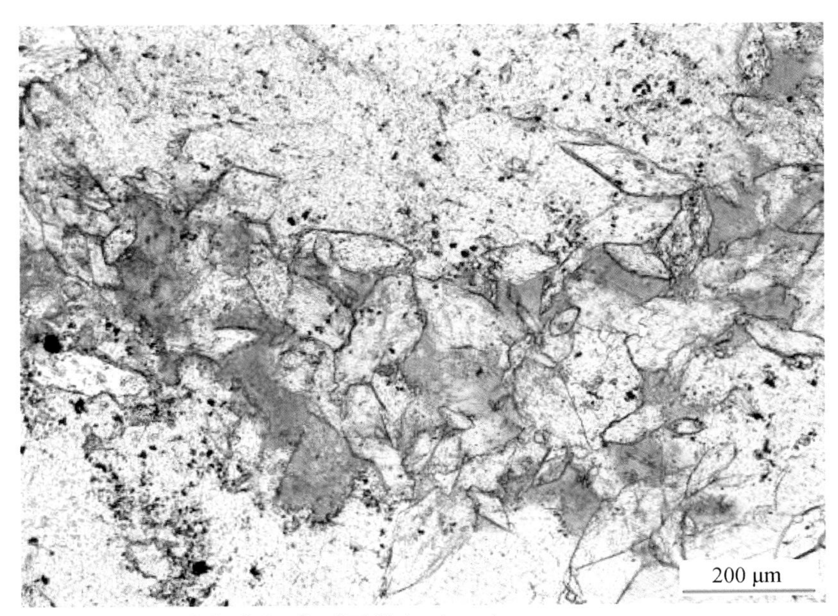

图版 6-47　石灰岩储层储集空间类型及特征（二）

方解石

裂隙处的结晶方解石，具有阶梯状生长纹。

扫描电镜

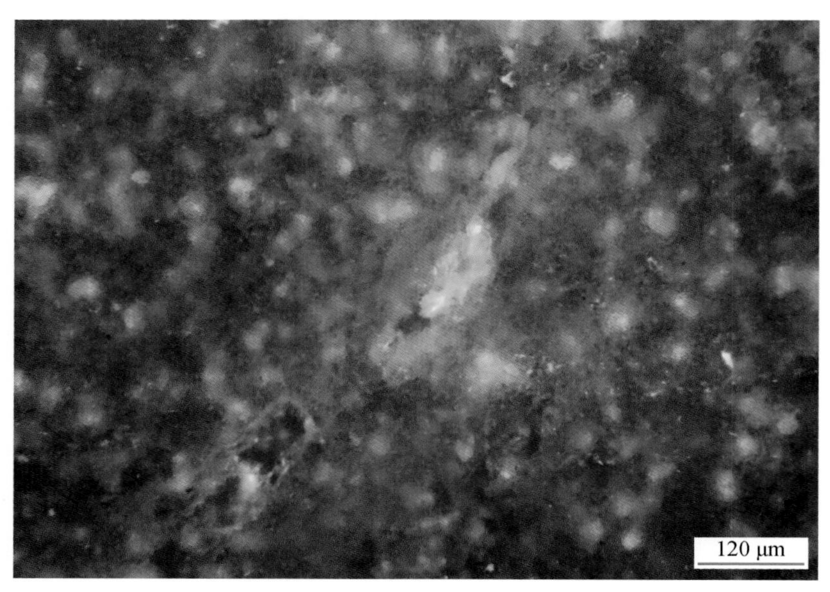

含油性

岩石含油较少，分布不均匀，油主要分布在部分裂缝内，发淡黄色、褐橙色和橙褐色光。

荧光薄片

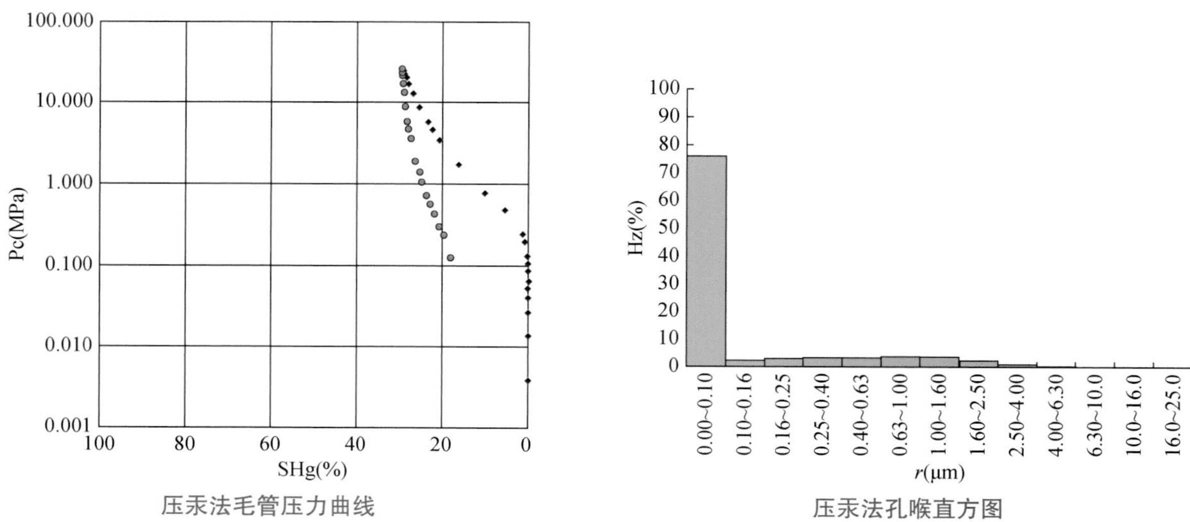

压汞法毛管压力曲线　　　　压汞法孔喉直方图

喉直径均值：1.23μm，分选系数：3.25

排驱压力：0.28MPa，进汞饱和度：29.43%

退汞效率：38.09%

图版 6-48　石灰岩储层含油性及孔隙结构特征

灰色石灰岩　赛古1X井　1459.21m　石炭-二叠系　ϕ=2.5%　K<0.02mD

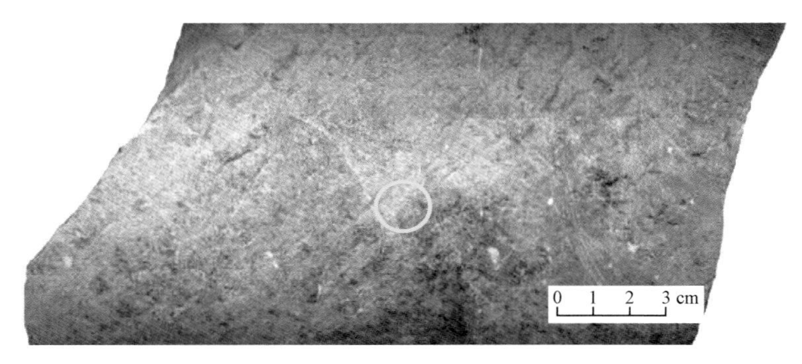

1459.08～1459.37，灰色，生屑泥晶结构，块状构造，岩性致密，较坚硬。加酸起泡。

生屑泥晶石灰岩

生屑类型主要为细小的有孔虫、介形虫，粒度0.1～0.2mm，磨圆度差，呈破碎的棱角状，分选性差。泥晶胶结。

铸体薄片　单偏光

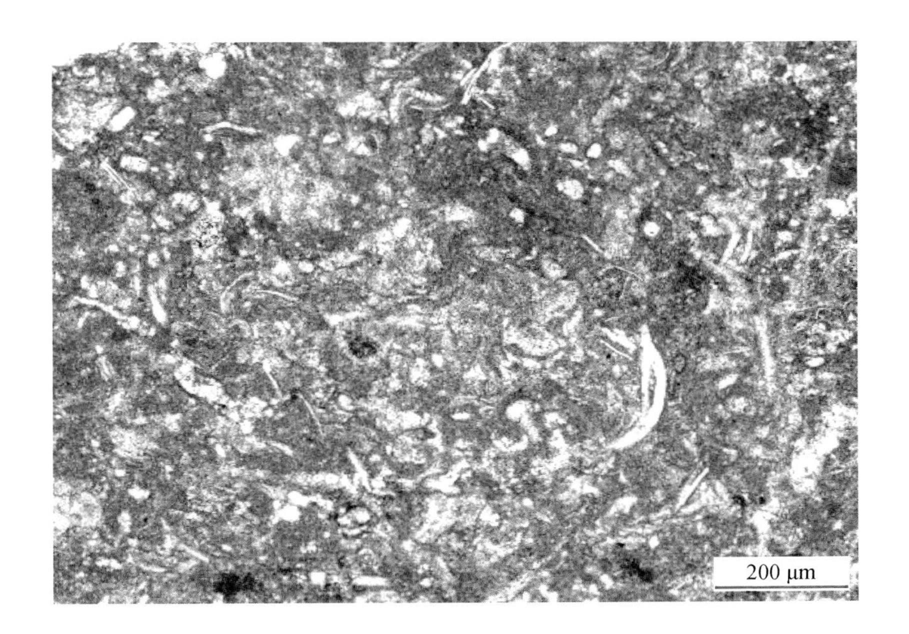

小泽簸。

铸体薄片　单偏光

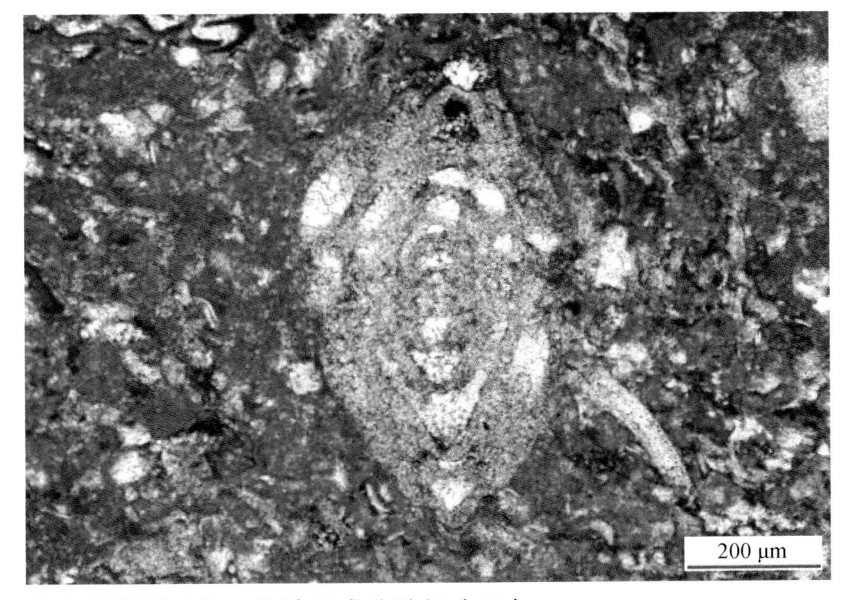

图版 6-49　石灰岩储层结构、构造及成分特征（二）

粉晶方解石，晶间微孔，孔径1～3μm。 扫描电镜

X射线衍射成分分析

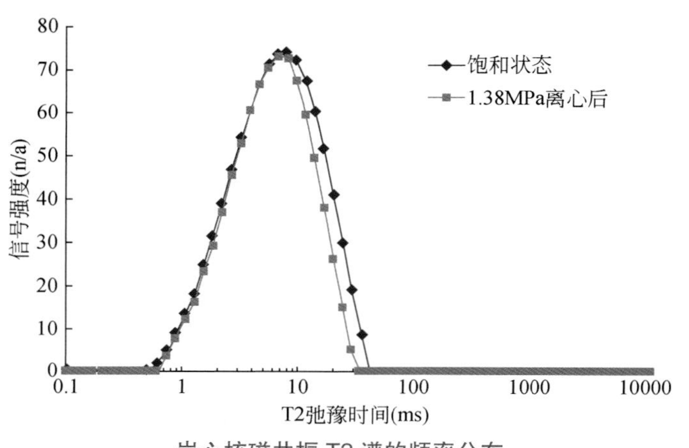

岩心核磁共振T2谱的频率分布

T2谱呈双峰态，实测核磁孔隙度为7.78%，束缚水饱和度为83.46%，可动流体饱和度为16.54%，T2截止值为11.57ms。

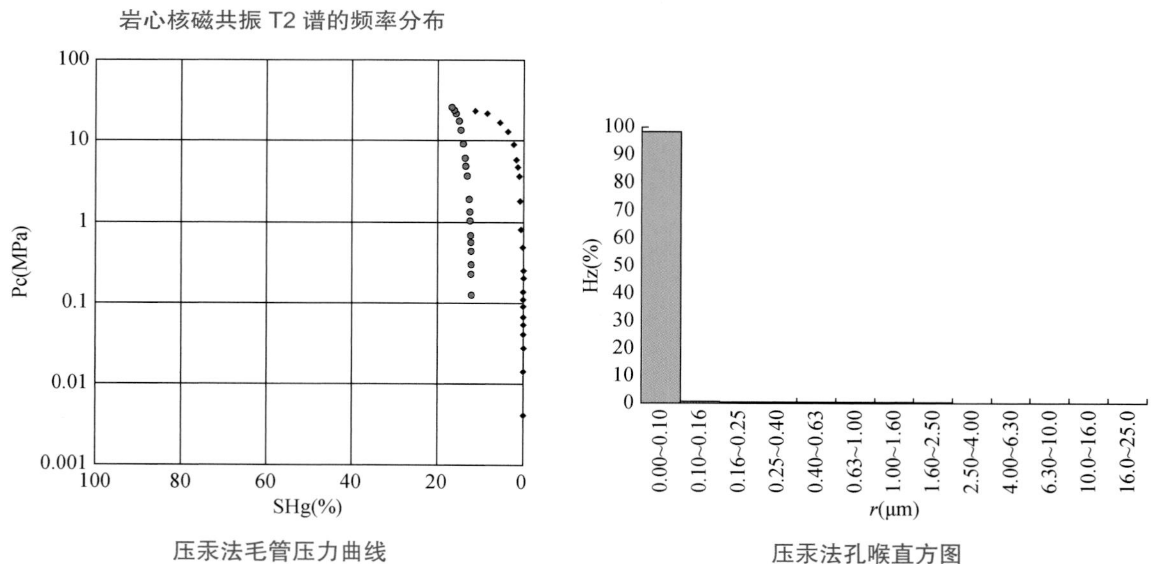

压汞法毛管压力曲线

压汞法孔喉直方图

喉直径均值：0.05μm，分选系数：0.40

排驱压力：7.83MPa，进汞饱和度：16.82%

退汞效率：28.54%

图版6-50 石灰岩储层成分、储集空间及孔隙结构特征

二、白云岩

1. 岩石学及成岩作用特征

古生界海相白云岩见于乌兰花凹陷的兰地4X井，为深灰色的粉晶白云岩。受构造活动影响，形成碎裂白云岩。原来的白云岩主要经历了白云石化作用和重结晶作用。在碎裂后的部分裂隙里充填玉髓质胶结物。

下白垩统湖相白云岩见于巴音都兰、阿南、额仁淖尔等凹陷的湖相烃源岩层内，岩石中富含陆源碎屑成分，主要发育在阿三段、阿四段和腾一段。根据碳氧同位素、微量元素研究，泥粉晶白云石形成于早期成岩作用，在盆地水体盐度较大时，成岩早期孔隙水继承碱性水体性质，火山物质中的不稳定组分发生蚀变，释放出 Ca^{2+}、Mg^{2+} 和 Fe^{2+} 离子，各离子很容易达到饱和，同时也进一步增大了早成岩期孔隙水 pH 值，是整个成岩作用过程中最有利于发生白云石交代火山玻璃的阶段。自形粉细晶白云石晶体较大、晶形好，推测为晚成岩期埋藏成因白云石，Mg^{2+} 离子可能与黏土矿物水解及深部流体上涌有关。

2. 储集空间及物性特征

兰地4X井的海相白云岩及其后期改造形成的碎裂白云岩孔隙不发育，在扫描电镜下可见晶间微孔及溶蚀微孔，孔径1～4μm。

湖相细粉晶白云岩几乎无铸体效应，在扫描电镜下可见微孔。与之伴生的粉砂岩及细砂岩则发育粒间溶孔。

据《油气储层评价方法》（SY/T 6285—2011）中碳酸盐岩储层划分标准，对重点凹陷白云岩储层进行分类，乌兰花凹陷侏罗系潜山白云岩孔隙度1.1%～2%，平均值1.5%，渗透率为<0.04～0.06mD，平均0.03mD，为特低孔特低渗型储层；阿南凹陷腾一段湖相白云岩孔隙度0.9%～3.7%，平均2%，渗透率0.0023～0.0039mD，平均0.0031mD，为特低孔特低渗型储层；巴音都兰凹陷阿四段湖相白云岩孔隙度11.9%～27.4%，平均20.1%，渗透率0.28～21.4mD，平均3mD，主要为中孔特低渗和高孔低渗型储层；额仁淖尔凹陷阿尔善组湖相白云岩孔隙度1%～4.3%，平均1.9%，渗透率<0.04～5.42mD，平均0.9mD，主要为特低孔特低渗型储层（表6-4）。

表6-4 二连盆地白云岩储层物性统计表

凹陷	层位	成因	孔隙度（%）	渗透率（mD）	样品数量（个）	代表井	储层分类
乌兰花	古生界	海相	$\frac{1.1～2.0}{1.5}$	$\frac{<0.04～0.06}{0.03}$	3	兰地4X	特低孔特低渗
阿南	腾一段	湖相	$\frac{0.9～3.7}{2.0}$	$\frac{0.0023～0.0039}{0.0031}$	15	阿密2 阿43 阿47	特低孔特低渗
巴音都兰	阿四段	湖相	$\frac{11.9～27.4}{20.1}$	$\frac{0.28～21.4}{3.0}$	16	巴26 巴58	中孔特低渗（50%） 高孔特低渗（19%） 高孔低渗（25%） 高孔中渗（6%）
额仁淖尔	阿尔善组	湖相	$\frac{1.0～4.3}{1.9}$	$\frac{<0.04～5.42}{0.9}$	8	淖84X 淖97	特低孔特低渗（75%） 特低孔低渗（25%）

注：$\frac{1.1～2.0}{1.5}$ 表示 $\frac{最小值～最大值}{平均值}$。

a.碎裂粉晶白云岩

深灰色，碎裂结构，块状构造。碎裂角砾大小一般5～50mm，细粉晶结构，加酸不起泡，矿物成分为白云石。碎裂角砾间充填白色的方解石。

乌兰花凹陷

兰地4X井　1115.22～1115.50m

古生界

浅海相

b.油斑泥质白云岩

灰色，粉晶结构，水平层理。矿物成分为白云石和黏土矿物，少量粉砂，夹暗灰色条纹及透镜体，平行排列。油浸明显。

阿南凹陷

阿43井　2054.65～2054.90m

腾格尔组

湖相

c. 油斑砂质白云岩

浅灰色，粉砂粉晶结构，水平层理，透镜状层理。由白云石和粉砂级碎屑组成，加酸不起泡。油斑明显，呈条纹状。

巴音都兰凹陷

巴26井　1164.34～1164.52m

阿尔善组

湖相

d.油斑泥质白云岩

灰色，粉晶结构，水平-波状层理，局部见生物扰动。由白云石组成，加酸不起泡。油斑明显，呈条纹状。

额仁淖尔凹陷

淖8井　1212.97～1213.15m

阿尔善组

湖相

图版 6-51　白云岩储层结构、构造及成分特征

碎裂白云岩

碎裂结构，碎粒为粉晶白云岩，碎粒间充填方解石（染色后呈红色）、细小的棱角状白云岩碎屑及黑色的铁质物质（图片下部染色）。

乌兰花凹陷

兰地4X井　1112.80m，

古生界

单偏光

碎裂白云岩及裂隙充填物

碎裂白云岩具有碎裂结构，白云岩具粉晶结构。碎裂角砾间充填结晶良好的方解石和微粒石英，微裂隙内充填方解石。

乌兰花凹陷

兰地4X井　1111.95m

古生界

正交偏光

白云岩中的微孔

白云石微晶呈半自形-自形粒状，靠近孔隙处自形程度较高。晶间孔直径为1～6μm。

乌兰花凹陷

兰地4X井　1111.95m

古生界

扫描电镜

图版 6-52　白云岩储层结构、成分及储集空间特征（一）

白云岩中的溶蚀微孔及晶间孔

白云石微晶内的溶蚀微孔，直径多在1μm以下。图片右侧为晶间孔，白云石靠近孔隙处自形程度较高。晶间孔直径为1～6μm。

乌兰花凹陷

兰地4X井　1111.95m

古生界

扫描电镜

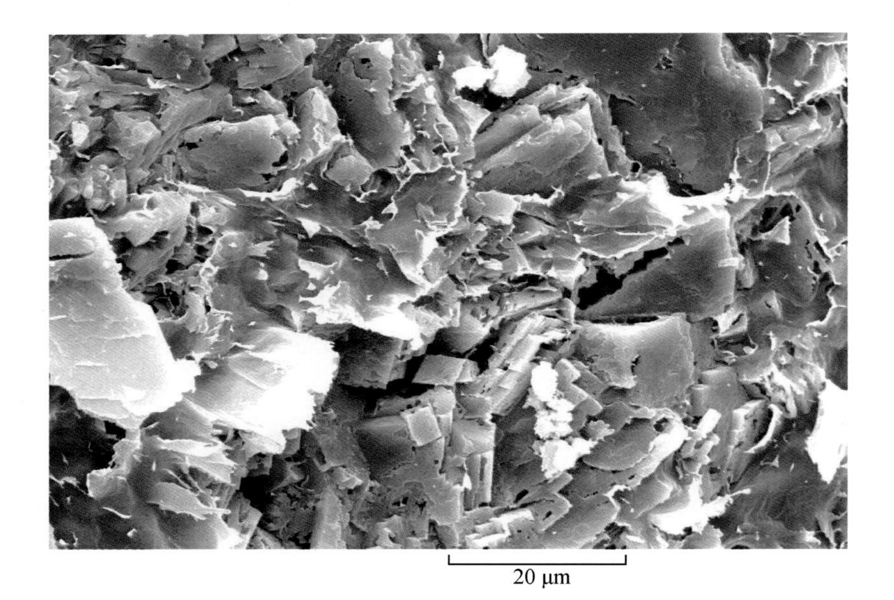

白云石晶内–晶间微孔，伊利石类黏土矿物

晶间微孔隙直径为1～4μm，晶内微孔隙直径多<1μm，少量为1～2μm。白云岩中含少量伊利石类黏土矿物，包括伊/蒙间层黏土，呈丝缕状及弯曲鳞片状。

乌兰花凹陷

兰地4X井　1112.80m

古生界

扫描电镜

白云石菱面体及晶间微孔

白云石微晶间的晶间微孔，晶间孔直径为1～4μm。白云石靠近孔隙处为自形的菱面体。

乌兰花凹陷

兰地4X井　1114.70m

古生界

扫描电镜

图版 6-53　白云岩储层储集空间类型及特征（一）

纹层状泥晶白云岩与粉砂岩，显微正断层

白云岩具有细粉晶结构、细密的纹层构造，单偏光下色暗。以纹层状白云岩为标志，图片中显示了多个显微阶梯状正断层，断裂中充填方解石。粉砂岩薄层中局部发育粒间溶孔。

额仁淖尔凹陷

淖97井 1042.35m

阿尔善组

铸体薄片 单偏光

白云岩夹层中的细粒长石砂岩

白云岩中的薄夹层，岩性为细粒长石砂岩，粒间充填少量粉晶白云石，粒间溶孔发育。

额仁淖尔凹陷

淖97井 1042.35m

阿尔善组

铸体薄片 单偏光

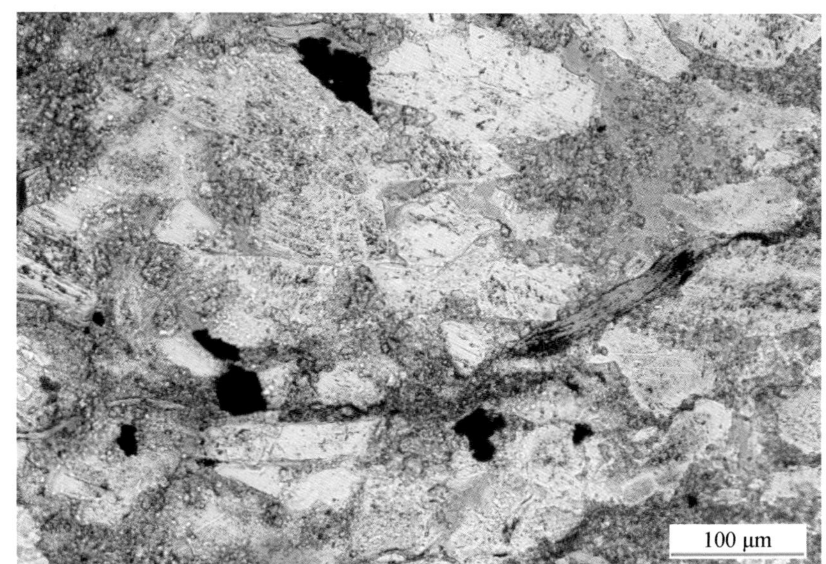

白云石晶间微孔

粉砂级碎屑及其间的白云石，部分白云石为自形的菱面体状，部分为半自形粒状。白云石微晶间发育晶间微孔，孔径为1～4μm。

额仁淖尔凹陷

淖97井 1042.35m

阿尔善组

扫描电镜

20 μm

图版 6-54 白云岩储层结构、成分及储集空间特征（二）

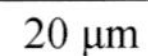

晶间微孔 晶内微孔

白云石晶粒间及晶粒内发育微孔隙，直径为1～4μm。

额仁淖尔凹陷

淖97井　1041.31m

阿尔善组

扫描电镜

次生溶孔 晶间微孔

粉晶白云岩中发育次生溶孔，溶孔中见自形板状的石膏晶体。粉晶白云石间发育晶间微孔，直径为1～40μm。

额仁淖尔凹陷

淖97井　1042.50m

阿尔善组

扫描电镜

晶间微孔 石盐

晶间微孔直径为1～3μm。有较多鳞片状的伊利石类黏土，自形立方体状石盐晶体。

额仁淖尔凹陷

淖97井　1049.26m

阿尔善组

扫描电镜

图版 6-55　白云岩储层储集空间类型及特征（二）

白云岩的含油性

岩石含油不均匀，油主要分布在部分颗粒间或裂缝中，发黄色光。

额仁淖尔凹陷

淖97井 1049.76m

阿尔善组

荧光薄片

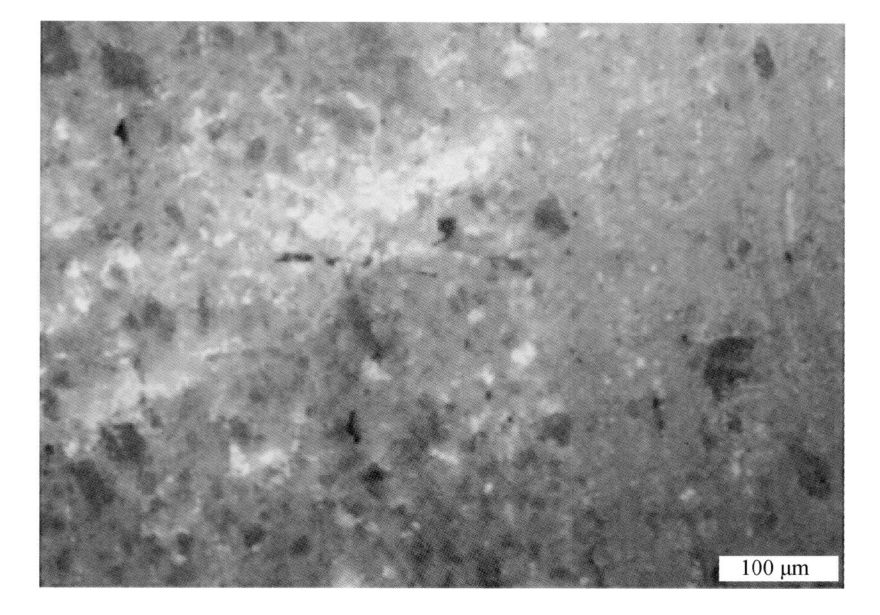

粉砂质白云岩

粉砂粉晶结构，以粉晶白云石为主，呈不规则团粒状集合体，粉砂级碎屑次之，分选性较好，棱角状，含黑云母碎片。

额仁淖尔凹陷

淖97井 1041.72m，

阿尔善组

正交偏光

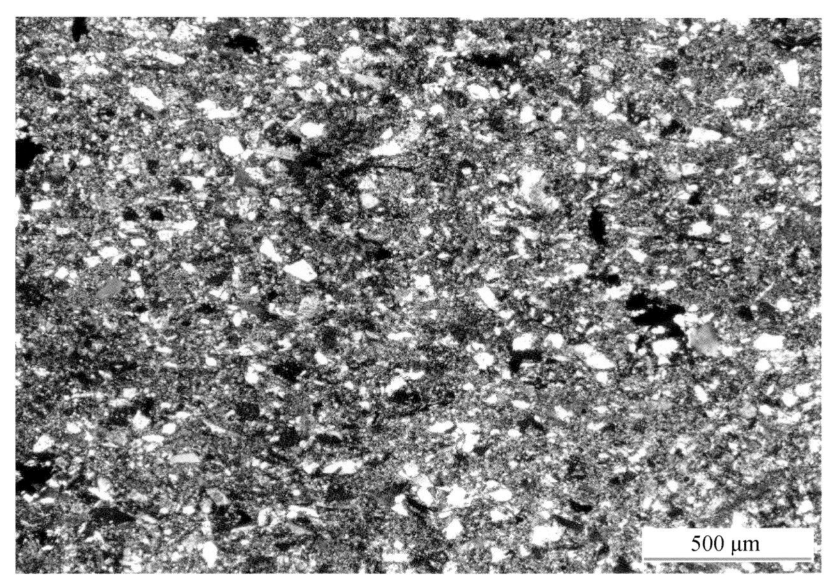

晶间微孔

图中部晶间微孔直径为10～20μm，周围的晶间微孔直径为1～5μm。孔隙处的白云石呈自形的菱面体状，有少量弯曲片状的伊利石类黏土。

额仁淖尔凹陷

淖97井 1041.72m

阿尔善组

扫描电镜

100 μm

图版 6-56 白云岩储层含油性及储集空间类型

晶间微孔

微孔隙直径为1～10μm，孔隙处的白云石为自形菱面体状。岩石中含片状伊利石类黏土矿物。

额仁淖尔凹陷

淖97井 1040.87m

阿尔善组

扫描电镜

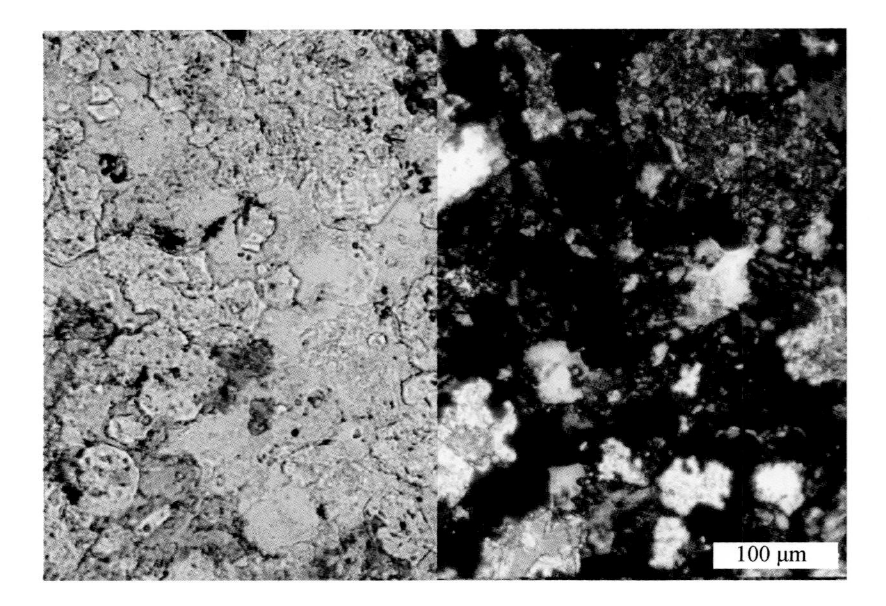

含灰含云粉砂质方沸石岩

方沸石呈圆粒状，无色透明，负高突起；正交偏光下全消光，局部方解石胶结。

额仁淖尔凹陷

淖19井 1474.87m

阿尔善组

左：单偏光 右：正交偏光

（X射线衍射成分分析为，石英：19%，斜长石：6%，方解石：16%，白云石：17%，方沸石：39%，黏土矿物总量：3%）

方沸石

方沸石呈自形粒状，四角三八面体。弯曲鳞片状伊利石、伊/蒙间层类黏土。晶间孔隙。

额仁淖尔凹陷

淖19井 1474.87m

阿尔善组

扫描电镜

图版 6-57 白云岩储层储集空间类型及成岩自生矿物

油浸粉砂质白云岩　巴26井　1168.23m　阿尔善组　ϕ=23.6%　K=2.89mD

1168.08～1168.32m，粉砂质泥晶结构，水平层理，粉砂质分布较均匀，岩性致密，含油面积约70%，含油较饱满，分布较均匀。

粉砂质白云岩

白云石呈粉砂晶粒或团粒状，分布较均匀，高级白干涉色。周围为粉砂级石英及长石。

铸体薄片　正交偏光

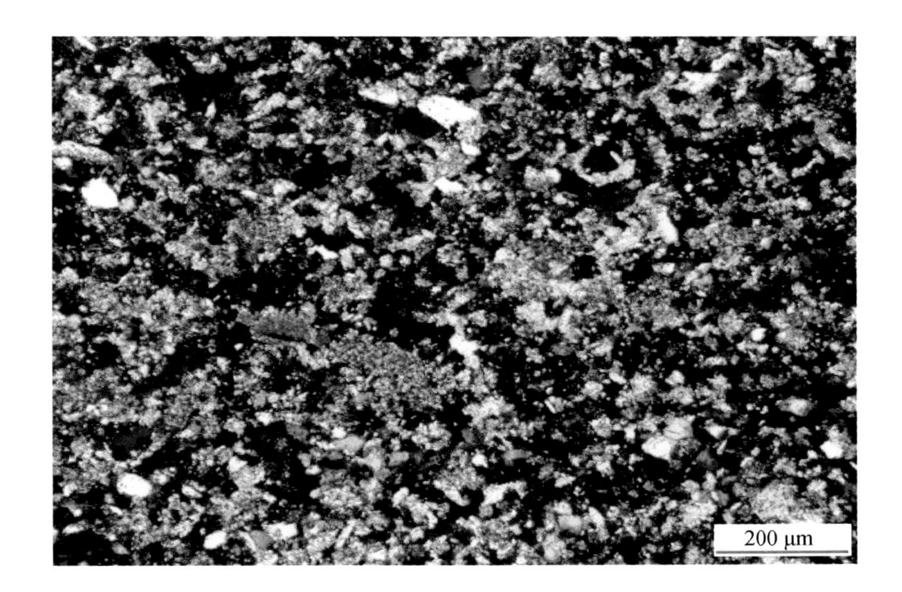

粒间溶孔

粒间溶孔发育，颗粒间点-漂浮状接触。少量溶蚀残余白云石呈粉晶或团粒状，分布不均匀。

铸体薄片　单偏光

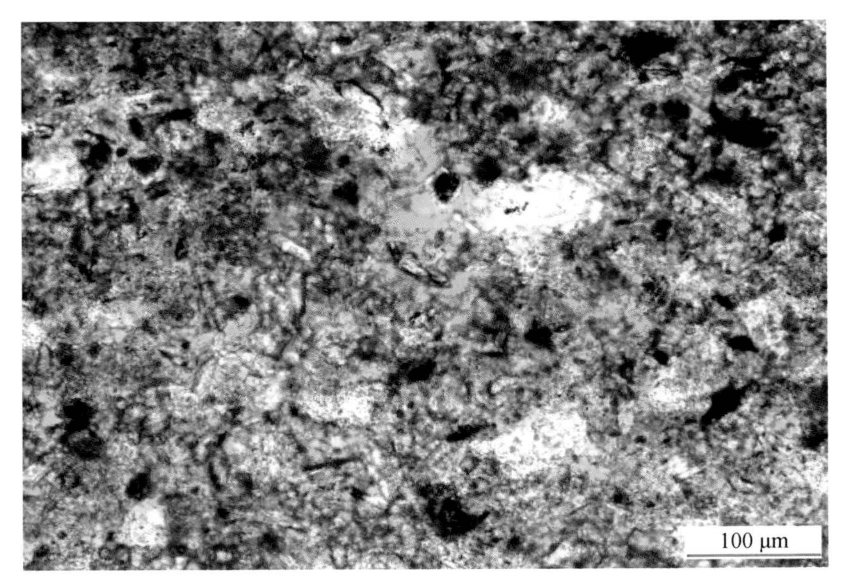

图版 6-58　白云岩储层结构、构造、成分及储集空间特征

晶间微孔

铁白云石呈自形菱面体状，粒度为4～6μm，晶间微孔隙直径为1～4μm，有极少量伊/蒙间层、伊利石。

扫描电镜

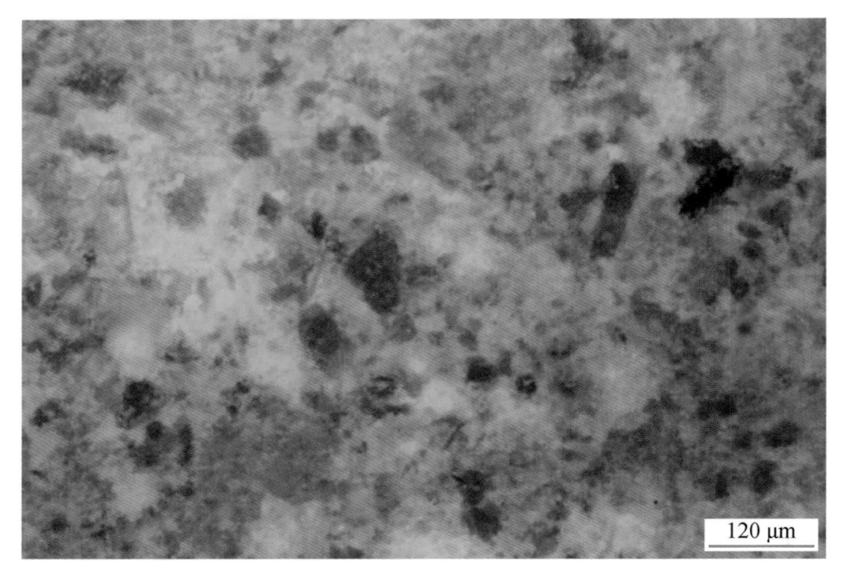
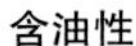

含油性

岩石含油较均匀，油主要分布在基质中，发黄色和褐橙色光。

荧光薄片

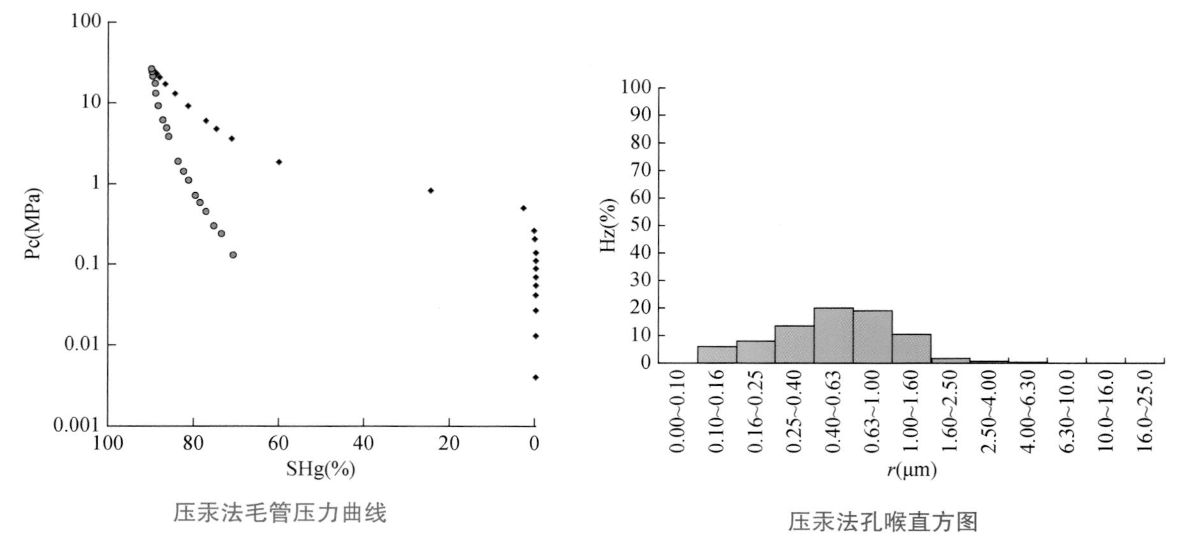

压汞法毛管压力曲线

压汞法孔喉直方图

喉直径均值：1.04μm；分选系数：2.56；

排驱压力：0.56MPa；中值压力：1.53MPa；

进汞饱和度：89.55%；退汞效率：21.09%；

图版 6-59　白云岩储层储集空间、含油性及孔隙结构特征

第五节 变质岩储层

二连盆地的基底为海西褶皱带，主要由变质岩和火成岩组成。多个凹陷钻遇了基底的多种变质岩，且在部分变质岩中发现油气显示。变质岩包括以下类型。

一、区域变质岩类

区域变质作用是指在大范围内发生的变质作用，变质因素复杂，往往是温度、压力（主要是构造应力）和流体的综合作用，尤其是大规模分布的造山作用造成的变质作用，温度和构造应力是其主要变质因素。

二连盆地的古生界基底经历了大规模的褶皱造山作用，形成了海西褶皱带。原来的古生代沉积岩经变质后，根据变质程度和原岩岩石类型，泥岩、粉砂岩主要可形成了板岩、千枚岩和片岩，根据成分进一步分为以绿泥石、绢云母为主或含黑云母、石英的各种类型的千枚岩、片岩等变质岩类型；富含黏土杂基的砂岩形成了片理化明显的变质砂岩，石英砂岩形成了石英岩，凝灰岩形成变质凝灰岩。在阿南、赛汉塔拉、吉尔嘎朗图等凹陷均有钻遇。

二、交代变质岩类

主要为分布在阿南凹陷阿南背斜一带的蛇纹岩，由超基性的橄榄岩及部分富镁基性岩经蛇纹石化而成。与之伴生的岩浆岩也受到交代作用的强烈影响。在该凹陷古生界蛇纹岩中发现了油气显示。

蛇纹岩呈黑色、杂色、绿色及灰色等，隐晶质结构，多呈碎裂角砾状的构造，少量呈块状构造。镜下主要为纤维结构、鳞片结构和横纤维结构、网格状构造常见，其次为保留原来碎裂或糜棱岩化的橄榄岩的变余碎裂结构或糜棱结构。部分蛇纹岩中共生菱镁矿、滑石等矿物。其蚀变机制如下：

$2Mg_2SiO_4+2H_2O+CO_2 \rightarrow H_4Mg_3Si_2O_9+MgCO_3$

橄榄石　　　　　　蛇纹石　　菱镁矿

$2Mg_2SiO_4+4H_2O+SiO_2 \rightarrow 2H_4Mg_3Si_2O_9$

橄榄石　　　　　　蛇纹石

$6MgSiO_3+3H_2O \rightarrow H_4Mg_3Si_2O_9+Mg_3(Si_4O_{10})(OH)_2$

顽火辉石　　蛇纹石　　滑石

蛇纹石在 CO_2 的作用下还可以进一步发生如下蚀变：

$2H_4Mg_3Si_2O_9+3CO_2 \rightarrow Mg_3(Si_4O_{10})(OH)_2+3MgCO_3+H_2O$

蛇纹石　　　　　　滑石　　　　　　菱镁矿

蛇纹岩储集空间主要为构造应力作用形成的构造缝和微细解理缝。

三、接触变质岩类

接触变质岩分为岩浆岩侵入体与围岩的接触带接触热变质岩：当温度为主要控制因素时发生接触热变质作用，泥岩、粉砂岩类可形成角岩、板岩、千枚岩等，碳酸盐岩形成大理岩。如额仁淖尔凹陷淖 107 井钻遇了大理岩；当来自于侵入体的热液与岩体及围岩发生交代作用时发生接触交代变质作用，尤其是中酸性侵入体与碳酸盐岩的接触带可形成矽卡岩，如额仁淖尔凹陷淖 12 井、淖 13 井等钻遇了夕卡岩。

四、动力变质岩类

动力变质岩主要分布在断裂带，主要变质因素为构造应力作用，变质机制为变形（韧性变形及脆性变形）及动力重结晶。额仁淖尔凹陷的基底可见多种类型的动力变质岩，如花岗岩质碎裂岩、断层角砾岩及糜棱岩等。

a.角砾状硅化变质凝灰岩

以紫色为主，间杂灰绿色，角砾结构，块状构造。角砾呈紫色，角砾间由灰绿色的物质充填。放大镜下可见变余凝灰结构。岩性坚硬。

阿南凹陷

哈6井　1522.95～1523.29m

侏罗系

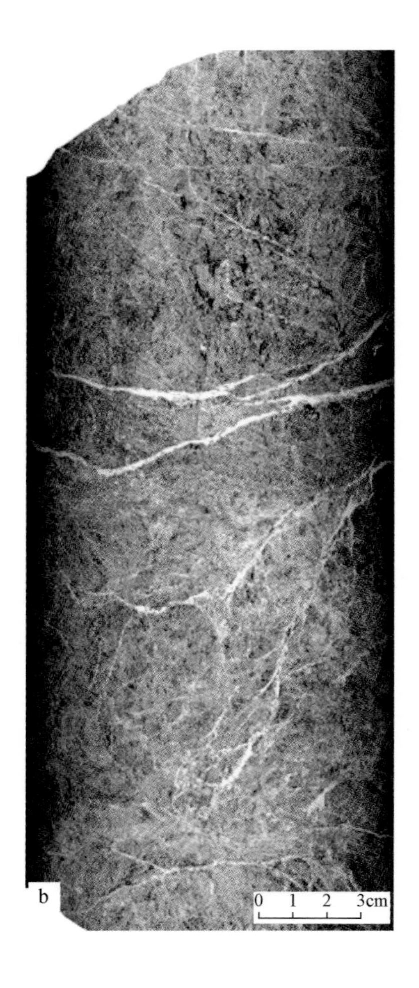

b.蛇纹岩

黄绿色，碎裂-角砾状结构，角砾具有隐晶质结构，在放大镜下见变余粒状结构。岩心中发育不规则裂隙，充填白色菱镁矿脉体。

阿南凹陷

哈8井　1675.30～1675.59m

侏罗系

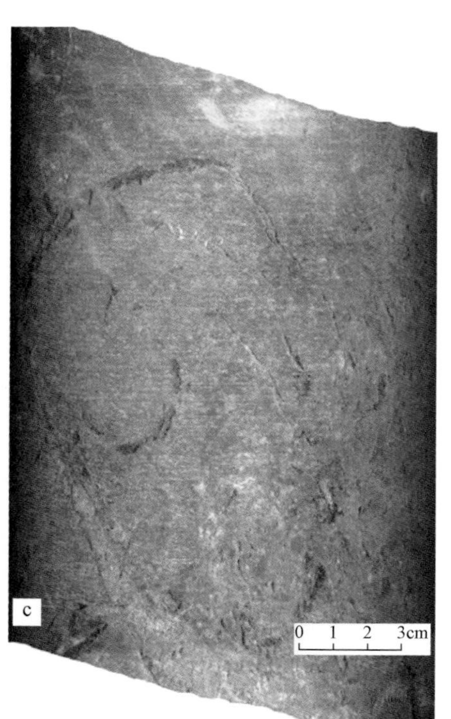

c.油斑变质凝灰岩

绿灰色，变余凝灰结构，块状构造。见油斑。岩性坚硬。

阿南凹陷

哈15井　1225.24～1225.47m

侏罗系

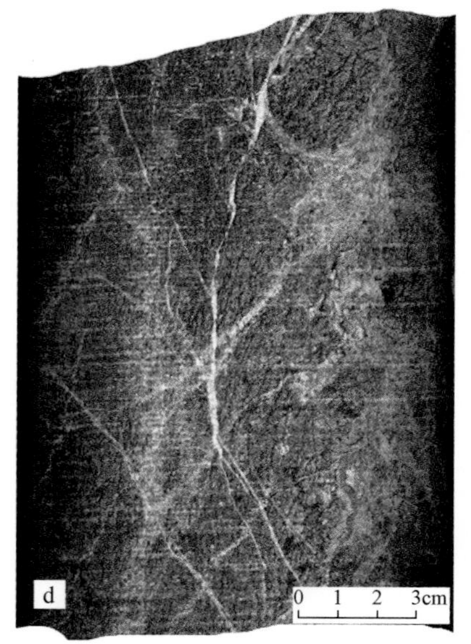

d.杂色蛇纹岩

以褐红色为主，间杂灰、灰绿色，角砾状结构，角砾具有隐晶质结构。主要由蛇纹石组成。

阿南凹陷

阿31井　2042.22～2042.50m

侏罗系

图版 6-60　变质岩储层岩石类型及结构、构造、成分特征（一）

a.角砾状矽卡岩

灰绿色，碎裂-角砾结构，块状构造。角砾直径为5～50mm，灰色，主要为细粒闪长岩；填隙物呈灰绿色，由破碎的闪长岩碎屑及绿帘石等组成。

额仁淖尔凹陷

淖13井 1775.53～1776.06m

古生界

b.绿泥石片岩

灰绿色，鳞片变晶结构，片状构造。主要由绿泥石和石英组成。

赛汉塔拉凹陷

赛8井 1218.51～1218.87m

古生界

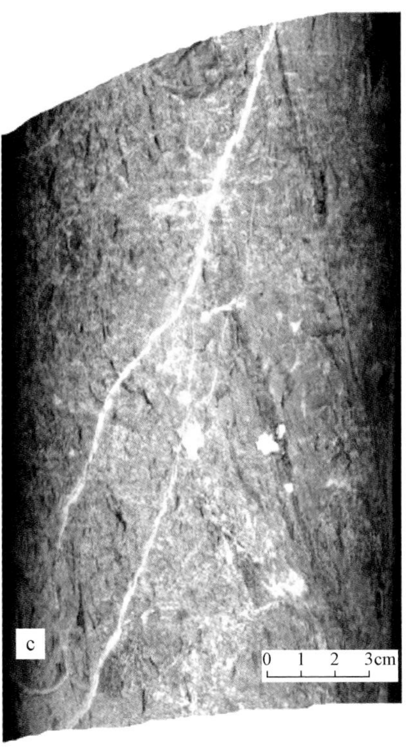

c.变质凝灰岩

灰黄色，变余凝灰结构，片理化构造。凝灰级碎屑以岩屑为主，有少量石英及长石。灰绿色的塑性岩屑定向排列构成平行层理。

赛汉塔拉凹陷

赛10井 655.82～655.97m

古生界

d.变质中砂岩

灰黄色，变余中砂结构，片理化构造。砂级碎屑粒度以0.25～0.5mm为主，碎屑成分为岩屑及石英，填隙物发生明显的片理化，构成定向的片理构造。

赛汉塔拉凹陷

赛10井 1116.44～1117.18m

古生界

图版 6-61 变质岩储层岩石类型及结构、构造、成分特征（二）

蛇纹岩 阿南凹陷 阿1井 1956.92m 古生界

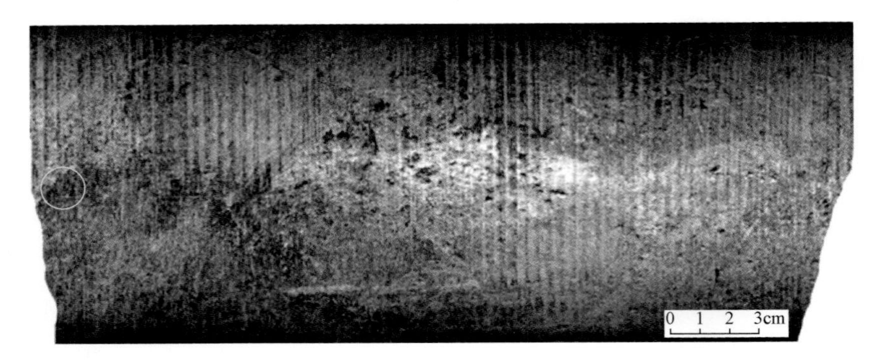

1956.90～1957.15m 暗绿色，隐晶质结构，块状构造。新鲜断面上隐约可见残余颗粒结构。主要组成矿物为蛇纹石，硬度小于小刀。

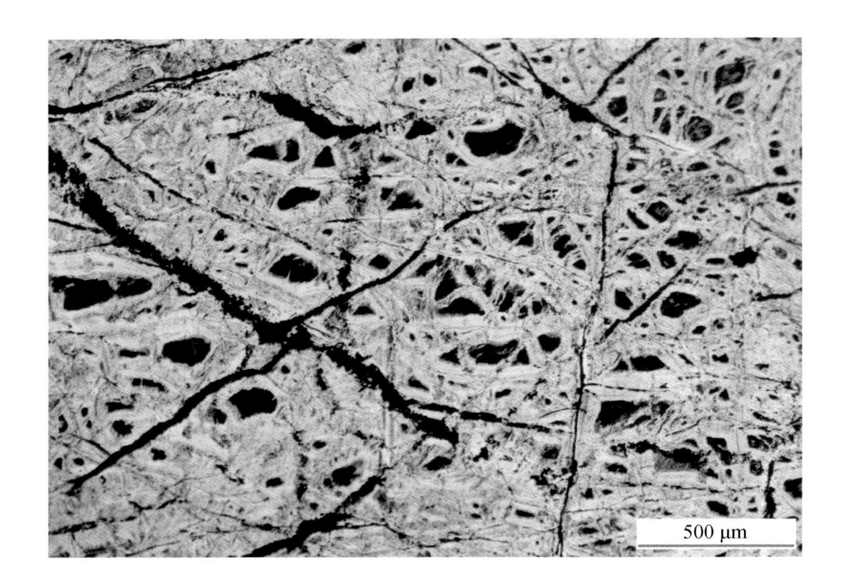

蛇纹岩

网格状构造，网格中心为黑色铁质矿物的微晶集合体，周围由纤维状蛇纹石组成。网格的边界为原来橄榄石颗粒边缘，由此可知，原来的橄榄岩比较破碎。

单偏光

铸体薄片

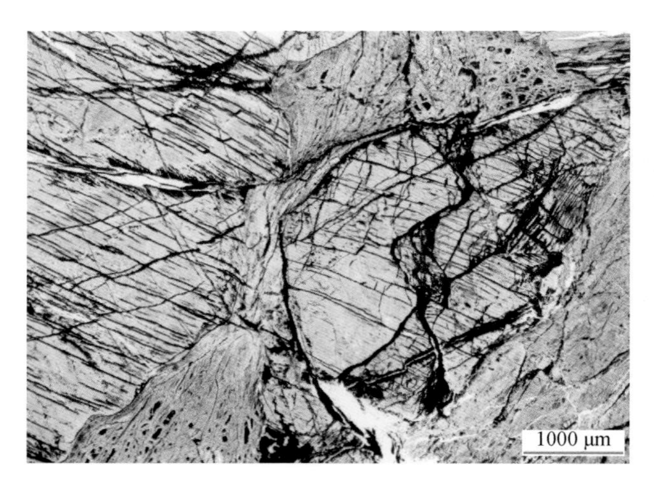

蛇纹岩

变余糜棱结构，碎斑为蛇纹石化橄榄石假象，棱角状，内部具有碎裂结构。呈很浅的黄绿色，正低突起，蛇纹石纤维平行排列。交代碎斑的粒度为3～6mm，碎基蛇纹石化后呈整体不很规则的平行排列状，局部残余碎基的粒状结构。

铸体薄片 单偏光

蛇纹岩

蛇纹岩中黑色的平行条纹状分布的铁质矿物，由橄榄石蛇纹石化后多余的铁质重新结晶而成。

铸体薄片 单偏光

图版 6-62 蛇纹岩储层结构、构造及成分特征

蛇纹岩

蛇纹岩呈无色-淡黄绿色，正低突起。正交偏光下呈极细的纤维状集合体，一级灰白干涉色。蛇纹岩具有显微隐晶质结构，网格状构造，“网格”由粒状的、黑色不透明的铁质矿物（铬铁矿及磁铁矿）构成或表现为浅颜色的“网格”，正交偏光下干涉色为一级暗灰。

阿南凹陷　阿1井　2020.0m

古生界

左：单偏光　右：正交偏光

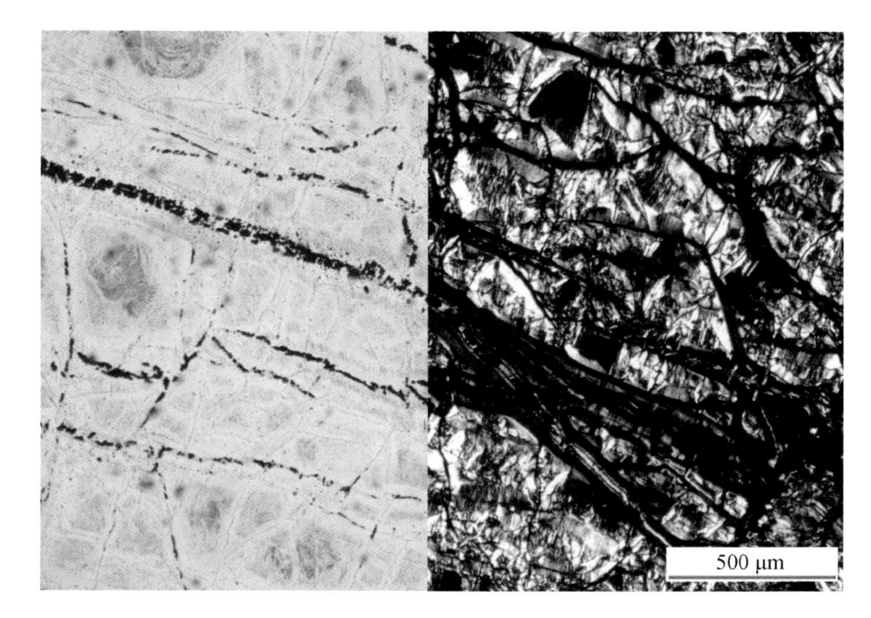

蛇纹岩中保留橄榄石假象的蛇纹石集合体

橄榄石的假象呈短柱状，内部的蛇纹石纤维平行排列，具有一级灰白干涉色。

阿南凹陷

阿1井　1956.3m

古生界

正交偏光

蛇纹岩

具有不规则的交代结构，早期交代形成的蛇纹石具有一级灰白干涉色，基本保留橄榄石的假象；其次为呈褐红色的富铁蛇纹石，晚期交代的蛇纹石具有一级蓝灰干涉色，且垂直于假象颗粒表面。

阿南凹陷

阿1井　1959.8m

古生界

正交偏光

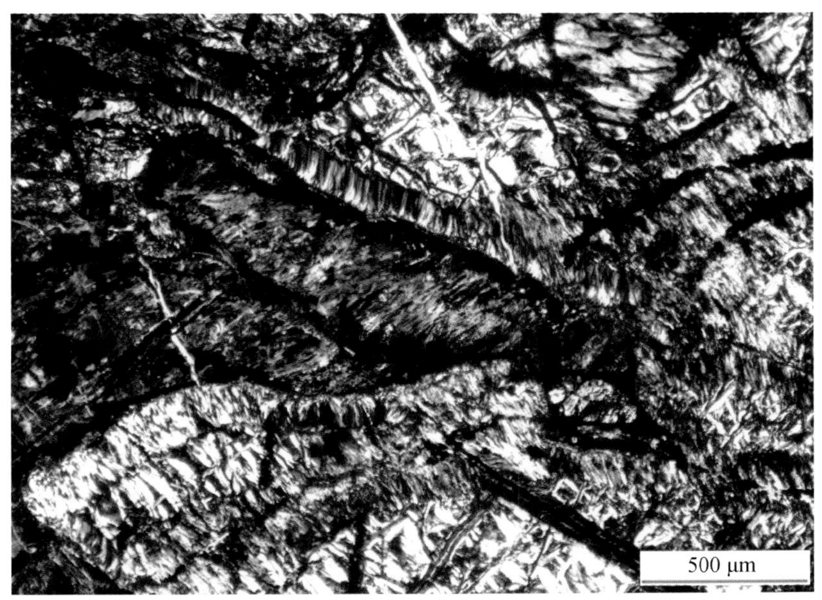

图版 6-63　蛇纹岩储层结构及成分特征（一）

蛇纹岩

交代假象糜棱结构，碎斑滑石化，少量蛇纹石化。碎基部分则以蛇纹石化为主，少量滑石化。蛇纹石具有柏林蓝异常干涉色。碎斑及碎基中的颗粒呈棱角状，碎斑含量少且粒度较小。

阿南凹陷

哈8井　1676.84m

古生界

正交偏光

蛇纹岩

交代假象糜棱结构，由原来橄榄岩形成的糜棱岩经蛇纹石化形成，保留了原来的糜棱结构。碎斑及碎基均保留了棱角状的形态。

阿南凹陷

哈8井　1675.45m

古生界

正交偏光

蛇纹岩

交代假象糜棱结构中的碎斑，其内部也具有破碎结构。周围具有高级白干涉色的脉体为菱镁矿。

阿南凹陷

哈8井　1675.45m

古生界

正交偏光

图版 6-64　蛇纹岩储层结构及成分特征（二）

绿泥石片岩　赛汉塔拉凹陷　赛8井　1216.30m　古生界

1215.99～1216.32m 紫绿色，由灰绿色定向排列的透镜体和条带及其间的紫红色岩石组成。鳞片变晶结构，片状构造。主要矿物成分为绿泥石，石英。

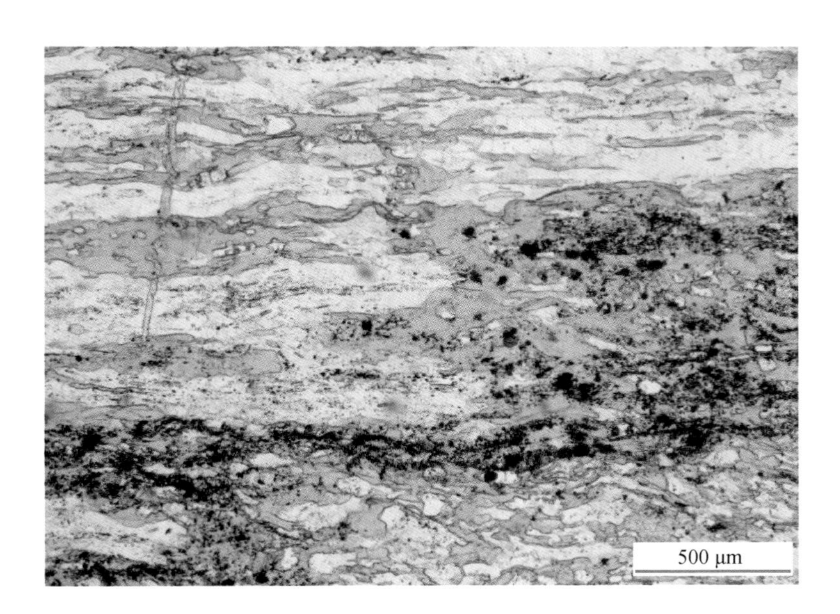

绿泥石片岩

鳞片变晶结构，显微片状构造。主要矿物成分为绿泥石、石英，少量黑云母和暗色的碳质物质，绿泥石呈淡绿色，鳞片状，平行排列；黑云母呈淡褐黄色，鳞片状；石英无色透明。

铸体薄片　单偏光

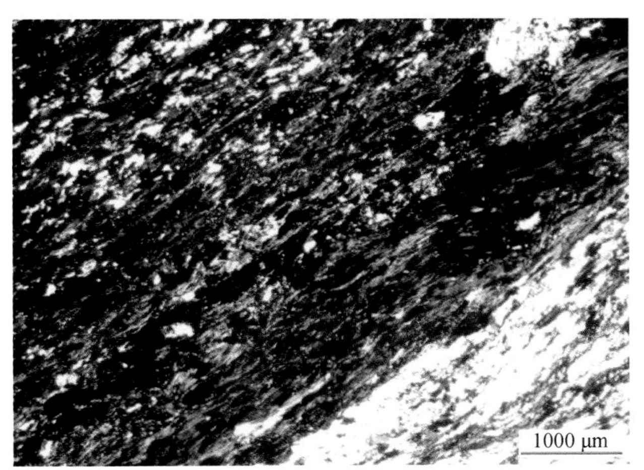

绿泥石片岩

显微鳞片变晶结构，绿泥石平行排列构成显微片状构造。绿泥石和石英分别富集成带。

铸体薄片　正交偏光

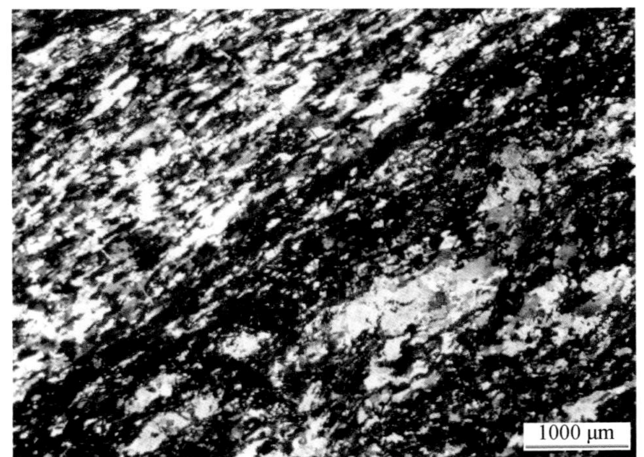

绿泥石片岩

显微鳞片变晶结构，显微片状构造。由石英千枚岩条带和绿泥石千枚岩条带互层组成。

铸体薄片　正交偏光

图版 6-65　片岩储层结构、构造及成分特征

灰色油斑大理岩 淖52井 1059.20m 古生界 ϕ=2.2% K=0.61mD

1059.05～1059.39m，灰色，含油部分呈褐黄色，岩石由重结晶的方解石及残留的石英、长石组成，裂缝发育，缝宽一般0.5～1mm，部分裂缝被次生方解石充填。含油面积约40%，分布于裂缝中，呈沥青状，油味弱。

大理岩

粒状变晶结构，局部富含自形的铁白云石晶体。少量溶孔，孔壁附着黑色的沥青。

铸体薄片 单偏光

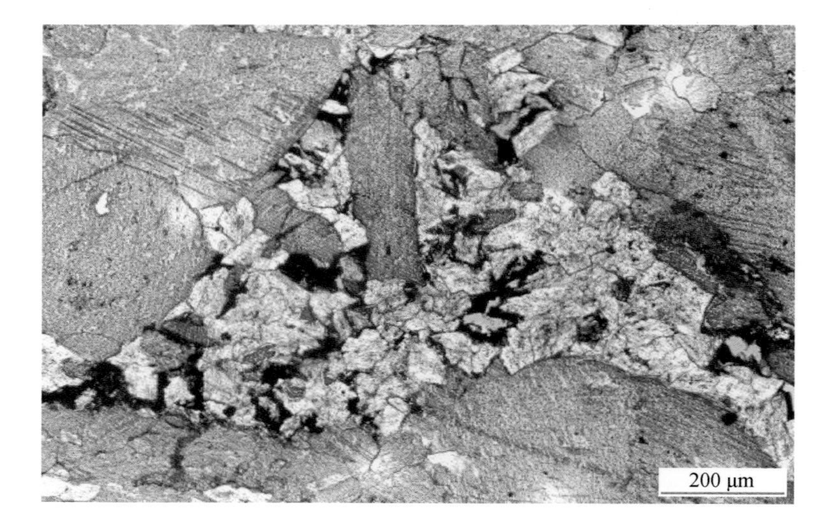

铁白云石

铁白云石呈自形菱面体状，晶内微孔隙1～5μm、方解石晶内微孔隙多小于1μm。

扫描电镜

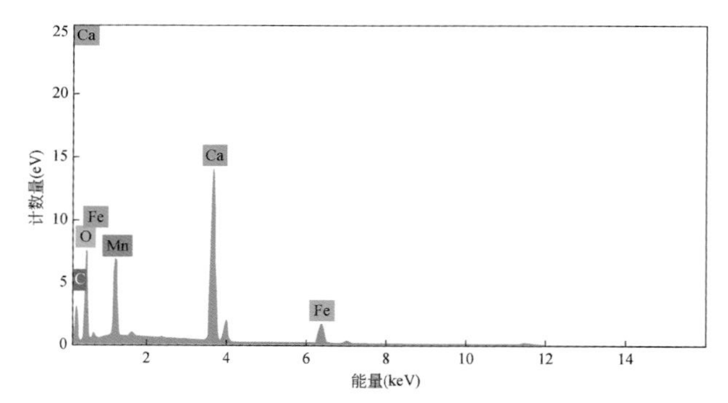

元素	原子数	线	净值	质量(%)	归一化质量(%)	原子(%)	abs.error(%) (1 sigma)	abs.error(%) (2 sigma)	abs.error(%) (3 sigma)	rel.error(%) (1 sigma)
O	8	K-Serie	49188	30.90	45.89	57.16	3.67	7.34	11.02	11.88
Ca	20	K-Serie	181510	16.88	25.07	12.47	0.52	1.04	1.56	3.07
C	6	K-Serie	13815	8.34	12.38	20.55	1.14	2.29	3.43	13.70
Mn	12	K-Serie	52364	5.64	8.38	6.87	0.34	0.67	1.01	5.95
Fe	26	K-Serie	26919	5.57	8.27	2.95	1.18	0.35	0.53	3.18
			总计：	67.33	100.00	100.00				

铁白云石能谱谱图

图版 6-66 大理岩储层结构、构造及成分特征

大理岩中的溶孔

大理岩中的溶孔，孔壁附有沥青。孔中充填少量自形的铁白云石晶体。

铸体薄片　单偏光

大理岩 应力双晶

粒状变晶结构，片理化构造，方解石晶粒定向排列，方解石发育聚片双晶，显示其受到较强烈的构造应力作用。

铸体薄片　正交偏光

铁白云石 晶间孔

大理岩裂缝中的铁白云石呈自形菱面体状，晶间孔隙，孔径为1～20μm。

扫描电镜

图版 6-67　大理岩储层储集空间类型及特征

浅灰色碎裂角砾状花岗岩 淖13井 1775.82m 古生界 ϕ=4.3% K<0.02mD

1775.73～1775.98m，绿灰色，角砾结构，块状构造。角砾成分为微粒闪长岩质。岩性致密、坚硬，局部方解石化，加盐酸反应强烈。见一纵向裂缝，与中心线平行，长度64mm，稠油沿裂缝呈斑块及斑点状分布，含油面积约10%，污手，有油味。

粒内溶孔

破碎的长英质角砾的粒内溶孔，孔内可见自生长石。局部方解石化（染色呈红色）。

铸体薄片 单偏光

碎裂角砾

由破碎的角闪石、微斜长石和正长石组成。

铸体薄片 正交偏光

碎裂角砾

内部由破碎的普通角闪石、长石和黝帘石组成，黝帘石具有异常蓝色干涉色。

铸体薄片 正交偏光

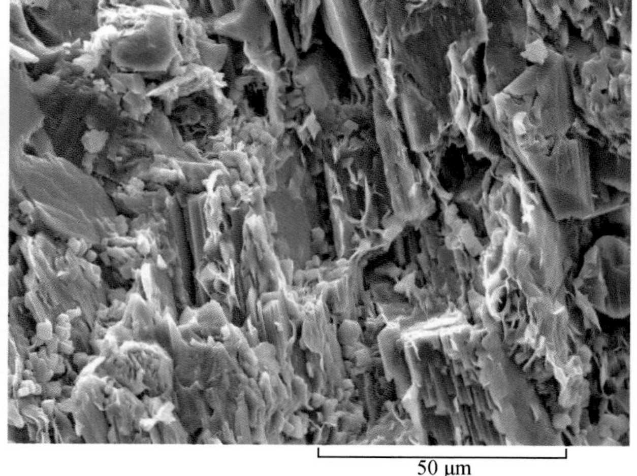

长石溶孔

溶蚀孔隙壁上可见长石被溶蚀形成的阶梯状痕迹，弯曲片状伊利石类自生黏土矿物和少量自生高岭石，微孔隙、溶蚀微孔隙直径为1～7μm。 扫描电镜

图版 6-68 碎裂花岗岩储层结构、构造、成分及储集空间类型

浅灰色细粒片麻岩　淖13井　1863.86m　古生界

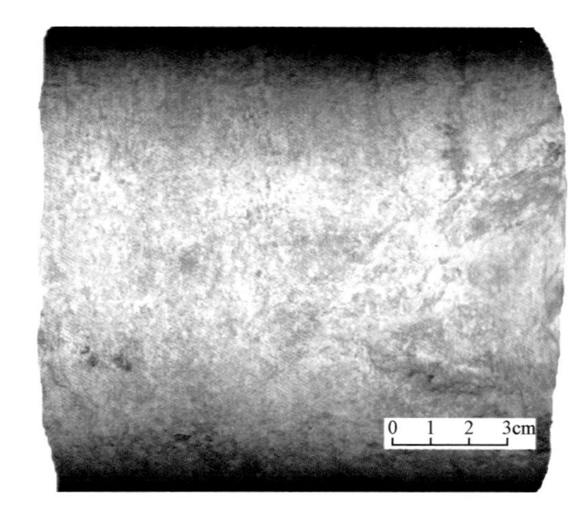

1863.80～1863.91m，浅灰-灰黄色，细粒变晶结构，片麻状构造，粒度0.2mm左右，暗色矿物定向排列。主要组成矿物为长石、石英、黑云母和角闪石。岩性致密、坚硬，局部加盐酸反应强烈，少量方解石细脉，宽约1mm。

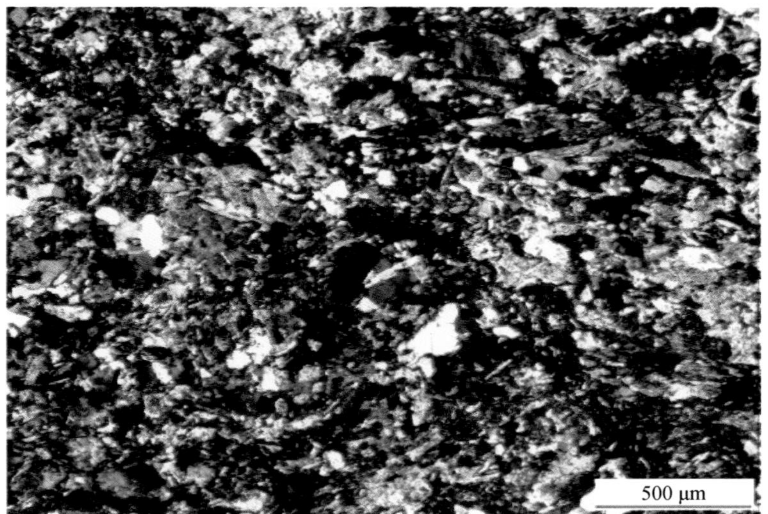

细粒角闪黑云钾长片麻岩

细粒变晶结构，片麻状构造，普通角闪石和黑云母定向排列，浅色矿物以钾长石为主，少量石英。

铸体薄片　正交偏光

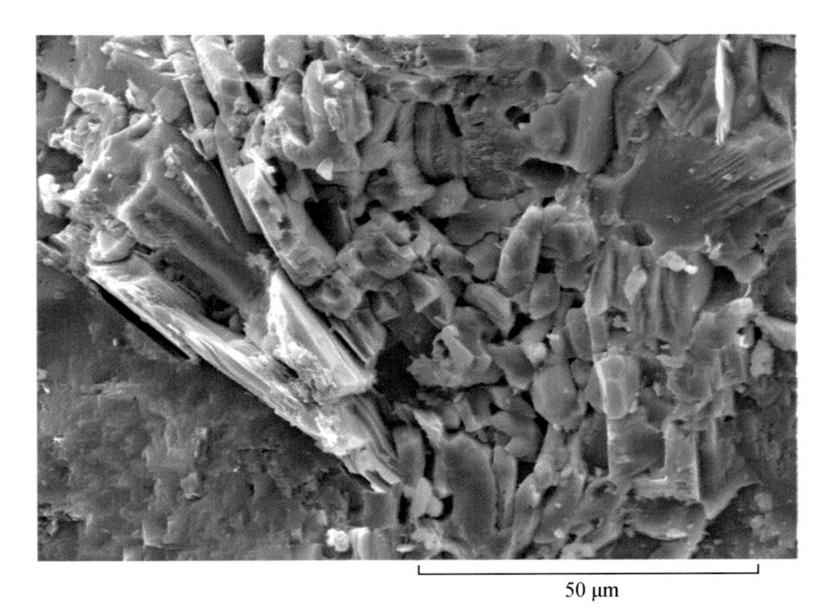

微孔隙

微小的石英晶体及其间的微孔隙。微孔隙直径多小于1μm，少量为1～2μm。

扫描电镜

图版 6-69　片麻岩储层结构、构造、成分及储集空间特征

灰绿色片岩　吉27井　1107.82m　古生界

1107.67～1107.92m，灰绿色，角砾结构，为后期构造破坏所致。角砾具有鳞片微粒变晶结构，片状构造。主要组成矿物为绿泥石和石英。岩性坚硬，加盐酸反应弱，自然断面多见滑石，具有滑腻感及丝绢光泽，裂缝呈交错及网状发育，连通性较好，部分由方解石及石英充填。

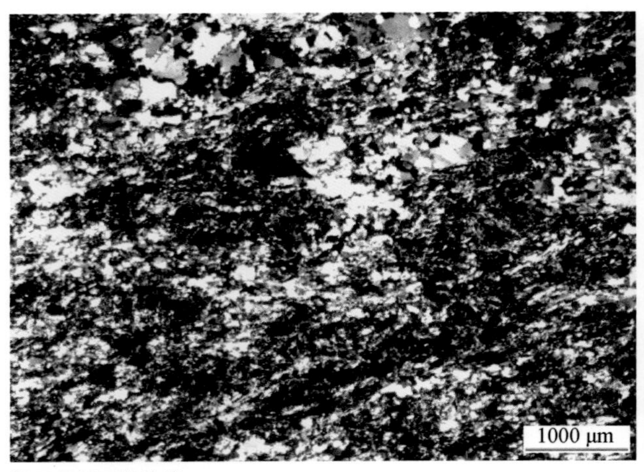

绢云绿泥石英片岩

鳞片粒状变晶结构，显微片状构造，发育微褶皱。由石英及绢云母、绿泥石组成。

铸体薄片　正交偏光

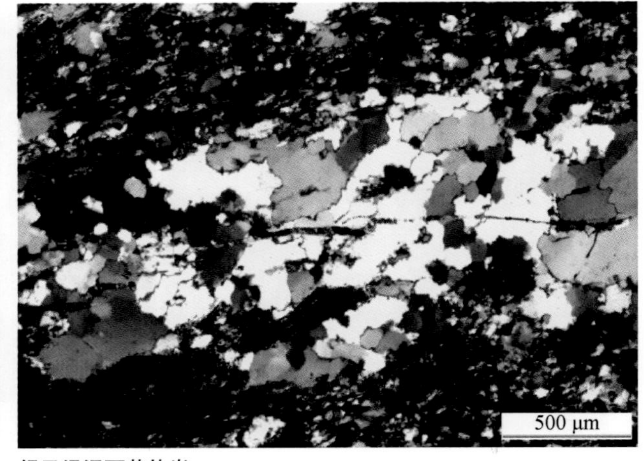

绢云绿泥石英片岩

片岩中石英集中形成透镜状，颗粒间缝合线状接触。

铸体薄片　正交偏光

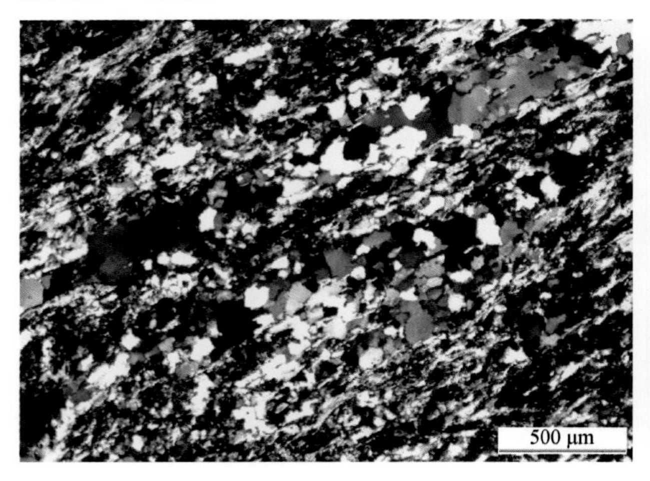

绢云绿泥石英片岩

鳞片粒状变晶结构，显微片状构造。石英集合体呈透镜状定向排列。

铸体薄片　正交偏光

50 μm

微孔隙

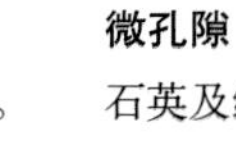

石英及绢云母间微孔隙直径多小于1μm。

扫描电镜

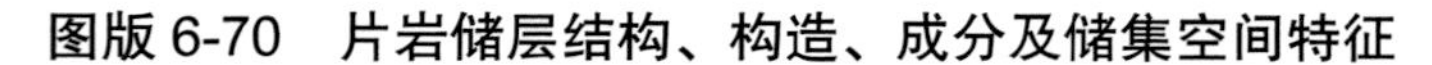
图版 6-70　片岩储层结构、构造、成分及储集空间特征

绿泥石片岩

绿泥石呈鳞片状，柏林蓝异常干涉色。周围无色透明的颗粒为原岩的残余碎屑斜长石，发育聚片双晶。

赛汉塔拉凹陷

赛8井　1211.10m

古生界

左：正交偏光　右：单偏光

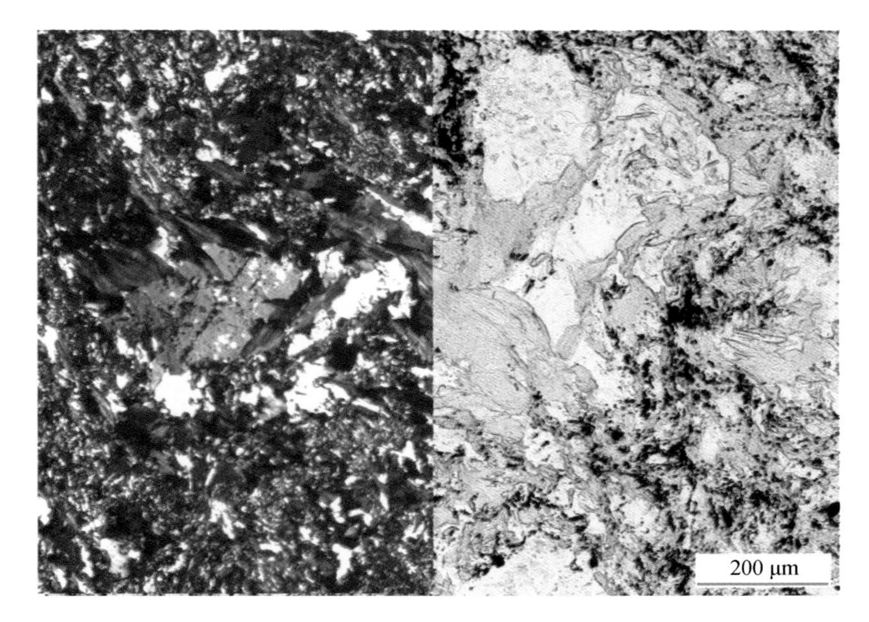

绿泥绢云片岩

显微粒状鳞片变晶结构，显微片状构造。主要组成矿物为绢云母、石英及绿泥石。发育显微褶皱。

赛汉塔拉凹陷

赛8井　1211.90m

古生界

正交偏光

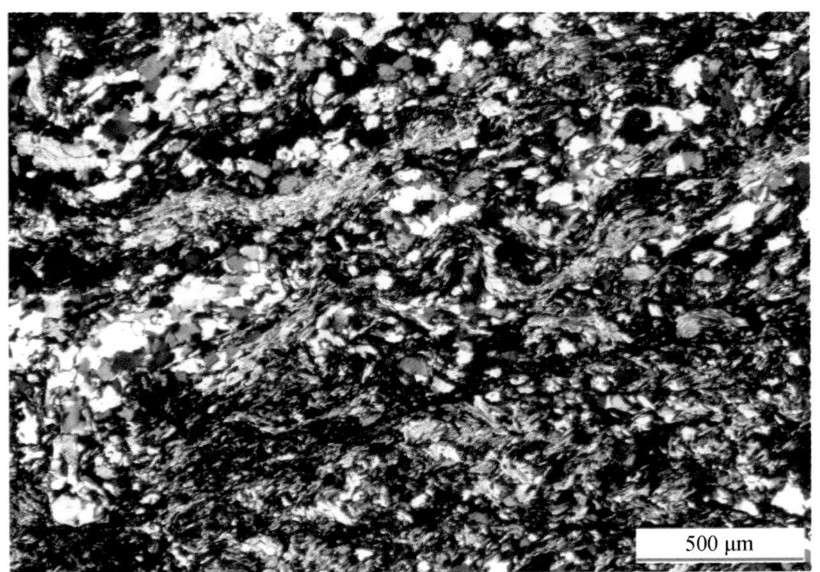

缝合线粒状变晶结构

片岩中石英条带具有缝合线粒状变晶结构，石英具有波状消光，含少量定向排列的绢云母。

赛汉塔拉凹陷

赛8井　1218.90m

古生界

正交偏光

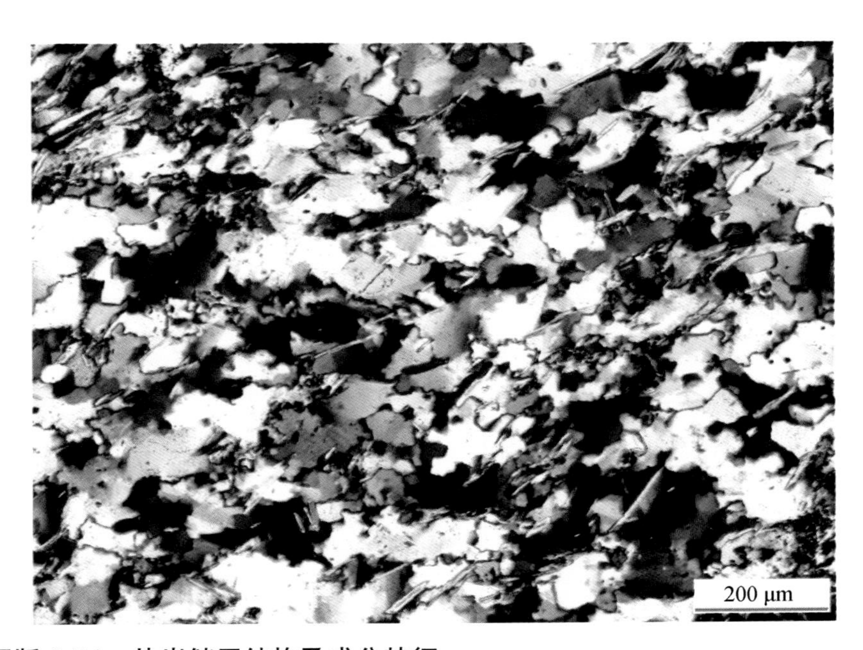

图版 6-71　片岩储层结构及成分特征

第七章 致密油储层

华北油田致密油气储层类型多、分布广、勘探程度低，是重要的战略接替新领域。致密油储层主要有三大类：一类是以二连盆地巴音都兰、阿南、额仁淖尔凹陷为代表的白云岩–粉砂岩类；第二类是以阿南凹陷为代表的凝灰岩类；第三类是以冀中拗陷束鹿凹陷为代表的泥灰岩–碳酸盐岩质砾（砂）岩类。目前二连盆地三个凹陷近 120 口井在白云岩–粉砂岩类和凝灰岩类储层中见油气显示，其中，巴音都兰凹陷 37 口井，额仁淖尔凹陷 23 口井，阿南–阿北凹陷 61 口井；束鹿凹陷 17 口井在泥灰岩和碳酸盐岩质砾（砂）岩类储层中见油气显示，10 口井获工业油流或低产油流，已经钻探束探 1H、束探 2X 和束探 3 井共 3 口致密油探井，试采三年多见到良好效果，展现了致密油气领域良好的勘探前景。

第一节 白云岩–粉砂岩类致密油储层

白云岩–粉砂岩类致密油储层主要分布在二连盆地下白垩统腾格尔组一段（腾一段）、阿尔善组三段（阿三段）和四段（阿四段），主要是白云岩、粉砂质白云岩、云质粉砂岩与云质泥岩互层组合，俗称特殊岩性段，目前巴音都兰凹陷该套致密油储层研究程度较高，勘探效果较好。

一、发育与分布特征

据巴音都兰凹陷岩心与录井岩性观察分析，白云岩–粉砂岩类致密油储层主要发育在扇三角洲前缘和滨浅湖–半深湖亚相（图 2-17），主要岩性组合为白云岩、粉砂质白云岩、云质粉砂岩夹云质泥岩组合其中白云岩类储层累积厚度 20 ～ 100m，粉砂岩类储层累积厚度 20 ～ 60m（图 7-1）。

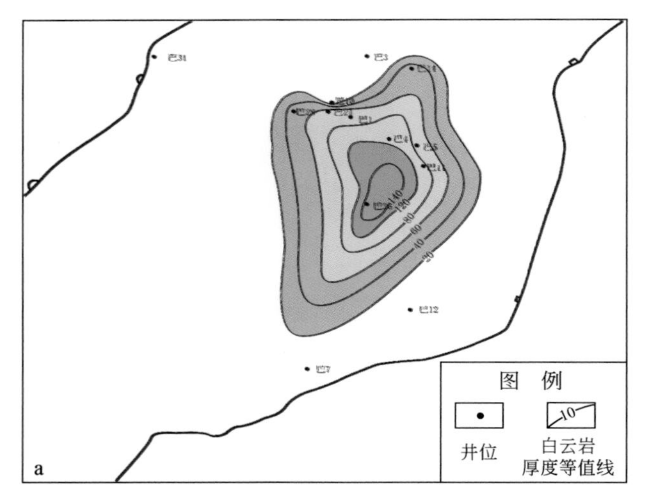

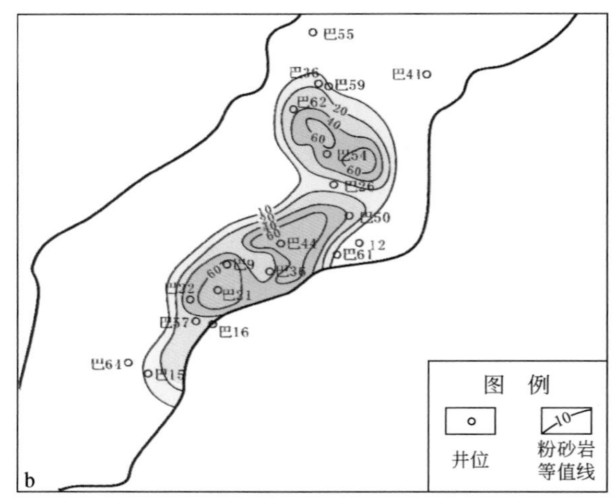

图 7-1 巴音都兰凹陷南洼槽阿四段致密油储层等厚线图

a.白云岩厚度等值线图；b.粉砂岩厚度等值线图

在地震剖面上白云岩－粉砂岩类致密油储层为板状相，平行－亚平行反射结构，中振幅中高频，反射同相轴连续－较连续，岩性组合为泥质云岩、云质粉砂岩与云质泥岩互层，自然电位曲线锯齿状与指状间互（图 7-2）。

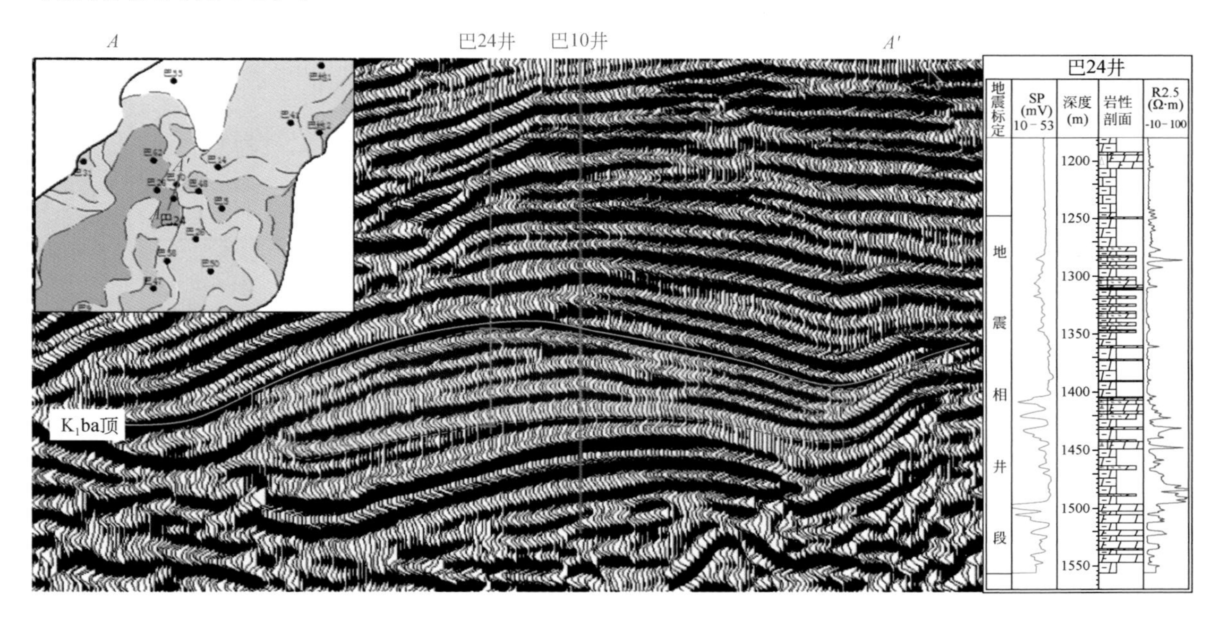

图 7-2　白云岩－粉砂岩类致密油储层地震相特征（巴 24 井）

二、电性特征

白云岩－粉砂岩类致密油储层具有微电极曲线正差异显示，自然电位曲线有明显的负异常，自然伽马曲线为低值，补偿中子、补偿密度曲线均为高孔隙度特征（图 7-3）。

三、岩石学特征

以岩石成分和结构特征为基础，将白云岩－粉砂岩类致密油储层分为白云岩和粉砂岩两大类 7 种岩石类型。

1. 白云岩类

（1）凝灰质泥晶 / 粉晶白云岩

浅灰－灰色为主，泥晶－粉晶结构，块状构造，主要成分为白云石，次为凝灰质。X- 衍射分析，白云石含量为 56.8%，石英含量为 22.5%，长石含量为 9.8%，黏土矿物含量为 8.8%，方解石含量为 2.1%。

（2）泥质泥晶 / 粉晶白云岩

深灰色为主，块状构造，主要成分为白云石，次为泥质，见少量粉砂级碎屑；白云石主要为泥－粉晶，粉晶多呈半自形－他形，见少量泥质分布于白云石晶粒之间，陆源碎屑颗粒主要为石英，分布于白云石晶粒之间。X- 衍射分析，白云石含量为 54.7%，石英含量为 24%，黏土矿物含量为 10.7%，长石含量为 9%，方解石含量为 1.6%。

2. 粉砂岩类

依据其填隙物成分及含量进一步分为云质粉砂岩、泥质粉砂岩和粉砂岩。粉砂级碎屑主要为石英和长石。

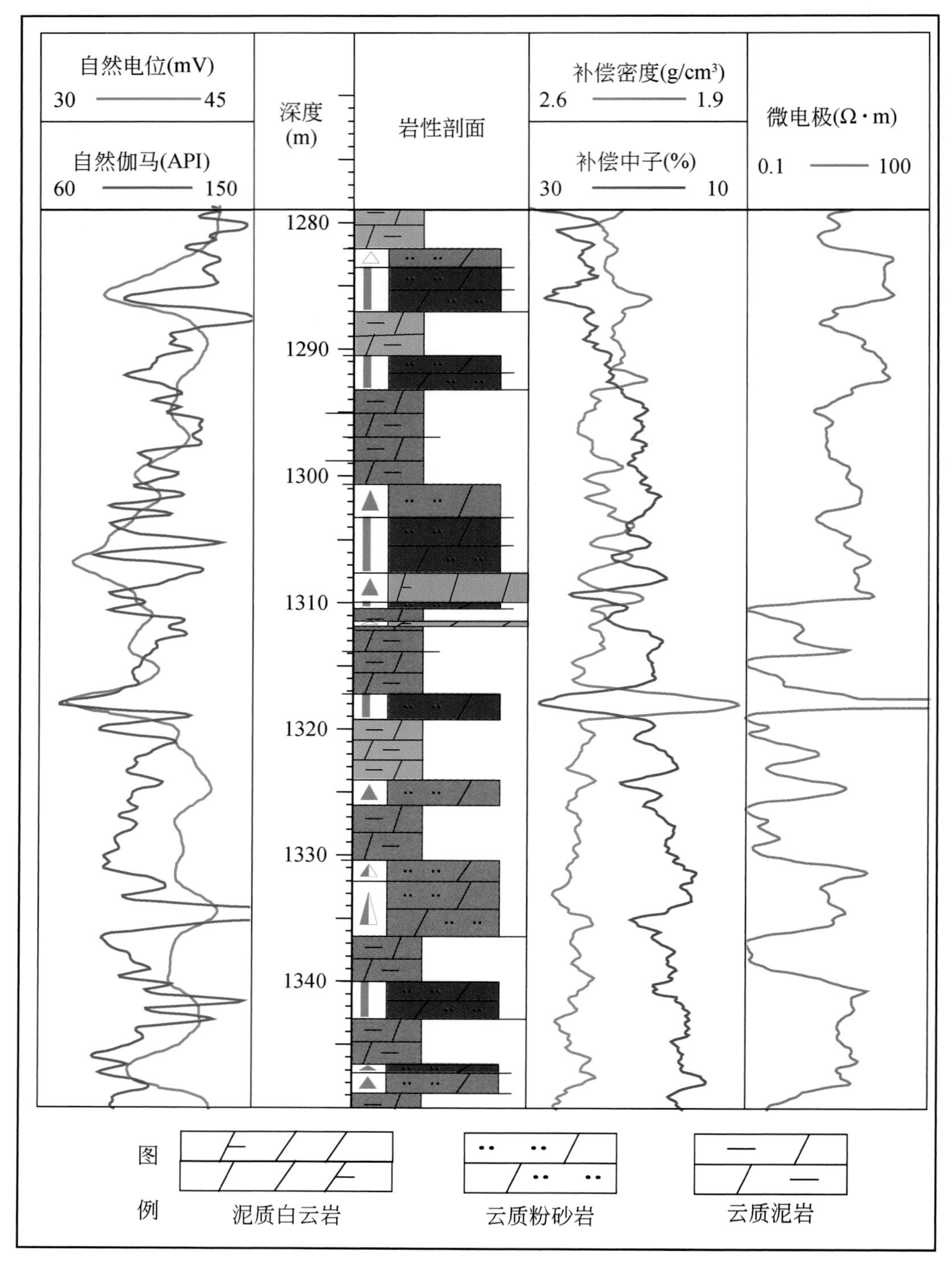

图 7-3 巴音都兰凹陷巴 24 井白云岩 - 粉砂岩类致密油储层电性特征

a.油斑粉砂质白云岩

灰白色，泥粉晶结构，变形层理。主要成分为白云石和石英、长石。见白云质粉砂岩条纹。含油面积10%，含油不饱满，分布不均匀，多分布于粉砂质集中处。

巴音都兰凹陷

巴26井 1164.37～1164.53m

阿尔善组

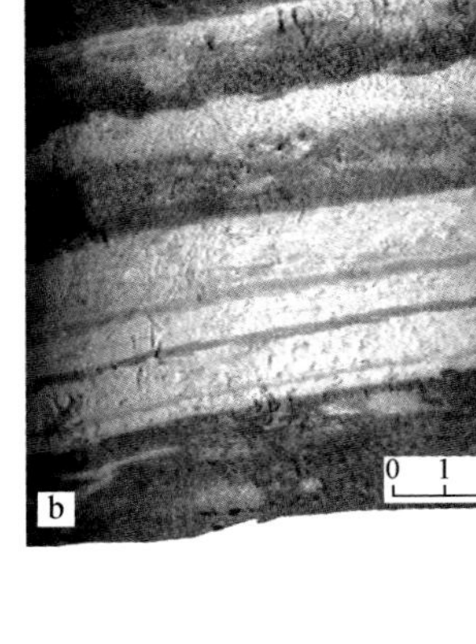

b.油斑粉砂质白云岩

原岩浅灰色，含油显褐灰色，泥粉晶结构，水平层理。浅色白云岩纹层与粉砂岩纹层互层。含油面积70%，主要分布于粉砂岩条带中。

巴音都兰凹陷

巴51-80井 1022.80～1023.10m

阿尔善组

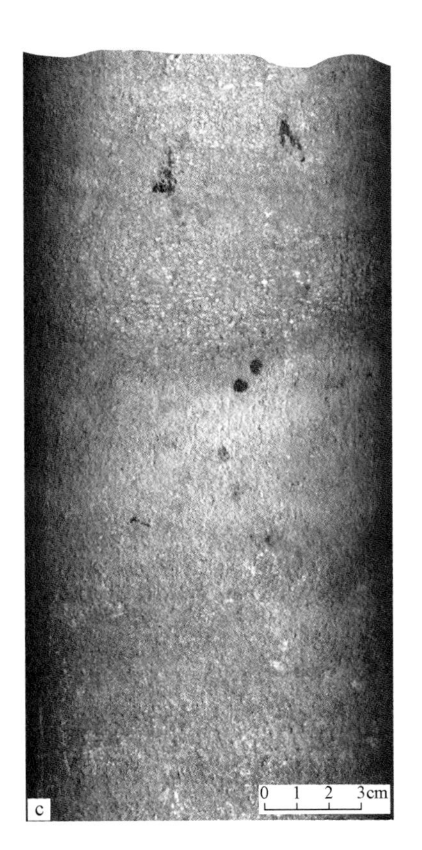

c.凝灰质白云岩

灰绿色，粉晶结构，块状构造。主要成分为白云石、凝灰质，少量陆源石英、长石等。

阿南凹陷

阿密2井 1549.21～1549.40m

腾格尔组一段下亚段

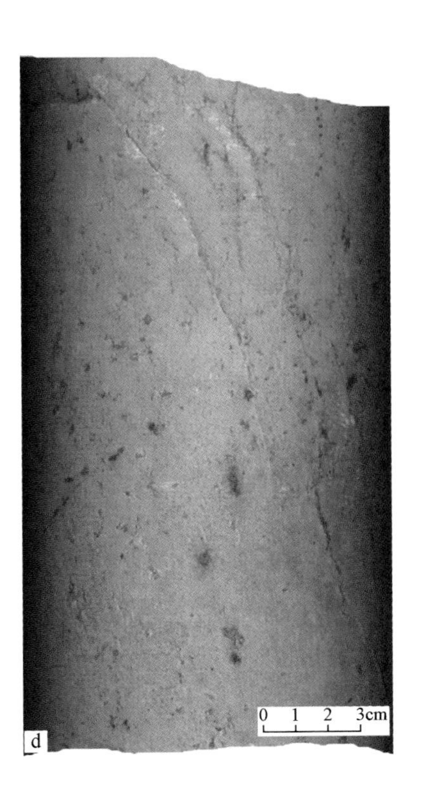

d.油斑泥质白云岩

灰黄色，泥-粉晶结构，块状构造。发育高角度裂缝，油分布于裂缝及溶蚀孔中。见黄铁矿结核呈斑块状分布。

额仁淖尔凹陷

淖120井 1762.94～1763.11m

阿尔善组

图版 7-1 白云岩类储层结构、构造及成分特征

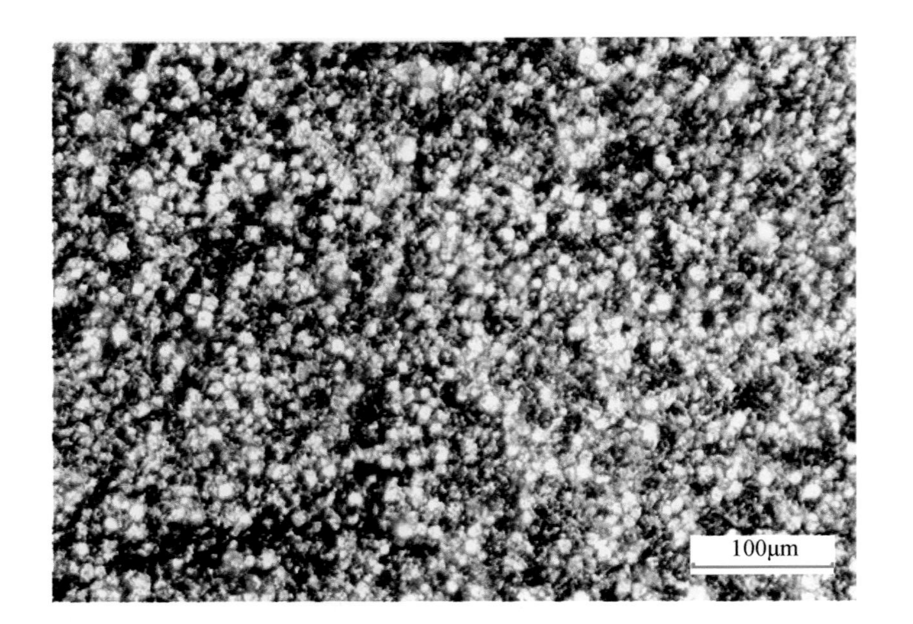

粉晶白云岩

粉晶结构，主要成分为白云石，少量火山碎屑和黏土零星分布于白云石晶粒之间。

阿南凹陷

阿47井　2020.75m

腾格尔组

正交偏光

凝灰质粉晶白云岩

粉晶结构，主要成分为白云石，少量火山碎屑物及陆源碎屑石英、长石；白云石交代凝灰质。

巴音都兰凹陷

巴5井　1009.6m

腾格尔组

正交偏光

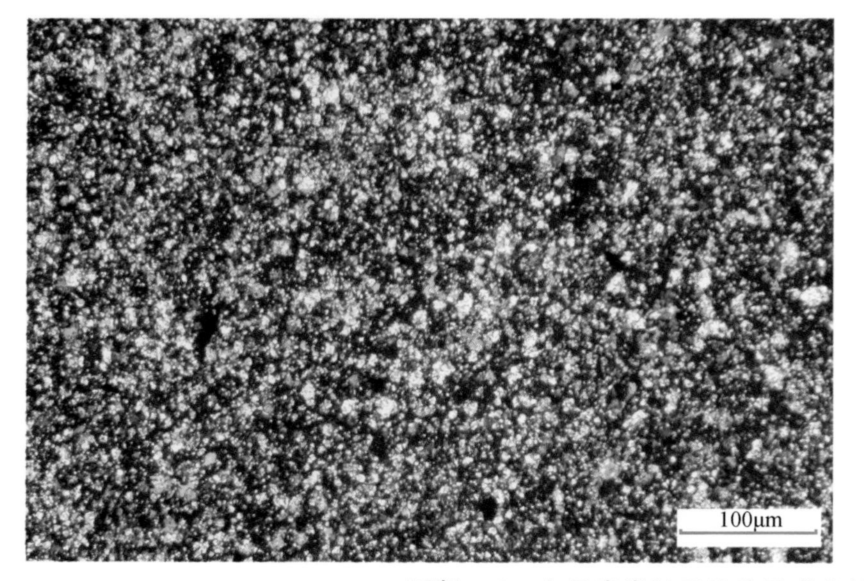

粉砂质泥晶白云岩

泥晶结构，主要成分为白云石，其次为陆源石英、长石，少量白云石晶间火山灰蚀变黏土。

额仁淖尔凹陷

淖120井　1754.56m

阿尔善组

正交偏光

图版 7-2　白云岩类储层结构及成分特征

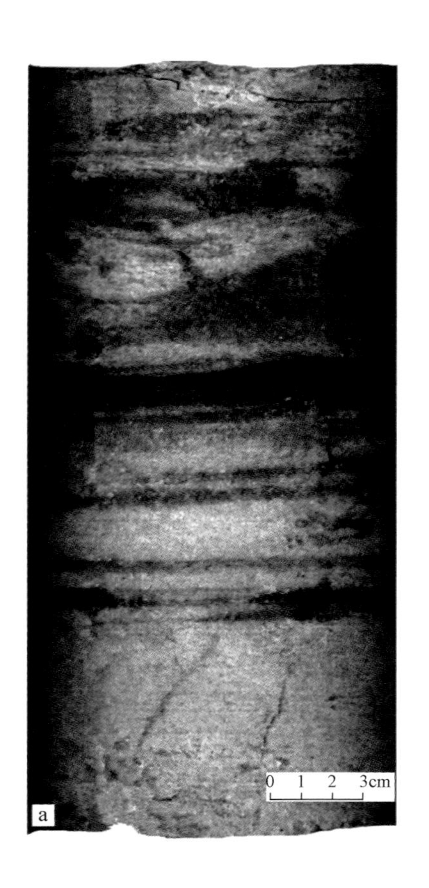

a.油斑白云质粉砂岩

原岩灰色，含油显褐灰色，粉砂状结构，水平层理。成分以石英、长石为主，岩屑次之。见溶蚀孔隙及微裂缝，孔径1～2mm，裂缝宽<1mm，长5～20mm，多被方解石及黄铁矿半充填，含油面积30%，含油不均匀，呈条带-斑块状分布。

巴音都兰凹陷

巴24井 1348.22～1348.42m

阿尔善组

b.油斑粉砂岩

灰色，粉砂结构，变形层理。含油面积15%，含油不均匀，呈斑块状分布。

阿南凹陷

阿密2井 1594.74～1594.99m

腾格尔组一段下亚段

c.灰质粉砂岩

灰色，粉砂状结构，脉状层理。碎屑成分主要为石英、长石，岩屑次之，含较多炭屑条纹，泥灰质胶结，与盐酸反应较强烈。

阿南凹陷

阿41井 2089.62～2089.81m

阿尔善组

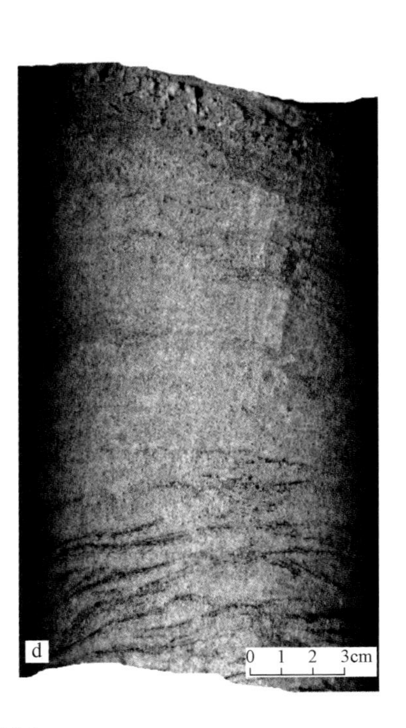

d.油迹灰质粉砂岩

灰色，粉砂结构，脉状-水平层理，成分以长石为主，石英次之。含炭屑，呈条纹状富集。方解石胶结，与盐酸反应强烈。

额仁淖尔凹陷

淖28井 1361.46～1361.62m

阿尔善组

图版 7-3 粉砂岩类储层结构、构造及成分特征

粉砂岩

粉砂结构，成分主要是石英、长石，少量盆内泥晶白云岩粉屑，方解石充填孔隙并交代颗粒。

巴音都兰凹陷

巴24井　1346.99m

阿尔善组

正交偏光

云质粉砂岩

粉砂结构，成分主要是石英、长石和泥晶白云岩砂屑，白云石充填孔隙并交代颗粒。

阿南凹陷

阿27井　2032.60m

腾格尔组一段下亚段

正交偏光

泥质粉砂岩

粉砂结构，夹较多泥质条纹，成分主要是石英、长石和岩屑，白云石充填孔隙并交代颗粒。

巴音都兰凹陷

巴10井　1258.00m

阿尔善组四段

铸体薄片　单偏光

图版 7-4　粉砂岩类储层结构及成分特征

四、成岩作用

根据薄片、扫描电镜、阴极发光、X- 衍射分析等资料，白云岩 - 粉砂岩类致密油储层成岩作用类型主要包括压实、胶结、交代及溶解作用，且白云岩成岩作用不典型，主要是粉砂岩类储层成岩作用。

1. 压实作用

压实作用较明显，主要表现为随压实程度增强，颗粒接触紧密，可见火山岩屑的塑性变形等，使岩石储集性能降低。

2. 胶结、交代作用

碳酸盐矿物胶结作用、交代碎屑颗粒现象十分普遍，是导致原生孔隙减少的主要因素之一。碳酸盐胶结物主要成分为方解石，一般呈分散晶粒状，其次为连晶状。

3. 溶解作用

储层中富含凝灰质、长石和碳酸盐胶结物等不稳定组分，在酸性流体的作用下，发生溶解作用形成溶蚀孔隙。主要表现为碳酸盐胶结物的溶蚀，其次为凝灰质、长石、岩屑的溶蚀。溶蚀主要有两个原因:①在同沉积期和早成岩阶段早期，凝灰质填隙物由于流体性质的改变，变得不稳定而被溶蚀；②在中成岩阶段早期，有机质成熟，生烃排酸，大规模酸性水溶液进入储层，长石及碳酸盐胶结物发生溶蚀，从而形成溶孔。

方解石胶结 交代作用

方解石充填孔隙，并交代石英、长石等碎屑。主要成分为长石，其表面黏土化明显，其次为硅化的火山岩屑，少量石英。

阿南凹陷

阿密2井 1591.52m

岩屑长石粗粉砂岩

腾格尔组一段下亚段

铸体薄片 正交偏光

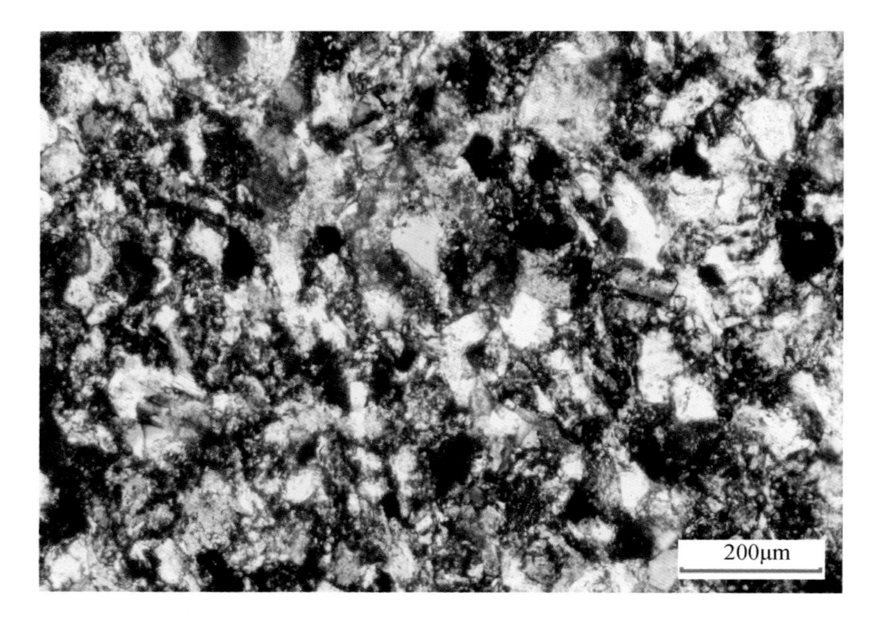

溶解作用

充填粒间的碳酸盐胶结物、长石等在酸性流体作用下溶解，形成粒间溶孔、粒内溶孔。分选较好，圆度差，岩屑主要为泥化火山岩屑。含较多溶蚀残余的方解石。

阿南凹陷

阿47井 2238.40m

岩屑长石粗粉砂岩

腾格尔组一段下亚段

铸体薄片 单偏光

方解石胶结 交代作用

方解石呈连晶胶结，部分交代强烈，仅保留碎屑轮廓。

阿南凹陷

阿密2井 1610.44m

含灰粉砂岩

腾格尔组

铸体薄片 正交偏光

图版 7-5 粉砂岩类储层成岩作用类型及特征

五、储集空间及孔隙结构类型

1. 储集空间

白云岩类主要为晶间孔、晶间溶孔和晶内溶孔；粉砂岩类主要有残余粒间孔、粒间溶孔和粒内溶孔。

2. 孔隙结构类型

根据孔隙形态、孔径大小和连通性，白云岩－粉砂岩类致密储层主要发育微细孔喉型孔隙结构，基本为纳米级孔喉，孔径主要在 10 ～ 500nm 间，喉直径均值一般在 0.1μm 以下，进汞饱和度很低，排驱压力很高，一般 5 ～ 10Mpa，孔隙连通性很差。

六、储层物性

据重点凹陷含油气显示白云岩－粉砂岩类物性统计，此类致密油储层主要为特低孔特低渗储层（表 7-1）。

表7-1　二连盆地白云岩-粉砂岩类致密油储层物性特征

凹陷	层位	岩性	孔隙度（%）	渗透率（mD）
阿南	腾一段	白云岩	$\frac{0.3\sim13.1}{2.97（26）}$	$\frac{0.0017\sim0.06}{0.011（23）}$
		粉砂岩	$\frac{0.8\sim16.4}{8.12（125）}$	$\frac{<0.01\sim67.2}{1.77（114）}$
额仁淖尔	阿四段	白云岩	$\frac{3.8\sim15.8}{9.36（14）}$	$\frac{0.003\sim1.2}{0.29（14）}$
		粉砂岩	$\frac{1.7\sim17.4}{9.60（103）}$	$\frac{0.001\sim8.18}{0.54（102）}$
巴音都兰	阿四段	白云岩	$\frac{5.0\sim24.3}{15.83（38）}$	$\frac{0.02\sim22.6}{1.56（35）}$
		粉砂岩	$\frac{2.03\sim28.5}{14.34（67）}$	$\frac{<0.01\sim12}{1.82（67）}$

注：$\frac{0.3\sim13.1}{2.97（26）}$表示$\frac{最小值\sim最大值}{平均值（样品数量）}$。

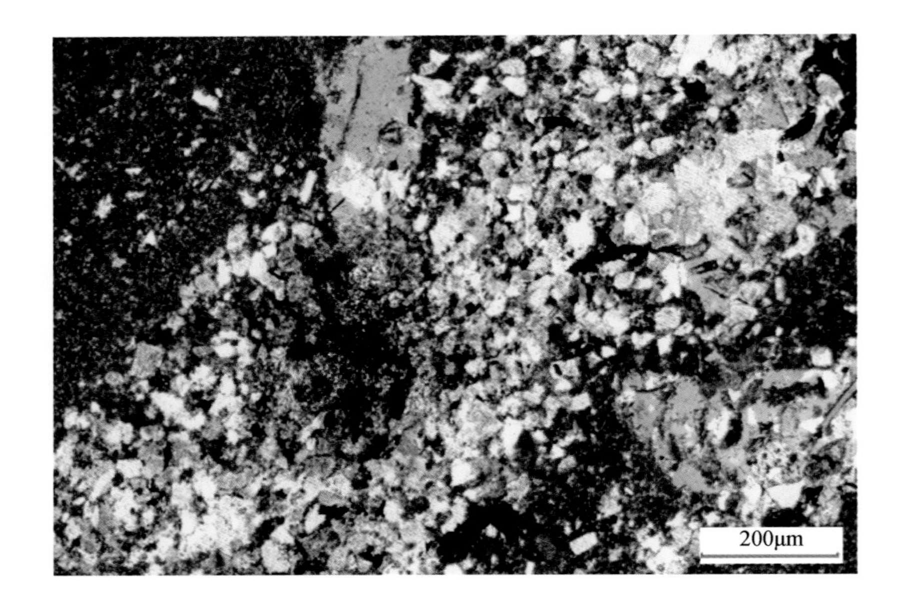

白云石晶间溶孔

白云石晶间孔、白云石晶间溶孔（蓝色铸体）。

巴音都兰凹陷

巴24井　1313.47m

泥质砂质粉晶白云岩

阿尔善组

铸体薄片 单偏光

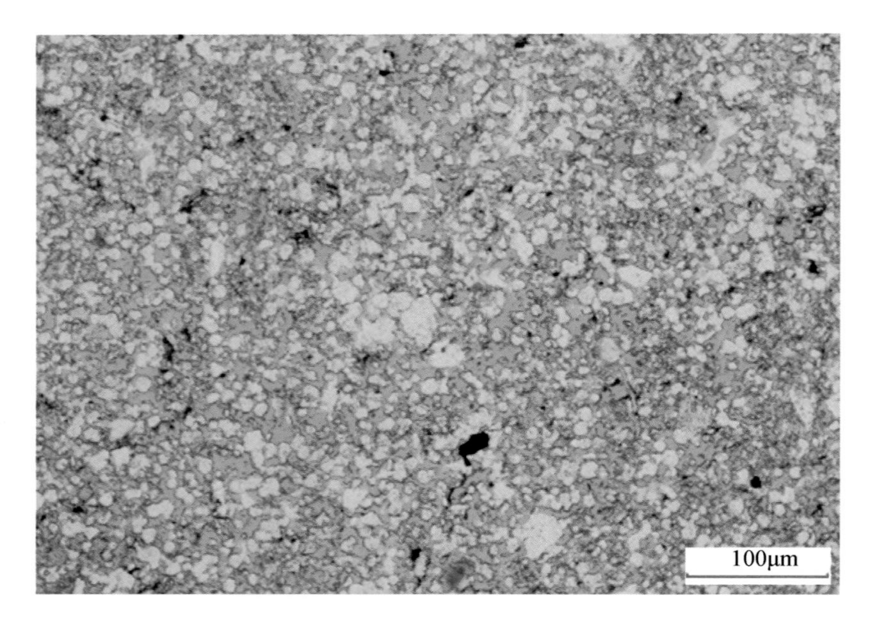

方沸石晶间溶孔

凝灰质发生方沸石化，后经溶蚀形成晶间溶孔，面孔率高达20%（蓝色为孔隙）。

巴音都兰凹陷

巴51井　1004.76m

方沸石化凝灰质粉晶白云岩

阿尔善组

铸体薄片 单偏光

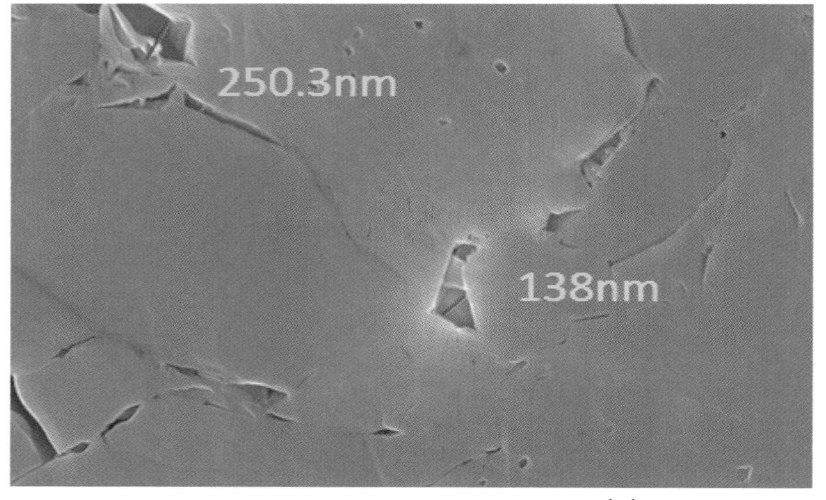

晶间孔

以晶间纳米级微孔为主。

阿南凹陷

阿密2井　1578.17m

泥晶白云岩

腾格尔组一段下亚段

场发射扫描电镜

图版 7-6　白云岩类储层储集空间类型及特征

晶间孔

少量纳米级晶间孔，纳米级孔喉，连通性差（蓝色为孔隙）。

阿南凹陷

阿密2井　1542.72m

泥晶云岩

腾格尔一段下亚段

激光共聚焦显微镜

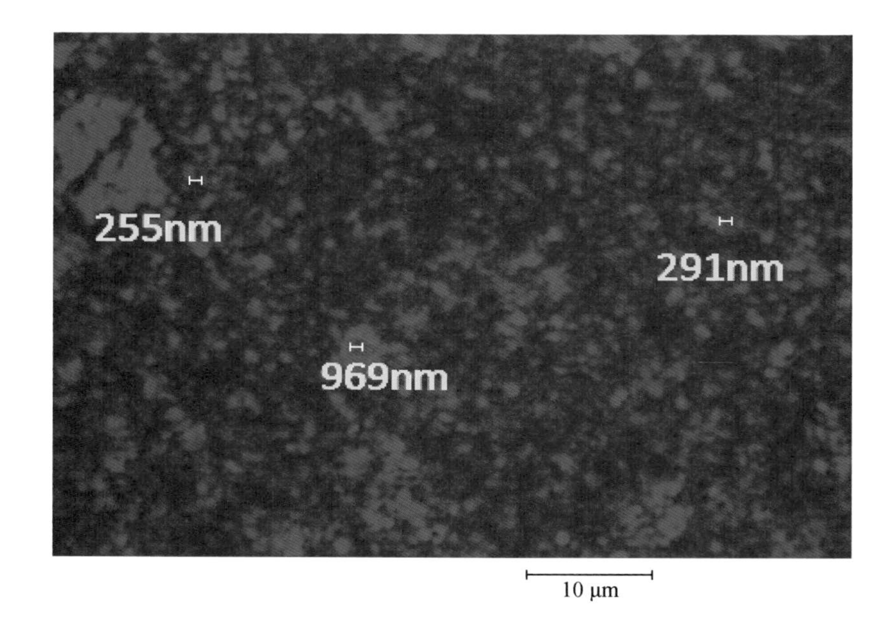

CT扫描孔隙提取图像

白云岩基质孔少，分散状分布，连通性差。

阿南凹陷

阿密2井　1556.49m

凝灰质白云岩

腾格尔一段下亚段

CT扫描　样品直径2mm

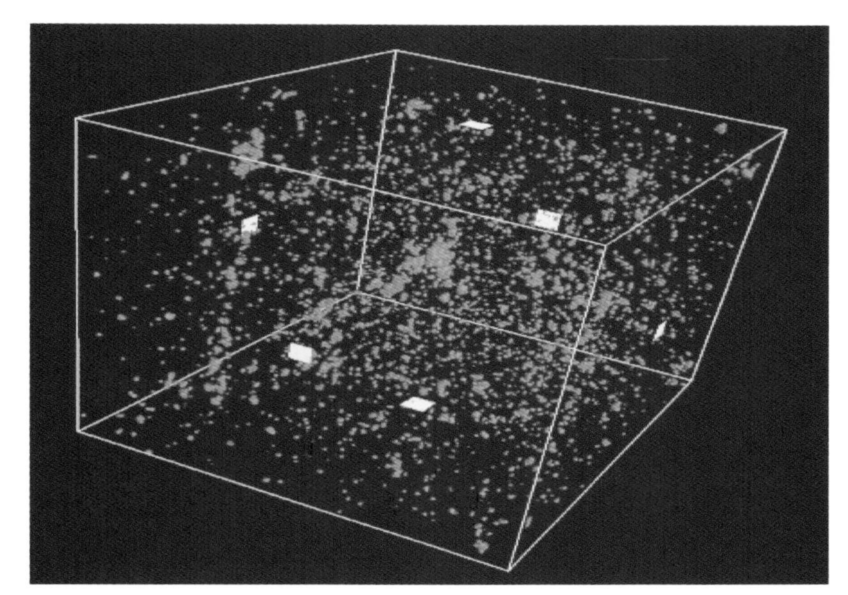

CT扫描孔喉结构图像

储层孔隙不发育，孔隙半径均值1.8μm，喉道半径均值1.3μm，连通性体积18.6%，为微细孔喉型网络结构。

阿南凹陷

阿密2井　1556.49m

凝灰质白云岩

腾格尔一段下亚段

CT扫描　样品直径2mm

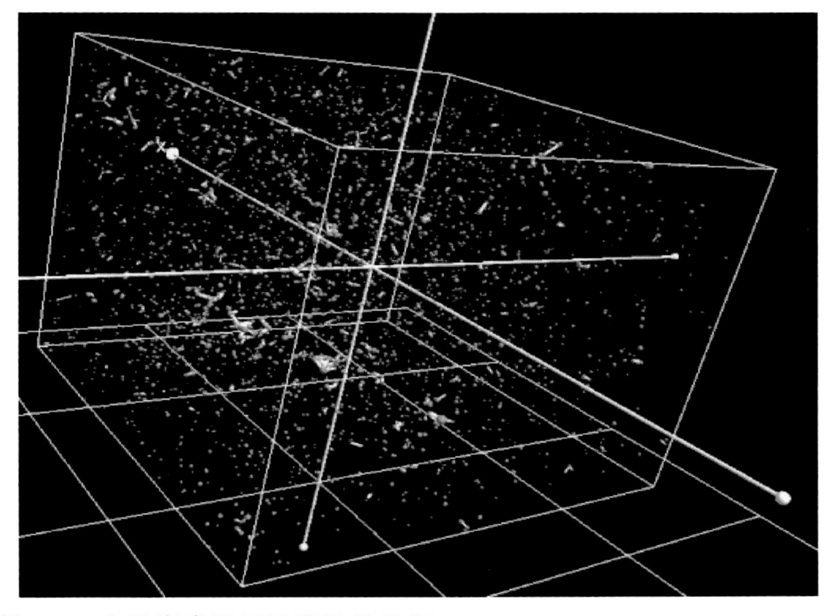

图版 7-7　白云岩类储层孔隙结构特征

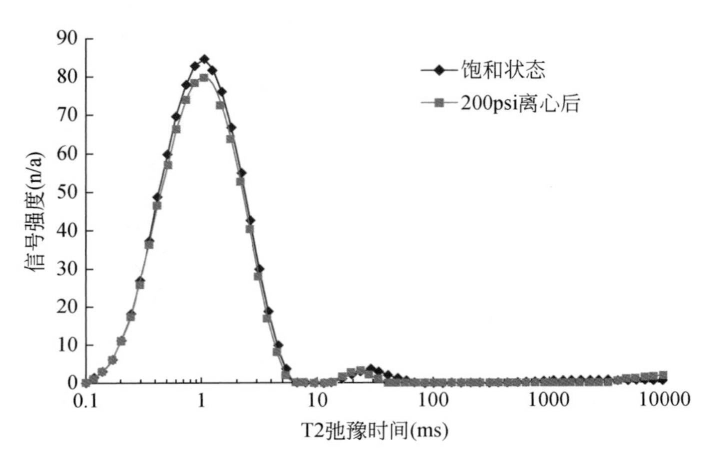

岩心核磁共振 T2 谱频率分布图

样品T2谱呈单峰态，T2弛豫时间分布于0.1～9ms之间，实测核磁孔隙度为3.78%，束缚水饱和度93.66%，可动流体饱和度6.34%，T2截止值为3.22ms。

阿南凹陷

阿密2井　1578.17m

凝灰质白云岩

腾格尔一段下亚段

核磁共振

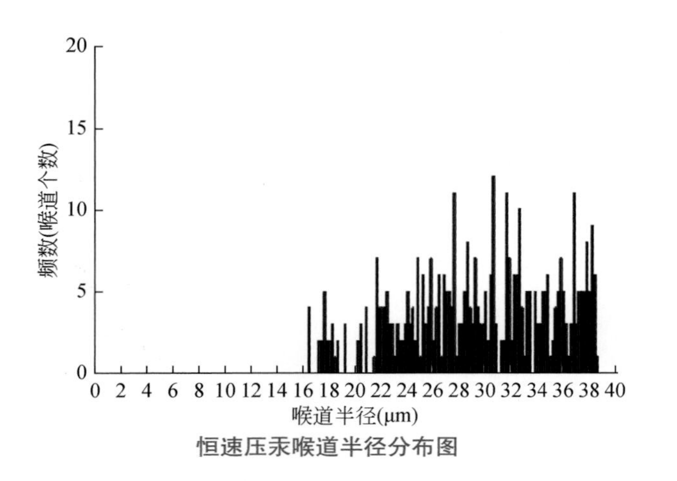

恒速压汞喉道半径分布图

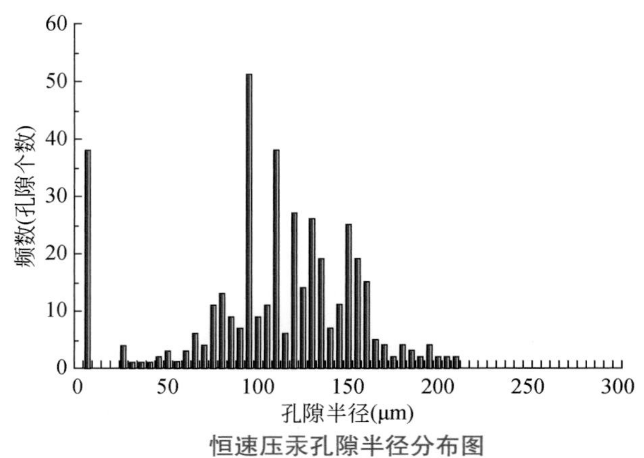

恒速压汞孔隙半径分布图

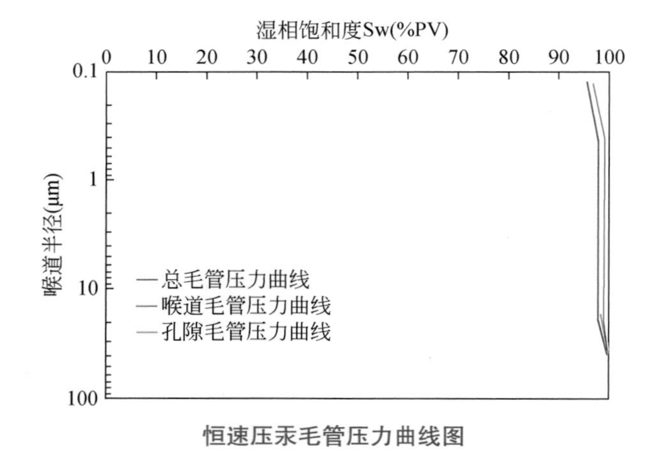

恒速压汞毛管压力曲线图

有效孔喉：大孔中喉型

总进汞饱和度：4.2%；

喉道进汞饱和度：1.28%；

孔隙进汞饱和度：2.92%；

有效喉道半径加权平均值：29.51μm；

有效孔隙半径加权平均值：110.98μm；

有效孔喉半径比加权平均值：17.50μm。

阿南凹陷　阿密2井 1578.17m

凝灰质云岩

腾格尔一段下亚段

恒速压汞

图版 7-8　白云岩类储层核磁共振 T2 谱图及恒速压汞参数图

粒间孔 晶间微孔

粒（晶）间孔隙-微孔隙直径1～100μm。

阿南凹陷

阿密2井　1591.52m

泥质粉砂岩

腾格尔组一段下亚段

氩离子抛光 场发射扫描电镜

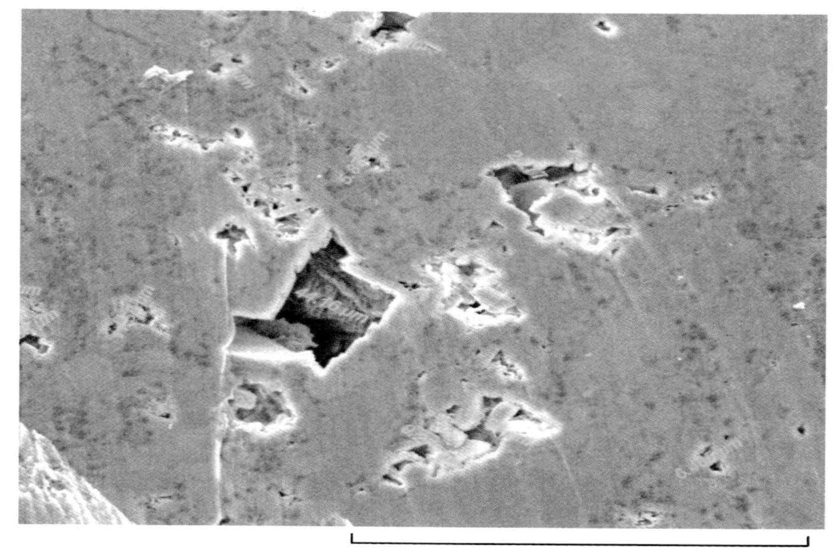

粒内孔 晶间微孔

粒（晶）间孔隙-微孔隙直径1～5 μm。

阿南凹陷

阿密2井　1591.52m

泥质粉砂岩

腾格尔组一段下亚段

氩离子抛光 场发射扫描电镜

粒内溶孔

纳米级粒内溶孔，见油环带。

阿南凹陷

阿密2井　1591.52m

泥质粉砂岩

腾格尔组一段下亚段

场发射扫描电镜

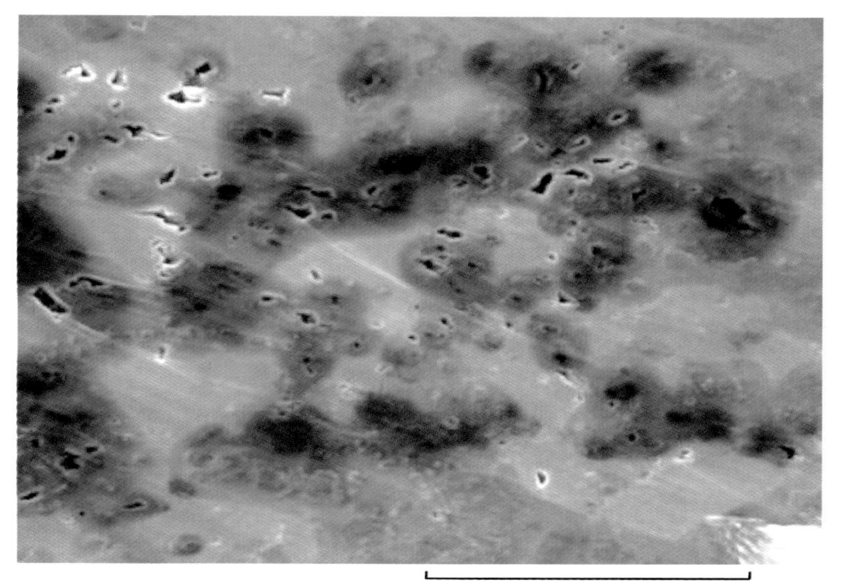

图版 7-9　粉砂岩类储层储集空间类型及特征（一）

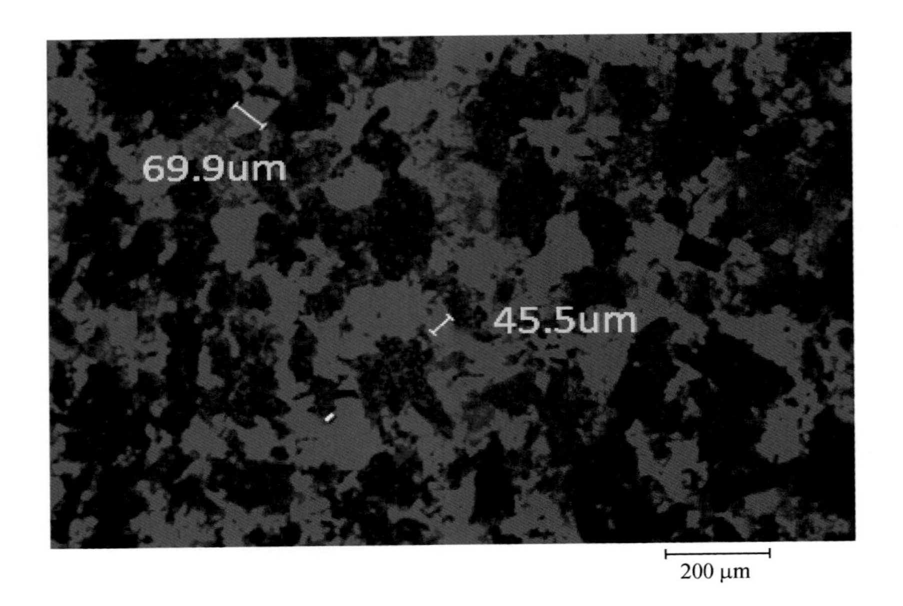

粒内溶孔

纳米-微米级粒内溶孔，喉道半径多大于10μm，连通性较好（蓝色为孔隙）。

阿南凹陷

阿密2井 1591.52m

泥质粉砂岩

腾格尔组一段下亚段

激光共聚焦显微镜

粒间微孔隙

粒间微米级溶孔，5～40μm，连通性较好。孔隙中生长自形石英晶体、自形菱面体白云石和少量伊/蒙间层类自生黏土。

阿南凹陷

阿密2井 1563.94m

凝灰质白云岩

腾格尔组一段下亚段

扫描电镜

粒间微孔隙

微米级粒间溶孔，直径5～80μm，连通性较好。孔隙中生长自形石英晶体、自形板柱状斜长石和少量伊/蒙间层类自生黏土。

阿南凹陷

阿密2井 1591.88m

泥质粉砂岩

腾格尔组一段下亚段

扫描电镜

图版 7-10 粉砂岩类储层储集空间类型及特征（二）

第二节　凝灰岩类致密油储层

凝灰岩类致密油储层主要分布在二连盆地下白垩统腾格尔组一段和阿尔善组，纵向上为云质岩、泥质岩与凝灰岩类互层组合，或沉凝灰岩与泥质白云岩互层；该段主要为滨浅湖亚相沉积，局部为较深湖亚相沉积。这里以阿南凹陷腾一段凝灰岩类为代表，阐述其储层特征。

一、发育与分布特征

阿南凹陷腾一段凝灰岩类致密油储层主要分布在洼槽－斜坡带，属扇三角洲前缘亚相、滨浅湖－较深湖亚相沉积，厚度 10 ～ 50m，从洼槽向斜坡厚度逐渐变薄（图 7-4）。

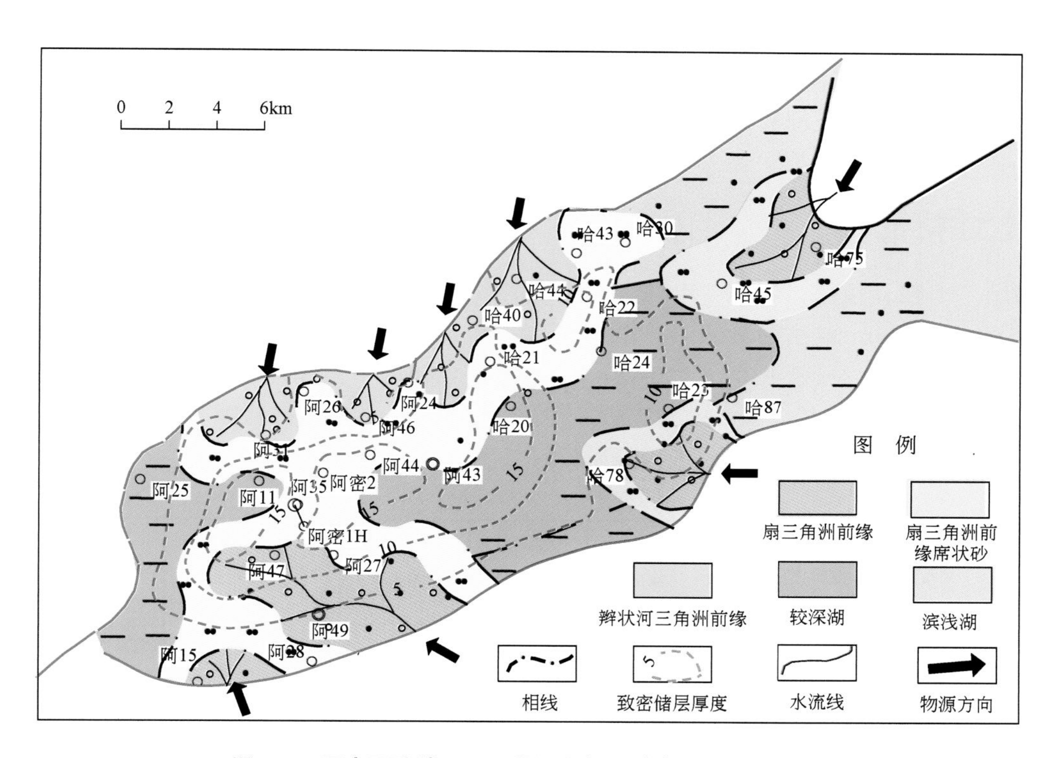

图 7-4　阿南凹陷腾一下亚段沉积相及致密油储层厚度图

在地震剖面上，凝灰岩类致密油储层表现为板状相，内部为平行反射结构，强振幅低频，反射同相轴较连续。岩性剖面表现为凝灰岩、沉凝灰岩、凝灰质粉砂岩与云质泥岩互层（图 7-5）。

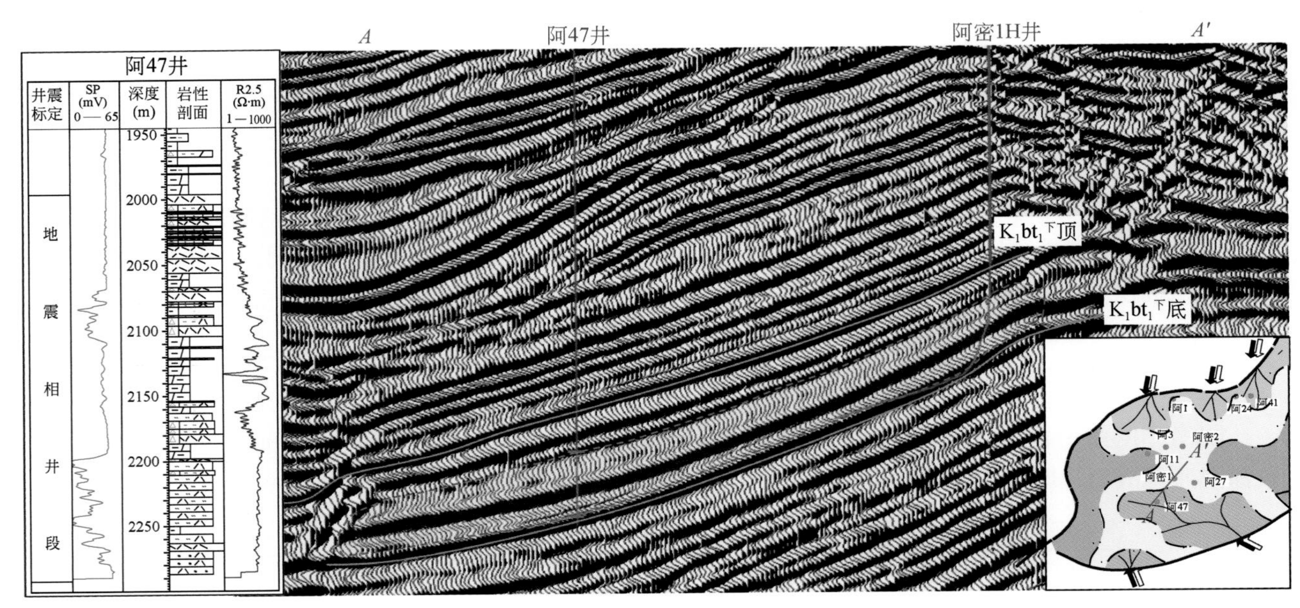

图 7-5 凝灰岩类致密油储层地震相特征（阿 47 井）

二、七性特征

致密储层“七性”包括：岩性、电性、含油性、烃源岩特性、物性、各向异性及脆性，以阿密 2 井为例，1550 ~ 1580m 岩性为凝灰岩、沉凝灰岩、云质沉凝灰岩夹薄层凝灰质泥岩；油迹 - 油斑显示；自然伽马值较低，一般 130 ~ 150API，声波时差、补偿中子和体积密度数值分别为 235μs/m、19.5%、2.5g/cm³ 左右；全烃含量 1% ~ 2.5%，TOC 含量 1% ~ 3.5%；孔隙度 2% ~ 10%，渗透率多小于 0.1mD；脆性指数 70% ~ 90%，工程品质较好（图 7-6）。

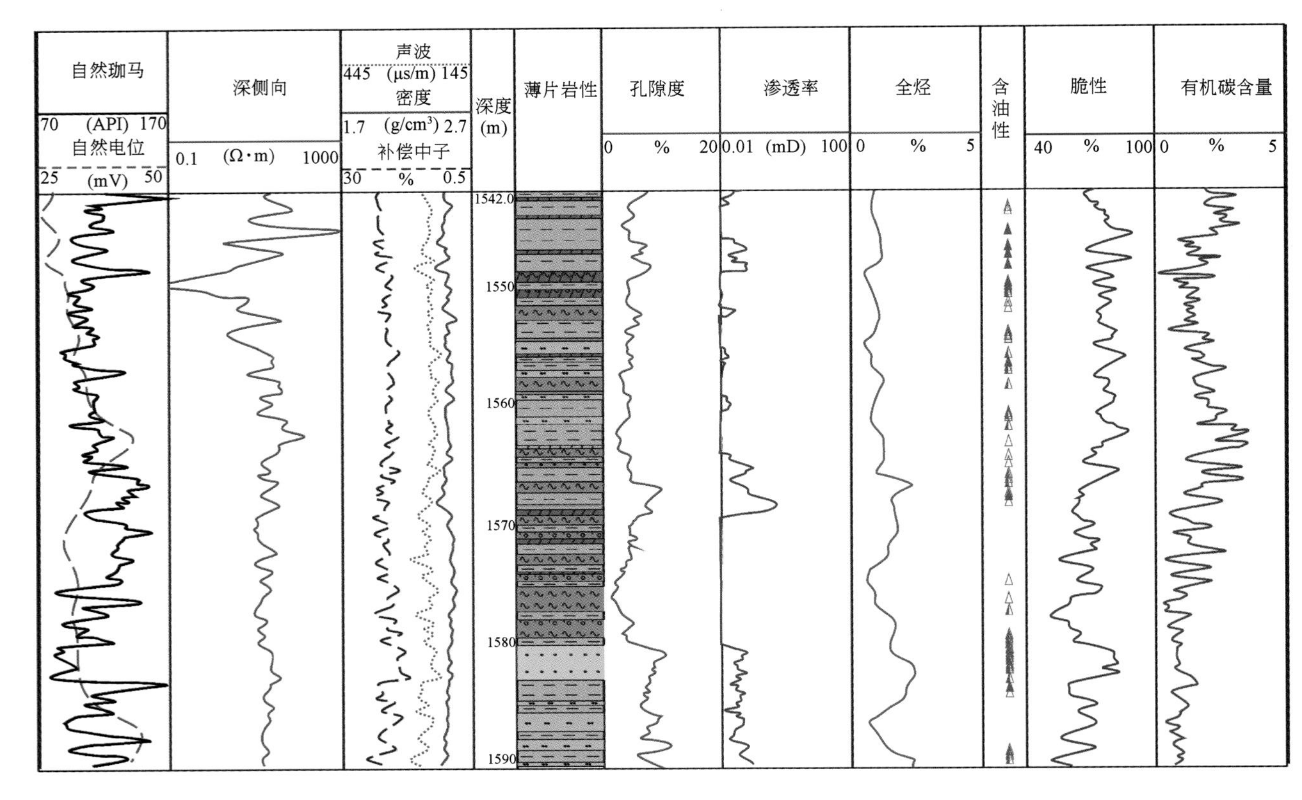

图 7-6 凝灰岩类致密油储层电性特征（阿密 2 井）

三、岩石学特征

据岩石成分和结构特征，将凝灰类致密油储层分为岩屑凝灰岩和沉凝灰岩两大类4种岩石类型（表7-2）。

表7-2 二连盆地凝灰岩类致密油储层成分-结构分类

<table>
<tr><th rowspan="2">岩类</th><th rowspan="2">岩心识别</th><th rowspan="2">岩矿识别</th><th colspan="4">岩石组分（%）</th><th rowspan="2">胶结类型</th><th rowspan="2">层状构造</th><th rowspan="2">块状构造</th></tr>
<tr><th>火山碎屑</th><th>白云石</th><th>黏土矿物</th><th>陆源碎屑</th></tr>
<tr><td rowspan="4">凝灰岩</td><td rowspan="2">岩屑凝灰岩</td><td>安山质岩屑凝灰岩</td><td rowspan="2"><75</td><td rowspan="2"><25</td><td rowspan="2"><25</td><td rowspan="2"><10</td><td rowspan="4">压实胶结为主</td><td></td><td>√</td></tr>
<tr><td>流纹质岩屑凝灰岩</td><td></td><td>√</td></tr>
<tr><td rowspan="2">沉凝灰岩</td><td>沉凝灰岩</td><td>50～75</td><td><25</td><td><25</td><td>10～50</td><td>√</td><td></td></tr>
<tr><td>云质沉凝灰岩</td><td>50～75</td><td>25～50</td><td><10</td><td><10</td><td>√</td><td></td></tr>
</table>

1. 安山质岩屑凝灰岩

块状构造，薄层状为主，单层厚度5～10cm。成分主要为安山质岩屑，次之为火山灰，少量晶屑，为典型的岩屑凝灰结构。岩屑多呈椭球状，后期多为碳酸盐矿物交代，少量石英晶屑呈弧面棱角状或尖棱角状。X-衍射分析，石英含量为47.5%，长石含量为28.1%，碳酸盐岩含量为19.2%，黏土矿物含量为4.4%。

2. 流纹质岩屑凝灰岩

块状构造，成分主要为流纹质岩屑，其次为火山灰，见有少量的晶屑，为典型的岩屑凝灰结构，岩屑多呈椭球状，且多为后期碳酸盐矿物交代，晶屑较少见，常为呈弧面棱角状的石英单晶和长石。X-衍射分析，其矿物成分石英含量为55.5%，碳酸盐类含量为22%，长石类含量为18.5%，黏土矿物含量为4%。

3. 沉凝灰岩

主要为块状构造，岩心表面偶见圆形和多边形孔洞，大多已被后期碳酸盐矿物充填，未被充填者偶含油。主要成分为火山灰，次为陆源碎屑零星分布于火山灰尘中，沉凝灰结构；局部被后期的碳酸盐矿物交代，陆源碎屑主要为石英，少量长石和岩屑。X-衍射分析，矿物成分石英含量为37.9%，碳酸盐类含量为30.1%、黏土矿物含量为16.2%，长石类含量为15.2%。

4. 云质沉凝灰岩

沉凝灰结构，块状构造为主，碳酸盐矿物呈粒状或条带状交代岩石。主要成分为火山灰，次之为白云石，陆源碎屑含量低；白云石以泥-粉晶为主，粉晶多呈菱形，呈斑状交代凝灰质，陆源碎屑主要为石英，零星分布于凝灰质之中。X-衍射分析，其矿物成分碳酸盐类含量为46.0%，石英含量为29.5%，黏土矿物含量为12.0%，长石类含量为12.5%。

a. 油斑凝灰岩

灰褐色，凝灰结构，层状构造。凝灰岩中夹细小长条状泥质条纹，弱定向分布。含油不均匀，斑块状或条带状分布，含油面积约70%。夹于泥岩中，与上、下泥岩呈突变接触关系。

阿南凹陷

阿43井 2054.65～2054.88m

腾格尔组一段下亚段

b. 油斑凝灰岩

灰白色，凝灰结构，块状构造。含油不均匀，斑状分布，含油面积约30%。夹于泥岩中，与上、下泥岩呈突变接触关系。

阿南凹陷

阿密2井 1565.92～1565.98m

腾格尔组一段下亚段

c. 凝灰岩

灰绿色，凝灰结构，块状构造。发育两期裂缝，一期为近垂直裂缝，另一期为斜交缝，切割第一期裂缝。两期裂缝均被方解石全充填。岩石发生绿泥石化和褐铁矿化。

阿南凹陷

阿18井 2668.36～2668.63m

腾格尔组一段下亚段

d. 油迹凝灰岩

灰褐色，凝灰结构，层状构造。条纹状粉砂岩与凝灰岩互层。油分布不均匀，含油面积5%，呈斑点状、条带状分布于粉砂岩中。

巴音都兰凹陷

巴28井 1454.55～1454.73m

阿尔善组四段

图版 7-11 凝灰岩类储层结构、构造及成分特征

a. 油斑云质沉凝灰岩

深灰绿色，沉凝灰结构，层状构造，夹少量深灰色泥质条纹。成分主要为凝灰质和陆源粉砂，少量泥质。白云质分布不均，条带状。含油面积20%，含油不均匀，条带-斑块状分布。与上覆泥岩呈渐变接触。

阿南凹陷

阿密2井 1554.91～1555.06m

腾格尔组一段下亚段

b. 绿灰色沉凝灰岩

绿灰色，沉凝灰结构，层状构造，夹少量深灰色泥质条纹。成分主要为凝灰质和陆源粉砂，少量泥质。岩性致密。与下伏泥岩呈渐变接触。

阿南凹陷

哈20井 2292.37～2292.60m

阿尔善组

c. 油斑沉凝灰岩

褐灰色，沉凝灰结构，层状构造。薄层粉砂岩与沉凝灰岩互层，夹少量泥质条带。水平裂缝和溶蚀孔发育，缝宽2～4mm，孔径1～3mm，裂缝及溶蚀孔隙多被方解石全充填或半充填。含油面积10%～15%，主要沿裂缝及溶蚀孔隙分布。

巴音都兰凹陷

巴24井 1311.10～1311.29m

阿尔善组

d.云质沉凝灰岩

褐灰色，沉凝灰结构，层状构造。薄层白云岩与沉凝灰岩互层，白云石集合体呈雪花状交代凝灰质。

额仁淖尔凹陷

淖120井 1754.10～1754.26m

阿尔善组

图版 7-12 沉凝灰岩类储层结构、构造及成分特征

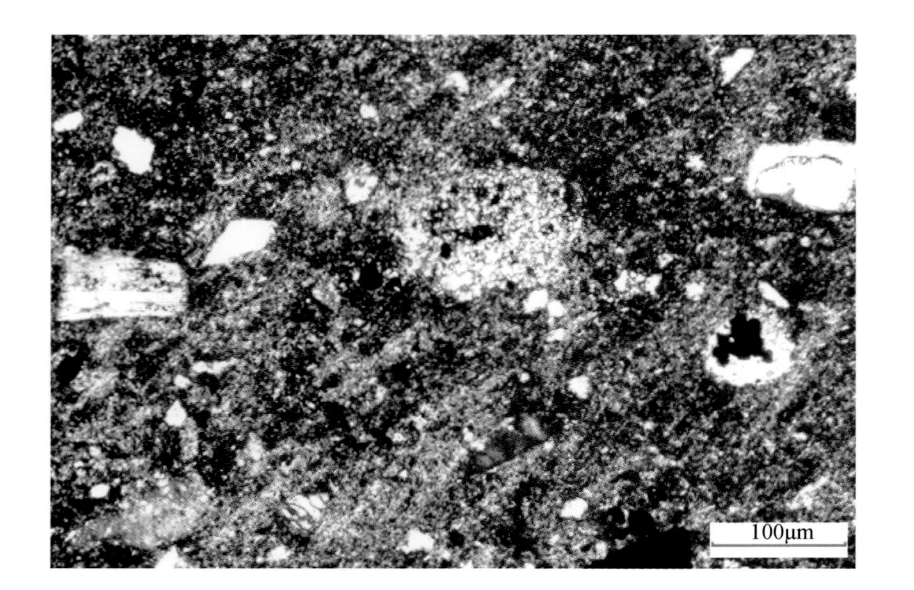

沉含云沉凝灰岩

凝灰结构，主要成分为火山灰，次为陆源碎屑颗粒（主要为石英，少量长石和岩屑），陆源碎屑零星分布于火山灰中。

阿南凹陷

阿密2井　1563.80m

腾格尔组一段下亚段

正交偏光

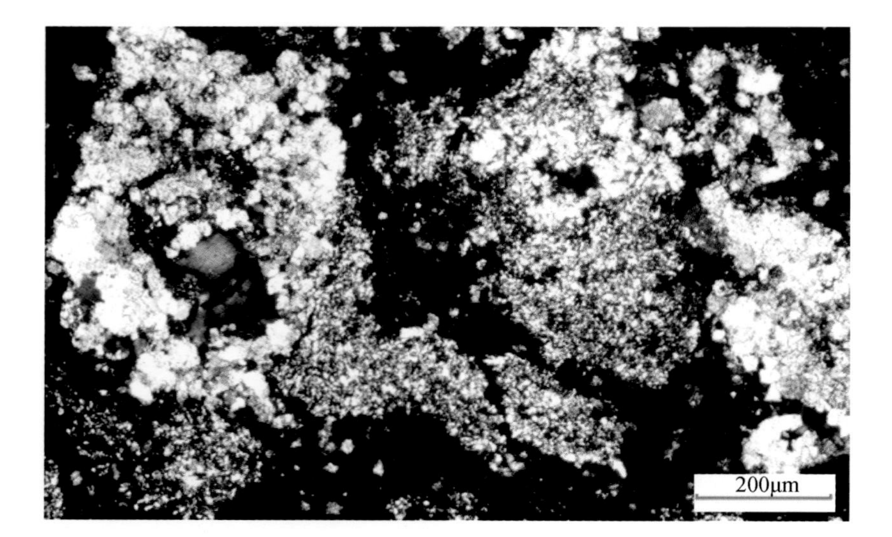

云化沉凝灰岩

沉凝灰结构，主要成分为火山灰，次为石英、长石等陆源碎屑颗粒，陆源碎屑零星分布于火山灰中；部分火山灰被后期白云石交代。

巴音都兰凹陷

巴24井　1310.04m

阿尔善组

正交偏光

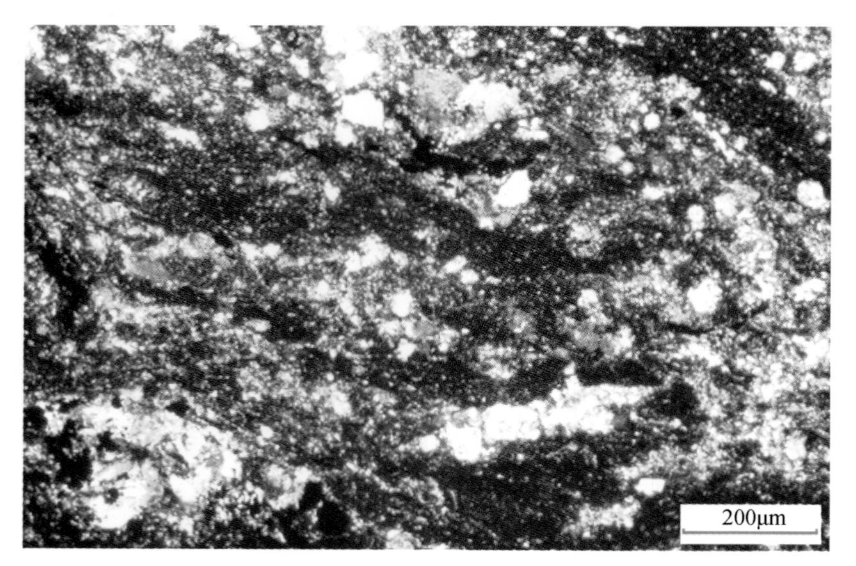

云化沉凝灰岩

沉凝灰结构，主要成分为火山灰，次为石英、长石等陆源碎屑颗粒，陆源碎屑零星分布于火山灰中；部分长英质、火山灰被后期粉晶白云石交代。

额仁淖尔凹陷

淖120井　1754.56m

阿尔善组

正交偏光

图版 7-13　沉凝灰岩类储层结构及成分特征

四、成岩作用

由于受火山物质的影响，富火山物质致密油储层的成岩作用有别于常规碎屑岩储层。根据薄片、扫描电镜、阴极发光、X-衍射分析等资料，凝灰岩类致密油储层成岩作用类型主要包括：脱玻化与重结晶作用、胶结与交代作用、蚀变作用及溶解作用。

1. 脱玻化与重结晶作用

非晶质的火山玻璃具有不稳定性，成岩过程中发生脱玻化作用形成长石、石英等次生矿物，在此过程中体积缩小，可形成大量微孔隙。据阿密2井岩石薄片等资料，腾一下亚段凝灰岩中斜长石以钠长石为主，属于酸性斜长石，反映其火山岩浆母源主要是酸性岩浆，其形成的凝灰岩中玻璃质含量高，有利于发生脱玻化。

2. 胶结与交代作用

胶结与交代作用主要表现为方解石和白云石胶结、交代凝灰质及陆源碎屑颗粒。方解石主要呈连晶胶结状充填孔隙或交代颗粒；白云石有两种形式，第一种是白云石微粉晶，呈半自形、他形单晶或集合体形态分布在凝灰质或黏土矿物基质中，另一种是白云石粉细晶，呈半自形交代早期碳酸盐矿物或充填孔隙。

3. 蚀变作用

主要发生在凝灰岩中，蚀变矿物主要为黏土矿物。黏土化这种蚀变作用通常在火山物质堆积和埋藏过程中就已经开始了。主要表现为火山灰绿泥石化，充填于孔隙中或包裹在碎屑颗粒周围，形成黏土包壳。

4. 溶解作用

凝灰岩类致密油储层中的碳酸盐胶结物或交代物、凝灰质、长石等不稳定组分，在酸性流体的作用下，发生溶解作用形成溶蚀孔隙 。主要表现为碳酸盐胶结物或交代物的溶蚀，其次为长石、岩屑的溶蚀。主要有两种类型：①在同沉积期和早成岩阶段早期，凝灰质填隙物由于流体性质的改变，玻屑和晶屑变得不稳定而被溶蚀；②在中成岩阶段早期，有机质成熟，生烃排酸，大规模酸性水溶液进入储层，溶蚀内部的长石晶屑及碳酸盐胶结物或交代物，从而形成溶孔。

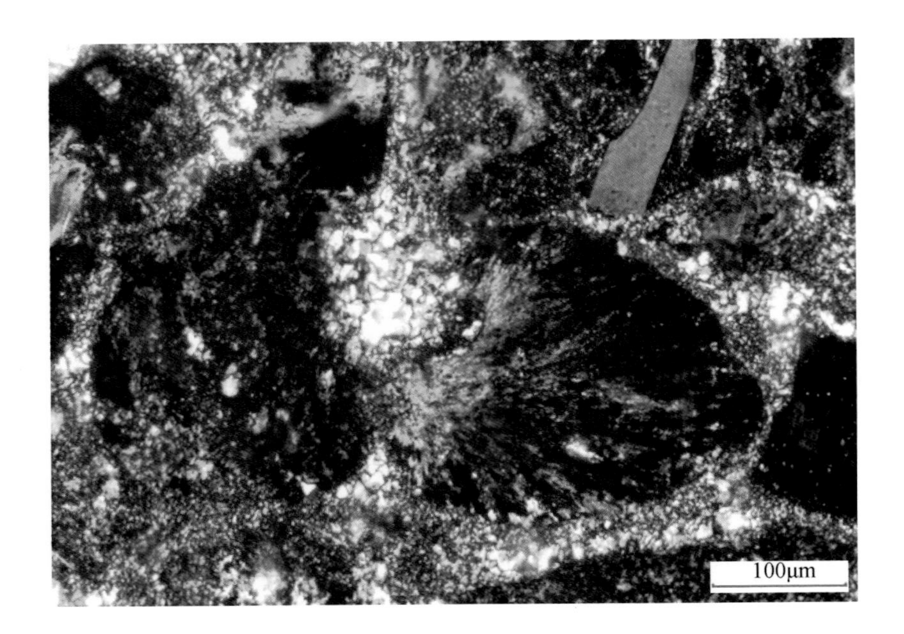

脱玻化作用

沉凝灰岩岩屑发生脱玻化作用形成微晶石英、长石。

巴音都兰凹陷

巴5井　879.72m

沉凝灰岩

腾格尔组

正交偏光

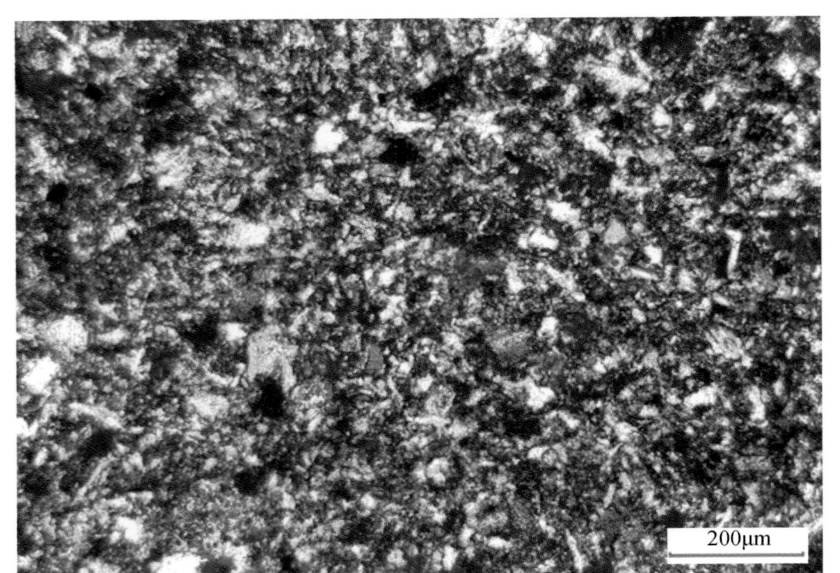

脱玻化作用 溶解作用

沉凝灰岩中的火山玻璃不稳定，成岩过程中发生脱玻化作用形成石英、长石微孔隙。同时凝灰质发生溶蚀形成溶蚀孔。

阿南凹陷

阿43井　2077.24m

沉凝灰岩

腾格尔组

正交偏光

蚀变作用

凝灰质发生蚀变，转化为黏土矿物。

阿南凹陷

阿18井　2668.11m

沉凝灰岩

腾格尔组

正交偏光

图版 7-14　沉凝灰岩类储层成岩作用类型及特征（一）

白云石的交结与交代作用

以细晶白云石为主，充填粒间或交代颗粒。

巴音都兰凹陷

巴6井　1420m

云质沉凝灰岩

腾格尔组

正交偏光

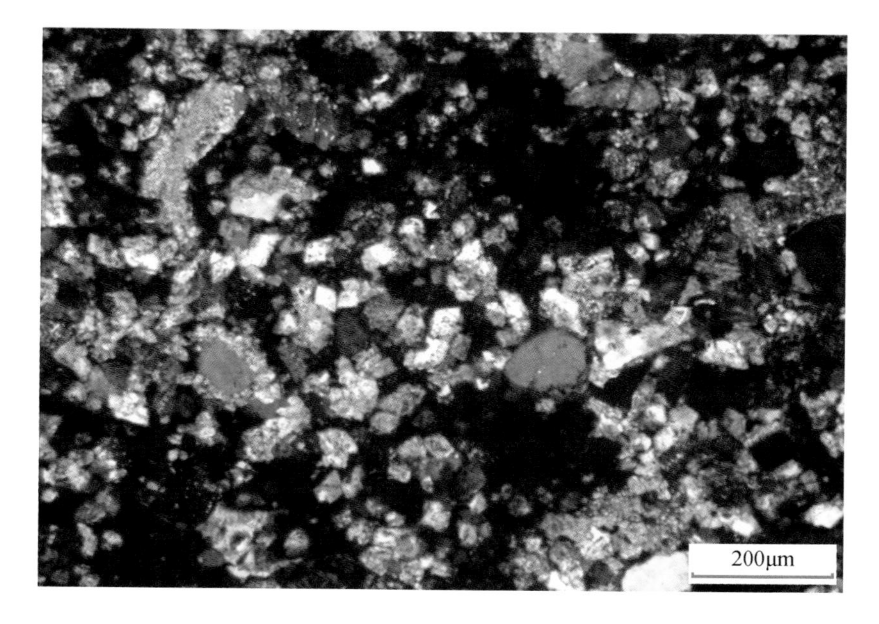

方解石、白云石的胶结与交代作用

主要为方解石，少量自形粉晶白云石胶结、交代凝灰质。

阿南凹陷

阿43井　2055.25m

云质沉凝灰岩

腾格尔组

正交偏光

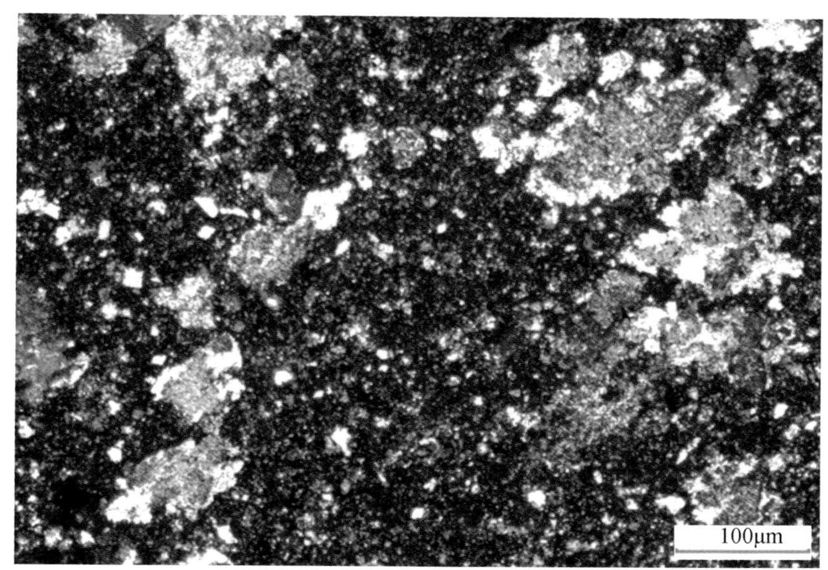

碳酸盐胶结 交代作用

自形-半自形粉-细晶白云石交代凝灰质，白云石具明显环带结构，由内至外发褐色-黄色-橘黄色光。

巴音都兰凹陷

巴3井　1050.10m

云质沉凝灰岩

腾格尔组

阴极发光

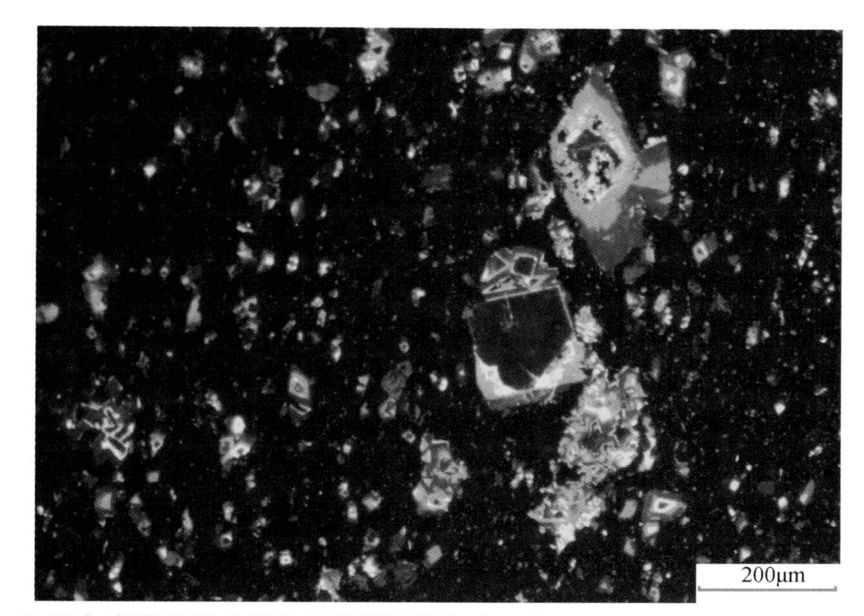

图版 7-15　沉凝灰岩类储层成岩作用类型及特征（二）

五、储集空间及孔隙结构类型

1. 储集空间

凝灰岩主要发育晶屑、岩屑、玻屑及碎屑间填隙物溶蚀形成的粒内、粒间溶孔，以及火山玻璃脱玻化形成的晶间微孔；沉凝灰岩孔隙不发育，见少量微裂缝。

2. 孔隙结构类型

根据孔隙形态、孔径大小和连通性，凝灰岩类致密油储层划分为两类孔隙结构类型：

（1）中小孔 - 微细喉连通型孔隙结构：岩性主要为油斑凝灰岩，微米级中孔隙和微小孔皆较发育，孔径主要在 10nm ～ 300μm，显微镜下可观察到的喉道半径多在 1 ～ 5μm；压汞喉直径均值在 0.1 ～ 1μm，连通性较好，可动流体饱和度较高，较低排驱压力，一般在 1 ～ 5Mpa，是较有利的微孔孔隙结构类型。

（2）微孔微细喉型孔隙结构：岩性主要为含云/灰沉凝灰岩，以纳米级微孔为主，少量呈孤立状分布，主要为纳米级喉道，喉直径均值在 0.1μm 以下，进汞饱和度低、较高排驱压力，一般大于 5Mpa，可动流体饱和度低，连通性差。

六、储层物性

据重点凹陷含油气显示凝灰岩类物性统计，此类致密油储层主要为特低孔特低渗储层（表 7-3）。

表7-3　二连盆地凝灰岩类致密油储层物性特征

凹陷	层位	岩性	孔隙度（%）	渗透率（mD）
阿南	腾一段	岩屑凝灰岩	$\frac{0.62\sim22.6}{9.59（44）}$	$\frac{0.0021\sim0.45}{0.09（42）}$
		沉凝灰岩	$\frac{0.2\sim12.1}{2.8（86）}$	$\frac{<0.01\sim1.3}{0.059（84）}$
额仁淖尔	阿四段	沉凝灰岩	$\frac{0.8\sim10}{2.35（8）}$	$\frac{0.015\sim5.42}{1.1（8）}$
巴音都兰	阿四段	沉凝灰岩	$\frac{12\sim36.4}{20（25）}$	$\frac{<0.01\sim14.5}{2.53（25）}$

注：$\frac{0.62\sim22.6}{9.59（44）}$表示$\frac{最小值\sim最大值}{平均值（样品数量）}$。

粒间溶孔

火山玻璃溶蚀形成粒间微孔。火山泥球岩屑，正交偏光下光性弱。

阿南凹陷

阿密2井 1566.80m

岩屑凝灰岩

腾格尔组

铸体薄片

左：正交偏光 右：单偏光

溶蚀孔

凝灰质发生溶蚀形成溶蚀微孔（蓝色铸体）。暗黄绿色矿物为凝灰质蚀变形成的囊脱石。

阿南凹陷

阿密2井 1556.49m

岩屑凝灰岩

腾格尔组

铸体薄片 单偏光

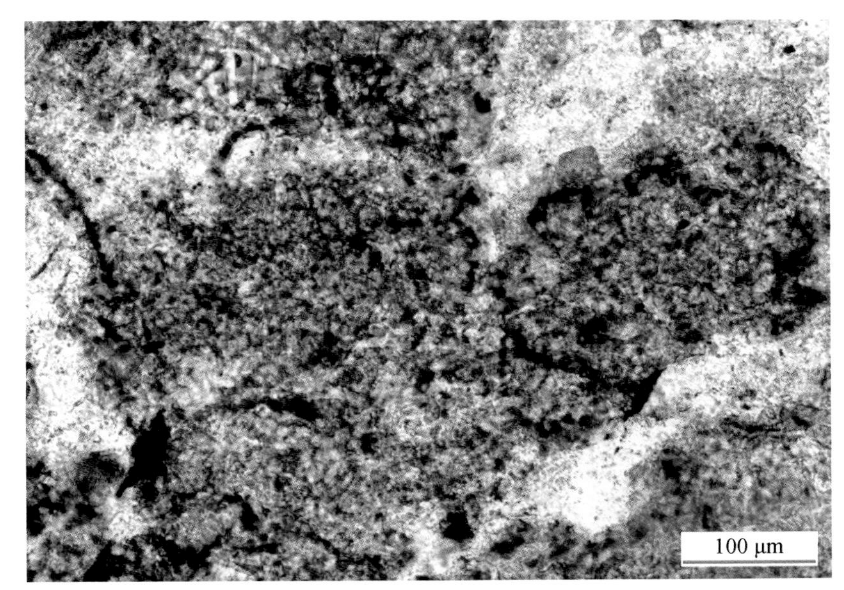

晶间微孔 粒内溶孔

岩石含油较均匀，主要分布在晶间微孔和粒内溶孔中，其中黄色分布在粒内溶孔，黄橙色和褐橙色分布在晶间微孔中。

阿南凹陷

阿密2井 1568.51m

岩屑凝灰岩

腾格尔组

荧光薄片

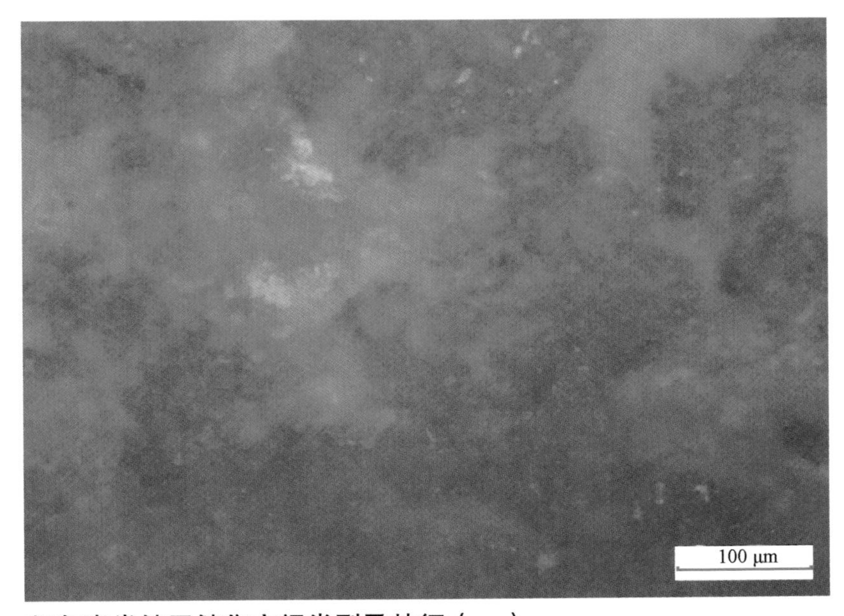

图版 7-16 凝灰岩类储层储集空间类型及特征（一）

50 μm

晶间孔

晶间孔直径1～20μm。孔隙中发育自形柱状的石英、板柱状的长石、假六方形的高岭石及弯曲片状的伊/蒙间层类黏土矿物。

阿南凹陷

阿密2井 1568.35m

岩屑凝灰岩

腾格尔组

扫描电镜

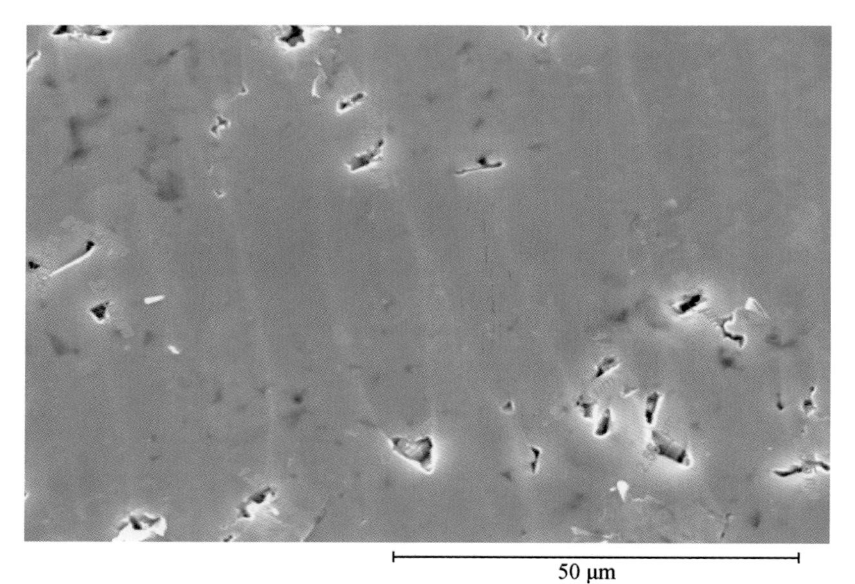

50 μm

粒内溶孔

纳米-微米级粒内溶孔，多呈不规则形态，孔径大小一般1～3μm不等。

阿南凹陷

阿密2井 1556.49m

岩屑凝灰岩

腾格尔组

氩离子抛光 场发射扫描电镜

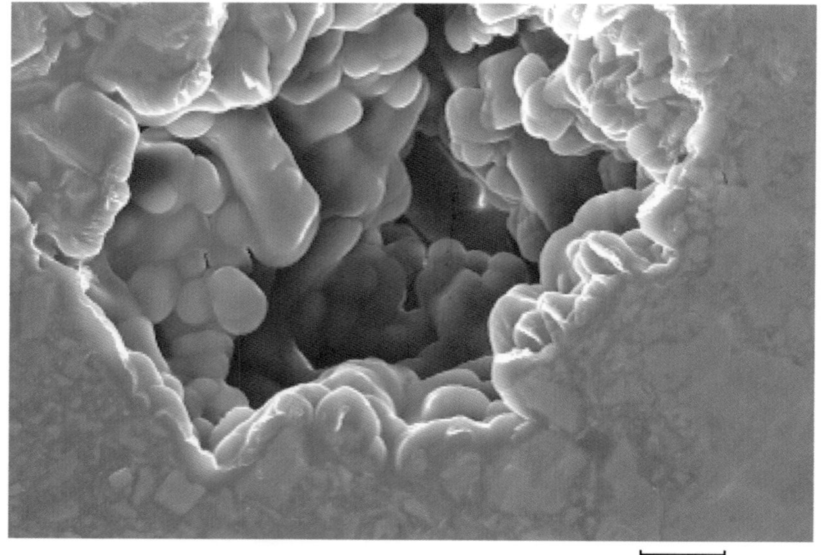

10 μm

溶蚀孔

纳米-微米级溶蚀孔内表面的油膜。

阿南凹陷

阿密2井 1556.49m

岩屑凝灰岩

腾格尔组

环境扫描电镜

图版 7-17　凝灰岩类储层储集空间类型及特征（二）

溶蚀孔壁的油膜

纳米-微米级溶蚀孔，溶蚀孔孔壁见油膜。

阿南凹陷

阿密2井 1556.49m

岩屑凝灰岩

腾格尔组

环境扫描电镜

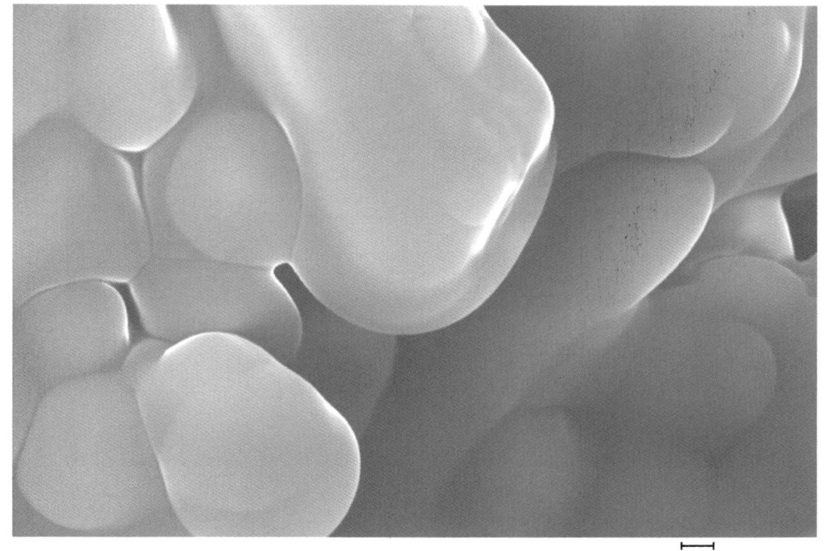

CT扫描孔隙提取图像

储层孔隙十分发育，呈均一分布。

阿南凹陷

阿密2井 1556.49m

岩屑凝灰岩

腾格尔组

CT扫描 样品直径2mm

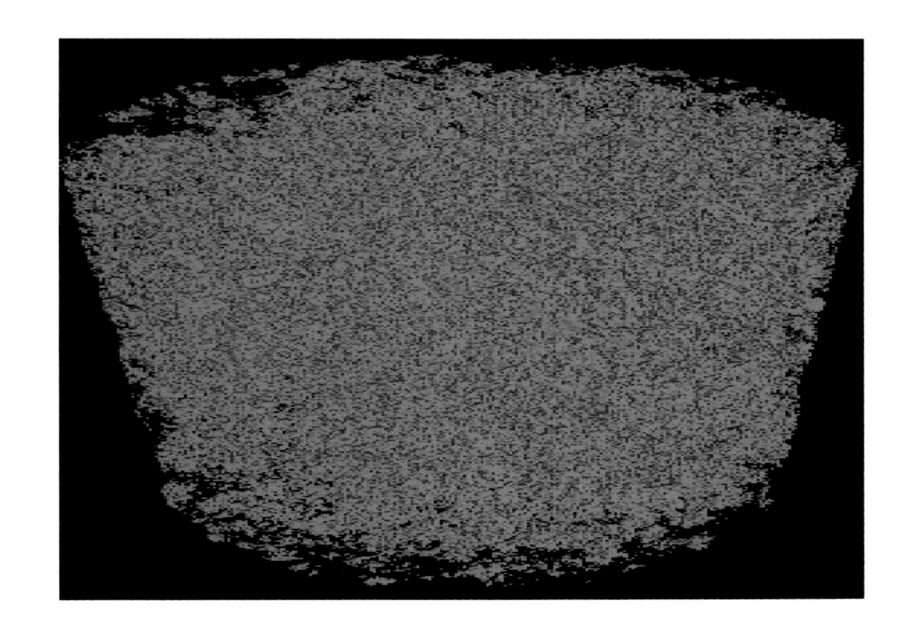

CT扫描孔喉结构图像

储层孔隙较发育，孔隙半径均值3.44μm，喉道半径均值2.42μm，连通性体积达到44.2%，为连通型孔喉网络结构。

阿南凹陷

阿密2井 1556.49m

岩屑凝灰岩

腾格尔组

CT扫描 样品直径2mm

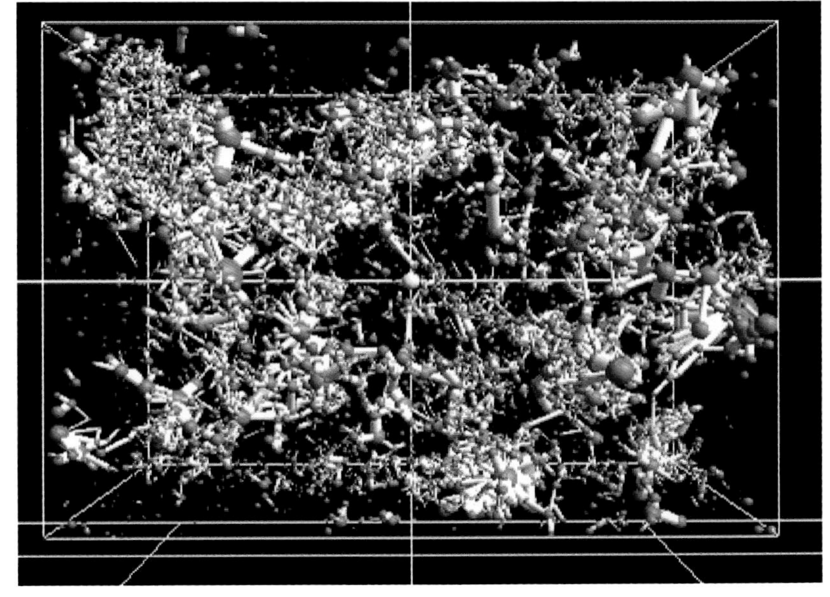

图版 7-18 凝灰岩类储层孔隙结构特征

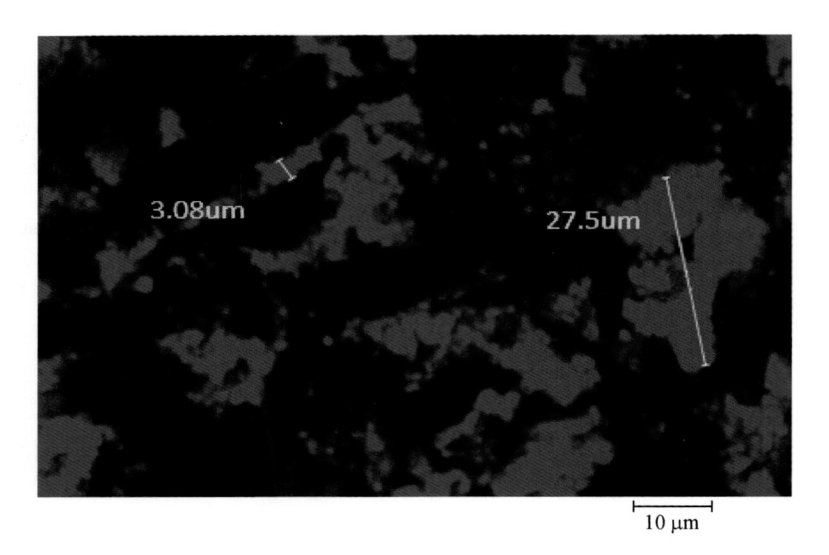

溶蚀孔

直径超过10μm的孔隙发育，喉道半径多小于5μm（蓝色为孔隙）。

阿南凹陷

阿密2井　1568.35m

岩屑凝灰岩

腾格尔组

激光共聚焦显微镜

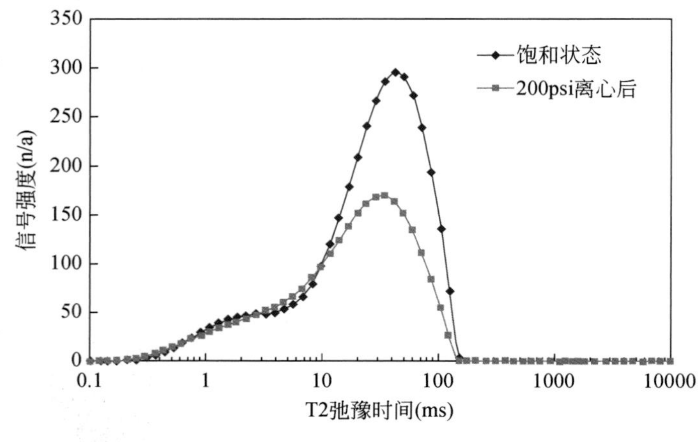

岩心核磁共振 T2 谱频率分布图

样品T2谱呈双峰态，T2弛豫时间分布于0.1～200ms之间，实测核磁孔隙度为15.84%，束缚水饱和度68.13%，可动流体流体饱和度31.87%，T2截止值为41.6ms。

阿南凹陷

阿密2井　1568.51m

岩屑凝灰岩

腾格尔组

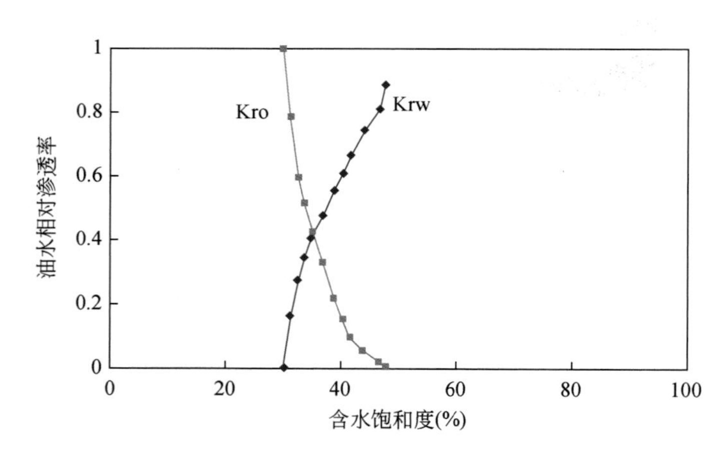

非稳态法油水相对渗透率曲线图

孔隙度：15.1%

渗透率：5.58mD

油相渗透率：0.07 mD

束缚水饱和度：29.9%

残余油饱和度：51.2%

最终采收率：26.9%

阿南凹陷

阿密2井　1568.51m

岩屑凝灰岩

腾格尔组

图版 7-19　凝灰岩类储层核磁共振 T2 谱图及油水相对渗透率特征

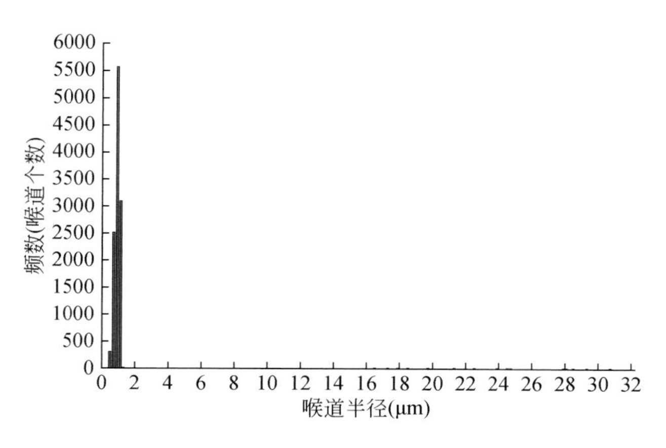

恒速压汞喉道半径分布图

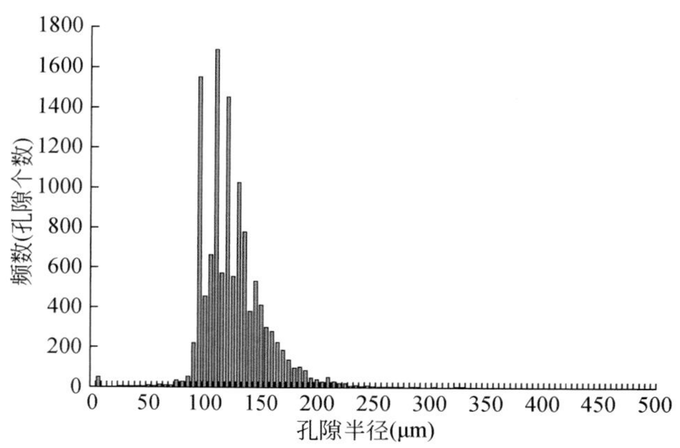

恒速压汞孔隙半径分布图

有效孔喉：大孔细喉型

总进汞饱和度：81.69%；

喉道进汞饱和度：48.11%；

孔隙进汞饱和度：33.58%；

有效喉道半径加权平均值：1.99μm；

有效孔隙半径加权平均值：126.88μm；

有效孔喉半径比加权平均值：192.18

阿南凹陷 阿密2井　1568.51m 岩屑凝灰岩

腾格尔组 恒速压汞

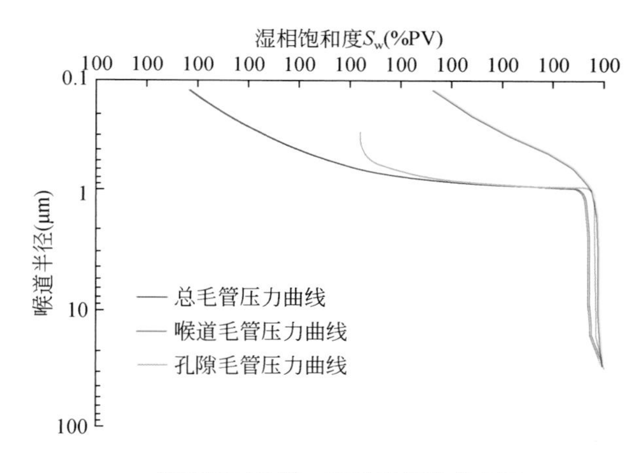

恒速压汞孔隙－喉道半径比分布图

图版 7-20　凝灰岩类储层恒速压汞参数图

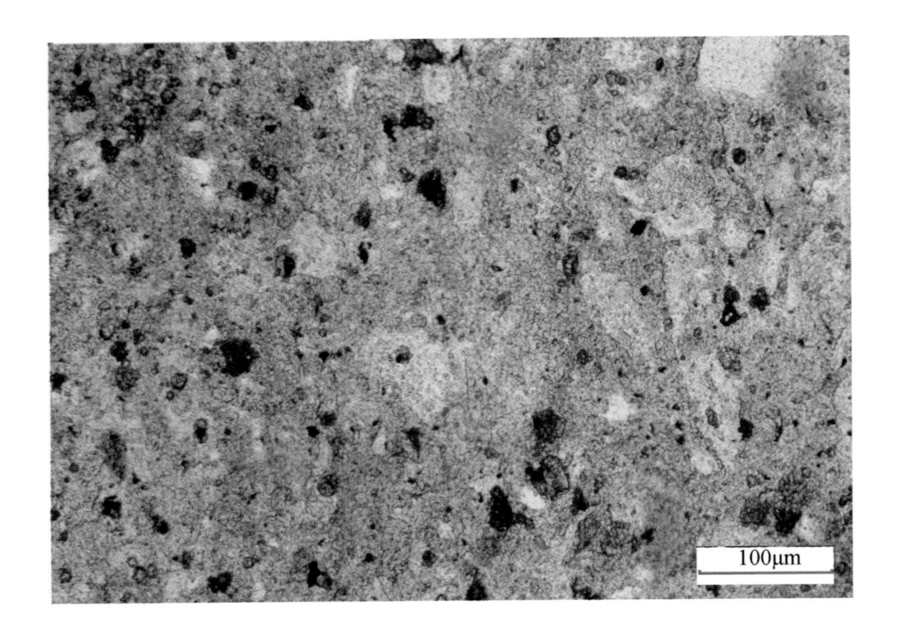

基质微孔

凝灰质发生溶蚀形成基质微孔（蓝色铸体）

巴音都兰凹陷

巴26井　1167.06m

沉凝灰岩

阿尔善组

铸体薄片　单偏光

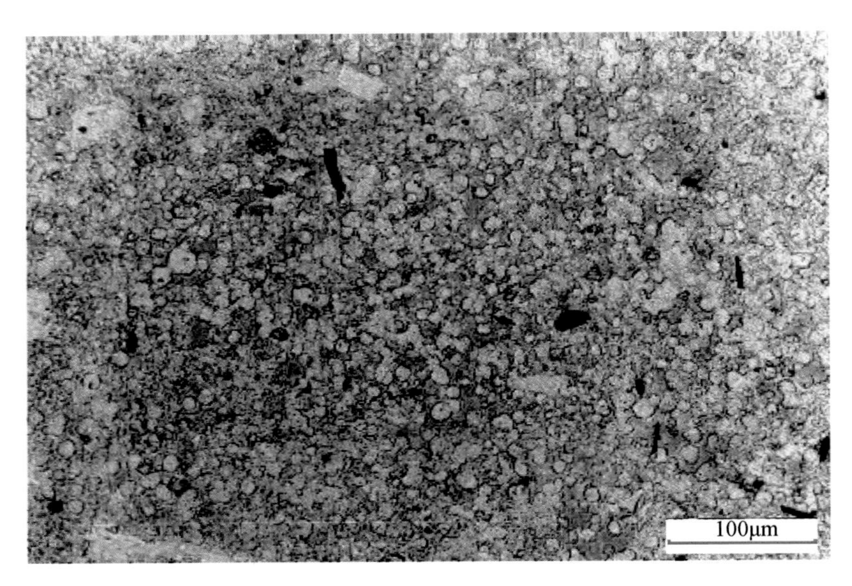

晶间微孔

发育方沸石晶间孔，孔径<10～30μm，面孔率10%。

巴音都兰凹陷

巴54井　1164.50m

云化方沸石化沉凝灰岩

腾格尔组

铸体薄片　单偏光

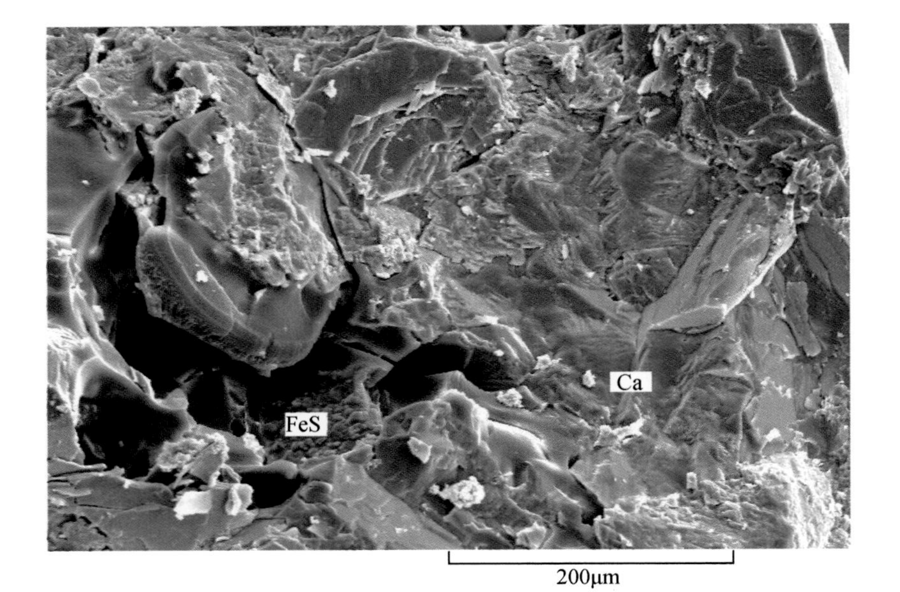

晶间溶孔

方解石交代凝灰质，方解石晶间溶蚀孔隙，大小1～40μm不等，见黄铁矿。

阿南凹陷

阿43井　2053.24m

沉凝灰岩

腾格尔组

扫描电镜

图版 7-21　沉凝灰岩类储层储集空间类型及特征

粒间溶孔 粒内溶孔

发育大量微米级粒间、粒内溶孔，多呈不规则形态，孔径大小一般1～5μm不等。

阿南凹陷

阿密2井 1566.80m

沉凝灰岩

腾格尔组

氩离子抛光 场发射扫描电镜

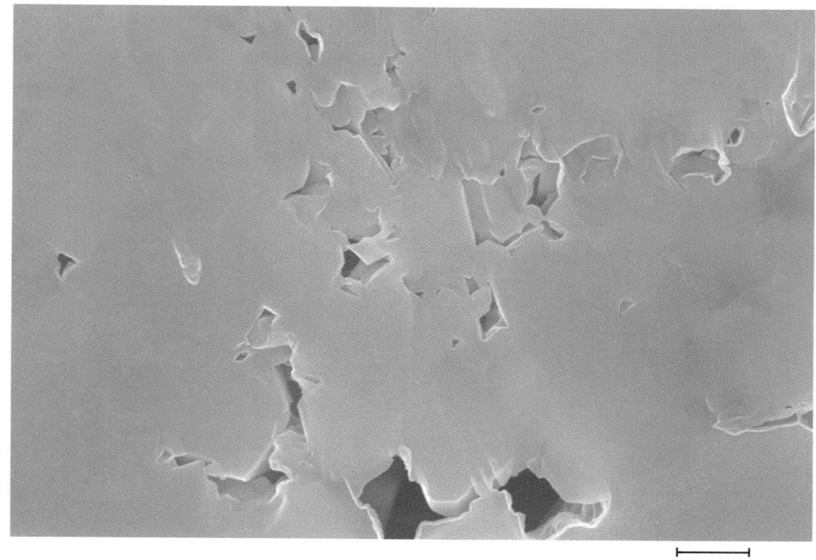

粒间溶孔 粒内溶孔

发育少量直径超过10μm的孤立状中、大孔，微细喉，喉道半径多小于1μm（蓝色为孔隙）。

阿南凹陷

阿密2井 1566.80m

沉凝灰岩

腾格尔组

激光共聚焦显微镜

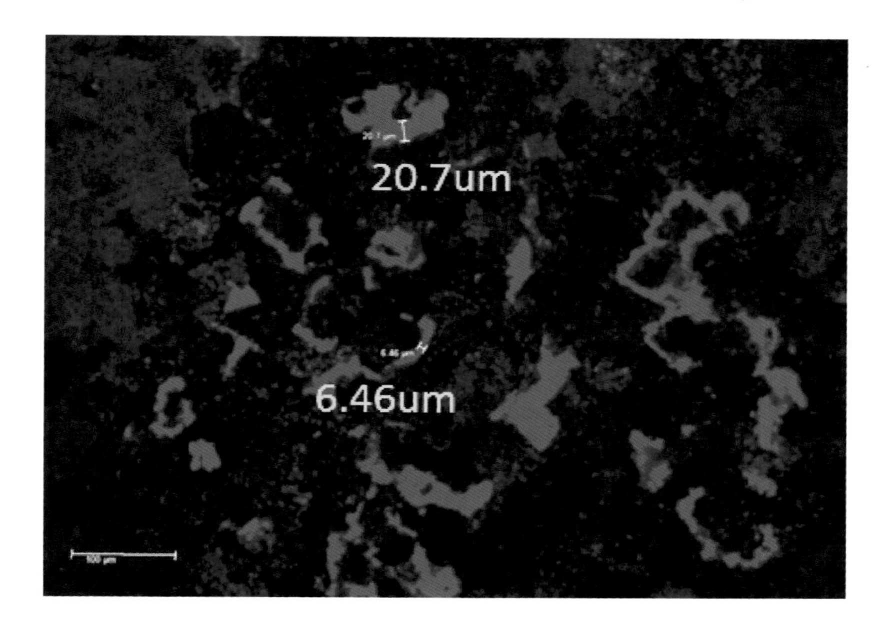

CT扫描孔喉结构图像

储层孔隙较少，孤立状分散分布，孔隙半径均值1.52μm，喉道半径均值1.23μm，连通性体积达到24.2%，为孤立型孔喉网络结构。

阿南凹陷

阿密2井 1566.80m

沉凝灰岩

腾格尔组

CT扫描 样品直径2mm

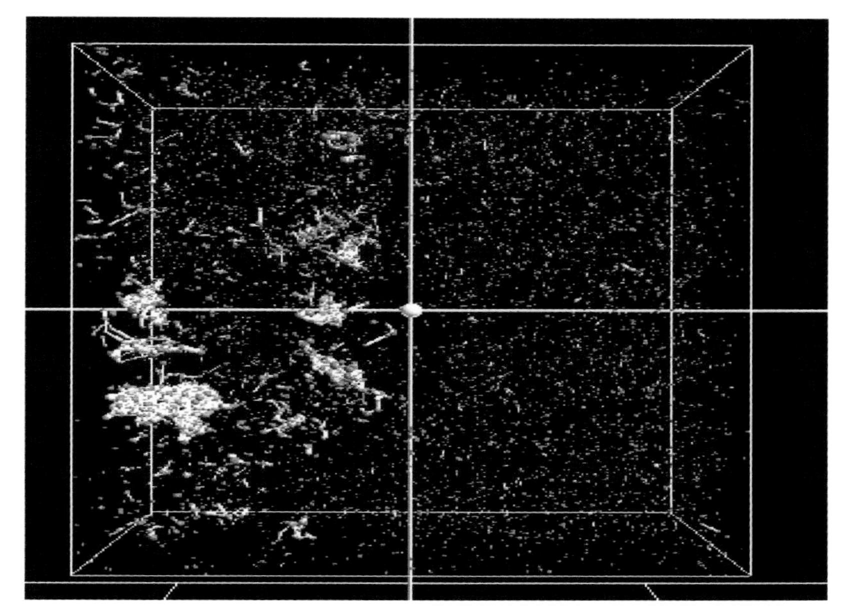

图版 7-22 沉凝灰岩类储层孔隙类型及孔隙结构

第三节　泥灰岩－碳酸盐岩质砾（砂）岩类致密油储层

近年来，华北油田在冀中坳陷束鹿凹陷（图 7-7）沙三下亚段发现了泥灰岩、碳酸盐岩质砾（砂）岩致密储层油藏，并获得较高且较稳定的石油产量。此类致密油储层，特别是碳酸盐岩质砾（砂）岩类储层，因其沉积环境条件特殊，分布相对局限，在陆相断陷湖盆中具有典型意义。

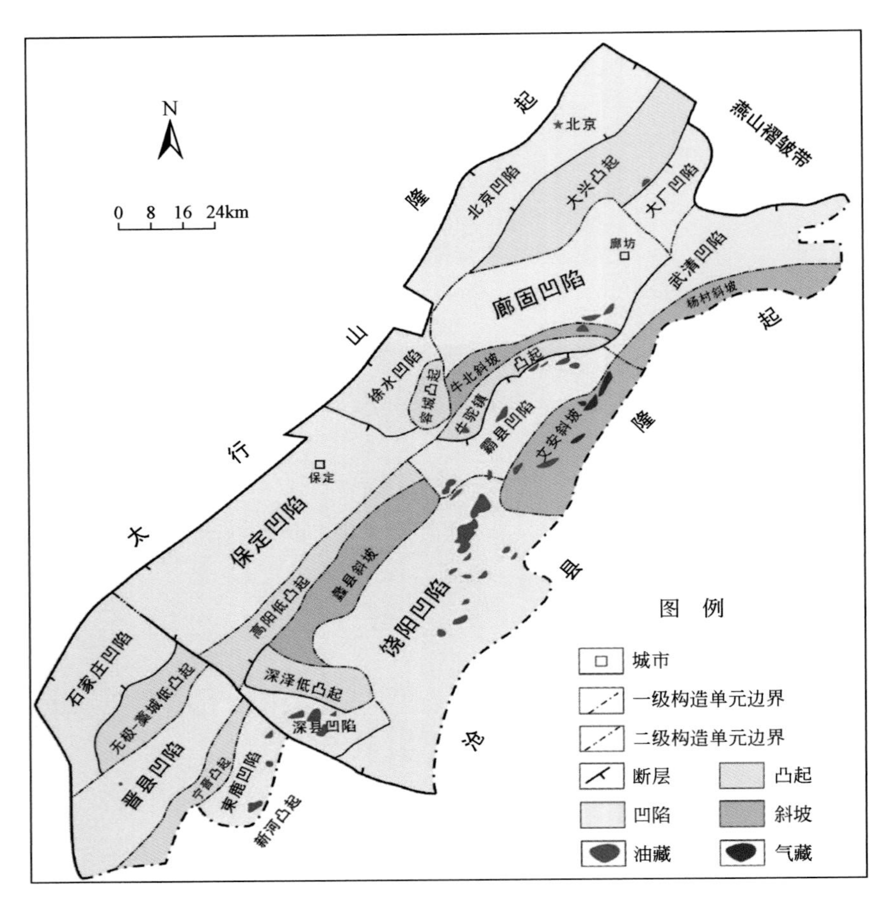

图 7-7　研究区构造位置图

一、沉积特征

沙三下亚段沉积期为凹陷主要成湖期和烃源岩发育期。该时期束鹿凹陷东、南、西三面均被下古生界碳酸盐岩古隆起所包围。在这种古地理背景下，大量的碳酸盐岩碎屑在阵发性洪水的作用下进入湖盆，在湖盆陡缓两岸分别形成裙状分布的近岸水下扇和扇三角洲等沉积体，同时受地震、洪水等作用的影响，近岸水下扇和扇三角洲前缘频繁滑塌，形成滑塌扇体，其岩性以碳酸盐岩质砾岩、砂岩为主，厚度一般为 100 ～ 250m。往湖盆方向逐渐过渡为浅湖—较深湖亚相沉积，岩性以泥灰岩为主，厚度一般大于 50m，往凹陷中心方向其厚度逐渐增大，钻遇最大厚度为 603m（图 7-8）。致密油甜点区位于中洼槽西侧呈半圆形展布的泥灰岩、碳酸盐岩质砾（砂）岩发育区，面积约 60km^2（图 7-9）。该区钻探的束探 1H、束探 2X、束探 3 等 3 口井证实，该区沙三下亚段泥灰岩－碳酸盐岩质砾（砂）岩类自下而上整体含油，是一个大规模的致密油富集带。

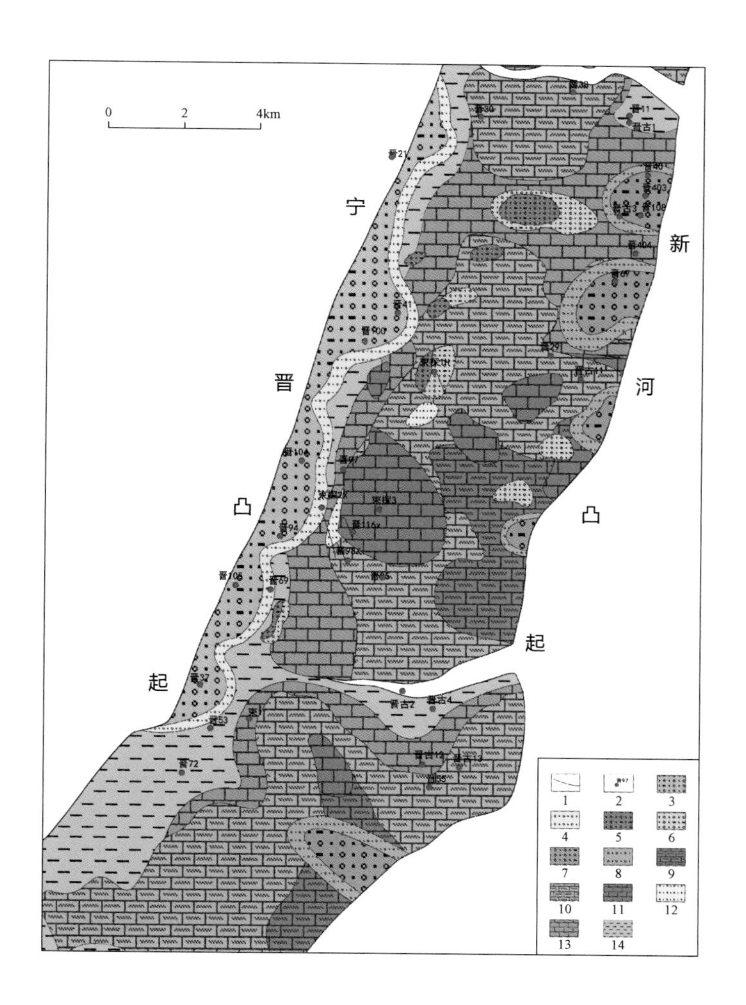

图 7-8　束鹿凹陷沙三下亚段沉积相图

1. 边界线；2. 井位井号；3. 扇三角洲平原辫状河道（颗粒支撑陆源砾岩）；4. 扇三角洲前缘水下分流河道（杂基支撑陆源砾岩）；5. 滑塌扇内扇（颗粒支撑陆源砾岩）；6. 滑塌扇外扇（杂基支撑陆源砾岩、混源砾岩）；7. 近岸水下扇内扇（颗粒支撑陆源砾岩）；8. 近岸水下扇中扇-外扇（杂基支撑陆源砾岩）；9. 深湖（纹层状泥灰岩）；10. 半深湖（纹层状泥灰岩）；11. 深湖-半深湖低密度浊积扇（块状泥灰岩）；12. 深湖-半深湖浊积扇（纹层状粉砂岩）；13. 滨浅湖（扰动成因泥灰岩）；14. 滨浅湖（泥岩）

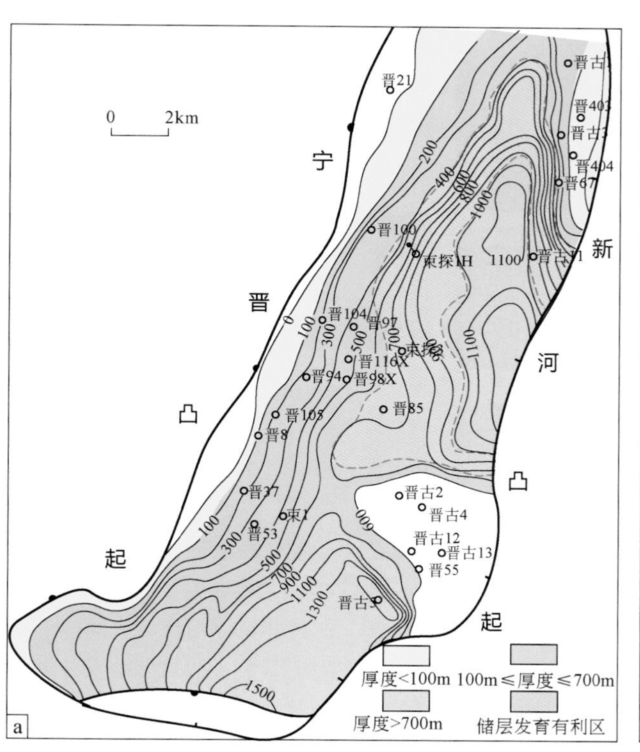

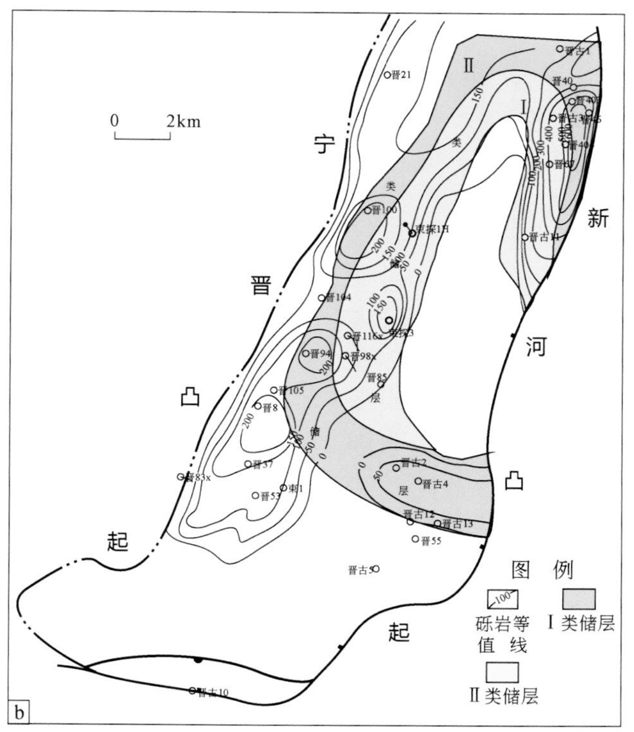

图 7-9　束鹿凹陷沙三下亚段泥灰岩－碳酸盐岩质砾（砂）岩甜点分布图

（a）泥灰岩；（b）碳酸盐岩质砾（砂）岩

根据岩心和薄片观察，砾岩从成分上可分为陆源砾岩和混积砾岩两类，从结构上可分为颗粒支撑砾岩和杂基支撑砾岩两类，属于扇三角洲平原辫状河道、扇三角洲前缘水下分流河道、河口坝、滑塌扇中扇辫状水道微相沉积。扇三角洲前缘水下分流河道、河口坝以颗粒支撑陆源砾岩为主，砾石的磨圆度和分选性较好，可见叠瓦状排列或者低角度定向排列，偶见反粒序（图 7-10）。

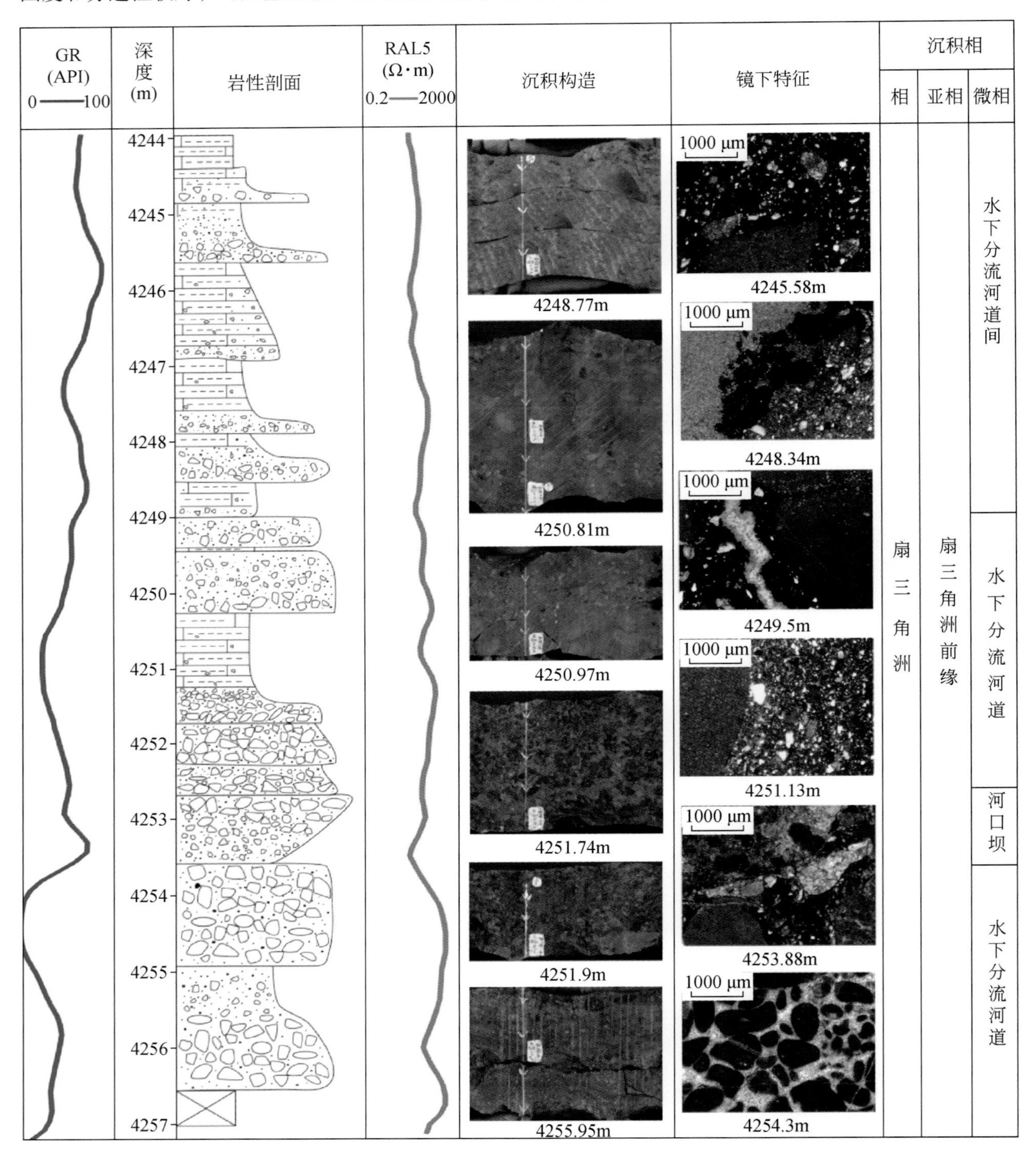

图 7-10 束探 3 井扇三角洲前缘沉积特征

滑塌扇中扇辫状水道岩性主要是颗粒支撑陆源砾岩和颗粒支撑混源砾岩（砂岩），其次为杂基支撑陆源砾岩或混源砾岩，砾石分选性差。软沉积物变形构造，如火焰构造、负载－球枕构造等（图 7-11）。

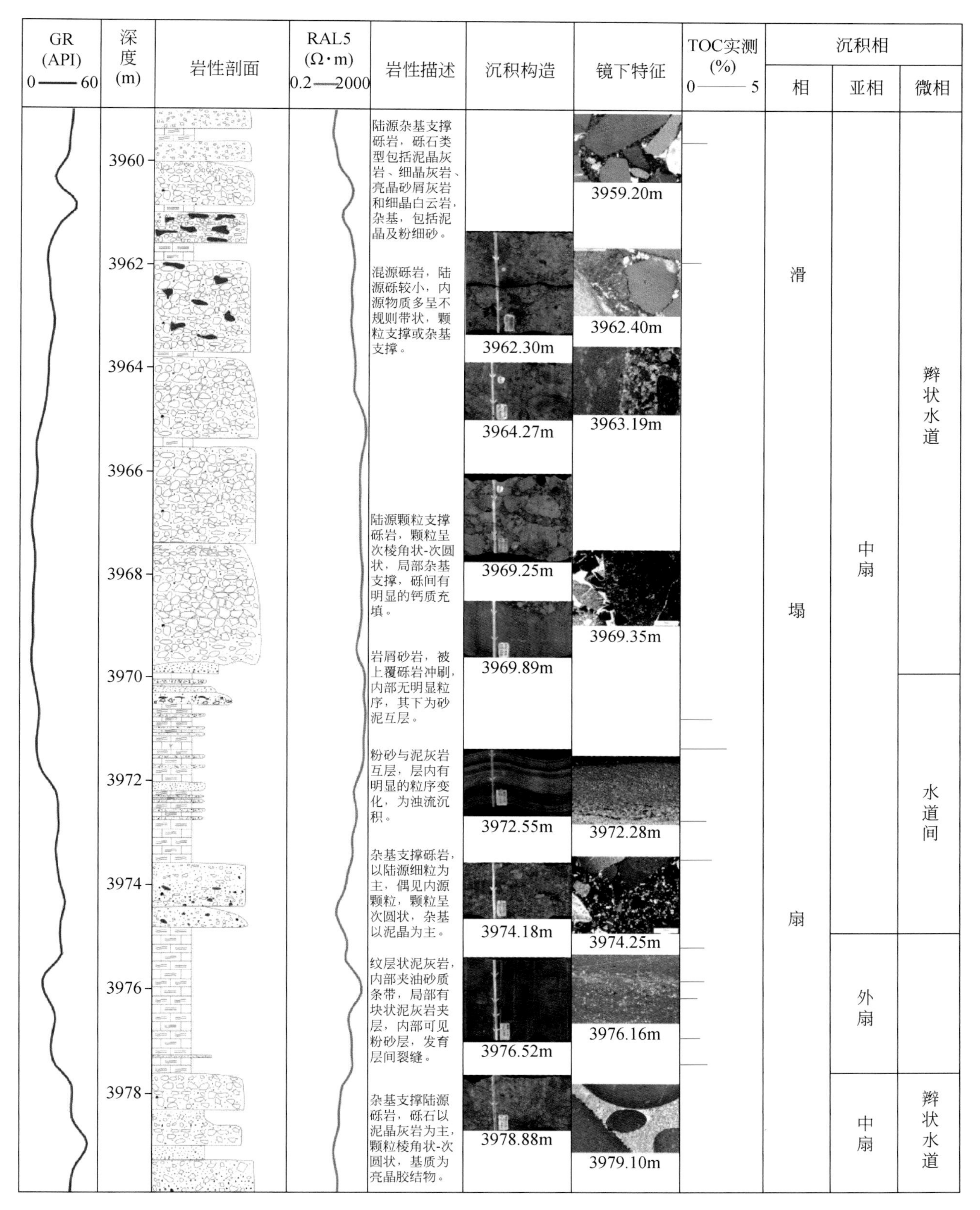

图 7-11 束探 1H 井滑塌扇中扇沉积特征

泥灰岩主要为滨浅湖－较深湖相混积岩，表现为纹层状泥灰岩夹纹层状粉砂岩互层，属于滨浅湖－较深湖亚相或扇三角洲前缘亚相水下分流河道间沉积，常见微球枕及微重荷模等软沉积物变形构造。

在地震剖面上，碳酸盐岩质砾（砂）岩总体表现为S型斜交前积相，其内部单期砾岩体表现为小型透镜状或丘状相，强振幅、不连续，叠瓦状分布；泥灰岩表现为弱振幅或空白板状相（图7-12）。

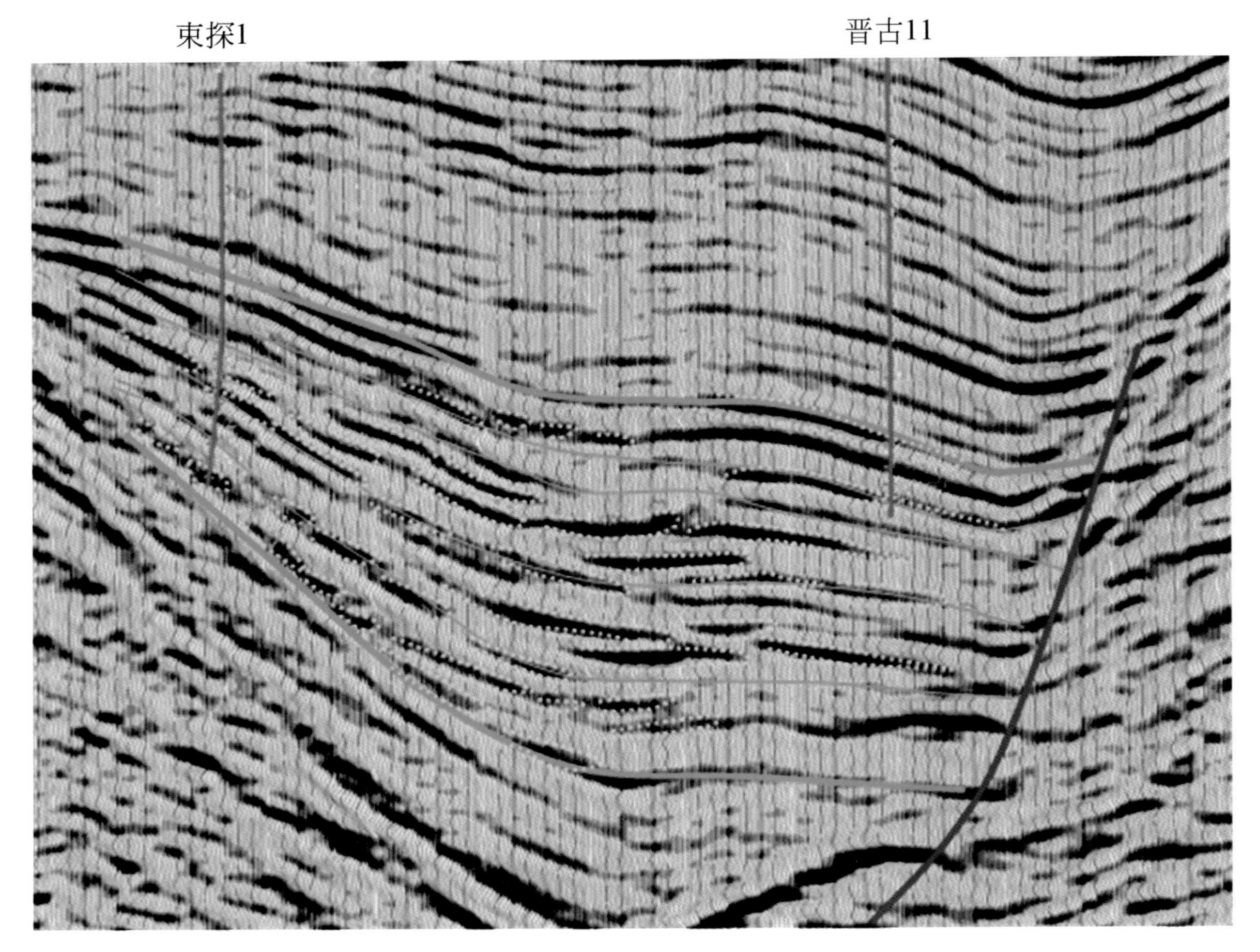

图7-12 束鹿凹陷沙三下亚段砾岩体与泥灰岩地震相特征

二、泥灰岩储层特征

泥灰岩致密油储层测井响应特征以束探3井为例，3620～3870m井段岩石矿物成分主要是方解石和伊利石，岩性为纹层状和块状泥灰岩，TOC含量为1.5%～2%；核磁测井反映有效孔隙度较低，一般为3%～6%，孔隙结构指数较低；裂缝密度为3～8条/m，裂缝长度为3～6m/m^2，核磁孔隙度结构为2～4，阵列声波渗透性指数＜1，属于Ⅰ类孔隙裂缝型储层；脆性指数为20%～40%，破裂压力梯度为1.05～1.25MPa·h/m，阵列声波测井显示各向异性较弱，属于Ⅱ类工程品质储层（图7-13）。

1. 岩石学特征

通过对束探1H、束探3、束探2X井等井进行岩心识别与岩矿识别融合，即对连续取心段频繁互层的不同岩性开展厘米级岩心描述、大密度的岩石薄片与X射线衍射全岩分析等方面的研究，对致密油储层岩石类型进行成分－结构定量分类（表7-4），进一步明确中观与微观不同尺度下的岩石类型及其对应关系。

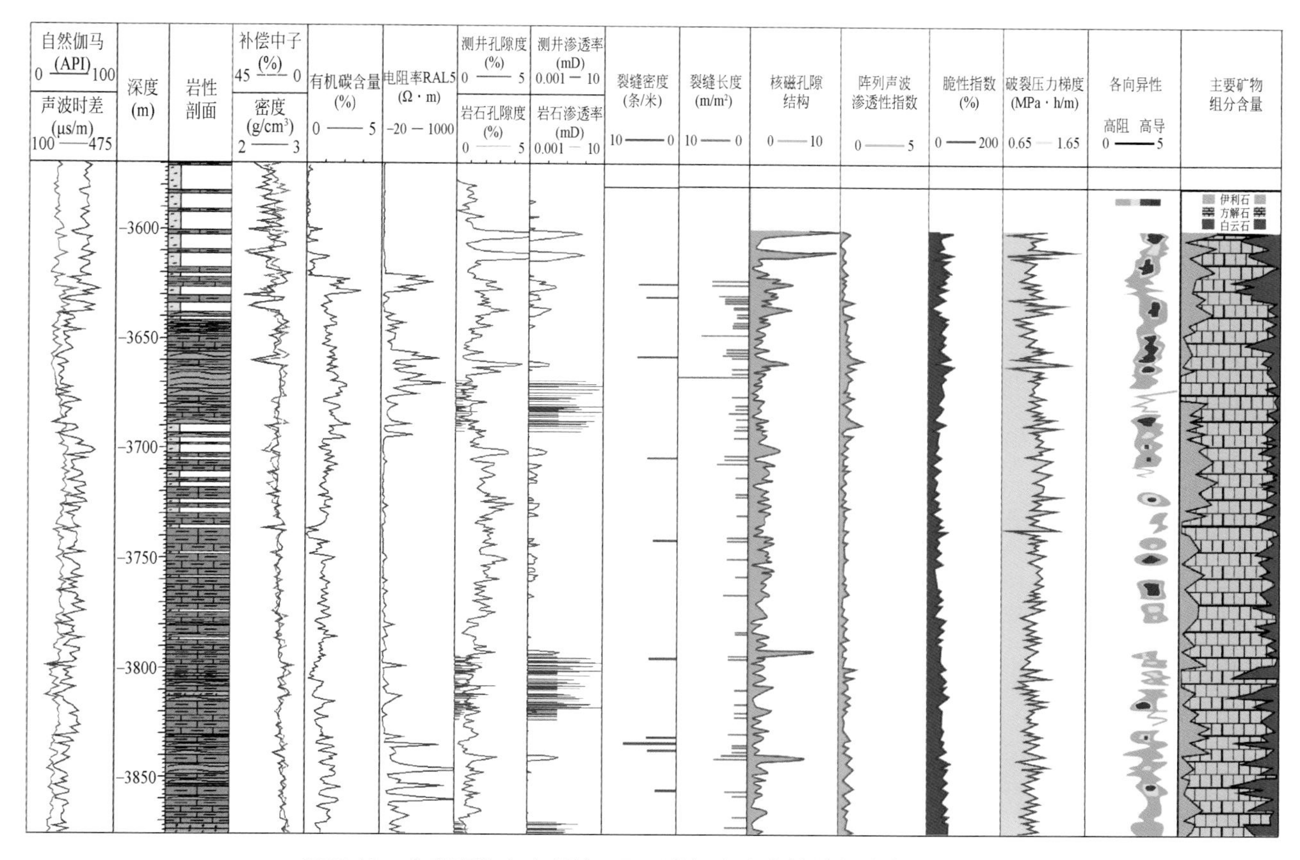

图 7-13 束鹿凹陷中南部沙三下亚段泥灰岩电性特征（束探 3 井）

表7-4 束鹿凹陷泥灰岩类致密油储层成分-结构定量划分表

岩类	岩心识别	岩矿识别	成分（%）			构造	
			黏土矿物	方解石	白云石	块状	纹层状
泥灰岩	纹层状泥灰岩	纹层状（含云）泥灰岩	<50	>50	<25		√
		纹层状云质泥灰岩	<50	>50	25～50		√
	块状泥灰岩	块状（含云）泥灰岩	<50	>50	<25	√	
		块状云质泥灰岩	<50	>50	25～50	√	

（1）纹层状泥灰岩

以深灰色为主，发育水平、波状或透镜状纹层。单纹层厚度一般仅为 0.01 ～ 1mm，最厚小于 1cm。纹层主要由暗色泥灰岩与亮色泥晶灰岩组成明暗相间的条带，局部含有机质。暗色泥灰岩纹层的矿物成分主要由陆源方解石和陆源黏土矿物组成，有少量白云石、石英、长石及黄铁矿；亮色泥晶灰岩纹层属于盆内化学成因，其成分主要为泥晶方解石，其次为泥晶白云石。机械沉积与化学沉积相互交替，反映了沉积时古气候的频繁变化。

纹层状泥灰岩在镜下的显微构造存在多种类型，最常见者为水平纹层，其次为显微水平波状纹层，除此之外，还可见卷曲纹层，可夹厚度不等的毫米级的正粒序层，反映了深湖环境存在稀薄浊流及底流的作用。

（2）块状泥灰岩

深灰 - 灰黑色，块状层理，岩性致密，成层性不明显，单层厚度一般为 1 ～ 5m，最厚达 10m。以泥晶方解石为主，其次为泥晶白云石和黏土矿物。另外，常含有一定量的粉砂及细砂粒级的碳酸盐岩岩屑、石英、长石等陆源碎屑，大多呈棱角状 - 次棱角状均匀分布，分选性及磨圆度都较差，代表了洪水事件的发生。偶见微球粒状黄铁矿。

a. 纹层状泥灰岩

灰褐色，泥晶结构，发育水平纹层，纹层厚2～6mm。纹层主要由暗色泥灰岩与亮色泥晶灰岩组成明暗相间的条纹，局部含有机质。层间缝发育。

束鹿凹陷

束探3井　3975.97～3976.18m

沙三下亚段

b. 纹层状泥灰岩

灰褐色，泥晶结构，发育波状或透镜状纹层，纹层厚2～10mm。纹层主要由暗色泥灰岩与亮色泥晶灰岩组成明暗相间的条纹，局部含有机质。水平缝发育，断面见油迹显示。

束鹿凹陷

束探3井　3812.40～3812.58m

沙三下亚段

c. 块状泥灰岩

灰黑色，泥晶结构，块状构造。成分以泥晶方解石为主，其次为泥晶白云石和黏土矿物。岩石致密。

束鹿凹陷

束探3井　4096.53～4096.75m

沙三下亚段

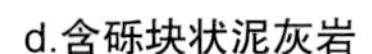

d.含砾块状泥灰岩

灰黑色，泥晶结构，块状构造。成分以泥晶方解石为主，其次为泥晶白云石和黏土矿物。含有较多细砾级灰岩、白云岩砾石，砾石砾径一般2～3cm，次棱-次圆状。

束鹿凹陷

束探3井　3688.52～3688.72m

沙三下亚段

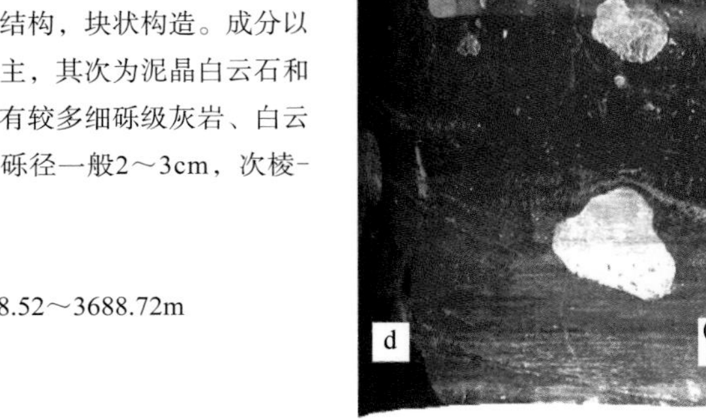

图版 7-23　泥灰岩类储层结构、构造及成分特征（一）

纹层状含云泥灰岩

显微水平波状层理，纹层浅暗相间，厚度略有变化。单个纹层的厚度主要为0.1～0.3mm。

束鹿凹陷

束探3井　3670.54m

沙三下亚段

岩石薄片（染色）　单偏光

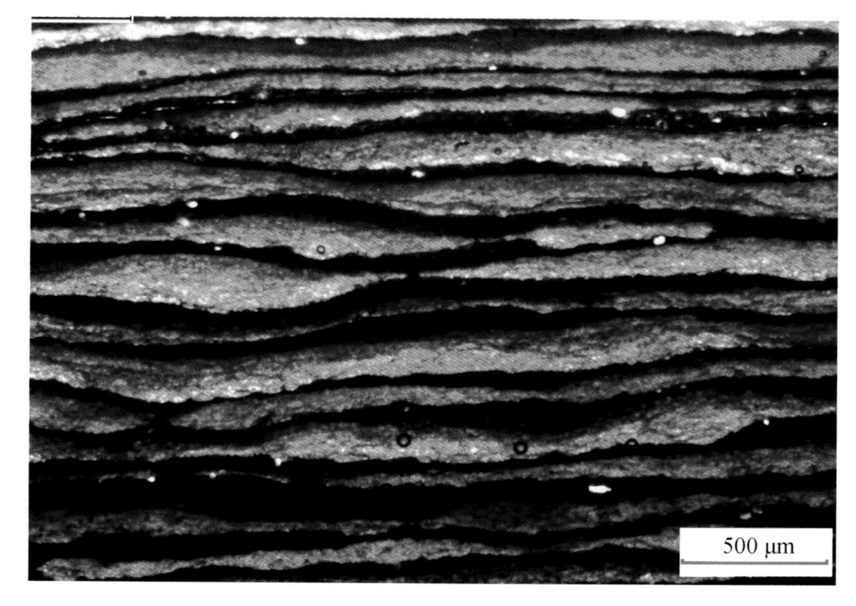

纹层状含云泥灰岩

显微水平波状层理，单个纹层厚度变化范围为0.1～0.5mm。暗色纹层含少量粉砂，底面较平整，而其顶面呈波痕状，可能是由深湖底流作用所致。

束鹿凹陷

晋97井　3448.69m

沙三下亚段

单偏光

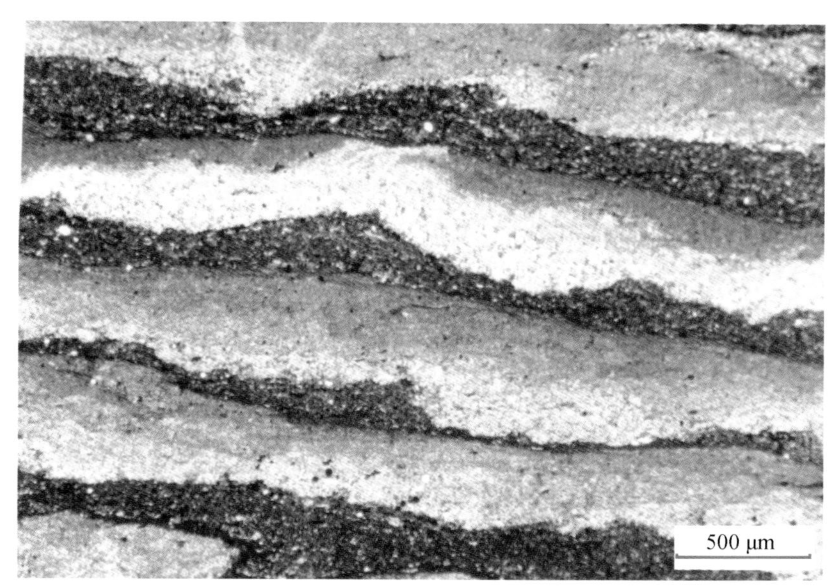

纹层状含云泥灰岩

纹层主要由含粉砂泥灰岩与泥晶灰岩组成，局部含有机质。微球粒状黄铁矿不均一分布。纹层或厚或薄，单纹层的厚度为0.1～0.3mm。图片中下部纹层平整，上部由于纹层厚度变化有波状起伏。

束鹿凹陷

晋67井　3957.05m

沙三下亚段

岩石薄片（染色）单偏光

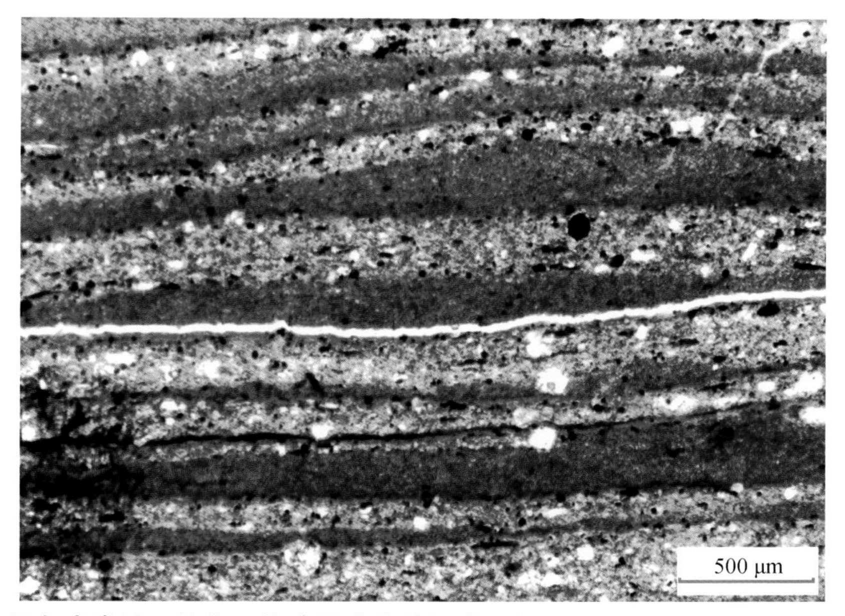

图版 7-24　泥灰岩类储层结构、构造及成分特征（二）

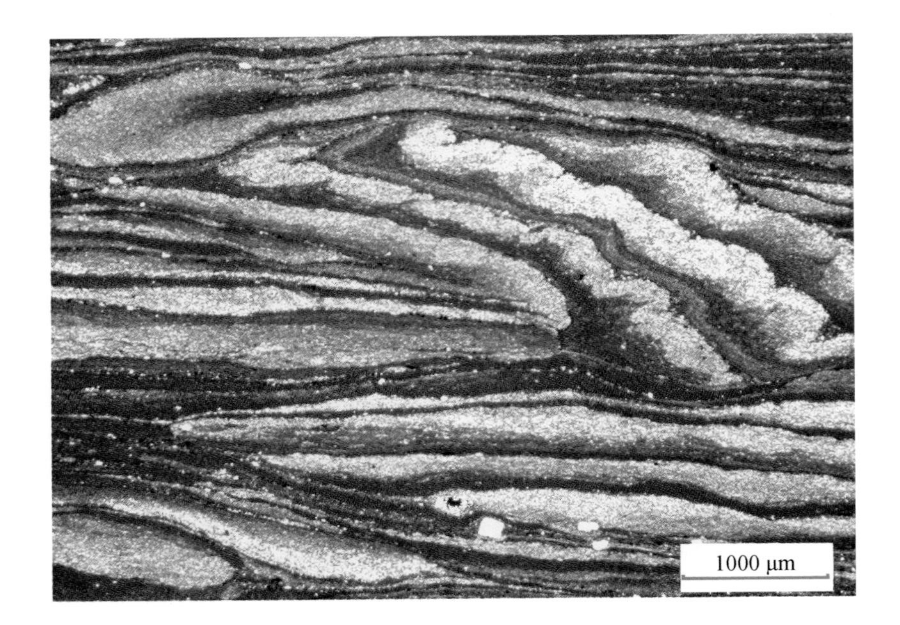

纹层状云质泥灰岩 卷曲纹层

纹层由原来的平整状态发生卷曲，是由于突然受到某种外力作用而发生液化流动形成。

束鹿凹陷

束探3井　3666.45m

沙三下亚段

单偏光

正粒序层理

在纹层状泥灰岩中夹有厚度为3～5mm的正粒序层，与下伏层为平整或冲刷接触，下部以粉砂级碎屑为主，向上逐渐减少，过渡为具有微细水平层理的泥岩。其形成与浊流活动有关。

束鹿凹陷

束探3井　3980.52m

沙三下亚段

单偏光

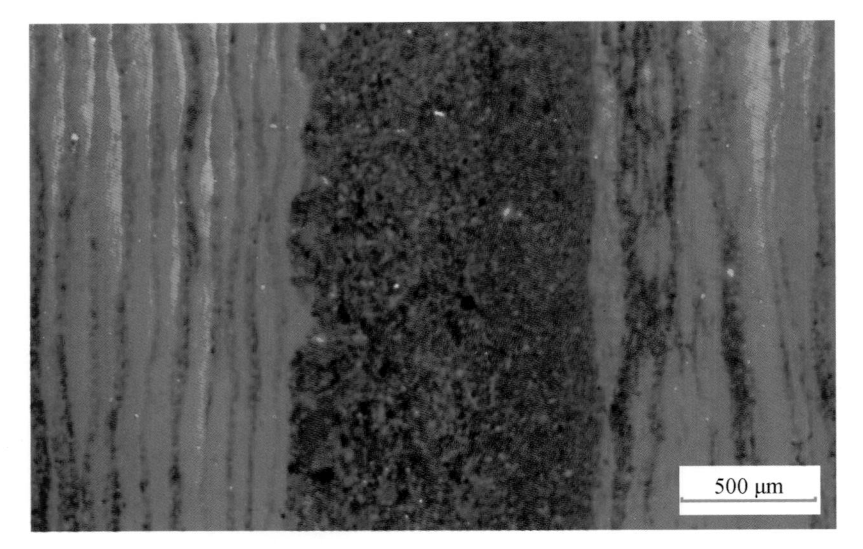

纹层状云质泥灰岩

纹层状泥晶灰岩与块状泥灰岩互层，发橘红色光者为化学沉积的方解石，发暗色光者为陆源方解石、白云石 。

束鹿凹陷

晋97井　3450.20m

沙三下亚段

阴极发光

图版 7-25　泥灰岩类储层结构、构造及成分特征（三）

块状云质泥灰岩

以泥粒级方解石为主，其次为泥粒级白云石和黏土矿物，含有少量粉砂级的碳酸盐岩岩屑、石英、长石等陆源碎屑，大多呈棱角状-次棱角状均匀分布。微粒状黄铁矿集合体不均一分布。

束鹿凹陷

束探3井 3971.14m

沙三下亚段

单偏光

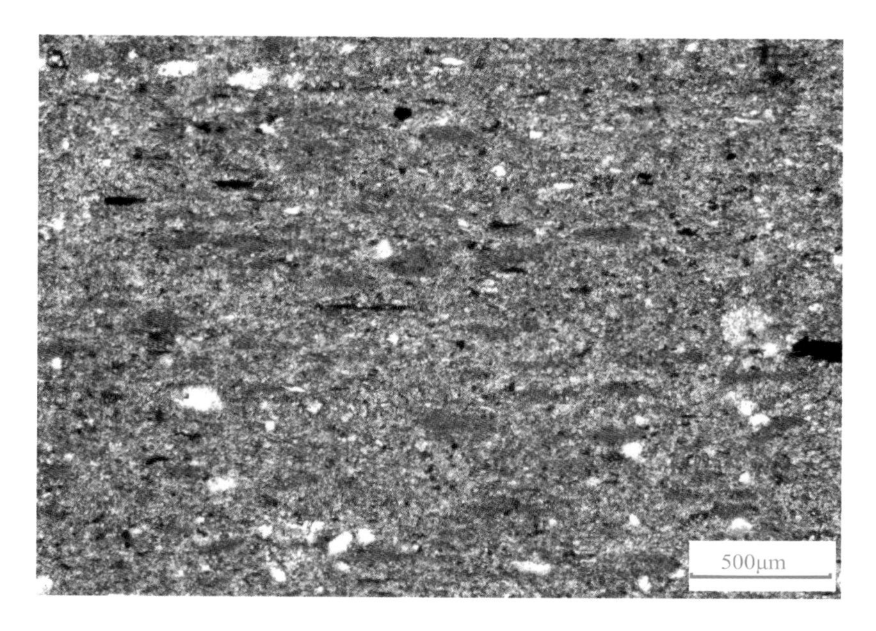

块状云质泥灰岩

以泥粒级方解石为主，其次为泥粒级白云石和黏土矿物，含有少量粉砂级的碳酸盐岩岩屑、石英、长石等陆源碎屑，大多呈棱角状-次棱角状均匀分布。

束鹿凹陷

束探3井 3816.96m

沙三下亚段

单偏光

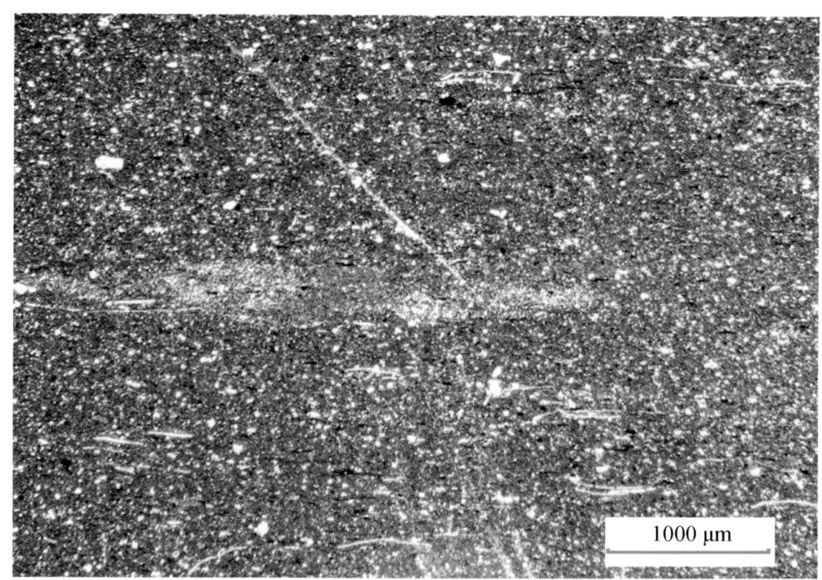

砾状云质泥灰岩

以泥粒级方解石为主，其次为泥粒级白云石和黏土矿物。较多的细砾级碳酸盐岩砾石及砂粒呈不均匀状混杂其中，砂、砾石多呈次圆-次棱角状。

束鹿凹陷

束探3井 3688.70m

沙三下亚段

单偏光

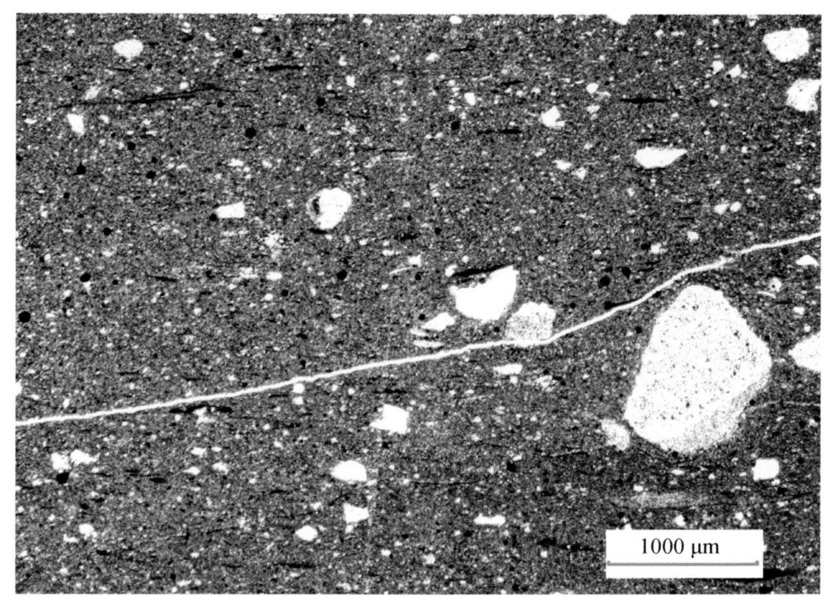

图版 7-26 泥灰岩类储层结构、构造及成分特征（四）

2. 成岩作用及其特征

沙三下亚段泥灰岩致密油储层中的成岩作用主要有压实作用、胶结作用和交代作用。

（1）压实作用

随着埋深的增加，压实作用逐渐增强，主要压实特征表现为颗粒间的点－线状接触，以及压实压溶作用形成缝合线。

（2）胶结与交代

致密油储层中的胶结、交代物主要是方解石。研究区母岩就是碳酸盐岩，岩石颗粒组分主要是泥晶灰岩、泥晶云岩等碳酸盐岩屑，成岩期孔隙水与外界隔绝，其孔隙水中碳酸钙浓度较高，在 pH 及 Eh 值较高的情况下，方解石从孔隙水中结晶出来，充填孔隙、裂缝并交代颗粒。其一方面使孔隙或裂缝部分或完全充填，另一方面使沉积物免遭进一步的机械压实。

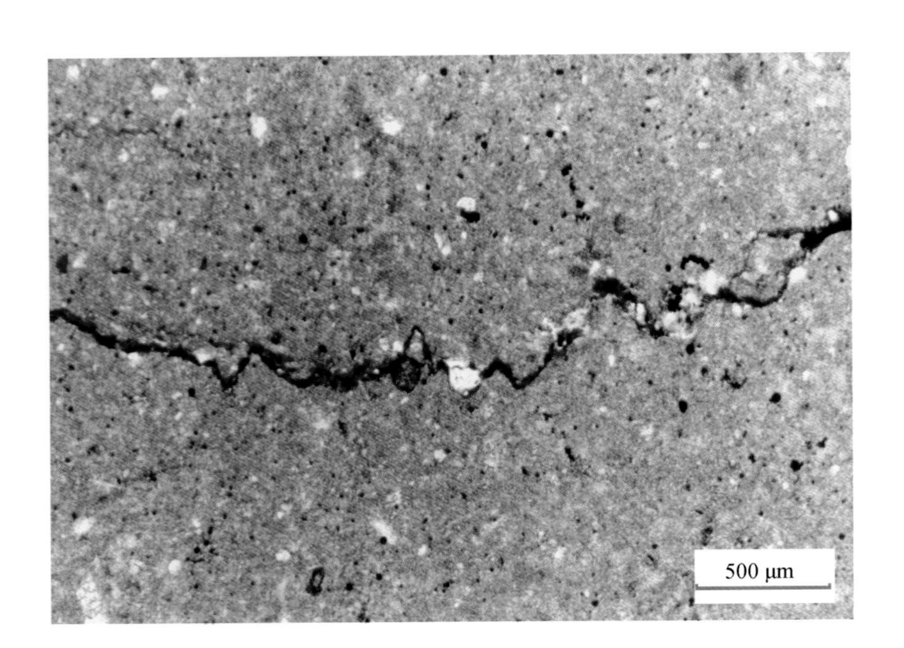

缝合线

在成岩环境中由不均匀压实及溶解作用形成的缝合线，被有机质充填。

束鹿凹陷

晋85井　3767.80m

块状泥灰岩

沙三下亚段

单偏光

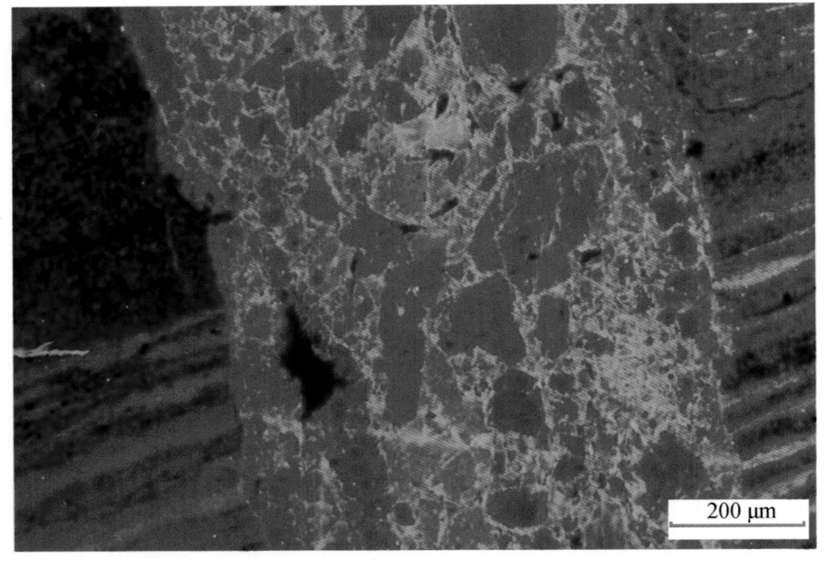

方解石充填裂缝

两期构造缝，早期张性高角度裂缝及晚期压扭性微细裂缝均被方解石充填。晚期充填的方解石发亮黄色光。

束鹿凹陷

晋97井　3450.20m

纹层状泥灰岩

沙三下亚段

阴极发光

图版 7-27　泥灰岩类储层成岩作用类型及特征

3. 储集空间特征

泥灰岩有溶孔、晶间孔、有机质孔、层间缝和构造缝 5 种储集空间类型。

1）溶孔：岩石中方解石被不均一溶蚀形成，呈似圆形、不规则状、伸长状等形态，在扫描电镜下见方解石颗粒部分被溶蚀，形成粒内纳米级－微米级的溶蚀孔。

2）晶间孔：主要是指方解石、白云石、黄铁矿晶体之间的孔隙。

3）有机质孔：通过场发射扫描电镜观察，发现泥灰岩中的有机质孔，其孤立分布，形状通常为不规则的椭球形、近圆形或不规则的形状，孔隙直径＜ 0.5μm，大部分是纳米级孔。

4）层间缝：沿着陆屑沉积的泥灰岩或化学沉积的泥灰岩与泥质纹层的接触面顺层分布。

5）构造缝：构造应力作用的结果，有高角度构造缝、中角度构造缝，以前者为主，部分裂缝被方解石全部充填或半充填。

4. 储集物性特征

泥灰岩为特低孔特低渗储层，岩心实测孔隙度一般为 1.24% ～ 4.88%，渗透率一般为 0.08 ～ 14.50mD，个别有裂缝存在的样品，其渗透率可达 38.30 mD（表 7-5 ）。

表7-5　束鹿凹陷沙三下亚段泥灰岩类致密油储层物性特征表

岩性	井号	井段（m）	孔隙度（%）	渗透率（mD）	物性分级
泥灰岩	束探1H	3949.16～4086.79	$\frac{0.4～3.2}{1.24（57）}$	$\frac{0.04～38.30}{3.38（57）}$	特低孔特低渗
		4204.30～4213.18	$\frac{0.7～2.3}{1.6（15）}$	$\frac{0.04～13.40}{2.68（15）}$	特低孔特低渗
	束探2X	3688.00～4887.00	$\frac{0.6～11.4}{2.49（8）}$	$\frac{0.04～14.60}{2.04（8）}$	特低孔特低渗
	束探3	3664.90～4099.67	$\frac{0.1～4.3}{0.77（185）}$	$\frac{0.04～11.40}{0.85（185）}$	特低孔特低渗
	晋67	3958.00～3960.00	$\frac{1.4～8.4}{4.88（5）}$	$\frac{0.1～36.5}{14.5（4）}$	特低孔特低渗
	晋85	3722.59～3782.15	$\frac{0.9～2.0}{1.33（4）}$	$\frac{0.01～0.64}{0.08（4）}$	特低孔特低渗
	晋97	3593.21～3865.73	$\frac{0.5～9.4}{3.5（5）}$	$\frac{0.01～4.00}{0.86（5）}$	特低孔特低渗

注：$\frac{0.4～3.2}{1.24（57）}$表示$\frac{最小值～最大值}{平均值（样品数量）}$。

层间缝 构造缝

层间缝及高角度裂缝发育，有机质在方解石纹层中富集。

束鹿凹陷

束探3井　3684.72m

纹层状泥灰岩

沙三下亚段

单偏光

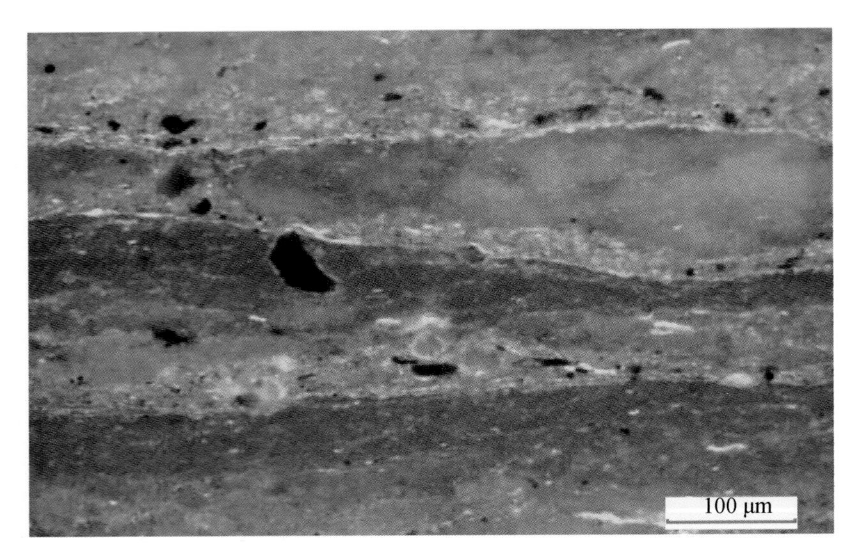

层间缝

有机质在方解石纹层中富集，发淡黄色光。

束鹿凹陷

束探3井　3675.4m

纹层状泥灰岩

沙三下亚段

荧光薄片

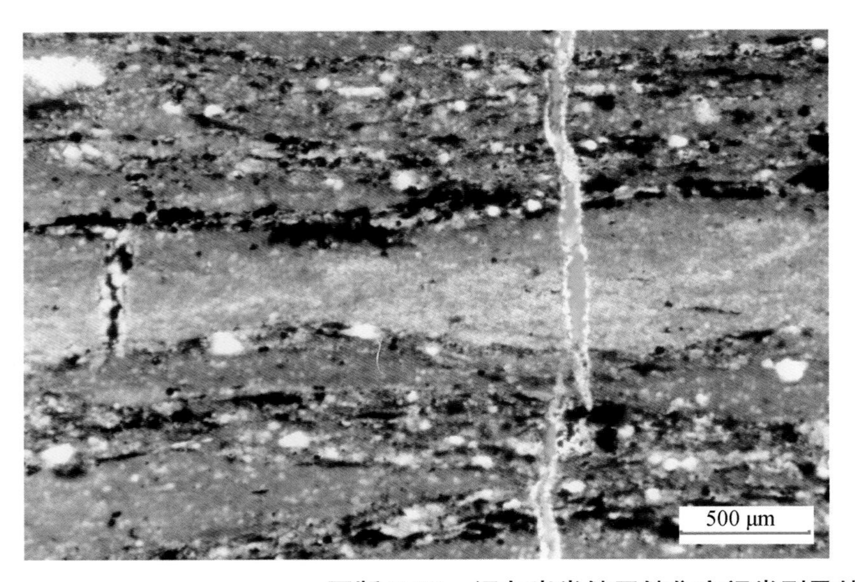

层间缝 构造缝

层间缝及高角度裂缝发育，有机质在方解石纹层中富集。

束鹿凹陷

晋404井　3589.40m

纹层状泥灰岩

沙三下亚段

单偏光

图版 7-28　泥灰岩类储层储集空间类型及特征（一）

溶蚀孔

方解石被溶蚀，形成溶蚀孔，形状为椭圆形、不规则形状等，主要为纳米孔，孔径一般为1～3μm。溶蚀孔中发育菱面体状、板状的方解石及少量伊/蒙混层类自生黏土矿物。

东鹿凹陷

束探3井 3987.10m

纹层状泥灰岩

沙三下亚段

扫描电镜

黄铁矿 晶间孔

发育八面体状黄铁矿，少量八面体与五角十二面体的聚形。晶间孔，直径约为1μm。黄铁矿表面见薄而弯曲的伊/蒙混层类黏土。

束鹿凹陷

束探1H井 4205.90m

纹层状泥灰岩

沙三下亚段

场发射扫描电镜

溶蚀缝

宽<1～2 μm，长20～1000μm。

束鹿凹陷

晋97井 3637.95m

纹层状泥灰岩

沙三下亚段

氩离子剖光 场发射扫描电镜

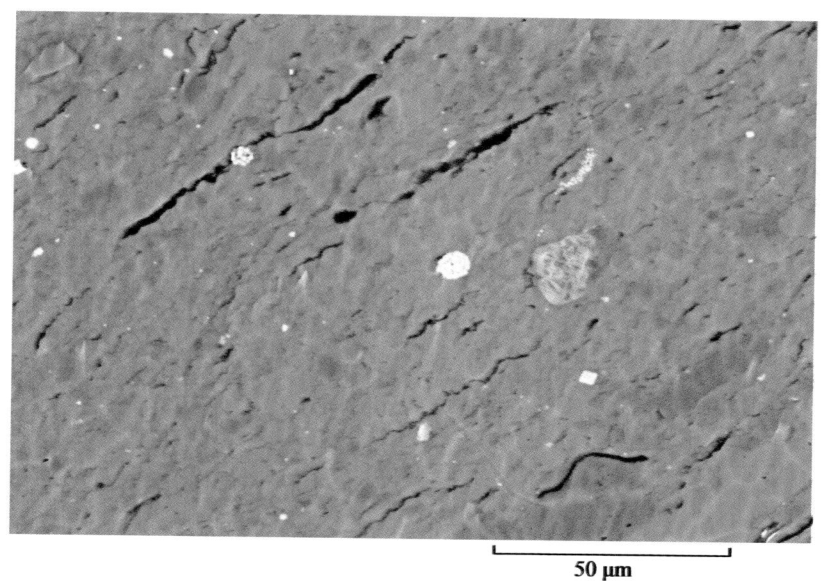

图版 7-29 泥灰岩类储层储集空间类型及特征（二）

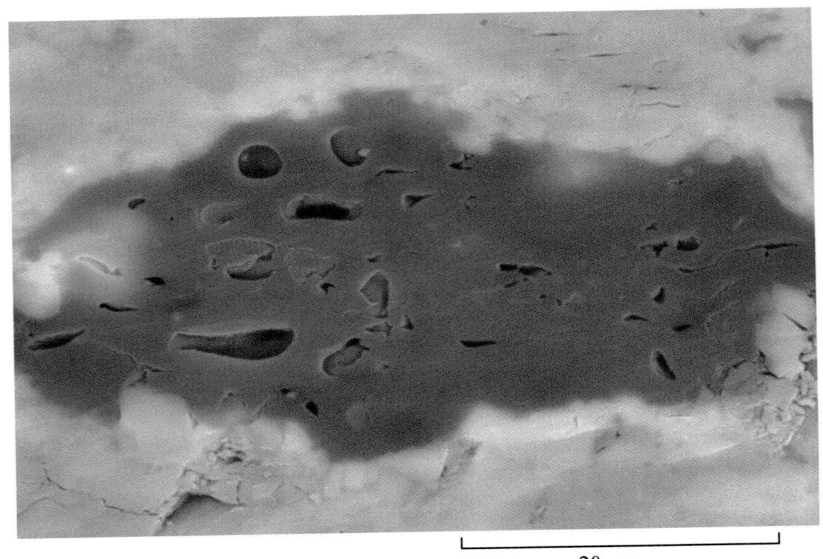

有机质内孔

形状为近圆形、椭圆形、多边形、不规则形状等，主要为纳米孔及微米孔，直径一般<0.5～2μm。

束鹿凹陷

束探1H井　4031.30m

纹层状泥灰岩

沙三下亚段

氩离子剖光 场发射扫描电镜

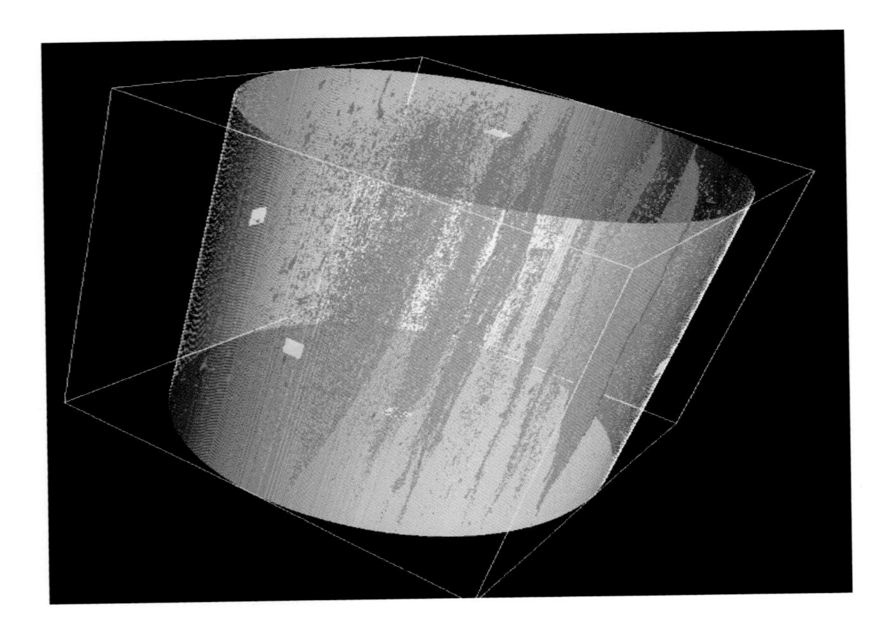

CT扫描孔隙提取图像

储层孔隙主要沿暗色纹层发育，连通性较好。

束鹿凹陷

束探3井　3670.89m

纹层状泥灰岩

沙三下亚段

CT扫描　样品直径3mm

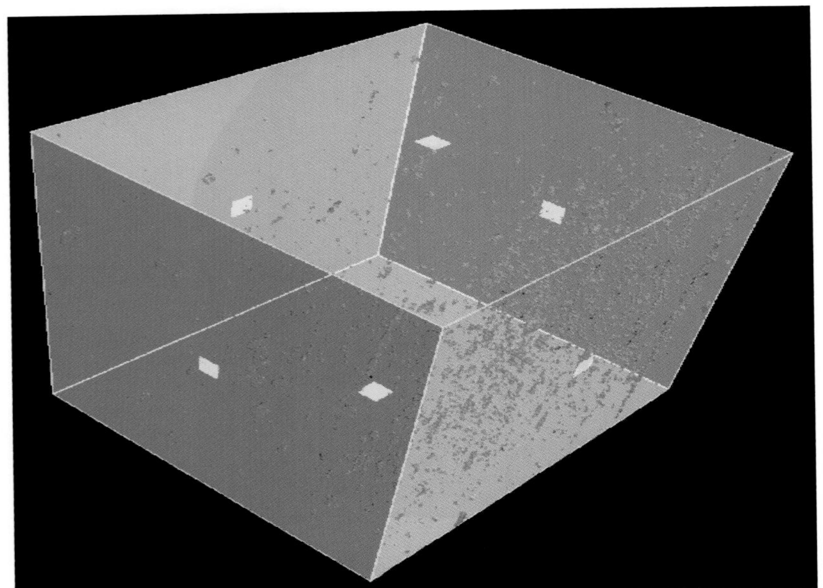

CT扫描孔喉结构图像

储层孔隙较发育，孔隙半径均值为1.5μm，喉道半径均值为1.06μm，连通性体积达到68.3%，为裂缝-孔隙型网络结构。

束鹿凹陷

束探3井　3670.89m

纹层状泥灰岩

沙三下亚段

CT扫描　样品直径2mm

图版 7-30　泥灰岩类储层孔隙结构特征

样品T2谱呈双峰态，T2弛豫时间分布于0.1～30ms，实测核磁孔隙度为2.28%，束缚水饱和度为70.55%，可动流体饱和度为29.45%，T2截止值为8.03ms。
束鹿凹陷
束探3井　3978.96m
深灰色油斑纹层状泥灰岩
沙三下亚段
核磁共振

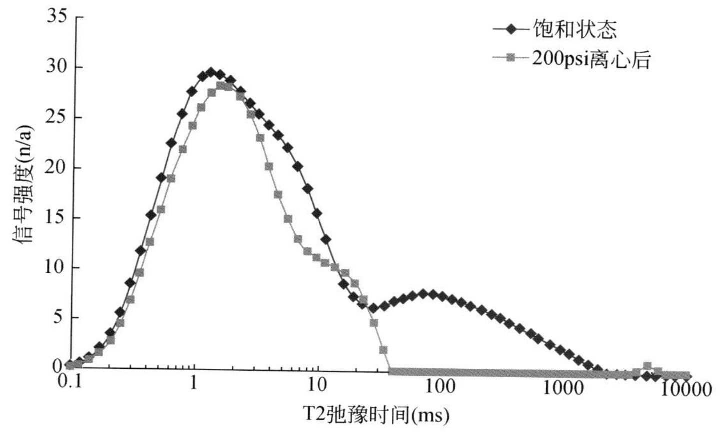

岩心核磁共振T2谱的频率分布

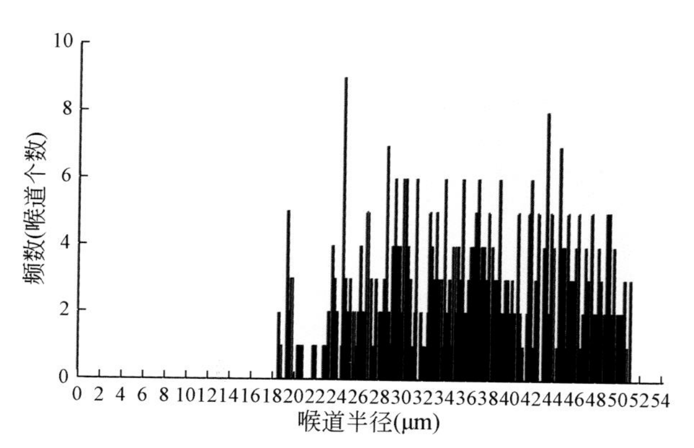

恒速压汞喉道半径分布图

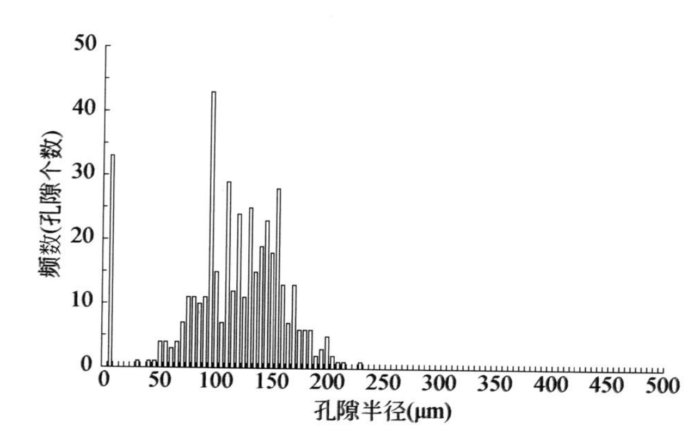

恒速压汞孔隙半径分布图

有效孔喉：特大孔中喉型
总进汞饱和度：28.58%；
喉道进汞饱和度：12.96%；
孔隙进汞饱和度：15.62%；
有效喉道半径加权平均值：36.45μm；
有效孔隙半径加权平均值：117.97μm；
有效孔喉半径比加权平均值：17.50。
束鹿凹陷　束探3井　3994.88m
灰色油斑纹层状泥灰岩　沙三下亚段　恒速压汞

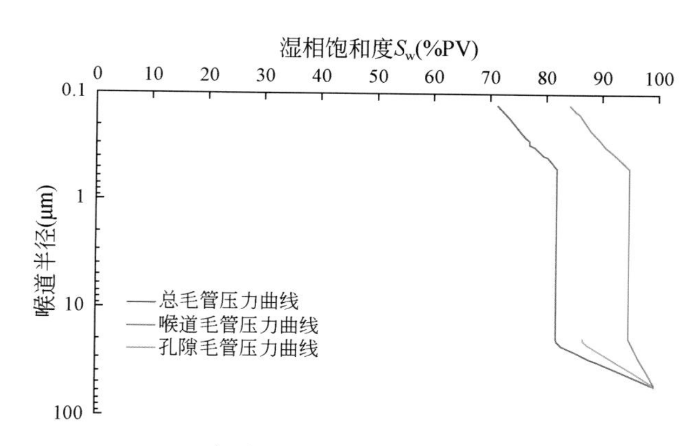

恒速压汞毛管压力曲线图

图版 7-31　泥灰岩类储层核磁共振 T2 谱及恒速压汞参数图

三、碳酸盐岩质砾（砂）岩类储层特征

碳酸盐岩质砾（砂）岩致密油储层测井响应特征以束探3井为例，4260～4352m井段岩石矿物成分主要是方解石，岩性为颗粒支撑陆源灰质砾岩，自然伽马值低，一般小于30API，电阻率为100～400Ω·m，声波时差、补偿中子、体积密度数值分别为165.7μ/m、6.77%、2.53g/cm^{3}左右；含油饱和度可达60%～70%，TOC含量为0.5%～2%；核磁测井显示有效孔隙度为3%～6%，裂缝孔隙度＜0.15%，裂缝密度为1.5～6条/m，裂缝长度为1～6m/m^2，核磁孔隙度结构指数为2～5，阵列声波渗透性指数为2～4，属于I类孔隙裂缝型储层；脆性指数为30%～50%，破裂压力梯度为0.85～1.05MPa/m，各向异性强，储层工程品质较好（图7-14）。

1. 岩石学特征

通过对束探1H、束探3、束探2X井等井进行岩心识别与岩矿识别融合，即对连续取心段频繁互层的不同岩性开展厘米级岩心描述、大密度的岩石薄片与X射线衍射全岩分析等资料研究，对致密油储层岩石类型进行了成分－结构法定量分类（表7-6），进一步明确了中观与微观不同尺度下的岩石类型及其对应关系。

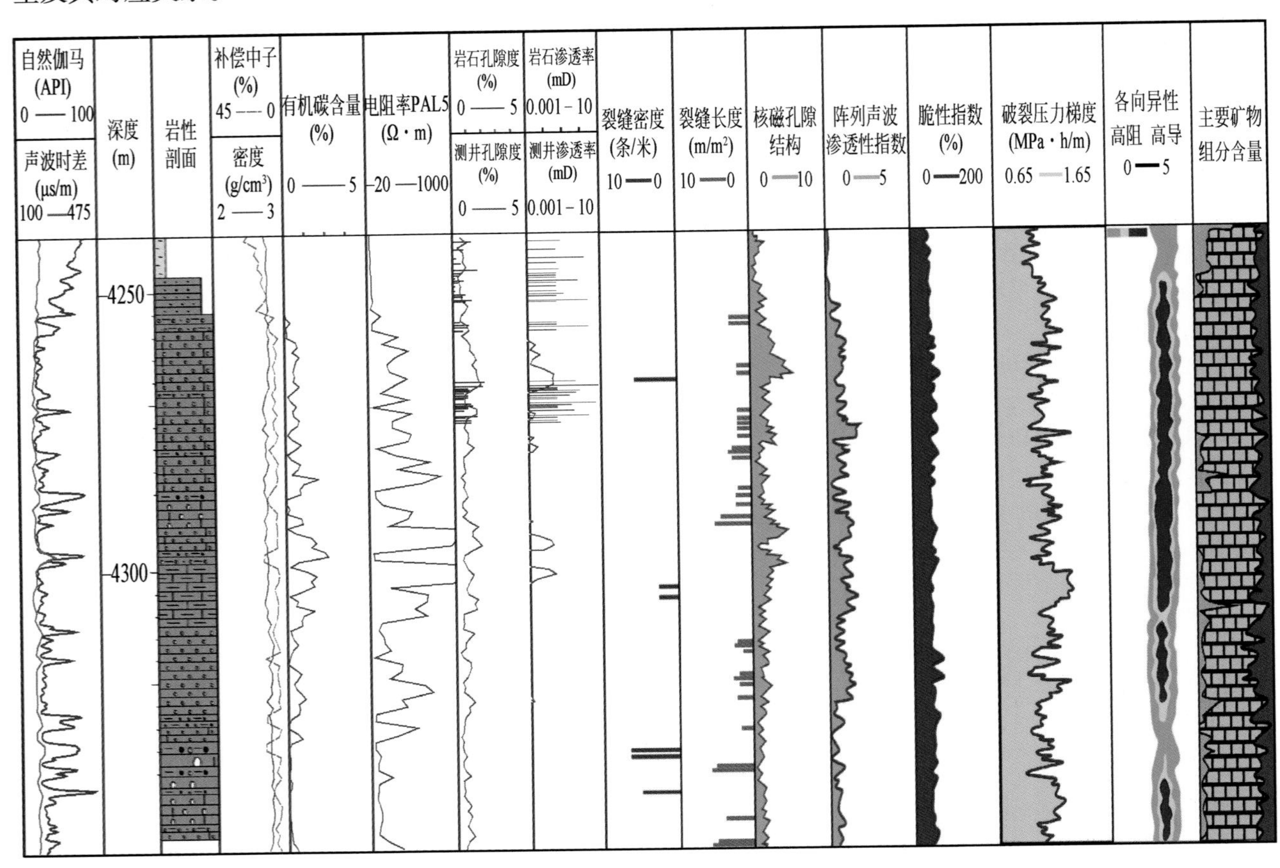

图7-14　碳酸盐岩质砾（砂）岩致密油储层电性特征（束探3井）

表7-6 束鹿凹陷碳酸盐岩质砾（砂）岩类致密油储层成分-结构定量划分表

岩类	类型	岩心识别	岩矿识别	成分（%）						结构	
				基质矿物成分			主要碎屑组分				
				黏土矿物	方解石	白云石	砂级碎屑	陆源砾石	内源砾石	颗粒支撑	杂基支撑
碳酸盐岩质砾（砂）岩	碳酸盐岩质砾岩	颗粒支撑陆源碳酸盐岩质砾岩	颗粒支撑陆源灰岩砾岩 颗粒支撑陆源云岩砾岩	<25				>75	<10	√	
		杂基支撑陆源碳酸盐岩质砾岩	杂基支撑陆源灰岩砾岩 杂基支撑陆源云岩砾岩	25～50				>75	<10		√
		颗粒支撑混源碳酸盐岩质砾岩	颗粒支撑混源灰岩砾岩 颗粒支撑混源云岩砾岩	<25				50～75	25～50	√	
	碳酸盐岩质砂岩	碳酸盐岩质粉砂岩 碳酸盐岩质细砂岩	碳酸盐岩质岩屑粉砂岩 碳酸盐岩质岩屑细砂岩	<50			>50				
		中-粗粒碳酸盐岩质砂岩	碳酸盐岩质岩屑中-粗砂岩	<50			>50	10～25			

（1）碳酸盐岩质砾岩

陆源碳酸盐岩砾石及其砂粒级碎屑来自凹陷周边的下古生界碳酸盐岩潜山，以碎屑流或泥石流等块体搬运的方式携带至斜坡带和洼槽区的块状砾岩体。砾石成分包括泥晶灰岩、泥晶云岩、粉晶灰岩、粉晶云岩、竹叶状灰岩、鲕粒灰岩等陆源碳酸盐岩砾石，泥晶灰岩和泥晶云岩为主要砾石成分类型。填隙物组分与母岩类型有着很好的一致性，主要是细砂、粉砂或泥级的碳酸盐岩岩屑，有少量亮晶方解石胶结物。

a）颗粒支撑陆源碳酸盐岩质砾岩

浅灰色，由陆源碳酸盐岩砾石及少量砂粒级碳酸盐岩、石英、长石等陆源碎屑构成。砾石大小混杂，含量一般大于75%，砾径一般为5～20cm。砾石形态以次棱角状－次圆状为主，分选性较差，颗粒间主要为点接触。砾石间填隙物主要为与砾石同成分的砂粒级碳酸盐岩及泥粒级碎屑，含量小于25%。

b）杂基支撑陆源碳酸盐岩质砾岩

以灰色为主，陆源碳酸盐岩来源的砾石含量一般为50%～75%，砾石间充填砂、粉砂级或泥级的陆源碳酸盐岩碎屑、石英、长石及泥灰质填隙物，含量一般为25%～50%。砾石无分选性，大小混杂，杂乱分布，偶见大于50cm的巨砾。砾石形态以次棱角状为主，少量为次圆状，颗粒间呈“漂浮”状，杂基支撑。偶见一定量的生物碎屑，如介形类等。可见黄铁矿呈孤立状或带状分布。

c）颗粒支撑混源碳酸盐岩质砾岩

灰色、深灰色，以陆源碳酸盐岩砾石（50%～75%）及盆内砾屑（25%～50%）为主，有少量砂粒级碳酸盐碎屑、石英、长石等陆源碎屑和盆内泥灰岩砂屑－泥屑。与陆源碳酸盐岩砾石不同的是，盆内砾成分主要是泥灰岩。砾石大小混杂，杂乱分布，砾径一般为2～10cm。砾石间多呈点状接触、颗粒支撑。其中陆源砾石形态以次棱角状－次圆状为主，盆内砾主要为次圆状。填隙物表现为与砾石同成分的泥－砂粒级碳酸盐岩碎屑及湖盆内的泥灰质混杂，含量一般小于25%。

（2）碳酸盐岩质砂岩

a）中－粗粒碳酸盐岩质砂岩

浅灰色，中－粗砂结构，单砂层厚度较薄，一般10～30cm，不是主要的岩石类型。岩屑成分主要为中－粗粒的泥晶灰岩、泥晶云岩、白云石晶屑、方解石晶屑等碳酸盐岩碎屑，碎屑含量一般大于50%。局部可见碳酸盐岩砾石及少量石英、长石等陆源碎屑，含量一般为10%～25%。分选性中—差，磨圆以次棱角状－次圆状为主，孔隙－接触式胶结。胶结物含量一般小于50%，主要是泥灰质，其次为亮晶方解石。

b）碳酸盐岩质（粉）细砂岩

浅灰－灰色，块状或纹层状，（粉）细砂结构。碎屑成分与中－粗砂岩相同。颗粒分选性和磨圆度较好，成分成熟度和结构成熟度较高。胶结物主要是亮晶方解石。（粉）细砂岩单砂层厚度薄、分布较局限，因此其不是本区主要岩石类型。

a.颗粒支撑陆源碳酸盐岩质砾岩

浅灰色，中砾结构，块状构造。砾石大小混杂，砾径一般1～3cm，成分主要是泥晶灰岩和泥晶云岩，次棱-次圆状，分选性中等，砾石间主要为点接触。填隙物为细粉砂或泥级碳酸盐岩质碎屑。

束鹿凹陷

束探3井　4262.81～4263.01m

沙三下亚段

b.杂基支撑陆源碳酸盐岩质砾岩

褐灰色，细-中砾结构，块状构造。砾石大小混杂，杂乱分布，砾径0.3～3cm，成分主要是泥晶灰岩和泥晶云岩，次圆-圆状，分选性较差，砾石间呈“漂浮”状，表现为杂基支撑。

束鹿凹陷

束探3井　3794.06～3794.23m

沙三下亚段

c.颗粒支撑混源碳酸盐岩质砾岩

褐灰色，细-中砾结构，块状构造。陆源砾石和盆内砾石大小混杂，杂乱分布，砾径0.3～4cm，砾石间多点状接触，颗粒支撑。陆源砾石次圆-次棱状，主要是泥晶灰岩和泥晶云岩，盆内砾屑呈不规则状，以假杂基形式出现，主要成分为泥灰岩。

束鹿凹陷

束探3井　3871.07～3871.31m

沙三下亚段

d.颗粒支撑混源碳酸盐岩质砾岩

褐灰色，细-中砾结构，块状构造。陆源砾石和盆内砾石大小混杂，砾径0.3～5cm，盆内砾屑呈不规则状，以假杂基形式出现，主要成分为泥灰岩。

束鹿凹陷

束探2X井　3724.60～3724.85m

沙三下亚段

图版 7-32　碳酸盐岩质砾岩储层结构、构造及成分特征（一）

杂基支撑陆源灰岩砾岩

砾石为陆源碳酸盐岩砾石，以泥晶灰岩为主。填隙物主要是细砂、粉砂级石英及泥级碳酸盐岩岩屑。砾石内部裂缝被方解石全充填。砾石以次棱-次圆为主，少量圆状，分选性差，颗粒间呈“漂浮”状，杂基支撑。

束鹿凹陷

束探1H井　3968.72m

沙三下亚段

岩石薄片（染色）单偏光

颗粒支撑混源碳酸盐岩质砾岩

左侧为砂屑灰岩砾石，右上方为粉晶灰岩砾石，次圆状。右下方为盆内泥灰岩砾屑。填隙物为与砾石同成分的泥-砂碎屑与盆内的泥灰质。

束鹿凹陷

束探3井　3871.20m

沙三下亚段

岩石薄片　正交偏光

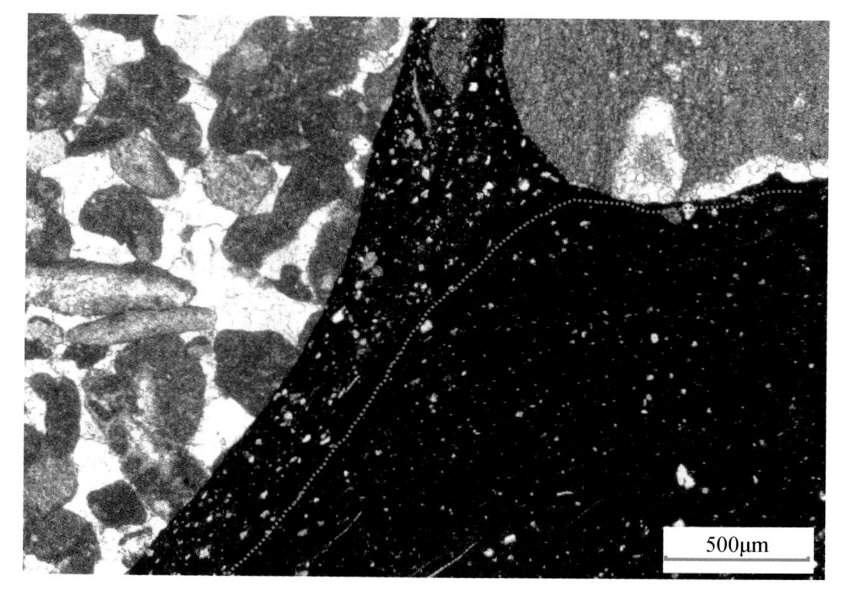

颗粒支撑混源碳酸盐岩质砾岩

砾石成分主要为陆源泥晶灰岩、泥晶云岩。图片左侧的砾石带有方解石脉。填隙物主要为与砾石同成分的泥-砂粒级碳酸盐岩碎屑，含少量陆源石英及盆内泥灰质。

束鹿凹陷

晋403井　3698.80m

沙三下亚段

岩石薄片（染色）单偏光

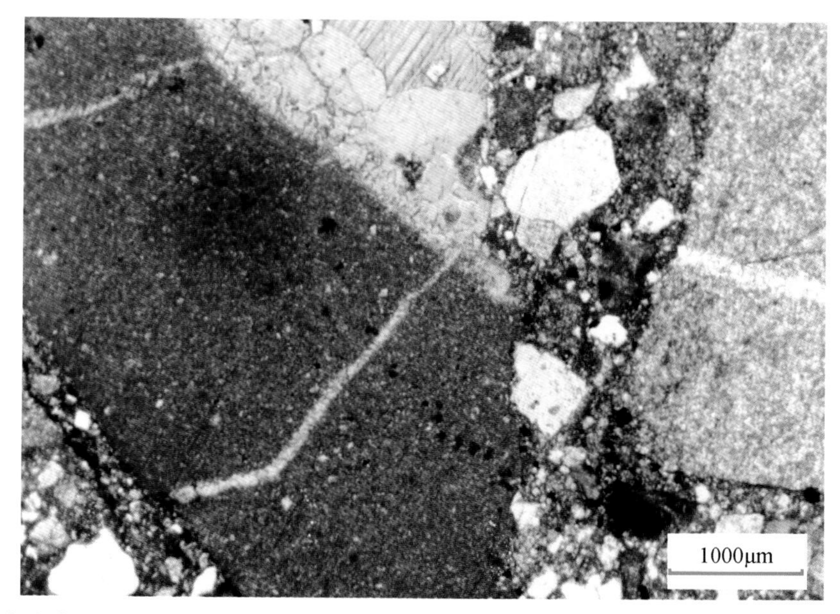

图版 7-33　碳酸盐岩质砾岩储层结构、构造及成分特征（二）

a.粗粒碳酸盐岩岩屑砂岩

灰色，粗粒结构，块状构造。砂粒成分为碳酸盐岩碎屑，分选性中等，泥灰质胶结，较致密。

柬鹿凹陷

晋97井 3865.68～3865.93m

沙三下亚段

b.油浸细粒碳酸盐岩岩屑砂岩

灰褐色，细粒结构，斜层理发育。砂粒成分为碳酸盐岩碎屑，分选性好，次圆状，泥灰质胶结，较致密。含油较均匀，面积约80%。

束鹿凹陷

晋98X井 3461.62～3461.76m

沙三下亚段

c.细粒碳酸盐岩岩屑砂岩

灰褐色，细粒结构，块状构造。岩石整体分选性好，次圆状，泥-钙质胶结，致密。

束鹿凹陷

晋85井 2600.24～2600.45m

沙三下亚段

d.泥质碳酸盐岩岩屑粉砂岩

灰色，粉粒结构，层状构造。砂粒成分为碳酸盐岩碎屑，分选性好，次圆状，泥灰质胶结，较致密。粉砂层与泥岩条带互层，与下伏泥岩渐变接触。

束鹿凹陷

束探3井 3807.59～3807.85m

沙三下亚段

图版 7-34 碳酸盐岩质砂岩储层结构、构造及成分特征（一）

含砾中粗粒碳酸盐岩质岩屑砂岩

岩屑成分主要为中-粗粒的泥晶灰岩、泥晶云岩、白云石晶屑、方解石晶屑等碳酸盐岩碎屑。右侧局部可见碳酸盐岩砾石，有少量石英、长石等陆源碎屑，含量为10%～25%。分选性中-差，以次棱角状-次圆状为主，孔隙式胶结。填隙物组分主要是泥灰质。

东濮凹陷
东探3井　4245.58m
沙三下亚段
岩石薄片（染色）正交偏光

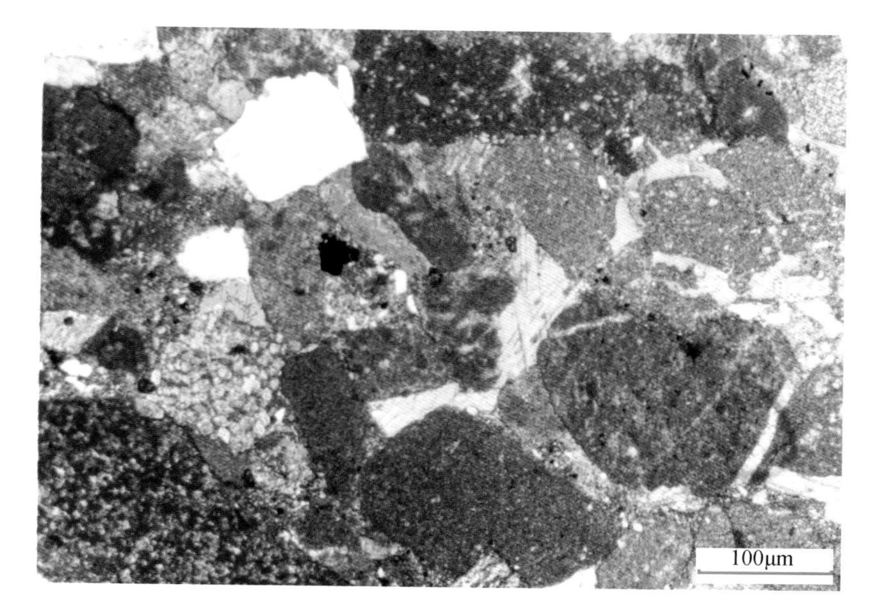

中粒碳酸盐岩质岩屑砂岩

岩屑成分主要为中粒的泥晶灰岩、泥晶云岩、白云石晶屑、方解石晶屑等碳酸盐岩碎屑。分选性中-差，以次圆状为主，孔隙式胶结，胶结物组分主要是亮晶方解石。

东濮凹陷
晋97井　3866.30m
沙三下亚段
岩石薄片（染色）正交偏光

细粒碳酸盐岩质岩屑砂岩

岩屑由细粒的泥晶灰岩、泥晶云岩、白云石晶屑、方解石晶屑等碳酸盐岩碎屑及少量石英、长石等陆源碎屑构成。胶结物主要是泥晶方解石。下部见冲刷面，由上部的砂岩对下伏泥晶灰岩进行冲刷。

东濮凹陷
东探3井　3676.16m
沙三下亚段
岩石薄片　单偏光

图版 7-35　碳酸盐岩质砂岩储层结构、构造及成分特征（二）

2. 成岩作用及其特征

沙三下亚段碳酸盐岩质砾（砂）岩致密油储层的成岩作用主要为压实作用、胶结作用和溶解作用。

（1）压实作用

随着埋深的增加，压实作用逐渐增强，主要压实特征表现为颗粒间的点－线状接触，以及压实压溶作用形成缝合线。

（2）胶结作用

致密油储层中的胶结物主要是亮晶方解石。研究区的母岩就是碳酸盐岩，岩石颗粒组分主要是泥晶灰岩、泥晶云岩等碳酸盐岩屑，成岩期孔隙水中碳酸钙浓度较高，在 pH 及 Eh 值较高的情况下，方解石从孔隙水中结晶出来，充填孔隙、裂缝并交代颗粒。其一方面使孔隙或裂缝部分或完全被充填，另一方面可以使沉积物免遭进一步的机械压实。

（3）溶解作用

有机质生烃过程中会产生 CO_2，使岩石处于还原酸性环境中，储层中方解石胶结物等易溶组分被溶解。溶解作用使碎屑岩中形成一定量的次生孔隙，为烃类聚集提供了储集空间。溶解作用过程中碎屑颗粒及胶结物受到不同程度的溶解或溶蚀。

1）碳酸盐胶结物的溶解：砾（砂）岩中早期沉淀的方解石胶结物在晚成岩期被溶蚀，使得被早期胶结作用损害的粒间孔隙重新得到恢复。

2）碳酸盐岩碎屑的溶解：碳酸盐岩砾石或砂粒在溶解作用过程中遭受改造形成少量的砾（粒）内溶孔，或沿微裂缝进行，形成少量溶蚀孔洞、缝。

砾间缝合线

碳酸盐岩砾石经压实-压溶作用，砾间呈凹凸—缝合状接触。

东营凹陷

晋100井　3495.60m

颗粒支撑陆源灰岩砾岩

沙三下亚段

铸体薄片　单偏光

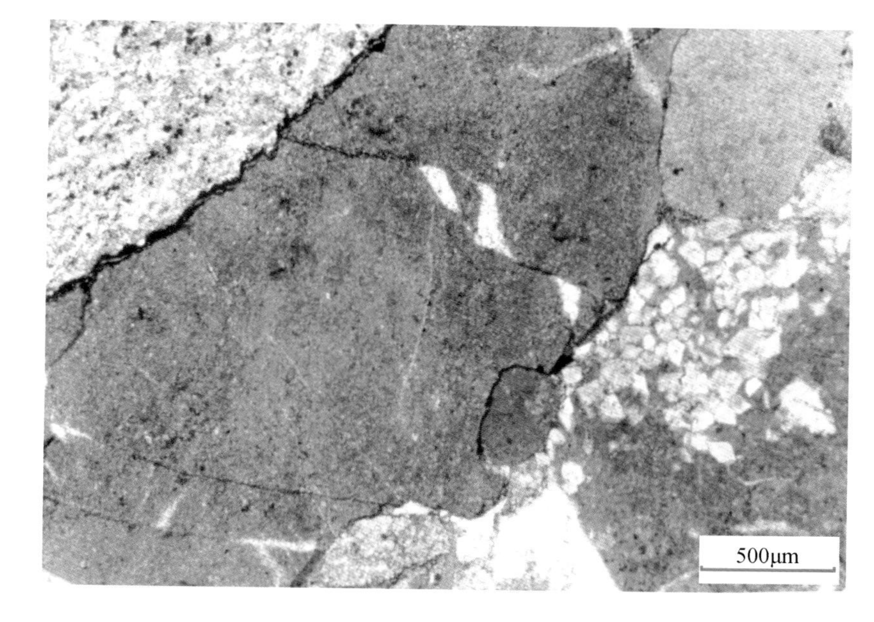

方解石胶结物

颗粒间亮晶方解石充填孔隙。亮晶方解石分两个世代，第一世代是具有犬齿状结构的方解石，第二世代具有粒状结构。砾石成分主要为泥晶灰岩，其次为粉晶白云岩。

东营凹陷

晋100井　3515m

颗粒支撑陆源灰岩砾岩

沙三下亚段

岩石薄片（染色）单偏光

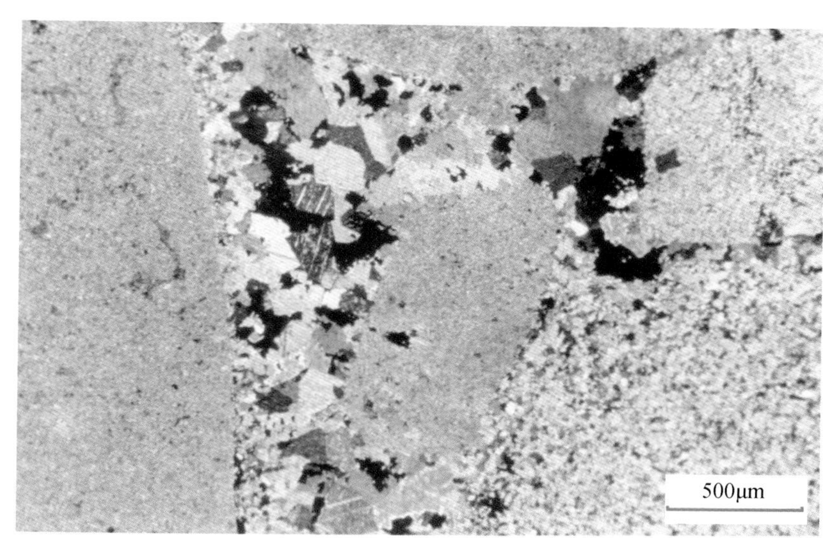

方解石胶结物

粒间充填自形菱面体状方解石及自生伊/蒙间层黏土。

东营凹陷

东探3井　3897.00m

颗粒支撑陆源灰岩砾岩

沙三下亚段

扫描电镜

图版 7-36　碳酸盐岩质砾岩储层成岩作用类型及特征

3. 储集空间特征

碳酸盐岩质砾（砂）岩有砾（粒）间溶孔、砾内溶孔、砾内裂隙、晶间孔、构造缝5种储集空间类型。

1）砾（粒）间溶孔：砾石或砂粒间方解石胶结物或碳酸盐岩颗粒部分被溶解而成。

2）砾内溶孔：灰岩、白云岩砾石及砂粒颗粒内部被选择性溶解而成。

3）砾内裂隙：灰岩、白云岩砾石内部裂隙，其宽度一般小于0.1mm。

4）晶间孔：主要是指填隙物中方解石、白云石晶间的孔隙及砾石内晶间孔。

5）构造缝：构造应力作用的结果，有高角度构造缝、低角度构造缝，以前者为主，大部分裂缝被方解石全充填或半充填。

4. 储集物性特征

受母岩类型的影响，碳酸盐岩质砾（砂）岩体抗压实能力差，岩性致密，主要为特低孔特低渗储层，岩心实测孔隙度一般为1.35%～2.55%，渗透率一般为0.79～7.30mD，个别有裂缝存在的样品渗透率较高，可达40.5 mD（表7-7）。

表7-7 束鹿凹陷沙三下亚段碳酸盐岩质砾（砂）岩物性特征表

井号	井段/m	孔隙度/%	渗透率/ mD	物性分级
束探1H	3959.15～4086.40	$\frac{0.6\sim2.6}{1.5（40）}$	$\frac{0.04\sim17.10}{2.40（40）}$	特低孔特低渗
束探2X	3722.32～3728.52	$\frac{0.6\sim1.0}{0.7（7）}$	$\frac{0.04\sim0.17}{0.08（6）}$	特低孔特低渗
束探3	3878.04～3728.52	$\frac{0.4\sim5.8}{2.8（75）}$	$\frac{0.04\sim40.5}{2.0（75）}$	特低孔特低渗
晋67	4110.00～4162.61	$\frac{1.1\sim1.6}{1.35（2）}$	$\frac{6.6\sim8.0}{7.3（2）}$	特低孔特低渗
晋100	3229.05～3590.71	$\frac{1.2\sim3.1}{1.94（8）}$	$\frac{0.04\sim7.26}{1.85（6）}$	特低孔特低渗
晋98X	4008.63～4010.09	$\frac{2.32\sim4.60}{2.55（2）}$	$\frac{0.95\sim1.62}{1.29（2）}$	特低孔特低渗
晋97	3593.02～3869.59	$\frac{0.5\sim3.2}{1.62（5）}$	$\frac{0.04\sim3.05}{0.79（4）}$	特低孔特低渗

注：$\frac{0.6\sim2.6}{1.5（40）}$ 表示 $\frac{最小值\sim最大值}{平均值（样品数量）}$。

砾（粒）间溶孔

有机酸溶解方解石胶结物，形成砾（粒）间溶孔。

束鹿凹陷

晋98X井 4007.80m

颗粒支撑陆源碳酸盐岩质砾岩

沙三下亚段

铸体薄片 单偏光

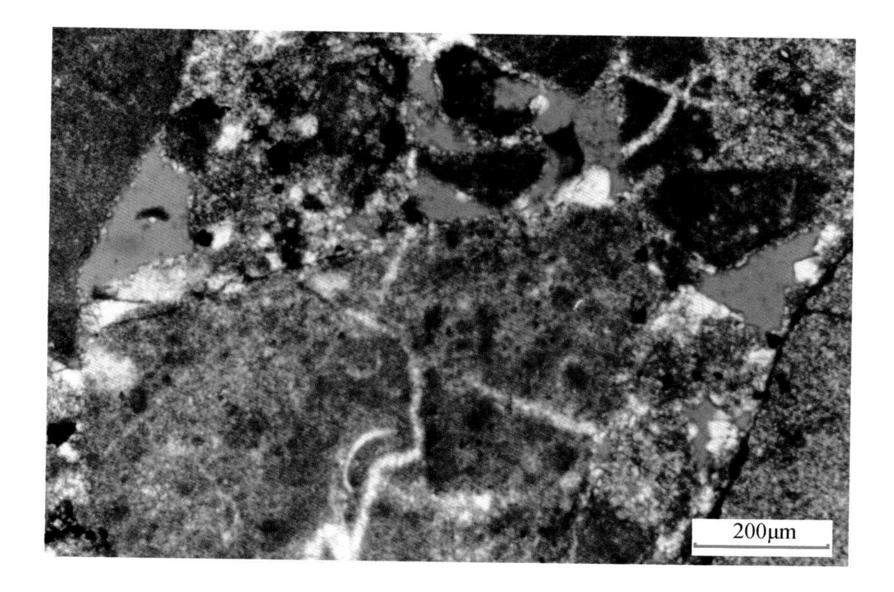

砾内溶孔

碳酸盐岩砾石内部溶解形成砾内溶孔（蓝色铸体）。

束鹿凹陷

束探3井 4271.59m

颗粒支撑陆源碳酸盐岩质砾岩

沙三下亚段

铸体薄片 单偏光

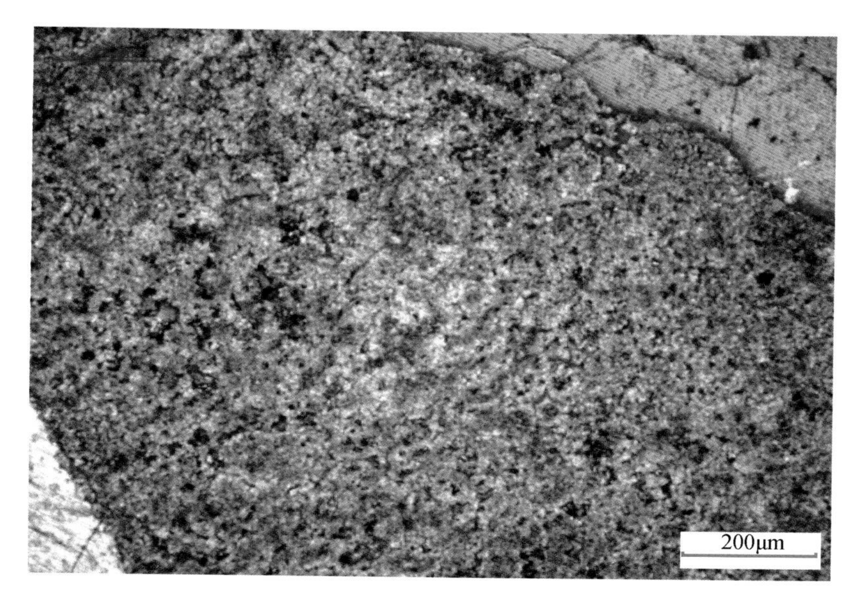

砾内溶蚀缝

早期被方解石充填的砾内缝在成岩期被溶蚀形成的砾内溶蚀缝。

束鹿凹陷

晋98X井 4007.80m

颗粒支撑陆源碳酸盐岩质砾岩

沙三下亚段

铸体薄片 单偏光

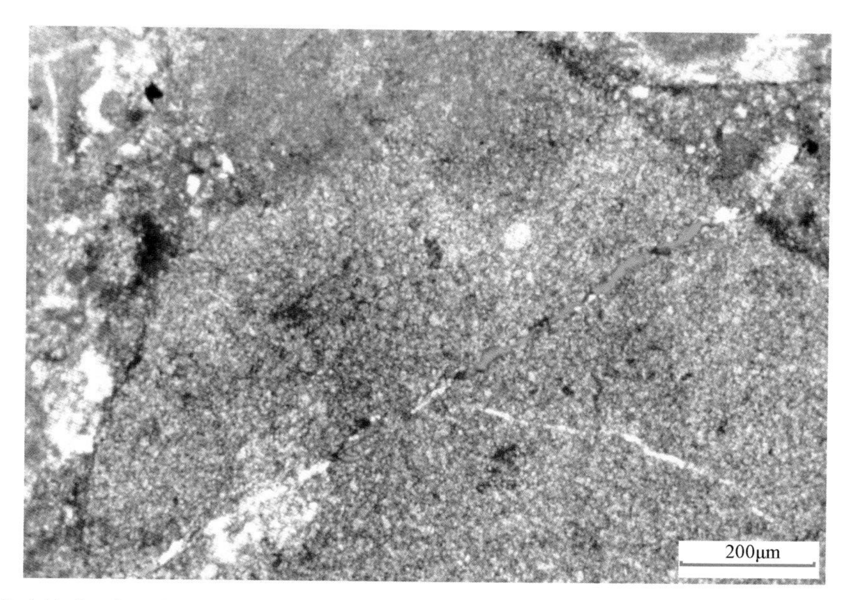

图版 7-37 碳酸盐岩质砾岩储层储集空间类型及特征（一）

构造溶蚀缝

溶蚀孔洞沿裂缝呈串珠状分布，且含油。

束鹿凹陷

束探3井　4261.25～4261.53m

颗粒支撑陆源碳酸盐岩质砾岩

沙三下亚段

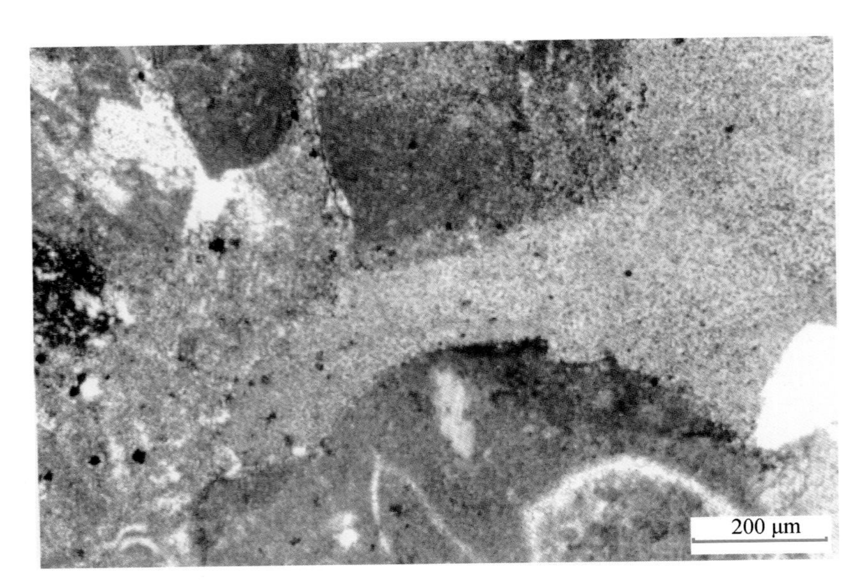

砾（粒）间溶孔 高岭石晶间微孔

碳酸盐岩砾石及砂粒间的溶孔，自生高岭石充填砾（粒）间溶孔，高岭石晶间微孔发育。

束鹿凹陷

晋98X井　4007.80m

颗粒支撑陆源碳酸盐岩质砾岩

沙三下亚段

铸体薄片　单偏光

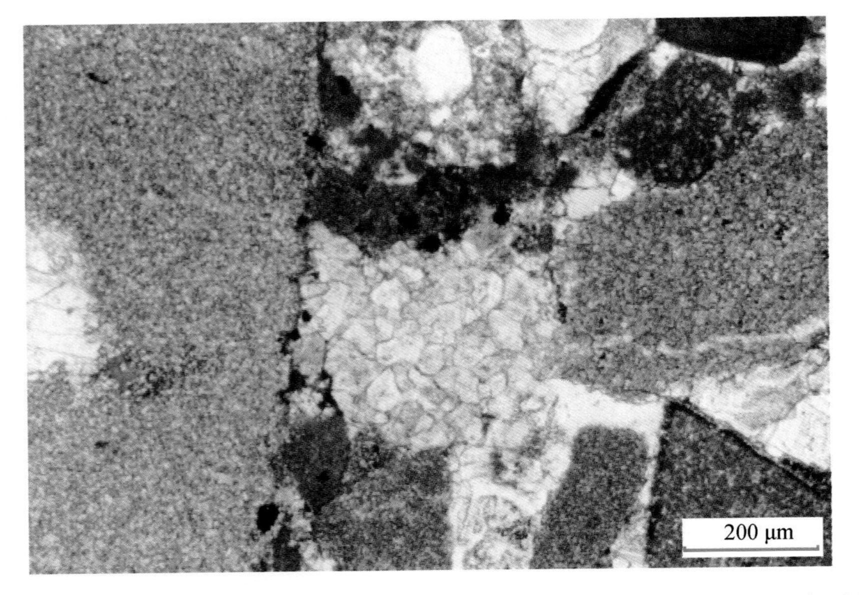

砾内溶孔

泥晶灰岩砾石内溶孔。颗粒间亮晶方解石胶结，胶结物为粒状结构。

束鹿凹陷

晋404井　3725.15m

颗粒支撑陆源碳酸盐岩质砾岩

沙三下亚段

铸体薄片　单偏光

图版 7-38　碳酸盐岩质砾岩储层储集空间类型及特征（二）

砾内裂缝

早期被方解石充填的构造缝在成岩期被溶蚀形成的砾内溶蚀缝。

東鹿凹陷

晋104井　3673.40m

颗粒支撑陆源碳酸盐岩质砾岩

沙三下亚段

铸体薄片　单偏光

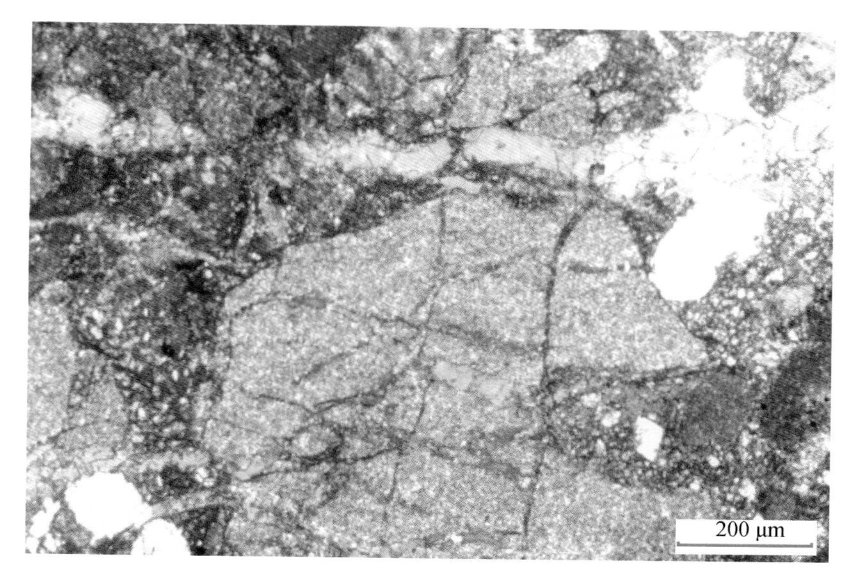

砾间及砾内孔含油

岩石含油不均匀，发黄色、绿黄色和褐橙色光，油主要分布在砾间或部分砾内及裂缝中。

東鹿凹陷

束探3井　4261.83m

颗粒支撑中砾岩

沙三下亚段

荧光薄片

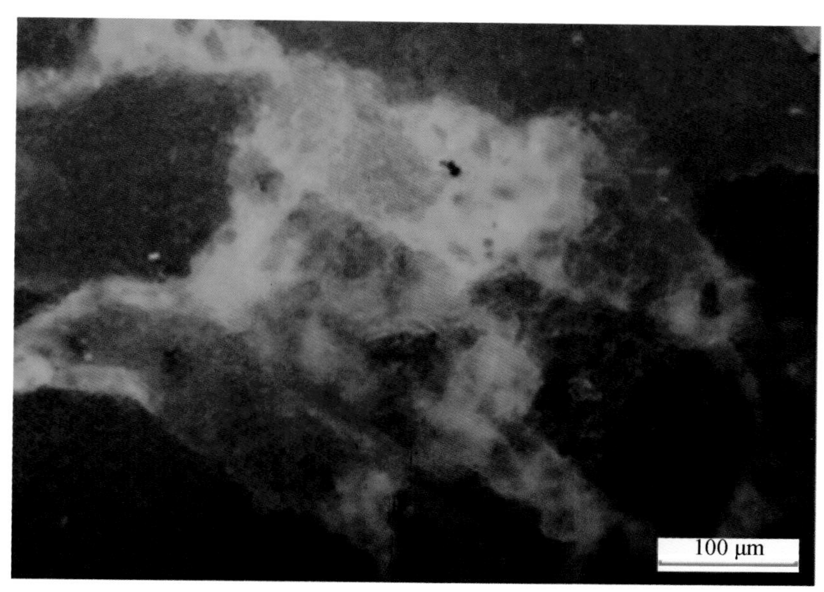

晶间孔微裂缝

晶间微孔及微裂缝发育

東鹿凹陷

束探3井　4266.53m

颗粒支撑陆源碳酸盐岩质砾岩

沙三下亚段

扫描电镜

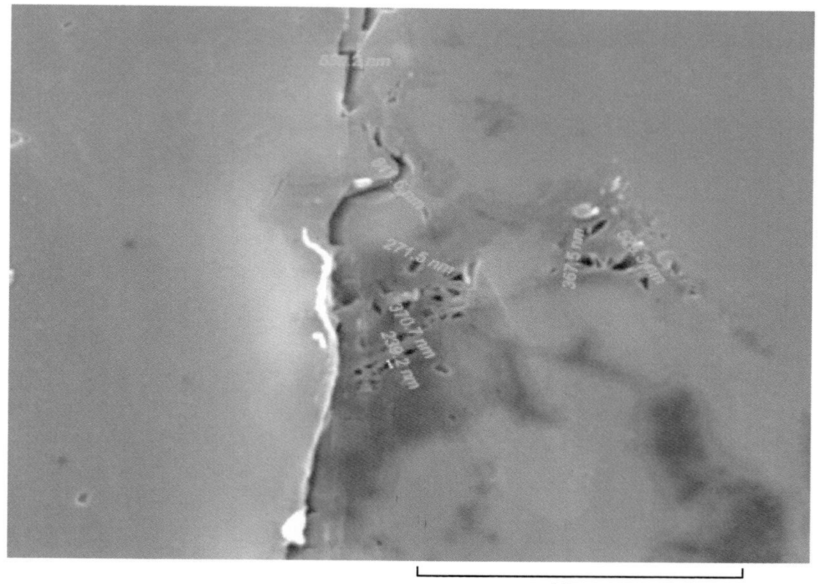

图版 7-39　碳酸盐岩质砾岩储层储集空间及含油性特征

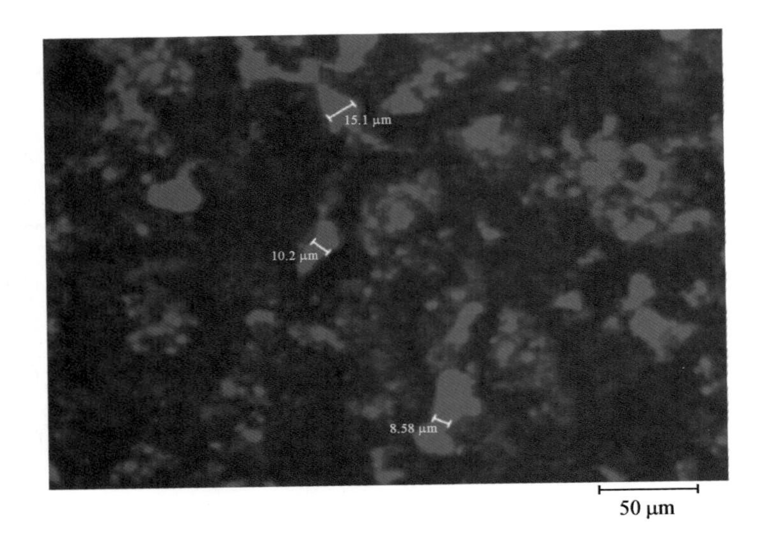

砾内溶孔

砾内溶孔发育，孔喉结构好，含油明显（蓝色为孔隙）。

束鹿凹陷

束探3井　4271.59m

颗粒支撑陆源碳酸盐岩质砾岩

沙三下亚段

激光共聚焦显微镜

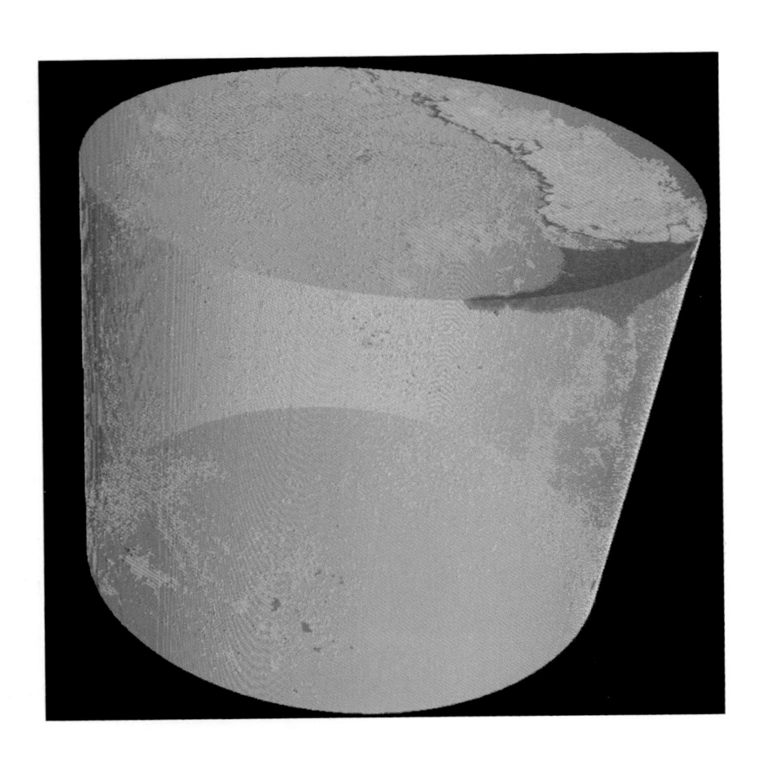

CT扫描孔隙提取图像

较宏观的溶蚀孔发育与裂缝密切相关，沿构造裂缝分布；同时砾内存在大量均一分布的微孔。

束鹿凹陷

束探3井　4266.70m

颗粒支撑陆源碳酸盐岩质砾岩

沙三下亚段

CT扫描　样品直径3mm

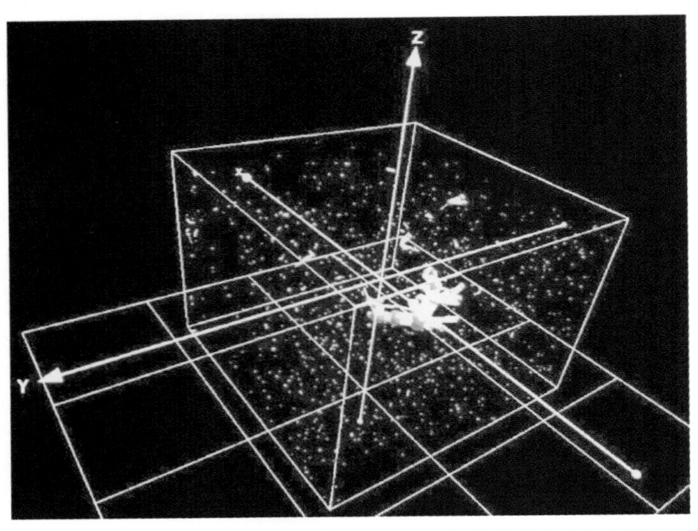

CT扫描孔喉结构图像

储层孔隙较发育，孔隙半径均值为1.5μm，喉道半径均值为1.4μm，连通性体积达到70.02%，为裂缝-孔隙型网络结构。

束鹿凹陷

束探3井　4266.70m

颗粒支撑陆源碳酸盐岩质砾岩

沙三下亚段

CT扫描　样品直径2mm

图版 7-40　碳酸盐岩质砾岩储层储集空间及孔隙结构特征

样品T2谱呈单峰态，T2弛豫时间分布于0.1～230ms，实测核磁孔隙度为2.7%，束缚水饱和度为72.42%，可动流体饱和度为27.58%，T2截止值为20.03ms。
束鹿凹陷
束探3井　4267.87m
灰褐色油斑颗粒支撑陆源碳酸盐岩质砾岩
沙三下亚段　核磁共振

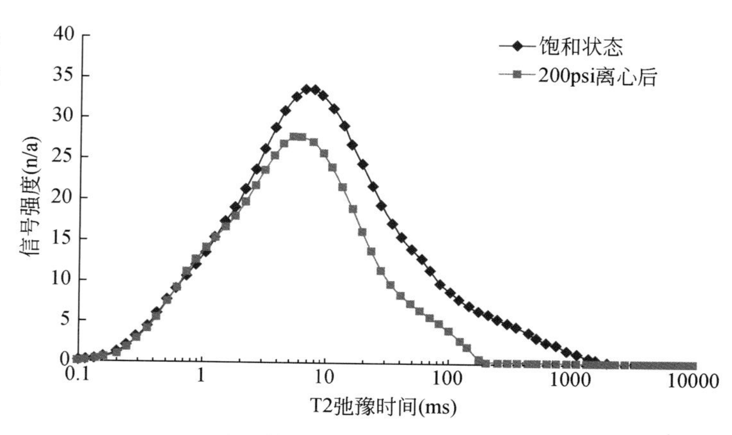

岩心核磁共振 T2 谱频率分布

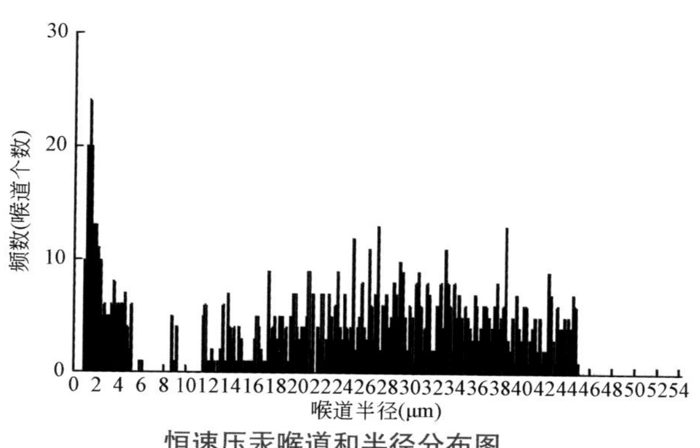

恒速压汞喉道和半径分布图

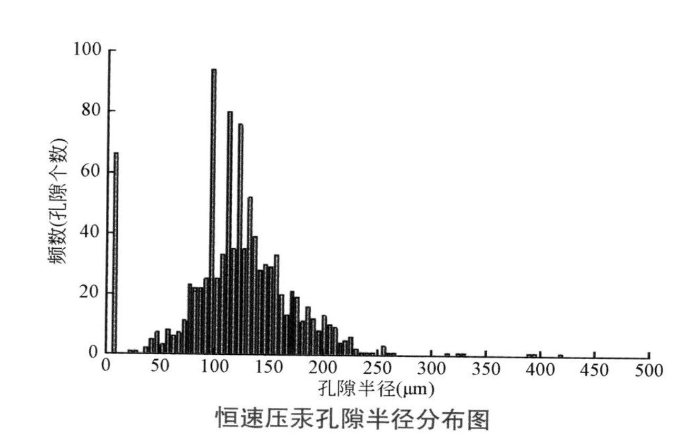

恒速压汞孔隙半径分布图

有效孔喉：特大孔中喉型
总进汞饱和度：43.04%；
喉道进汞饱和度：18.29%；
孔隙进汞饱和度：24.75%；
有效喉道半径加权平均值：23.52μm；
有效孔隙半径加权平均值：122μm；
有效孔喉半径比加权平均值：36.89。
束鹿凹陷
束探3井　4269.12m
灰色油斑颗粒支撑碳酸盐岩质砾岩
沙三下亚段　恒速压汞

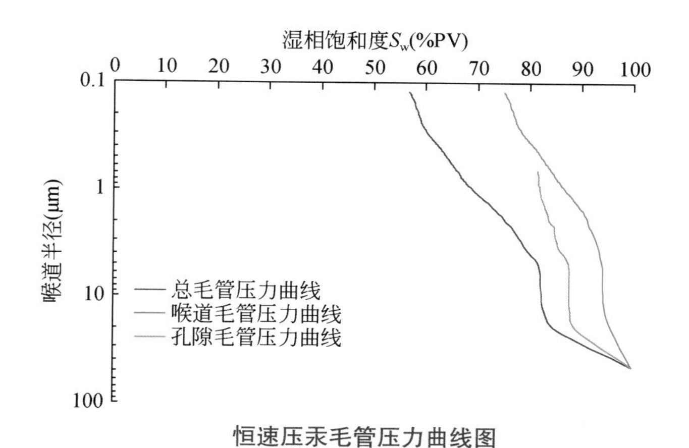

恒速压汞毛管压力曲线图

图版 7-41　碳酸盐岩质砾岩储层核磁共振 T2 谱及恒速压汞参数图

第八章 储层分类多维系统表征

储层的系统表征包括地质表征和地球物理表征。地质表征是指采用地质学的方法，在宏观、中观、微观和超微观4个尺度或层次上对储层进行表征。地球物理表征是利用地震及测井资料对储层的宏观、中观特征进行的间接表征。其中储层微观表征是储层表征的核心和主要任务。在实际工作中，储层微观表征主要采用偏光显微镜、荧光显微镜、阴极发光显微镜、扫描电镜以及储层岩石物性、常规压汞、X-衍射等常规分析测试技术，而储层超微观表征需借助环境扫描电镜、激光共聚焦显微镜、CT扫描以及恒速压汞、高压压汞等各种前沿测试技术。

第一节 储层表征技术概述

前已述及，储层的宏观表征是针对整个储层地质体进行宏观地质与地球物理表征，包含现代沉积考察、地质露头剖面系统观测、地质历史时期岩相古地理恢复及其地球物理特征分析等，采用的技术方法主要有遥感分析（卫片、航片）、地震相分析、测井相分析、地质编图（如储层厚度图、沉积相图）等。

中观表征主要是对岩心进行详细的观察和描述，包括岩性、颜色、结构、构造、成分、孔洞缝及含油性等，同时结合各种测井曲线，对储层的沉积序列进行分析与描述。

微观表征主要针对储层的微观特征，主要是成分、结构、成岩作用、储集空间、孔隙结构、岩石物性等，采用显微镜、扫描电镜以及X-衍射、物性分析、常规压汞、核磁共振等技术进行鉴定描述或测试分析。

超微观表征主要针对储层的超微观特征，主要是纳米级储集空间、孔隙结构等，采用扫描电镜、环境扫描电镜、激光共聚焦显微镜、CT扫描、恒速压汞、高压压汞等先进储层测试技术进行鉴定描述或测试分析（表8-1）。

表8-1 储层微观—超微观特征表征技术及其测量精度

技术方法		样品尺度	测量精度	应用
显微镜	偏光显微镜	cm	μm～mm	二维精细刻画：孔喉形态、大小及分布特征
	荧光显微镜			
	阴极发光显微镜			
扫描电子显微镜	普通扫描电镜（SEM）	mm～cm	3～15nm	
	场发射扫描电镜（FSEM）		0.5～2nm	
	环境扫描电镜（ESEM）		1nm	
激光共聚焦显微镜（LSCM）			0.1μm	
聚焦离子束显微镜（FIB）			5～10nm	
CT扫描	微米CT扫描		mm～mm	
	纳米CT扫描		1～10nm	
核磁共振（NMR）		mm	8nm～80μm	孔喉定量评价：孔径大小、孔隙体积及分布
压汞	常规压汞	cm	10nm	
	恒速压汞		2nm～1μm	
	高压压汞		10nm	
氮气吸附		mm	0.75～15nm	
常规物性		cm		

此外，利用地球物理测井资料可以获得地层的孔隙度和渗透率。传统的孔隙度测井主要为声波测井、中子测井和密度测井，渗透率则是根据多种测井参数计算所得。现代核磁共振测井（NML）是目前唯一可以直接测量储层自由流体渗流体积特性的测井方法，可以测定有效孔隙度、渗透率、残余油饱和度和估计含油地层的自由水含量。

第二节　常规储层表征技术

常规储层表征技术是指已在储层分析测试实验室装备大量相关仪器且使用频率较高的各种表征技术，主要包括显微镜观察分析（偏光显微镜、荧光显微镜、阴极发光显微镜）、扫描电镜及能谱分析、X 射线衍射成分分析、电子探针成分分析、常规物性分析、压汞分析等。其中偏光显微镜、常规物性和压汞分析使用最多，是勘探和开发阶段必须进行的测试分析工作。

一、偏光显微镜分析技术

偏光显微镜分析技术是最常规的储层表征技术，其表征内容最为全面，也是最为经济实用的技术。通过对普通岩石薄片和铸体薄片的观察，可获得大量的地质信息。以碎屑岩为例，其主要观察内容包括岩石的成分、结构、成岩作用特征、孔隙类型和孔隙结构、面孔率等。

岩石成分包括碎屑成分和填隙物的成分。通过对碎屑成分进行识别及含量统计，确定岩石类型，可推断物源区的岩石组合、大地构造性质及古气候特征。对于填隙物，首先要区分杂基与胶结物。杂基含量对于了解搬运水流性质有较好的指示作用。从孔隙水中沉淀出来的各种成岩自生矿物及其形成顺序可以指示孔隙水性质及其变化。另外，各种自生矿物的成分和产状，尤其是黏土矿物的类型和产状，对于油气的开采有一定的影响。

岩石结构包括碎屑的粒度、磨圆度、分选性、颗粒接触方式等方面，结合粒度分析，可以推断沉积环境的水动力条件、搬运距离、水流性质等。

孔隙类型与孔隙结构在铸体薄片中可以直接观察，分析其成因，测量其大小分布，估计面孔率，观察喉道类型。

二、荧光显微镜分析技术

荧光显微镜分析技术在油气储层研究中应用广泛，主要用来识别岩石中的烃类及其他有机物含量、类型及赋存状态，也可以识别晶体内的有机包裹体及由有机包裹体显现出来的晶体内部的分带现象。与流体包裹体显微分析联用有助于区分烃类包裹体和水溶液包裹体，尤其是对于低成熟度的接近无色烃类的识别（图 8-1）。

该技术可以结合录井三维定量荧光分析图谱进一步分析原油类型及其含量。

三、阴极发光分析技术

阴极发光（CL）分析技术是研究矿物晶体或岩石胶结物中微量元素（特别是 Fe^{2+} 和 Mn^{2+}）空间分布信息的方法，主要根据其在阴极射线照射下的发光色进行分析。例如，石英碎屑的阴极发光色可以指示其来源，来源于变质岩、花岗岩或火山岩的石英的发光色不同；成岩期形成的石英加大边及石英碎屑内的石英充填物则不发光；长石及高岭石的明亮的蓝色有助于其分辨鉴定；方解石和白云石的颜色、明亮度及环带结构等可以帮助解释其成岩阶段，如明亮发光与晶体中相对高的 Mn^{2+}/Fe^{2+} 有关，通常是在成岩作用早期至中期阶段的还原条件下形成的（图 8-2）。

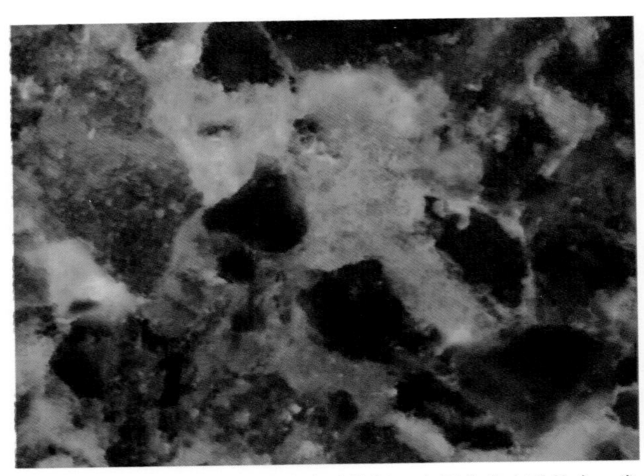

岩石含油较均匀，油主要分布在砂粒间，少量分布在砂粒内，发黄色和褐橙色光。

荧光薄片 赛33井 1861.74m 灰色油斑细砾岩 阿尔善组

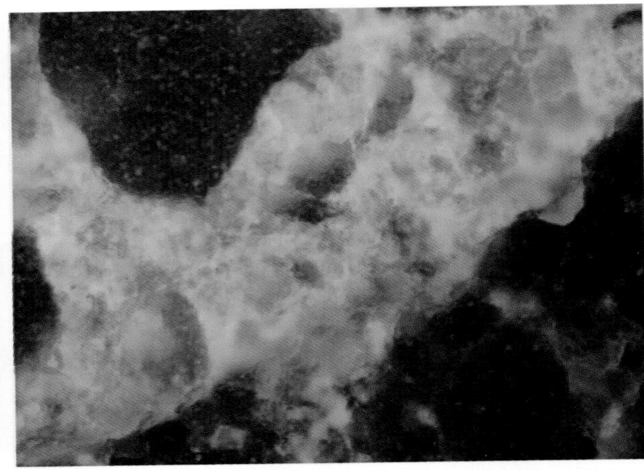

岩石含油较均匀，油主要分布在粒内，少量分布在粒间，发黄色和褐橙色光。

荧光薄片 兰11X井 1451.16m 褐灰色油浸砂砾岩 腾格尔组

图 8-1 荧光显微镜下原油赋存状态及其发光特征

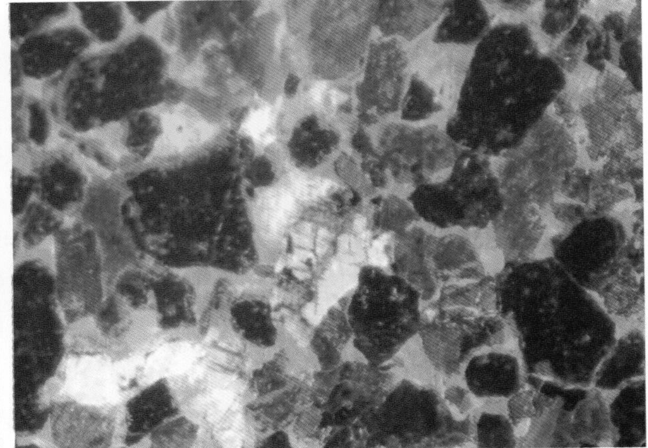

钙质细粒长石石英砂岩。阴极发光下石英为暗棕色，长石呈亮蓝色，方解石胶结物呈棕黄色。

饶阳凹陷 留498井 3514.99m 沙河街组三段 左：正交偏光 右：阴极发光

图 8-2 阴极发光显微镜下矿物的发光特征

四、扫描电镜和能谱散射分析技术

目前在各油田的分析测试中心，扫描电镜（SEM）已属于使用普遍的常规仪器。扫描电镜对样品微区信息的观察具有分辨高、放大倍数大、景深大、立体感强、样品制备简单的优点，因而广泛应用于不同领域的研究。扫描电镜的观察尺度为 nm ～ mm 级，可以连续变倍，观察方便。

对储层样品断面的扫描主要用来识别各种微小的自生矿物，观察其空间分布，了解自生矿物的形成顺序，观察孔隙的形状和测量其大小。其放大倍数包含偏光显微镜的观察范围，因此也可以在 μm ～ mm 尺度上观察样品断面上颗粒和孔隙的立体分布和相互关系。对于致密油气储层的研究，扫描电镜可以发挥更大的作用。

扫描电镜配有能谱散射分析装置时，可以对矿物进行半定量化学分析，进而快速识别一些难以确定的矿物。

五、电子探针分析技术

电子探针分析（EPMA）可对抛光样品表面上小到1μm的区域进行定量地球化学分析，进而确定矿物类型（图8-3）。与背散射电子成像技术联合使用时，可以容易地识别微细的化学差异或成带现象。该技术对于低浓度的元素分析难度较大。

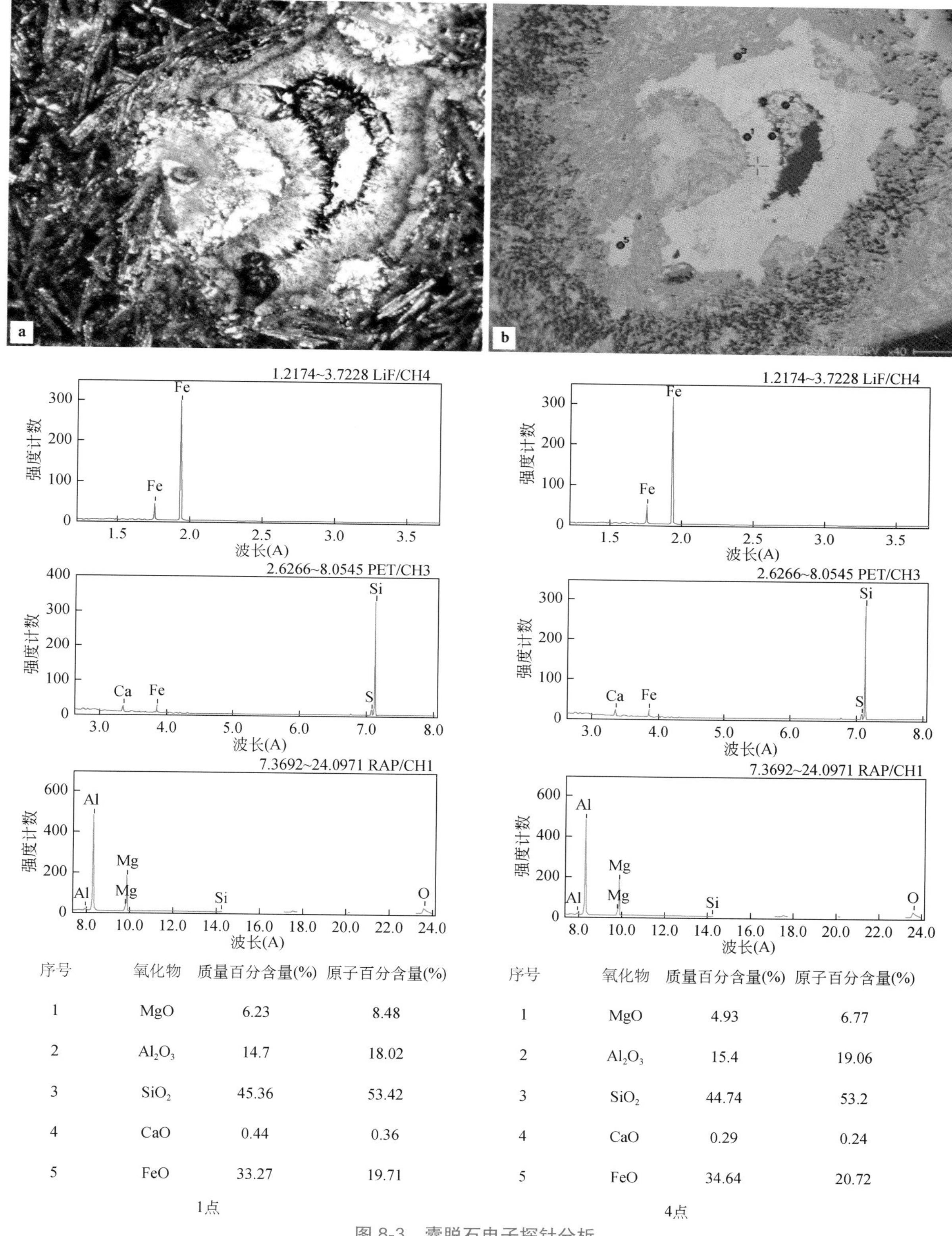

序号	氧化物	质量百分含量(%)	原子百分含量(%)
1	MgO	6.23	8.48
2	Al_2O_3	14.7	18.02
3	SiO_2	45.36	53.42
4	CaO	0.44	0.36
5	FeO	33.27	19.71

1点

序号	氧化物	质量百分含量(%)	原子百分含量(%)
1	MgO	4.93	6.77
2	Al_2O_3	15.4	19.06
3	SiO_2	44.74	53.2
4	CaO	0.29	0.24
5	FeO	34.64	20.72

4点

图8-3　囊脱石电子探针分析

图片a显示了安山岩气孔中的囊脱石，单偏光；图片b为对应视域的背散射电子图像

下部的图像分别为背散射图像上标定的1点和4点的分析结果

六、X 射线衍射分析技术

X 射线衍射分析（XRD）是晶体结构和物相分析最常用、有效的方法，分为单晶法和粉晶法（粉末法）。单晶法又称为 X 射线结构分析，主要用于测定晶胞参数；粉晶法在储层研究中应用较普遍，一般几种物相混合粉末样品用粉晶衍射仪进行分析，分辨能力强，准确度高，简便且快速、灵敏。尤其是对黏土矿物鉴定、确定矿物结构的有序－无序等非常有效。

七、常规物性分析技术

常规物性分析的基本方法是，从岩心上钻取直径为 2.5cm 的标准岩心，洗油后烘干，用氦孔隙仪测量样品的孔隙度，用渗透率仪测量样品的渗透率，之后可选取物性较好的标准岩心做压汞实验。

八、常规压汞分析技术

对于岩石而言，汞是非润湿相流体，将汞注入被抽空的岩石孔隙内，必须克服岩石孔隙喉道造成的毛管阻力，因此，当某一注汞压力与岩样孔隙喉道的毛管阻力达到平衡时，便可获得该注汞压力及在该压力条件下进入岩样的汞体积。在对同一岩样注汞过程中，可在一系列测点上测得注汞压力及其相应压力下的进汞体积，可得到压力－汞注入量曲线，简称压汞曲线。因为注汞压力在数值上与岩石孔隙喉道毛管压力相等，所以又叫毛管压力，毛管压力与孔隙喉道半径成反比，因此根据注入汞的毛管压力就可以计算出相应的孔隙喉道半径。

常规压汞分析技术的进汞速度较快，整个进汞过程可在 1 ～ 2h 内完成。由于速度快，进汞压力大，最高可达 50MPa。

第三节　前沿储层表征技术

前沿表征技术是指目前在一般的储层测试实验室配备较少，使用量也不大，主要用于致密储层的表征。

一、环境扫描电镜分析技术

环境扫描电镜分析技术（ESEM）具有高真空、低真空和环境三种工作方式，可以在低真空条件下对样品进行观察分析，并配有 X 射线能谱仪及注射系统、冷台和热台。该技术克服了普通扫描电镜对样品必须干燥、洁净、导电的要求，使含水样品、含油气样品、生物样品、胶体及液体样品既不需要脱水，也不必进行喷碳或金等导电处理，可在自然的状态下直接观察二次电子图像，并进行元素定性－定量分析，同时能够进行微观结构动态变化过程的观察（图 8-4）。

二、场发射扫描电子显微镜分析技术

场发射扫描电子显微镜分析技术（FESEM）具有超高分辨能力，分辨率达 3nm，能开展各种固体样品表面形貌的二次电子像、反射电子像观察及图像处理，主要用于尺度较小的亚微米级－纳米级自生黏土矿物晶间孔、杂基微孔、喉道的观测，具有较强的立体感。配备高性能 X 射线能谱仪，可进行形貌、化学组分综合分析。分析时需要在真空条件下进行，观察前需要对样品进行真空金属镀膜导电处理，可观察样品表面及断面的立体形貌。

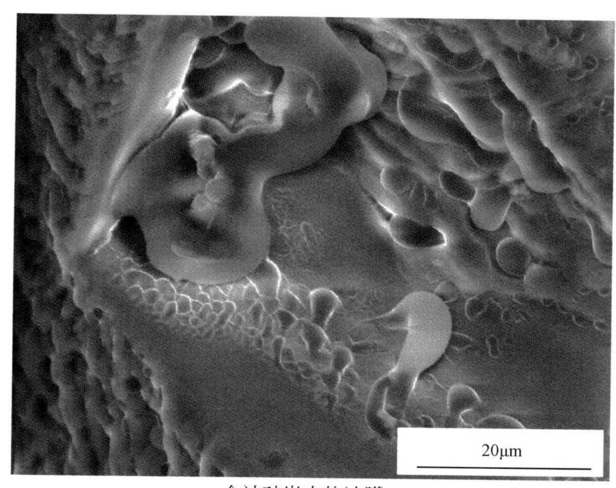

a.含油砂岩中的油膜

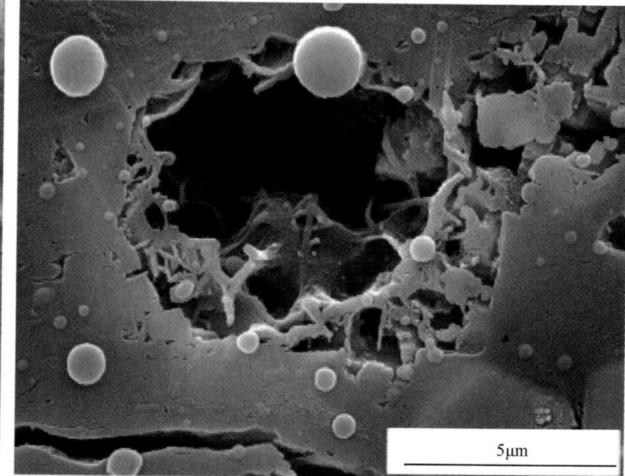

b.从基质孔隙渗出的油滴

图 8-4　环境扫描电镜二次电子像

三、激光共聚焦显微镜分析技术

激光共聚焦显微镜（LSCM）集显微观察技术、高速激光扫描和计算机图像处理技术于一体，包括激光光源和共聚焦扫描探测器、偏光显微镜和 Z 轴聚焦马达，以及计算机数据和图像处理系统。放大倍数可达 10000 倍，极限分辨率为 0.1μm，可分层激光扫描，纵向穿透深度为 100μm 左右，将每层扫描图像存入计算机，可重建三维立体图像。

四、CT 扫描成像技术

通过 X 射线穿透物体断面进行扫描，探测物质内部结构，可以实现对岩石原始状态的无损三维成像，确定孔喉分布、大小及连通性等，极限分辨率可达到 200nm。

CT 成像技术实际上是由 X 射线检测和分辨率可达几十纳米的三维成像分析构成的，是一种成分和图像分析的高新技术，具有三维、无损、高分辨率和高衬度的优点。X 射线检测的基本原理就是射线衰减：不同材料的原子序数不同，同材料内部存在密度差异和厚度差异，均会造成射线穿过后的衰减程度不同。CT 的基本步骤大致分 3 步，首先进行二维投影图像的采集，然后将二维图像重组成三维数据，即 CT 数据重建（图 8-5），最后是三维数据的展现及分析。

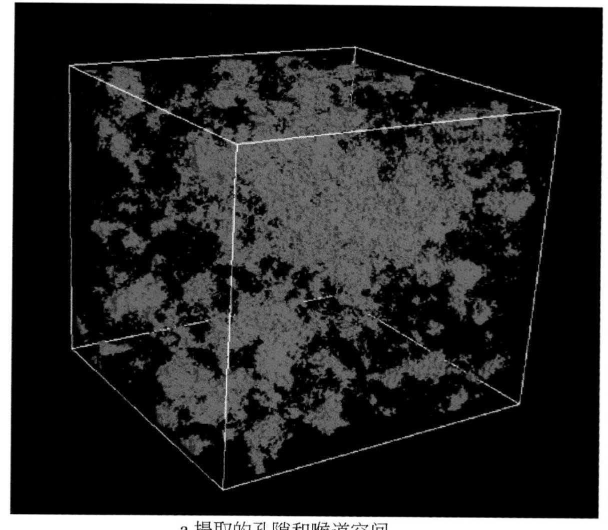

a.提取的孔隙和喉道空间

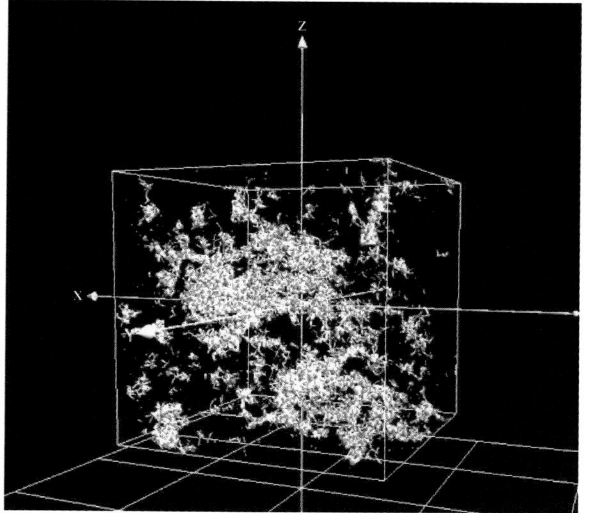

b.孔喉网络模型，红色球为孔隙，白色棒为喉道

图 8-5　CT 扫描孔隙成像（阿 47 井，2078.58m 灰色油斑凝灰质细砂岩）

五、核磁共振技术

核磁共振技术的基本原理是利用原子核的自旋运动，在恒定的磁场中，自旋的原子核将绕外加磁场做回旋运动，即进动。进动有一定的频率，与所加磁场强度成正比，在此基础上再加一个固定频率的电磁波，并调节外加磁场的强度，使进动频率与电磁波频率相同，原子核进动与电磁波会产生共振，叫核磁共振。在共振时原子核吸收电磁波的能量，记录下的吸收曲线即为核磁共振谱。因不同分子中原子核的化学环境不同，会产生不同的共振谱。通过受检物体各种组成成分和结构特征的不同弛豫过程，根据观察信号的强度变化，利用带有核磁性的原子与外磁场相互作用引起的共振现象进行检测。

该技术于20世纪80年代初应用于我国石油领域，作为目前唯一可以直接测量储层自由流体特性的技术，能够解释储层的有效孔隙度、渗透率、可动流体孔隙体积和束缚流体孔隙体积等参数，同时可以评价储层流体的性质、孔径分布和岩石孔隙结构特征等。但是作为间接测试技术，核磁共振技术需要结合其他手段进行研究，如目前无法实现直接从T2谱上得出孔喉分布的准确结论，需要结合毛管压力曲线进行转换研究。

六、聚焦离子束扫描电镜

用聚焦离子束代替扫描电镜及透射电镜中所用的质量很小的电子作为仪器光源的显微分析加工系统。聚焦离子束成像技术原理与扫描电镜相近，可以进行孔喉三维成像。影像的分辨率受到多种因素的影响，分辨率可达100nm，虽然分辨率不及扫描电镜，但对定点结构分析，没有试片制备的问题，在工作时间上较为经济。

七、高压压汞技术

高压压汞技术与常规压汞技术的不同点是，最高进汞压力可达200MPa。孔径测量范围一般为3nm ～ 1000μm，进汞和退汞的体积精度小于0.1μl。该技术是定量化研究致密储层微观结构最经济、有效的办法，分辨率可达0.001μm。

八、恒速压汞技术

以极低的恒定速度（通常为0.00005ml/min）向岩样喉道及孔隙内进汞，在此过程中可以观察到毛管压力的变化过程，区分孔隙和喉道，由进汞过程的压力涨落实现对喉道数量的测量，比喉道的体积分布更好地表征了储层的渗流特征。获得的孔隙结构参数包括喉道半径分布、孔隙半径分布及孔喉比分布。与常规压汞技术相比，常规压汞得到的喉道分布频率反映的是某一级别喉道所控制的孔隙体积，而恒速压汞可测得喉道的数量分布，二者之间的喉道分布的差别是比较大的。二者的进汞曲线一致，说明反映的物理过程一致，只不过一个是离散过程，一个是连续过程。

该技术适用于孔喉性质差异较大的低渗、特低渗的致密储层。但是恒速压汞实验的最高进汞压力为900psi（1psi=0.006895MPa），与之对应的喉道半径大小约为0.12μm，所反映的最小喉道半径较大，这也是恒速压汞技术的缺陷。另外，由于恒速压汞要保持准静态的进汞过程，需要2 ～ 3d才能完成。

除以上所述分析技术以外，还有原子力显微镜和气体吸附法等。原子力显微镜是通过探测探针与被测样品之间微弱的相互作用力（原子力）来获得物质表面形貌的信息（图8-4），分辨率可达原子级水平，可真实地得到表面形貌结构的三维图像，并能测量样品的三维信息（图8-5）。气体吸附法是利用毛细凝聚现象和体积等效代换原理，以被测孔中充满的液氮量等效为孔的体积，包括氮气与二氧化碳气体吸附测试。主要用于测量样品的比表面积和孔径分布。

第四节 样品联合测试技术

对同一样品进行系统测试，有利于测试结果之间的相互比较和相互印证，有利于发现问题和解决问题，对测试结果的综合解释有利于对储层特征进行系统的表征。

主要内容包括铸体薄片、荧光薄片、扫描电镜及能谱分析、X射线衍射成分分析、核磁共振分析、压汞分析及三维定量荧光分析，这些多属于常规表征技术。前沿测试技术在致密储层中应用较多，参见第七章。

由于不同测试分析技术具有其特定的适用性及优缺点（表8-1），为实现对储层特征的全面表征，需要多种测试手段的联合（图8-6）。在以前的储层样品测试分析工作中，对不同测试项目分别进行采样，造成各种测试结果的不匹配，无法完整认识储层各方面的特征。因此，对同一样品的各种测试技术的平行检测，既能使多种实验分析测试结果相对应和相比较，储层评价更为全面准确，同时又能节省样品。该套样品联测流程可以在储层评价研究中推广应用。

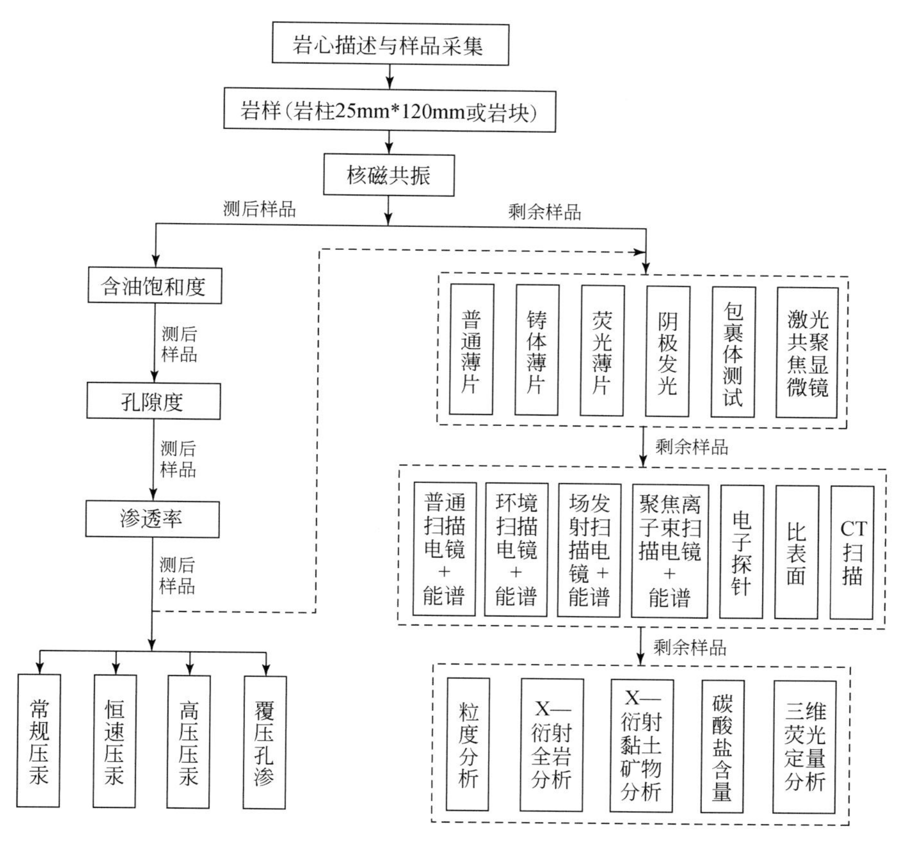

图8-6 岩心样品联合测试技术与流程

需要指出的是，对样品测试结果进行分析，必须搞清样品的宏观背景，如沉积环境、在沉积序列中的位置、岩心特征等。另外，越是高精尖的仪器，其观察尺度越小，其作用一般是针对某些微细现象进行研究，对具有一定非均质性的储层的代表性较差，因此，必须和常规测试分析紧密结合，如扫描电镜等观察必须基于薄片观察分析。同理，物性的定量分析（如压汞分析等）也要和铸体薄片或低倍扫描电镜下的孔隙结构相对应进行比较，这样便于形成整体认识。

以下展示部分样品的联测成果，这些成果较好地反映了同一取样点岩石的成分、结构特征、孔隙发育特点、含油性及其物性与孔隙结构等特征。

联测样品1：灰色油斑细-中砾岩 哈39井 2010.95m 阿尔善组 近岸水下扇

联测项目：岩心描述+铸体薄片+扫描电镜+能谱+荧光薄片+三维定量荧光分析+X射线衍射+核磁共振+物性+常规压汞

岩石由深灰、绿灰、浅白色的砾石组成，砾石成分以安山岩和凝灰岩为主，少量酸性岩，含泥砾。砾径一般2～10mm，最大30mm，次圆-次棱角状，砾石平行层面排列。砾石间砂质充填物分布不均，凝灰质胶结。

砾石间填隙物及孔隙

砂级碎屑成分以凝灰岩屑为主，次棱角状，分选性中等，其间充填褐色的蚀变火山灰，以粒间溶孔为主，喉道不发育，连通性差。下部的溶蚀裂缝起到了沟通溶孔的作用。溶孔内生长少量自生石英晶体。

铸体薄片 单偏光

成岩自生矿物

孔隙壁上生长自形的自生石英晶体，自生伊/蒙间层及伊利石呈弯曲片状，且构成蜂巢状集合体。上部见板柱状的自生长石晶体。

扫描电镜

图版 8-1 岩心描述 + 铸体薄片 + 扫描电镜

绿泥石 晶间孔

叶片状绿泥石，局部构成玫瑰花状集合体，叶片间发育细小的晶间孔；左侧为自生石英。微孔隙多小于1μm，少量为1～2μm。

扫描电镜

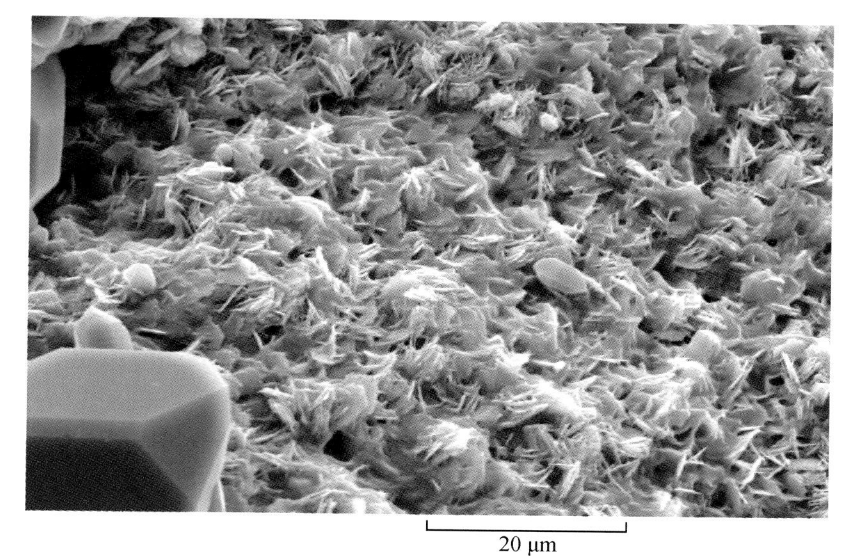

自生石英 自生伊利石

自形锥柱状自生石英晶体和自生伊利石。自生伊利石呈弯曲片状，相互连接构成蜂窝状集合体，晶间微孔发育，多小于2μm，少量2～4μm。

扫描电镜

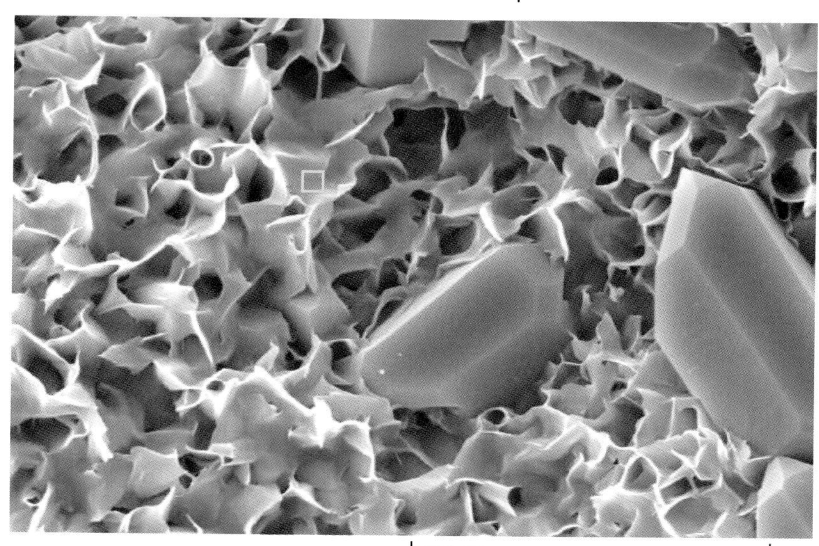

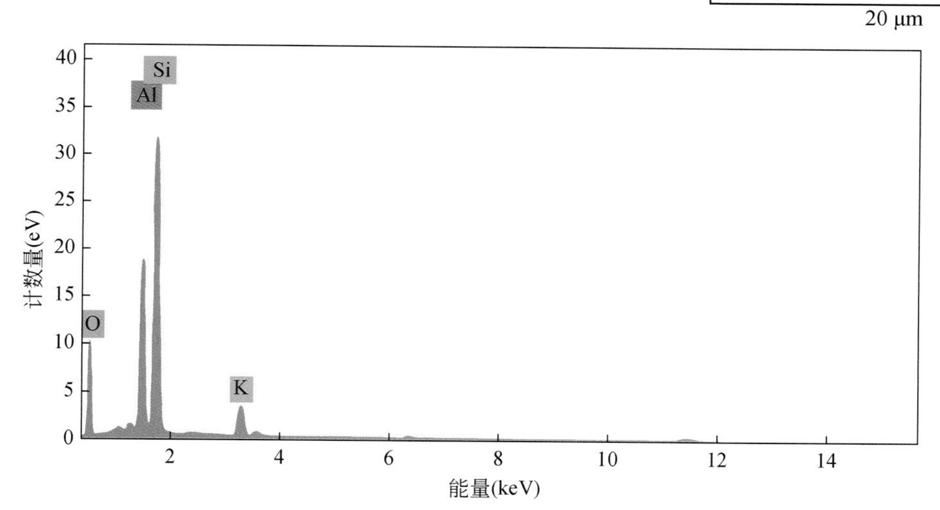

元素	原子数	线	净值	质量(%)	归一化质量(%)	原子(%)	abs.error(%)(1 sigma)	abs.error(%)(2 sigma)	abs.error(%)(3 sigma)	rel.error(%)(1 sigma)
O	8	K-Serie	65824	15.98	42.12	56.51	1.87	3.74	5.62	11.7
Si	14	K-Serie	281611	12.52	33.01	25.23	0.56	1.12	1.68	4.4
Al	13	K-Serie	152237	7.07	18.64	14.83	0.36	0.73	1.09	5.1
K	19	K-Serie	37749	2.36	6.23	3.42	0.10	0.20	0.29	4.1
			总计：	37.94	100.00	100.00				

伊利石能谱图

图版 8-2　扫描电镜 + 能谱（一）

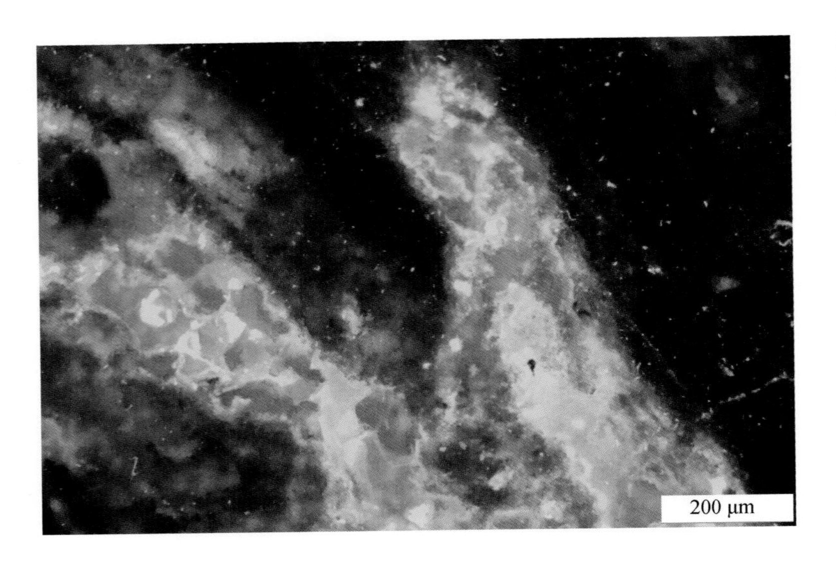

岩石含油较均匀，油主要分布在砂砾间，其次分布在砂砾内，发黄色和褐橙色光。

荧光薄片

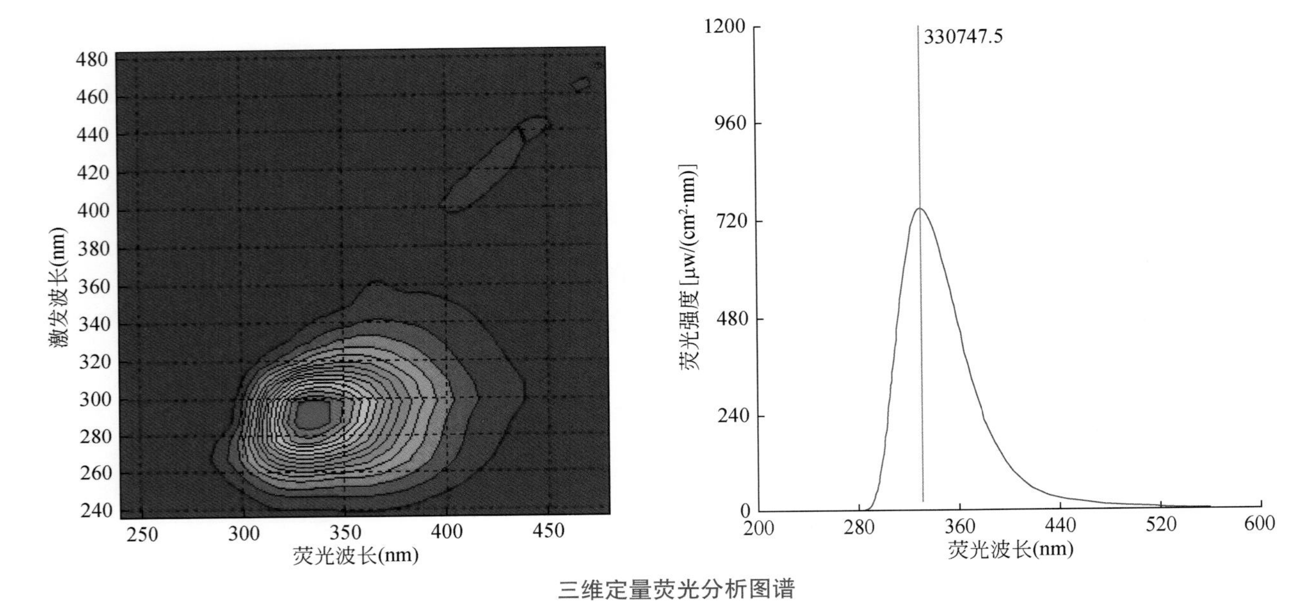

三维定量荧光分析图谱

荧光峰形呈单峰型，最佳激发波长290nm，荧光主峰波长330nm，油质中质

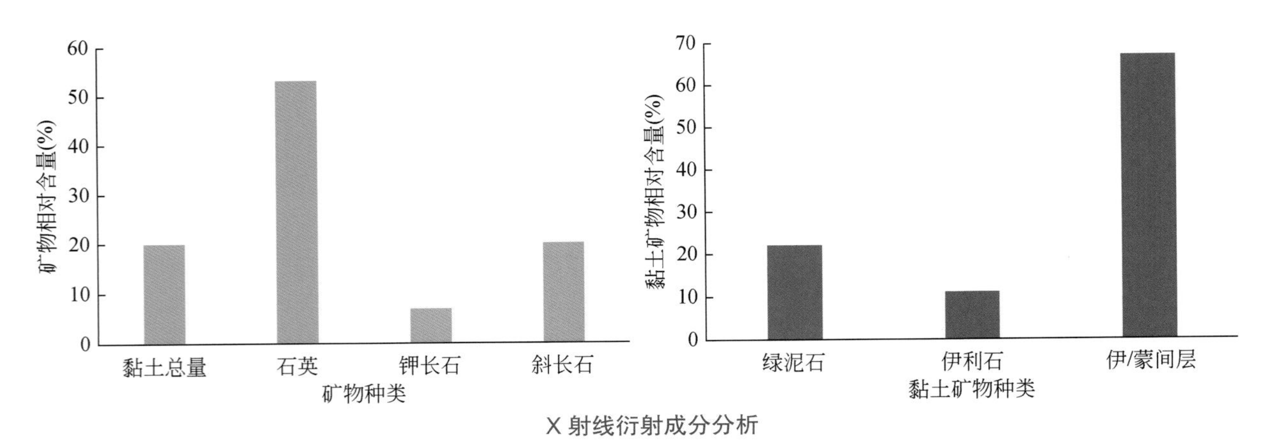

X 射线衍射成分分析

图版 8-3　荧光薄片 + 三维定量荧光分析 +X 射线衍射成分分析（一）

T2谱呈双峰态，实测核磁孔隙度为7.22%，束缚水饱和度为73.42%，可动流体饱和度为26.58%，T2截止值为9.64ms。

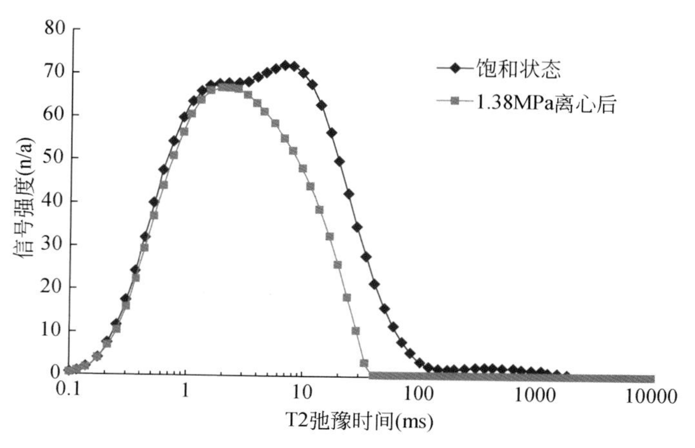

岩心核磁共振 T2 谱的频率分布

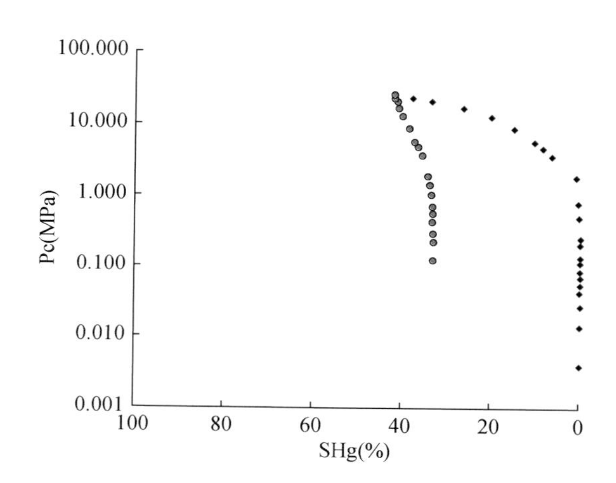

压汞法毛管压力曲线

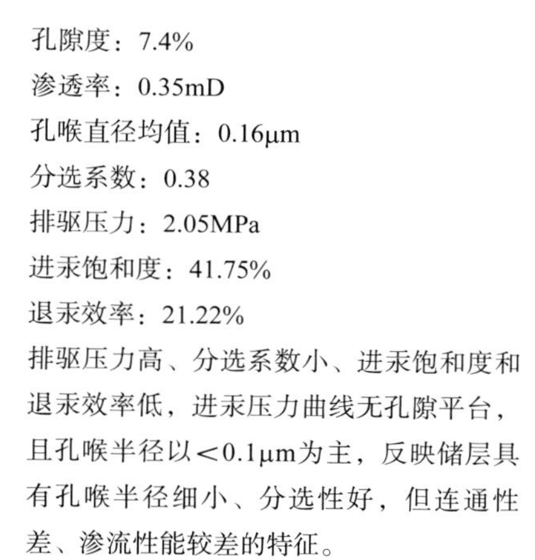

孔隙度：7.4%

渗透率：0.35mD

孔喉直径均值：0.16μm

分选系数：0.38

排驱压力：2.05MPa

进汞饱和度：41.75%

退汞效率：21.22%

排驱压力高、分选系数小、进汞饱和度和退汞效率低，进汞压力曲线无孔隙平台，且孔喉半径以＜0.1μm为主，反映储层具有孔喉半径细小、分选性好，但连通性差、渗流性能较差的特征。

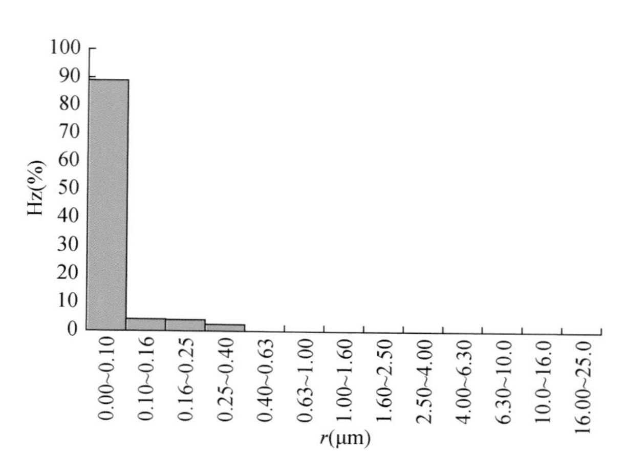

压汞法孔喉直方图

图版 8-4　核磁共振 + 物性 + 常规压汞（一）

联测样品2：灰色油斑细砾岩 巴101X井 1984.81m 阿尔善组 扇三角洲

联测项目：岩心描述+铸体薄片+扫描电镜+荧光薄片+三维定量荧光分析+X射线衍射+核磁共振+物性+常规压汞

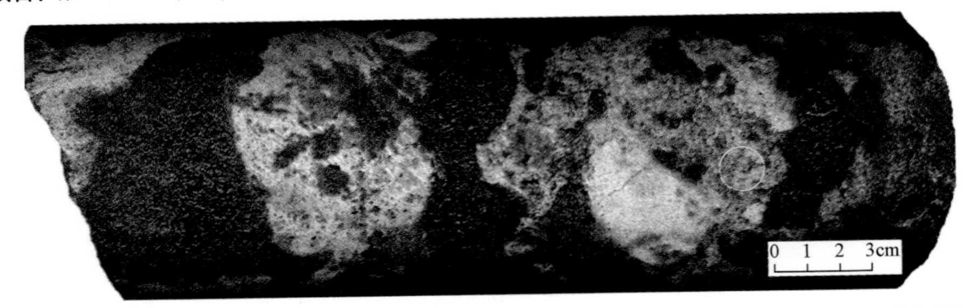

砾石成分以英安岩为主，少量石英质砾石，砾径一般2～5mm，最大70mm×100mm；砾石间为砂级碎屑，成分主要为石英和岩屑。砾石次棱角状，分选性差。较疏松，与盐酸不反应。含油不均匀，较饱满，呈斑块状分布，局部见棕褐色原油外渗。油质中等，呈棕褐色，油味较浓。

粒间溶孔 铸模孔

砾石间的砂级填隙物及砂粒间的粒间溶孔。砂粒主要为英安岩屑（内部含溶蚀微孔），少量石英，部分长石溶蚀形成铸模孔。粒间溶孔孔径大，连通性好。

铸体薄片 单偏光

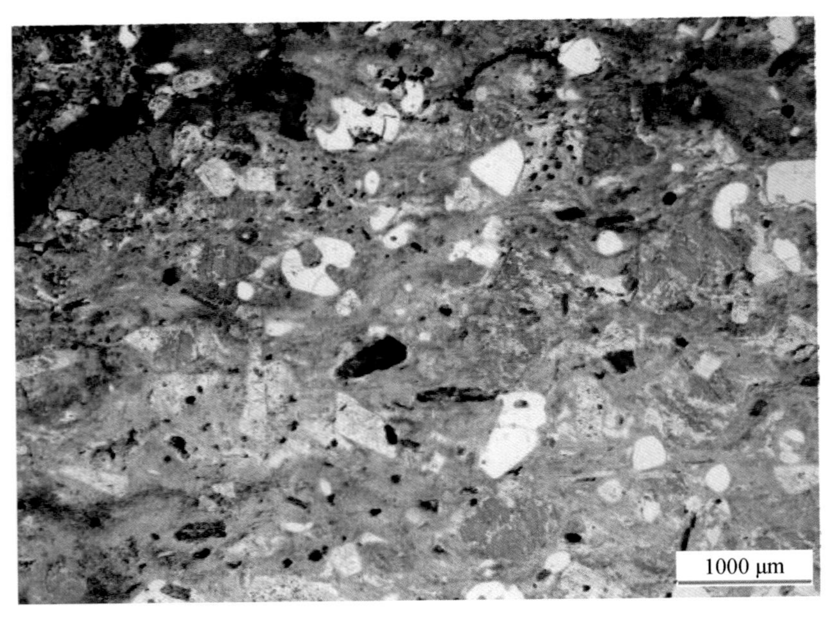

英安岩砾石 砾内溶孔

具有斑状结构，斑晶为石英和长石，石英具有熔蚀结构。部分长石斑晶被溶蚀形成铸模孔，基质被溶蚀形成溶蚀微孔，整体构成砾内溶孔。长石铸模孔内残留少量长石。

铸体薄片 单偏光

图版8-5 岩心描述+铸体薄片（一）

长石铸模孔

铸模孔内残留少量长石，显示了沿解理方向发生溶蚀。黑云母未被溶蚀。

铸体薄片　单偏光

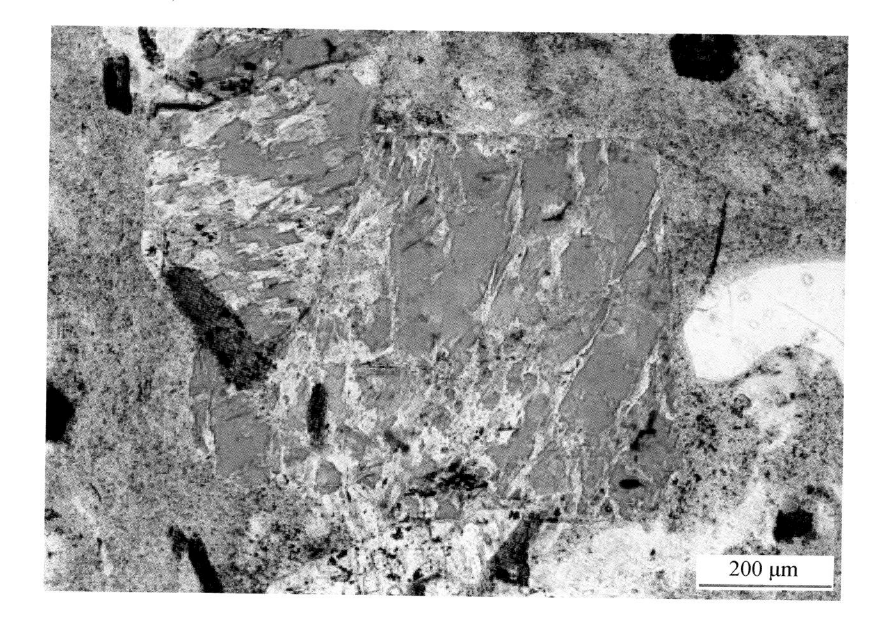

伊利石 石英

粒间溶孔，蜂窝状伊利石及自形石英晶体。

扫描电镜

粒内溶孔

砾石内的长石被溶蚀形成粒内溶孔，呈蜂窝状孔隙。

扫描电镜

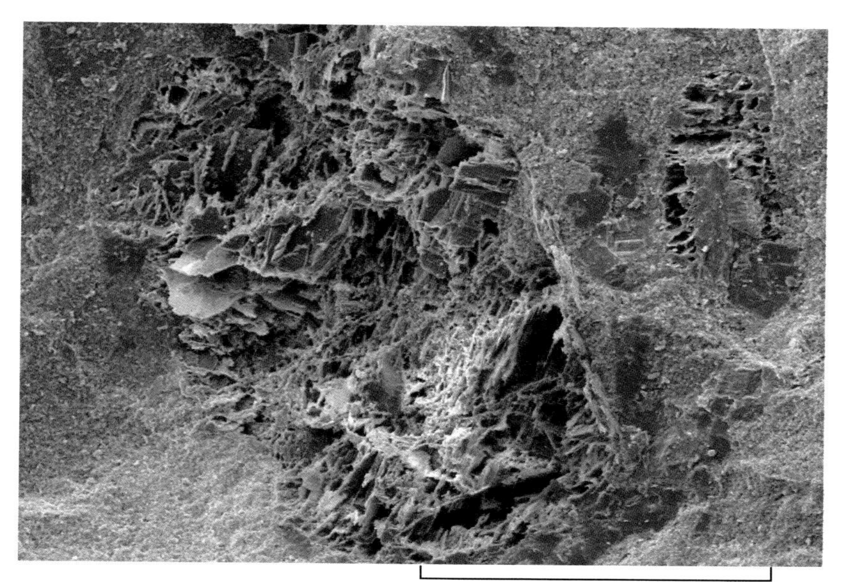

图版 8-6　铸体薄片 + 扫描电镜

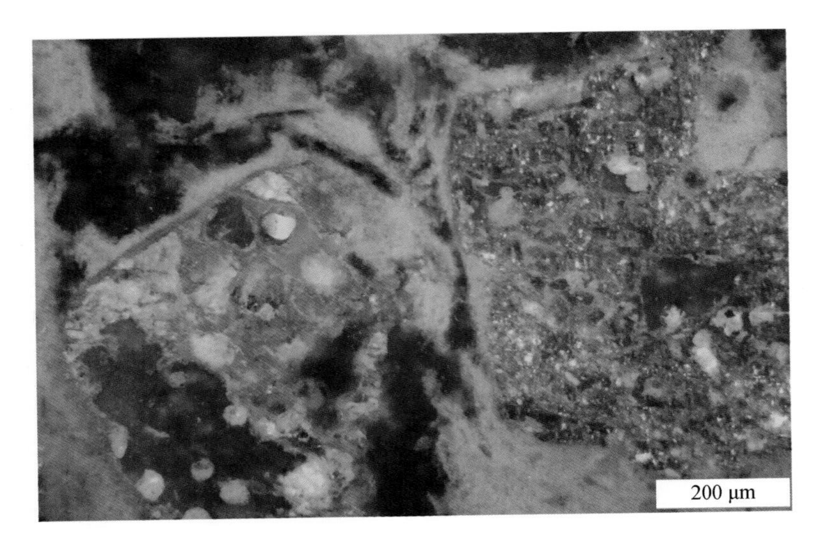

含油性

岩石含油丰富，油主要分布在粒间、粒内溶孔中，发黄色和褐橙色光。

荧光薄片

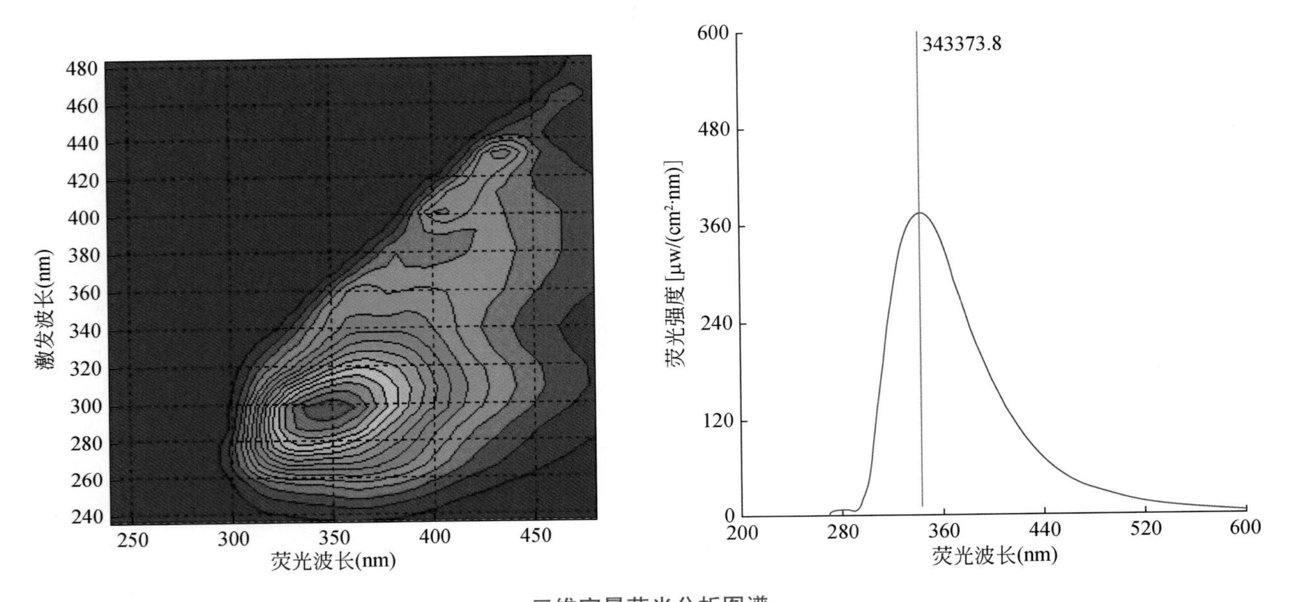

三维定量荧光分析图谱

荧光峰形呈单峰型且拖尾严重，最佳激发波长290nm，荧光主峰波长3348nm，油质中质偏重

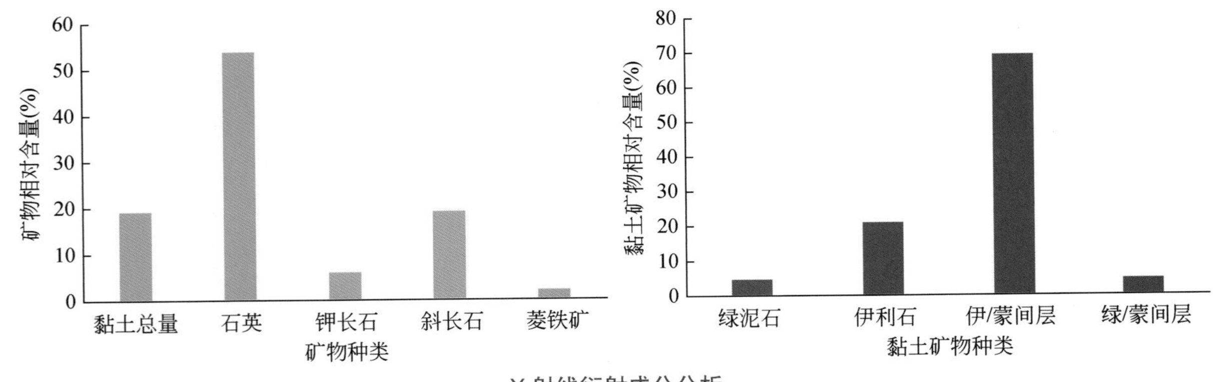

X 射线衍射成分分析

图版 8-7　荧光薄片 + 三维定量荧光分析 +X 射线衍射成分分析（二）

T2谱呈双峰态，实测核磁孔隙度为11.53%，束缚水饱和度为76.10%，可动流体饱和度为23.90%，T2截止值为86.4ms。

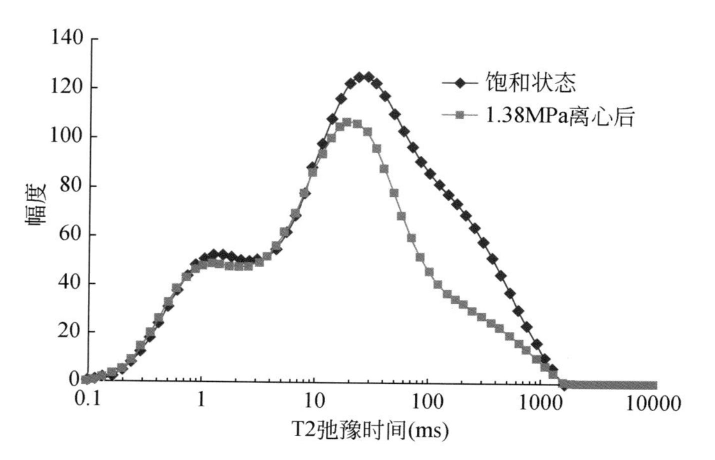

岩心核磁共振 T2 谱频率分布

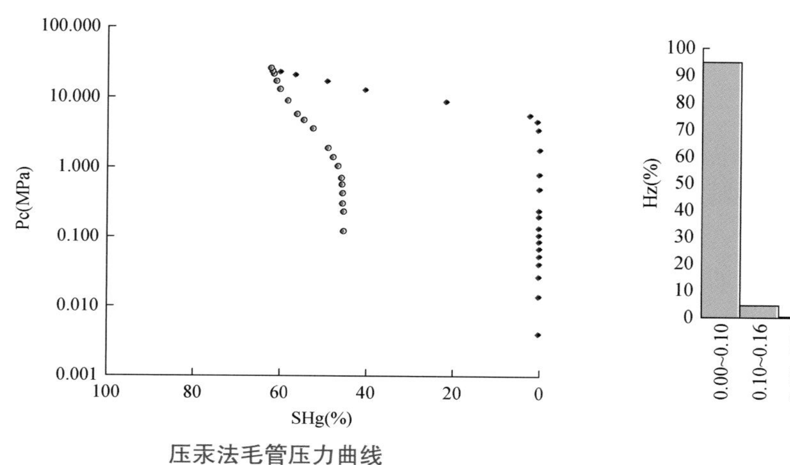

压汞法毛管压力曲线

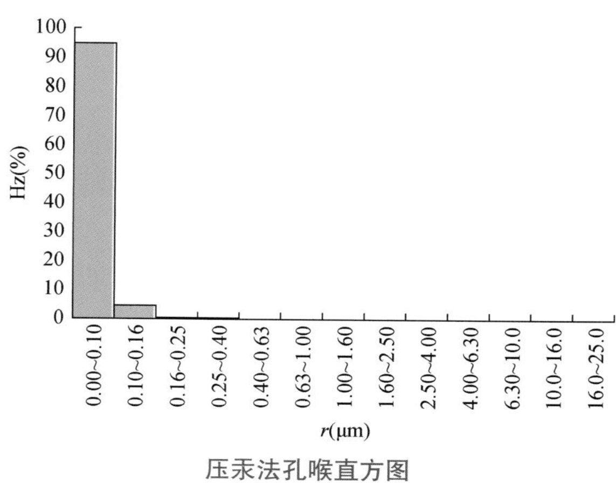

压汞法孔喉直方图

孔隙度：11.7%；渗透率：0.49mD；孔喉直径均值：0.11μm；分选系数：0.24；排驱压力：6.88MPa；中值压力：17.50MPa；进汞饱和度：62%；退汞效率：27.18%

排驱压力高、分选系数小、进汞饱和度较高，但退汞效率低，进汞压力曲线可见孔隙平台，孔喉半径以<0.1μm为主，反映储层具有孔喉半径细小、分选性较好、连通性不好、渗流性能较差的特征。

岩性曲线　深度(m)　长等待时间　饱和度分析　区间孔隙度　孔隙度分析　解释结论

井眼垮塌指示　自然伽马 0 API 200　井径 20 cm 70　自然电位 20 mV 70　1:200　T2谱分布(TWL=12.988s) 0.3 ms 3000　束缚水饱和度 100 % 0　渗透率 0.01 ×10⁻³μm² 1000　4-ms 8-ms 16-ms 32-ms 64-ms 128-ms 256-ms 512-ms 1024-ms 2048-ms 区间孔隙度 50 % 0　泥质束缚水孔隙度 可动流体孔隙度 毛管束缚水孔隙度 毛管束缚水孔隙度 50 % 0 有效孔隙度 50 % 0 总孔隙度 50 % 0　1980

砂砾岩储层核磁测井 T2 谱特征（巴 101X 井）

1977～1987m，灰色油斑砂砾岩，核磁T2谱形为双峰显示，谱峰较小，谱形分布较宽，有拖曳现象。从区间孔隙度分析，储层孔径分布以中、大孔径为主，可动流体孔隙度占主要部分，反映储层物性好。

图版 8-8　核磁共振 + 物性 + 常规压汞 + 核磁共振测井（一）

联测样品3：杂色油斑砂砾岩 吉60井 1325.08m 腾格尔组 近岸水下扇

联测项目：岩心描述+铸体薄片+扫描电镜+能谱+荧光薄片+三维定量荧光分析+X射线衍射+核磁共振+物性+常规压汞

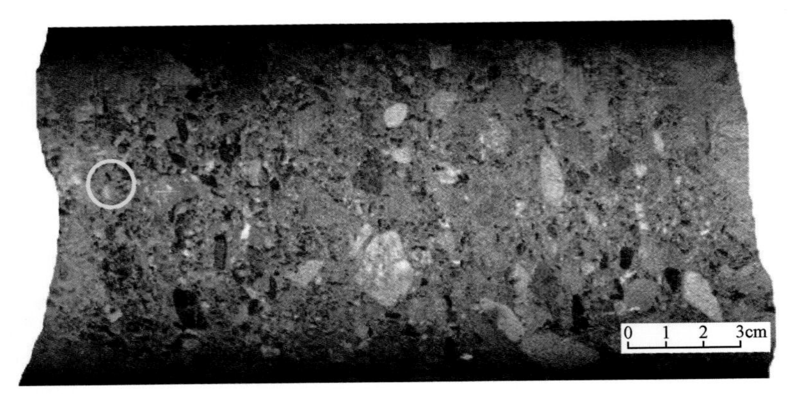

砂质细-中砾结构，砾石成分以凝灰岩为主，安山岩岩屑次之，次棱角-次圆状，分选性中等，砾径一般为5～20mm，其间被砂充填。泥质胶结，较疏松，油味浓，含油较均匀，较饱满。

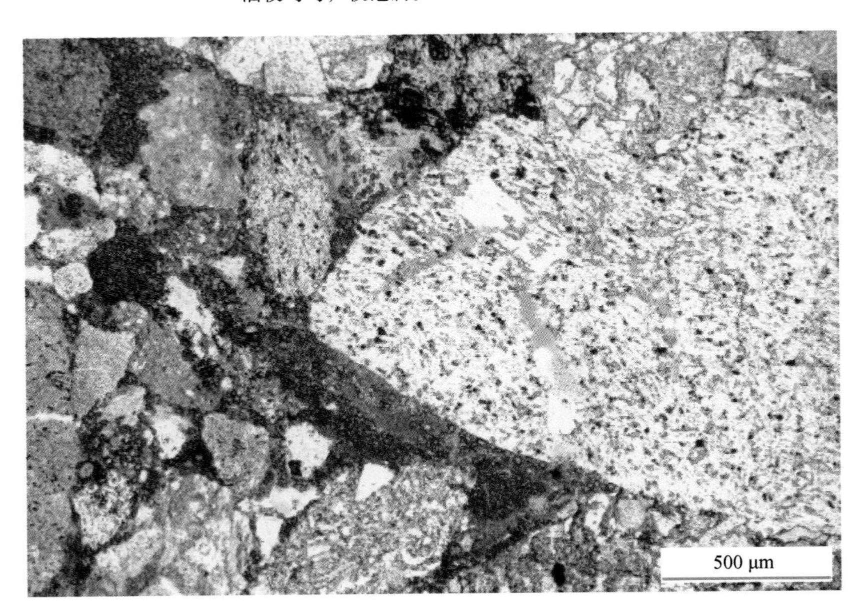

粒内溶孔

安山岩岩屑粒内溶孔，周围较小的碎屑为凝灰岩岩屑。部分孔隙内充填菱铁矿。

铸体薄片

单偏光

复成分砂砾岩

砾石之间的填隙物以中-粗砂为主，次棱角状-次圆状，分选性中等。碎屑成分以凝灰岩岩屑为主，有少量板岩岩屑。残余粒间孔较发育。

铸体薄片

单偏光

图版 8-9 岩心描述 + 铸体薄片（二）

粒间溶孔

粒间溶孔内充填分散状的菱铁矿，呈褐黄色，正高突起。上方的岩屑具有粒内溶孔。

铸体薄片

单偏光

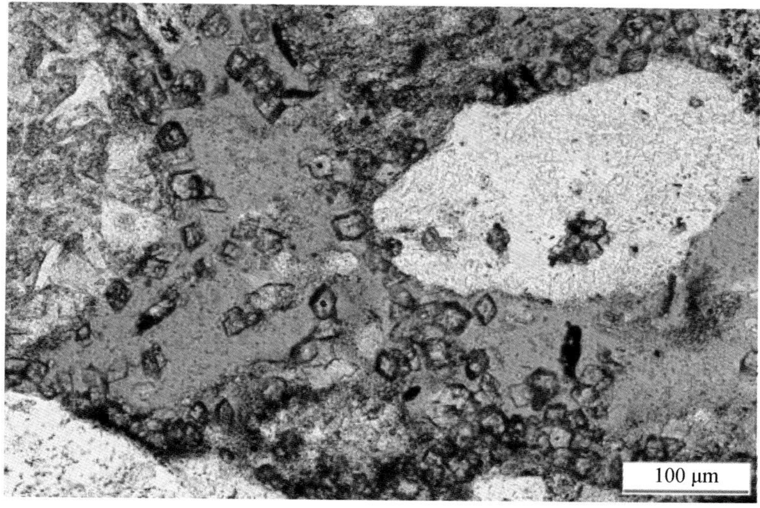

成岩自生矿物

粒间自形菱面体状菱铁矿，少量弯曲片状、片絮状伊/蒙间层、伊利石，少量片状、叶片状绿泥石。

扫描电镜

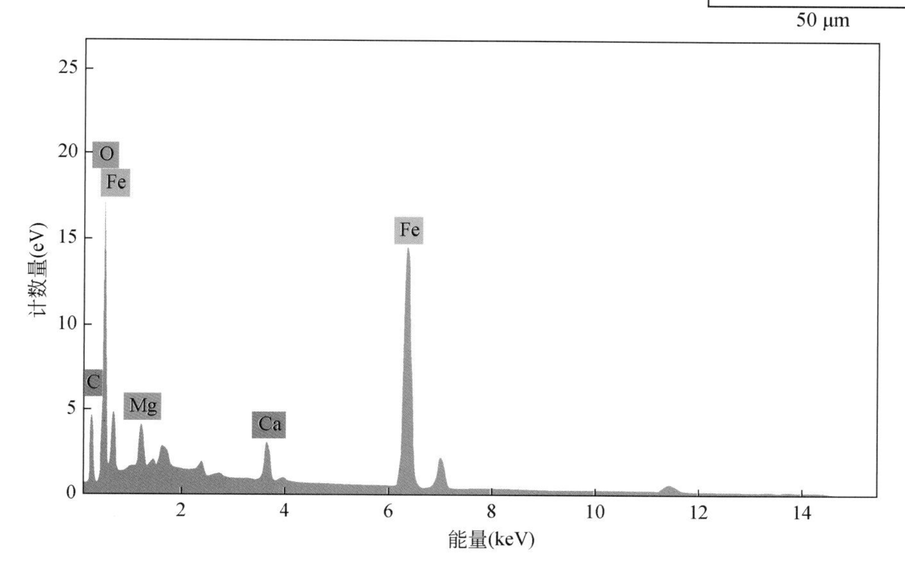

元素	原子数	线	净值	质量(%)	归一化质量(%)	原子(%)	abs.error(%)(1 sigma)	abs.error(%)(2 sigma)	abs.error(%)(3 sigma)	rel.error(%)(1 sigma)
Fe	26	K-Serie	235583	25.50	46.87	19.85	0.70	1.40	2.11	2.7
O	8	K-Serie	111237	18.53	34.06	50.36	2.10	4.20	6.30	11.3
C	6	K-Serie	17141	6.68	12.27	24.16	0.90	1.79	2.69	13.4
Mg	12	K-Serie	28725	2.29	4.20	4.09	0.15	0.30	0.46	6.6
Ca	20	K-Serie	28216	1.41	2.59	1.53	0.07	0.13	0.20	4.7
			总计：	54.41	100.00	100.00				

菱铁矿能谱图

图版 8-10 铸体薄片 + 扫描电镜 + 能谱

成岩自生矿物

自生石英晶体、粒间伊/蒙间层、伊利石，混杂少量绿泥石。晶间微孔为1～5μm。

扫描电镜

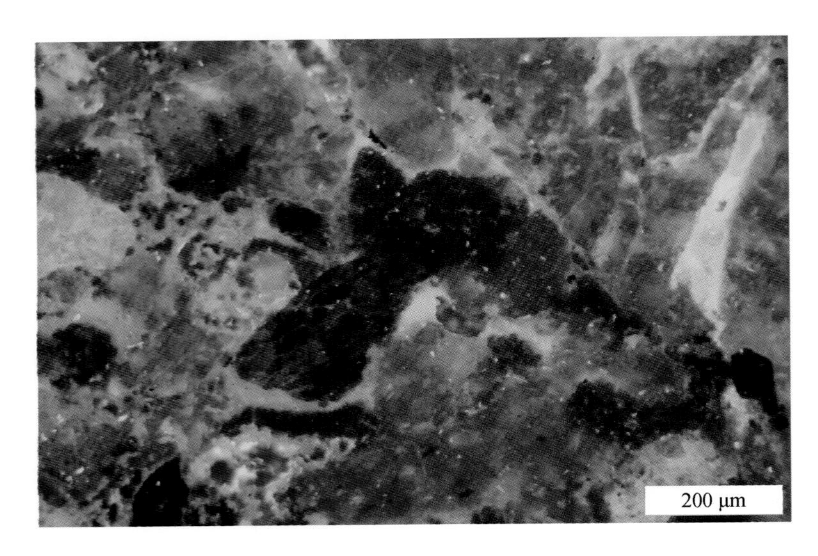

含油性

岩石含油较均匀，油主要分布在粒间溶孔中，其次分布在粒内溶孔中，发黄色和褐橙色光。

荧光薄片

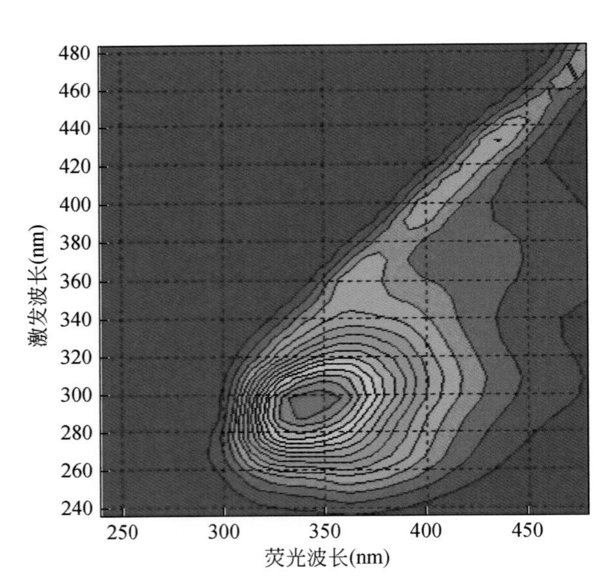

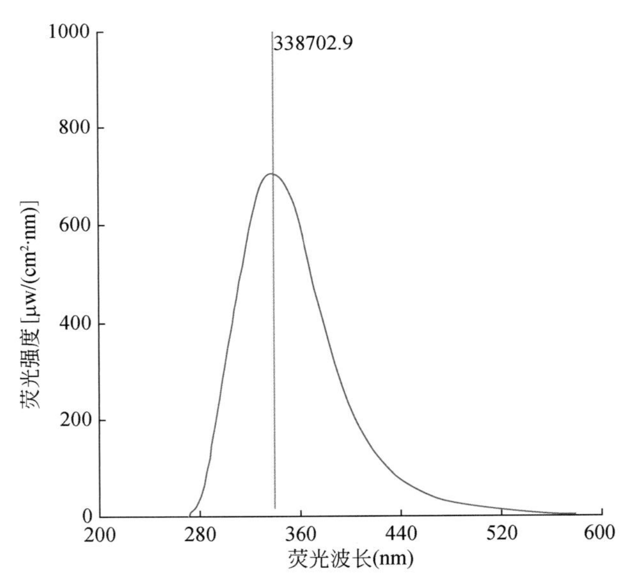

三维定量荧光分析图谱

荧光峰形呈单峰型，最佳激发波长290nm，荧光主峰波长338nm，油质中质

图版 8-11　扫描电镜 + 荧光薄片 + 三维定量荧光分析

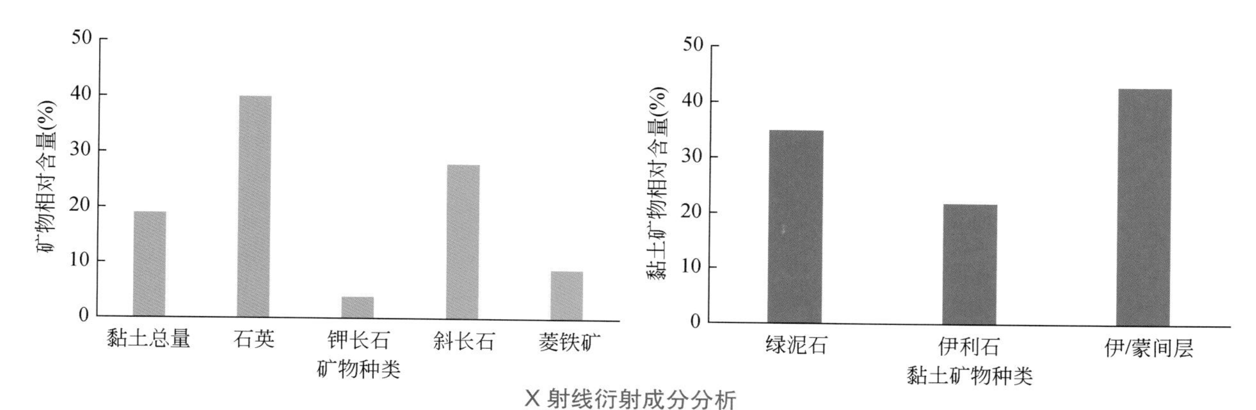

X射线衍射成分分析

T2谱呈单峰态，实测核磁孔隙度为7.97%，束缚水饱和度为62.04%，可动流体饱和度为37.96%，T2截止值为4.64ms。

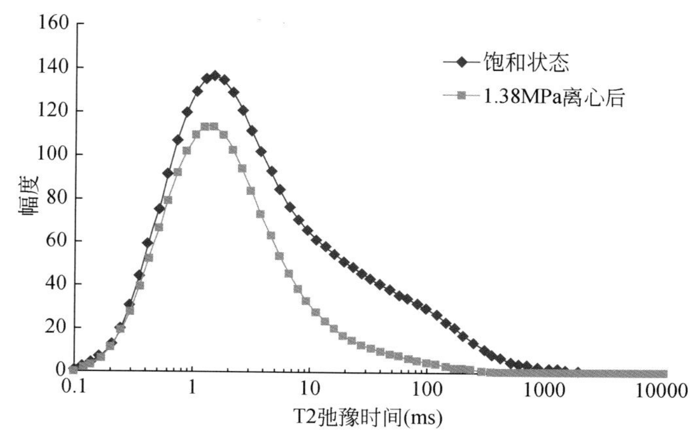

岩心核磁共振 T2 谱频率分布

孔隙度：10.8%

渗透率：6.76mD

孔喉半径均值：5.96μm

分选系数：23.86

排驱压力：0.04MPa

中值压力：2.60MPa

进汞饱和度：67.95%

退汞效率：20.32%

排驱压力低、分选系数大、进汞饱和度较高，但退汞效率低，进汞压力曲线无孔隙平台，反映储层孔喉半径较大，但分选性差，连通性不好，渗流性能较差。

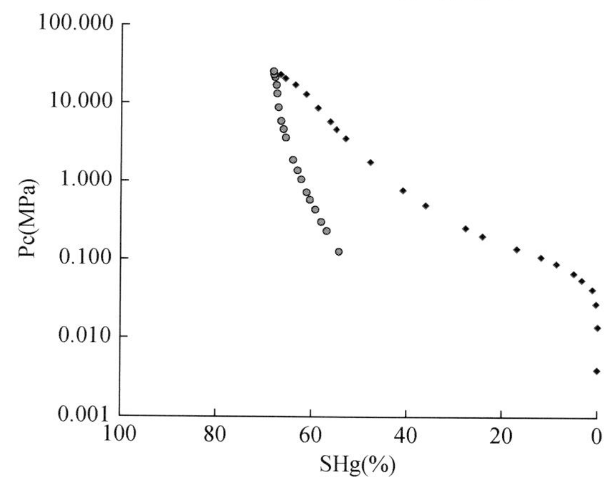

压汞法毛管压力曲线

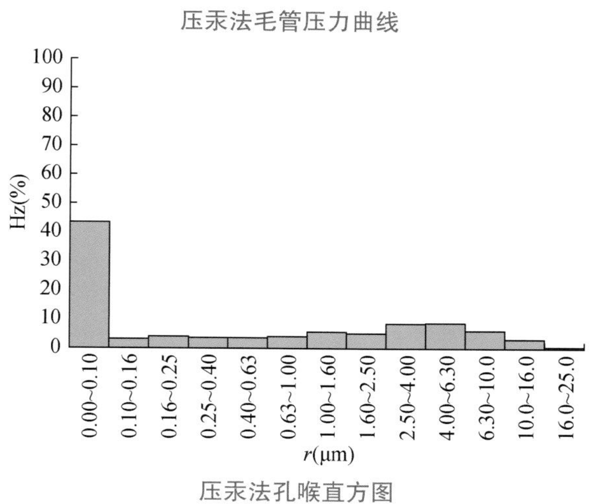

压汞法孔喉直方图

图版 8-12　X 射线衍射分析 + 核磁共振 + 物性 + 常规压汞

联测样品4：褐色油浸砂砾岩 兰11X井 1451.16m 腾格尔组 近岸水下扇

联测项目： 岩心描述+铸体薄片+扫描电镜+能谱+荧光薄片+三维定量荧光分析+X射线衍射+核磁共振+物性+常规压汞

砂砾状结构，块状构造，略具有正粒序。砾石成分以石英、长石为主，火成岩砾次之，砾径为2～5mm，最大为20mm。砂为细-粗砂，成分主要为石英及长石，分选性差，次棱角状，泥质胶结。

粒间溶孔

细砾及粗砂级碎屑间的粒间溶孔发育，孔隙连通性好。碎屑成分以长石为主，有少量石英和岩屑。左侧的长石具有粒内溶孔和长石加大边。

铸体薄片 单偏光

长石加大边

长石加大边。碎屑长石表面较脏污，加大边干净透明。粒间溶孔发育。

铸体薄片 单偏光

图版 8-13 岩心描述 + 铸体薄片（三）

自生长石

自形板状及板柱状自生长石晶体，其间见晶间孔。

扫描电镜

黄铁矿 自生长石

莓球状黄铁矿及自形板状自生长石。

扫描电镜

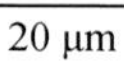

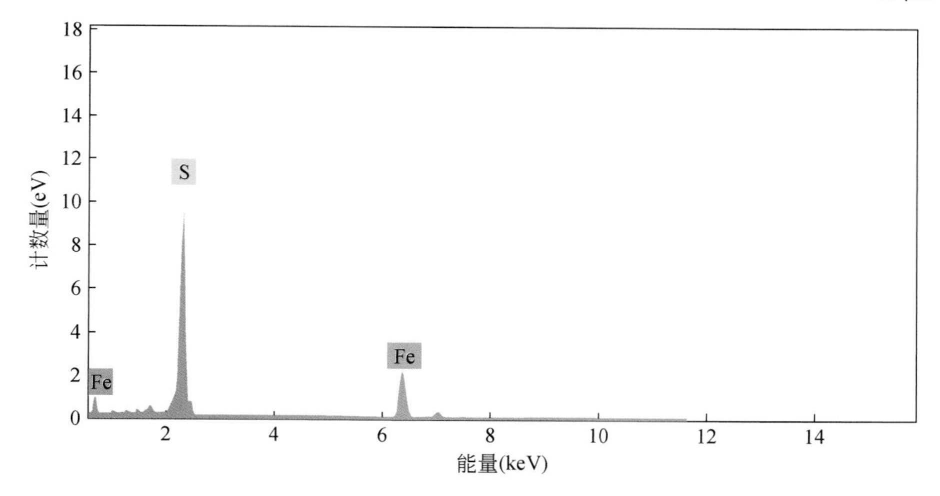

元素	原子数	线	净值	质量(%)	归一化质量(%)	原子(%)	abs.error(%)(1 sigma)	abs.error(%)(2 sigma)	abs.error(%)(3 sigma)	rel.error(%)(1 sigma)
S	16	K-Serie	93873	22.52	50.80	64.27	0.84	1.67	2.51	3.71
Fe	26	K-Serie	33821	21.81	49.20	35.73	0.62	1.23	1.85	2.83
			总计：	44.33	100.00	100.00				

黄铁矿能谱谱图

图版 8-14 扫描电镜 + 能谱（二）

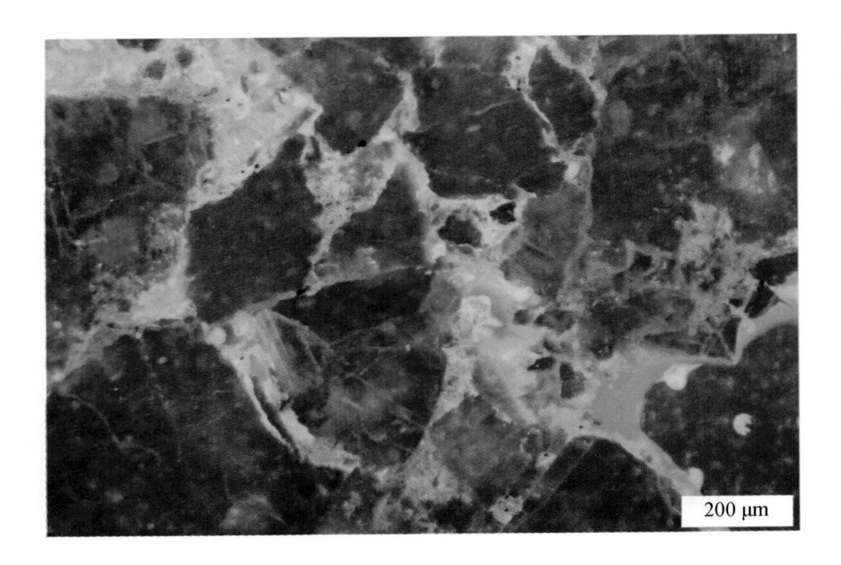

含油性

岩石含油较均匀，油主要分布在粒间，少量分布在粒内，发黄色和褐橙色光。

荧光薄片

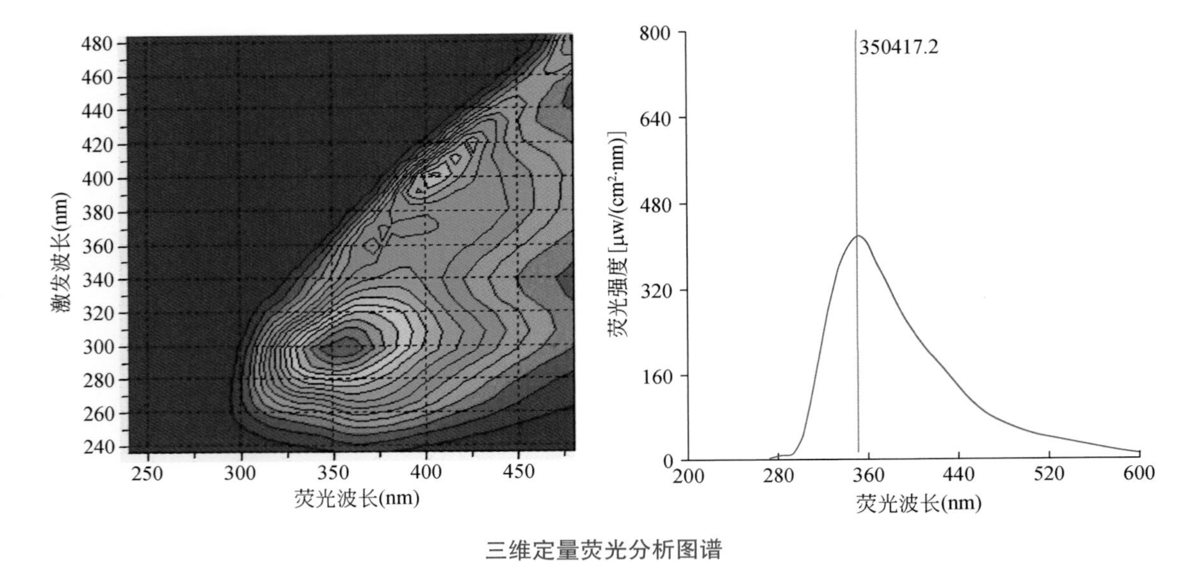

三维定量荧光分析图谱

荧光峰形呈单峰型且拖尾，最佳激发波长300nm，荧光主峰波长350nm，油质中质

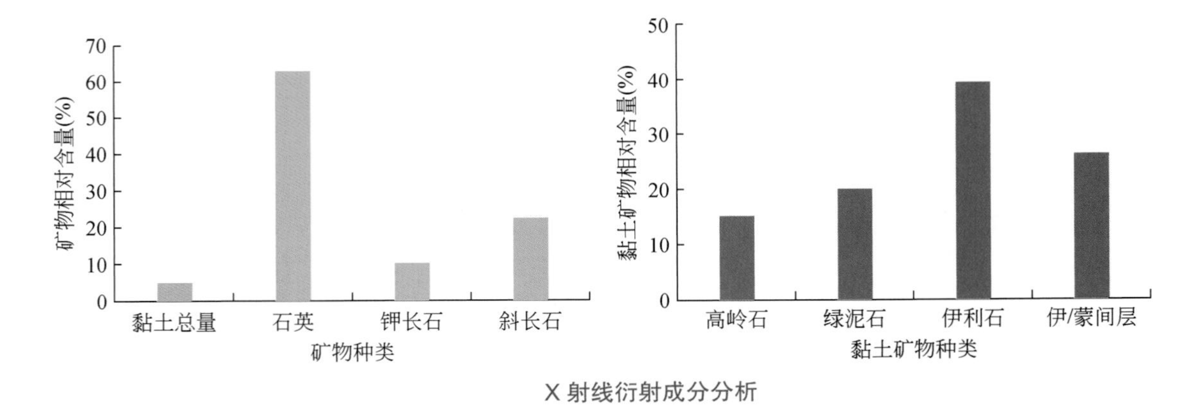

X 射线衍射成分分析

图版 8-15　荧光薄片 + 三维定量荧光分析 +X 射线衍射成分分析（三）

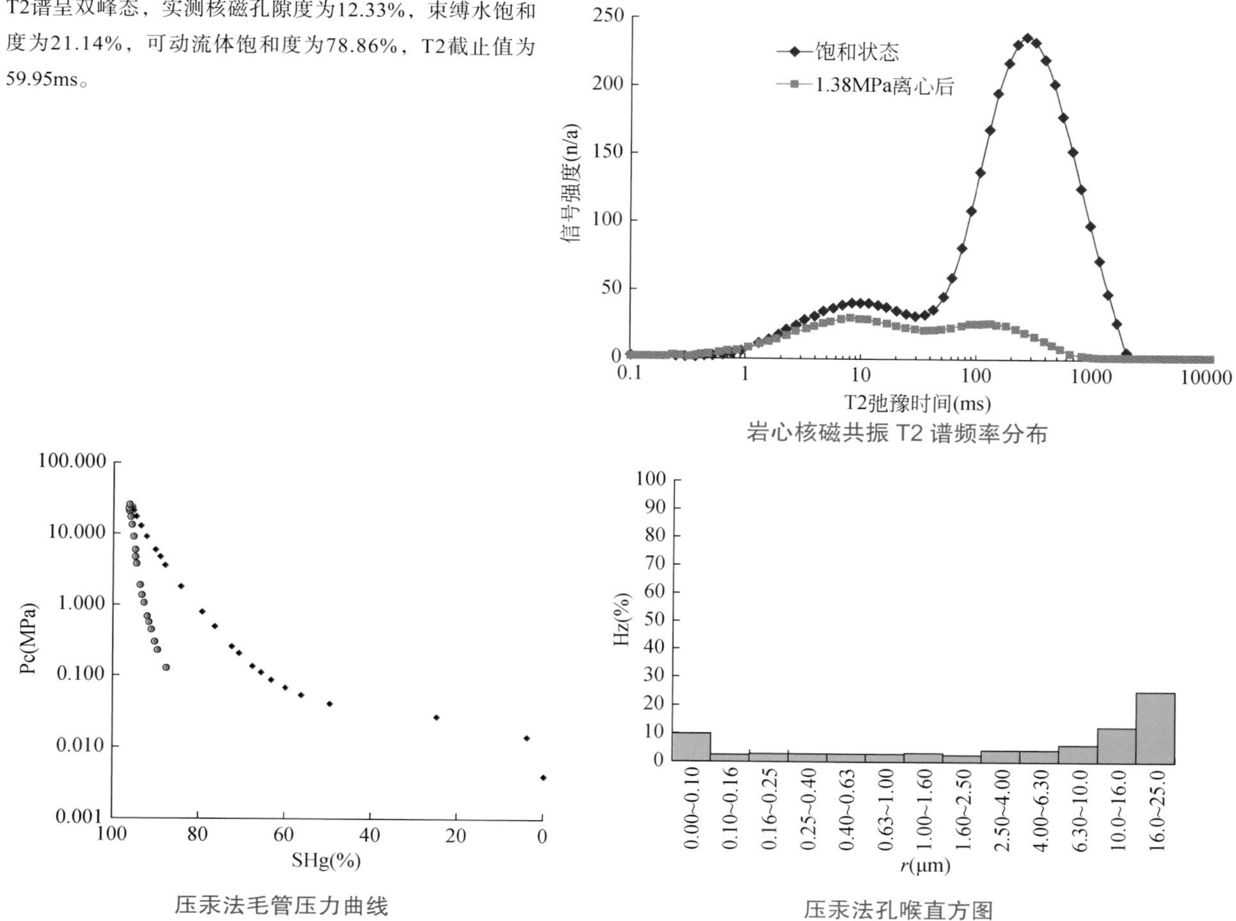

T2谱呈双峰态，实测核磁孔隙度为12.33%，束缚水饱和度为21.14%，可动流体饱和度为78.86%，T2截止值为59.95ms。

岩心核磁共振 T2 谱频率分布

压汞法毛管压力曲线

压汞法孔喉直方图

孔隙度：13.9%，渗透率：1300mD，孔喉半径均值：29.14μm；分选系数：110.90；排驱压力：0.01MPa；中值压力：0.04MPa；进汞饱和度：96.07%；退汞效率：9.07%

排驱压力低、分选系数大、进汞饱和度高，但退汞效率低，进汞压力曲线无孔隙平台；孔喉半径具有双峰特征，且以大孔为主；储层孔喉半径较大，分选性差，连通性不好，渗流性能一般。

长等待时间 | 渗透率分析 | 深度(m) | 渗透率分析 | 孔隙度分析 | 解释结论

T2谱分布(TWL=12.988s) 0 ms 2.8026e-043

MPERM(旧) 1 $\times10^{-3}\mu m^2$ 100000; MPERM 1 $\times10^{-3}\mu m^2$ 100000; 岩心渗透率 1 100000

1:200 1450

MPERM 1 $\times10^{-3}\mu m^2$ 100000; 数字岩心渗透率 1 100000

核磁孔隙度 0 % 50; 岩心孔隙度 0 % 50; 数字岩心孔隙度 0 % 50

31 32

砂砾岩储层核磁测井 T2 谱特征（兰 11X 井）

兰11X井，1450～1454m，褐灰色油浸砂砾岩，核磁T2谱形为双峰显示，谱峰较小，谱形分布较宽，有拖曳现象。从区间孔隙度分析，储层孔径分布以中、大孔径为主，可动流体孔隙度占主要部分，反映储层物性好，产出能力较强。

图版 8-16　核磁共振 + 物性 + 常规压汞 + 核磁共振测井（二）

联测样品5：褐灰色含油砂砾岩　淖38井　1113.55m　阿尔善组　辫状河三角洲

联测项目：岩心描述+铸体薄片+扫描电镜+能谱+荧光薄片+三维定量荧光分析+X射线衍射+核磁共振+物性+常规压汞

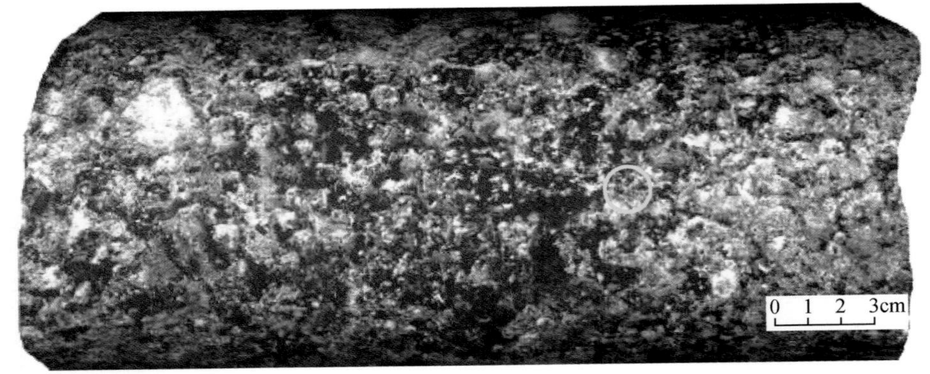

褐灰色，砂砾状结构，含油，成分以石英、长石砾为主，花岗岩碎屑次之，砾径一般2～4mm，最大10mm，次棱角-次圆状，分选性差，泥质胶结，较疏松。

粒间溶孔 晶间微孔

砾石之间的砂级填隙物以长石为主，粒间孔发育，局部有少量自生高岭石及晶间微孔。

铸体薄片　单偏光

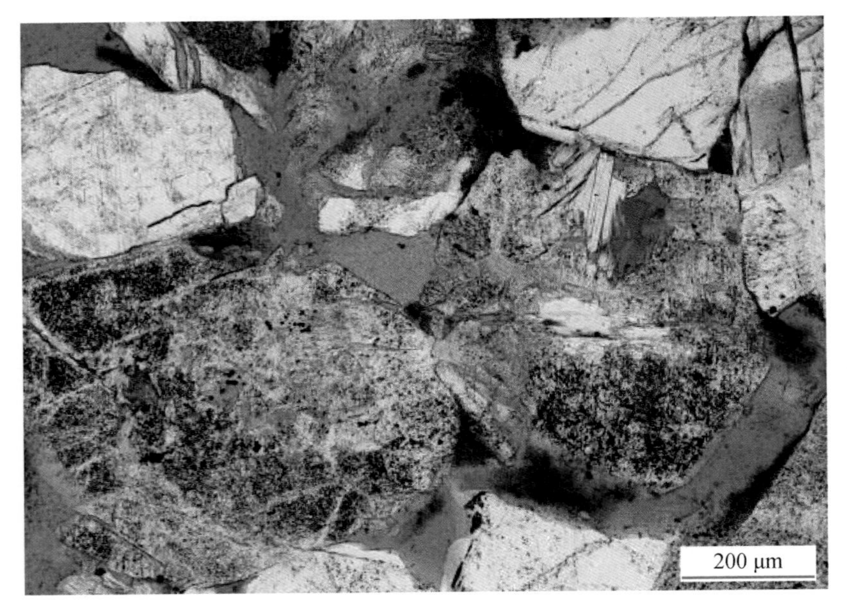

粒内溶孔 原生粒间孔

长石粒内溶孔，粒间自生高岭石及其晶间微孔，原生粒间孔。图片下部的石英具有加大边结构。

铸体薄片　单偏光

图版 8-17　岩心描述 + 铸体薄片（四）

粒间书页状高岭石

高岭石的边缘不规则，晶间微孔发育。

扫描电镜

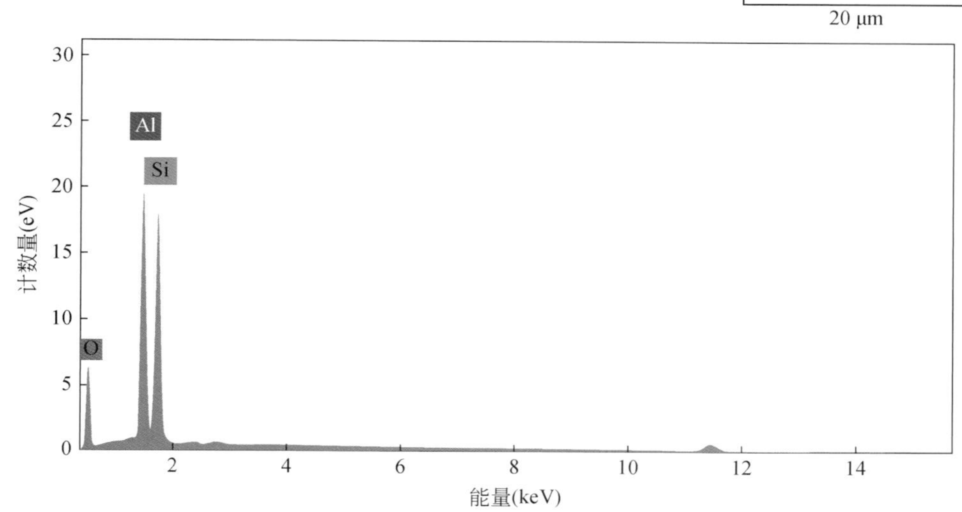

元素	原子数	线	净值	质量(%)	归一化质量(%)	原子(%)	abs.error(%)(1 sigma)	abs.error(%)(2 sigma)	abs.error(%)(3 sigma)	rel.error(%)(1 sigma)
O	8	K-Serie	40796	8.03	37.70	51.03	0.99	1.97	2.96	12.25
Si	14	K-Serie	159753	6.97	32.73	25.24	0.32	0.65	0.97	4.63
Al	13	K-Serie	159272	6.30	29.56	23.73	0.33	0.65	0.98	5.18
			总计：	21.30	100.00	100.00				

高岭石能谱谱图

自生石英

图片左侧较小的自生石英为平行连生，是石英生长过程的一种表现；中部较大的两个石英晶体也呈平行连生状，对应晶面平行；上部见少量粒表弯曲片状、片絮状伊/蒙间层、伊利石。

扫描电镜

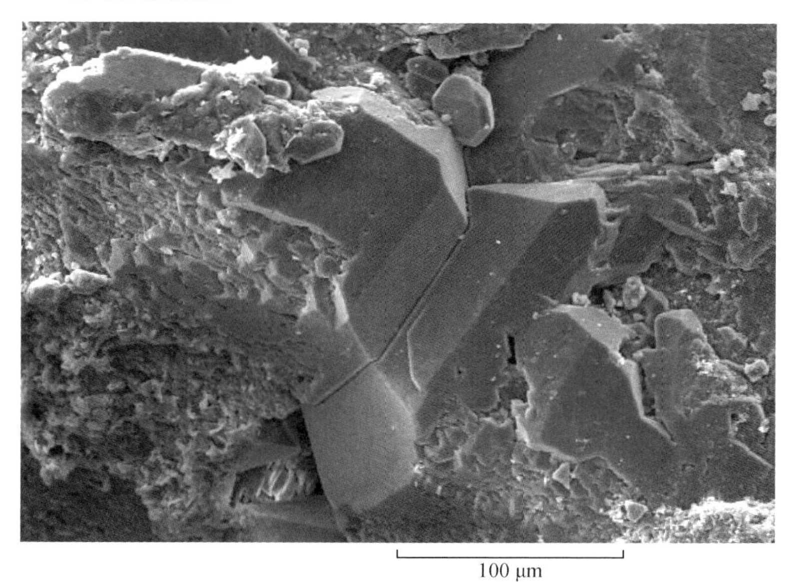

图版 8-18　扫描电镜 + 能谱（三）

含油性

岩石含油较均匀，油主要分布在粒间，少量分布在粒内，发黄色和褐橙色光。

荧光薄片

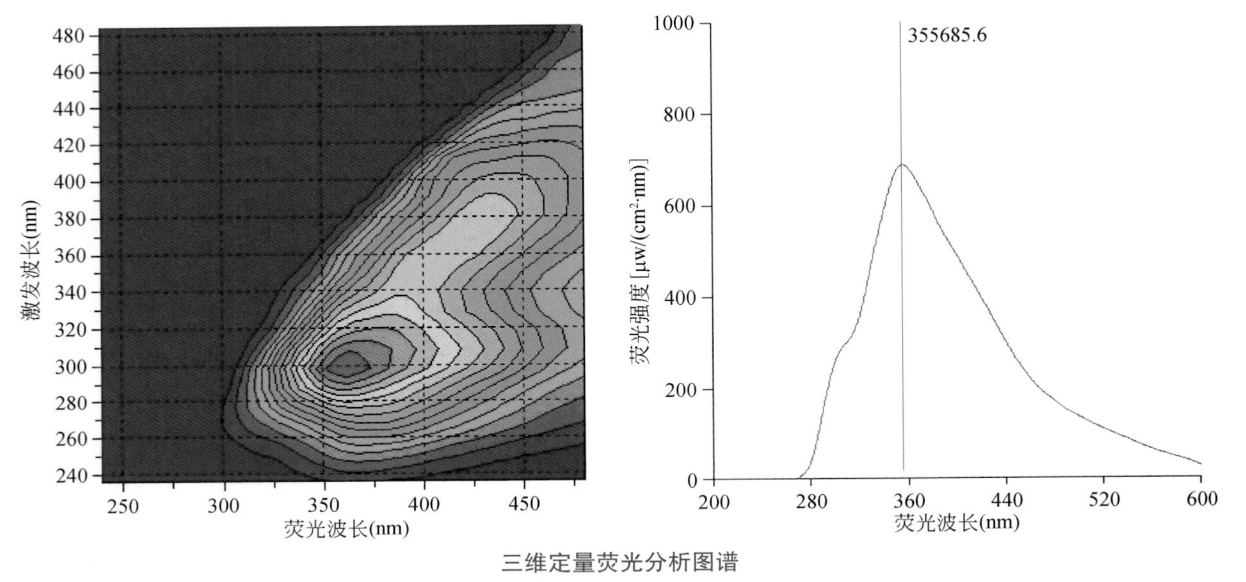

三维定量荧光分析图谱

荧光峰形呈单峰型拖尾严重，最佳激发波长300nm，荧光主峰波长355nm，油质中质。

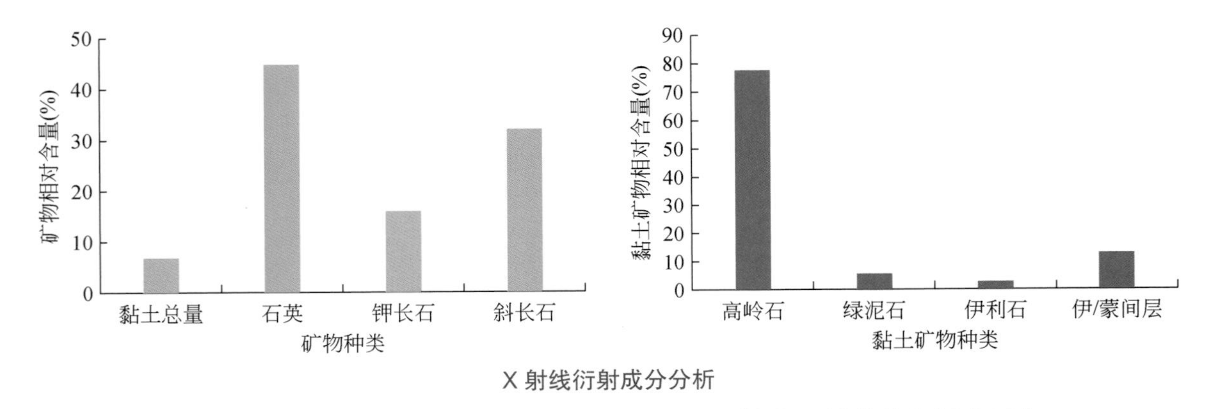

X 射线衍射成分分析

图版 8-19　荧光薄片 + 三维定量荧光分析 +X 射线衍射成分分析（四）

样品T2谱呈双峰态，实测核磁孔隙度为15.17%，束缚水饱和度为59.15%，可动流体饱和度为40.85%，T2截止值为124.52ms。

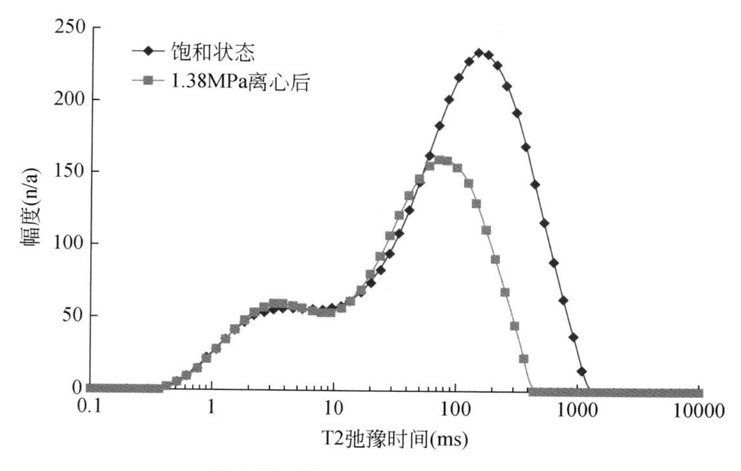

岩心核磁共振 T2 谱频率分布

孔隙度：17.7%
渗透率：1800mD
孔喉半径均值：32.45μm
分选系数：123.08
排驱压力：0.01MPa
中值压力：0.05MPa
进汞饱和度：96.33%
退汞效率：11.15%
排驱压力低、分选系数大、进汞饱和度高但退汞效率低，进汞压力曲线无孔隙平台；孔喉半径具有双峰特征；储层孔喉半径较大，分选性差，连通性不好，渗流性能一般。

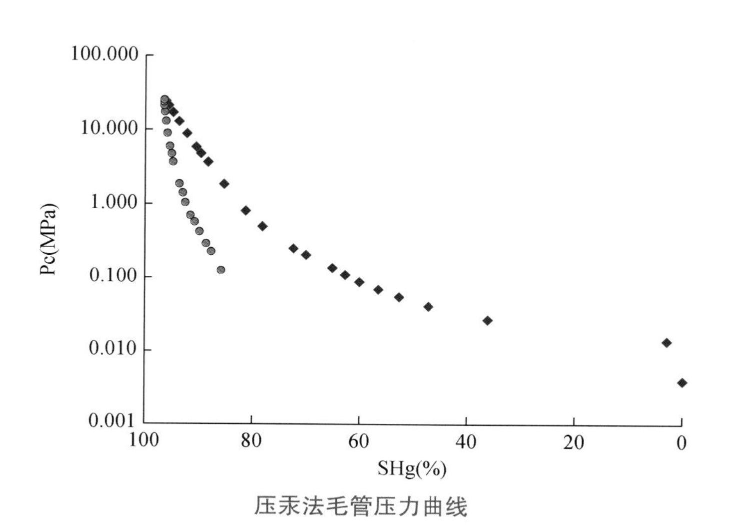

压汞法毛管压力曲线

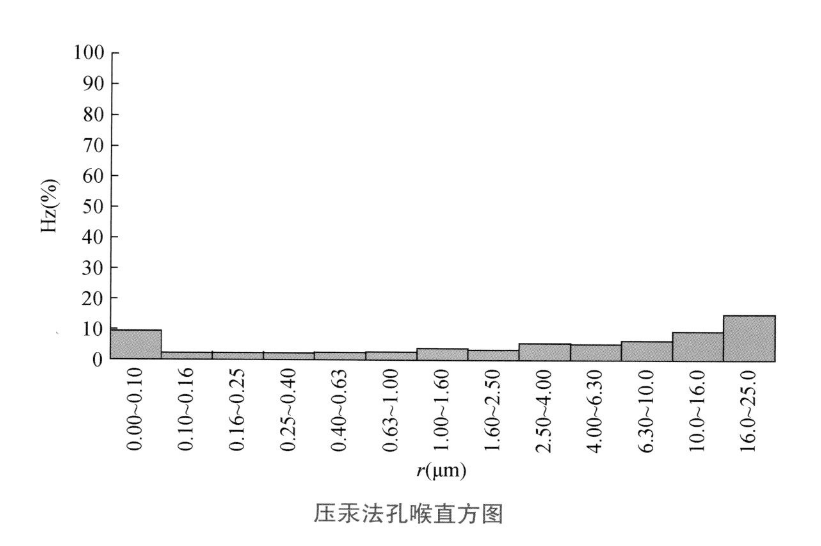

压汞法孔喉直方图

图版 8-20 核磁共振 + 物性 + 常规压汞（二）

联测样品6：灰褐色油浸细砂岩 哈50井 1000.49m 阿尔善组 近岸水下扇

联测项目： 岩心描述+铸体薄片+扫描电镜+能谱+荧光薄片+三维定量荧光分析+X射线衍射+粒度+物性+常规压汞

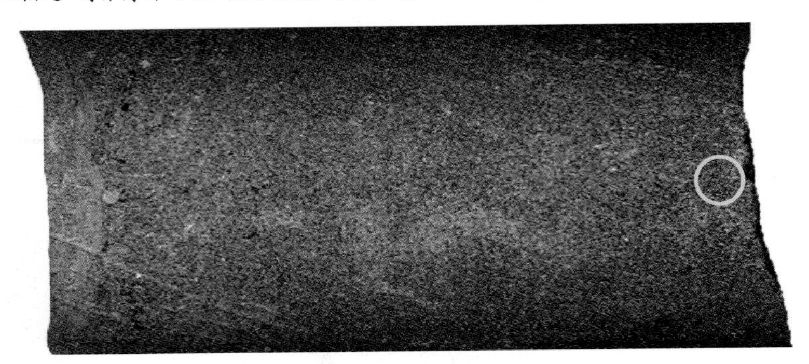

细砂结构，块状构造，成分以岩屑、长石为主，分选性中等，次圆-次棱角状，泥质胶结，盐酸不反应。含油面积约60%，较均匀，不饱满。

细粒长石岩屑砂岩

碎屑组分以岩屑为主，长石次之，有少量石英。次棱角状，分选性好。粒间溶孔发育，孔隙内充填少量菱铁矿。

铸体薄片 单偏光

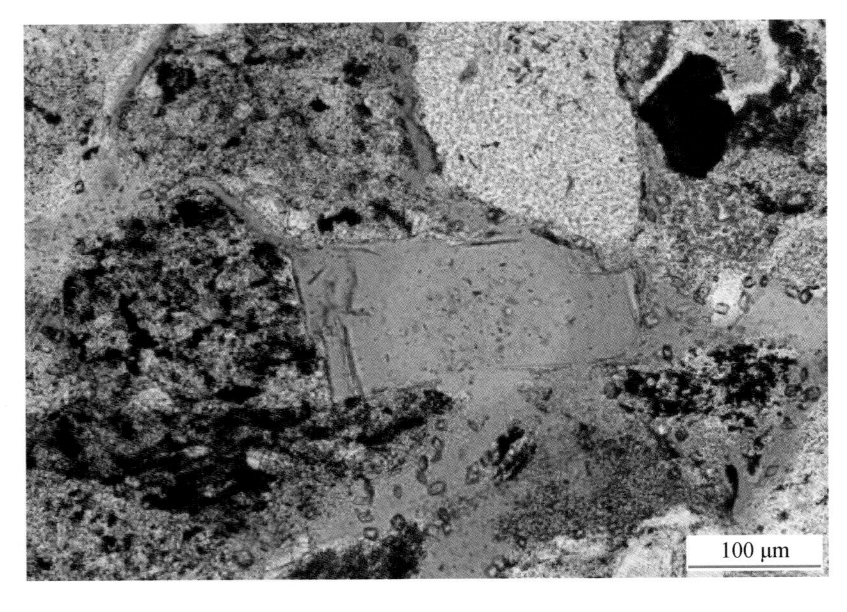

细粒长石岩屑砂岩

中间为长石铸模孔，保留长石的柱状形态，边缘有黏土膜。粒间溶孔，粒内溶孔。有少量分散状自形菱铁矿晶粒充填孔隙。

铸体薄片 单偏光

图版 8-21 岩心描述 + 铸体薄片（五）

粒内溶孔

长石淋滤溶蚀形成粒内溶孔，发育粒度很小的自生石英、伊/蒙间层、伊利石。

扫描电镜

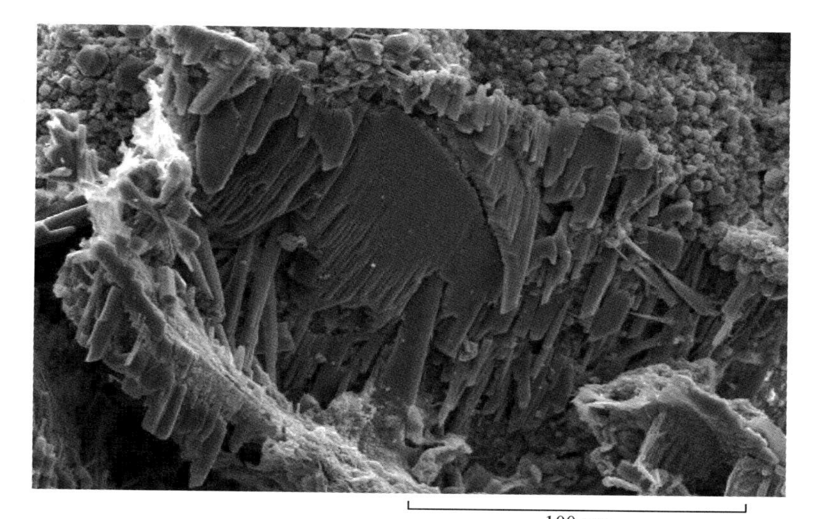

100 μm

成岩自生矿物

弯曲片状、片絮状伊/蒙间层、伊利石，图片两侧见细小的自生石英，右侧见自生长石。

扫描电镜

20 μm

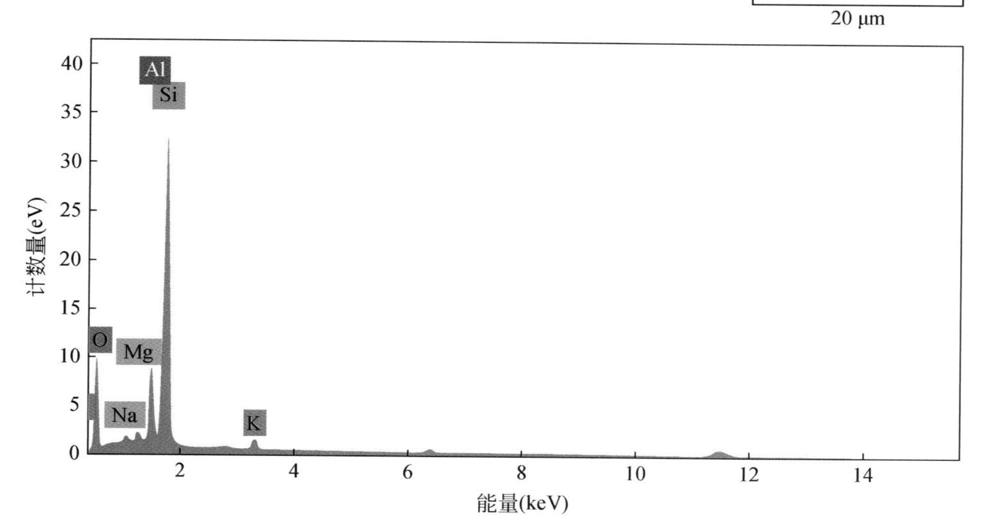

元素	原子数	线	净值	质量(%)	归一化质量(%)	原子(%)	abs.error(%)(1 sigma)	abs.error(%)(2 sigma)	abs.error(%)(3 sigma)	rel.error(%)(1 sigma)
O	8	K-Serie	62995	10.67	44.41	58.19	1.26	2.52	3.79	11.8
Si	14	K-Serie	284311	9.42	39.18	29.25	0.43	0.85	1.28	4.5
Al	13	K-Serie	63791	2.46	10.25	7.96	0.14	0.29	0.43	5.8
K	19	K-Serie	12007	0.60	2.50	1.34	0.04	0.09	0.13	7.3
Na	11	K-Serie	7566	0.50	2.10	1.91	0.06	0.12	0.18	11.7
Mg	12	K-Serie	8043	0.37	1.56	1.34	0.05	0.09	0.14	12.4
			总计：	24.03	100.00	100.00				

伊 / 蒙间层能谱图

图版 8-22 扫描电镜 + 能谱（四）

含油性

岩石含油较均匀，油主要分布在粒间和粒内，发黄色和褐橙色光。

荧光薄片

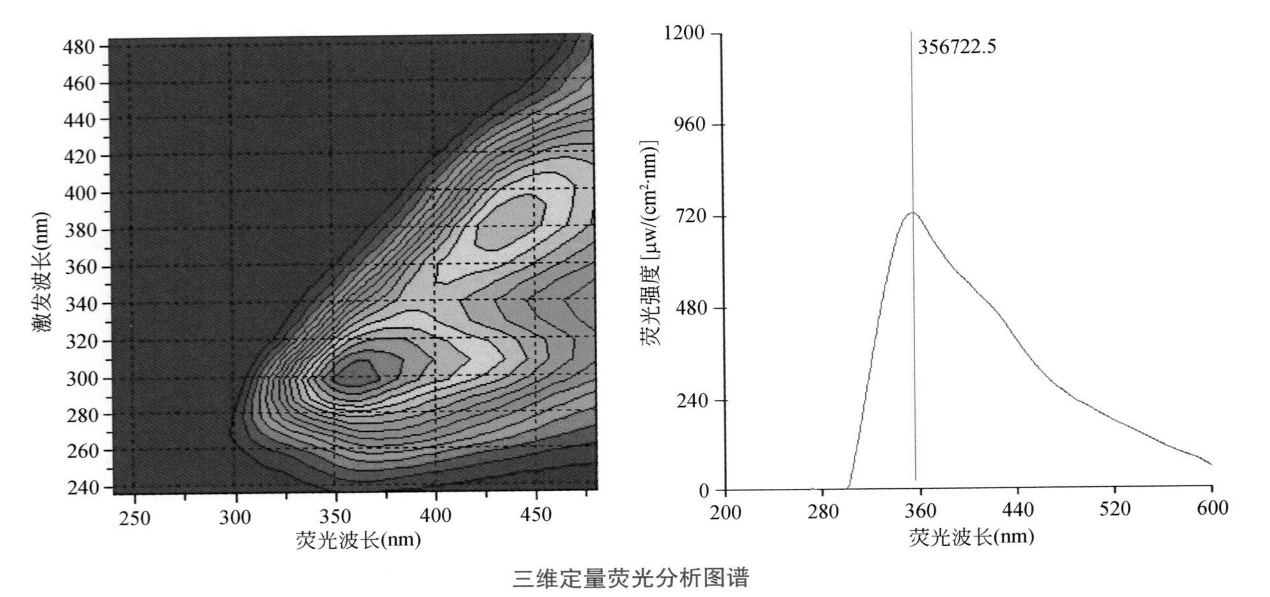

三维定量荧光分析图谱

荧光峰形呈双峰型，最佳激发波长300nm，荧光主峰波长356nm，荧光次峰波长430nm，油质中质偏重。

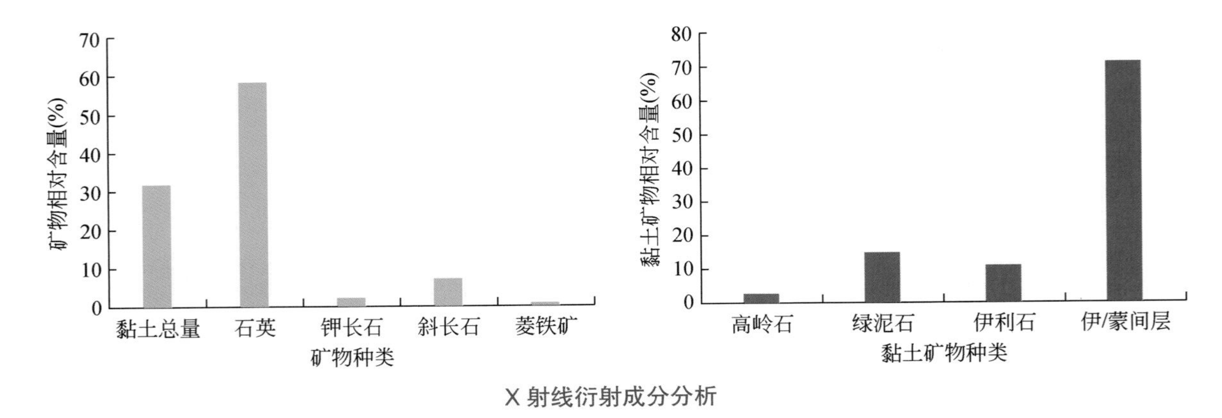

X 射线衍射成分分析

图版 8-23　荧光薄片 + 三维定量荧光分析 +X 射线衍射成分分析（五）

粒度概率曲线可分为三段，由跳跃总体、过渡带和悬浮总体组成，跳跃总体占20%，斜率较大，分选性较好。悬浮总体含量为30%，斜率很小，近于水平，基本无分选；过渡带位于跳跃和悬浮二总体之间，斜率较小，分选性差。反映了分选性中等和较强的定向水流条件。

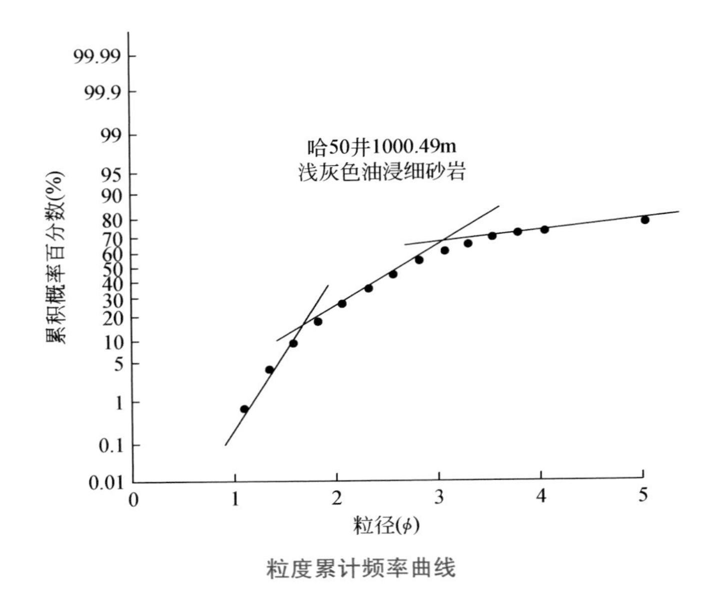

粒度累计频率曲线

孔隙度：20.9%
渗透率：82.1mD
孔喉半径均值：5.48μm
分选系数：19.31
排驱压力：0.08MPa
中值压力：0.41MPa
进汞饱和度：80.38%
退汞效率：13.57%
排驱压力低、分选系数较大、进汞饱和度高、退汞效率低，进汞压力曲线的孔隙平台不明显；孔喉半径具有双峰特征；储层孔喉半径较大，但分选性一般，连通性不好，渗流性能一般。

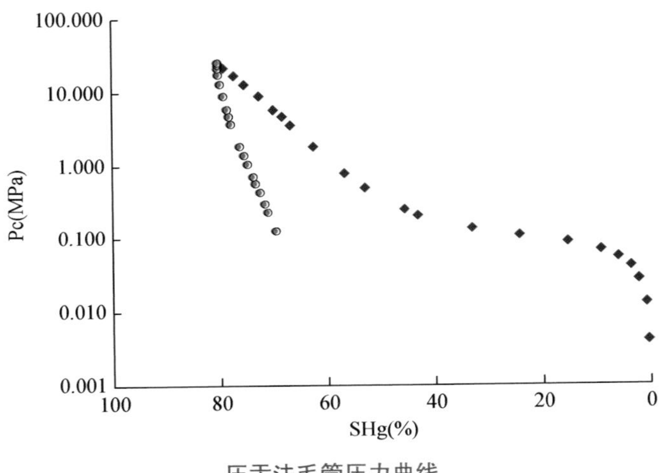

压汞法毛管压力曲线

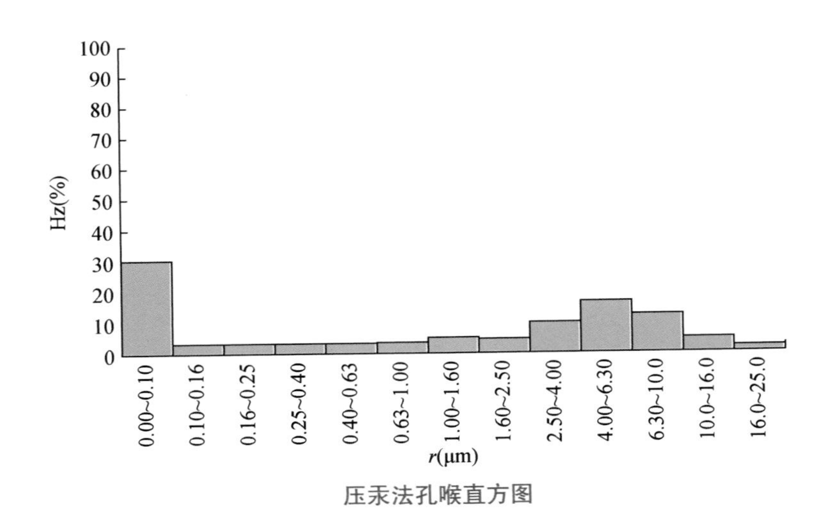

压汞法孔喉直方图

图版 8-24　粒度分析 + 物性 + 常规压汞

联测样品7：褐灰色含油细砂岩 淖68井 1722.60m 腾格尔组 辫状河三角洲

联测项目：岩心描述+铸体薄片+扫描电镜+能谱+荧光薄片+三维定量荧光分析+X射线衍射+粒度+核磁共振+物性+常规压汞

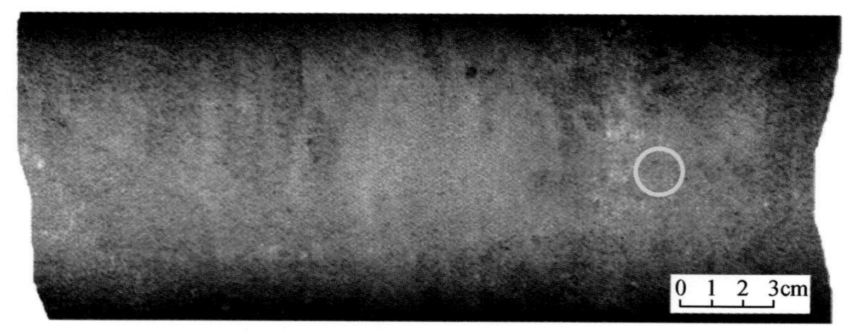

浅褐红色，细砂结构，交错层理。碎屑成分以长石为主，石英次之，分选性中等，次棱角状，泥质胶结，较疏松，滴盐酸不反应。含油面积约90%，含油较均匀，较饱满，油质稠，油味浓。

细粒长石砂岩

碎屑成分以长石为主，表面因泥化呈褐红色，石英次之。颗粒为棱角状，分选性中等，粒间溶孔发育。

铸体薄片 单偏光

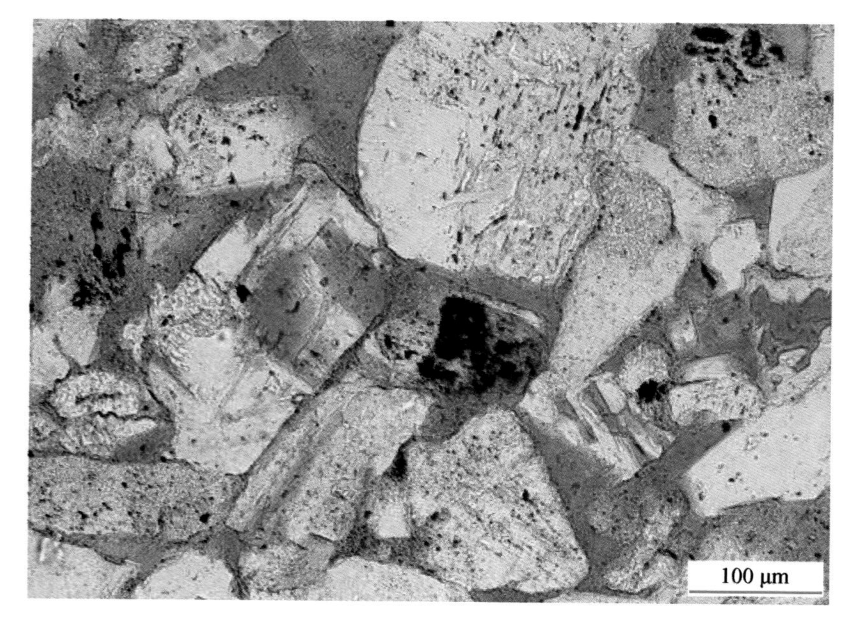

粒间溶孔

长石粒内溶孔，粒间溶孔部分充填绿泥石。

铸体薄片 单偏光

图版 8-25 岩心描述 + 铸体薄片（六）

长石粒内溶孔

长石淋滤形成粒内溶孔，图片下部为自生石英，粒间自生高岭石、粒表片状绿泥石。

扫描电镜

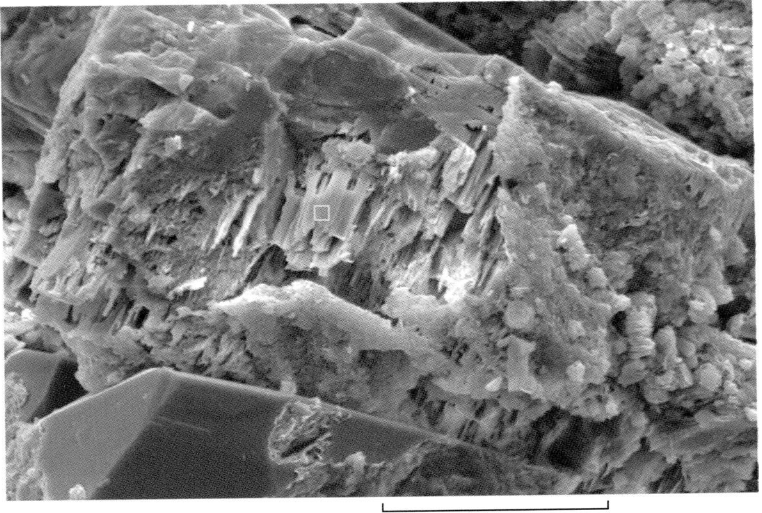

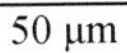

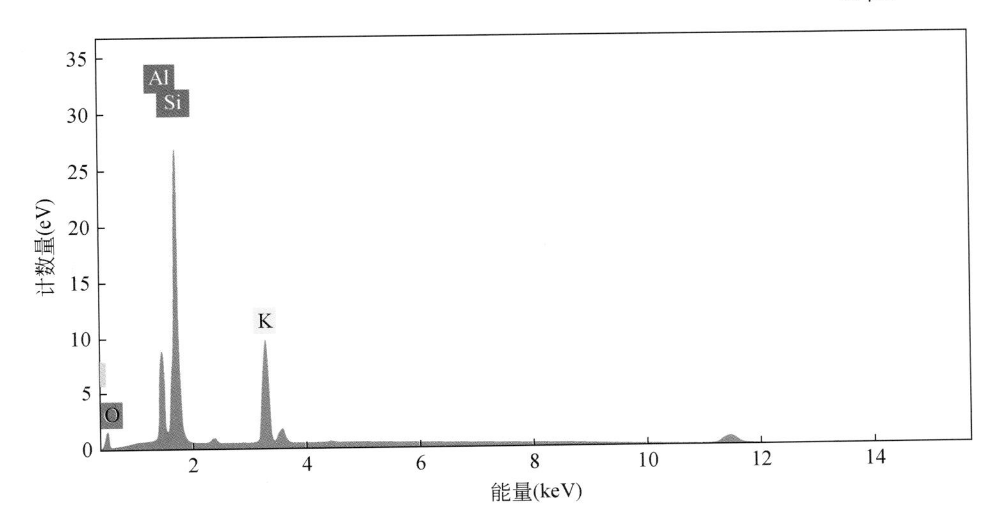

元素	原子数	线	净值	质量(%)	归一化质量(%)	原子(%)	abs.error(%)(1 sigma)	abs.error(%)(2 sigma)	abs.error(%)(3 sigma)	rel.error(%)(1 sigma)
Si	14	K-Serie	241704	6.75	40.75	38.56	0.31	0.63	0.94	4.64
K	19	K-Serie	113589	4.89	29.49	20.04	0.17	0.35	0.52	3.56
O	8	K-Serie	9484	2.96	17.89	29.71	0.44	0.89	1.33	14.95
Al	13	K-Serie	62393	1.97	11.87	11.69	0.12	0.24	0.36	6.08
			总计：	16.57	100.00	100.00				

长石能谱图

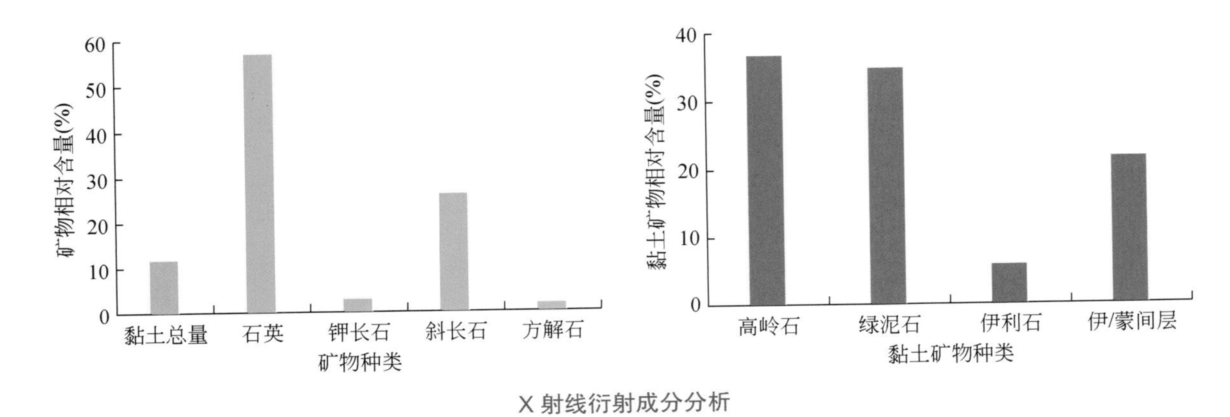

X 射线衍射成分分析

图版 8-26　扫描电镜 + 能谱 +X 射线衍射成分分析（一）

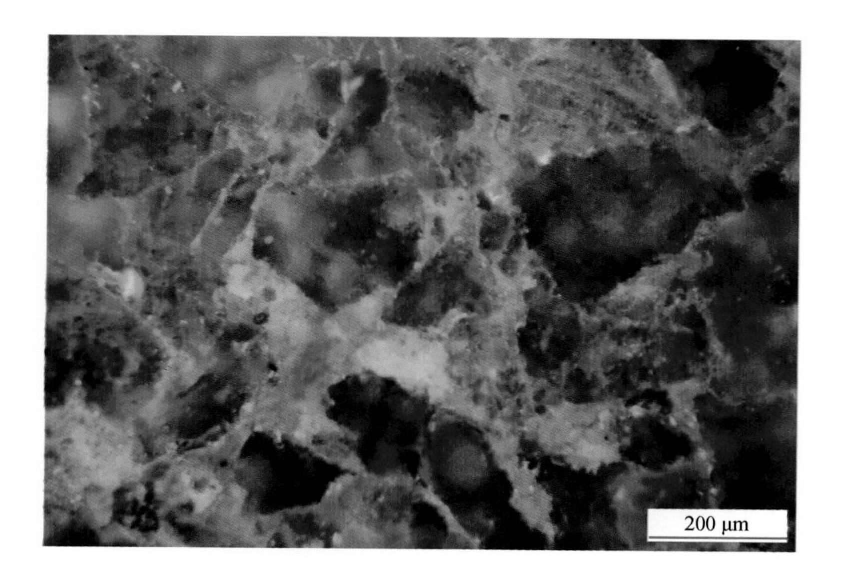

含油性

岩石含油较均匀，油主要分布在粒间，少量分布在粒内，发黄色、绿黄色、褐橙色光和橙褐色光。

荧光薄片

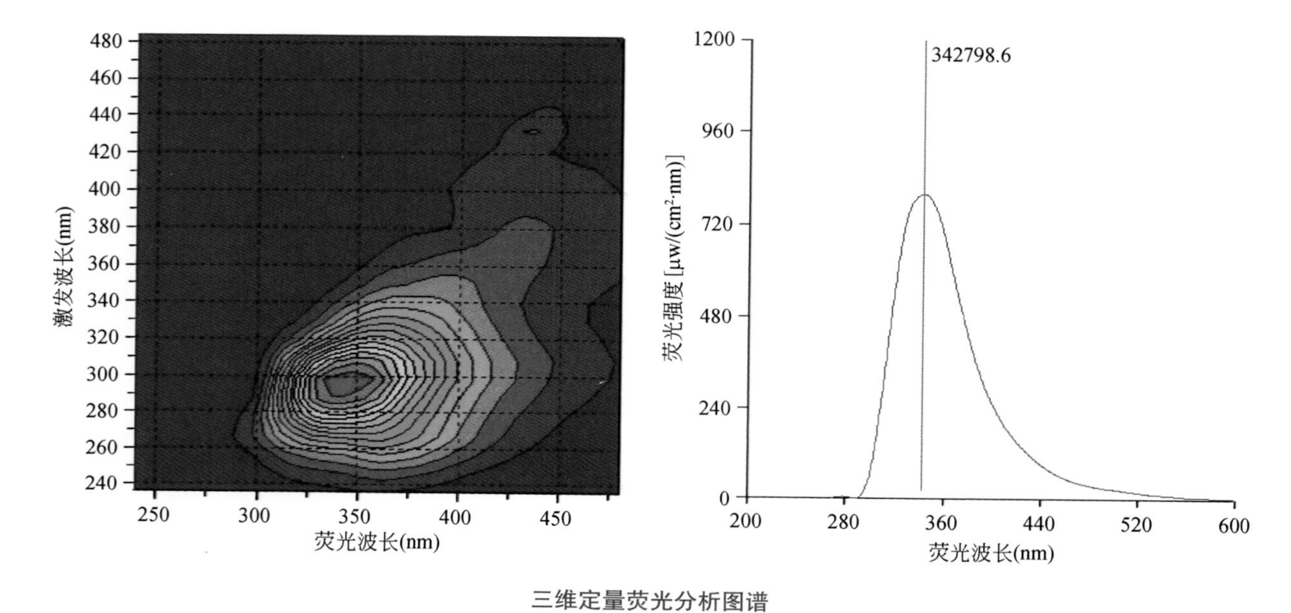

三维定量荧光分析图谱

荧光峰形呈单峰型，最佳激发波长290nm，荧光主峰波长342nm，油质中质。

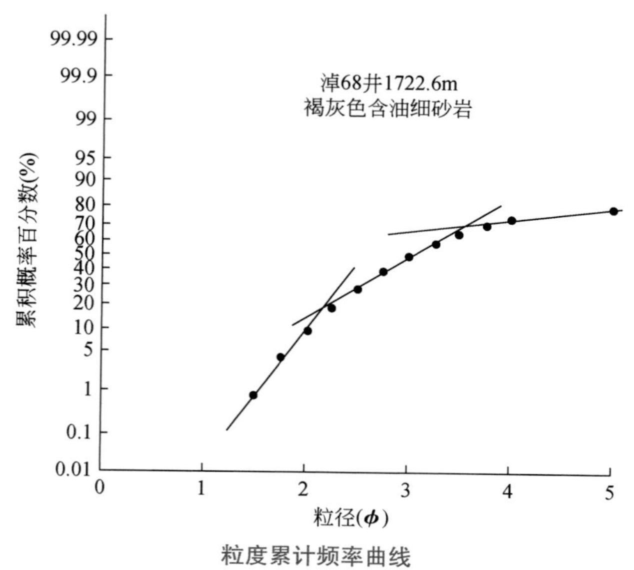

粒度累计频率曲线

粒度概率曲线可分为三段，由跳跃总体、过渡带和悬浮总体组成，跳跃总体占20%，斜率较大，分选性较好。悬浮总体含量为30%，斜率很小，近于水平，基本无分选；过渡带位于跳跃和悬浮二总体之间，斜率较小，分选中等。反映了分选性中等和中等水流强度。

图版 8-27　荧光薄片 + 三维定量荧光分析 + 粒度分析（一）

T2谱呈双峰态，实测核磁孔隙度为18.21%，束缚水饱和度为57.25%，可动流体饱和度为42.75%，T2截止值为5.57ms。

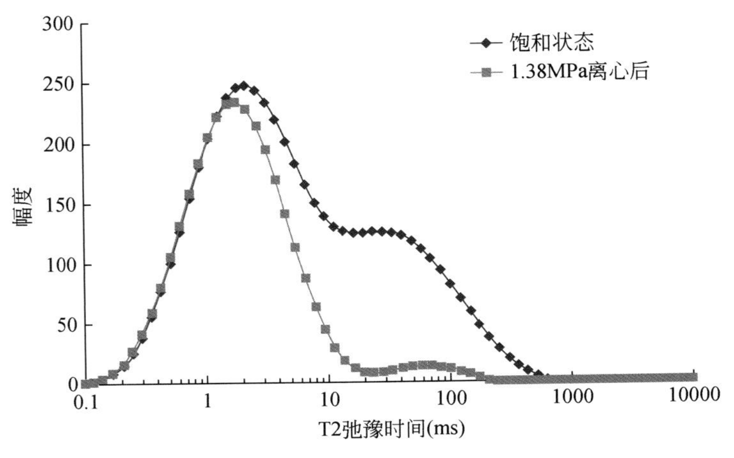

岩心核磁共振 T2 谱频率分布

孔隙度：18.6%
渗透率：4.8mD
孔喉半径均值：1.73μm
分选系数：5.50
排驱压力：0.19MPa
中值压力：3.10MPa
进汞饱和度：80.36%
退汞效率：26.19%
排驱压力低、分选系数较大、进汞饱和度高，但退汞效率低，进汞压力曲线的孔隙平台不明显；孔喉半径具有双峰特征；储层孔喉半径较大，但分选性一般，连通性不好，渗流性能一般。

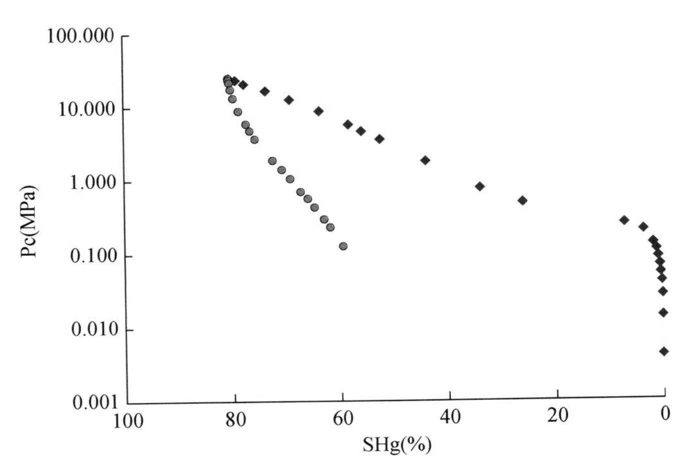

压汞法毛管压力曲线

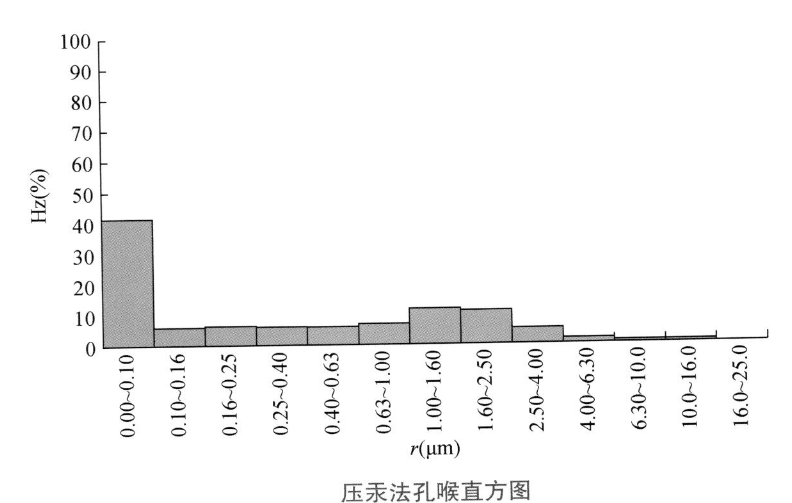

压汞法孔喉直方图

图版 8-28　核磁共振 + 物性 + 常规压汞（三）

联测样品8：灰褐色油浸细-中砂岩 赛33井 1861.74m 腾格尔组 扇三角洲

联测项目：岩心描述+铸体薄片+扫描电镜+能谱+荧光薄片+三维定量荧光分析+X射线衍射+粒度+核磁共振+物性+常规压汞

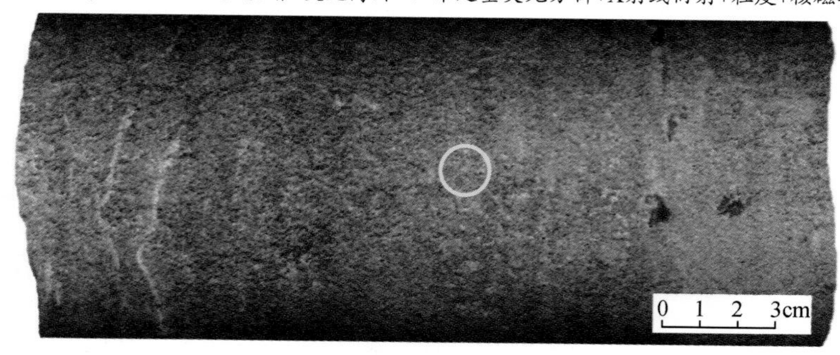

细-中砂状结构，层理不明显。碎屑成分主要为石英及长石。有少量砾石（2%），砾径一般2mm，最大4mm。分选性中等，次棱角-次圆状。泥质胶结，滴盐酸反应弱。含油面积为70%，含油不饱满，较均匀。

细-中粒长石砂岩

碎屑成分主要为长石，石英次之，次棱角状，分选性好。粒间溶孔发育，局部充填自生高岭石，发育晶间微孔。

铸体薄片 单偏光

长石铸模孔

长石全部溶蚀形成长石铸模孔，部分碎屑见粒内溶缝，粒间为自生高岭石及其晶间微孔。

铸体薄片 单偏光

图版 8-29 岩心描述 + 铸体薄片（七）

成岩自生矿物

粒间书页片状高岭石、粒间粒表少量弯曲片状、片絮状伊/蒙间层、伊利石。

扫描电镜

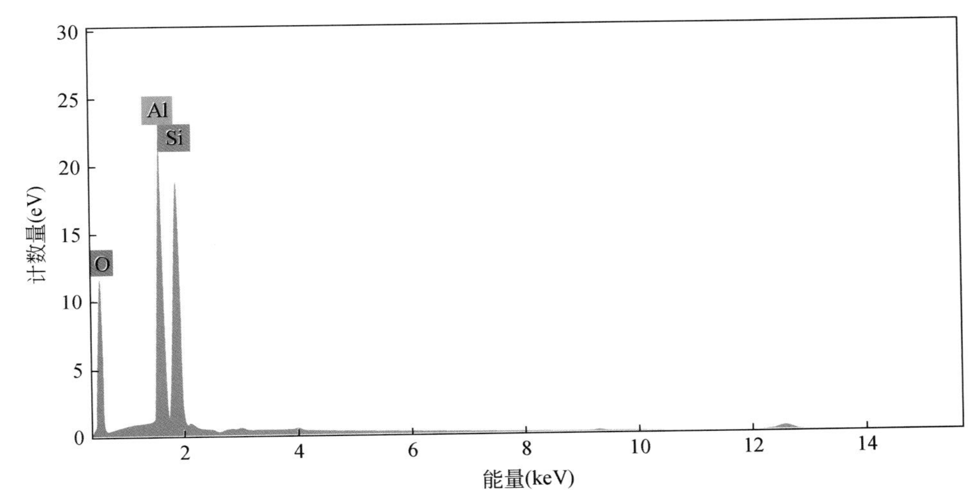

元素	原子数	线	净值	质量(%)	归一化质量(%)	原子(%)	abs.error(%)(1 sigma)	abs.error(%)(2 sigma)	abs.error(%)(3 sigma)	rel.error(%)(1 sigma)
O	8	K-Serie	74417	15.60	45.78	59.24	1.81	3.63	5.44	11.63
Si	14	K-Serie	184847	9.45	27.71	20.43	0.43	0.86	1.28	4.53
Al	13	K-Serie	185652	9.03	26.51	20.34	0.46	0.91	1.37	5.06
			总计：	34.08	100.00	100.00				

高岭石能谱图

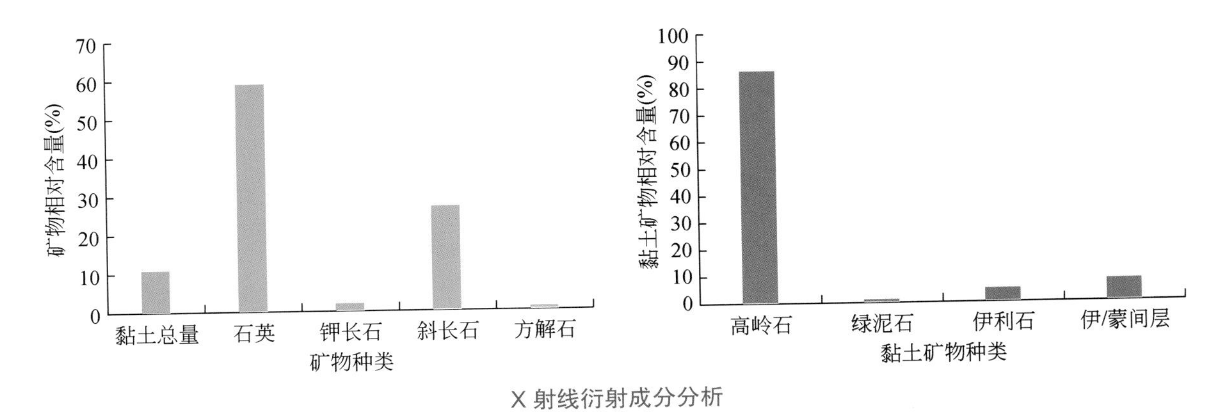

X 射线衍射成分分析

图版 8-30　扫描电镜 + 能谱 +X 射线衍射成分分析（二）

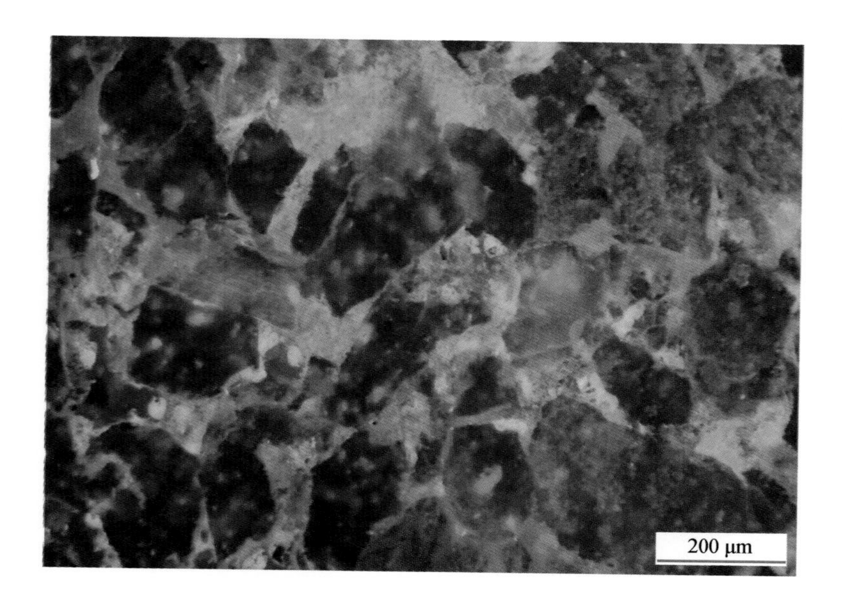

含油性

岩石含油较均匀，油主要分布在粒间，少量分布在粒内，发黄色和褐橙色光。

荧光薄片

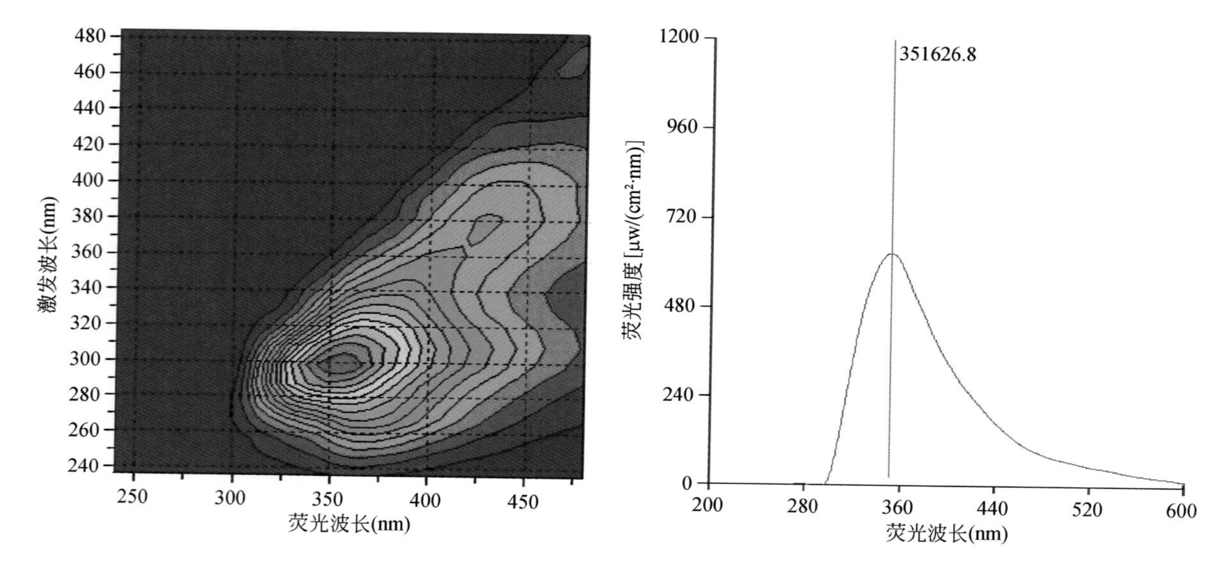

三维定量荧光分析图谱

荧光峰形为单峰型拖尾，最佳激发波长300nm，荧光主峰波长351nm，油质中质。

粒度概率曲线可分为三段，由跳跃总体、过渡带和悬浮总体组成，跳跃总体占 15%，斜率较大，分选性较好。悬浮总体含量40%，斜率很小，近于水平，基本无分选；过渡带位于跳跃和悬浮二总体之间，斜率较小，分选中等。反映了分选性中等和中等水流强度，属于牵引流搬运方式。

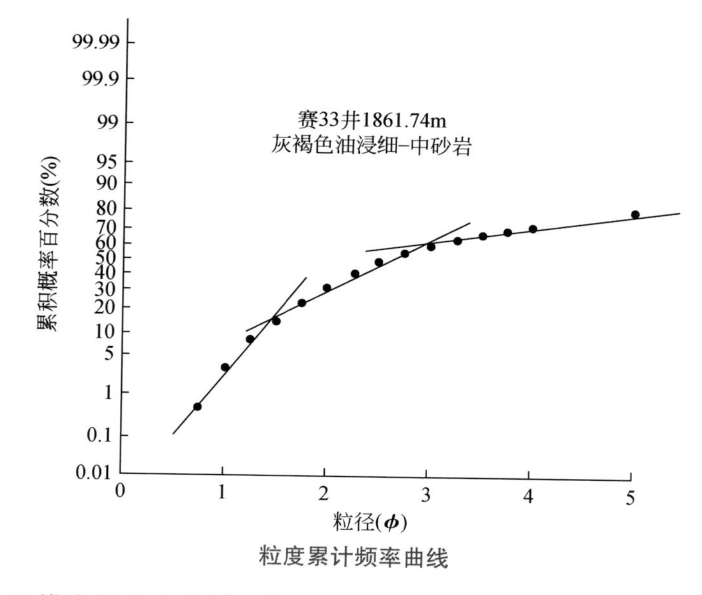

粒度累计频率曲线

图版 8-31　荧光薄片 + 三维定量荧光分析 + 粒度分析（二）

样品T2谱呈双峰态，实测核磁孔隙度为19.14%，束缚水饱和度为31.30%，可动流体饱和度为68.70%，T2截止值为13.89ms。

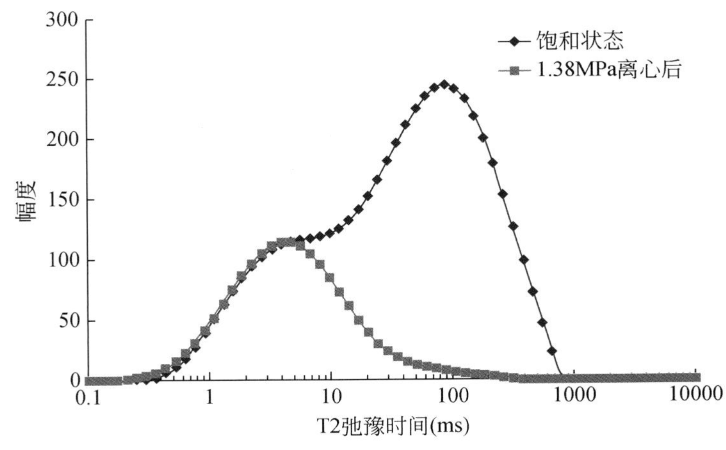

岩心核磁共振 T2 谱频率分布

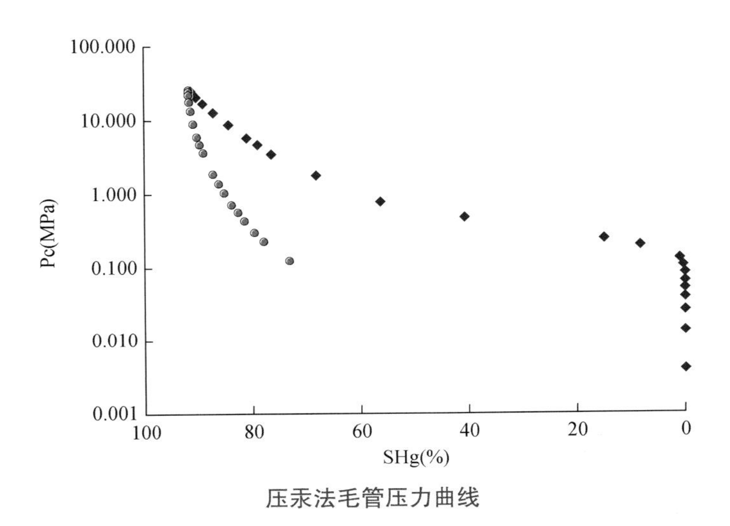

压汞法毛管压力曲线

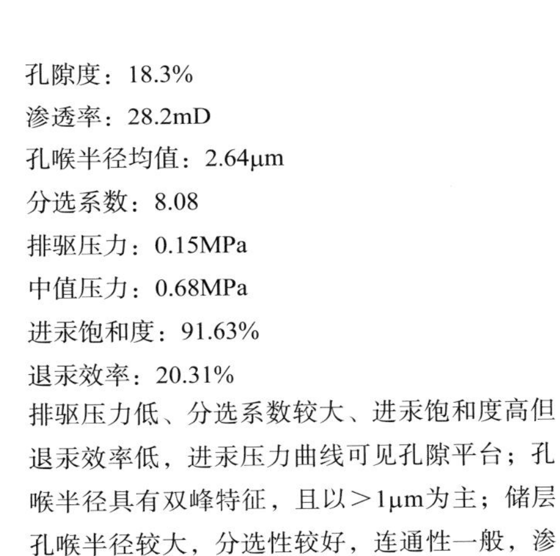

孔隙度：18.3%

渗透率：28.2mD

孔喉半径均值：2.64μm

分选系数：8.08

排驱压力：0.15MPa

中值压力：0.68MPa

进汞饱和度：91.63%

退汞效率：20.31%

排驱压力低、分选系数较大、进汞饱和度高但退汞效率低，进汞压力曲线可见孔隙平台；孔喉半径具有双峰特征，且以>1μm为主；储层孔喉半径较大，分选性较好，连通性一般，渗流性能较好。

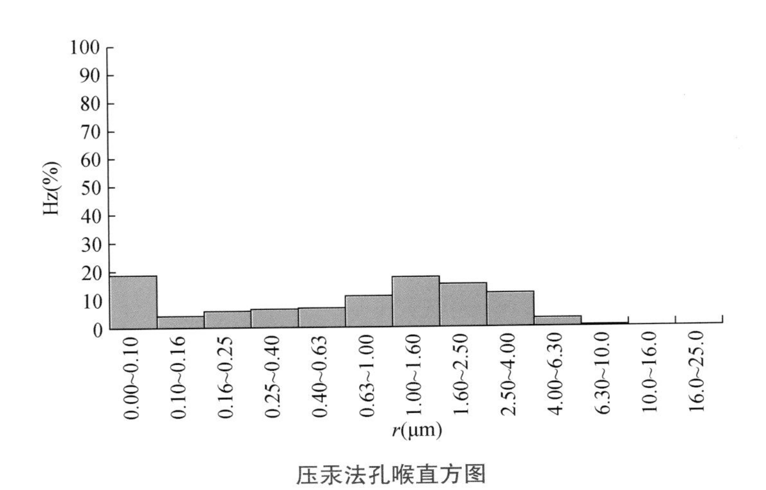

压汞法孔喉直方图

图版 8-32 核磁共振 + 物性 + 常规压汞（四）

联测样品9：油斑粗砂岩 阿南凹陷 腾一下段 阿密2井 1602.65m 辫状河三角洲

联测项目：岩心描述+铸体薄片+荧光薄片+扫描电镜+激光共聚焦扫描电镜+环境扫描电镜+能谱+ 阴极发光+CT扫描 +核磁共振+物性+恒速压汞

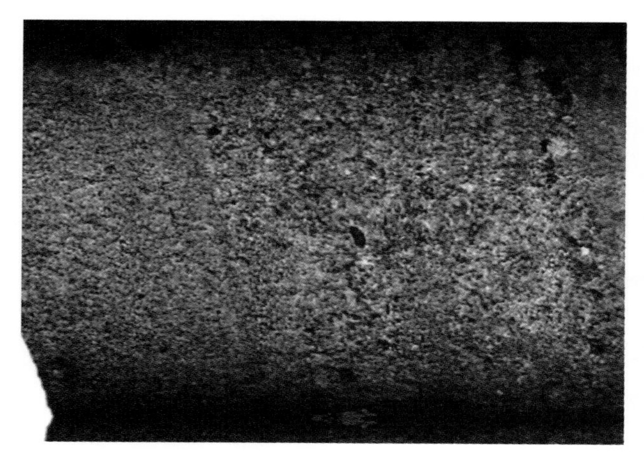

含细砾粗砂结构，交错层理，正粒序。

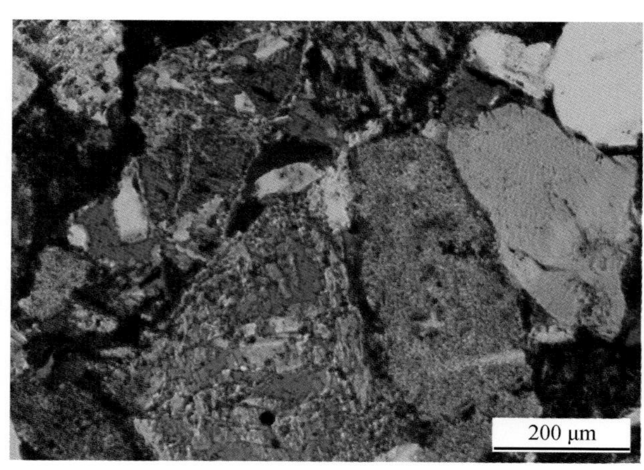

粒间溶孔、粒内溶孔发育，面孔率为7%。

铸体薄片，单偏光

粒间溶孔、粒内溶孔发育，孔径为5～200μm。

扫描电镜

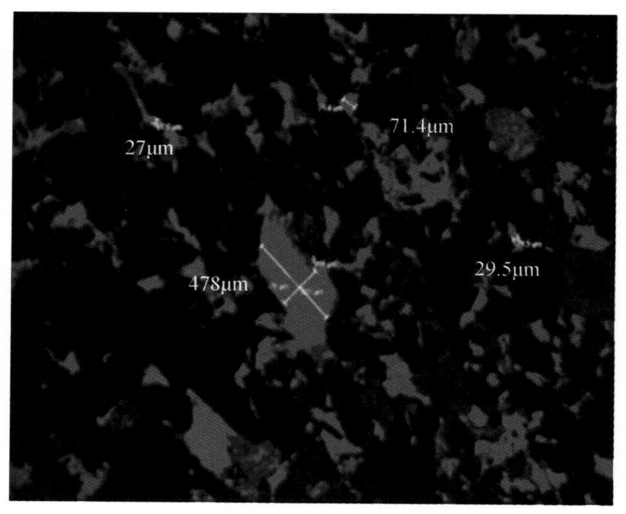

微米级孔隙（蓝色）发育。

激光共聚焦扫描电镜

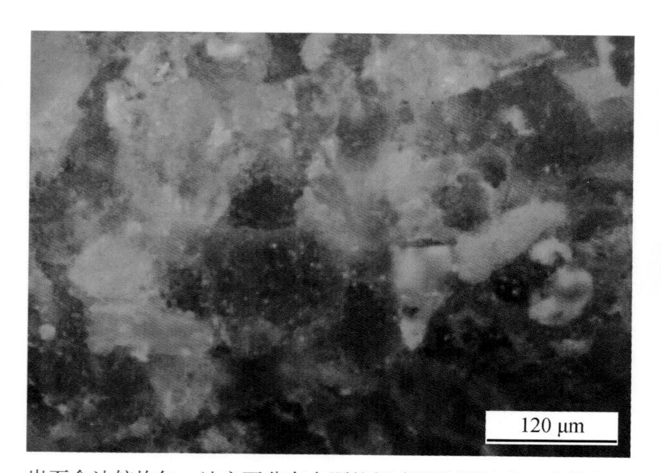

岩石含油较均匀，油主要分布在颗粒间或塑性颗粒内，发黄色、褐橙色和黄橙色光。

荧光薄片

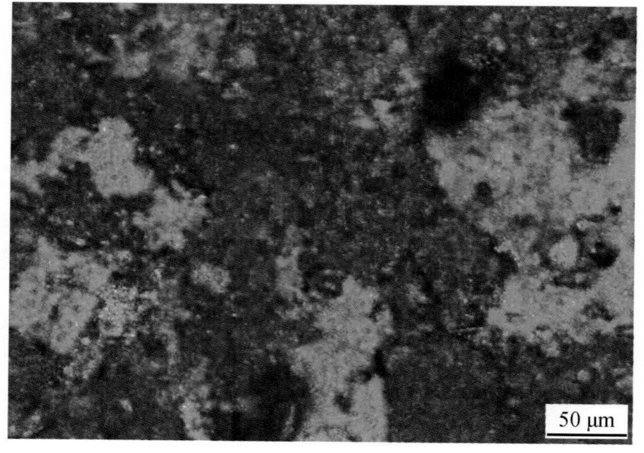

亮黄色为孔隙，被油浸染。

荧光薄片

图版 8-33 岩心描述 + 铸体薄片 + 扫描电镜 + 荧光薄片 + 激光共聚焦扫描电镜

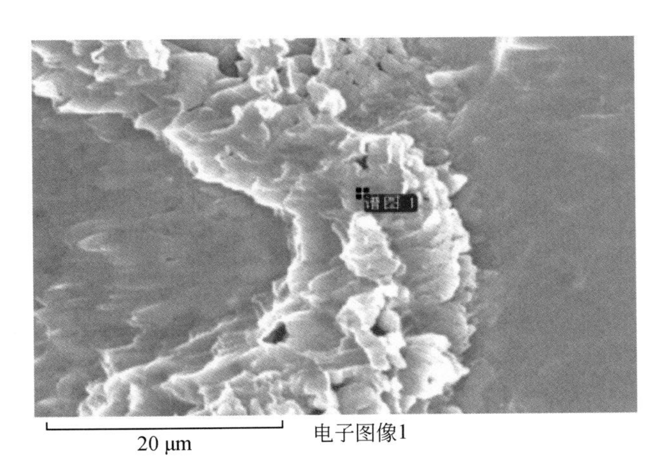

固化的油膜。氩离子抛光　环境扫描电镜

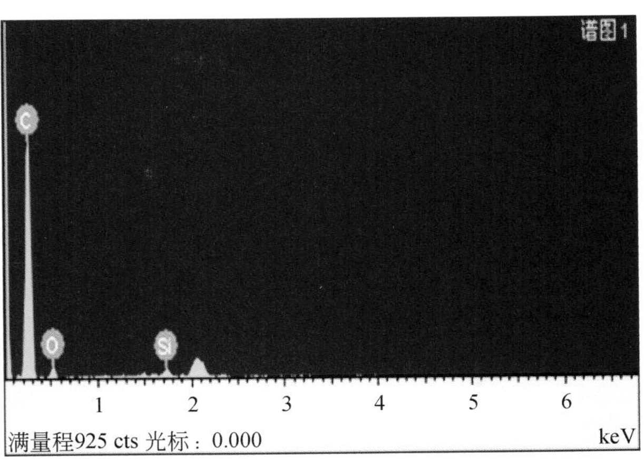

能谱元素分析，具有较高的碳峰。

主要成分为石英、长石、凝灰岩岩屑和酸性喷出岩岩屑。
阴极发光薄片　正交偏光

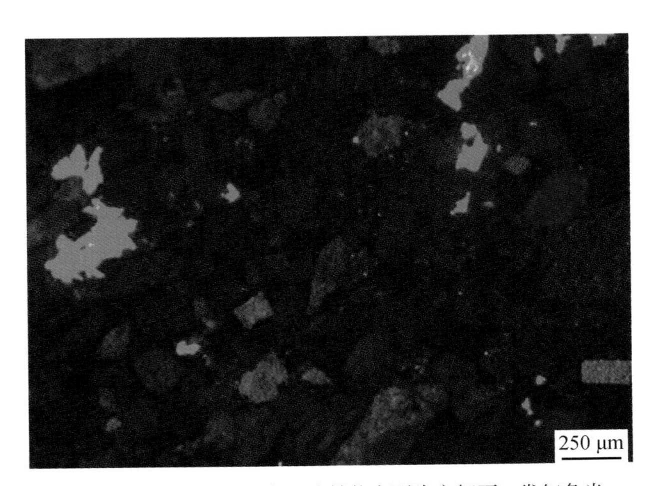

石英呈暗棕色，长石呈蓝色；胶结物主要为方解石，发红色光。
阴极发光薄片　阴极发光

自形锥柱状自生石英晶体　扫描电镜

石英次生加大边　铸体薄片　单偏光

图版 8-34　环境扫描电镜 + 能谱 + 铸体薄片 + 阴极发光 + 扫描电镜

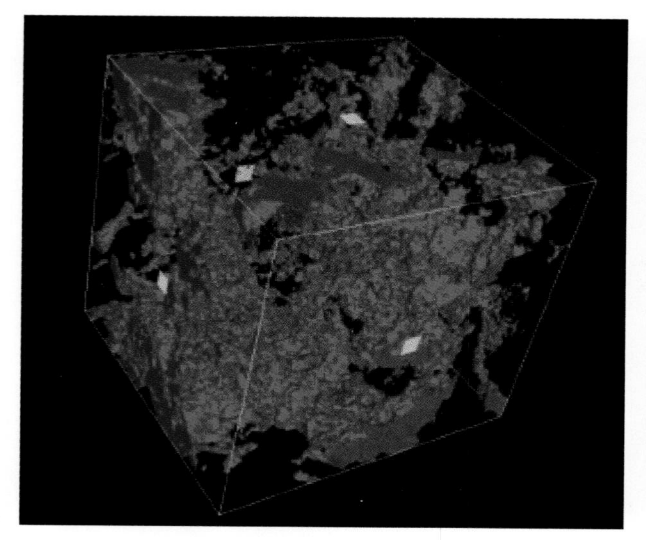

CT扫描孔隙提取图像（样品直径2mm）显示溶蚀孔较发育，孔径较大。

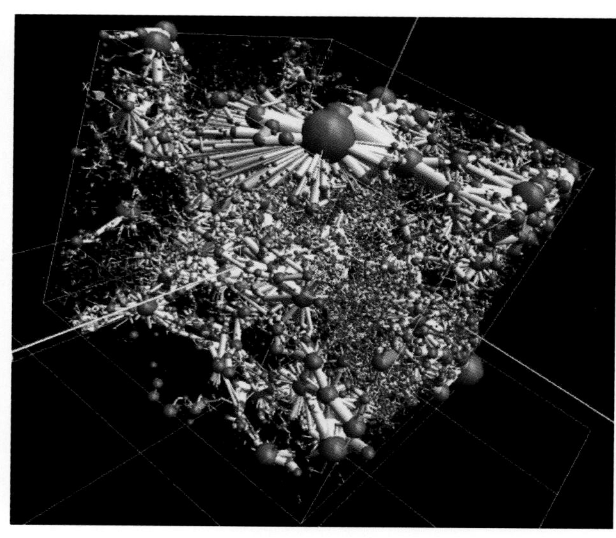

CT扫描孔喉结构图像显示孔隙较发育，孔隙半径均值为3.5μm，喉道半径均值3.66μm，为连通型孔喉网络模型

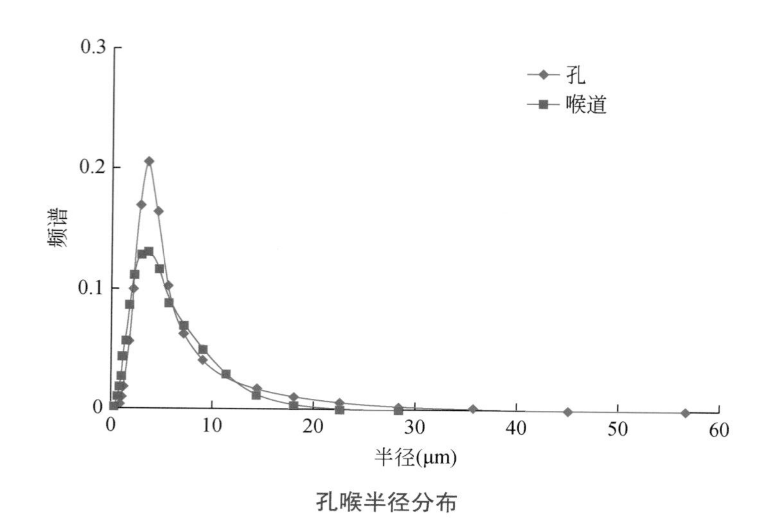

孔喉半径分布

CT扫描分辨率：0.9μm；
连通体积百分比：94.61%；
孔隙半径：最大61.37μm，最小0.36μm，平均3.5μm；
喉道半径：最大27.92μm，最小0.36μm，平均3.66μm。

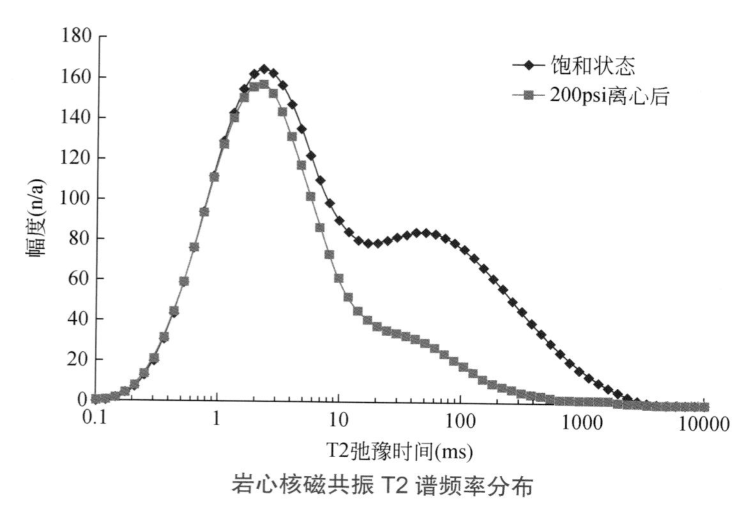

岩心核磁共振 T2 谱频率分布

样品T2谱呈双峰态，T2弛豫时间分布于0.1～3900ms，实测核磁孔隙度为16.89%，束缚水饱和度为66.38%，可动流体饱和度33.62%，T2截止值为20.03ms。

图版 8-35　CT 扫描 + 核磁共振

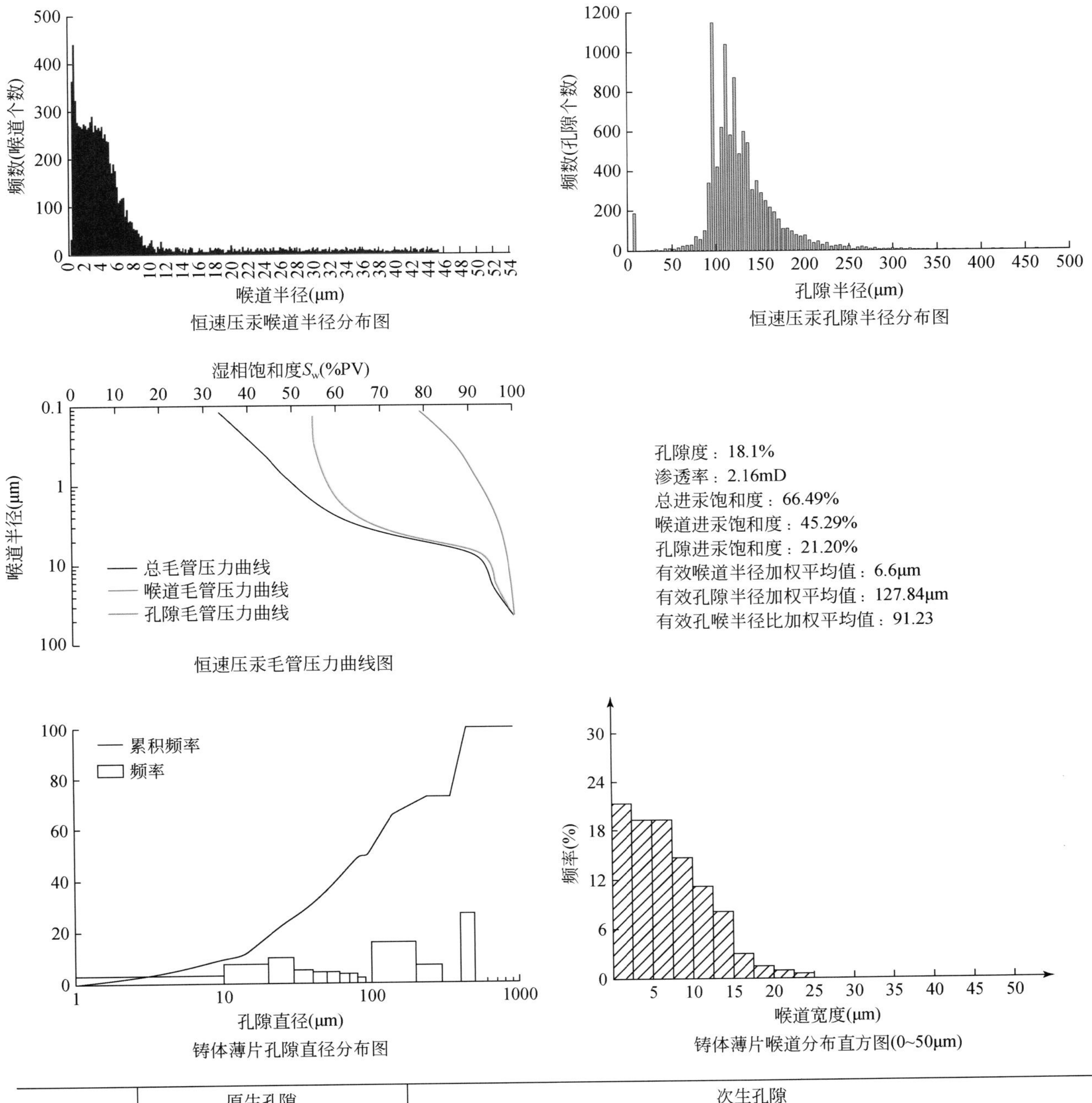

	原生孔隙			次生孔隙						
孔隙类型	原生粒间孔	生物体腔孔	杂基微孔	岩屑溶孔	长石溶孔	粒间溶孔	粒内溶孔	铸模孔	生物溶孔	裂缝
个数(个)	94.06	0.00	0.00	5.13	0.81	0.00	0.00	0.00	0.00	0.00
面积百分比(%)	55.92	0.00	0.00	38.80	5.28	0.00	0.00	0.00	0.00	0.00

铸体薄片孔隙特征图像分析测定

图版 8-36　恒速压汞 + 铸体薄片 + 铸体薄片孔隙特征图像分析

参考文献

白文吉，杨经绥，胡旭峰，等 . 1995. 内蒙古贺根山蛇绿岩岩石成因和地壳增生的地球化学制约 . 岩石学报，（S1）：112-124.

彼得 A 肖勒，达娜 S 厄尔默 - 肖勒 . 2016. 碳酸盐岩岩石学——颗粒、结构、孔隙及成岩作用 . 姚根顺，沈安江，潘义庆，等 译 . 北京：石油工业出版社 .

樊志勇 . 1996. 内蒙古西拉木伦河北岸杏树洼一带石炭纪洋壳“残片”的发现及其构造意义 . 中国区域地质，1996（4）：382-388.

费宝生 . 1985. 二连盆地构造演化特征及其与油气关系 . 大地构造与成矿学，9（2）：121-125.

高玉巧，刘立，曲希玉 . 2005. 海拉尔盆地乌尔逊凹陷片钠铝石及研究意义 . 地质科技情报，24（2）：45-50.

韩春元，赵贤正，金凤鸣，等 . 2008. 二连盆地地层岩性油藏“多元控砂—四元成藏—主元富集”与勘探实践（Ⅳ）——勘探实践 . 岩性油气藏，20（1）：15-20.

韩春元，金凤鸣，王静，等 . 2011. 内蒙古二连盆地上古生界油气勘探前景 . 地质通报，30（z1）：243-249.

何明薇，朱筱敏，朱世发，等 . 2017. 二连盆地额仁淖尔凹陷阿尔善组致密储层特征及成岩作用 . 岩性油气藏，29（2）：77-86.

降栓奇，司继伟，赵安军，等 . 2004. 二连盆地吉尔嘎朗图凹陷岩性油藏勘探 . 中国石油勘探，9（3）：46-53.

降栓奇，陈彦君，赵志刚，等 . 2009. 二连盆地潜山成藏条件及油藏类型 . 岩性油气藏，21（4）：22-27.

姜亚南，刘立，武宝华，等 . 2014. 贝尔凹陷沉凝灰岩储层片钠铝石前体矿物研究 . 世界地质，33（1）：153-163.

焦贵浩，王同和，郭绪杰，等 . 2003. 二连裂谷构造演化与油气 . 北京：石油工业出版社 .

李锦轶，张进，杨天南，等 . 2009. 北亚造山区南部及其毗邻地区地壳构造分区与构造演化 . 吉林大学学报（地），39（4）：584-605.

刘娜，刘立，杨会东，等 . 2011. 松辽盆地南部片钠铝石形成与碎屑长石的成因联系 . 吉林大学学报（地球科学版），41（1）：54-63.

穆曙光，张以明 . 1994. 成岩作用及阶段对碎屑岩储层孔隙演化的控制 . 西南石油学院学报（自然科学版），16（3）：22-27.

内蒙古自治区地质矿产局 . 1991. 内蒙古自治区区域地质志 . 北京：地质出版社 .

漆家福，赵贤正，李先平，等 . 2015. 二连盆地早白垩世断陷分布及其与基底构造的关系 . 地学前缘，22（3）：118-128.

任战利 . 1998. 中国北方沉积盆地构造热演化史恢复及其对比研究 . 西北大学博士学位论文 .

邵积东 . 1998. 内蒙古大地构造分区及其特征 . 内蒙古地质，（02）：2-3.

邵积东，王惠，张梅，等 . 2011. 内蒙古大地构造单元划分及其地质特征 . 西部资源，（02）：51-56.

邵曼君 . 1998. 环境扫描电镜及其应用 . 物理，（1）：48-52.

史原鹏，姚威，降栓奇，等 . 2011. 洪浩尔舒特凹陷下白垩统扇三角洲前缘次生扇的油气地质意义 . 油气地质与采收率，18（4）：35-37.

孙振孟，钱铮，陆现彩，等 . 2017. 内蒙古二连盆地阿南凹陷腾格尔组一段下部特殊岩性段储集性能 . 地质通报，36（4）：644-653.

陶明华，韩春元，陶亮 . 2007. 旋回性沉积序列的形成机理分析 . 沉积学报，5（4）：505-510.

王惠娟 . 2011. 基于纳米尺度的储层非均质性研究 . 中国石油大学（华东）硕士学位论文 .

王会来，高先志，杨德相，等 . 2014a. 二连盆地下白垩统湖相云质岩分布及控制因素 . 现代地质，28（1）：163-172.

王会来，高先志，杨德相，等 . 2014b. 二连盆地巴音都兰凹陷下白垩统湖相云质岩成因研究 . 沉积学报，32（3）：560-567.

王婧慈，史原鹏，张以明，等 . 2014. 二连盆地阿尔凹陷凝灰质砂岩储层评价方法研究 . 石油天然气学报，36（10）：102-104.

王荃，刘雪亚，李锦轶 . 1991. 中国内蒙古中部的古板块构造 . 地球学报，1991（1）：1-15.

王友，樊志勇，方曙，等 . 1999. 西拉木伦河北岸新发现地质资料及其构造意义 . 内蒙古地质，（01）：7-8.

姚琲，李春艳，董向红，等 . 2005. 环境扫描电子显微镜在材料科学中的若干应用 . 电子显微学报，24（6）：616-621.

姚威，吴冲龙，史原鹏，等 . 2013. 利用地震属性融合技术研究洪浩尔舒特凹陷下白垩统沉积相特征 . 石油地球物理勘探，48（4）：634-642.

余家仁，祝玉衡，高珉，等 . 2001. 二连盆地低渗透储集层研究 . 北京：石油工业出版社 .

于兴河 . 2015. 油气储层地质学基础 . 北京：石油工业出版社 .

张以明 . 1990. 河北省冀中坳陷饶阳凹陷下第三系沙河街组第三段（Es）砂岩储层成岩作用与孔隙演化 . 西南石油学院硕士学位论文 .

张以明，朱连儒 . 1991. 饶阳凹陷沙三段砂岩储层的成岩作用研究 . 西南石油学院学报（自然科学版），13（4）：9-20.

张以明，朱连儒，方少仙 . 1993. 低渗砂岩储层中自生矿物的成岩模式及其油气勘探意义——以冀中坳陷饶阳凹陷下第三系沙三段为例 . 石油勘探与开发，（4）：108-117.

张以明，侯方浩，方少仙，等 . 1994. 冀中饶阳凹陷下第三系沙河街组第三段砂岩次生孔隙形成机制 . 石油与天然气地质，15（3）：208-216.

张以明，刘震，邹伟宏，等 . 2004a. 二连盆地油气运移聚集特征分析 . 中国石油勘探，9（3）：14-24+6.

张以明，史原鹏，李林波，等 . 2004b. 二连盆地巴音都兰凹陷岩性油藏勘探 . 中国石油勘探，9（3）：33-39.

张以明，康洪全，沈华，等 . 2008. 碎屑岩储层预测技术适用性研究 . 石油地球物理勘探，43（4）：447-452.

张以明，王向公，李拥军，等 . 2010. 赛东洼槽低孔低渗储层解释模型研究 . 石油天然气学报，（3）：268-270.

张以明，付小东，郭永军，等 . 2016. 二连盆地阿南凹陷白垩系腾一下段致密油有效储层物性下限研究 . 石油实验地质，38（4）：551-558.

赵澄林，祝玉衡，季汉成，等 . 1996. 二连盆地储层沉积学 . 北京：石油工业出版社 .

周劲松，韩春元 . 1997. 一种新的煤系砂岩成岩模式：以北山盆地侏罗系为例 . 石油与天然气地质，18（4）：282-287.

祝玉衡，张文朝 . 2000. 二连盆地下白垩统沉积相及含油性 . 北京：科学出版社 .

邹才能，陶士振，候连华，等 . 2013. 非常规油气地质 . 北京：地质出版社 .

Cole T G，Shaw H F. 1983. The nature and origin of authigenic smectites in recent marine sediments. Clay Minerals，18：239-252.

Cuadros J，Šegvi B，Dekov V，et al. 2018. Electron microscopy investigation of the genetic link between Fe oxides/oxyhydroxides and nontronite in submarine hydrothermal fields. Marine Geology，395：247-259.

Ding X，Liu G，Zha M，et al. 2016. Geochemical characterization and depositional environment of source rocks of small fault basin in Er'lian Basin，northern China. Marine and Petroleum Geology，69（C）：231-240.

LauraGonzález-Acebrón，José Arribas，Ramón Mas. 2000. Role of sandstone provenance in the diagenetic albitization of feldspars：a case study of the Jurassic Tera Group sandstones（Cameros Basin，NE Spain）. Sedimentary Geology，229：53-63.

Sun Z，Zhou H，Glasby G P，et al. 2012. Formation of Fe-Mn-Si oxide and nontronite deposits in hydrothermal fields on the Valu Fa Ridge，Lau Basin. Journal of Asian Earth Sciences，43（1）：64-76.

Sun Z，Zhou H，Glasby G P，et al. 2013. Mineralogical characterization and formation of Fe-Si oxyhydroxide deposits from modern seafloor hydrothermal vents. American Mineralogist，98（1）：85-97.

图 例

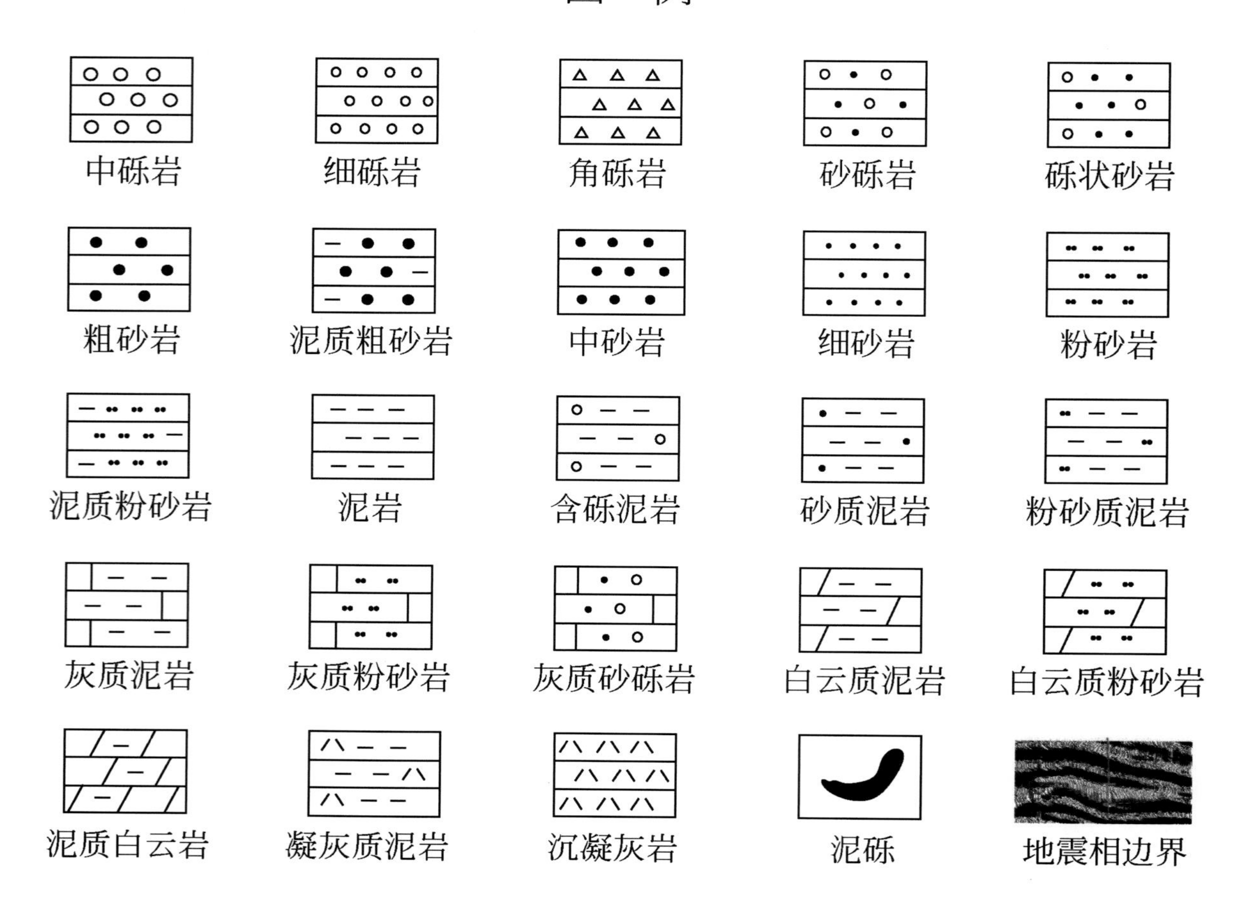

SP：自然电位　　RT：地层真电阻率　　GR：自然伽马

AC：声波时差　　DEN：密度　　NML：核磁共振测井